Collection de Précis Médicaux

(Volumes in-8° cartonnés, toile souple.)

Cette collection s'adresse aux étudiants pour la préparation aux examens, et à tous les praticiens qui, à côté des grands traités, ont besoin d'ouvrages concis, mais vraiment scientifiques, qui les tiennent au courant. D'un format maniable, élégamment cartonnés en toile anglaise souple, ces livres sont très abondamment illustrés.

Janvier 1919 :

Introduction à l'étude de la Médecine, par G.-H. Roger, professeur à la Faculté de Paris, *6e édition* remaniée, 795 pages . **13 fr.**

Anatomie et Dissection. par H. Rouvière, professeur agrégé à la Faculté de Paris. Tome I : *Tête, Cou, Membre supérieur*, 431 pages, 197 figures presque toutes en couleurs. . . . . . *en réimpression.*

Tome II et dernier : *Thorax. Abdomen. Bassin. Membre inférieur* (259 figures) . . . . *en réimpression.*

Dissection, par P. Poirier, professeur, et A. Baumgartner, ancien prosecteur à la Faculté de Paris, chirurgien des hôpitaux. *3e édition*, xxiv-360 pages, avec 241 figures. . . . . **8 fr.**

Médecine opératoire. par A. Broca, professeur à la Faculté de Paris, 300 pages, avec 510 figures . . . . **9 fr.**

Anatomie pathologique, par M. Letulle, professeur à la Faculté de Paris, et L. Nattan-Larrier, ancien chef de Laboratoire à la Faculté. Tome I. 940 pages, 248 figures, toutes originales. . . . . . **16 fr.**

Le Tome II et dernier. . . . . *(En préparation).*

Physique biologique, par G. Weiss, professeur à la Faculté de Paris. *4e édition*, 568 pages, 584 figures. . . . . **10 fr.**

Physiologie, par Maurice Arthus, professeur à l'Université de Lausanne. *4e édition*, 978 pages, 326 figures. . . . . **16 fr.**

Chimie physiologique, par Maurice Arthus. *8e édition.* xi-451 pages. 115 figures et 5 planches en couleurs. . . . . **8 fr.**

Biochimie, par E. Lambling. *2e édition.* . . . . *(En préparation).*

Microbiologie clinique, par Fernand Bezançon, professeur agrégé à la Faculté de Paris. *3e édition.* . . . . *(En préparation).*

Microscopie, par M. Langeron, préparateur à la Faculté de Paris. Préface de M. le Pr R. Blanchard. *Technique. Expérimentation. Diagnostic*, *2e édition*, 821 pages, 292 figures. . . . . **12 fr.**

Examens de Laboratoire employés en clinique, par L. Bard. *3e édition remaniée.* . . . . **14 fr.**

Diagnostic médical, par P. Spillmann et L. Haushalter, professeurs, et L. Spillmann, professeur agr. à la Faculté de Nancy. . . *épuisé.*

Thérapeutique et Pharmacologie, par A. Richaud, professeur agrégé à la Faculté de Paris. *4e édition.* . . . . **17 fr.**

88?-17. — Coulommiers. Imp. PAUL BRODARD. — 2-19.

PRÉCIS

DE

PHYSIQUE BIOLOGIQUE

PRÉCIS

DE

PHYSIQUE BIOLOGIQUE

PAR

G. WEISS

Ingénieur en Chef des Ponts et Chaussées
Professeur à la Faculté de Médecine de Paris
Membre de l'Académie de Médecine

QUATRIÈME ÉDITION REVUE

AVEC 584 FIGURES DANS LE TEXTE

PARIS
MASSON ET Cie, ÉDITEURS
LIBRAIRES DE L'ACADÉMIE DE MÉDECINE
120, BOULEVARD SAINT-GERMAIN, 120

—

1919

PRÉFACE DE LA DEUXIÈME ÉDITION

La première édition de mon petit *Précis de physique biologique*, a été épuisée plus rapidement que je ne l'avais prévu. En publiant aujourd'hui une deuxième édition, et songeant qu'elle doit servir à l'instruction des étudiants, j'éprouve un vif regret. J'ai fait un assez grand nombre de corrections; certaines parties, dont la clarté me semblait laisser à désirer, ont été modifiées; j'ai dû ajouter quelques paragraphes indispensables, mais malgré le grand désir que j'en éprouvais, je n'ai pu faire que fort peu de suppressions, c'est là ce que je déplore profondément.

J'aurais voulu, contrairement à l'usage, pouvoir ajouter au titre : « deuxième édition, améliorée et notablement diminuée ». Il serait mieux, je pense, de n'enseigner aux étudiants que les éléments fondamentaux d'une science qui ne constitue pas la base même de la médecine. Se contenter des principes généraux, insister sur leur importance, en faisant appel au jugement et au raisonnement, est plus utile que de surcharger la mémoire d'une multitude de faits dont plus tard le médecin n'aura que rarement l'occasion de faire usage, et que du reste, fatalement, il aura bientôt oubliés.

On pourrait, en réduisant l'enseignement de la physique biologique aux éléments fondamentaux, en mettant en évidence les grands faits, en faire comprendre l'intérêt aux jeunes gens qui, actuellement, perdus dans l'abondance des détails, se détournent du nécessaire comme du superflu.

Diverses raisons me mettent dans l'impossibilité de réaliser mon désir, aussi, conservant le plan de ma première édition, me suis-je contenté d'y apporter quelques corrections et modifications que j'ai crues indispensables.

INTRODUCTION

Ce petit livre n'est ni un traité d'enseignement de la Physique, ni un recueil de documents; il contient les principales applications de la Physique à la Biologie, qui doivent rentrer dans le cadre des connaissances d'un étudiant à la fin de ses études.

J'ai évité les tableaux numériques trop nombreux, me contentant de donner les résultats nécessaires à la compréhension d'un fait. Il n'y a aucune utilité à apprendre une foule de chiffres qui ne restent pas dans la mémoire.

Les dispositifs expérimentaux et les appareils n'ont été décrits que sommairement, c'est leur principe que j'ai recherché à faire saisir. Il est certes nécessaire de comprendre comment on a pu observer un phénomène ou effectuer une détermination, mais à quoi bon connaître tous les robinets qu'il a fallu tourner pour cela ou tous les tubes qu'on a dû agencer? L'étude de ces détails n'a aucun intérêt général, et leur importance n'est vraiment mise en relief que par le maniement des instruments dans le laboratoire.

Pour lire ce qui suit, il suffit de posséder les principes élémentaires de la Physique. Je n'ai fait que les rappeler au fur et à mesure des besoins, renvoyant pour les démonstrations aux traités généraux et aux cours de baccalauréat. J'aurais désiré, toutefois, pouvoir donner un plus grand développement à la mécanique ; les connaissances que l'on puise dans cette branche de la Physique ont des applications fréquentes dans presque tous les domaines de la science, mais j'ai dû me restreindre pour ne pas dépasser les limites de mon programme.

AVANT-PROPOS

SUR LE CHOIX DES UNITÉS DE MESURE

Les personnes de ma génération ont été accoutumées à n'employer pour les mesures que le système métrique, dans lequel l'unité de longueur est le mètre, et l'unité de masse, la masse du gramme. Certaines unités dérivées usuelles proviennent de la combinaison de multiples ou sous-multiples du mètre et du gramme; ainsi le kilogrammètre, unité de travail, dérive du mètre et du kilogramme.

Depuis l'introduction des mesures en électricité, on a pris le centimètre comme base d'un nouveau système auquel on rattache peu à peu toutes les unités. Déjà dans les classes élémentaires les enfants sont dressés à en faire usage. Nous sommes dans une période de transition, je n'ai pas voulu dans ce précis renoncer aux unités dont la plupart des lecteurs ont encore l'habitude. Toutefois il me paraît utile, en séparant complètement cet avant-propos du corps du livre, d'y donner la nomenclature des nouvelles unités. En cas de besoin on pourra y avoir recours pour transposer les mesures d'un système dans l'autre.

Système C. G. S. (Centimètre, Gramme, Seconde).

Unités fondamentales.

L'unité de longueur est le centimètre.
L'unité de masse est le gramme.
L'unité de temps est la seconde.

Ces trois unités ont pu, sans inconvénient, être choisies arbitrairement. Toutes les autres unités, dites dérivées, s'imposent si l'on veut éviter d'introduire dans les formules certains coefficients numériques qui en compliquent l'emploi. (Voir *Généralités*, *Mesures*.)

L'unité de temps a le défaut de ne pas reposer sur la numération décimale, ce qui entraîne quelques inconvénients dans les calculs. La réforme qui réaliserait ce progrès n'a pu se faire pour diverses raisons; la plus importante semble être la perturbation que cela apporterait dans toutes les notions d'heure, tous les actes de notre vie privée ou publique étant intimement liés à une division du temps à laquelle nous sommes trop adaptés pour pouvoir y renoncer facilement.

Principales unités dérivées.

L'unité de surface est le centimètre carré.

L'unité de volume est le centimètre cube.

L'unité de vitesse est la vitesse de un centimètre par seconde.

L'unité d'accélération est l'accélération d'une unité de vitesse par seconde; ce qui revient à dire qu'un corps a l'unité d'accélération quand sa vitesse augmente d'une unité de vitesse par seconde.

L'unité de force est la *dyne*, qui donne à l'unité de masse (gramme) l'unité d'accélération. La dyne agissant sur un gramme fait varier sa vitesse d'un centimètre par seconde.

La dyne équivaut à peu près à 1 milligramme. Exactement un gramme vaut à Paris 981 dynes.

L'unité de travail est l'*erg*. C'est le travail produit par une dyne, quand son point d'application se déplace de 1 centimètre dans la direction de la force.

Un kilogrammètre vaut environ 10^8 ergs. Exactement, 1 kilogrammètre $= 9{,}81 \times 10^7$ ergs.

Comme l'erg est une unité très petite, peu pratique, on emploie aussi dans un grand nombre de mesures industrielles, le *joule* qui vaut 10^7 ergs.

L'unité de puissance mécanique devrait être la puissance capable de fournir 1 erg par seconde.

Cette unité est trop petite, aussi on emploie le *watt* qui correspond à un joule par seconde.

Donc le joule vaut environ $\frac{1}{10}$ de kilogrammètre, et

1 watt vaut à peu près $\frac{1}{10}$ de kilogrammètre par seconde.

On emploie souvent industriellement l'hectowatt qui vaut à peu près 10 kilogrammètres par seconde (9,81), et le kilowatt qui vaut à peu près 100 kilogrammètres (98,1) par seconde, c'est-à-dire *1 poncelet*, le *cheval-vapeur* valant 75 kilogrammètres par seconde.

Comme toutes les expressions, définitions ou conventions nouvelles, ces innovations peuvent sembler au lecteur, non encore initié, ne comporter qu'une complication superflue. Elles constituent en réalité un progrès considérable, et apportent dans les calculs de la mécanique et de la physique une simplification qu'il est permis de comparer à celle qui s'introduisit dans les mesures et les formules de géométrie par l'adoption du système métrique.

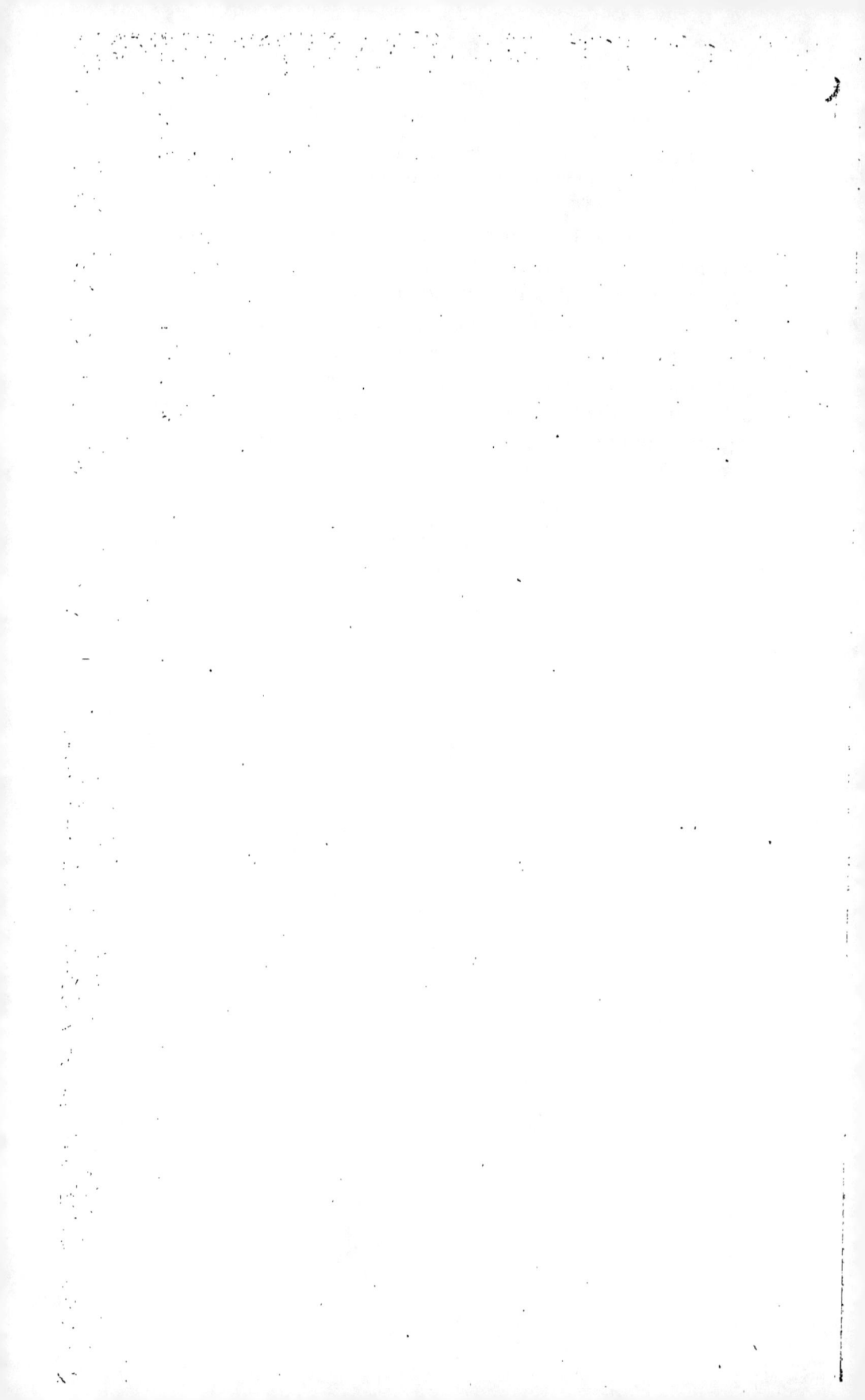

PRÉCIS

DE

PHYSIQUE BIOLOGIQUE

GÉNÉRALITÉS

I. — MESURES

De l'importance des mesures. — Il n'est plus guère nécessaire, à notre époque, de chercher à démontrer l'utilité des mesures dans les sciences expérimentales. Il suffit de jeter un regard sur le passé pour constater que dans l'une quelconque de ces sciences, que ce soit l'astronomie, la physique ou la chimie, les progrès accomplis sont directement liés aux résultats obtenus par les mesures. Dans ces dernières années, nous avons pu assister à l'évolution complète qui s'est opérée dans l'électricité, du jour où l'on a pu y faire une évaluation précise des grandeurs sur lesquelles on opérait.

La pratique des mesures s'introduit de plus en plus en physiologie et en médecine, que ce soit par le thermomètre, le calorimètre, le galvanomètre, la balance ou par tout autre procédé.

Mais il ne suffit pas de faire des mesures, il faut faire de bonnes mesures. Il n'est pas seulement inutile, il est nuisible d'encombrer les périodiques de résultats qui s'évanouissent à la première vérification sérieuse et qui nécessitent de grandes pertes de temps, de la part d'un travailleur consciencieux, pour ramener à la réalité des théories d'autant plus séduisantes parfois qu'elles sont plus erronées.

La science des mesures est une des plus délicates, c'est surtout dans sa pratique que se distingue le bon expérimentateur. Étant donnée son importance je vais entrer dans quelques détails. Il ne suffit pas d'avoir sur cette question des notions approximatives et vagues. Il est indispensable d'avoir des idées précises non seulement pour l'homme de laboratoire, mais pour tout lecteur s'il veut pouvoir faire, en bonne connaissance de cause, la critique scientifique d'un travail qu'il étudie.

Faire une mesure, c'est déterminer le rapport qui existe entre une certaine grandeur et une autre grandeur de même espèce prise pour unité.

Si, par exemple, on veut mesurer une longueur, on la compare à une certaine longueur prise pour unité, qui, en France, est le mètre, et on cherche quel est le rapport entre cette longueur à mesurer et le mètre. Le rapport sera la mesure. Elle sera de 3, 4, 5, etc., suivant que le rapport est lui-même de 3, 4, 5, etc., c'est-à-dire suivant qu'elle contiendra 3, 4, 5, etc., fois le mètre.

Au lieu de se servir du mètre on aurait pu prendre une autre longueur comme unité, par exemple le pied anglais, on aurait alors trouvé d'autres mesures. C'est pourquoi il ne suffit pas de donner la mesure d'une grandeur, il faut indiquer quelle est l'unité dont on s'est servi et l'on dira alors qu'une longueur a 3, 4, etc., mètres ou 3, 4, etc., pieds, ou 3, 4, etc., yards et ainsi de suite.

Il y aurait grand intérêt à ce que toutes les mesures de même espèce se fissent avec la même unité; ainsi, pour rester dans l'exemple que nous avons choisi, que toutes les mesures de longueur se fissent avec le mètre. On conçoit en effet que cela faciliterait beaucoup les comparaisons entre les observations des divers auteurs, et, par suite de l'habitude que l'on prendrait de l'unité, on se rendrait plus facilement compte de la valeur des grandeurs.

Je lis dans un livre anglais qu'un homme a une taille de cinq pieds sept pouces, je ne me figure nullement s'il est grand ou petit, supérieur ou inférieur à la moyenne. Je cherche dans une table et je trouve que le pied anglais vaut 0 m. 305 et le pouce 0 m. 025. A l'aide de deux multiplications et d'une addition, j'obtiens 1 m. 81 et c'est alors seulement que je puis me figurer la taille de cet homme. Même embarras si on me dit que la façade d'une maison est de 18 yards ou la capacité d'un tonneau de 50 gallons. La plupart des peuples civilisés ont maintenant adopté les unités du système métrique, et même dans les pays où, pour des raisons d'amour-propre mal placé, l'ensemble des populations, ou les pouvoirs publics, sont encore réfractaires, les savants n'emploient plus guère qu'elles et ne cessent de demander leur adoption.

Pour mesurer une espèce de grandeur, il faut donc avant tout choisir une unité, puis comparer les grandeurs à mesurer à cette unité.

Nous allons examiner successivement ces deux questions.

Du choix des unités et de leur emploi. — Nous avons dit que pour chaque espèce de grandeur il faut prendre comme unité une certaine grandeur de même espèce adoptée une fois pour toutes. Ainsi, pour mesurer les longueurs, nous prendrons pour unité une certaine longueur qui sera le mètre; pour mesurer le temps, nous prendrons un certain temps, la seconde; pour mesurer les masses, nous prendrons le gramme et ainsi de suite.

Nous voyons immédiatement que les unités sont de deux espèces, suivant qu'elles peuvent se présenter matériellement ou non, ceci a une grande importance; au point de vue de la méthode que nous pourrons employer pour effectuer des mesures au moyen de ces unités.

Prenons l'unité de longueur ou l'unité de masse, elles seront représentées par la longueur d'une tige ou la masse d'un morceau de métal, par exemple. Ces unités ont des représentations matérielles; nous les possédons en main lorsque nous voulons nous en servir.

Mais il n'en sera pas de même de l'unité de vitesse, de l'unité de temps, de l'unité de chaleur et de bien d'autres. Il n'est pas possible de représenter matériellement une vitesse.

Nous sommes alors obligés de nous contenter de définir ces unités.

Nous dirons par exemple : Un point possède l'unité de vitesse quand il se déplace uniformément d'un mètre par seconde. Nous dirons aussi que nous avons communiqué l'unité de chaleur à un corps, quand cette chaleur sera suffisante pour élever d'un degré centigrade la température d'un kilogramme d'eau. Certaines de ces unités sont susceptibles d'une définition très simples; telle l'unité de vitesse. D'autres, au contraire, comme des unités électriques, nécessitent la connaissance approfondie des lois de la physique. Nous nous occuperons plus spécialement des diverses unités lors de l'étude de chaque phénomène en particulier.

Certains systèmes d'unité, comme le système anglais, ont non seulement l'inconvénient de s'écarter du système le plus généralement adopté, mais encore de porter en eux-mêmes une cause d'infériorité; ils ne sont pas décimaux.

Dans le système métrique une unité quelconque; et nous continuerons à prendre pour exemple le mètre; a pour multiples ou sous-multiples des valeurs décimales, c'est-à-dire valant 10 fois, 100 fois, etc., plus ou moins que le mètre. Il en résulte, qu'une mesure quelconque, faite au moyen du mètre, peut s'écrire par un seul nombre suivant la méthode adoptée en arithmétique par tous les peuples. Une telle mesure en mètres sera par exemple exprimée par le nombre 315,64, qui se prête facilement à la combinaison avec d'autres nombres analogues, et en général aux opérations arithmétiques. Une seule mesure, celle des temps, fait exception; elle comporte des secondes, des minutes, des heures. Aussi l'on sait combien se compliquent alors les opérations. Prenons la plus simple, l'addition. Pour ajouter 2 heures 27 minutes 33 secondes à 1 heure 38 minutes 44 secondes, il faut faire toute une série d'opérations, uniquement parce que l'heure, la minute et la seconde ne sont pas décimales l'une par rapport à l'autre.

Les anciennes mesures françaises avaient le même inconvénient pour toutes les espèces de grandeur, et la décimalisation fut un des grands avantages du système métrique.

Actuellement les mesures anglaises ont conservé ce caractère d'infériorité. Il suffit pour s'en convaincre d'ajouter 5 pieds 7 pouces 8 lignes à 4 pieds 8 pouces 9 lignes. On ne trouve 10 pieds 4 pouces 5 lignes qu'au prix d'une série d'opérations alors que pour ajouter 2 m. 32 à 5 m. 89 on trouve 8 m. 21 par une seule addition.

Mais il ne suffit pas de prendre une unité universellement adoptée et de lui appliquer le système décimal; un petit nombre d'unités seulement peuvent être choisies arbitrairement, les autres s'imposent comme nous allons le voir dans la suite.

Les unités choisies arbitrairement sont au nombre de trois, celles de longueur, de masse et de temps. On a pu les choisir arbitrairement parce qu'elles sont tout à fait indépendantes l'une de l'autre.

L'unité de longueur sera le mètre, un multiple ou sous-multiple décimal du mètre.

L'unité de masse sera la masse du gramme, un multiple ou sous-multiple décimal de ce gramme.

L'unité de temps sera la seconde.

Ces trois unités sont ce que l'on appelle les unités principales. Les autres seront les unités dérivées; elles dépendent des précédentes, comme on le verra plus loin.

Les longueurs se compareront au mètre d'après des procédés variables que nous ne pouvons tous décrire ici. La méthode la plus simple consiste à placer la longueur à mesurer contre une règle divisée et à déterminer ainsi cette longueur par comparaison directe. Mais il y a des cas où cette méthode n'est pas applicable, où il faut se servir de viseurs, de cathétomètres, etc. Chacun de ces cas doit faire l'objet d'études particulières.

Les masses se comparent à l'unité de masse à l'aide d'une balance, d'un dynamomètre, d'un aréomètre.

Le temps qui s'écoule se détermine par le mouvement d'une aiguille sur le cadran d'une horloge ou d'une montre dont la régularité est donnée soit par les oscillations d'un pendule, soit par celles d'un balancier.

Passons maintenant aux unités dérivées et à leur emploi. Nous prendrons comme exemple la mesure des volumes. Il peut arriver que cette mesure se fasse d'une façon très simple; cela a lieu lorsque l'on veut déterminer la valeur d'une certaine quantité de liquide contenue dans un vase. On peut alors se servir d'un vase pris pour unité, contenant un litre par exemple, et chercher combien de fois on pourra remplir ce vase unité avec la masse liquide à évaluer. Mais souvent cette méthode n'est pas applicable et c'est alors que nous allons voir apparaître la relation entre l'unité dérivée et les unités principales.

Supposons que nous ayons à évaluer le volume d'un corps solide, d'un bloc de pierre, nous ne pouvons opérer comme pour le liquide; mais la géométrie nous apprend à faire cette détermination en mesurant certaines dimensions linéaires du bloc. Par exemple si c'est un parallélipipède, en mesurant la longueur, la largeur et la hauteur. On applique une formule, variable suivant la forme du bloc.

Cette formule contient en général des coefficients numériques qui en compliquent l'application. Ces coefficients disparaissent par un choix judicieux de l'unité de volume et les opérations sont alors simplifiées.

Nous allons rendre cela plus clair par un exemple. L'unité de longueur étant le mètre, supposons que l'on prenne pour unité de volume le pied cube et que l'on demande le volume d'un parallélipipède ayant 2 m. de long, 3 m. de large et 4 m. de haut.

La géométrie nous apprend que le volume sera donné par la formule.

$$V = 2 \times 3 \times 4 \times 29{,}41 = 705 \text{ p. c. } 84.$$

Il faut multiplier entre elles les trois dimensions, puis multiplier encore le résultat par 29,41. Ce nombre 29,41 est une constante, par laquelle il faudra toujours multiplier le produit des trois dimensions d'un parallélipipède, quand ces dimensions seront exprimées en mètres et que l'on voudra avoir le volume en pieds cubes.

Avec un autre choix pour l'unité de volume, ou l'unité de longueur, on aura un coefficient autre que 29,41. A chaque cas correspond un coefficient déterminé.

Si l'on prend le mètre pour unité de longueur et le mètre cube pour unité de volume, le coefficient se réduit à 1, la formule devient plus simple puisqu'en somme il suffit de faire le produit des trois nombres mesurant les arêtes du parallélipipède. On aura alors.

$$V = 2 \times 3 \times 4 = 24 \text{ mètres cubes.}$$

On voit donc que si les unités principales peuvent être choisies arbitrairement sans inconvénient, il n'en est pas de même des unités dérivées. Dans tous les systèmes où ce deuxième choix est également arbitraire il en résulte une complication dans les calculs. Ce n'est que par un choix judicieux que l'on est arrivé à la simplicité du système métrique, où toutes les unités autres que celles de longueur, de masse et de temps se sont imposées par la nécessité d'éviter l'introduction de coefficients inutiles dans les formules de mesure.

Nous verrons toutefois que les unités relatives aux mesures de chaleur n'ont pas encore été convenablement choisies.

Il faut être très circonspect et très attentif dans l'application pratique des formules, très souvent il s'introduit des erreurs parce que l'on n'a pas prêté assez d'attention aux unités avec lesquelles on a fait les mesures des diverses valeurs entrant dans ces formules. A cet égard il y a un principe absolu qu'il ne faut jamais perdre de vue, toutes les grandeurs de même espèce entrant dans une formule doivent être mesurées à l'aide de la même unité. Pour préciser il ne faudra pas introduire dans une formule des mesures de longueur en mètres et d'autres en centimètres ou en millimètres. Si l'on adopte le mètre, les surfaces seront exprimées en mètres carrés, les volumes en mètres cubes. Si on a pris le centimètre pour unité de longueur, les surfaces seront exprimées en centimètres carrés, les volumes en centimètres cubes, etc.

Tous ces détails paraissent évidents ou inutiles à signaler, mais l'expérience montre bientôt que les personnes n'ayant pas une grande habitude de l'application numérique des formules commettent à ce sujet de fréquentes erreurs et éprouvent bien des mécomptes.

II. — ERREURS

Erreurs absolues et erreurs relatives. — Quel que soit le soin apporté dans l'exécution d'une mesure, on ne l'obtient jamais avec une précision absolue. Celles qui peuvent être citées comme le modèle le plus parfait et qui sont exécutées par les physiciens, les astronomes et les géodésiens sont elles-mêmes entachées d'erreurs parfois minimes, mais qu'il est impossible d'écarter complètement.

Les mesures que l'on fait dans les sciences biologiques sont loin de comporter une aussi grande précision, il faut même dire qu'elle serait aussi inutile qu'illusoire. S'il est important de déterminer de la façon la plus rigoureuse le moment du passage d'une étoile au méridien ou la longueur d'une base de triangulation, et de tenir compte dans les éléments de leur calcul de toutes les causes de perturbation, il serait aussi impossible que dénué d'intérêt de chercher à opérer de même pour la durée de la vie d'un animal ou pour la dimension d'un de ses organes. Le propre d'un expérimentateur doué de jugement est, non pas de rechercher la précision la plus grande à laquelle il puisse arriver dans une expérience particulière, mais d'atteindre la précision utile. Ici il est impossible de donner une indication quelconque, il appartient à chacun de fixer l'approximation nécessaire pour le but qu'il se propose.

Prenons comme exemple la durée d'existence des animaux. Si nous voulons déterminer l'étendue de la vie moyenne d'une race de chiens dans les conditions normales d'existence, il nous suffira de noter, pour un grand nombre d'individus, la durée d'existence à un mois près au maximum, car sans aucune cause apparente, les écarts d'une observation à l'autre dépasseront cette erreur et nous arriverons à une moyenne qui pourra être quinze ans quatre mois, valeur très suffisamment approchée puisque tel individu pourra parfaitement mourir six mois plus tôt ou plus tard et même davantage.

Supposons maintenant que nous désirions connaître la durée de survie de chiens après une intoxication lente déterminée. Il nous faudra une plus grande précision, cette survie se mesurera par jours. Si l'intoxication est plus rapide, il faudra noter les heures; dans certains cas nous arriverons aux minutes et peut-être aux secondes.

Nous voyons donc combien toutes ces choses sont variables, et combien le jugement de l'observateur intervient pour la détermination de la précision à rechercher. Toutefois la notion d'erreur relative que nous exposerons plus loin peut nous guider dans la valeur de l'approximation utile.

J'ai pris comme exemple un cas simple et se prêtant facilement à l'exposition, mais nous nous trouverons en présence des mêmes hésitations chaque fois que nous ferons une mesure en biologie, que ce soit la détermination de la chaleur dégagée par un animal, des gaz de sa respiration, de l'excrétion urinaire ou autre, de l'évaluation de la toxicité d'un produit chimique ou de la grandeur d'une décharge électrique nécessaire pour exciter un nerf.

Un phénomène biologique se produisant dans des conditions en apparence identiques, comporte certains écarts dus à des perturbations sur lesquelles nous n'avons aucune action, et provenant de ce que l'on appelle les différences individuelles des sujets sur lesquels on opère. Dans les mesures que l'on fera, on pourra en général négliger les erreurs de même ordre que ces différences individuelles, ou mieux d'ordre un peu inférieur. Ainsi, si dans une série d'analyses de gaz de la respiration correspondant aux mêmes conditions, on trouve, dans un volume donné d'air, des quantités d'acide carbonique variant de 30-36 cm^3; la moyenne sera 33, les écarts seront de 3 cm^3, et l'on aura une précision suffisante en faisant les analyses avec une approximation de 1 cm^3.

Toutefois si dans les expériences de physiologie une précision exagérée n'est en général pas nécessaire, il est au contraire indispensable d'être renseigné sur la nature et l'importance des erreurs que l'on commet.

A ce point de vue il faut distinguer diverses sortes d'erreurs.

En premier lieu nous avons *les erreurs absolues* et *les erreurs relatives*.

Ce sont ces dernières qui sont surtout intéressantes. Prenons encore comme exemple les mesures de longueur; nous commettons, avons-nous dit, sur ces mesures certaines erreurs. L'écart entre la valeur que nous trouvons dans chaque détermination et celle que nous devrions trouver constitue *l'erreur absolue* de la mesure. Par exemple une longueur a 1 m., nous devrons trouver 1 m.; mais notre mesure nous donnera 0,99, l'erreur absolue de cette mesure sera de 0,01 cm. *par défaut*, notre mesure est trop courte. Dans une autre mesure nous obtiendrons 1 m. 02. L'erreur sera de 0,02 cm. *par excès*, notre mesure sera trop grande.

Nous avons parfaitement la notion qu'avec de pareilles mesures, notre détermination ne sera pas bonne, en général les mesures de longueur se font avec plus de précision.

Supposons maintenant que nous fassions des mesures de longueur sur une route et que nous cherchions à déterminer un hectomètre; il se pourra que nous ayons les mêmes erreurs absolues 0,01 par défaut ou 0,02 par excès, mais ces erreurs nous paraîtront très acceptables étant donnée la grandeur à mesurer, la détermination sera bonne.

Elle sera très bonne si nous commettons les mêmes erreurs absolues sur la mesure d'un kilomètre, excellente si nous opérons sur myriamètre. Autrement dit, une même erreur absolue diminue d'importance d'autant plus que la grandeur à mesurer croît davantage. C'est ainsi que s'introduit la notion *d'erreur relative*.

L'erreur relative est égale à l'erreur absolue divisée par la valeur de la grandeur à mesurer. Ainsi, dans les cas que nous venons d'examiner, les erreurs relatives par défaut sont respectivement $\frac{0,01}{1}$, $\frac{0,01}{100}$, etc., ou, en fractions décimales : 0,01, 0,0001, 0,00001, 0,000001. On voit que l'erreur absolue étant la même, les erreurs relatives deviennent d'autant plus petites que la grandeur à mesurer est plus considérable.

Nous devons faire une distinction entre les grandeurs des erreurs relatives que nous pouvons tolérer, suivant la nature des phénomènes que nous étudions.

S'il s'agit d'opérations du genre de celles qui sont exécutées au Bureau international des poids et mesures, on cherche à pousser la précision jusqu'aux extrêmes limites. Les expérimentateurs sont alors maîtres de toutes les conditions qui peuvent influer sur les résultats, aussi arrivent-ils à déterminer la longueur d'une règle divisée ou le poids d'un corps avec une exactitude remarquable.

Dans les expériences de physiologie il ne peut être question d'atteindre une pareille précision. Les conditions dans lesquelles nous nous trouvons alors sont trop complexes, un grand nombre d'entre elles échappent à notre appréciation, et il s'introduit, du fait des différences entre les animaux sur lesquels nous opérons, des erreurs sur lesquelles nous n'avons aucune prise; aussi devons-nous nous contenter d'approximations beaucoup moindres.

Il est impossible de fixer la limite des erreurs permises dans ce genre de recherches, toutefois nous pouvons dire d'une façon approximative que chaque fois que la matière vivante est en jeu, on ne peut, dans le résultat final, espérer des erreurs relatives de $\frac{1}{100}$, souvent on est obligé de se contenter du $\frac{1}{10}$; $\frac{1}{20}$ ou $\frac{1}{30}$ sont des résultats extrêmement satisfaisants.

Une des principales difficultés auxquelles nous nous heurtons dans les sciences biologiques est l'impossibilité où nous nous trouvons de faire la séparation des variables, opération absolument indispensable à toute mesure de précision. Nous allons expliquer cela en prenant un exemple de physique pure.

Supposons que l'on veuille étudier la relation qui existe entre le volume d'un gaz et sa pression, c'est-à-dire la loi de Mariotte. Nous savons que le volume de ce gaz dépend de deux variables, la pression dont nous voulons étudier les effets, et la température. Nous devons dans nos expériences laisser la température absolument constante et ne faire varier que la pression, faute de quoi nos observations seront entachées d'erreur. En ne faisant varier que la pression nous aurons fait ce qu'on appelle, *séparer cette variable.*

Prenons maintenant un exemple dans la biologie Supposons que l'on veuille étudier la loi de consommation de l'oxygène d'un animal quand la température varie : nous devons faire des déterminations d'oxygène, la température variant seule, ce sera la variable séparée; en dehors d'elle il faudra laisser constants l'alimentation, l'état de repos ou de mouvement, etc. Autrement dit, il faudra que l'animal se trouve toujours absolument dans le même état. C'est cette condition qu'il est pour ainsi dire impossible de réaliser dans les sciences biologiques; jamais on ne trouve deux animaux identiques pour faire des expériences comparatives, et même jamais un même animal ne se trouve dans les mêmes conditions, à deux moments différents. Il n'y a qu'un moyen de se tirer de cette difficulté, il faut répéter la même expérience un grand nombre de fois et prendre une moyenne, pour éliminer, ou tout au moins diminuer, les effets des causes accidentelles sur lesquelles nous n'avons pas d'action.

Méthode des moyennes. Erreurs accidentelles et erreurs systématiques. — Comme il vient d'être dit, il ne suffit jamais, dans les expériences de physiologie, de faire une recherche une seule fois, surtout dans les cas où il peut s'introduire des différences qui échappent à nos moyens d'investigation, par exemple celles qui tiennent aux animaux sur lesquels nous expérimentons.

Lorsque l'on a obtenu les résultats provenant d'un certain nombre d'expériences, on en fait la moyenne, et cette moyenne est considérée comme un résultat plus approché de la vraie valeur que chacun des résultats partiels.

Voici le principe sur lequel est basée cette méthode. Considérons une longueur, un mètre par exemple, et cherchons à déterminer cette longueur. Comme nos procédés et nos sens ne sont pas parfaits, nous ferons une certaine erreur sur cette détermination, et nous trouverons une valeur un peu trop petite. Dans une autre détermination de la même longueur, nous trouverons une valeur un peu trop grande; et ainsi de suite. L'expérience prouve que, sauf certains cas spéciaux que nous envisagerons tout à l'heure, les mesures se partagent à peu près également en mesures trop grandes et mesures trop petites. En faisant la somme de tous les résultats obtenus, les erreurs se compensent plus ou moins, et se détruisent d'autant plus que le nombre de résultats que l'on ajoute est plus grand. La somme est, par suite d'autant plus voisine de celle qu'elle devrait être, c'est-à-dire de celle qu'elle serait si l'on n'avait commis aucune erreur. Il en résulte qu'en prenant la moyenne de tous les résultats obtenus, on a une valeur s'approchant d'autant plus de la valeur réelle que le nombre de résultats partiels est plus grand. Les erreurs dont sont entachés ces résultats partiels sont ce que l'on appelle *des erreurs accidentelles*, elles ne dépendent que d'un manque de perfection de nos sens et de nos méthodes, et sont indifféremment par défaut et par excès. En faisant la différence entre le résultat obtenu par la moyenne et chacun des résultats partiels, on obtient les erreurs de ces résultats partiels.

Il faut bien insister sur le fait que cette méthode est d'autant meilleure que le nombre d'observations est plus grand ; ce n'est que dans ces conditions que les erreurs se partagent à peu près également, et que leur influence dans la moyenne disparaît. Ceci est facile à comprendre par une comparaison.

Prenons un sou et lançons-le en l'air, il retombera, par exemple, face. Il pourra arriver que deux ou trois fois de suite il retombe face, et si l'on se bornait à ces deux ou trois expériences, on trouverait que la proportion de chute côté face est de 100 p. 100.

Faisons maintenant dix expériences, nous trouverons peut-être 6 faces et 4 piles, la proportion de faces sera 60 p. 100.

Pour 100 expériences, on aura 55 faces et 45 piles, la proportion sera 55 p. 100.

Et ainsi de suite, on se rapprochera de plus en plus, comme le prouve l'expérience, de la probabilité d'une proportion 50 p. 100.

Mais pour cela il ne faut pas qu'il y ait une cause donnant à la pièce une tendance plus grande à tomber d'un côté que de l'autre. Il ne faut pas d'une façon générale que l'expérience soit entachée de ce que l'on appelle une *erreur systématique*.

Nous allons prendre l'erreur systématique sous sa forme la plus simple.

On veut faire des mesures de longueur, et l'on se sert pour cela d'une règle divisée. Admettons que cette règle ait perdu un centimètre du côté de son zéro, chaque fois que nous lisons une longueur, le chiffre lu aura un centimètre de trop par le seul fait de ce défaut. Ce centimètre en trop sera une erreur systématique ; chaque mesure sera entachée de cette erreur, même en admettant qu'en dehors de cela elle soit exécutée d'une façon parfaite. Dans la moyenne, cette erreur subsistera quel que soit le nombre des observations faites.

L'erreur systématique est l'erreur la plus grave que l'on puisse faire dans les expériences. — Dans l'exemple que j'ai cité, elle apparaît clairement et il semble presque inutile d'attirer l'attention sur elle, et cependant c'est une des plus répandues, car elle échappe facilement à celui qui n'a pas la grande habitude du laboratoire et le soin le plus minutieux de sa technique. C'est à cause d'elle que les mémoires scientifiques sont encombrés de chiffres sans valeur, ne résistant pas au premier contrôle sérieux. Pour ne rester que dans les erreurs les plus grossières, combien n'y a-t-il pas dans les laboratoires de thermomètres dont le zéro s'est déplacé, de poids erronés, de seringues mal calibrées, de liqueurs mal titrées.

Pour faire de bonnes expériences, il n'est pas toujours nécessaire en Physiologie d'avoir des méthodes de haute précision, mais il est indispensable qu'elles ne comportent pas d'erreurs systématiques, et il faut toujours connaître l'erreur relative accidentelle qu'elles peuvent entraîner. Cette erreur relative doit être inférieure à celles qui s'introduisent par suite des différences individuelles entre les divers animaux sur lesquels on opère. Dans ces conditions, en répétant la même expérience un certain nombre de fois, et prenant la moyenne des résultats, on obtient de bonnes mesures. Les écarts entre la moyenne et chaque observation isolée, donneront l'erreur portant sur chacune de ces observations. Donnons, pour terminer, un exemple de cette méthode.

Supposons que l'on veuille déterminer la quantité d'oxygène consommée par un homme en un jour. Par une méthode sur laquelle il n'y a pas lieu d'insister ici, on fera des dosages aux différentes heures de la journée et l'on obtiendra par addition pour 20 jours successifs une série de nombres portés dans la 2e colonne du tableau ci-après :

	Oxygène absorbé.	Écarts avec la moyenne.
	—	—
1re journée	744 grammes	+ 0,4
2 —	743 —	— 0,6
3 —	741 —	— 2,6
4 —	745 —	+ 1,4
5 —	748 —	+ 4,4
6 —	751 —	+ 7,4
7 —	746 —	+ 2,4
8 —	741 —	— 2,6
9 —	738 —	— 5,6
10 —	737 —	— 6,6
11 —	742 —	— 1,6
12 —	748 —	+ 4,4
13 —	752 —	+ 8,4
14 —	746 —	+ 2,4
15 —	741 —	— 2,6
16 —	736 —	— 7,6
17 —	739 —	— 4,6
18 —	744 —	+ 0,4
19 —	751 —	+ 7,4
20 —	746 —	+ 2,4
Total	14 879 grammes	
Moyenne.	743 gr. 6	

Une expérience de ce genre n'aurait de valeur que si l'on supposait la personne soumise à l'expérience placée autant que possible dans les mêmes conditions et conservant la même alimentation. On arriverait alors à ce résultat que cet homme cosomme en moyenne 743 g. 6 d'oxygène par 24 heures avec des écarts figurés dans la 3e colonne du tableau, ne dépassant pas 8 g. 4 en plus ou 7 g. 6 en moins de la moyenne. En faisant une observation dans les mêmes conditions un jour quelconque, on trouverait presque à coup sûr un chiffre intermédiaire entre 736 g. et 751 g. et le plus souvent il serait plus voisin encore de 743 g. 6.

III. — REPRÉSENTATION DES RÉSULTATS

Les tableaux numériques et les courbes. — Lorsque, à la suite d'une série d'expériences ou d'observations, on a obtenu certains résultats numériques, on réunit généralement ces résultats en un tableau en portant dans une première colonne la valeur de la variable, et dans une seconde les valeurs correspondantes de la grandeur étudiée. Par exemple, la première colonne contiendra les diverses valeurs de la pression exercée sur un volume gazeux, la seconde les valeurs correspondantes des volumes. Ou bien encore la première colonne contiendra les températures d'un liquide, la seconde, les tensions de vapeur correspondantes. Prenons encore un exemple tiré de la biologie, la première colonne contiendra l'indication des temps (jours ou heures), la seconde, les températures correspondantes d'un malade ou d'un animal.

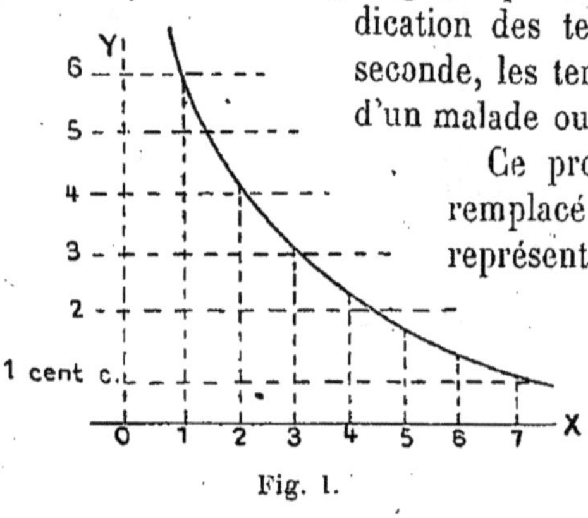

Fig. 1.

Ce procédé est avantageusement remplacé par un autre consistant à représenter le phénomène par une courbe. On trace deux axes rectangulaires, l'un *ox* dit axe des abscisses, l'autre *oy* dit axe des ordonnées. Sur l'axe des abscisses à partir de *o*, on porte les diverses valeurs de la première colonne contenant la variable, en prenant pour unité une longueur arbitraire. Par exemple, s'il s'agit de représenter la variation de volume d'un gaz quand la pression varie, on représentera 1 atmosphère par 1 cm. porté en suivant *ox* à partir de *o* ; 2 atmosphères seront représentées par 2 cm. et ainsi de suite. Aux points obtenus ainsi 1, 2, 3,... on élève des ordonnées, parallèles à *oy*, et ayant une longueur proportionnelle au volume occupé par le gaz sous chaque pression, à l'aide d'une échelle que l'on choisira à volonté. Par exemple 1 cm. figurera 1 dm^3 ou 1 cm^3. On pourra ainsi reporter sur la figure une série de points en se servant du tableau des résultats numériques. En joignant tous ces points par un trait continu on obtient une courbe représentative du phénomène.

Voici les avantages de ce système de représentation :

1° Tous les résultats du tableau numérique se trouvent sur la courbe. Si, par exemple, on veut connaître le volume du gaz à 5 atmosphères, il suffira de mesurer ou de lire la hauteur de l'ordonnée correspondant au chiffre 5 de l'axe des abcisses ; sachant le volume auquel correspond 1 cm. on aura le volume auquel correspond la longueur de l'ordonnée 5. Du reste, il est bon d'indiquer, comme le représente la figure, sur l'axe *oy* les différents volumes correspondant aux diverses hauteurs d'ordonnées.

2° Si l'on désire connaître le volume correspondant à une pression ne se trouvant pas sur le tableau, par exemple à 3, 2, on le lit directement sans calcul ; il suffit de prendre l'ordonnée correspondant à la division 3, 2 que l'on détermine approximativement ou même avec précision si l'on a eu soin de tracer la courbe sur un papier finement quadrillé, préparé dans ce but, et se trouvant dans le commerce. Ce papier est divisé par centimètre à l'aide de traits accentués, et chaque centimètre est subdivisé en millimètres par des lignes plus fines.

3° On peut facilement résoudre le problème inverse du premier. Connaissant un volume, trouver la pression correspondante. Il suffit pour cela de chercher l'ordonnée ayant la longueur voulue, et de lire à quelle abscisse elle correspond.

4° Enfin un grand avantage est que, du premier coup, on embrasse l'allure générale du phénomène étudié.

Considérons, par exemple la figure 2, représentant graphiquement la variation de taille et de poids d'un enfant, on y voit immédiatement tous les accidents qui se produisent, et la rapidité avec laquelle le poids et la taille varient ; aucun tableau numérique ne pourrait donner cette impression, il nécessiterait tout un travail pour rechercher, par exemple, si l'accroissement est plus rapide dans un mois que dans un autre.

Ce système de représentation se recommande toutes les fois que l'on veux exprimer les variations d'une grandeur correspondant aux variations d'une autre grandeur. Lui seul permet de suivre l'allure d'un phénomène enfoui dans les tableaux de chiffres. Il suffit, pour se convaincre de cela, de comparer les courbes de la figure 2 avec un tableau de chiffres représentant les mêmes phénomènes. On jugera de ce qui peut arriver quand ces tableaux se multiplient. Bowditch a fait une série d'études sur la croissance et l'augmentation de poids des enfants soumis à différentes conditions d'existence, et en a tiré des conclusions très importantes; mais il

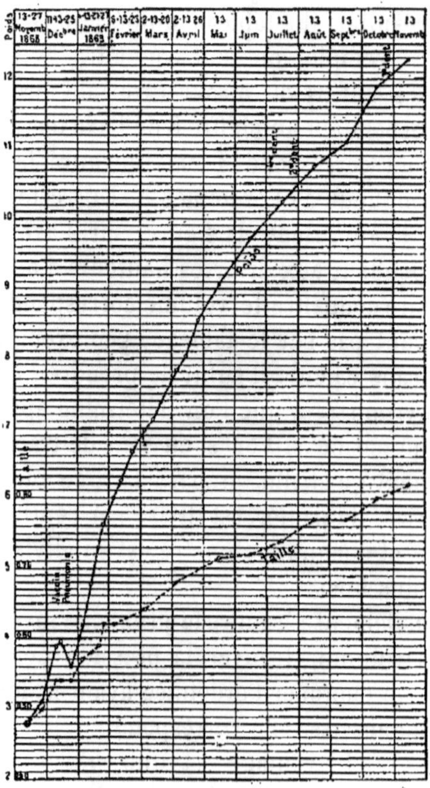

Fig. 2. — Courbes de l'accroissement du poids et de la taille de Jean Lorain pendant la 1re année.

n'a pu arriver à ce résultat que grâce à la représentation par courbes, jamais il n'aurait pu autrement dégager une loi de la foule des chiffres qu'il avait à sa disposition.

PREMIÈRE PARTIE

MÉCANIQUE

I

PRINCIPES GÉNÉRAUX DE MÉCANIQUE

Le repos et le mouvement.

Un corps peut se trouver à l'état de repos ou à l'état de mouvement.

Considérons un corps assez petit pour pouvoir être assimilé à un point : lorsque ce corps se déplacera dans l'espace, il décrira une courbe que l'on appelle la trajectoire du corps. Si le corps a des dimensions plus grandes, chacun de ses points aura sa trajectoire spéciale.

Ces trajectoires peuvent affecter les formes les plus diverses, depuis la ligne droite jusqu'à la courbe la plus compliquée. L'étude de ces formes comprend ce que l'on appelle la *Géométrie*.

Mais là connaissance de la trajectoire d'un point ne donne qu'une idée très incomplète de son mouvement. Pour mieux le faire comprendre, prenons un exemple. Lorsqu'un petit corps tombe en chute libre, il décrit une droite; sommes-nous par cette connaissance complètement renseignés sur le mouvement du corps? Il n'en est rien; il faut encore savoir en quel point de sa trajectoire le corps se trouve aux différents moments de sa course. De même, si un train parcourt la ligne de chemin de fer de Paris-Marseille, la connaissance du trajet de la ligne ne nous suffit pas, il faut avoir l'horaire du train. — Nous voyons donc intervenir un élément nouveau, le temps, nous passons de la Géométrie à la Mécanique.

La Mécanique elle-même comprend plusieurs parties :

Il faut étudier le mouvement des corps sans s'occuper des causes de ce mouvement : cette étude constitue la *Cinématique*.

Les corps matériels sont soumis à l'action de ce que l'on appelle les forces; l'étude de ces forces et de leurs effets constitue la *Statique* lorsque les corps sont au repos, la *Dynamique* lorsqu'ils se meuvent sous l'action des forces.

Cinématique.

Mouvement uniforme. — Considérons un point se déplaçant en ligne droite. Le cas le plus simple qui puisse se présenter, est qu'à un moment quelconque de l'observation, les espaces parcourus soient égaux dans les temps égaux, c'est-à-dire qu'il faille toujours le même temps pour parcourir un mètre par exemple, quel que soit le moment où nous observions le corps. On dit alors que le mouvement est uniforme. Ainsi un train lancé sur une voie en ligne droite et parcourant 1 km. par minute est dit animé d'un mouvement uniforme.

On appelle vitesse d'un point en mouvement uniforme la longueur du chemin parcouru dans l'unité de temps. On dit qu'une balle de fusil a une vitesse de 500 m. à la seconde, un train une vitesse de 1 km. à la minute, une voiture de 12 km. à l'heure, etc.

Mouvement varié. — Mais il arrive très souvent qu'il n'en soit pas ainsi. Une voiture roulant sur une route droite peut avoir une allure très variable; de même, si nous lançons un corps de bas en haut suivant une verticale, même sans observation précise, nous remarquons qu'il met moins de temps à franchir 1 mètre au bas de sa trajectoire qu'au haut. Dans ces cas, le mouvement est dit varié.

La notion de vitesse se complique alors un peu, et pour bien comprendre ce que l'on entend par vitesse dans le mouvement varié, revenons un instant au mouvement uniforme. L'unité de temps généralement adoptée dans la mesure des vitesses est la seconde; dans ces conditions et pour un mouvement uniforme, il faudra mesurer l'espace parcouru par le corps en une seconde. Pratiquement, il est souvent impossible de faire cette mesure pendant une seconde, mais une durée d'observation quelconque rendra les mêmes services. Supposons, en effet, que l'observation ait duré 10 secondes, il suffira de diviser la longueur mesurée par 10 pour avoir la vitesse par seconde; d'une manière générale, dans chaque cas on aura la vitesse du mouvement uniforme en divisant la longueur du chemin parcouru par le nombre de secondes exigées pour ce parcours. Bien entendu, il arrive parfois que l'observation dure moins d'une seconde, mais cela ne change rien à la règle que nous venons de poser. Ce cas se présente généralement pour les grandes vitesses lorsqu'une petite étendue de la trajectoire est seule accessible, ainsi lorsqu'on mesure la vitesse des projectiles à la sortie de la bouche à feu, ou la vitesse de l'onde musculaire, ou encore la vitesse de propagation de l'influx nerveux.

Passons maintenant au mouvement varié. Pour fixer les idées, considérons un tramway parcourant une voie idéale de 10 km. en ligne droite et employant une heure à faire ce parcours. Si le mouvement était uniforme, nous aurions sa vitesse en divisant le chemin parcouru par le temps; on obtiendrait ainsi une vitesse de 2 m. 20 environ à la seconde. Ce chiffre exprime ce que l'on appelle la vitesse moyenne du corps, mais cela ne veut nullement dire qu'en un point quelconque de la voie, le tramway parcourait 2 m. 80 par seconde : par moment il franchissait plus, par moment moins; on peut même supposer des arrêts. Mais plaçons-nous en un point du parcours, mesurons une longueur de 100 m., par exemple, et comptons le temps nécessaire pour que le tramway la franchisse, nous déduirons de cette observation une certaine vitesse moyenne pour ces 100 m. Faisons la même expérience avec des distances de plus en plus petites, nous arriverons à considérer la vitesse moyenne au point où nous nous trouvons, sur 1 m., 1 dm., 1 cm., etc. Or si cet espace parcouru est assez petit, nous pouvons admettre qu'en le traversant la vitesse du corps n'a pas varié, et nous disons que, par définition, la vitesse du corps à l'endroit où nous nous trouvons est la vitesse moyenne tirée d'une observation de très courte durée. C'est la vitesse que prendrait le corps si, à partir du point d'observation, le mouvement devenait uniforme.

Donc, pratiquement, si l'on veut connaître la vitesse à un moment donné d'un corps en mouvement varié, il faut faire une observation sur un parcours assez restreint pour que dans cet espace on puisse considérer le mouvement comme uniforme.

Ainsi, quand un projectile sort du canon, il prend une certaine vitesse qui va en diminuant; pour mesurer la vitesse initiale, c'est-à-dire la vitesse au commencement de la trajectoire, on fait cette mesure sur un parcours d'un mètre environ pendant lequel il n'y a pas encore eu de diminution.

Mouvement uniformément varié. — Parmi les divers mouvements variés, il en est un particulièrement intéressant, c'est celui pour lequel cette variation se produit régulièrement; dans des temps égaux, la vitesse augmente ou diminue de quantités égales. L'exemple classique est celui du mouvement d'un corps en chute libre. L'expérience montre que si on observe un pareil corps au bout de 1 seconde, 2 secondes, 3 secondes, etc., sa vitesse augmente d'une même quantité chaque fois qu'une nouvelle seconde s'écoule. Ainsi, en supposant négligeable la résistance de l'air et mesurant la vitesse d'un corps en chute libre au bout de la première seconde de chute, on trouve qu'elle est de 9 m. 808 par seconde; si, maintenant, à un moment quelconque, nous mesurons cette vitesse, puis encore une seconde plus tard, nous pourrons constater que pendant ce laps de temps la vitesse du corps a augmenté de 9 m. 808 par seconde. Le mouvement, dont la vitesse va ainsi en augmentant régulièrement, est dit uniformément accéléré.

Mais il pourra arriver qu'un corps soumis à l'influence de la pesanteur soit lancé verticalement de bas en haut; sa vitesse, au lieu d'aller en croissant, diminuera sans cesse jusqu'à venir à zéro. A partir de ce moment, le corps cessera de s'élever; nous pourrons trouver par l'expérience que, dans ce cas, la variation de la vitesse est encore constante. Chaque fois qu'une seconde s'écoule, la vitesse diminue de 9 m. 808; nous avons affaire à un mouvement uniformément retardé.

On représente conventionnellement la vitesse d'un point sur sa trajectoire par une flèche dont l'orientation indique la direction de la vitesse. Il en résulte que cette flèche doit être tangente à la trajectoire du corps. De plus, on donne à la flèche une longueur proportionnelle à la grandeur de la vitesse. Sur un dessin, une certaine longueur de flèche figurant une vitesse de 1 m. par seconde, une flèche deux fois, trois fois, dix fois plus longue représentera une vitesse de 2, 3, 10 m. par seconde.

Composition des mouvements. — Le déplacement d'un corps, par rapport au milieu immobile dans lequel il est placé, peut parfois ne pas apparaître immédiatement dans son exactitude.

Supposons que l'on se trouve en chemin de fer : on laisse tomber un corps; par l'effet de la pesanteur il se déplacerait de A en B (fig. 3); mais, pendant cette chute, le point A est venu en C par suite de la vitesse du train : on démontre qu'en ce moment le corps est en D. D'une façon générale si deux mouvements produisent simultanément leurs effets sur un corps, l'un de ces mouvements pouvant être représenté par *ab* (fig. 4), l'autre par *ac*, on a l'effet résultant en complétant le parallélogramme, dont *ac* et *ab* sont les côtés; le corps sera finalement en *d* sur la diagonale à l'extrémité opposée de son point de départ.

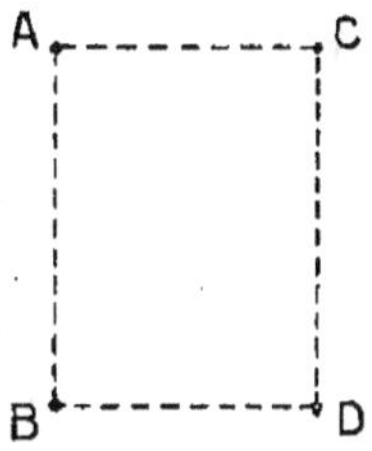

Fig. 3.

Cette règle de composition des mouvements se retrouve pour

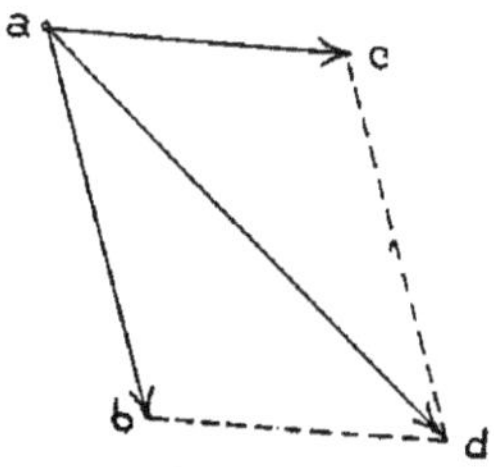

Fig. 4.

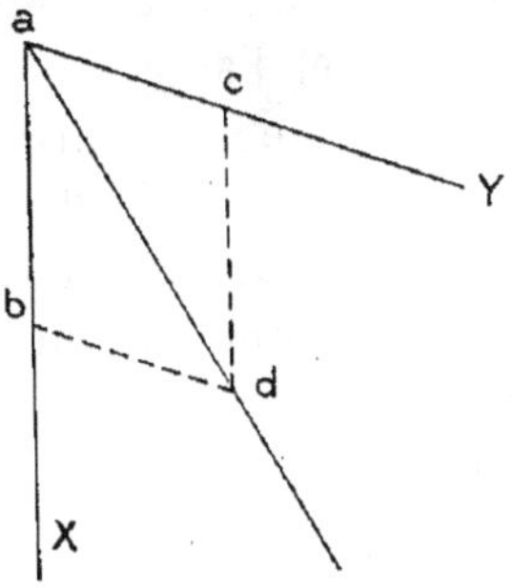

Fig. 5.

les vitesses. Si à un moment, une cause quelconque donne à un corps *a* une vitesse *ac* (fig. 4), une autre cause la vitesse *ab*, le corps aura finalement la vitesse résultante *ad*.

Inversement on peut décomposer un mouvement ou une vitesse suivant deux directions, c'est-à-dire sachant que le corps a un déplacement ou une vitesse *ad*, trouver deux mouvements ou deux vitesses dont la combinaison produit le même effet résultant, il suffit de construire un parallélogramme dont *ad* est la diagonale, les deux côtés seront les composantes cherchées.

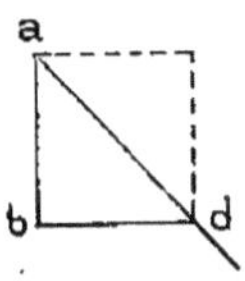

Fig. 6.

Exemples. On donne *ad* (fig. 5) et deux droites *ax*, *ay*, suivant lesquelles on veut que les composantes soient dirigées, on mène par *d* les parallèles *db* et *dc* à *ay* et *ax*, *ab* et *ac* seront les composantes cherchées.

Ou bien on donne *ad* (fig. 6) et une des composantes *ab*. On joint *db*; *db* est l'autre côté du parallélogramme et par suite l'autre composante.

Accélération. — Reprenons le cas d'un mouvement uniformément varié, par exemple celui du corps qui tombe en chute libre. Nous avons vu qu'à chaque seconde correspond une même augmentation de vitesse de 9 m. 808. Cette quantité, dont la vitesse s'accroît dans l'unité de temps, est ce que l'on nomme l'accélération du mouvement.

L'accélération peut être plus ou moins grande, et la vitesse ira, par suite, en croissant plus ou moins rapidement.

Il peut arriver que dans un mouvement varié la vitesse aille en diminuant; c'est ce qui se produit, par exemple, lorsqu'un corps pesant est lancé de bas en haut. Alors l'accélération agit en sens inverse de la direction du déplacement.

Dans l'un et l'autre cas, l'accélération dirigée dans le sens du mouvement ou en sens inverse, mais étant parallèle à la direction de ce mouvement, n'a d'autre effet que d'altérer la vitesse du corps en grandeur sans en modifier la direction.

On conçoit aisément que l'accélération d'un mouvement puisse ne pas être constante, mais qu'elle varie à chaque instant comme on a vu varier la vitesse.

Il se peut aussi, cela est même fréquent, que l'accélération ne se borne pas à changer la valeur de la vitesse, mais qu'elle en modifie la direction, cela revient à dire qu'à la vitesse du corps à un moment donné, s'ajoute ou se retranche une vitesse de direction différente.

Composition d'accélérations. — Les accélérations se représentent comme les vitesses, en grandeur et en direction, par des flèches, et d'après la manière dont nous avons établi l'existence de ces accélérations, on peut comprendre que leur règle de composition soit la même que la règle de composition des vitesses.

La force.

Principe de l'inertie. — Un corps matériel ne peut modifier son état de repos ou de mouvement, sans l'intervention d'une cause extérieure.

La première partie de ce principe se conçoit aisément : un corps au repos ne se met pas en mouvement spontanément, il faut qu'une cause extérieure agissant sur lui le déplace. Ainsi un poids posé sur le sol y restera indéfiniment immobile, s'il reste abandonné à lui-même.

La deuxième partie demande quelques explications. Lorsqu'un corps est en mouvement, à un instant donné il possède une certaine vitessse. S'il est absolument libre et soustrait à toute influence extérieure, l'observation montre que cette vitesse ne se modifie en rien, ni en grandeur ni en direction; par conséquent, ce corps conservera une vitesse constante, il parcourra une ligne droite d'un mouvement uniforme. Il n'aura aucune accélération. Pour modifier cet état de mouvement uniforme du corps, c'est-à-dire, pour modifier sa vitesse, il faut lui communiquer une certaine accélération, ainsi que nous l'avons vu plus haut; suivant les cas, et, selon cette accélération il ne se produira qu'un simple changement dans la grandeur de la vitesse, ou simultanément un changement dans la grandeur de cette vitesse et dans sa direction. Dans ce dernier cas la trajectoire du corps ne sera plus une ligne droite. Cette accélération que nous voyons intervenir ne se crée pas de rien, elle a une cause; cette cause nous est inconnue dans son essence même; on lui donne le nom de force. Ainsi donc, lorsque la force agit sur un corps libre elle lui communique une certaine accélération, ce qui met le corps en mouvement s'il était primitivement au repos, et modifie sa trajectoire et sa vitesse, s'il se déplaçait déjà.

Une pierre lancée dans l'espace se déplacerait en ligne droite d'un mouvement uniforme si la force d'attraction de la terre ne lui communiquait une certaine accélération, et sous cette influence la pierre décrit une courbe.

Nous venons de voir comment la notion de force s'introduit en mécanique : la force est la cause de l'accélération. Mais nous ne sommes nullement renseignés sur la nature de la force ; jamais il ne nous a été donné de la voir; nous ne la connaissons que par ses effets. De même que nous n'avons jamais vu de courant électrique et que nous ne connaissons son existence que par les effets qu'il produit : déviation de l'aiguille aimantée, décompositions chimiques, etc., de même nous ne connaissons la force que par l'accélération qu'elle produit.

Cependant pour pouvoir étudier les effets des forces, il faut que nous puissions les mesurer comme nous mesurons les courants.

Lorsque nous étudions les décompositions chimiques produites par le courant électrique, nous prenons le système de mesure le plus simple et nous disons qu'un courant est deux fois, trois fois, etc., dix fois plus intense qu'un autre courant pris comme unité, lorsque dans les mêmes circonstances ce premier courant produit une décomposition deux fois, trois fois, etc., dix fois plus grande que le deuxième.

Pour évaluer les forces que nous ne connaissons que par les accélérations, nous opérerons de même; lorsque nous verrons un même corps prendre une accélération deux fois, trois fois, etc., dix fois plus grande, nous dirons que la force qui agit sur lui est deux fois, trois fois, etc., dix fois plus grande.

Mais si un même corps soumis à une même force prend toujours la même accélération, et si ce même corps soumis à des forces différentes prend une accélération proportionnelle à la force, comme nous l'avons vu dans le paragraphe précédent, il n'en est plus de même quand on opère sur des corps différents; nous allons au contraire voir intervenir un nouvel élément des plus importants, la masse.

Admettons que nous puissions librement disposer d'une force constante et faisons-la exercer son action sur une série de corps; il pourra arriver que certains de ces corps prennent la même accélération : nous dirons qu'ils ont la même masse; ceux qui prendront des accélérations différentes auront des masses différentes. Pour simplifier, supposons que tous ces corps soient de même nature, qu'ils soient tous en cuivre par exemple; nous constaterons que ceux qui prennent la même accélération ont des volumes égaux, que les plus petits prennent l'accélération la plus grande, les plus grands l'accélération la plus petite. En un mot, par cette expérience nous pouvons prouver que, soumis à une même force, divers corps prennent une accélération en raison inverse de leur masse.

Pour donner à tous les corps la même accélération, il faut leur appliquer des forces proportionnelles à leur masse. Ainsi, tous les corps soumis à l'attraction terrestre, à une même distance du centre de la terre, prennent la même accélération parce que la force exercée par l'attraction de la terre est proportionnelle à la masse des corps attirés.

Donc, on admet par convention que la force est proportionnelle à l'accélération et l'expérience démontre qu'elle l'est aussi à la masse du corps qu'elle met en mouvement, toutes choses égales d'ailleurs.

Unités de force et de masse. — Avant d'aller plus loin, il faut choisir des unités nous permettant de mesurer les quantités que nous voulons étudier.

Comme toujours, ces unités sont des grandeurs de même espèce que les grandeurs à mesurer. En France, elles sont reliées au système métrique. Pour des raisons qu'il est inutile d'exposer ici, on a pris comme unité de masse la masse de 1 cm^3 d'eau distillée. Cette unité s'appelle le gramme. On appelle généralement par abréviation une force de 1 g. la force exercée par l'attraction terrestre sur le gramme.

Souvent on emploie des unités mille fois plus grandes, on a alors la masse de 1 kilogramme correspondant au dm^3 d'eau distillée, et la force que l'attraction terrestre exerce sur cette unité est par abréviation appelée une force de 1 kilogramme.

Sur les figures, les forces se représentent par des flèches en grandeur et en direction, comme les accélérations, auxquelles elles sont proportionnelles.

Dans un grand nombre de cas, les forces auxquelles est soumis un corps ne proviennent pas d'une action à distance, mais résultent du contact d'autres corps. Les exemples en sont trop fréquents et trop connus pour qu'il soit nécessaire d'insister sur ce point.

La force se transmet intégralement en grandeur et en direction à travers les corps rigides. Supposons, par exemple, que nous ayons deux sphères A et B, au contact (fig. 7). En faisant agir par un procédé quelconque sur la sphère A une force représentée par la flèche F, dont le prolongement passe par le point de contact A et B, nous obtiendrons sur B le même effet que si la force était appliquée directement à ce point de contact, elle s'est transmise intégralement à travers A. Il est d'ailleurs indifférent que la force F soit appliquée en un point quelconque du corps A situé sur le prolongement de la flèche F représenté en ligne pointillée.

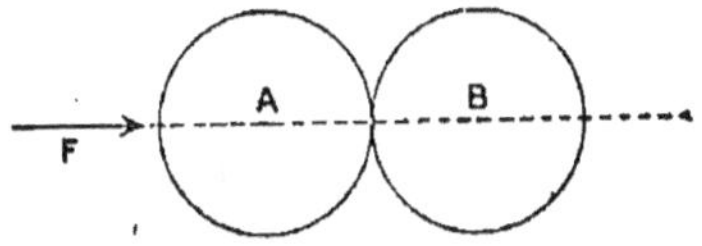

Fig. 7.

Ce fait est général. Lorsqu'une force F, agit sur un corps rigide A, elle produit toujours le même effet, quel que soit le point de la direction FX (fig. 8) auquel cette force est appliquée, elle se transmet toujours intégralement en ligne droite à travers tout le corps. Il est bien entendu que le corps doit être considéré comme absolument rigide et résistant; nous verrons plus loin ce qui se passe lorsqu'il peut se déformer sous l'action des forces qui le sollicitent, que ce soit un liquide, un corps élastique ou un corps mou.

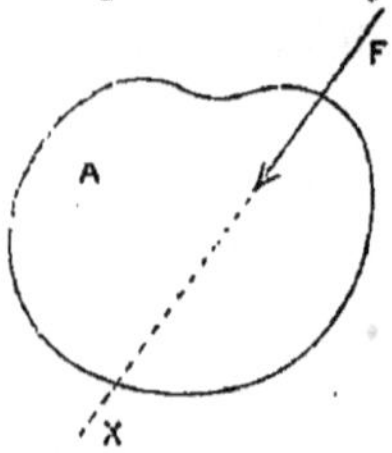

Fig. 8.

Mais revenons à la figure précédente : la force, avons-nous dit, s'exerce sur le corps B par l'intermédiaire de A; ici encore nous rencontrons un principe très important.

Principes de l'action et de la réaction. — A toute action correspond une réaction égale et de sens contraire.

C'est-à-dire, dans le cas particulier qui nous occupe, si le corps A exerce sur B une force F, inversement le corps B exerce sur A au point de contact une force, appelée la réaction, précisément égale à F et dirigée en sens contraire. Si nous pressons avec le doigt contre le mur avec une force de 1 kg. le mur à son tour presse contre notre doigt avec cette même force; si, par exemple, nous avons mis entre le mur et le doigt une feuille de papier, cette feuille de papier supporte sur chacune de ses faces une pression de 1 kg., d'un côté l'action du doigt et de l'autre la réaction du mur.

Ceci est vrai que les corps soient au repos ou en mouvement.

Action simultanée de plusieurs forces. — Il arrive souvent que plusieurs forces agissent simultanément sur un même corps. Prenons par exemple le cas le plus simple, celui où un corps A est soumis à l'action de deux forces F et F′ qui se trouvent dans le prolongement l'une de l'autre (fig. 9). Nous savons que ces deux forces peuvent être considérées comme appliquées en un même point du corps situé sur la ligne XY, leur action s'ajoute et tout se passe comme si le corps subissait l'action d'une seule force R dirigée suivant XY et égale à la somme $F + F'$.

F et F′ se nomment les deux composantes, R est la résultante.

Ainsi, si sur une table nous plaçons un poids de 2 kg., puis sur ce premier poids un autre de 3 kg., la table subit de haut en bas une pression de 5 kg.

De même, le long chef du biceps et le court chef étant sensiblement parallèles et s'attachant au même tendon inférieur, l'action résultante transmise par ce tendon au radius est égale à la somme des tractions développées par chacun des chefs du biceps.

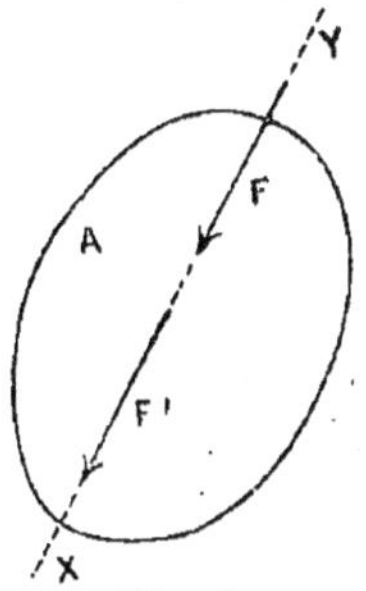

Fig. 9.

Il arrive souvent que des forces parallèles agissant sur un corps ne soient pas dirigées suivant la même droite; tel est, par exemple, le cas de la figure 10, où les deux forces A et B sont parallèles mais dirigées suivant des droites différentes. Dans ce cas, on démontre que la résultante est encore égale à la somme des deux composantes, elle est parallèle à ces deux composantes, et passe par un point O tel que $Oa \times aA = Ob \times bB$.

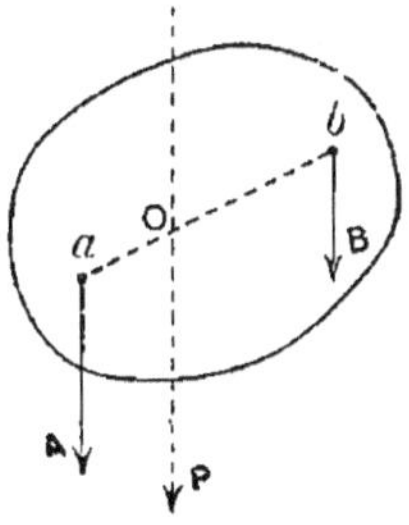

Fig. 10.

Naturellement, lorsque le nombre des forces est égal ou supérieur à deux, on peut, en les associant, les réduire à une seule résultante. Cette résultante est égale à la somme de toutes les composantes et leur est parallèle.

Elle est appliquée en un point G (fig. 11) que nous étudierons plus loin. Tout se passe comme si l'ensemble des forces était remplacé par une seule résultante appliquée en G.

Enfin, dans certains cas, les forces, tout en étant parallèles, ne sont pas toutes dirigées dans le même sens; on démontre que, pour avoir la résultante, il faut ajouter toutes les forces dirigées dans le sens direct et retrancher de cette somme toutes les forces dirigées en sens inverse.

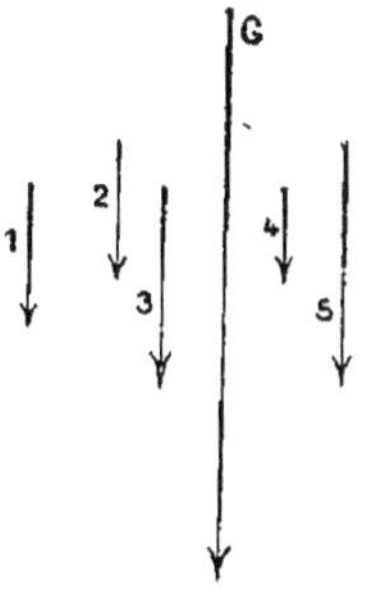

Fig. 11.

Il y a un cas particulièrement important, représenté sur la figure 12, c'est celui où les forces se réduisent à deux, inverses l'une de l'autre et égales. Quand on cherche la résultante, on trouve évidemment qu'elle est nulle. Cela veut-il dire que le corps ne subira aucun déplacement sous l'action des forces A et B? Nullement, mais le point G, auquel est appliquée la résultante de A et de B, reste immobile lors du mouvement du corps; c'est-à-dire que, sous l'influence des forces A et B, le corps tournera autour du point G, fixe dans l'espace.

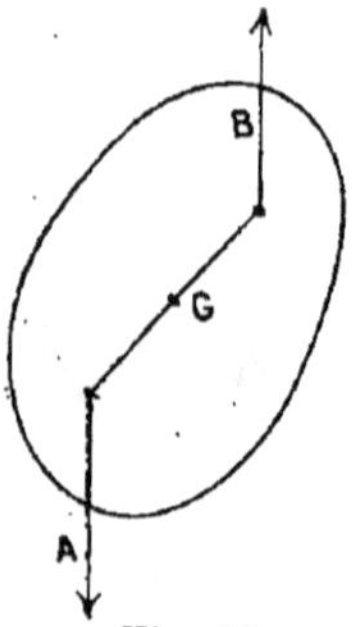

Fig. 12.

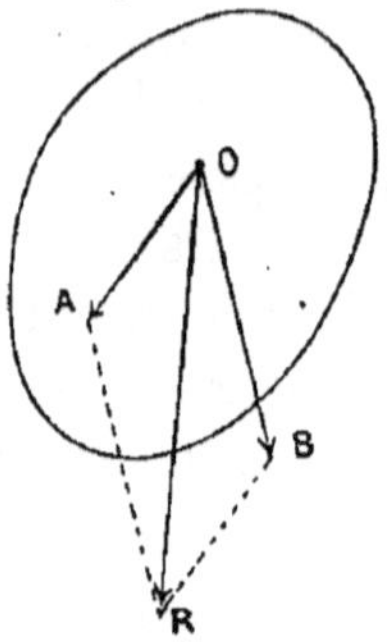

Fig. 13.

Une association de deux forces telles que A et B se nomme *un couple.*

Lorsque deux forces ne sont pas parallèles, mais sont appliquées en un même point O d'un corps (fig. 13), leur règle de composition est la même que celle des accélérations, c'est-à-dire que leur résultante R est la diagonale du parallélogramme dont elles forment les deux côtés.

Quand les deux forces ne sont pas appliquées au même point mais que leurs prolongements se rencontrent en Ω (fig. 14), chacune de ces deux forces peut, comme nous le savons, se déplacer dans sa propre direction. En particulier nous pouvons les supposer transportées en Ω et nous serons ramenés au cas précédent.

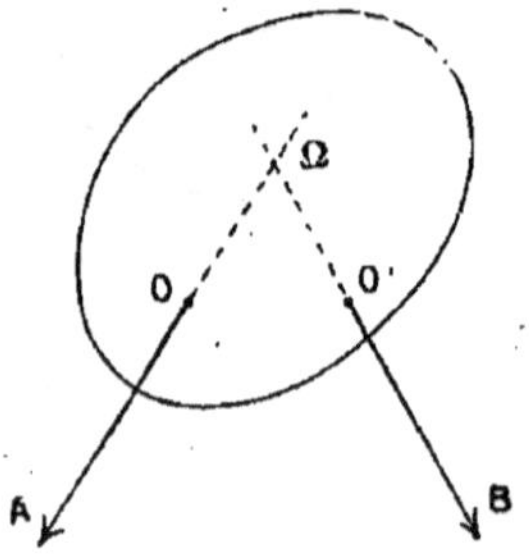

Fig. 14.

Mais souvent deux ou plusieurs forces appliquées à un même corps ne se rencontrent pas : ce problème devient alors trop compliqué pour être traité ici. Tout ce que nous pouvons dire, c'est qu'un nombre quelconque de forces agissant sur un corps peut toujours être réduit à une force et un couple.

Centre de gravité.

Les diverses particules composant un corps matériel subissent de la part de la terre une attraction se traduisant par des forces agissant sur ces particules. Toutes ces forces, parallèles entre elles, ont une résultante R dont la position dépend naturellement de la forme du corps, mais dont la grandeur est égale à la somme de toutes les composantes élémentaires.

Quand nous plaçons le corps dans diverses positions, comme l'indiquent les figures 15, 16 et 17, la grandeur de la résultante ne change évidemment pas, puisqu'elle est toujours la somme de toutes les forces élémentaires indépendantes de la position du corps. Mais l'orientation de la résultante par rapport au corps variera et dépendra de la position du corps. Or, dans toutes ces positions la résultante passera par un certain point G fixe dans le corps et que l'on appelle son centre de gravité.

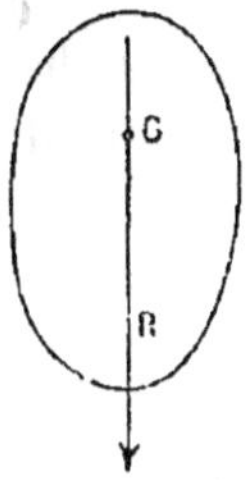

Fig. 15.

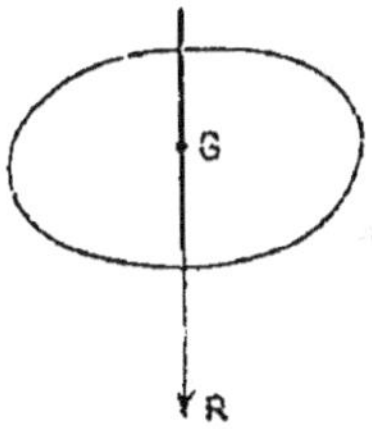

Fig. 16.

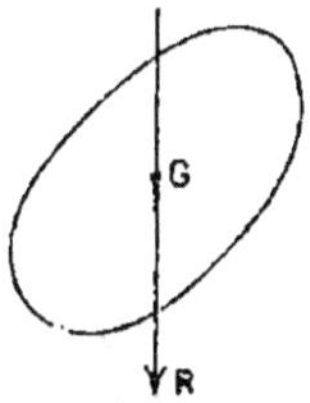

Fig. 17.

Dans toutes les questions de Mécanique qui se présenteront, nous pourrons toujours considérer l'action de la terre sur un corps solide comme se réduisant au poids total appliqué au centre de gravité.

Statique.

Il peut arriver que les effets de toutes les forces agissant sur un corps s'annulent ; on dit alors que ce corps est en équilibre ; il reste immobile s'il est au repos, ou bien, sa vitesse reste constante en grandeur et en direction, s'il est en mouvement.

Si l'on connaît toutes les forces agissant sur un corps, il est aisé de chercher si les conditions d'équilibre sont réalisées, il faut composer toutes ces forces entre elles et voir si la résultante est nulle.

Deux cas sont principalement intéressants par leurs nombreuses applications pratiques.

1er cas. — Le corps, soumis à la pesanteur et à d'autres forces, repose sur une surface d'appui, un plan horizontal par exemple. Supposons le frottement de la surface suffisant pour éviter le glissement du corps. Nous avons une résultante pour les forces agissantes. Relions tous les points d'appui entre eux de façon à former un polygone convexe, ne laissant aucun point d'appui extérieur à lui, on démontre qu'il y aura équilibre si la résultante des forces agissantes passe en dedans (fig. 18, A) de ce polygone, dit *polygone de sustentation*. Sinon le corps basculera (fig. 18, B) autour d'un des côtés du polygone, et se renversera.

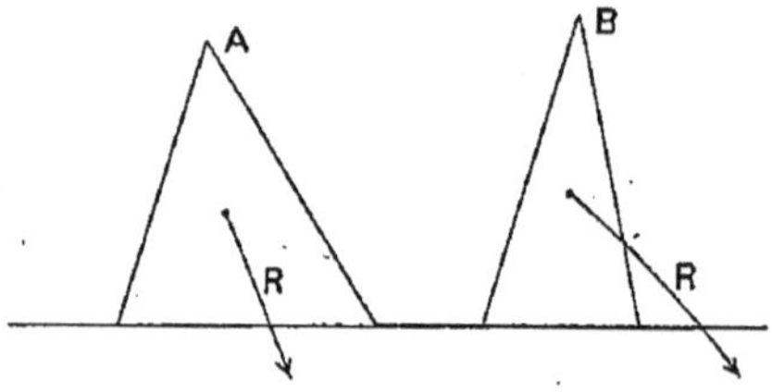

Fig. 18.

2e CAS. — Le corps peut tourner autour d'un axe. Supposons que cet axe se projette suivant le point o du plan du papier qui lui est perpendiculaire. Projetons aussi chaque force agissante sur ce plan comme nous l'avons fait pour F, enfin abaissons la perpendiculaire of sur F; $of \times F$ est ce que l'on nomme le *moment* de la force F par rapport à o. On conçoit que certains moments tendent à faire tourner le corps dans un sens que nous appellerons direct, les autres en sens inverse. On démontre qu'il y a équilibre quand la somme de tous les moments directs est égale à la somme de tous les moments inverses.

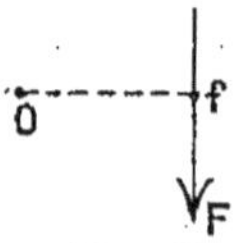

Fig. 19.

Il peut enfin arriver qu'au lieu de tourner autour d'un axe le corps tourne autour d'un point fixe. Il y aura équilibre quand l'équilibre existera pour un axe quelconque passant par le point fixe. Ainsi on prendra un axe quelconque passant par le point fixe et on cherchera s'il y a équilibre. On démontre que si cette même condition est établie pour trois axes n'étant pas tous trois dans un même plan le corps est en équilibre autour du point o.

Dynamique.

La Dynamique est certainement la partie de la Mécanique dans laquelle les gens peu habitués à cette science commettent le plus d'erreurs, en cherchant à prévoir ce qui se passera pour un corps en mouvement d'après les connaissances acquises sur ce corps au repos. Que de fois on entend demander quelle peut être la force produite par le choc d'un corps de poids donné, animé d'une vitesse connue ou tombant d'une hauteur déterminée. Nous allons faire voir combien l'on peut se tromper dans ces sortes de questions, où les problèmes posés n'ont souvent aucun sens.

Prenons une expérience de tous les jours : Un poids est suspendu à un fil ; si ce poids est abandonné à lui-même doucement, le fil pourra, s'il est assez résistant, ne pas se rompre ; il soutiendra ce poids dans l'espace. Mais il arrivera souvent qu'en abandonnant brusquement le poids après l'avoir soulevé légèrement pour détendre le fil, il y aura rupture. Ce fait est bien connu ; cependant, au premier abord, on n'en voit pas l'explication ; c'est toujours la même force qui agit, le poids du corps ; le fil devrait se comporter toujours de la même façon.

Voici une autre expérience encore plus frappante. Prenez une sphère pesante, attachez-y deux fils identiques, un supérieur qui permettra de la suspendre à un point fixe, l'autre inférieur, qui pendra librement. Prenez le bout inférieur à la main et exercez de haut en bas une traction légère et graduellement croissante ; il arrivera un moment où il y aura rupture. C'est évidemment le lien supérieur qui cassera, car il supporte la traction de la main plus le poids de la sphère, le bout inférieur ne supportant que la traction.

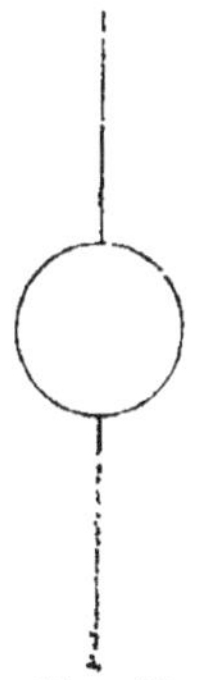

Fig. 20.

Mais au lieu d'agir avec douceur, donnez une secousse brusque ; si le poids de la sphère est convenablement choisi, ce sera le bout inférieur qui se rompra.

Du même ordre est encore l'expérience consistant à supporter un petit bâton placé horizontalement sur des supports très fragiles et à le briser d'un coup bien appliqué au milieu, sans accident pour les supports. Une foule de phénomènes analogues, étranges au premier abord, se rencontrent tous les jours, paraissant en contradiction absolue avec ce que nous avons étudié dans la statique. Cela tient à ce qu'un nouvel élément intervient aussitôt que les corps ne sont plus au repos ; c'est l'inertie de la matière. En Statique, nous n'avons jamais parlé d'inertie ; cette propriété de la matière n'y joue aucun rôle ; nous allons, au contraire, la voir prendre place au premier rang dans la Dynamique, et c'est faute d'en tenir compte que certains résultats d'expérience paraissent souvent si surprenants.

Nous ne saurions assez mettre en garde les débutants contre cette source d'erreurs, ni assez leur répéter qu'un résultat acquis par l'étude d'un corps au repos perd toute sa valeur aussitôt que ce corps se met en mouvement.

Travail mécanique.

La notion de travail mécanique, non seulement domine toute la Dynamique, mais aussi a complètement bouleversé la science contemporaine, depuis qu'on a découvert ses diverses transformations. Malgré son importance, quelques expérimentateurs semblent ne pas en avoir bien saisi les éléments; aussi est-il indispensable de bien se pénétrer des conditions dans lesquelles il se produit.

Supposons qu'une force agisse sur un corps, et que sous l'influence de cette force le corps se déplace, on dit qu'il y a dépense de travail mécanique. Pour qu'il y ait production de travail mécanique, deux éléments sont indispensables :

1° Une force agissant sur un corps matériel;

2° Un déplacement de ce corps matériel sous l'influence de la force.

Si une de ces conditions venait à disparaître, il n'y aurait plus de travail. C'est surtout la seconde qui semble avoir parfois été omise, et cependant Poncelet a beaucoup insisté sur ce point et a fait remarquer qu'une pression, quelque énergique qu'elle soit, exercée contre un mur fixe, ne donne lieu à aucune production de travail, pas plus qu'un corps pesant placé sur une table.

Évaluation du travail. — Considérons un corps se déplaçant sous l'influence d'une force, les deux conditions de production de travail sont réalisées; comment évaluerons-nous le travail dépensé? Il est évident que ce travail croît proportionnellement à la force, c'est-à-dire que, si la force devient deux fois, trois fois, etc., dix fois plus grande, le travail dans de mêmes conditions de déplacement du corps, devient deux fois, trois fois, etc., dix fois plus grand, puisqu'on pourrait considérer chaque fraction de force comme agissant pour son propre compte, puis faire le total du travail obtenu.

Quant au chemin parcouru, il intervient de la même façon, car la force a le même effet pendant le premier mètre, par exemple, que pendant tous les mètres suivants, et produit toujours le même travail pour chaque mètre parcouru.

Par conséquent, le travail croît proportionnellement à la force et au chemin parcouru; si on a mesuré la force et le chemin à l'aide d'unités convenables, le travail s'obtient en faisant le produit des nombres trouvés.

En France, les forces s'évaluent en kilogrammes, les longueurs en mètres; si on a une force de 1 kg. produisant du travail sur une longueur de 1 mètre, ce travail produit doit être égal à l'unité. Cette unité s'appelle le kilogrammètre.

Supposons qu'une force de 25 kg. s'exerce pendant un parcours de 4 mètres; le travail produit sera

$$T = 25 \times 4 = 100 \text{ kilogrammètres.}$$

Dans ce qui précède, la force agit dans la direction du chemin parcouru, le corps est supposé libre sous l'influence de cette force, mais il arrive très souvent qu'il n'en soit plus ainsi et que la force soit oblique par rapport à la direction de propagation du corps. Les exemples en sont fréquents : il suffit de regarder un chaland halé sur un canal pour voir que la direction de la corde et, par suite, de la force, est oblique par rapport au chemin suivi par le chaland, ou bien de comparer la direction du vent à la route suivie par un bateau pour voir combien on est loin du parallélisme.

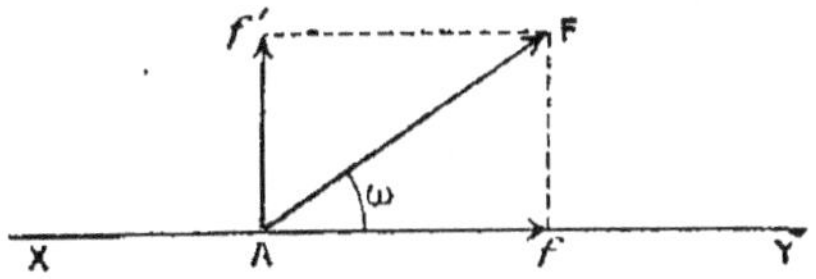

Fig. 21.

Dans ces conditions, il faut faire une décomposition de forces en deux autres, l'une parallèle à la direction du chemin parcouru, la seconde perpendiculaire. Par exemple, sur la figure, la force F agit sur le corps A obliquement au chemin parcouru XY. On la décompose suivant la méthode connue en f, agissant dans la direction de propagation, et f', perpendiculaire à cette direction; f' ne produit aucun travail, car il est évident que si cette force agissait seule, le corps A, astreint à rester sur XY, ne bougerait pas. C'est donc f seul qu'il faut considérer, et quand le corps A a parcouru une longueur de chemin l sur XY, le travail dépensé pour cela aura été

$$T = l \times f.$$

Transformation du travail en force vive.

Nous venons de voir un corps libre se mettre en mouvement sous l'influence d'une force, nous avons dit que cette force donnait lieu à une production de travail, mais il y a un autre point très important qu'il faut considérer maintenant. Le corps était au repos; après la production de travail, il est animé d'une vitesse plus ou moins grande suivant son poids, suivant la quantité de travail fourni. Comment ces divers éléments sont-ils liés entre eux? Prenons un exemple idéal qu'il n'est pas possible de réaliser rigoureusement, mais aux défauts duquel on peut suppléer par l'imagination.

Soit un wagon idéalement mobile sur des rails, c'est-à-dire ne subissant aucune résistance passive de la part de l'air ou des frottements de ses divers organes. Ce wagon est au repos et nous allons chercher à le mettre en mouvement en le poussant devant nous. Pour cela, il faudra exercer un certain effort, et, le wagon avançant, nous dépenserons du travail pendant que sa vitesse ira en augmentant. Ce wagon ayant acquis de la vitesse, la conservera si nous cessons d'agir sur lui; il possède ce que l'on appelle de la *force vive.*

L'expérience même la plus grossière permet de constater que pour amener un wagon à une certaine vitesse, il faudra dépenser un travail d'autant plus considérable que le wagon est plus lourd, c'est-à-dire que sa masse est plus grande.

Ce n'est qu'une étude semée de grosses difficultés, qui a permis aux mécaniciens d'établir la relation exacte existant entre le travail dépensé, la masse du corps mis en mouvement et la vitesse à la fin de l'opération. Cette relation est exprimée par la formule :

$$T = \frac{1}{2} mv^2.$$

Le deuxième terme de cette égalité représente ce que nous avons appelé la force vive : c'est la moitié de la masse du corps multipliée par le carré de sa vitesse. C'est sous cette forme de force vive que le travail dépensé est pour ainsi dire emmagasiné dans le corps en mouvement, et il y restera tant qu'une cause extérieure ne viendra pas, suivant le principe de Newton, modifier cet état de mouvement.

Il peut arriver qu'un corps ayant déjà une certaine vitesse v, on désire l'augmenter et la pousser jusqu'à une autre valeur v'; la force vive passera alors de $\frac{1}{2} mv^2$ à $\frac{1}{2} mv'^2$ et pour arriver à ce résultat, on aura dépensé une quantité de travail donnée par :

$$T = \frac{1}{2} mv'^2 - \frac{1}{2} mv^2.$$

En examinant avec soin la formule liant le travail à la force vive, on conçoit pourquoi, même en l'absence de toute résistance, par suite du seul fait de l'inertie, il faut exercer des efforts énormes pour animer de quelque vitesse les corps ayant une grande masse; pourquoi, par exemple, on écarte plus difficilement de la verticale un pendule lourd qu'un pendule léger, et pourquoi ces déplacements ne peuvent se produire brusquement. Considérons en effet un tel pendule dans sa position d'équilibre; lorsque nous chercherons à le déplacer légèrement pour le faire osciller, nous n'aurons pas à vaincre de grande résistance provenant de l'attraction terrestre, qui s'exerce suivant la verticale, tandis que notre poussée sera horizontale. Le pendule en s'écartant de la verticale prendra une certaine vitesse; si sa masse est considérable, il aura une grande force vive dont l'acquisition aura nécessité une dépense de travail, et par suite une force, d'autant plus grande que la masse du pendule est plus importante. On conçoit aussi que plus on désirera un déplacement rapide, c'est-à-dire une grande vitesse, plus le travail dépensé et l'effort exercé devront être considérables.

Transformation de force vive en travail.

Un wagon, lancé sur une voie horizontale, conservera sa force vive une fois que la force extérieure, qui a servi à le mettre en mouvement, aura cessé d'agir. Il sera inutile de chercher à l'arrêter instantanément, il en résulterait des chocs dont nous parlerons plus loin. Pour le faire revenir au repos, il faudra lui appliquer une force en sens inverse de son mouvement; cette force proviendra d'un obstacle placé devant le wagon et entraîné par lui. Le wagon exercera contre cet obstacle exactement la même force que celle qu'il reçoit lui-même de sa part, d'après le principe d'égalité de l'action et de la réaction; par conséquent, le wagon communique du travail à l'obstacle, et fait une dépense empruntée à sa force vive. Il s'arrêtera lorsqu'il aura usé toute cette force vive, qui se sera transformée en travail mécanique, inversement à ce que nous avons vu précédemment.

Si la force ainsi opposée au wagon est petite, il faudra pour l'arrêter un parcours très long; si elle est grande, ce parcours sera petit; car, la quantité de travail à produire étant la même, il faut que le produit de la force exercée par le wagon contre l'obstacle, multipliée par le déplacement de cet obstacle ait la même valeur. Si l'une de ces quantités diminue, par compensation l'autre doit augmenter dans la même proportion. On conçoit, dès lors, qu'aucune force, quelque grande qu'elle soit, ne pourra produire un arrêt instantané; si le wagon heurte un obstacle fixe, il y aura un choc, et au point de contact une déformation des deux corps permettra au wagon, malgré la force énorme qui s'opposera à son mouvement, de faire un léger parcours, suffisant pour dépenser sa force vive sous forme de travail mécanique.

Dans tous les cas, en observant avec soin ce qui se passe, nous pourrons voir, lors du mouvement que prend un corps, du travail s'emmagasiner sous forme de force vive, puis, pendant le retour au repos, la transformation inverse se produire.

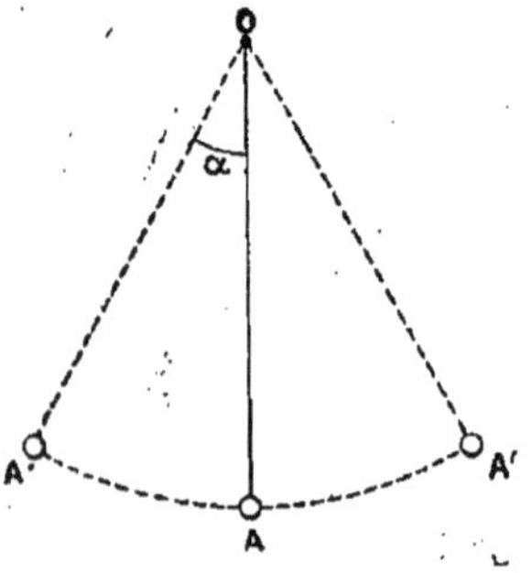

Fig. 22.

Un des exemples les plus frappants de cette transformation se rencontre dans l'oscillation d'un pendule autour de la verticale au point de suspension. Prenons le pendule A suspendu au point O et écartons-le en A' d'un angle α, puis abandonnons-le à lui-même en le laissant osciller. Sous l'influence de la pesanteur, il descend de A' en A; pendant tout ce temps il y a production de travail mécanique; aussi voyons-nous la vitesse du pendule aller en augmentant; elle est nulle au départ A', elle atteint sa valeur maxima en A. Le travail a produit de la force vive. Mais nous savons aussi qu'arrivé en A, position d'équilibre où nulle force ne tend à déplacer le pendule, ce pendule ne s'arrêtera pas; il continue son chemin avec sa vitesse acquise et remonte en A'' à une hauteur égale à celle de A'. Pendant le mouvement de A en A'', l'attraction terrestre tend à s'opposer au déplacement du corps, sa vitesse va en diminuant, sa force vive s'annule peu à peu. Pendant ce temps, le pendule a dépensé sa force vive. On voit que dans ces oscillations successives du pendule, il y a toujours transformation de travail en force vive pendant que le pendule se rapproche de la verticale, et transformation inverse pendant qu'il s'en éloigne.

Il est maintenant facile de comprendre pourquoi un fil supportant un poids ne se comporte pas de la même façon, suivant que le poids produit une extension progressive ou est abandonné brusquement à lui-même.

Prenons un fil attaché en A à un point fixe et supportant en B un corps pesant. Ce fil a toujours une certaine élasticité, il s'allongera sous la traction qu'il subit et le point B viendra en B′; à ce moment, le poids du corps est équilibré par la résistance du fil à la rupture. Plaçons la main sous le poids et soulevons-le jusqu'en B, puis abandonnons-le brusquement à lui-même; nous avons dit qu'il arrivait souvent que le fil se rompe. En effet, en passant de B en B′, l'attraction terrestre sur le corps B est supérieure à la traction exercée par le fil; le corps B va donc pendant ce trajet emmagasiner du travail sous forme de force vive, il arrivera en B′ avec une certaine vitesse, comme le pendule oscillant arrive à la verticale. Le corps pesant ne s'arrêtera pas à la position d'équilibre B′, il la dépassera jusqu'en un point B″, le parcours B′B″ donnant lieu à une transformation de force vive en travail. On voit par conséquent que le fil AB subira un allongement plus considérable que lorsque le corps B est abandonné doucement à lui-même, il pourra donc arriver qu'il y ait rupture.

Fig. 23.

Pourquoi maintenant dans l'expérience de la sphère, est-ce le brin inférieur qui casse quand on lui donne une secousse brusque? Une force quelconque exerçant son action sur la sphère tend à la déplacer, mais ce déplacement exige un certain temps, l'inertie de la sphère n'est pas vaincue instantanément, et le mouvement se produit d'autant moins vite que la force agissante est plus faible. Or, il peut arriver, si l'expérience est bien réglée, que la secousse nécessaire pour casser le fil ne produise pas de traction suffisante pour entraîner la sphère avec assez de vitesse; cette sphère restant en arrière, le fil qui l'entraîne casse avant d'avoir produit un déplacement appréciable, le lien supérieur ne sera donc pas étendu et résistera.

Choc.

Lorsque, au lieu d'arrêter un corps en mouvement d'une façon progressive, en lui faisant dépenser doucement le travail emmagasiné sous forme de force vive, on lui oppose brusquement un obstacle, il y a choc.

Il y a à considérer deux cas suivant que l'obstacle est fixe ou est mobile.

Supposons d'abord l'obstacle fixe. Au moment du contact du corps mobile et de l'obstacle, le corps mobile sera soumis à l'influence d'une force de sens contraire à son mouvement de propagation; il ne s'arrêtera pas brusquement, mais, continuant son chemin, il en résultera une déformation au contact des deux corps. Il y aura donc dépense de travail, comme dans le cas de l'arrêt progressif du wagon, seulement le chemin parcouru sera en général très faible et, par conséquent, les forces au contact des deux corps très grandes.

Il se produira alors divers phénomènes. Si les corps en jeu sont mous, ou si l'un deux au moins l'est, sa déformation sera permanente. Supposons par exemple que l'on donne un coup de marteau sur un morceau de plomb, le plomb se déforme, et cette déformation persiste.

Si le corps n'est pas mou, il se déformera élastiquement, puis, arrivé à son maximum de déformation, si les forces en jeu n'ont pas dépassé certaines limites, le corps reprendra sa forme primitive, le travail se restituant de nouveau en force vive, mais avec une direction inverse de la vitesse. Par exemple, une balle élastique tombe d'une certaine hauteur sur un sol rigide; au moment du contact, elle se déformera jusqu'à ce que toute sa force vive ait été transformée en travail, puis, tendant à reprendre sa forme primitive, elle réagira contre le sol avec une force égale à celle qui a été nécessaire pour la déformer et rebondira à une hauteur égale à celle d'où elle est tombée, si aucune cause étrangère ne trouble le phénomène. Dans un autre cas, prenons un corps et lançons-le contre un ressort; au moment du contact, le ressort se déformera avec dépense de travail, puis renverra le projectile en sens inverse de sa propagation primitive : on peut dire que le ressort emmagasine la force vive sous forme de travail pour la rendre après coup.

Des exemples de chocs de cette nature abondent; il suffira de citer la balle des enfants ou le billard. Mais il arrive que le choc soit violent, ou que les organes choqués ne soient pas construits pour cet usage, alors les limites d'élasticité sont dépassées et on arrive à la rupture.

On comprend maintenant pourquoi il est impossible de dire quelle est la force produite par le choc d'un corps, quoique connaissant sa masse et sa vitesse; cette force dépend des conditions de résistance entre le corps choqué et le corps choquant. Si un de ces corps au moins est relativement facilement déformable, le chemin parcouru par le mobile pendant le choc sera grand et l'effort exercé faible. Ce même mobile rencontrant un corps plus rigide, l'effort sera plus grand et le chemin parcouru plus petit. Il en résulte cette remarque, au premier abord paradoxale, que, lorsqu'un corps choquant a heurté un obstacle, l'étendue du dégât constaté après le choc est d'autant plus grande que l'effort exercé au contact des deux corps a été plus petit.

En résumé, lors d'un choc, on peut dire qu'il s'est dépensé un travail d'un nombre donné de kilogrammètres; mais, du travail emmagasiné, il est absolument impossible de déduire la force qui s'est produite au moment du choc; un problème ainsi posé n'a aucun sens.

Dans le cas où le corps choqué est mobile, la force vive du corps choquant sert à des déformations au point de contact comme dans le cas précédent; mais, en plus, elle se transmet en partie au corps choqué qui prend une certaine vitesse.

Les effets du choc sur le corps choqué se divisent donc en effets locaux, destructeurs ou non, suivant la constitution de la matière des corps, et en effets de projection. La répartition entre ces deux effets dépend de la masse des corps en jeu.

Voyons d'abord ce qui se passe quand la masse du corps choqué varie. Pour cela, supposons, bien entendu, que le choc vienne toujours d'un même corps animé d'une même vitesse. Le calcul et l'expérience font voir que lorsque la masse du corps choqué augmente, les effets destructeurs locaux augmentent, c'est-à-dire que si le choc porte sur un très petit corps, ce corps sera vivement projeté dans le sens du choc, mais sans déformation sensible. Si, au contraire, ce corps choqué a une grande masse, il se déplacera fort peu, d'autant moins qu'il est plus lourd, mais au point de contact du choc il y aura une déformation de plus en plus grande. Voici un exemple de ce fait : prenons un marteau et frappons-en divers corps, nous verrons que de petits clous seront facilement enfoncés dans le bois sans se déformer; qu'un choc horizontal contre une petite bille la projette sans l'endommager. Mais à mesure que nous prendrons des clous ou des corps de plus en plus gros, nous verrons que les clous s'enfoncent plus difficilement avec le même marteau, que leur tête se déforme plus rapidement, et qu'en voulant projeter par choc des pierres de plus en plus grosses comme on le faisait tout à l'heure avec les petites billes, elles se déplacent de plus en plus difficilement, et finissent même par se briser plutôt que d'entrer en mouvement.

Naturellement, nous allons observer l'inverse, si, passant du corps choqué au corps choquant, nous faisons varier la masse de ce dernier.

Quand cette masse sera faible, les effets de projection seront également faibles, les effets au contact relativement grands; si la masse augmente, les effets de projection augmenteront aussi par rapport aux effets au contact. Ainsi, pour enfoncer un clou, un marteau lourd donne de bons effets; un marteau léger déformera la tête du clou avant de l'enfoncer; aussi sera-t-il avantageux pour river. De même, quand on veut enfoncer des pieux au mouton, un mouton léger déforme les têtes de pieux, les brise et donne un mauvais usage; un mouton lourd permet au contraire de les battre impunément, ils sont chassés devant lui.

En résumé, chaque fois que l'on voudra projeter un corps, il faudra le choquer avec un corps lourd; si l'on veut y produire une déformation locale, il faut le choquer avec un corps léger. Autrement dit, pour renverser un mur, il faut un projectile lourd; pour le percer, un projectile léger et rapide.

Nous avons vu plus haut que lors des chocs entre corps imparfaitement élastiques, il se produisait des déformations permanentes absorbant du travail sans le rendre en force vive; par conséquent, chaque fois que des corps juxtaposés devront servir à transmettre du travail, il faudra éviter ces chocs. Supposons, par exemple, un attelage traînant une voiture; la traction n'est jamais continue, si les chocs qui en résultent donnent lieu à des déformations permanentes, une partie du travail fourni par l'attelage est dépensée en pure perte. Si, au contraire, les liens sont élastiques, sous l'influence d'une traction brusque ils s'allongeront, emmagasineront du travail, qu'ils rendront sous forme de force vive par une traction douce sur le véhicule. Ces faits, soumis à l'expérience par M. Marey, ont reçu une confirmation éclatante; dans toute transmission de travail, il faut absolument éviter des chocs brusques. L'importance de ce fait sera encore mieux saisie après la lecture du paragraphe consacré à l'élasticité des corps.

Frottement.

En étudiant la transformation du travail en force vive, nous avons vu que tout le travail dépensé devrait se retrouver intégralement sous forme de force vive. Cette loi paraît souvent en défaut. Nous venons de voir que le choc entre corps mous donne lieu à une disparition de force vive sans qu'il soit possible d'emmagasiner le travail correspondant comme cela a lieu dans le choc entre corps élastiques, et de l'utiliser ultérieurement.

De même quand une force déplace un corps, soumis à certaines résistances, il arrive que tout le travail dépensé ne se retrouve pas en force vive équivalente. C'est ce qui a lieu, par exemple, dans le cas du frottement.

Prenons le cas le plus simple. Soit une force horizontale déplaçant un poids posé sur une table. Si le corps était absolument libre, il prendrait une vitesse et une force vive croissantes, or il n'en est rien. Par suite du frottement, la vitesse se limite à une valeur en relation avec la grandeur de la force et reste alors constante quoique la force continue à agir. Il y a donc perte d'une certaine quantité de travail. Nous verrons ce que devient ce travail, à propos de ce que l'on nomme l'équivalence mécanique de la chaleur.

De quels éléments dépend cette résistance de frottement? L'expérience a fait voir qu'elle varie avec la nature des surfaces en contact, et avec la grandeur de la force qui applique l'une contre l'autre les deux surfaces frottantes. Cette force est dite la réaction normale. Prenons deux corps de nature déterminée, appliquons-les l'un contre l'autre et opérons un glissement, la force nécessaire pour produire ce glissement sera proportionnelle à la réaction normale N entre les deux corps, *quelle que soit l'étendue des surfaces en contact.* Pour chaque espèce de corps, il faudra, pour avoir la résistance au glissement, multiplier N par un certain nombre α donné par l'expérience et appelé coefficient du frottement.

Par exemple, le coefficient de frottement du bois sur le bois est 0,36; si deux morceaux de bois sont appliqués l'un contre l'autre par des surfaces planes avec une force de 10 kg. l'effort nécessaire pour les faire glisser l'un sur l'autre sera $10 \times 0,36 = 3$ kg. 6. Que va-t-il donc se passer lorsqu'une force sera appliquée à un corps non plus absolument libre, mais assujetti à glisser sur un autre corps fixe? Il faudra évidemment retrancher de la force agissante la force résistante passive, due au frottement. Il se produira divers cas. Soit f la valeur du frottement, si la force agissante n'atteint pas f, le corps restera au repos. Si elle a une valeur F supérieure à f, le corps prendra un mouvement uniformément accéléré sous l'action d'une résultante $F-f$. Si, à un moment donné, F devient égal à f, le mouvement du corps sera uniforme à partir de ce moment, la force F ne communiquera plus au corps aucune accélération, tout le travail qu'elle produira sera absorbé au fur et à mesure par le frottement dont la force est dirigée en sens contraire de F.

Il faut ajouter que le coefficient du frottement ne dépend pas seulement de la nature des corps, et lorsque, plus haut, j'ai dit que les coefficients de frottement du bois sur le bois étaient 0,36, cela voulait dire qu'il était supposé tel dans les conditions de l'expérience. Il est évident, en effet, que l'état des surfaces a une importance capitale : deux morceaux de fer venus de fonte ne glisseront pas l'un contre l'autre comme ils le feront après polissage. De plus, il est bien connu qu'en introduisant entre les deux corps frottants un troisième corps dit lubrifiant, on modifie complètement les conditions de glissement. Les nombres donnés dans les tables de coefficients ne s'appliquent qu'au cas de l'expérience à l'aide de laquelle ils ont été déterminés, et ne peuvent donner qu'une approximation pour les autres cas, avec la condition de se mettre autant que possible dans les conditions de la première détermination.

Il n'y a pas que le frottement de glissement qui se rencontre comme résistance passive; nous avons encore d'autres causes très importantes, parmi lesquelles le frottement de roulement et la résistance des fluides.

Quand un corps rond, cylindre, sphère, etc., roule sur un plan par exemple, au premier abord on ne voit pas d'où peut provenir une résistance passive; il est pourtant d'expérience courante qu'une bille lancée sur le plan le plus parfait finit par s'arrêter, plus ou moins vite suivant la nature des surfaces.

En réfléchissant à ce fait, il est évident que, par suite du poids du corps roulant, il se produit à la surface du plan une petite dépression momentanée. Aucun corps solide n'est absolument rigide, et la sphère comprimant le plan en un point se creuse pour ainsi dire une petite loge au fond de laquelle elle repose.

Si la bille vient à rouler, elle rencontre sans cesse devant elle un petit talus qu'elle est obligée de surmonter en l'écrasant; par suite, elle produit du travail en dépensant sa force vive, elle finit par s'arrêter si elle est libre. Si elle est soumise à l'action d'une force agissante, cette force doit dépenser sans cesse du travail absorbé au fur et à mesure par le frottement de roulement pour entretenir le mouvement.

Il est impossible de donner pour le frottement de roulement des lois générales comme celles que nous avons données pour le frottement de glissement. Ce n'est pas seulement la nature des surfaces qui intervient dans le roulement, mais aussi leur forme. Malgré les nombreuses expériences faites à cet égard, il faut, dans chaque cas particulier, déterminer les forces passives dues au roulement.

Machines.

Il existe un certain nombre de dispositifs connus sous le nom de machines. Ces machines sont destinées à transformer du travail mécanique. On démontre en effet que dans toutes les transformations que peut subir le travail mécanique à l'aide de ces dispositifs, sa valeur reste constante, abstraction faite des résistances passives, comme les frottements. Il pourra arriver qu'à l'aide de faibles efforts on produise des forces énormes, ou que le petit déplacement d'un organe donne lieu à un mouvement d'une amplitude considérable; mais de toute façon, en évaluant le travail mécanique fourni à la machine et celui qu'elle rend, on trouvera toujours la même valeur. La lecture de ce qui suit rendra cette proposition plus claire.

Le nombre des machines usitées en mécanique appliquée est extrêmement considérable, mais la plupart d'entre elles n'ont aucun intérêt pour la mécanique animale. Nous nous contenterons de décrire celles dont on pourra trouver des applications dans l'étude du corps de l'homme et des animaux. Ces machines simples sont les poulies, le levier et le coin.

Poulie. — Dans la traction à l'aide de cordes, il arrive souvent que la force ne puisse s'exercer dans la direction à faire parcourir au corps; il en est ainsi par exemple lorsqu'on veut hisser un poids à une hauteur plus grande que celle où l'on se trouve. On replie alors la corde autour d'un point fixe et il est facile de concevoir comment le mouvement se transforme. En adoptant ce procédé simple, il en résulte au point de renvoi un frottement considérable et une usure de la corde. On évite ces inconvénients à l'aide de la poulie. On démontre que le frottement n'est ainsi que diminué, car il subsiste un frottement de l'axe et une résistance spéciale due à ce que l'on appelle la raideur de la corde. On constate en effet par l'expérience qu'en cherchant à soulever le même poids R à l'aide de la même poulie, il faut des forces différentes suivant la corde employée. Un examen même grossier fait voir que F est d'autant plus grand que la corde est plus raide; ainsi des cordes neuves exigent plus de force que des vieilles. Cela tient à ce que, par suite de leur rigidité, les cordes ne s'appliquent pas exactement sur la poulie au commencement du contact, la distance AO est plus grande que BO, et comme dans la rotation de la poulie, les forces F et R interviennent par leur moment par rapport au point O, F doit être d'autant plus grand que AO l'est, c'est-à-dire que la corde a plus de raideur.

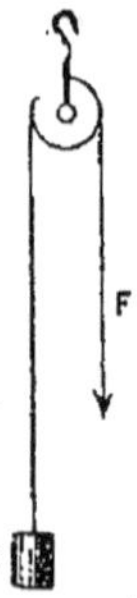

Fig. 24.

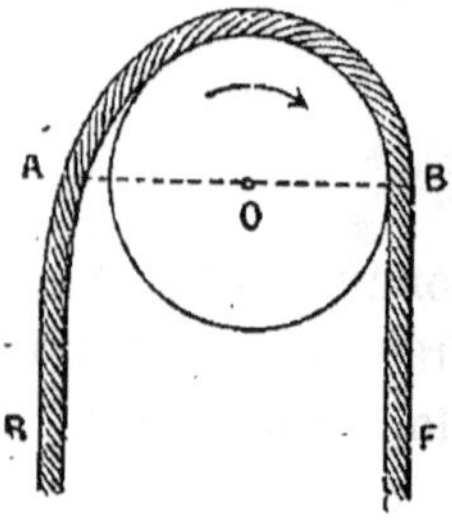

Fig. 25.

A part ces frottements que l'on peut beaucoup diminuer en graissant bien l'axe et prenant une corde souple, la force motrice se transmet intégralement; l'effet sur le brin résistant est sensiblement le même que si la traction se faisait directement.

Mais la poulie peut s'employer d'une façon différente; en effet, renversons-la et rendons fixe un des bouts O de la corde (fig. 26), la traction F se faisant de bas en haut et le poids à soulever R étant suspendu à la poulie.

Abstraction faite des frottements, le brin PO est soumis à une force F comme il vient d'être dit précédemment. Nous savons que la composante de ces deux forces F leur est parallèle et égale à 2F ; c'est cette force 2F qui fait équilibre au poids R.

Par conséquent, à l'aide de cette disposition, on peut soulever un poids sensiblement double de la force motrice.

Il ne peut y voir ni perte ni gain de travail, le travail fourni par F doit se transmettre intégralement à R ; par conséquent, comme R a une valeur double de F, le chemin parcouru par R doit être moitié de celui parcouru par F. Il est aisé de voir sur la figure que pour élever le centre C de la poulie de CC′, il faut faire parcourir à la force un chemin 2CC′.

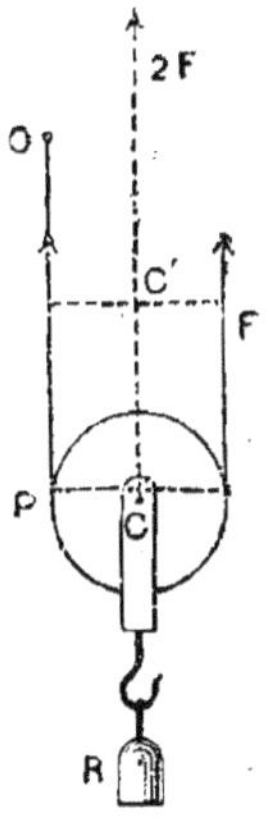

Fig. 26.

On exprime cela en disant que ce qui se gagne en force se perd en chemin parcouru.

Si l'on disposait d'une force considérable et que l'on veuille, contrairement au cas précédent, gagner du chemin, on renverserait l'appareil, appliquant la force motrice F à la poulie et suspendant R au bout de corde libre.

On peut ne pas se borner à une seule poulie mobile, mais se servir de la première pour exercer une traction sur le bout libre d'une deuxième poulie, et ainsi de suite ; chaque poulie aura pour effet de doubler la force, en diminuant dans la même proportion le chemin parcouru.

Ainsi la figure 27 représente une association de trois poulies ; ce dispositif suffit pour développer une force huit fois plus grande que la force motrice. On conçoit combien sont considérables les forces que l'on peut obtenir ainsi.

Cette combinaison est un peu encombrante ; il y en a une autre, dans laquelle il n'y a qu'un point fixe, toutes les poulies étant montées sur deux axes, mais elle ne permet pas de multiplier la force aussi rapidement que par la méthode précédente.

Prenons, par exemple, le cas de la figure 28 : il y a trois poulies sur l'axe supérieur et trois poulies sur l'axe inférieur. La corde est attachée au crochet fixe O, elle va passer sur la 1re poulie inférieure, puis sur la 1re supérieure, la 2e inférieure et la 2e supérieure, etc. ; finalement le bout libre part de la 3e poulie supérieure. Supposons que sur ce bout libre on exerce une traction F, cette traction est transmise à chaque brin ; comme il y en a six, autant que de poulies; la résultante de toutes ces forces dirigée de bas en haut est 6F. Par conséquent, on peut, à l'aide de ce

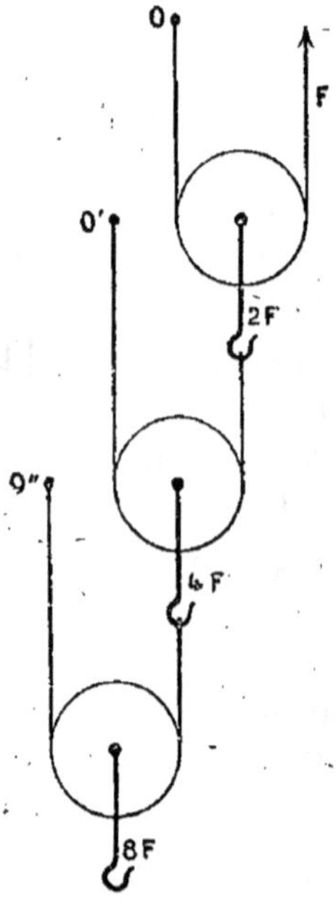

Fig. 27.

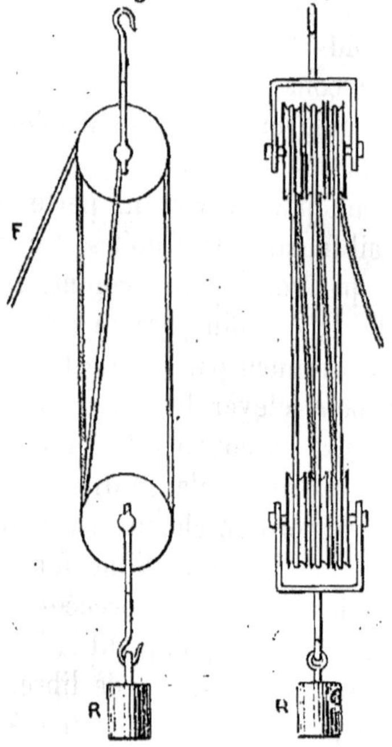

Fig. 28.

procédé, multiplier la force par le nombre de poulies employé. Cette combinaison est connue sous le nom de moufles.

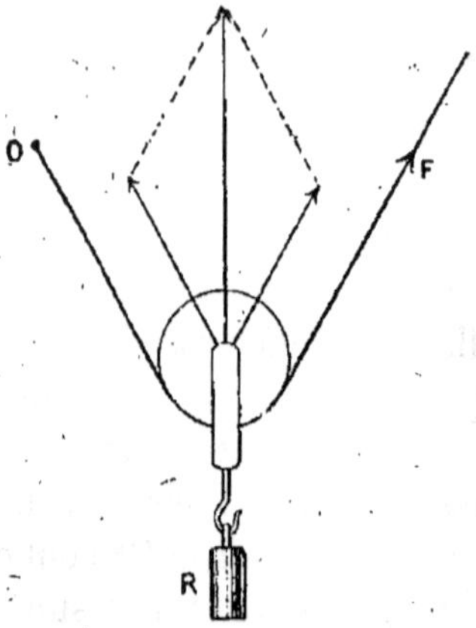

Fig. 29.

Nous avons supposé jusqu'ici que le brin moteur et le brin résistant étaient parallèles pour la poulie fixe; il n'y a rien de changé quand cela n'est plus, la transmission de force se fait toujours intégralement. Dans le cas de la poulie mobile, il en est de même au point de vue de la transmission de la force du brin moteur au brin fixe, mais la résultante de ces deux forces, et par suite le poids qu'il est possible de soulever, n'est plus égale à leur somme; en jetant les yeux sur la figure 29 on voit qu'on n'a plus affaire à une composition de forces parallèles, mais de forces concourantes en un point. Il suffit, pour trouver la résultante, de transporter les deux forces F en un même point, par exemple sur l'axe de la poulie, et de construire la parallélogramme des forces suivant la méthode connue : on voit alors que la résultante n'est jamaiségale au double de F, et qu'elle s'en écarte d'autant plus que les deux brins sont plus obliques.

Ce dispositif s'emploie souvent en sens inverse lorsqu'il s'agit, à l'aide d'une corde tendue, d'exercer un effort très considérable. Soit une corde tendue entre deux points A et B (fig. 30); sans même employer la poulie, exerçons sur la corde, au voisinage de son milieu M, un effort F perpendiculaire à la corde, cette corde va se tendre davantage, et, pour voir quelle est la traction qu'elle subira ainsi, il suffit de décomposer F en deux forces dirigées suivant les deux brins, c'est-à-dire de mener par l'extrémité de F deux parallèles aux deux brins. On a ainsi les deux composantes aM, bM, et il suffit de regarder la figure pour voir qu'elles sont d'autant plus grandes que la corde s'est moins déplacée, c'est-à-dire qu'elle était déjà plus tendue. Voici comment ce principe s'applique dans la pratique. On fait passer la corde que l'on veut tendre dans un anneau A et, exerçant une traction aussi considérable que possible, on l'attache en B. Il suffit ensuite d'exercer en M un effort transversal pour produire une traction très considérable sur AX.

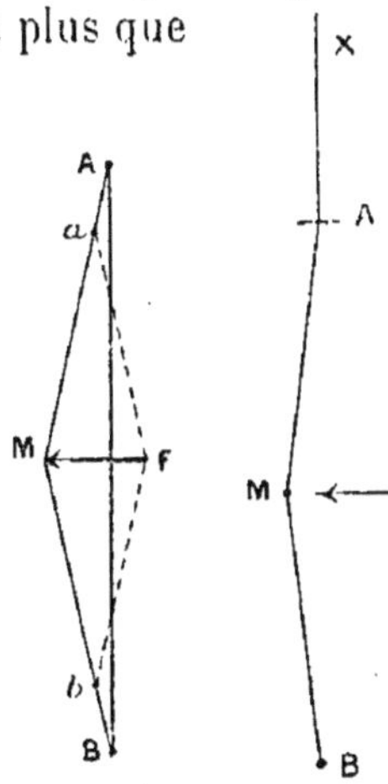

Fig. 30.

Levier. — Le levier se compose essentiellement d'une pièce rigide que nous supposerons rectiligne, par exemple d'un bâton ou d'une barre de fer. Cette tige s'appuie par un de ses points sur un support fixe A nommé l'*appui*. En un autre point R se trouve la *résistance* à vaincre. Enfin en P s'exerce la force agissante que l'on nomme la *puissance*.

Fig. 31.

On voit immédiatement que dans le cas de la figure la force P déplacera le point R de bas en haut si le point A est fixe.

On a cherché à établir une classification dans les leviers suivant les positions respectives des trois points A, P, R, et l'on a distingué des leviers du premier, du second et du troisième genre.

Dans le levier du premier genre, le point d'appui se trouve entre la puissance et la résistance. Dans celui du deuxième genre, la résistance est au point intermédiaire, et dans le troisième genre ce point est occupé par la puissance.

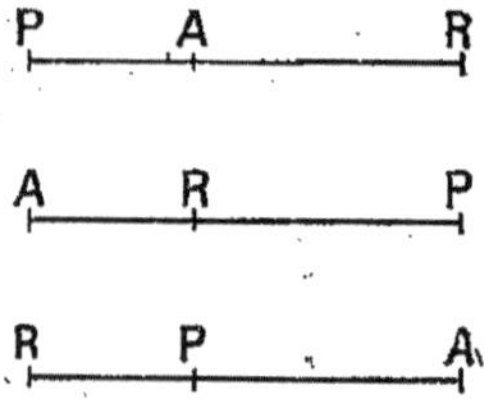

Fig. 32.

En réalité, au point de vue mécanique, cette distinction n'a aucun intérêt. Ce qui importe dans chaque cas, c'est de savoir quelle résistance on peut vaincre à l'aide d'une puissance donnée P. Cela revient à chercher quelle résistance fait équilibre à la puissance, ou dans quelles conditions ces deux forces ont même moment par rapport au point fixe.

Appelons p la distance de la puissance au point fixe, r la distance de la résistance, exprimons que les deux moments sont égaux, nous aurons :

$$Pp = Rr,$$

ou bien :

$$\frac{P}{R} = \frac{r}{p},$$

c'est-à-dire que les forces sont en raison inverse de leur distance au point fixe. On exprime cela en disant que plus le bras de levier est long, moins la force correspondante est grande ; si on double un bras de levier, on peut réduire de moitié la force et obtenir le même effet. Mais naturellement, lorsqu'il s'agit de déplacer le point d'application de la résistance d'une certaine quantité, par exemple de soulever un poids d'une certaine hauteur, plus la force que l'on emploie est petite, plus le déplacement qu'il faut faire subir au point d'application de cette puissance est grand.

Ainsi, dans le cas de la figure 33, nous avons représenté deux positions d'un levier.

Pour soulever le poids R, on pourra employer la force P ou une force moitié moindre P′ ; mais pour obtenir le même déplacement de R, P′ devra faire un chemin double de P. C'est encore le principe de transmission intégrale du travail qui s'applique; pour produire un même travail en R, le produit de P par le chemin qu'il parcourt doit toujours être le même.

En général, comme nous l'avons supposé sur les figures, les leviers sont rectilignes et les forces perpendiculaires au levier; mais ces deux conditions peuvent se trouver changées.

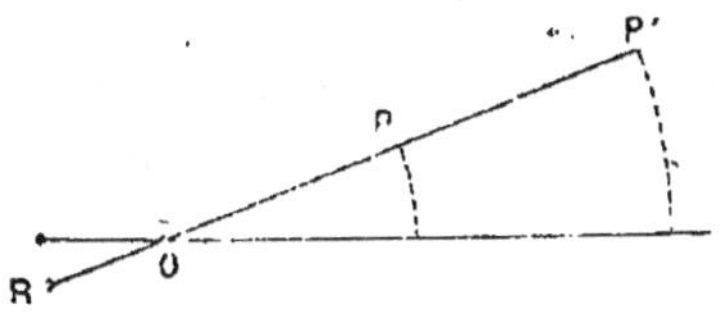

Fig. 33.

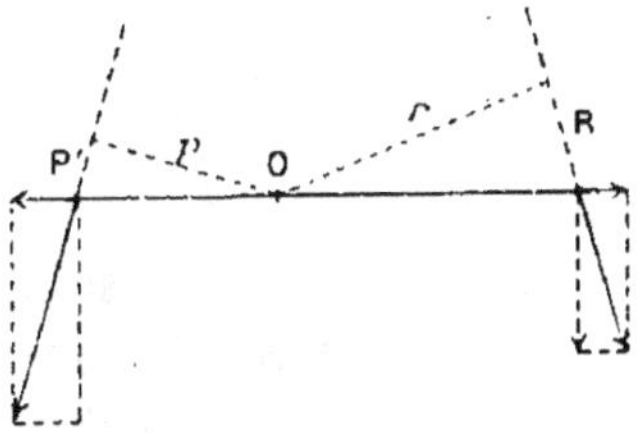

Fig. 34.

Il peut arriver d'abord que les forces aient des directions quelconques par rapport au levier (fig. 34). L'équilibre s'obtient encore en prenant les moments des deux forces par rapport au point d'appui fixe, c'est-à-dire en ne comptant pas les longueurs p et r sur le levier, mais en prenant pour ces valeurs les perpendiculaires abaissées de O sur les forces.

Ou bien, on peut ramener ce cas au précédent en décomposant chaque force en deux autres, une dirigée suivant le levier qui ne produira aucune rotation puisqu'elle passera par l'axe, une autre perpendiculaire au levier que l'on prendra seule en considération.

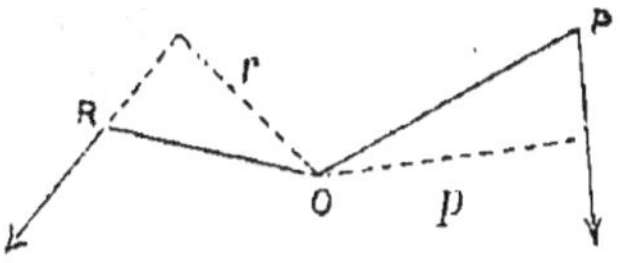

Fig. 35.

On fera de même quand le levier sera quelconque (fig. 35); on écrira que les moments Rr et Pp des deux forces par rapport au point O sont égaux, en prenant pour p et r les perpendiculaires abaissées du point fixe sur les forces R et P. Ou bien, ce qui pourrait être, chacune plus commode dans certains cas, on décomposera les forces R et P en deux autres, dirigées l'une suivant le bras de levier correspondant et l'autre perpendiculairement à ce bras de levier.

Coin. — Le coin est un corps solide terminé par deux plans inclinés AB et AC (fig. 36), que l'on introduit de force entre deux corps résistants R et R', pour les séparer l'un de l'autre.

Au point de contact du coin et des deux corps R et R', ce coin subit de la part de ces corps des réactions f et f' normales aux surfaces AB et AC. La composante de f et f' doit faire équilibre à F. Nous aurons par suite la valeur de f et de f' en prenant une longueur OF parallèle et égale à F (fig. 37), puis traçant deux lignes OX et OY parallèles à f et f' de la figure précédente. Il suffit ensuite de mener par l'extrémité F de OF deux lignes Ff et Ff' complétant le quadrilatère, comme cela résulte de la loi de composition et de décomposition des forces, pour avoir la valeur des réactions f et f' des corps R et R' contre le coin. Il est bien évident que ces réactions sont égales aux actions que le coin exerce sur les corps R et R' pour les écarter l'un de l'autre.

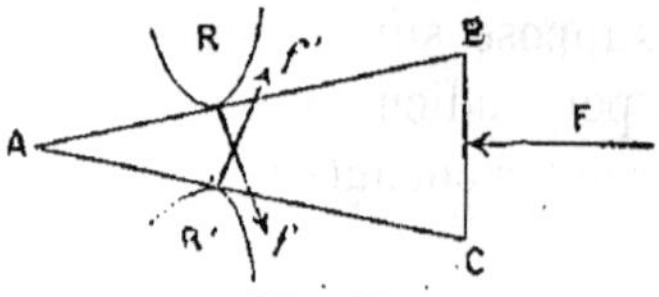

Fig. 36.

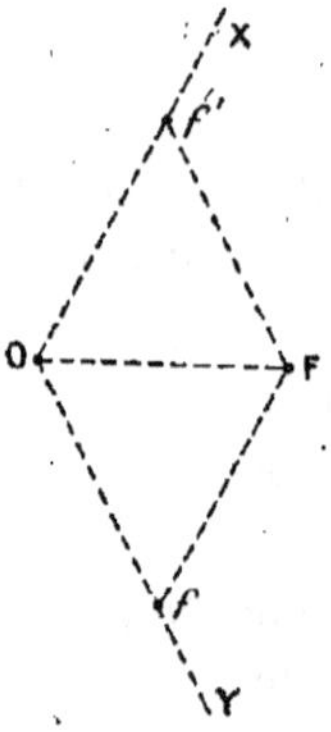

Fig. 37.

On voit immédiatement que, prenant une même force F, f et f' sont d'autant plus grands que l'angle fOf' est plus ouvert, c'est-à-dire que l'angle ABC du coin est plus petit.

Avec un angle BAC faible, on peut arriver à développer des efforts énormes.

Mais ici encore on perd en chemin parcouru ce que l'on gagne en force. Il suffit en effet de regarder la figure pour voir qu'avec un coin à faible angle il faudra, pour obtenir un même écartement de R et R', faire avancer le coin d'autant plus que cet angle A est plus petit.

II

DENSITÉS

Densité des solides et liquides. — La densité d'un solide ou d'un liquide est le rapport entre le poids d'un certain volume de ce solide ou de ce liquide et le poids du même volume d'eau. Autrement dit, la densité d'un solide ou d'un liquide indique combien de fois ce solide ou ce liquide pèse plus que le même volume d'eau. Si donc on veut avoir le poids d'un corps, on cherche combien pèse le même volume d'eau et on multiplie ce poids par la densité du corps.

D'autre part, si l'on veut avoir la densité d'un corps on cherche son poids, ce qui est facile, et on détermine le poids du même volume d'eau. En divisant l'un par l'autre on a la densité.

Les traités de physique générale indiquent comment se font ces opérations. Quand on a pesé un corps solide (1re opération), pour avoir le poids du même volume d'eau (2e opération), on plonge le corps dans l'eau et l'on cherche quelle est sa perte de poids apparente, pendant qu'il est ainsi immergé. Le principe d'Archimède nous apprend que cette perte de poids est égale au poids du volume d'eau déplacé par le corps.

Pour les liquides on mesure un certain volume du liquide soumis à l'expérience, au moyen d'un vase gradué et l'on pèse ce volume. Puis on répète la même opération avec de l'eau.

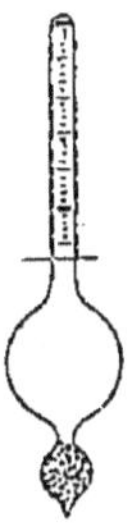
Fig. 38.

Il y a des appareils nommés densimètres ou aréomètres qui permettent de déterminer rapidement la densité d'un liquide par une simple lecture. Voici comment sont disposés ceux que l'on utilise généralement en médecine. Ils consistent en un flotteur de verre ayant la forme représentée sur la figure 38, lesté à la partie inférieure de façon à prendre, en flottant dans les liquides, une position verticale. Ces aréomètres plongent jusqu'à un niveau déterminé de la tige, variable suivant la densité du liquide sur lequel on opère. En effet le poids de l'instrument est constant, il doit donc plonger jusqu'à ce que le poids de liquide déplacé par lui soit égal à son propre poids, c'est-à-dire qu'il doit s'enfoncer d'autant plus que le liquide est moins dense. Il suffit dès lors de faire sur la tige une graduation correspondant aux diverses densités pour pouvoir, lors d'une expérience, connaître cette densité par une simple lecture.

Pour avoir des instruments sensibles, la tige ne doit pas avoir un trop fort diamètre, afin qu'il faille une variation de niveau assez grande pour produire une variation donnée de volume d'immersion. Plus la tige d'un aréomètre est de faible diamètre, et plus l'appareil est sensible. Il en résulte que, pour ne pas exiger des tiges trop longues, il faut avoir une série d'aréomètres, chacun d'eux n'étant applicable qu'à une variation assez limitée de la densité. Il en est de même pour les thermomètres;

pour avoir des degrés assez écartés, on est obligé de limiter l'échelle de température dans laquelle un thermomètre peut être employé.

On fait des instruments basés sur ce principe et destinés aux mesures de densités voisines de celle de l'urine normale, ils portent le non de pèse-urine; de même on fait des pèse-lait pour les densités voisines du lait, etc.

La densité de l'urine normale est au voisinage de 1,018. Les pèse-urines sont gradués généralement de 1,001 à 1,040, car ce n'est qu'entre ces limites que varie la densité de l'urine.

Dans certains cas spéciaux, par exemple pour étudier les mélanges d'alcool et d'eau, au lieu de faire sur la tige une graduation donnant la densité, on fait la graduation en richesse alcoolique, on peut alors lire directement le titrage d'une liqueur en alcool. Pour cela, il faut, bien entendu, qu'elle ne contienne que de l'alcool et de l'eau, car c'est dans ce cas seulement qu'à une même densité correspond un même titre de la solution; la présence de toute matière étrangère fausserait complètement les indications de l'instrument. On a alors un pèse-alcool ou alcoomètre. On peut de même construire des pèse-acide donnant la richesse d'une liqueur en tel ou tel acide.

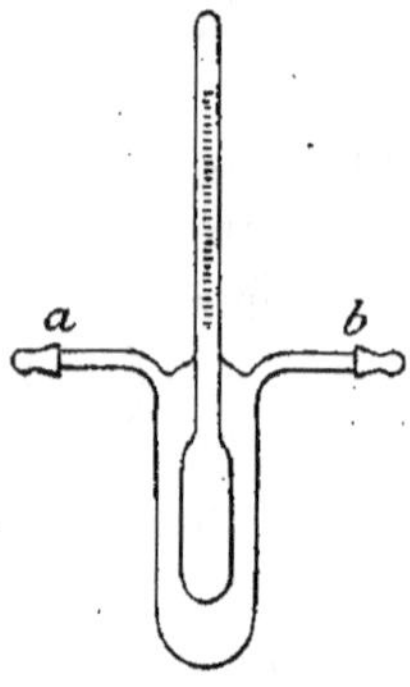

Fig. 39.

Les aréomètres Baumé, Cartier, etc., sont des instruments du même genre, ne différant les uns des autres que par la graduation, comme diffèrent les thermomètres centigrade, Réaumur, etc. Des tables spéciales donnent la correspondance de ces divers instruments.

Naturellement les liquides se dilatant sous l'influence de la température, il y a lieu de tenir compte de cette influence dans les mesures délicates. On peut alors se servir avec avantage d'un *picnomètre*. C'est un réservoir en verre muni de deux petits ajutages coiffés d'un chapeau rodé à l'émeri et contenant la boule d'un thermomètre (fig. 39). On remplit l'appareil du liquide à étudier, en y plongeant un des ajutages, *a* par exemple, et aspirant en *b*. On pèse le tout et on lit la température. Une table à double entrée, dressée une fois pour toutes, donne la densité du liquide correspondant aux divers poids de l'instrument pour les différentes températures.

Remarque sur les densités. — Si, pour prendre la densité d'un solide ou d'un liquide on opère sur 1 cm³ de corps, le poids du même volume d'eau sera 1 g., la densité du corps sera donc exprimée par le même chiffre que le poids en gramme du centimètre cube de corps. Ainsi si la densité du corps est 7,8, cela voudra dire que le centimètres cube de corps pèse 7 g. 8 dg. On peut faire le même raisonnement sur les décimètres cubes, le corps pèsera alors 7 kg. 8 par décimètre cube, et ainsi de suite. Ce résultat simple est obtenu grâce au choix des unités françaises et du corps par rapport auquel on prend la densité. Nous verrons qu'il n'en est plus de même pour les gaz.

III

ÉLASTICITÉ

Tous les corps de la nature, quelle que soit leur ridigité, peuvent être déformés par l'action de forces extérieures Suivant les cas ces forces devront être plus ou moins puissantes; un effort minime suffit pour plier une lame de caoutchouc, tandis que, pour obtenir le même résultat sur une barre d'acier, il faut déployer une force considérable.

Les corps ne diffèrent pas seulement entre eux par leur résistance plus ou moins grande à la déformation, mais aussi par la faculté qu'ils ont de reprendre leur forme primitive quand la force extérieure a cessé d'agir. Une lame de plomb plie sous le moindre effort, et la flexion ainsi obtenue sera persistante. La cire à modeler présente le même phénomène à un degré encore plus élevé, c'est un des exemples les plus parfaits de ce que l'on appelle un *corps mou*, c'est-à-dire d'un corps sur lequel toute déformation est permanente. Si l'on répète la même expérience sur un morceau de caoutchouc ou sur une pièce d'acier convenable trempée, on constate que ces corps reprennent complètement leur forme primitive quand les forces extérieures cessent d'agir : on dit alors qu'ils sont *parfaitement élastiques*.

En réalité, comme nous le verrons plus loin, il n'y a ni corps parfaitement mou ni corps parfaitement élastique et, si nous rencontrons dans la nature un corps se rapprochant de cette état idéal, ce n'est qu'à titre d'exception. On peut voir en effet que, même sur la cire molle lorsque les déformations sont petites, il y a un vestige d'élasticité, un bâton de cire légèrement plié a une tendance à se redresser. Au contraire un corps comme le caoutchouc, doué en apparence d'une élasticité parfaite est susceptible de conserver de petites déformations permanentes.

Sur la plupart des corps de la nature, ces deux phénomènes, tendance au retour vers la forme primitive et persistance d'une déformation permanente, se montrent donc simultanément, l'un ou l'autre prédominant suivant les conditions de l'expérience.

Prenons une tige de cuivre : en ne la pliant que très légèrement elle se redressera parfaitement, mais si, par un effort énergique, nous la courbons fortement, elle restera déformée comme le ferait une tige de plomb. Il en est de même pour tous les corps : dans certaines limites de déformation ils sont parfaitement élastiques, mais quand cette déformation devient par trop grande, elle devient plus ou moins permanente. On dit alors qu'on a dépassé la limite d'élasticité.

Jusqu'ici nous n'avons considéré que le changement de forme des solides, car ce sont les seuls corps ayant une forme propre, mais les liquides et les gaz peuvent aussi manifester leur élasticité quand on cherche à modifier leur volume.

Prenons d'abord les gaz, et, pour préciser, supposons que nous ayons enfermé un certain volume d'air dans un corps de pompe parfaitement fermé par un piston, nous savons que l'air prendra la forme intérieure du corps de pompe dans lequel il se répandra uniformément. Si nous abaissons le piston, le volume de l'air se réduira; mais, en vertu de son élasticité, il reprendra sa valeur primitive aussitôt que la force cessera d'agir.

La même expérience peut se faire avec un liquide; il suffira pour cela de remplir complètement le corps de pompe d'eau, en ne laissant aucune bulle d'air.

On constate ainsi que les liquides et les gaz ont, lorsqu'on cherche à réduire leur volume, une élasticité parfaite, on ne peut leur faire subir une déformation permanente, le volume reprend toujours la même valeur quand la pression revient au même point.

Il y a toutefois une grande différence entre la compression des gaz et celle des liquides. Les premiers suivent, comme on sait, la loi de Mariotte; sans effort exagéré on peut en diminuer considérablement le volume. Il n'en est pas de même des liquides, pour lesquels des réductions de volume même faibles exigent des forces de compression énormes.

Pour les solides, on peut aussi, au point de vue expérimental, chercher à réduire leur volume. Comme pour les liquides il faut déployer de très grands efforts, et l'on constate alors, qu'après l'expérience, il subsiste une réduction de volume permanente plus ou moins accusée. Dans la pratique, l'élasticité des solides intervient surtout d'une façon intéressante dans les modifications de forme, sans changement de volume, qu'ils peuvent subir par traction, torsion, flexion ou toute autre déformation.

Considérons d'abord le cas d'une traction exercée sur une barre prismatique ou cylindrique. Cette barre placée verticalement sera fixée solidement à son extrémité supérieure; nous l'allongerons, par exemple, en suspendant des poids à son extrémité inférieure.

Quand la tige pendra librement, elle aura une longueur L et une section S. Si le poids tenseur est P, l'expérience prouve que l'allongement sera donné par la formule $l = \frac{LP}{ES}$ qu'il est facile de traduire en langage ordinaire. Elle signifie que l'allongement d'une barre soumise à la traction est proportionnelle au poids tenseur P. La longueur de la barre intervient de la même façon, ce que l'on conçoit aisément; chacune des unités de longueur de la barre subissant évidemment la même action, l'allongement total sera d'autant plus grand que cette barre contient plus d'unités de longueur. La surface de section joue un rôle inverse; dans les mêmes conditions, plus la section sera grande et moins la barre s'allongera. Enfin nous voyons intervenir un facteur E que l'on nomme le *coefficient d'élasticité* et qui dépend de la nature du corps soumis à l'expérience. Pour un même poids tenseur, une même longueur et une même section, l'allongement sera d'autant moindre que le coefficient d'élasticité est plus grand. Il en résulte que les corps ayant un grand coefficient d'élasticité exigent des forces très considérables pour être déformés : c'est ce qui se produit pour l'acier. Les corps à faible coefficient d'élasticité, comme le caoutchouc, cèdent au contraire sous le moindre effort.

La formule d'allongement élastique d'une tige peut s'écrire $E = \frac{LP}{lS}$. Si on suppose l'allongement l égal à la longueur L de la tige, il reste $E = \frac{P}{S}$. Cela veut dire que le coefficient d'élasticité est égal au poids, par unité de section, qui serait nécessaire pour doubler la longueur de la tige, abstraction faite de la rupture qui se produit généralement avant que ce résultat soit atteint.

L'emploi du mot élasticité crée souvent une confusion par suite du sens différent qui lui est attribué dans le langage courant et dans le langage scientifique. Quand on parle d'un corps ayant une grande élasticité, l'image du caoutchouc se présente immédiatement à l'esprit; or, d'après ce que nous venons de dire plus haut, le caoutchouc a en réalité un coefficient d'élasticité très faible.

Un autre élément vient encore augmenter la confusion, c'est la *force élastique* qui, malgré l'analogie de nom, n'a rien de commun avec les propriétés des corps élastiques que nous avons déjà signalées. Lorsque nous exerçons sur un corps une traction P, s'il n'y a pas rupture, quelle que soit la déformation, le corps exerce sur le poids tenseur une réaction qui, d'après le principe de Newton, est égale et de sens contraire à la traction. Ainsi, si à une tige de matière, de longueur et de section quelconques, nous suspendons un poids de 1 kg.; cette tige, quel que soit son allongement, soutiendra 1 kg. et l'on dira qu'elle exerce une force élastique de 1 kg. On voit donc qu'il n'y a aucune relation entre ce que l'on nomme le coefficient d'élasticité d'un corps et la force élastique qu'il déploie. Le coefficient d'élasticité d'un corps dépend uniquement de la matière dont il est fait, c'est un facteur qui ne changera pas, quelles que soient les tractions ou déformations que l'on produira. La force élastique, au contraire, change à chaque instant avec les conditions de l'expérience, et elle est toujours égale et de sens contraire à la force qui produit la déformation. Prenons par exemple une tige d'acier fixée à une extrémité et pendant librement; au bout inférieur accrochons successivement les poids de 1, 2, 3 kg., etc., la tige exercera de bas en haut des tractions de 1, 2, 3 kg.; la force élastique qu'elle déploiera variera avec chaque nouveau poids tenseur, et cependant le coefficient d'élasticité n'a pas changé. Inversement, prenons deux tiges; l'une en acier, l'autre en caoutchouc, et faisons-leur supporter à chacune un poids de 1 kg., ces deux tiges mettront en œuvre la même force élastique, et cependant elles sont loin d'avoir le même coefficient d'élasticité.

Importance de l'élasticité des corps dans les actions mécaniques. — Lorsqu'un corps se déforme sous l'action de forces extérieures, ces forces dépensent du travail, car il y a déplacement du point d'application des forces. Si le corps peut revenir de lui-même à sa forme primitive, il restituera le travail qu'il avait emmagasiné. Par exemple, écartons un ressort de sa position d'équilibre, il faudra pour cela développer une certaine force. Pendant tout le temps où le doigt poussera le ressort devant lui pour l'armer, il y aura dépense de travail que l'on peut évaluer en multipliant la valeur de la force par la valeur du chemin parcouru. Une fois arrivé à la limite de la course, laissons le ressort revenir lentement à la position d'équilibre primitive, que va-t-il se passer? Le ressort exercera sur notre doigt, dans chacune de ses positions, le même effort que pendant le premier temps de l'opération, il repoussera le doigt devant lui et, le chemin parcouru étant le même, il rendra le même travail que celui qui a été dépensé pour l'armer.

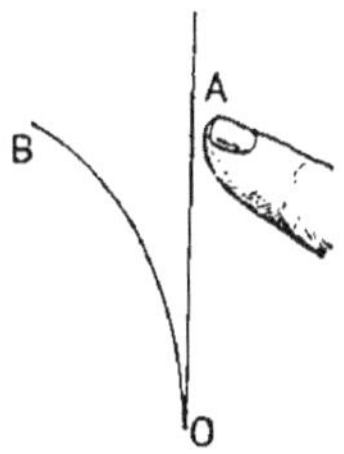

Fig. 40.

Il en résulte que, dans une première période, le doigt fournit du travail au ressort, dans la seconde période le ressort rend le travail en repoussant le doigt jusqu'à la position de départ. On dit qu'au moment où le ressort était armé, il renfermait à l'état potentiel le travail qu'il a pu dépenser dans la suite.

Toute la mécanique des corps élastiques se trouve dans ces trois phases. On démontre que, si le corps était idéalement élastique, il n'y aurait aucune perte dans ces transformations successives, le travail rendu serait absolument égal au travail absorbé; si, au contraire, il subsiste des déformations permanentes, il y a toujours perte de travail. C'est ce dont il est facile de se rendre compte.

Examinons d'abord le cas d'un corps qui serait parfaitement élastique; dans la pratique un ressort bien trempé remplit ce but d'une façon suffisante. Avec le doigt nous allons le faire passer lentement de la position A à la position B (fig. 40), puis nous le laisserons revenir également très lentement de B en A en modérant à chaque instant sa vitesse avec le doigt. Sans entrer dans l'analyse détaillée de ce qui se passe, il est facile de comprendre que ces deux opérations sont exactement inverses. Dans chaque position du ressort, la force qui s'exerce, entre le doigt et lui, est la même, quel que soit le sens du déplacement; les chemins parcourus dans les deux cas sont aussi les mêmes; donc le travail fourni par le doigt animant le ressort est le même que celui qui est rendu par le ressort repoussant le doigt.

Si nous avions affaire à un corps complètement mou, il faudrait dépenser un certain travail pour le déformer de la position A à la position B, le corps n'ayant aucune tendance à revenir de B en A ne rendrait aucun travail : tout le travail dépensé serait perdu.

Fig. 41.

Mais supposons un corps ayant des propriétés intermédiaires, n'étant ni absolument élastique, ni complètement mou, que va-t-il se passer? Nous savons qu'après la fin de l'expérience il doit rester une déformation permanente, par exemple une lame que l'on a fait passer de la position A à la position B ne reviendra qu'en A'. L'écart entre A et A' sera la déformation permanente (fig. 41). Le travail nécessaire pour faire passer le ressort de la position A à la position B est évidemment supérieur à celui qui sera rendu par ce même ressort passant de la position B à la position A'.

Nous voyons donc qu'il y a perte de travail chaque fois qu'il se produit une déformation permanente : cela peut arriver quand les corps sont plus ou moins mous, mais cela se produit aussi quand ils sont trop rigides, car alors pour la moindre flexion il y a rupture. Il en résulte que dans tout dispositif mécanique susceptible de recevoir des chocs, il faut que ces chocs se produisent entre pièces élastiques, sous peine de déformations permanentes ou de ruptures, et par suite d'usure rapide et de détérioration; de là l'utilité des ressorts. Il n'y a pas lieu d'insister sur l'avantage de l'élasticité au point de vue de la conservation des corps, ce que nous venons de dire et l'observation journalière font comprendre assez clairement qu'il n'y a que les corps possédant un certain degré d'élasticité qui soient de conservation facile, les corps mous se déforment, les corps rigides se brisent. C'est là un principe dont on ne saurait exagérer la portée et dont il faut bien se pénétrer : « *L'élasticité est la sauvegarde des corps solides.* »

L'élasticité des corps joue aussi un rôle capital dans l'épargne du travail, quoique la compréhension de ce fait résulte des explications que nous avons données. il nous semble utile de rapporter deux expériences très ingénieuses de Marey, qui font bien saisir l'avantage qu'il y a de substituer des pièces élastiques aux pièces rigides, dans les dispositifs expérimentaux où il peut se produire des chocs.

Quand un homme ou un animal traîne un corps sur le sol à l'aide d'un lien, il est rare que la traction exercée sur ce lien soit absolument continue. Généralement les mouvements de la marche entraînent une série de secousses plus ou moins rythmées et il en résulte des chocs sur les points d'attache, ainsi qu'il a déjà été dit plus haut.

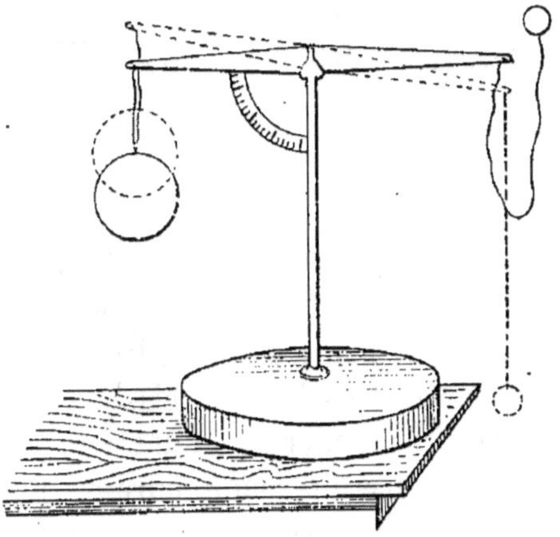

Fig. 42.

Marey, en interposant un dynamomètre enregistreur sur le trajet du lien servant à traîner un corps sur le sol, constata que, pour obtenir le même déplacement, le travail dépensé variait beaucoup suivant la nature de ce lien. Lorsque le lien avait une élasticité convenable, on pouvait réaliser une économie de 26 p. 100 sur le cas où il était absolument rigide.

Marey a ensuite montré expérimentalement que chaque choc donne lieu à une perte. Il s'est servi pour cela d'une petite balance dont le fléau, grâce à un encliquetage, n'était susceptible de tourner que dans un sens déterminé fig. 42. Ce fléau pouvait ainsi supporter, sans s'incliner, un poids de 50 g. par exemple, suspendu à une de ses extrémités. A l'autre extrémité du même fléau était attaché un fil assez long portant un poids de 10 g. Ce poids ne pouvait par sa seule pesanteur faire incliner le fléau. En l'élevant à une certaine hauteur et le laissant retomber il en résultait un choc à chaque chute. L'expérience prouve que ce choc a beau se répéter, le fléau n'est pas entraîné tant que le poids de 50 g. est suspendu par l'intermédiaire d'un lien rigide. Si, au contraire, le soutien se fait par un ressort à boudin ou un fil de caoutchouc, on voit à chaque chute du petit poids l'inclinaison du fléau augmenter; en même temps l'on constate la disparition des chocs qui, dans le premier cas, ébranlaient tout l'appareil.

Voici maintenant une expérience d'hydraulique d'une grande portée dans l'étude de la circulation.

On prend un flacon de Mariotte dont l'eau s'écoule à travers deux tubes reliés au flacon par une branche commune, comme le représente la figure 43. L'un de ces tubes est à parois rigides, l'autre est un tube de caoutchouc à parois élastiques. Si l'écoulement est continu, on peut régler l'orifice des deux tubes de façon à ce qu'ils aient le même débit. Ce réglage fait, produisons, à l'aide d'un levier qui permet d'écraser l'origine des tubes une série d'interruptions dans les deux courants, il en résultera des jets saccadés. Mais ces oscillations seront bien moindres dans le tube élastique que dans le tube rigide, et le débit du premier sera supérieur à celui du second.

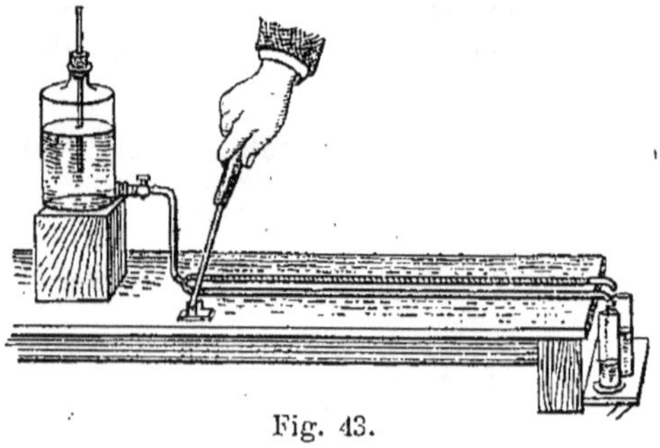

Fig. 43.

Il est aisé de comprendre ce qui se passe. Dans le tube rigide, pendant l'interruption du courant, le liquide est immobile; au moment où l'on soulève le levier, le liquide du vase doit, pour s'écouler mettre en mouvement toute la colonne qui se trouve devant lui dans le tube, il en résulte un véritable choc. Dans le tube élastique, au moment où le liquide du vase se précipite pour s'écouler, la paroi du tube se distend, le volume de ce tube augmente pour recevoir le liquide qui lui arrive brusquement. Pendant l'interruption, le courant est fatalement complètement coupé dans le tube rigide; mais dans l'autre, les parois revenant sur elles-mêmes, pressent sur le liquide pour faire continuer l'écoulement par l'orifice, jusqu'au moment où sous un nouveau flot elles se dilateront pour recevoir un nouveau volume venant du vase.

Cette explication fait comprendre le fonctionnement du ballon interposé sur le trajet de la soufflerie de Richardson adaptée aux pulvérisateurs ou au thermocautère.

Ces expériences et un grand nombre d'autres observations montrent le rôle important que joue l'élasticité des corps, tant au point de vue de leur bonne conservation que de l'épargne du travail, dans les cas où des forces intermittentes sont susceptibles de produire des chocs.

L'étude de l'élasticité des corps prend donc une place très importante dans les applications de la mécanique. Divers auteurs, au premier rang desquels il faut citer Wertheim, ont fait de nombreuses recherches sur ce sujet. Les résultats numériques de ces travaux se trouvent, avec une grande profusion de détails, dans les traités de résistance des matériaux ou dans des tables spéciales. Leur peu d'intérêt pour les applications biologiques nous permet de renvoyer à ces ouvrages dans le cas exceptionnel où l'on aurait besoin d'un de ces résultats. L'essentiel ici est de bien faire comprendre, d'une façon générale, le rôle important que joue l'élasticité des corps dans les actions mécaniques.

IV

RÉSISTANCE DES SOLIDES A LA RUPTURE

Nous avons vu que les solides parfaitement élastiques peuvent subir des déformations considérables sous l'action des forces extérieures, et après disparition de ces forces revenir à leur forme primitive. Les corps mous restent déformés d'une façon permanente. D'autres corps enfin, quand on dépasse une certaine déformation ou un certain effort, cassent.

Il peut y avoir rupture par traction, par compression, par flexion, par torsion, par cisaillement, ou enfin par plusieurs de ces procédés combinés entre eux.

Quand on étire un corps cylindrique, la résistance à la rupture ne dépend que de la section transversale du corps et d'un certain coefficient variable avec la nature du corps. Plus la section transversale est grande, plus la résistance est considérable, ces deux quantités varient proportionnellement, et, ce que l'on appelle le *coefficient de résistance du corps* est la résistance par centimètre carré ou par millimètre carré de ce corps.

Voici à titre d'indication les chiffres moyens trouvés par Wertheim, comme donnant, en kilogrammes, la résistance par millimètre carré à la rupture par traction, pour divers tissus de l'organisme.

Muscles	0,038
Artères	0,14
Veines	0,18
Nerfs	1,35
Tendons	6,25
Os	7,99

Ces chiffres approximatifs varient considérablement avec l'état des tissus, en particulier avec la dessiccation et la température.

Si, au lieu d'étirer un solide, un prisme par exemple, on le comprime dans la direction de son axe, il arrive aussi un moment où la rupture se fait. La résistance dans ce cas est encore proportionnelle à la surface de section. Pour les tissus de l'organisme, l'expérience ne peut guère se faire que pour les os; nous donnerons plus loin les chiffres pouvant avoir quelque intérêt, mais il y a un point très important qu'il ne faut pas perdre de vue. La résistance d'un prisme par compression ne dépend que de sa section transversale à la condition qu'il n'intervienne pas de flexion. Il arrive souvent, quand on comprime une tige trop longue par rapport à sa section transversale, qu'il se produise tout à coup une flexion; il n'y a plus alors un simple écrasement.

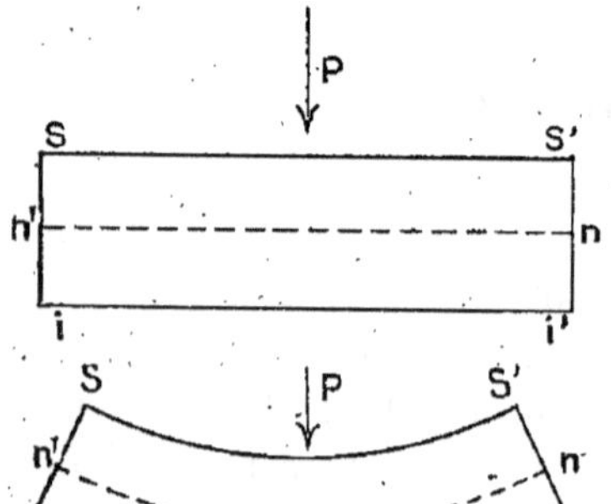

Fig. 44.

C'est pourquoi, dans toutes les pièces qui doivent résister à une compression, il faut prendre des précautions contre la possibilité d'une flexion, soit en évitant les pièces trop longues, soit en les maintenant, sur divers points de leurs parcours, contre les déplacements latéraux; soit enfin en leur donnant une forme de section convenable.

Cette forme convenable est celle de toute pièce devant résister à la flexion. Considérons une pièce allongée, prismatique par exemple (fig. 44), reposant par ses extrémités sur des appuis et supportant sur son milieu un poids P. Cette pièce va fléchir, chacune de ses fibres formant une courbe à concavité supérieure. Dans cette nouvelle forme la fibre inférieure *ii'*, se trouvera allongée. La fibre supérieure *ss'* se trouvera raccourcie, et une certaine fibre intermédiaire *nn'* aura la même longueur qu'à l'état de repos. Cette fibre *nn'*, dite fibre neutre, n'aura subi ni un effort de traction ni de compression, la fibre *ii'*, et toutes les fibres inférieures à *nn'* résisteront à la rupture par traction d'autant plus qu'elles seront plus éloignées de *nn'*. Les fibres placées au-dessus de *nn'* seront au contraire d'autant plus comprimées qu'elles sont plus éloignées de *nn'*. Il arrive un moment où *ii'* ne peut s'allonger ou *ss'* plus se raccourcir sans se rompre; la rupture commence par un point éloigné de *nn'* et se propage alors à travers tout le prisme. On conçoit qu'il faille autant que possible soulager les parties les plus éloignées de *nn'*, c'est-à-dire porter en ces points la plus grande partie de la matière dont on dispose. C'est pour cela qu'une pièce prismatique devant supporter un poids sur son parcours entre deux supports, on lui donne une forme analogue à celle de la figure 45. On a éloigné la matière de la fibre neutre en formant deux semelles : l'une travaillant à la traction, c'est l'inférieure, l'autre à la compression, c'est la supérieure. On a employé le moins de matière possible pour réunir ces deux semelles.

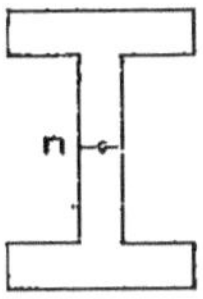

Fig. 45.

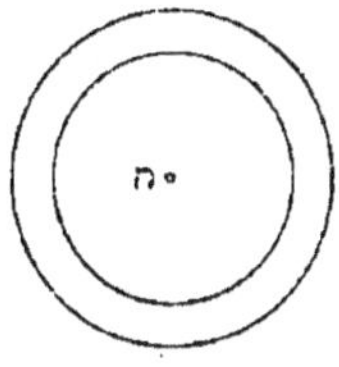

Fig. 46.

Quand une pièce doit résister à la flexion dans diverses directions, il faut dans toutes les directions réaliser la même condition que précédemment. Cela conduit évidemment à donner à la pièce la forme d'un tube creux, la fibre neutre se trouvant alors au centre. En employant la même quantité de matière pour faire une tige on aurait la même résistance à la traction que le tube, puisque cette résistance ne dépend que de la surface de section; mais la matière serait très voisine de la fibre neutre. Une pareille tige résiste mal à la flexion et, par suite de ce que nous avons dit plus haut, à la compression.

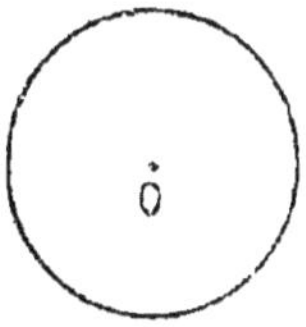

Fig. 47.

Dans la résistance à la torsion nous allons trouver quelque chose d'analogue. Considérons une pile de pièces de monnaie ; quand nous prenons d'un côté, à pleines mains, la partie inférieure et la partie supérieure de l'autre, et que nous exerçons une torsion, les différentes pièces de monnaie tournent les unes sur les autres en frottant. Si nous faisons la même opération sur une tringle cylindrique, les diverses tranches de la tringle tendront à tourner les unes sur les autres comme les précédentes. Considérons une de ces tranches vue de face, retenue à la tranche suivante par la cohésion de la matière, il est évident que le déplacement maximum tendant à se faire aux points éloignés du centre O, l'effort de rupture est d'autant plus grand que l'on s'éloigne plus de O. Il faut donc porter le plus possible de la matière disponible loin de O, celle qui, se trouve près de O, ne subissant pour ainsi dire pas d'effort et ne contribuant pas à la résistance de la pièce à la torsion. On voit qu'on arrive encore à la forme en tube, et la résistance sera d'autant plus grande que le diamètre du tube sera plus considérable.

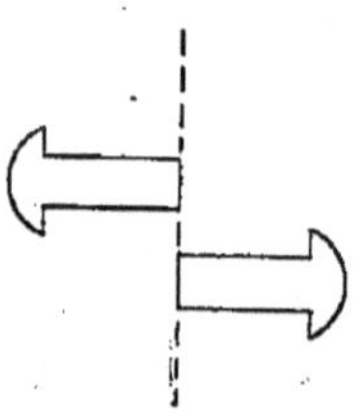

Fig. 48.

Enfin nous avons à considérer le cisaillement. Ce genre de rupture se produit quand deux tranches d'une pièce tendent à glisser l'une sur l'autre, toute la partie supérieure de la pièce cherchant à se déplacer sur la partie inférieure. Le type de la pièce travaillant au cisaillement est le rivet des ciseaux, il tend à se rompre comme l'indique la figure 48. Chaque partie de la surface de rupture se comporte de la même façon ; la résistance au cisaillement est proportionnelle à cette surface.

Il est impossible de prévoir toutes les combinaisons résultant des différentes espèces de ruptures, dans chaque cas il faudra en faire une étude particulière et donner à la pièce une forme appropriée. Cependant, souvent, suivant l'usage auquel on destine la pièce, il y a un genre de rupture prédominant et c'est d'après lui que l'on se guidera.

V

OS

Comme on sait, on classe les os, aussi bien ceux des hommes que des animaux, en :

a. Os longs ;

b. Os larges et plats ;

c. Os courts et irréguliers.

Les premiers se trouvent dans les membres, ils se composent d'une partie allongée, cylindrique ou prismatique triangulaire, nommée la diaphyse, terminée à ses extrémités par les épiphyses. Cette forme s'explique aisément, la partie moyenne de l'os a un calibre réduit parce qu'elle est entourée par la masse musculaire des membres à laquelle il faut une grande place; dans ces conditions, du reste, la diaphyse a encore une très grande résistance, plus que suffisante pour supporter les efforts sollicités par la contraction des muscles. Aux extrémités de l'os les épiphyses peuvent se développer, car à leur niveau les muscles ont presque complètement fait place aux tendons de dimensions beaucoup plus réduites. Ce développement des épiphyses est avantageux, c'est par elles que les os s'articulent avec les os voisins. Il y a intérêt à ce que cette jonction se fasse par des surfaces étendues, il y a là une bonne condition de solidité et de résistance aux chocs qui peuvent se transmettre à travers les articulations. De plus, l'action mécanique des muscles est aussi favorisée de ce chef au commencement de la flexion d'un os sur le voisin ou à la fin de l'extension, comme nous le verrons à propos des articulations.

Les os plats et larges sont généralement convexes d'un côté et concaves de l'autre, ils servent en effet de paroi à certaines cavités, comme les os du crâne ou ceux du bassin, ou bien sont, comme l'omoplate, obligés de se mouler sur une surface convexe. Ce dernier os est très mince et pourrait de ce fait subir facilement des flexions, aussi est-il avantageusement renforcé par une crête osseuse formée par un plan perpendiculaire au plan principal de l'os et nommée épine de l'omoplate.

Les bords des os plats, qui seraient très fragiles s'ils étaient minces, sont plus ou moins épaissis, formant ainsi un bourrelet sur lequel les muscles peuvent prendre une insertion solide. Quant aux os courts, ils ont les formes les plus diverses. Ils se trouvent généralement là où les mouvements sont très variés, par exemple au carpe, au tarse, dans la colonne vertébrale. Ils portent souvent chacun plusieurs surfaces articulaires et de nombreuses bosses, dépressions ou rugosités donnant une bonne insertion aux tendons qui se terminent sur eux.

Quelle que soit la variété d'os que nous examinions, nous les trouvons composés de deux substances au premier abord très différentes, la substance compacte et la substance spongieuse. Coupons un os long en travers par le milieu de la diaphyse, nous constatons que cette diaphyse est très dure, difficile à rompre, d'un tissu serré sans vides dans son épaisseur, c'est la substance compacte. Faisons maintenant une opération analogue sur une des épiphyses de ce même os, nous trouverons aussi de la substance compacte, mais elle ne formera qu'une écorce mince, au-dessous de laquelle apparaîtra un tissu composé de travées osseuses, entourant des lacunes plus ou moins importantes, et ayant parfois une assez grande analogie d'apparence avec certaines pierres ponces; c'est le tissu spongieux. Les os courts sont constitués comme les épiphyses.

Quant aux os plats, ils comprennent deux lames de tissu compact adossées et séparées par une couche de tissu spongieux.

L'os est un des tissus les plus denses de l'économie, il ne le cède à ce point de vue qu'aux dents. Cette densité a été déterminée par divers auteurs.

Wertheim, qui s'est beaucoup occupé de ce genre de questions, a trouvé 1,934, Rauber 1,877, Aeby 1,936. En prenant pratiquement le chiffre 2, facile à retenir, on ne commettra pas d'erreur appréciable. Cette densité se rapporte à un fragment découpé dans la portion compacte d'un os long; il faut bien remarquer qu'en opérant sur un os entier ou sur du tissu spongieux, on est exposé à de grosses erreurs. Les pièces sur lesquelles on opérerait ainsi, contiennent en effet des cavités dans lesquelles l'eau ne pénètre qu'incomplètement, ce qui fausse complètement les mesures.

Les deux propriétés physiques les plus importantes du tissu osseux sont son élasticité et sa résistance à la rupture.

Sous l'influence de forces extérieures, l'os peut se déformer et reprendre ensuite sa force primitive. Ces déformations possibles sont généralement faibles. Elles ont une très grande importance, car on sait que les corps sont d'autant plus susceptibles de se rompre sous l'influence d'un choc qu'ils sont moins déformables, malgré leur ténacité. Je ne citerai qu'en passant la propriété que l'on rencontre parfois sur les os de sujets très jeunes, de pouvoir subir une déformation permanente très considérable, sans rupture apparente, c'est ce que l'on nomme les fractures en bois vert.

Les chiffres donnés par les divers auteurs relativement à l'élasticité des os sont assez concordants. D'après Wertheim, le coefficient d'élasticité des os frais serait de 1 819 à 2 719 kg. par millimètre carré; d'après Rauber, 1 871 à 2 560 kg., cela revient sensiblement au même. Ces chiffres se rapportent à la température du corps humain; au-dessous de cette température, on trouve des nombres plus forts; la dessiccation agit dans le même sens que le froid, mais d'une manière plus énergique. Le coefficient d'élasticité des os est à peu près le double de celui du bois de sapin étiré dans la direction des fibres. Je rappelle qu'il ne faut faire aucun rapprochement entre le coefficient d'élasticité et la résistance à la rupture par traction, par exemple.

C'est cette seconde propriété que nous allons examiner maintenant. Ici encore nous voyons l'abaissement de température et la dessiccation produire une augmentation des coefficients de résistance. Ce fait déjà signalé par Wertheim a aussi été observé par Rauber. Sur la diaphyse des os frais à la température du corps humain, Rauber a trouvé, pour la résistance à la rupture par traction :

Adulte	9 kg. 25 à 12 kg. 41	par mm. carré.
Vieillard . . .	6 kg. 37 à 7 kg. 75	—

On voit ici se produire une diminution importante de la résistance avec l'âge; ce phénomène n'a pas été observé pour le coefficient d'élasticité. Il ne semble pas non plus exister pour la résistance à la compression; dans ce cas les chiffres trouvés par Rauber sont compris entre 12 kg. 56 et 16 kg. 8 par millimètre carré sans influence bien marquée pour l'âge.

Le même auteur a fait quelques expériences sur le tissu spongieux, mais elles ont beaucoup moins d'intérêt, car on conçoit que, suivant l'importance des cavités et suivant la direction des forces, on trouve des résultats extrêmement variables. Pour donner une simple idée de la diminution de résistance que l'on observe en passant de la substance compacte à la substance spongieuse, je dirai que, pour cette dernière, les chiffres trouvés par Rauber sur des vertèbres et la tête du fémur sont de 0,84 à 8,96 kg. par millimètre carré.

La substance compacte de l'os résiste à la rupture comme le bois de sapin soumis à la traction dans le sens des fibres, mais elle est deux fois plus résistante si l'on opère par compression. Dans ce cas je rappellerai une recommandation importante; c'est de ne pas oublier l'influence considérable de la longueur des pièces d'épreuve sur la rupture par compression. Voici du reste un exemple tiré de Rauber. Un cube de 3 millimètres de côté découpé dans la substance compacte d'un fémur s'écrasa sous une charge de 150 kg., alors qu'un prisme de même section, mais ayant 45 millimètres de hauteur, ne put supporter sans se rompre plus de 108 kg. Il est bon, pour avoir des résultats concordants, de ne jamais prendre de blocs d'épreuve dont la dimension verticale soit supérieure à trois fois la dimension horizontale.

Ce phénomène, on le sait, ne se produit pas pour la traction, où la résistance ne dépend que de la section.

Les déterminations du coefficient d'élasticité et du coefficient de résistance ne nous permettent pas de déterminer la limite de rupture pour un os entier, un fémur ou un crâne par exemple, un pareil problème conduirait à des calculs inextricables.

Messerer s'est proposé de combler cette lacune et a fait un grand nombre d'expériences de rupture des divers os du corps humain dans différentes conditions, en choisissant toujours des sujets ayant succombé à la suite de courtes maladies. Il se servit pour cela de machines destinées aux essais industriels, et, ne pouvant opérer à la température du corps humain, il évita tout au moins la dessiccation et se maintint entre 20° et 25°.

Voici les principaux résultats auxquels il arriva. Prenons d'abord le crâne. Lors de la compression, il commence par se produire une diminution de longueur du diamètre correspondant à la compression, en même temps il y a une légère augmentation de dimension des autres diamètres, puis il se produit une fracture de la base du crâne par une ligne sinueuse suivant la direction de la compression, si l'on agit suivant le diamètre antéro-postérieur ou transverse. Si l'on agit, au contraire, dans le sens vertical par l'intermédiaire des vertèbres voisines, il y a un enfoncement de la base avec fracture d'un ou des deux rochers.

Dans la compression latérale on observa comme plus grande variation une diminution de 8 mm. 8 avec une augmentation dans le sens sagittal de 0 mm. 54 et dans le sens vertical de 0 mm. 6.

Dans la compression sagittale il y eut une diminution de 5 mm. 4 dans cette direction, avec une augmentation de 0 mm. 36 verticalement et de 0 mm. 7 dans le diamètre transversal.

Dans le premier cas la rupture se fit à 520 kg., dans le second à 650 kg., et lors de la compression verticale à 270 kg., sans variation des autres diamètres.

Dans les cas de compression avec un objet mousse, il se produit des enfoncements très localisés. et les efforts nécessaires pour cela ne sont nullement proportionnels à l'épaisseur des os, par suite de la présence du diploé.

Le maxillaire inférieur, dans la compression latérale, se rompt près du menton, pour 60 kg., après un rapprochement des branches d'environ 10 millimètres près des condyles.

Lorsque la pression se produit d'avant en arrière sur le menton, les deux branches s'écartent au contraire d'environ 13 millimètres, puis la rupture se fait au voisinage des condyles pour une charge de 190 kg.

La résistance des vertèbres va en augmentant de haut en bas et est extrêmement variable d'une personne à l'autre : 22-93 kg. par centimètre carré. Elle diminue avec l'âge.

Les côtes sont extrêmement déformables, sur un sujet on put amener le sternum contre la colonne vertébrale sans provoquer de fracture.

Pour le bassin une compression moyenne de 250 kg. d'avant en arrière produit en général une rupture des deux pubis.

La compression latérale sur la crête iliaque avec 180 kg. ouvrit une symphise sacro-iliaque.

Enfin une compression transversale de 290 kg. donne lieu à une rupture verticale des parties antérieures et du sacrum.

Les os longs ne se rompirent que pour des efforts beaucoup plus considérables, et je ne donnerai que quelques exemples.

Rupture à la traction de l'humérus (femme).	800	kg.
— — du fémur (femme) . .	1 550	—
Compression de l'humérus (femme)	600	—
— diaphyse du fémur (femme) .	750	—
Col du fémur (femme)	506	—

En soutenant les os sur deux appuis aux 2/3 de la longueur et les chargeant au milieu, la rupture se produit pour des nombres de kilogrammes très variables ; ainsi nous avons :

Humérus	174-276 kg.
Fémur.	263-400 —

Il faut d'ailleurs remarquer qu'un même os résiste très différemment suivant la manière dont il est placé sur les appuis ; ainsi, un tibia placé de façon à présenter sa crête en haut, résista à 326 kg., un autre identique, comprimé latéralement, se rompit à 226 kg. Dans ce genre de rupture il y a très souvent une double fracture un fragment en coin, à base dirigée du côté de la compression, se détachant au point où cette compression s'exerce; quelquefois une des fissures se prolonge dans le corps de l'os jusque vers une épiphyse.

Si un os long, au lieu d'être placé sur deux appuis, est posé sur un plan résistant, la compression produit un écrasement de la diaphyse avec fentes et fissures se prolongeant très loin, mais il faut pour cela des actions énormes.

Enfin, dans les cas de torsion, il se produit une fracture en spirale. Cette spirale suit le sens de la torsion, c'est-à-dire qu'en tournant le côté mobile de l'os de gauche à droite, comme si l'on voulait enfoncer une vis dans le bois, on fait un trait de fracture ayant la direction du filet de vis, mais beaucoup plus allongée. Il faut pour cela une force qui, agissant au bout d'un bras de levier de 16 centimètres, serait :

Pour l'humérus de	40 kg.
— le radius	12 —
— le cubitus	8 —
— le fémur	89 —
— le tibia	48 —
— le péroné	6 —

Pour terminer il y a lieu de faire remarquer que les os sont construits de façon à avoir le maximum de résistance pour le minimum de substance employée. Ceci se comprend facilement pour la diaphyse des os longs; nous avons vu, en effet, qu'à poids égal un tube creux résiste toujours mieux à la flexion qu'une tige pleine de même nature, et c'est la rupture par flexion qui est toujours le plus à craindre dans les corps de forme allongée. Pendant longtemps on avait cru que la substance spongieuse avait une disposition quelconque, mais Hermann Meyer fit voir que, si elle affectait une forme différente dans chaque os, ses travées étaient toujours semblables dans un os déterminé, en passant d'un individu à l'autre. Il attira surtout l'attention sur la régularité de ces travées dans la tête du fémur. Le mathématicien Culmann, assistant par hasard à cette démonstration, reconnut et démontra que les lamelles osseuses de la partie supérieure du fémur étaient orientées suivant des directions que le calcul faisait prévoir, pour donner à l'os son maximum de résistance sous le moindre poids. Depuis cette époque, divers travaux, ceux de Wolf entre autres, apportèrent une confirmation éclatante à la théorie de Culmann.

VI

ARCHITECTURE DES MUSCLES

Un muscle se compose de fibres musculaires juxtaposées, insérées à leurs deux extrémités, et dont le raccourcissement produit la variation de forme du muscle. Les muscles de l'homme et des animaux offrent les aspects les plus variés; ils ont aussi à remplir des fonctions très différentes. C'est ainsi que nous voyons les muscles fessiers du cheval destinés à développer des efforts très considérables et avoir une masse énorme, tandis que d'autres muscles de la face de l'homme n'ont à produire aucune force et sont de dimensions extrêmement réduites. Certains muscles sont longs et minces, comme le couturier; d'autres gros et courts, comme le deltoïde ou les fessiers. Les uns sont à fibres parallèles, comme le biceps; d'autres vont en éventail, comme le trapèze ou le temporal.

Au moment où un muscle se contracte, ses différentes fibres agissent par leur élasticité et se comportent d'une façon analogue à des fils de caoutchouc qui seraient allongés et tendraient à revenir à leur position d'équilibre.

Chacune d'elles tire donc sur son point d'attache avec une force exprimée par la formule donnée à propos de l'allongement élastique d'une tige.

$$F = ES\frac{l}{L}.$$

L étant la longueur qu'aurait la fibre contractée raccourcie, l la quantité dont elle est allongée par suite de la fixité de ses attaches, S la section de chaque fibre, F la force exercée par elle, et par suite aussi la traction exercée sur elle. E est le coefficient d'élasticité de la fibre musculaire.

Nous allons tirer une première conclusion de cette formule. Si nous considérons des fibres musculaires ayant même section S et même coefficient d'élasticité E, pour que ces fibres prennent la même part à la force développée par le muscle dans la constitution duquel elles entrent, elles devront produire la même force F; par conséquent, pour toutes $\frac{l}{L}$ devra avoir la même valeur, c'est-à-dire que le déplacement de leur extrémité motrice devra toujours être une même fraction de leur longueur.

Il s'ensuit que lorsqu'une fibre musculaire produira un grand déplacement, il faudra qu'elle soit longue; si elle n'a à produire qu'un faible déplacement, pour produire tout son effet elle devra être courte.

Considérons maintenant un muscle dans son ensemble. Si $\frac{l}{L}$ a la même valeur pour tous les muscles, E étant sensiblement constant, la formule fait voir que S devra être d'autant plus considérable que F sera plus grand, c'est-à-dire qu'il faut un muscle d'autant plus gros qu'il devra développer un effort plus considérable.

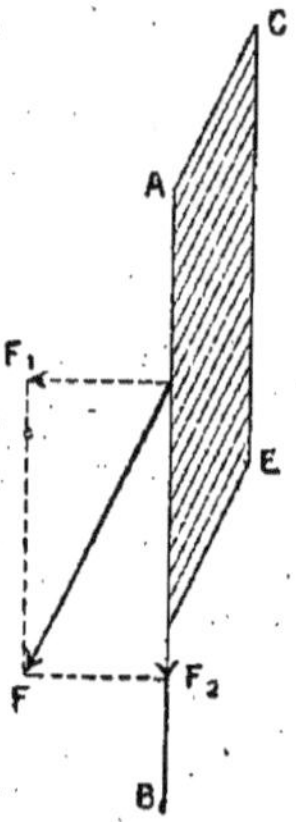

Fig. 49.

Borelli avait déjà constaté la loi des longueurs et fait remarquer qu'un muscle peut soulever un poids à une hauteur d'autant plus considérable qu'il a des fibres plus longues.

Si nous cherchons à vérifier ces lois sur l'homme, nous constatons que lorsqu'un muscle a à opérer un grand déplacement, il est composé de fibres longues; le couturier en est un des meilleurs exemples. Au contraire, dans les muscles à faible excursion, tels que les fléchisseurs des doigts, le jambier antérieur, le long péronier latéral et bien d'autres, les fibres doivent être courtes. Ces muscles, s'insérant à grande distance de l'os mobile sur lequel ils doivent agir, sont alors pourvus de tendons très longs. De plus, ces muscles ont également à développer des efforts assez considérables; ils devraient donc avoir une grande section transversale. Mais la place faisant défaut pour loger un muscle trop épais, c'est à l'aide d'un artifice qu'un grand nombre de fibres peuvent se ranger les unes à côté des autres et concourir à un effort commun Les fibres musculaires s'insèrent à la partie supérieure, sur une longueur assez considérable CE, à un os fixe ou à une aponévrose tendineuse (fig. 49). Puis ces fibres vont se jeter obliquement et sensiblement parallèlement entre elles sur un tendon AB, lequel se termine sur l'os mobile en B.

Fig. 50.

Si chaque fibre, dans sa contraction, produit une force f et qu'il y ait n fibres, la force totale exercée par l'ensemble des fibres est $F = nf$. Cette force n'est pas dirigée dans le sens du tendon; mais nous savons qu'elle peut se décomposer en deux autres, une force F_1 normale à la direction du tendon et qui, par conséquent, n'aura aucun effet sur l'articulation, et une force F_2 à laquelle se réduira toute l'action utile du muscle.

Les fibres musculaires peuvent d'ailleurs s'insérer des deux côtés du tendon AB, ou d'un côté seulement. Suivant le cas, on a alors un muscle penniforme et semi-penniforme. Bien des muscles de l'organisme ne sont penniformes qu'en apparence, c'est-à-dire que de courtes fibres musculaires sont terminées de chaque côté par un petit tendon et placées l'une à côté de l'autre sensiblement comme les fibres des muscles penniformes vrais; toutefois ce qui différencie les premiers des derniers c'est que leur traction ne se fait pas obliquement sur le tendon inférieur, mais bien dans sa direction, ils ont pour cela un effet plus efficace. Ils mériteraient donc le nom de muscles pseudo-penniformes.

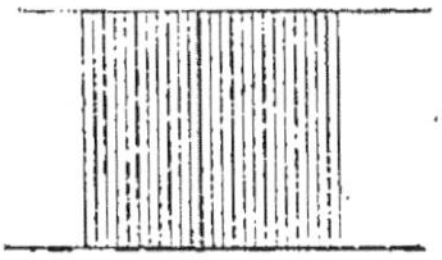

Fig. 51.

Dans le cas où les deux os à mouvoir l'un par rapport à l'autre sont voisins et où l'espace latéral ne manque pas, les fibres vont directement d'un os à l'autre, comme le représente la figure 51. C'est, par exemple, ce qui se présente pour le masséter destiné à élever la mâchoire inférieure. Cependant, ce muscle, qui a besoin d'une grande puissance, mais dont les excursions sont limitées, n'a pas encore toute la dimension transversale qui lui est nécessaire; par contre, par suite du faible raccourcissement que subissent ses fibres lors des mouvements de la mâchoire, il gagnerait à être réduit en longueur. Un nouvel artifice est alors mis en œuvre. Chaque fibre musculaire n'a que le tiers environ de la longueur totale qui sépare les deux points d'insertion; ces fibres sont groupées en petits ventres prolongés par un tendon. Les petits muscles ainsi constitués sont juxtaposés, mais leurs ventres musculaires ne se correspondent pas à la même hauteur. Pour ne pas donner trop d'épaisseur au muscle total, ils se disposent à peu près comme l'indique la figure 52. Il en résulte qu'en réalité le muscle masséter a une longueur de fibres musculaires trois fois moindre que leur longueur apparente et une section efficace trois fois plus considérable.

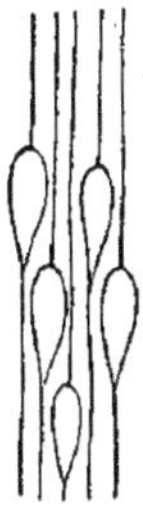

Fig. 52.

Un autre muscle de l'économie présente cette même disposition dans de plus grandes proportions. C'est l'ischiococcygien. Le coccyx n'ayant qu'une mobilité insignifiante, la longueur des fibres de ce muscle doit se réduire beaucoup; aussi offre-t-il la même structure que le masséter, mais chaque petit ventre musculaire ne dépasse pas les dimensions d'un grain de blé, d'après ce que nous a dit M. le Pr Farabeuf.

Le grand pectoral nous offre aussi une disposition remarquable, ayant pour but de conserver à chacune des fibres qui le constituent un même allongement relatif. Ces fibres s'insèrent d'un côté à la clavicule et au sternum, de l'autre à l'humérus. Dans

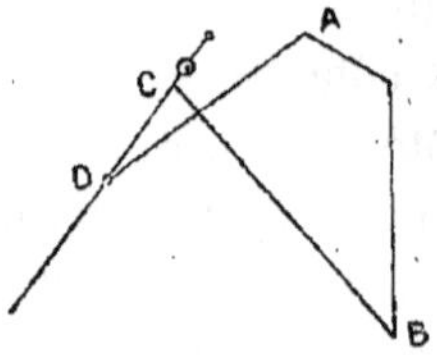

Fig. 53.

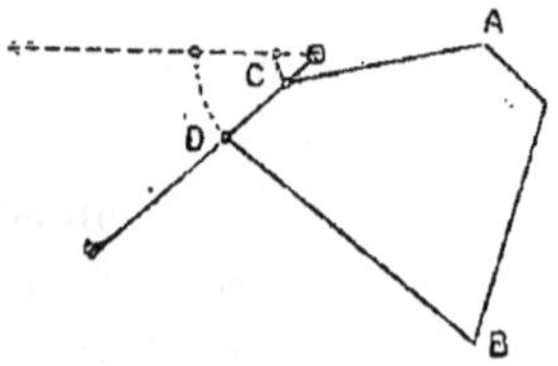

Fig. 54.

leur trajet, ces fibres se croisent, comme l'indique la figure 53. Il est aisé de voir que sans cette disposition (fig. 54), au moment des mouvements de l'humérus, les fibres AC ne subiraient qu'une variation de longueur insignifiante, tandis que les fibres inférieures seraient considérablement étirées. Ici encore, l'architecture du muscle est rationnelle.

En étudiant les muscles des divers animaux, nous trouvons à chaque pas des faits montrant la relation qui existe entre la structure de l'organe et sa fonction. C'est ainsi que nous voyons des muscles de la cuisse prendre un développement énorme chez les animaux sauteurs, chez le kanguroo par exemple. Chez les oiseaux, ce sont les muscles pectoraux, destinés au vol, qui attireront surtout notre attention, et il en ressortira un grand enseignement si nous comparons entre eux les muscles de diverses espèces. Certains oiseaux ont l'aile très grande, ils ne font que des battements de faible amplitude, par suite de la résistance considérable que l'air oppose à la surface de ces ailes. D'autres oiseaux ont des ailes petites et sont, pour pouvoir s'élever, obligés de faire des mouvements très étendus afin de compenser la petite surface sur laquelle ils prennent leur point d'appui. Dans la première catégorie rentrent les oiseaux de grand vol, l'aigle et la frégate; comme on peut le prévoir d'après ce que nous savons déjà, ces oiseaux ont des pectoraux courts mais très gros. Les seconds, comme le guillemot et le pingouin, ont des pectoraux longs et grêles. Des faits analogues se retrouvent chez les mammifères, ils sont particulièrement démonstratifs sur les muscles fléchisseurs de la jambe sur la cuisse. Le biceps fémoral, le droit interne et le demi-tendineux ont chez les divers mammifères un point d'attache très variable. Chez l'homme, ces muscles s'insèrent

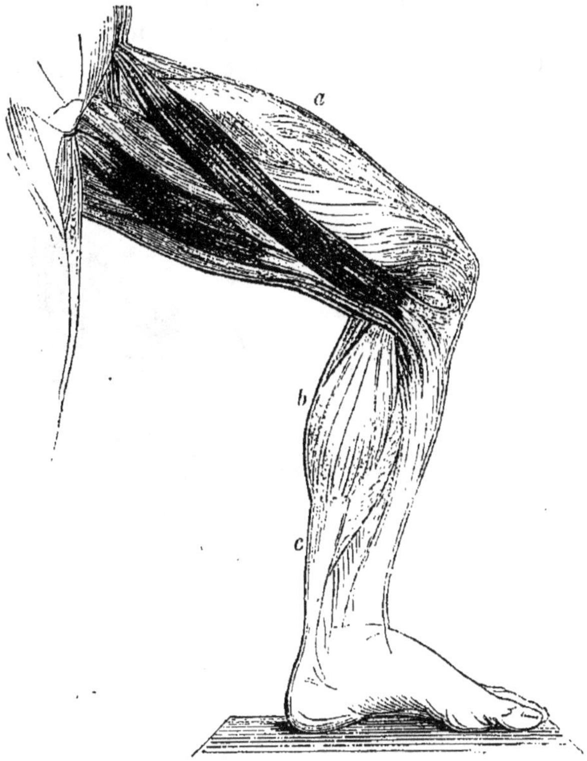

Fig. 55. — Muscles de la cuisse chez l'Homme. Les muscles *couturiers* (en haut) et *droit interne* (en bas) ont été fortement ombrés pour qu'on pût facilement les reconnaître. — Le droit interne est, à son extrémité inférieure, pourvu d'un long tendon; sa partie charnue est courte, ce qui est en harmonie avec l'étendue bornée du mouvement de ce muscle dont l'attache est très rapprochée du genou. — Muscle couturier pourvu d'un court tendon à son attache inférieure.

très près de l'articulation du genou; par conséquent l'amplitude de leur déplacement sera très petite et ces muscles auront des fibres musculaires courtes, prolongées par un tendon assez long. Chez les singes, ces mêmes muscles s'insèrent plus ou moins bas, et à mesure que l'on voit cette insertion s'éloigner du genou, la fibre musculaire augmente de longueur aux dépens du tendon, puisque l'excursion du point d'insertion inférieur devient de plus en plus considérable. Chez les quadrupèdes, où le biceps s'insère sur presque toute la longueur du péroné, le tendon a complètement disparu.

Il serait important de comparer sur un même individu, sur l'homme en particulier, les divers muscles de l'organisme, et de vérifier que chacun d'eux a une longueur de fibre bien adaptée à sa fonction. Pour pouvoir faire cette étude d'une façon absolument

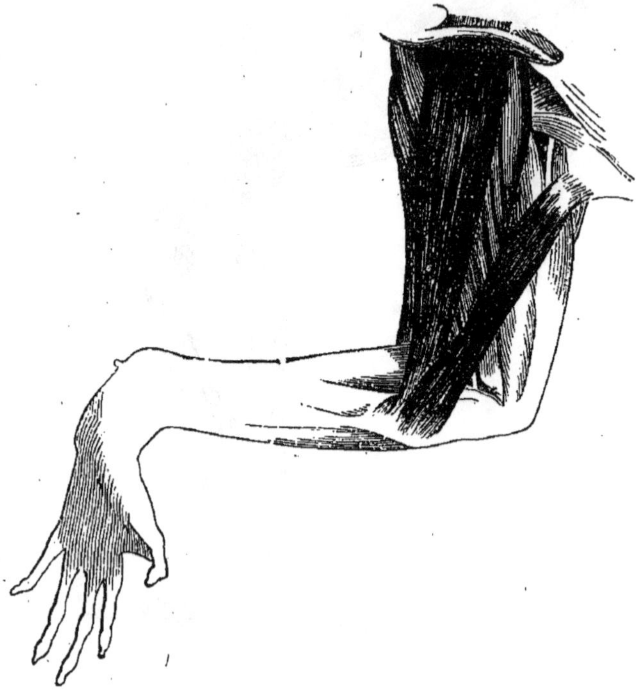

Fig. 56. — Muscle de la cuisse chez le Magot, muscle droit interne presque entièrement formé de fibres rouges; les attaches de ce muscle, assez éloignées du genou, lui donnent une grande étendue de mouvement comme fléchisseur de la jambe sur la cuisse. — Muscle couturier très peu pourvu de tendon.

rigoureuse, il faudrait que les divers muscles eussent tous même coefficient d'élasticité E et que chaque fibre ou chaque muscle de même section développât la même force F, or cela n'est pas vrai quand on passe d'un muscle à un autre. Mais il est permis de l'admettre pour les diverses fibres d'un même muscle; on peut alors chercher, si dans ce même muscle, toutes les fibres ont bien les unes par rapport aux autres la longueur qui leur convient le mieux. Cette étude a été faite par divers auteurs, et la vérification a été très satisfaisante.

W. Roux a fait des observations très intéressantes sur les muscles à fibres parallèles. Ces muscles doivent avoir des fibres toutes égales entre elles, car elles ont toutes les mêmes variations de longueur au moment de la contraction, et on peut admettre qu'elles ont la même constitution. Or, Roux a fait remarquer que la ligne qui sépare les fibres musculaires des fibres tendineuses

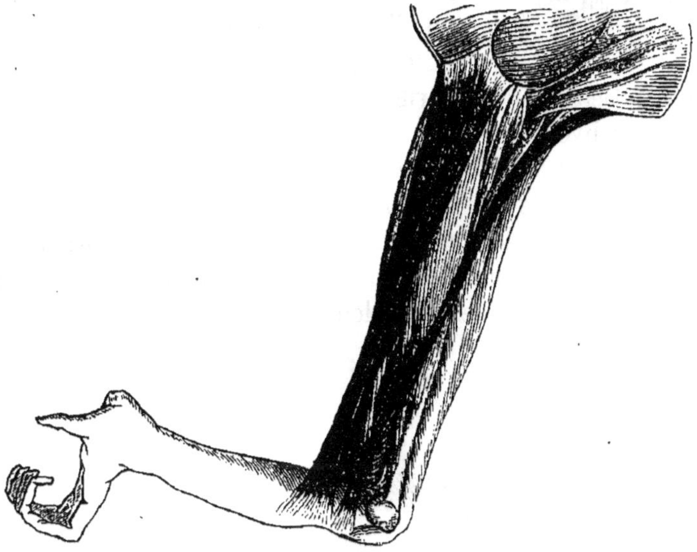

Fig. 57. — Muscle de la cuisse chez le Coaïta. — Droit interne s'insérant loin du genou, presque entièrement dépourvu de tendon. — Le couturier ayant son attache supérieure très éloignée de l'articulation coxo-fémorale, a des mouvements très étendus; il possède en conséquence une grande longueur de fibre rouge et pas de tendon.

n'est pas droite, mais présente une série de sinuosités, et que ces sinuosités se reproduisent si exactement aux deux extrémités des fibres musculaires, que ces fibres ont la même longueur dans toute la largeur du muscle (fig. 58).

Un muscle à fibres non parallèles ne doit plus avoir de fibres égales entre elles. Considérons un cas simple, celui d'un muscle triangulaire, c'est-à-dire d'un muscle dont toutes les fibres issues d'un même point C vont s'insérer sur une longueur AB. Lorsque ce muscle se contracte, le point C se déplace sur la ligne CD et les diverses fibres ne se raccourcissent plus de la même quantité.

C'est la fibre CD qui subit le plus grand raccourcissement, et les extrêmes CA et CB le moindre; donc, la fibre CD doit être la plus longue et les fibres extrêmes les plus courtes. En étudiant la question avec soin, on trouve que la longueur des fibres musculaires doit être limitée par un cercle décrit sur DC comme diamètre; la partie extérieure du cercle et couverte de hachures doit être du tendon. Il est bien évident que si, comme cela arrive le plus souvent, il y a un tendon en C, il faut prolonger d'autant chaque fibre musculaire du côté opposé. Ceci peut se vérifier par des mesures convenablement faites sur divers muscles.

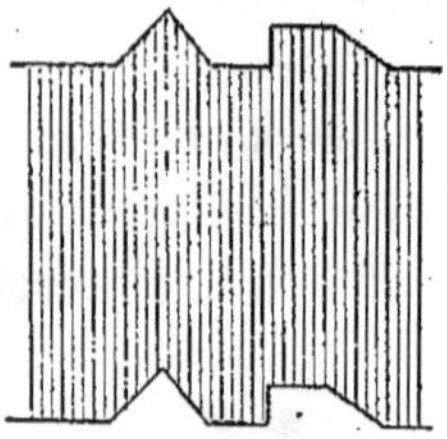

Fig. 58.

Le brachial antérieur du singe offre aussi un exemple des plus démonstratifs de vérification. Ce muscle a des fibres presque parallèles entre elles, mais elles ne se raccourcissent pas toutes de la même quantité par la contraction. Au moment de la flexion du bras, les fibres AC, les plus éloignées du coude, subissent la plus

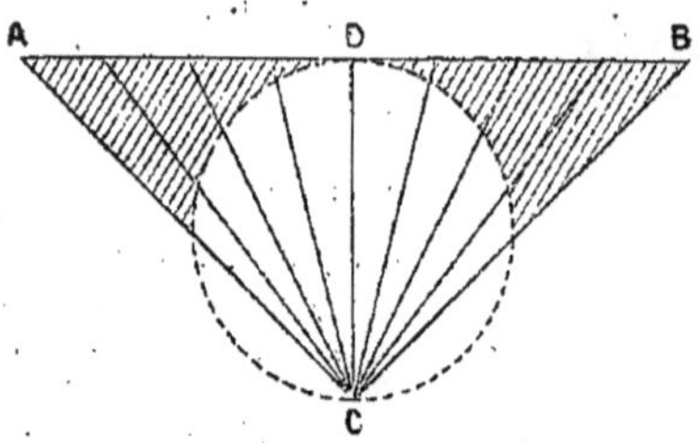

Fig. 59.

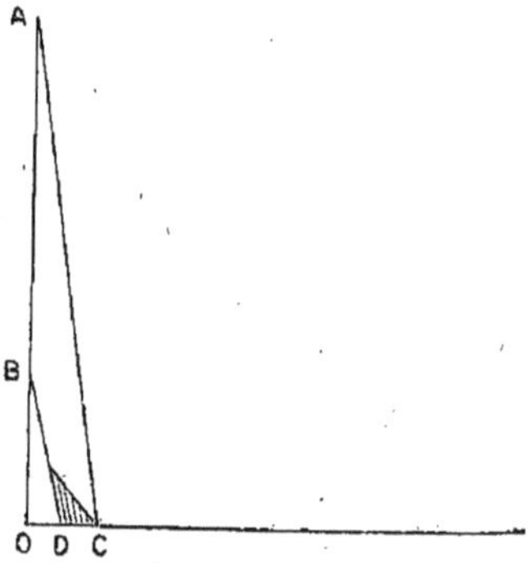

Fig. 60.

grande variation de longueur; les fibres les plus rapprochées, BD, ont la plus petite excursion. D'ailleurs les fibres AC sont les plus longues et AD les plus courtes; mais si l'on cherche quelle doit être la longueur relative exacte de ces diverses fibres pour les déplacements qu'elles ont, on trouve que les plus rapprochées seraient trop longues si elles prenaient tout l'espace BD. Aussi l'on voit apparaître une portion tendineuse, ombrée sur la figure, qui régularise le muscle.

VII

ARTICULATIONS

Pour que le contact de deux os s'articulant entre eux ne soit pas trop fragile, il faut que ce contact se fasse par des surfaces assez étendues. Dans les appareils fabriqués par main d'homme on voit parfois des rotations se faire autour d'une pointe ou autour d'un axe, mais cela nécessite l'emploi de matériaux très durs qui n'existent pas dans le corps de l'homme ou des animaux.

Si deux os s'articulant se touchent par une surface assez étendue, lors du mouvement il y aura glissement d'une de ces surfaces sur l'autre. Ces surfaces doivent dès lors répondre à certaines conditions, car deux surfaces quelconques ne peuvent pas glisser l'une sur l'autre en conservant un contact d'une certaine étendue.

Voyons d'abord quelles sont les surfaces qui jouissent d'une façon rigoureuse de cette dernière propriété.

Au point de vue strict elles ne sont qu'au nombre de trois : le plan, le cylindre à base circulaire et la sphère.

Supposons que les deux surfaces par lesquelles deux os se mettent en contact soient toutes deux des plans, ces deux plans pourront glisser l'un sur l'autre dans toutes les directions en conservant toujours un contact parfait. Si l'un des deux os est supposé fixe, l'autre se déplacera, une certaine ligne de cet os mobile restant toujours perpendiculaire au plan articulaire.

Si un des os se termine par une sphère convexe nommée tête articulaire, l'autre os portera une sphère concave de même rayon qui sera la cavité articulaire. Lorsque la tête articulaire sera dans sa cavité, l'un des os étant supposé fixe, l'autre sera mobile autour du centre de la sphère. Il pourra tourner angulairement dans toutes les directions autour de ce centre, comme s'il était terminé par une pointe très dure prenant appui au centre de la sphère.

Bien entendu ni la tête articulaire ni la cavité articulaire ne forment une sphère complète, il est aisé de comprendre que la portion de sphère correspondant à la cavité doit être moindre que celle correspondant à la tête, sans cela il n'y aurait aucun mouvement possible. Les bords de la tête articulaire sont généralement limités par des saillies rugueuses dont le contact avec le bord de la cavité limite le mouvement.

En troisième lieu nous pouvons avoir une articulation basée sur le cylindre. Supposons un cylindre circulaire plein s'articulant avec un autre cylindre en creux se moulant exactement sur le premier, l'un des os pourra tourner autour de l'autre comme s'il était fixé à un axe rigide. Mais les mouvements ne se borneront pas à une simple rotation, il pourra y avoir en même temps des glissements dans le sens parallèle à l'axe du cylindre, ces glissements seront plus ou moins importants, et pour qu'ils soient déterminés, il faudra qu'il y ait sur l'un des os une rainure en saillie correspondant sur l'autre os à une rainure en creux. Il se produit là une disposition analogue à celle du filet de vis en saillie d'un côté et en creux sur l'écrou. De cette façon, l'articulation en question permet à l'un des os de prendre par rapport à l'autre ce que l'on appelle un mouvement hélicoïdal.

Si les surfaces articulaires étaient absolument rigides et dures, il n'y aurait donc que les articulations en plan, cylindre et sphère, pour lesquelles il pourrait y avoir un contact constant d'une certaine étendue entre les deux os pendant leur mouvement. De pareilles surfaces sont dites surfaces congruentes. Mais grâce à l'élasticité des cartilages qui recouvrent les parties articulaires, deux surfaces peuvent s'articuler entre elles de façon satisfaisante sans répondre rigoureusement aux conditions que nous venons d'indiquer.

Par exemple, dans une articulation cylindrique, le cylindre pourra ne pas être circulaire, mais de rayon variable. Il est facile de voir ce qui en résultera. Supposons que la figure 61 représente la coupe d'une tête articulaire de ce genre, la cavité articulaire tenant à la partie ombrée, on voit immédiatement que lorsque la cavité articulaire se trouve dans la région ab de forte courbure, pour un certain déplacement ab, il y aura un déplacement angulaire de l'os égal à α.

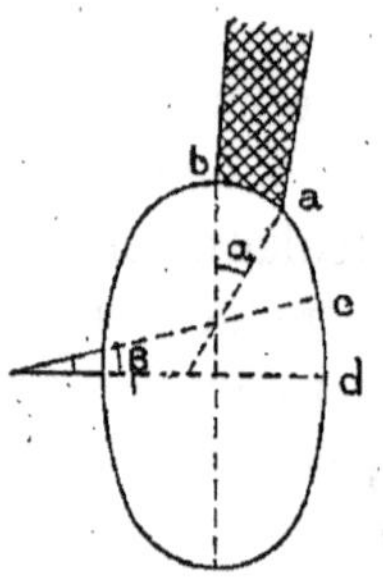

Fig. 61.

Quand le même déplacement se produira vers cd, il n'y aura qu'un déplacement angulaire β. De même l'articulaire sphérique peut se transformer en une articulation ellipsoïdale. La tête articulaire ne peut pas alors tourner dans la cavité autour de l'axe de l'os portant la tête articulaire, mais les mouvements angulaires sont possibles, et nous trouvons que suivant la direction dans laquelle se font ces mouvements, pour un même déplacement de l'articulation ces mouvements angulaires seront d'autant plus prononcés que la courbure suivant la direction du mouvement est plus grande.

La même approximation se retrouve dans un autre genre d'articulation dit en selle et où, dans deux directions perpendiculaires entre elles, les courbures sont de sens inverse.

Action des muscles. — Lorsqu'on a affaire à des articulations où un os se déplace par rapport à un autre par simple glissement, les muscles qui mettent ces os en mouvement doivent donner une composante dans la direction du mouvement, c'est elle seule qui sera efficace. Il faut donc projeter toutes les forces agissantes sur la direction du mouvement et faire la somme des composantes ainsi obtenues.

Quand il s'agit d'une rotation il n'en est plus de même. Prenons le cas simple d'une articulation cylindrique. Supposons que XY soit la direction de deux os longs articulés ensemble, O est l'axe du cylindre. Lorsqu'un muscle prenant son insertion en A sur l'os portant la cavité articulaire, et sur l'autre os plus loin de cette articulation, vient à se contracter, il exerce une certaine force F dans la direction AF. Pour qu'il fasse fonctionner l'articulation par une rotation autour de O il faut qu'il produise un certain moment par rapport à O, et plus ce moment sera grand, plus l'effet du muscle sera considérable. Nous savons que ce moment s'obtient en multipliant la force F par la longueur de la perpendiculaire abaissée de O sur AF, il a donc pour valeur $F \times OB$. Nous voyons qu'à valeur égale la force F sera d'autant plus efficace que la perpendiculaire OB sera plus grande, c'est pour cela qu'il est avantageux que les épiphyses soient renflées. Si elles avaient un calibre aussi réduit que la diaphyse de l'os, quand les os seraient au voisinage de l'extension le moment des forces serait très réduit. Une fois que la flexion a commencé, il n'en est plus de même. Il est facile de voir que le moment où la force est la plus efficace est celui où la ligne AF est perpendiculaire à OA.

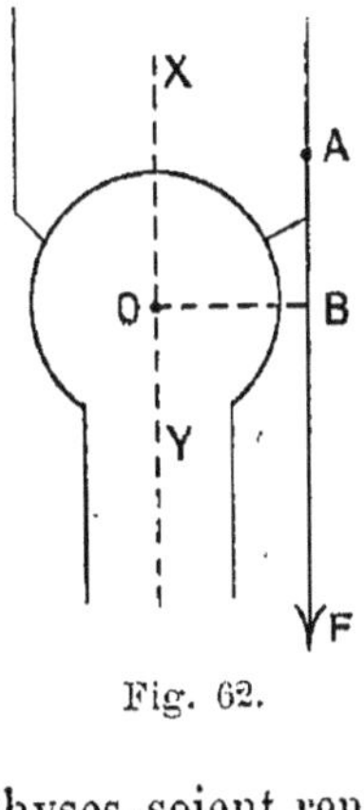

Fig. 62.

Les muscles s'insèrent toujours au voisinage de l'articulation qu'ils doivent mouvoir. Ceci n'a aucune influence tant que les os sont dans l'extension, mais c'est une cause d'infériorité quand l'articulation est fléchie. Ainsi prenons le biceps, la distance de son insertion à l'articulation du coude est d'environ 1/6 de la distance du coude à la main : il en résulte que, si ce biceps agissait seul pour soulever un poids, il faudrait qu'il développât une force égale à six fois la valeur de ce poids. Parfois des muscles assez grêles produisent des effets qui nous semblent hors de proportion avec leur apparence, on constate alors que les insertions s'éloignent des articulations. C'est ce qui a lieu pour certains muscles des singes par exemple.

Dans le cas d'une articulation sphérique, pour avoir l'effet produit par un muscle, on prend aussi le moment de la force par rapport au centre de rotation, le mouvement se fait dans un plan passant par ce centre et la force.

VIII

PRINCIPES GÉNÉRAUX DE MÉTHODE GRAPHIQUE

On a vu précédemment l'intérêt qu'il y a de représenter la loi d'un phénomène par une courbe. Souvent, au cours d'une étude, on commence par faire un certain nombre d'observations et de mesures que l'on reporte sur un tableau numérique; par exemple, on relève, à diverses époques, le poids ou la taille d'un enfant, pour nous en tenir à ce cas simple. — Puis on traduit ce tableau numérique en une courbe qui sera d'autant meilleure que les points déterminés sont plus nombreux.

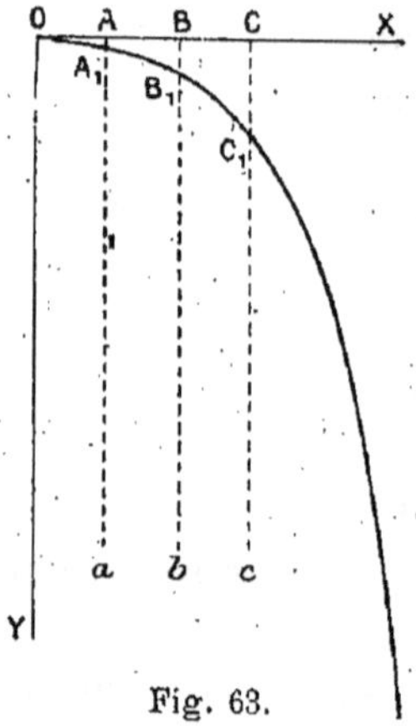

Fig. 63.

La méthode graphique a pour but de rechercher et de mettre en œuvre des artifices expérimentaux à l'aide desquels le phénomène étudié trace automatiquement, et d'une façon continue, sa courbe représentative.

Supposons, par exemple, que l'on veuille tracer automatiquement la courbe représentative de la loi de la chute des corps; on pourra munir d'un crayon un corps tombant librement sous l'action de la pesanteur. Si le crayon vient appuyer sur une feuille de papier verticale, à chaque instant sa pointe y marquera un point donnant la position du corps dans l'espace.

Supposons maintenant que pendant la chute, on déplace le papier de droite à gauche d'un mouvement uniforme, le crayon ne tracera pas une verticale oY (fig. 63), car le corps se trouvera sur des ordonnées différentes suivant le temps écoulé; au bout d'une seconde, il sera sur Aa, au bout de 2 secondes sur Bb, de 3 secondes sur Cc, etc. En même temps, il sera tombé de A en A^1, de B en B^1, de C en C^1, etc. Ainsi se sera tracé automatiquement une courbe repré-

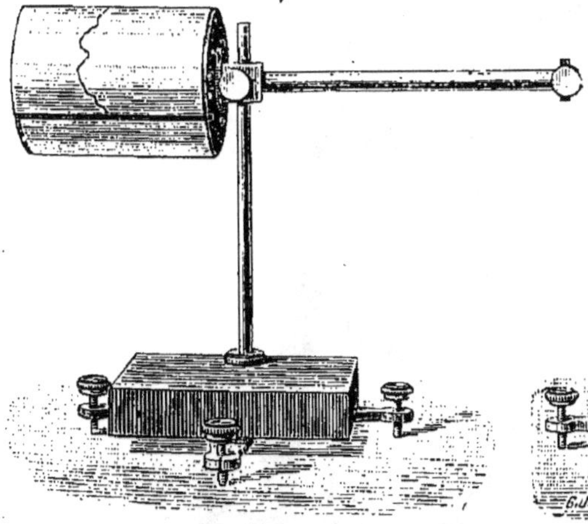

Fig. 64.

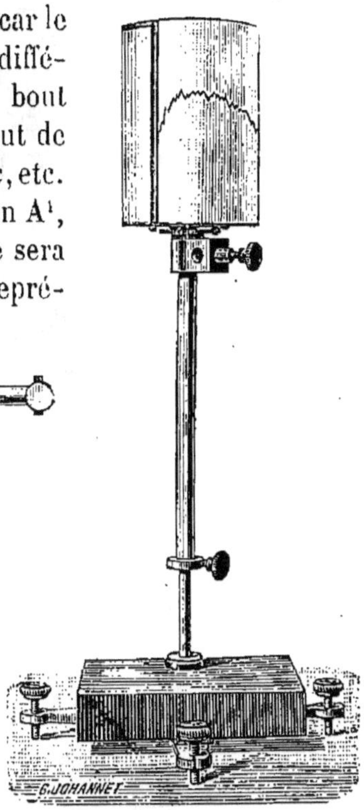

Fig. 65.

sentant la loi de la chute du corps. Au lieu de déplacer le papier plan, il est plus simple de l'enrouler autour d'un cylindre tournant uniformément autour d'un axe vertical. Chaque génératrice du cylindre viendra alors se présenter successivement au crayon; après l'opération il suffira de couper le papier et de l'étaler sur un plan pour arriver au même résultat que précédemment.

Le dispositif que nous venons d'indiquer rapidement est connu sous le nom de machine de Morin. Il renferme en principe toute la méthode graphique, et trouvera son application toutes les fois que l'on voudra enregistrer le déplacement d'un point en fonction du temps.

Il faut, lorsqu'on veut enregistrer la courbe d'un phénomène, donner à un crayon ou stylet traceur un déplacement égal ou proportionnel à chaque instant à la grandeur du phénomène. Le

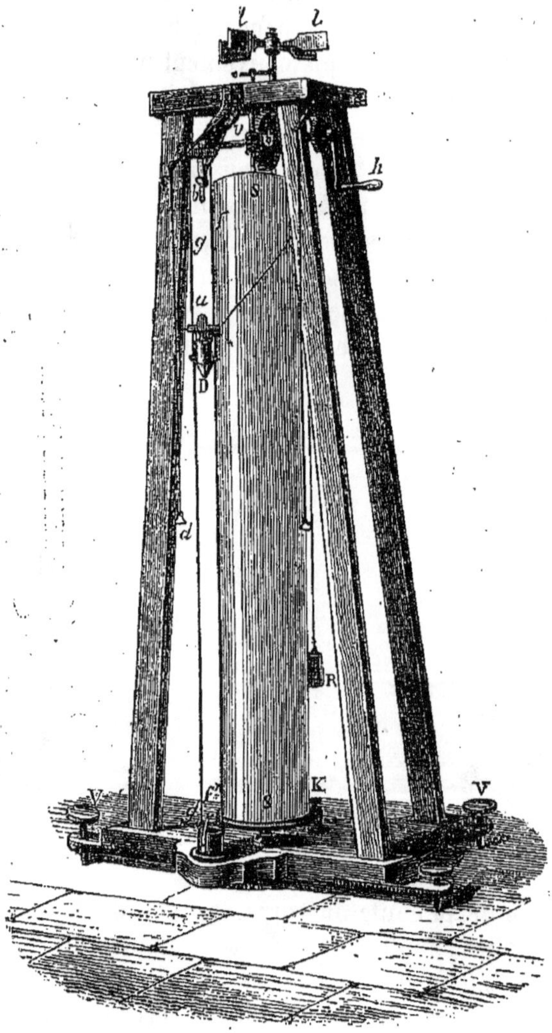

Fig. 66. — Machine Poncelet et Morin traduisant par une courbe les lois de la chute des corps.

papier sur lequel se fera le tracé devra se mouvoir en plan ou être enroulé sur un cylindre perpendiculairement au déplacement du crayon.

Le mouvement du papier doit être uniforme. Si cela n'était pas, il faudrait connaître exactement la loi de ce mouvement et faire sur la courbe des corrections laborieuses.

La façon d'obtenir plus facilement le déplacement cherché est de rouler le papier sur un cylindre tournant uniformément autour de son axe. Suivant les cas, il y aura intérêt à donner à ce cylindre une rotation plus ou moins rapide. Si le phénomène à enregistrer se passe dans un temps fort long, le papier devra se déplacer lentement; au contraire, son mouvement devra

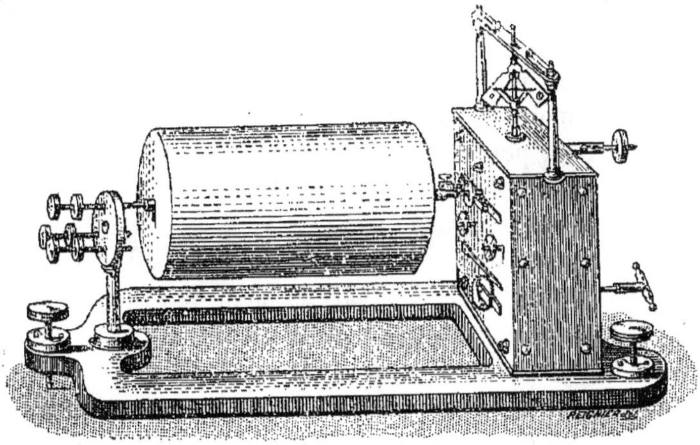

Fig. 67. — Mouvement d'horlogerie avec régulateur de Foucault.

être d'autant plus rapide que le phénomène se produit en un temps plus court.

La rotation des cylindres à mouvement lent est généralement réglée par un mouvement d'horlogerie. Il y a intérêt à ce que ces cylindres puissent tourner soit autour d'un axe horizontal, soit autour d'un axe vertical; les figures 64 et 65 représentent un même cylindre susceptible de recevoir ces deux orientations grâce à une disposition du pied. Le mouvement d'horlogerie se trouve dans l'intérieur même du cylindre.

En réalité, la rotation d'un cylindre à l'aide d'un mouvement d'horlogerie ne se fait pas d'une façon uniforme; il y a une légère progression à chaque oscillation de l'échappement. Par exemple, si l'échappement se fait à chaque seconde, toutes les secondes le cylindre effectue une légère rotation, puis reste au repos jusqu'à la seconde suivante et ainsi de suite. Lorsque le cylindre tourne très lentement, chaque progression est imperceptible et pratiquement la rotation peut être considérée comme uniforme. Il n'en est plus de même lorsqu'une vitesse plus grande est nécessaire.

Dans ce cas, le mouvement du cylindre est produit soit par un ressort, soit par un poids, et son uniformité est assurée à l'aide d'un régulateur.

Dans la machine de Morin (fig. 66), il y a un simple régulateur à ailettes et la force motrice s'obtient par un poids. Le mouvement accéléré au début devient uniforme par suite de la résistance que l'air oppose au mouvement des ailettes.

On trouve dans le commerce de petits cylindres à ressort dits polygraphes, munis d'ailettes régulatrices basées sur le même principe. En inclinant plus ou moins ces ailettes par rapport à l'axe de rotation, la résistance de l'air varie et l'on obtient des rotations plus ou moins rapides du cylindre.

Un régulateur plus parfait est celui de Foucault; les cylindres enregistreurs généralement employés dans les laboratoires français sont munis de cet appareil.

D'autres régulateurs analogues sont employés à l'étranger.

On peut aussi se servir avantageusement de cylindres mus par l'électricité. Si le moteur est muni d'un bon régulateur on a un mouvement très uniforme et facilement réglable.

Lorsqu'on prend un tracé sur un cylindre enregistreur, après une rotation, on revient au point de départ; il pourrait en résulter une superposition et une confusion entre les différentes lignes. Un moyen d'éviter cette superposition des tracés consiste à monter la pointe destinée à écrire sur le papier, sur un support se déplaçant parallèlement à l'axe du cylindre (fig. 68). Dans ces conditions, l'axe des abscisses n'est plus enroulé suivant un grand cercle du cylindre, mais décrit autour de lui une hélice. Lorsque la feuille de papier est déroulée, l'axe des ordonnées et celui des abscisses ne sont plus rigoureusement perpendiculaires entre eux (fig. 69), leur angle s'écarte d'autant plus de l'angle droit que le chariot portant le tracelet se déplace plus rapidement suivant l'axe du cylindre.

Dans beaucoup de cas il n'y a pas à tenir compte de cette inclinaison. Dans les expériences de quelque précision (fig. 69) on évite toute erreur en comptant la valeur des ordonnées parallèlement à une droite obtenue en déplaçant à la main le chariot portant le tracelet, le cylindre étant arrêté. Cette droite est une des génératrices du cylindre enregistreur et donne par suite la direction du déplacement que l'on enregistre.

Un autre procédé pour éviter la superposition des tracés consiste à employer dans les opérations de longue durée une bande de papier de grande étendue. Cette bande de papier, au lieu d'être enroulée sur un seul cylindre, qu'il faudrait prendre de très grand diamètre, passe sur deux cylindres parallèles et éloignés l'un de l'autre (fig. 70). Ces appareils sont généralement

Fig. 68.

mus par un poids; l'uniformité du mouvement est assurée par un régulateur à ailettes tournant dans l'air ou dans un liquide.

D'autre fois, une bande de papier se déroule d'un premier cylindre magasin pour aller s'enrouler sur un second cylindre récepteur; mais l'emploi de ce procédé est limité, car les tracés peuvent s'effacer lorsque les différentes spires de papier se recouvrent les unes les autres.

Fig. 69.

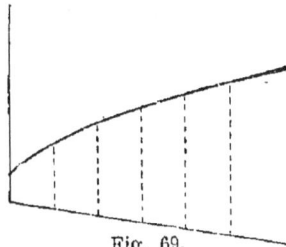

Il vaut mieux alors faire passer une bande de papier dans un simple laminoir, comme le représente la figure 71.

Il y a des cas où la surface destinée à recevoir le tracé doit être animée d'une très grande vitesse; cela a lieu chaque fois que le phénomène à enregistrer se passe dans un espace de temps extrêmement court. On ne peut alors employer le cylindre tournant, car il y aurait fatalement des superpositions de courbes qui rendraient les tracés très difficiles à lire. Il faut alors revenir au plan se déplaçant soit en chute libre sous l'influence de la pesanteur, soit par une traction mécanique. L'expérience ne peut dans ce cas être de longue durée, ce qui n'a généralement pas d'inconvénient, puisque l'on s'adresse précisément à un phénomène s'écoulant dans un temps très bref.

Dans les appareils où le phénomène à enregistrer développe une

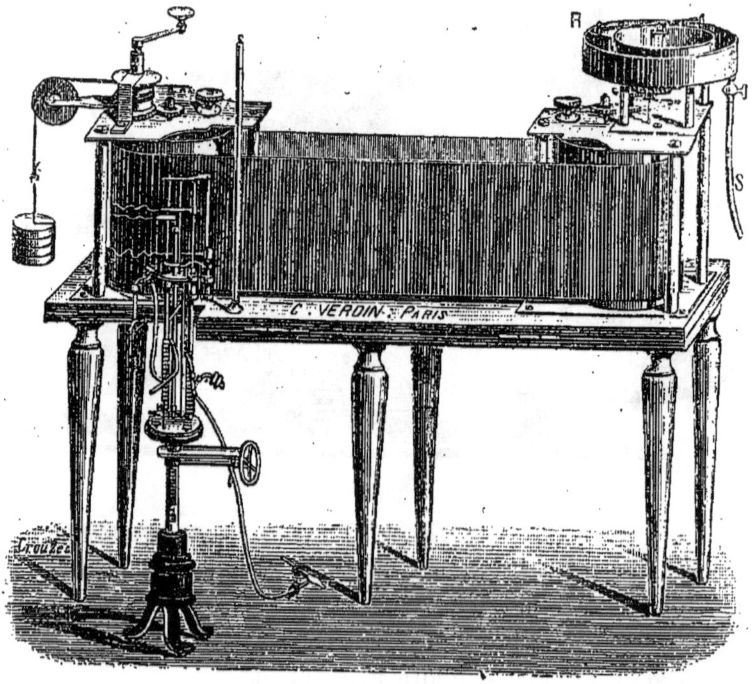

Fig. 70. — Enregistreur à poids.

force très considérable, on peut effectuer les tracés soit à l'aide d'un crayon, soit encore mieux d'une plume. C'est le procédé qui est employé, par exemple, dans un grand nombre d'instruments de météorologie ou d'appareils industriels, mais, lorsqu'il s'agit de petites forces, lorsque la moindre résistance peut altérer la forme du tracé, il faut éviter tout frottement du tracelet. C'est le cas qui se présente généralement dans les expériences de physiologie. On emploie alors un papier parfaitement glacé et recouvert d'une légère couche de noir de fumée, sur laquelle le moindre frôlement d'un levier très souple laissera une trace.

Pour enfumer le papier, on le colle d'abord avec soin sur le cylindre enregistreur, puis, animant le cylindre d'une vitesse d'environ un ou deux tours par seconde, on fait passer sous le cylindre une flamme fumeuse. Il est peu à craindre de brûler le papier, car il est appliqué sur une surface métallique qui lui enlève toute la chaleur communiquée par la flamme.

On peut enfumer à l'aide d'un petit morceau de camphre; l'opé-

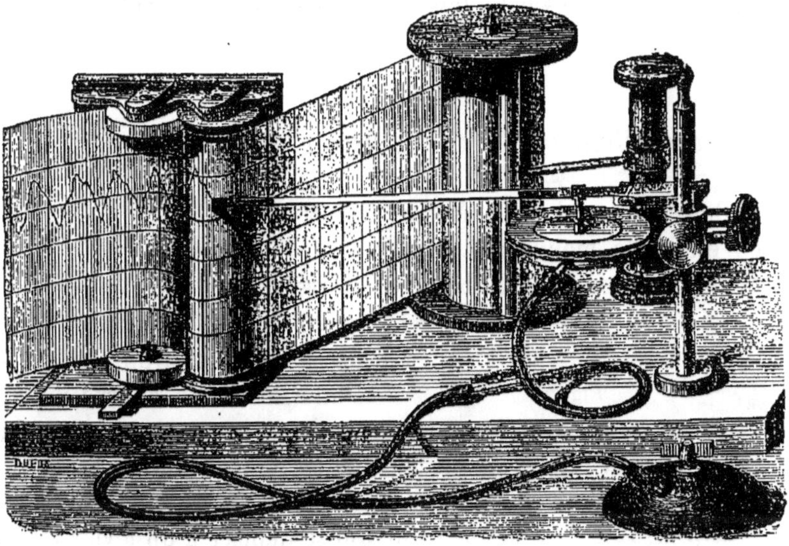

Fig. 71. — Polygraphe à bande de papier sans fin.

ration est très rapidement faite, car le camphre, dans sa combustion, produit énormément de fumée; mais ce dégagement est extrêmement désagréable dans les appartements, et de plus la couche de noir déposée sur le cylindre n'est pas très fine, de telle sorte que, quelque parfaite que soit la pointe du tracelet, les tracés obtenus manquent de délicatesse.

On a de bons résultats avec ce que l'on appelle le rat de cave, qu'il est très aisé de se procurer chez tous les épiciers; mais l'enfumage le plus parfait se fait avec une petite lampe à huile analogue à celle des lanternes de voiture. En ne faisant pas la mèche trop longue, on a sur le papier glacé une couche de noir de fumée des plus fines, et l'opération peut s'exécuter sans inconvénient dans un appartement.

Une fois les tracés terminés sur le papier glacé, on le coupe suivant une génératrice du cylindre et on le fait passer dans un liquide fixateur. On obtient d'excellents fixateurs en dissolvant du benjoin ou de la gomme laque dans l'alcool, à saturation, puis ajoutant 1-2 g. de térébenthine de Venise par litre. Il faut éviter de prendre des solutions trop concentrées. Le liquide se verse soit dans une cuvette à photographie, soit, mieux encore, dans une gouttière demi-cylindrique. On y passe la feuille à fixer en la tenant par les deux extrémités, puis on la fait sécher en laissant égoutter librement le liquide. Le tracé ainsi fixé se conserve indéfiniment et ne risque nullement de s'effacer.

Amplification et diminution des déplacements.

Dans la machine de Morin, les déplacements du corps dont on étudie le mouvement s'inscrivent en vraie grandeur sur le cylindre enregistreur. Il arrive souvent que les déplacements que l'on veut enregistrer aient des amplitudes trop faibles, les sinuosités de la courbe inscrite sur le papier seraient trop petites pour pouvoir être relevées et étudiées sans grande erreur; il faut, pendant l'inscription du phénomène, amplifier le tracé. Pour cela (fig. 72), on relie le point qui se déplace à un levier mobile en O; soit A le point d'attache. L'extrémité B du levier se déplacera sur la surface enfumée et, par suite, on aura une courbe à ordonnées d'autant plus grandes que OB est plus long et que OA est plus court, les ordonnées ont été amplifiées dans le rapport $\frac{OB}{OA}$. Ainsi, si OA a 1 cm. et si OB en a 10, les ordonnées de la courbe seront 10 fois plus grandes que si on avait enregistré directement le déplacement du point A égal au déplacement du point mobile.

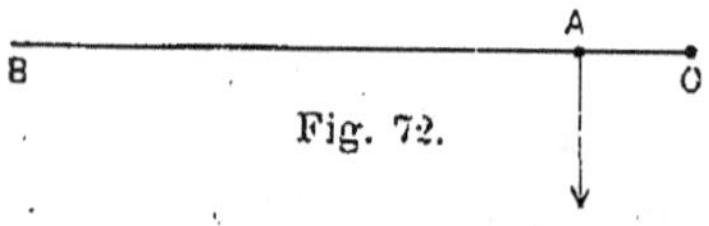

Fig. 72.

Il est très important de rendre ce petit levier aussi léger que possible. L'expérience et la théorie font voir qu'un levier ayant une inertie sensible déforme la courbe. Il faut donc diminuer cette inertie autant que le permettent les conditions de rigidité de l'appareil. Bien des instruments donnent des indications erronées par suite de l'inertie des pièces en mouvement. Les leviers peuvent se faire à l'aide d'un brin de paille, mais on en obtient de meilleurs avec un petit fragment de bambou fendu en lame mince et amené à la lime à l'épaisseur d'une feuille de papier un peu fort. A l'extrémité, on fixe un petit style de clinquant ou de plume d'oiseau très souple, que l'on colle au levier avec un peu de cire molle ou d'une colle quelconque.

Il arrive aussi, qu'au lieu d'avoir à amplifier un mouvement, on ait à le réduire. C'est ce qui a lieu, par exemple, chaque fois que l'amplitude du mouvement dépasse les dimensions du cylindre enregistreur. On peut encore, dans ce cas, se servir d'un levier; seulement, au lieu d'attacher le point mobile au voisinage de l'axe de rotation, on le fixe à l'extrémité de ce levier et le style qui se trouve au contact du cylindre se place d'autant plus près de l'axe de rotation que l'on veut réduire davantage l'amplitude du mouvement.

Chronographie.

Dans toutes les représentations par courbes, il est indispensable de graduer les axes de coordonnées. En particulier, quand on

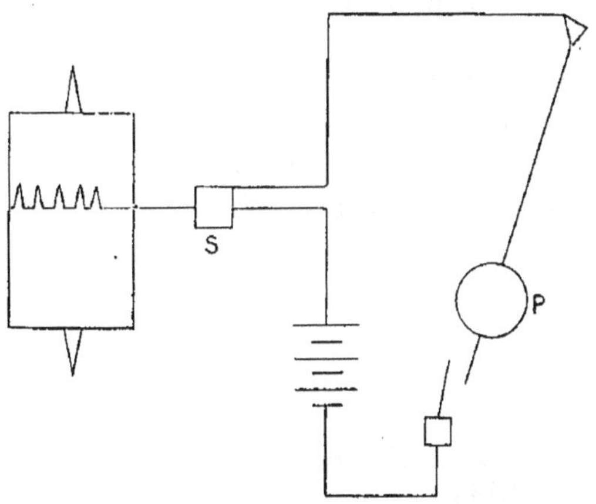

Fig. 73.

prend un tracé par un procédé graphique quelconque, il faut indiquer sur l'axe des abscisses à quelle durée correspond une longueur déterminée. Si le cylindre employé tourne d'une façon absolument uniforme, il suffit de connaître la durée de cette rotation et la circonférence du cylindre pour pouvoir indiquer, sur l'axe des abscisses, quelle est la longueur correspondant à une seconde par exemple. Mais l'on n'est jamais certain de la parfaite uniformité de rotation du cylindre ; il y a intérêt à la contrôler; de plus, il est avantageux, pour faciliter les lectures et les mesures, de porter sur l'axe des abscisses des divisions correspondant aux unités de temps choisies. Suivant la rapidité du phénomène étudié et, par suite, suivant la rotation du cylindre, on emploiera des procédés différents.

Pour les phénomènes très lents où la division de l'axe des abscisses doit se faire en jours, heures, minutes ou même secondes, on peut se servir d'horloges ordinaires donnant cette fraction du temps.

Par exemple, supposons que l'on veuille diviser l'axe des abscisses en secondes. On établira, toutes les secondes, un contact à l'aide d'un pendule P de longueur convenable; ce contact commandera un signal électrique S qui fera un pointage sur le cylindre tournant (fig. 73). Il est évident que le même principe s'applique au pointage des minutes ou des heures; seulement au lieu de produire un contact à l'aide d'un pendule, il se fera par les aiguilles d'une montre ou par tout autre artifice.

Un métronome analogue à celui dont se servent les musiciens peut aussi être d'un assez bon usage; il suffit de disposer des contacts sur l'instrument, de façon à transmettre ses indications au signal électrique chargé de pointer le temps sur le cylindre.

Lorsque l'unité de temps choisie devient inférieure à une seconde, ce qui a lieu souvent en physiologie, lorsque, par exemple, il faut diviser l'axe des abscisses en $\frac{1}{10}$ ou en $\frac{1}{100}$ de seconde, et même parfois en fractions plus petites, il ne peut plus être question d'employer le pendule pour produire les contacts. On se sert alors d'un diapason. Ce diapason devra être entretenu électriquement. Pour cela, entre ses deux branches se trouve une bobine de fil conducteur contenant un fer doux et pouvant former électro-aimant. Un fil de platine vient toucher extérieurement une des branches du diapason et fermer le circuit d'une pile dont le courant peut traverser l'électro-aimant. Au moment où le courant passe, l'électro-aimant attire les deux branches du diapason et le contact avec le fil de platine extérieur est rompu; le diapason tend à revenir à sa position, qu'il dépasse en vibrant; ce mouvement rétablit le contact, et, par suite, l'attraction recommence et ainsi de suite.

On voit qu'il se produit autant d'interruptions dans le courant que de vibrations du diapason; par conséquent, si l'on met dans le circuit de la pile un signal électrique, ce signal pourra pointer sur le cylindre enregistreur les vibrations du diapason comme il pointait les oscillations du pendule.

Pour que ce dispositif puisse fonctionner, il faut que les indications du signal électrique destiné à pointer sur le cylindre enregistreur soient très rapides.

On pourrait, il est vrai, et dans certains cas on le fait, munir directement l'extrémité du diapason d'un petit stylet très souple, et l'approcher du cylindre de façon qu'il y trace directement ses oscillations; mais souvent les abords du cylindre doivent rester aussi libres que possible pour les besoins de l'expérience, il est alors difficile de placer convenablement le diapason. D'ailleurs, ce diapason pourrait ébranler le support qui le porte et, par suite, déformer la courbe du phénomène enregistré; il y a donc tout intérêt à transmettre ses indications à un signal indépendant moins encombrant.

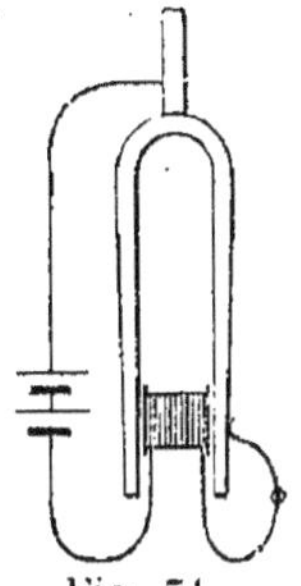

Fig. 74.

Signaux électriques.

Les signaux dont on se sert en physiologie ont été construits sur les indications de M. Marcel Desprez et peuvent, lorsqu'on

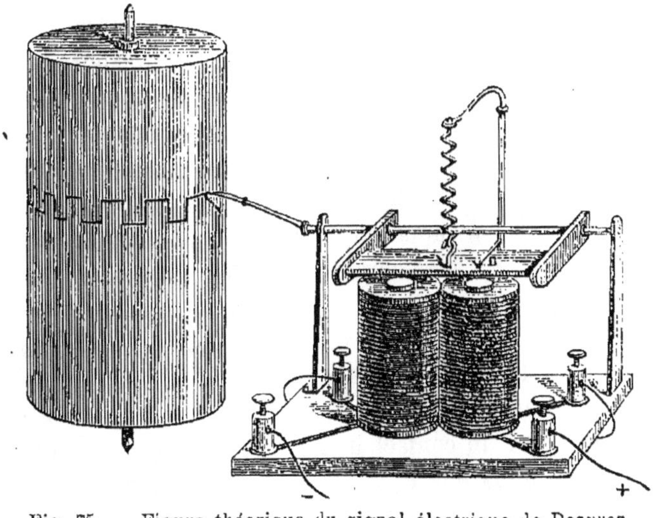

Fig. 75. — Figure théorique du signal électrique de Desprez.

s'en sert convenablement, donner 700 à 800 indications par

seconde, ce qui dépasse de beaucoup les nécessités de la pratique.

Ces signaux se composent d'un très petit électro-aimant pouvant attirer un petit fer doux très léger, quand un courant passe dans la bobine. Ce fer doux est mobile autour d'un axe qui porte un

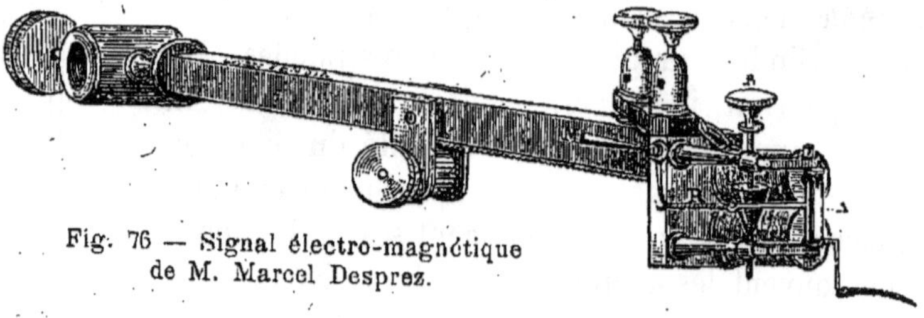

Fig. 76 — Signal électro-magnétique de M. Marcel Desprez.

petit stylet. Ce sont les oscillations de ce stylet que l'on enregistre sur le cylindre tournant. Lorsque le courant cesse de passer dans le signal, il faut que le fer doux s'éloigne de l'électro-aimant; cet effet s'obtient à l'aide d'un petit ressort que l'on tend convenablement. Il faut avoir soin de ne pas laisser le contact en fer doux se coller sur le fer de l'électro-aimant; sans cela, il ne s'en sépare plus que difficilement par suite du magnétisme rémanent. Cet accident s'évite facilement en interposant entre les deux surfaces une petite feuille de papier de soie que l'on y colle avec un peu de cire molle.

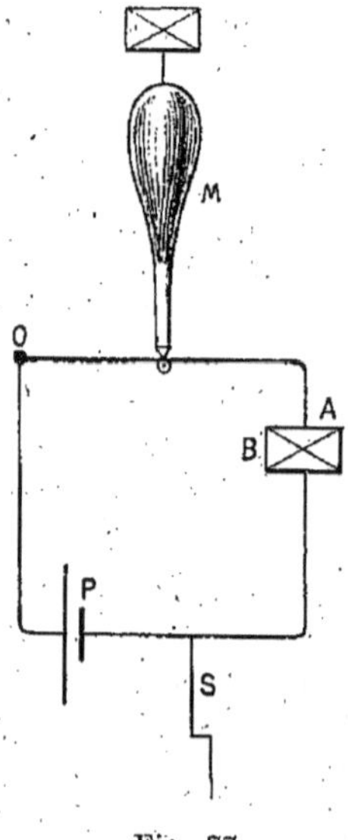

Fig. 77.

Le signal de Marcel Desprez est, d'une façon générale, destiné à inscrire sur le cylindre enregistreur le moment où se passe un phénomène. Pour cela on intercale dans un même circuit le signal, une pile, et un appareil, variable selon les circonstances, qui fermera ou rompra le circuit au moment où se passe le phénomène que l'on veut étudier.

Par exemple, supposons que l'on veuille connaître l'instant où un muscle commence à se contracter. On reliera le muscle à un levier métallique mobile autour de O et reposant en A sur un contact B (fig. 77). Le signal S sera traversé par le courant de la pile P, et armé. Aussitôt que le muscle commencera à se raccourcir, le contact se rompra en A, le courant cessera de passer à travers le signal qui se désarmera et fera une marque sur la ligne qu'il trace sur le cylindre enregistreur.

Tambours de Marey.

Il est parfois possible de relier le point mobile dont on veut enregistrer les déplacements au levier ou au tracelet destiné à inscrire ces déplacements sur le cylindre enregistreur, on a alors un enregistrement direct, c'est le procédé le plus simple, le meilleur et le plus recommandable, à tous les points de vue, lorsque les circonstances le permettent. Souvent, si le dispositif général d'une expérience est compliqué, il est difficile ou même impossible d'accumuler au voisinage du cylindre enre-

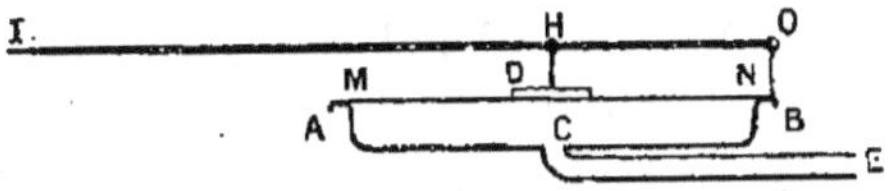

Fig. 78.

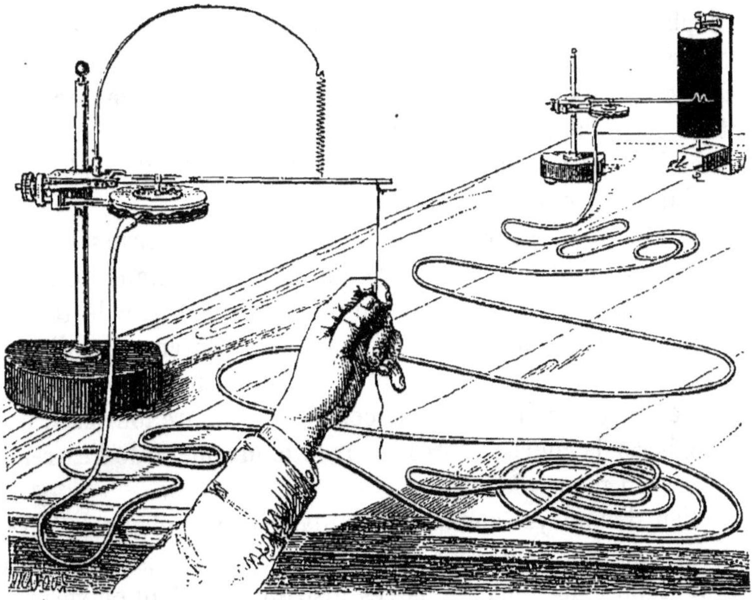

Fig. 79. — Tambours à leviers conjugués pour la transmission des mouvements à distance.

gistreur les divers appareils dont on a besoin. D'autres fois le corps sur lequel on veut enregistrer un phénomène est mobile et ne peut être suivi dans tous ses mouvements par l'appareil enregistreur; c'est ce qui arrive, par exemple, dans l'étude de la marche et de la locomotion des animaux. Les signaux électriques nous permettent déjà de transmettre à distance toutes les indications relatives au temps, mais ils ne sont d'aucune utilité dans ce qui concerne la représentation par une courbe du déplacement d'un point. L'appareil qui permet de transmettre un mouvement à distance se compose d'un manipulateur et d'un récepteur. Nous allons d'abord décrire le récepteur. Il consiste essentiellement en une petite cuvette ou petit tambour métallique de forme très plate et représenté en coupe par AB (fig. 78). Le fond de cette cuvette est percé d'un trou C, en communication avec un tube métallique CE. La partie supérieure de la cuvette est recouverte par une membrane de caoutchouc MN au milieu de laquelle repose un petit disque métallique très léger D. Ce disque est articulé en H, avec un levier mobile en un point fixe O. Il est aisé de voir que si l'on vient à comprimer de l'air par le tube EC, la membrane de caoutchouc se gonflera et le levier OH se soulèvera ; son extrémité I inscrira sur le cylindre enregistreur tous ses déplacements et par suite toutes les compressions d'air qui se produisent.

Ce récepteur est relié à un autre tambour du même genre par un tube en caoutchouc fixé en E. Ce deuxième tambour ne diffère du premier que par son levier qui est très rigide et solide, alors que celui du récepteur est surtout léger (fig. 79).

Il est aisé de voir sur la figure 79, qu'à chaque abaissement du levier du manipulateur, il se produit dans le tambour manipulateur, une onde de compresion qui se transmet par le tube de caoutchouc au récepteur dont le levier se soulèvera. Les diverses excursions du manipulateur seront ainsi transmises, et il suffira de placer le levier du récepteur contre le cylindre tournant, pour y enregistrer la courbe représentant le mouvement de l'extrémité du levier du manipulateur.

Au lieu d'employer comme manipulateur un tambour de Marey, on se sert parfois d'appareils divers que suggèrent les nécessités de chaque expérience ; mais tous ces instruments, dont on verra des exemples dans la suite, sont basés sur le même principe, et ont pour effet de produire dans le récepteur une série de compressions de l'air qui y est contenu.

Les tambours de Marey ont subi diverses modifications de détail ayant pour but de les rendre réglables, et de faciliter leur mise en place sur les supports du chariot automobile.

Lorsqu'on vient d'installer une transmission de mouvement à l'aide de signaux à air, il arrive souvent, par suite de mouvements donnés aux appareils, que la pression du gaz à l'intérieur de ces appareils se soit élevée ou abaissée par rapport à la pression atmosphérique. Pour ramener l'égalité de pression à l'intérieur et à l'extérieur, ce qui est une condition de bon fonctionnement,

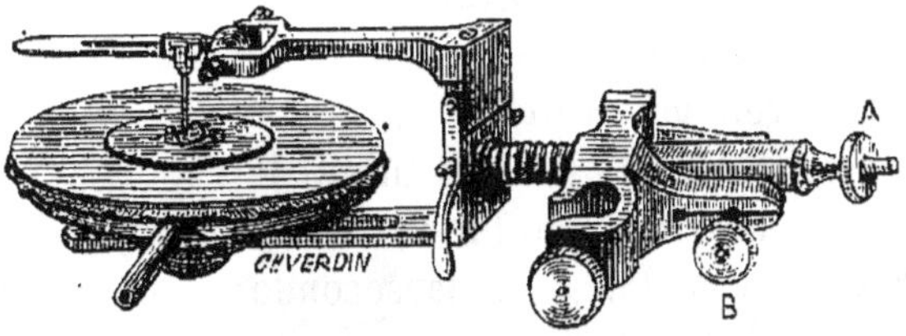

Fig. 80. — Tambour à levier récepteur.

comme le démontre l'expérience, il suffit d'ouvrir une petite soupape qui se trouve sur le tube de réunion du manipulateur et du récepteur et qui établit une communication entre l'intérieur de l'appareil et l'atmosphère. Aussitôt la soupape fermée, l'appareil est en état de fonctionner.

Contrôle et correction des tambours de Marey. — Les mouvements ne se transmettent pas instantanément du tambour manipulateur au récepteur; il y a un certain retard plus ou moins grand, suivant la longueur et le diamètre du tube de caoutchouc qui relie les deux tambours. Il est très simple de mesurer la vitesse de propagation d'une onde aérienne dans le tube de caoutchouc qui relie ces deux signaux. Pour cela, on prend un tube aussi long que possible, aux extrémités duquel on place deux tambours dont les styles sont au contact d'un cylindre enregistreur. On donne un choc sur un point du tube en caoutchouc; il en résulte deux ondes partant de ce point et provoquant une indication des signaux. Si le choc a été donné à égale distance des deux tambours, les deux indications se produisent en même temps; sinon l'appareil plus éloigné est en retard sur le plus rapproché.

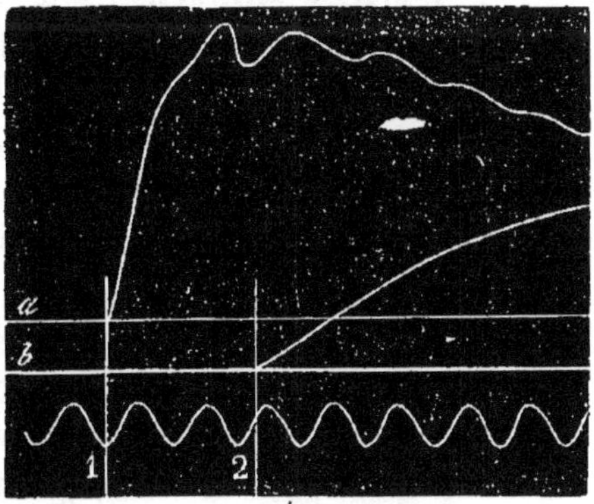

Fig. 81. — Retard des signaux à air.

Si, dans ce dernier cas, on a eu soin, comme l'indique la figure, d'inscrire en même temps la courbe d'un diapason donnant 100 vibrations par seconde, on connaît le retard d'un des signaux. Il suffit de mesurer la différence de chemin parcouru par les deux ondes pour en déduire la vitesse de propagation d'une onde de compression dans le tube dont on se sert, cette donnée peut, dans certains cas, avoir son utilité.

On emploie généralement des tubes de caoutchouc de 4 millimètres de diamètre intérieur; la vitesse de propagation d'une onde est alors d'environ 280 m. à la seconde; dans chaque cas, il sera facile de calculer le retard des signaux.

Lorsque l'on emploie simultanément deux ou plusieurs tambours, il y a intérêt à uniformiser leurs retards, c'est-à-dire à prendre pour chacun d'eux des tubes de caoutchouc de la même longueur et, bien entendu, du même diamètre intérieur.

IX

MYOGRAPHIE

Pour étudier la contraction musculaire par les procédés de la méthode graphique, il suffit de relier l'extrémité d'un muscle, préalablement libérée de son insertion, à un petit levier inscrivant ses déplacements sur un cylindre tournant. Le myographe direct est l'appareil enregistreur le plus simple que l'on puisse imaginer. Il se compose en somme, essentiellement, d'un levier mobile autour d'un axe O. Le muscle sur lequel on opère est fixé en A par une de ses extrémités. L'autre extrémité B est reliée au levier en C. Quand le muscle se contracte, le levier myographique se déplace dans le sens de la flèche F; le poids P placé au voisinage de l'axe O a pour but de ramener le levier à sa position initiale quand le muscle se relâche. La pointe D du levier inscrit ses déplacements sur un cylindre enfumé, et l'amplitude des ordonnées de la courbe est d'autant plus grande, pour un même raccourcissement du muscle, que le levier OD est plus

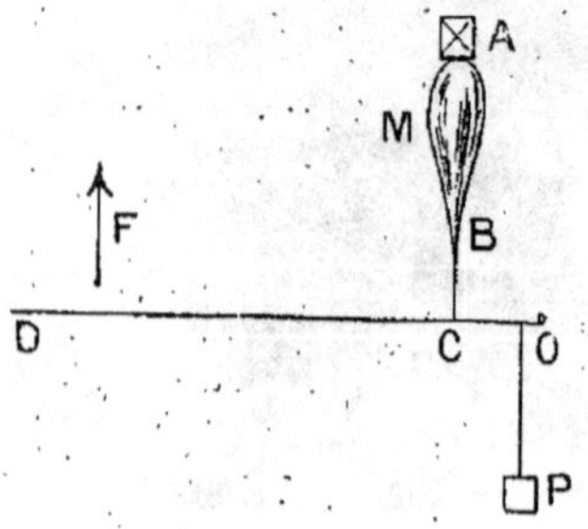

Fig. 82.

long et que le point d'attache C du muscle au levier est plus rapproché de l'axe de rotation O. C'est là le principe de tous les myographes. Le premier appareil de ce genre est dû à Helmholtz (fig. 83). Il se compose essentiellement d'un cadre mobile autour d'un axe, et auquel le muscle à étudier est rattaché par un fil; l'extension du muscle est produite par un petit poids. Le

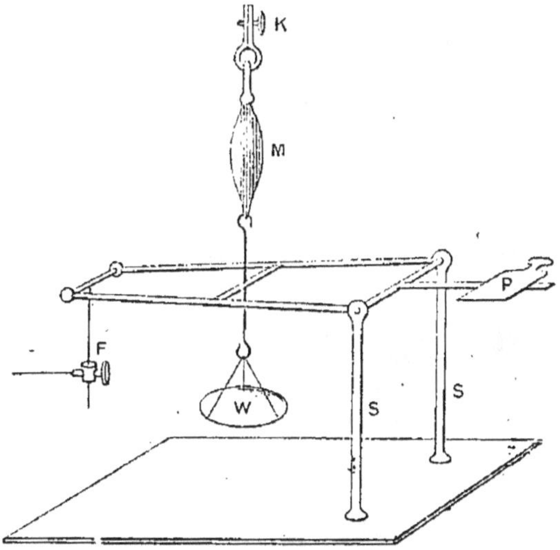

Fig. 83.

myographe de Helmholtz avait, entre autres inconvénients, celui

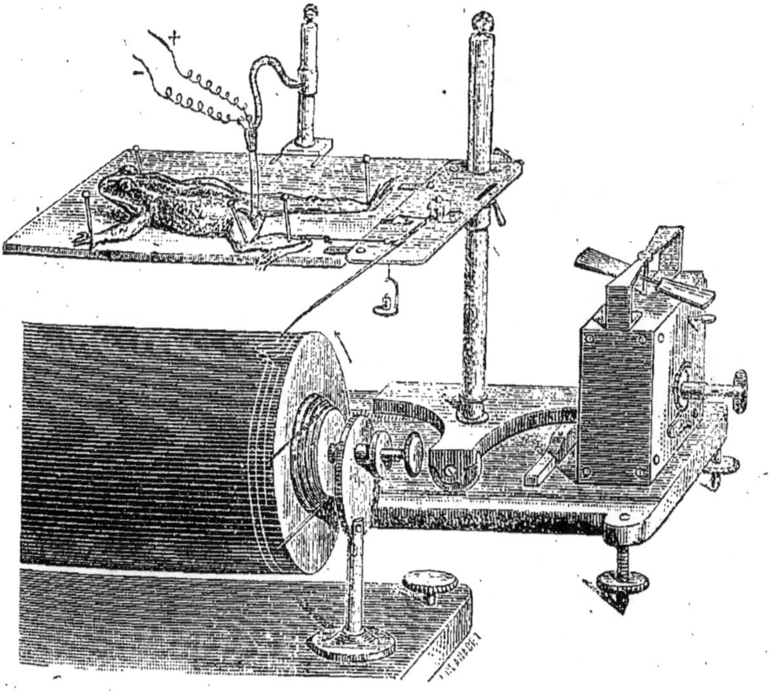

Fig. 84. — Myographe simple.

d'être lourd; son inertie déformait la courbe de contraction

Fig. 85.

Aussi divers physiologistes l'ont-ils modifié. Le meilleur modèle actuellement en usage est celui de Marey (fig. 84). Il est plus spécialement destiné à prendre des tracés de la contraction musculaire de la grenouille; c'est, du reste, sur cet animal qu'ont été faits la plupart des travaux relatifs au muscle. La grenouille soumise à l'expérience est fixée par des épingles sur une plaque de liège portée par un support métallique. Le muscle gastrocnémien, détaché de son extrémité inférieure, est relié par un fil au levier myographique. En faisant varier la distance de ce point d'attache au point de rotation du levier, on modifie l'amplitude des tracés. A cet effet, le fil venant du muscle est fixé à un petit curseur mobile le long du levier. Pour exercer sur ce muscle une tension convenable et ramener le levier au zéro au moment de son relâchement, on se sert soit d'un ressort, soit d'un poids tenseur. Le poids tenseur est généralement préférable, car le muscle doit vaincre ainsi une résistance constante et les conditions de l'expérience sont plus faciles à déterminer; avec un ressort, la traction antagoniste va en croissant avec le degré du raccourcissement musculaire et de la flexion du ressort. Dans le cas de la figure 84, on voit aussi deux électrodes qui servent à provoquer la contraction par excitation du nerf sciatique.

Il faut, bien entendu, dans ces expériences, éviter les mouvements volontaires de l'animal qui donneraient un tracé absolument irrégulier. Les deux procédés les plus employés consistent,

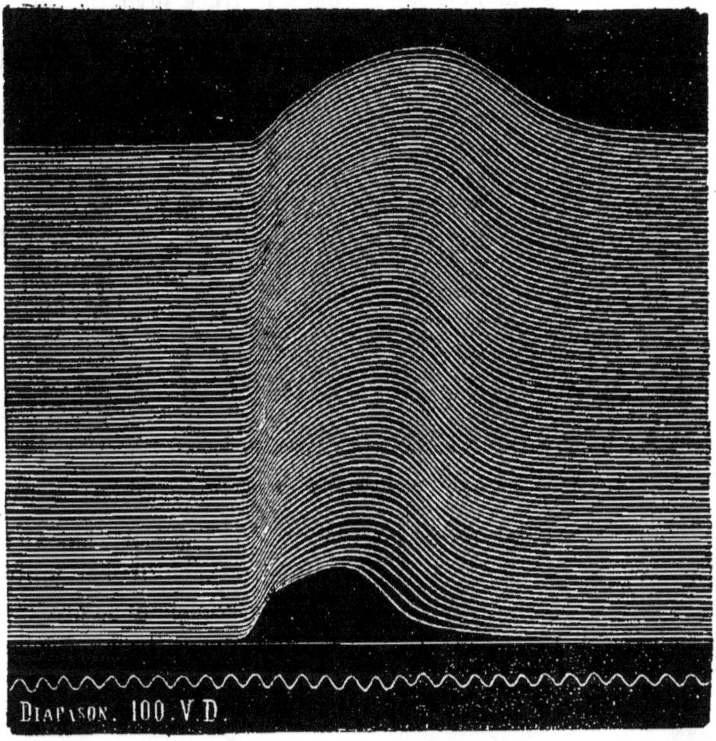

Fig. 86. — Graphique de secousses musculaires imbriquées verticalement.

soit à faire usage du curare si l'excitation doit porter directement

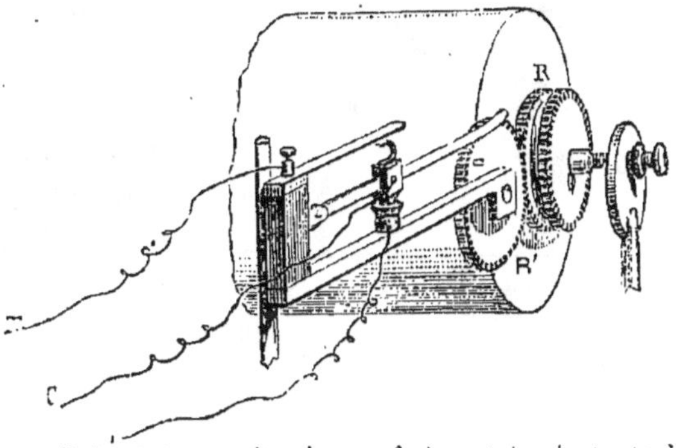

Fig. 87. — Appareil destiné à exciter les nerfs à certains instants de la rotation du cylindre.

sur le muscle, soit à détruire la moelle de l'animal si l'on veut conserver l'excitabilité des nerfs. Cette opération se fait facilement avec une aiguille que l'on introduit dans le canal rachidien, immédiatement derrière la tête.

Les résultats que l'on obtient dans le tracé myographique sont

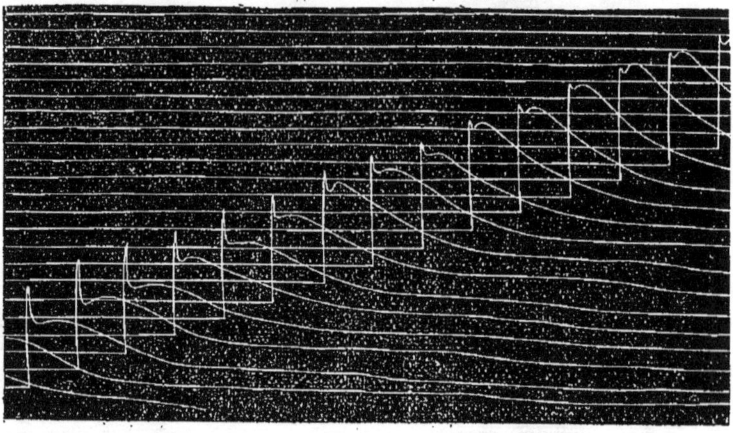

Fig. 88. — Secousses musculaires disposées en imbrication oblique (vératrine).

influencés par l'état de la circulation. Le tracé 85 fait voir la différence qu'il y a entre les contractions qui se produisent dans une patte de grenouille privée de sa circulation, comparativement à l'autre patte restée à l'état normal. Il faut donc avoir soin, dans les expériences, de ne pas léser un gros vaisseau de la cuisse, ce qui arrive facilement quand on veut dégager le sciatique.

Fig. 89. — Myographe à transmission.

Pour avoir un tracé disposé régulièrement et permettant une comparaison facile des secousses, on s'arrange de façon que le cylindre produise automatiquement l'excitation à un moment donné de sa révolution. Dans ces conditions, si le myographe est monté sur le chariot automatique représenté sur la figure 68, et destiné à éviter les superpositions, on a le tracé de la figure 86.

L'excitation automatique se produit à l'aide d'une petite clef de décharge (fig. 87). Pour cela, une roue dentée R de 100 dents, montée sur l'axe du cylindre, engrène avec une autre roue pareille R′ munie d'un taquet; à chaque révolution du cylindre c'est ce petit taquet qui vient agir sur la clef de décharge.

Avec cette disposition des tracés, il y a parfois de légères con-

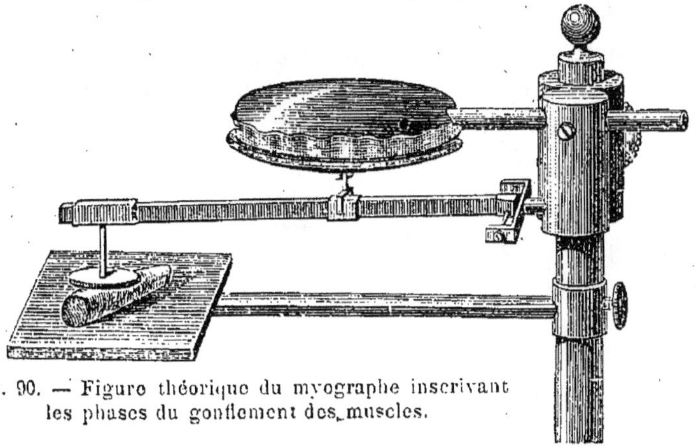

Fig. 90. — Figure théorique du myographe inscrivant les phases du gonflement des muscles.

fusions de lignes si le chariot automoteur ne va pas assez vite. Si, au contraire, on donne à la roue R′ 101 dents, elle tournera un peu moins vite que le cylindre; à chaque tour, l'excitation sera un peu en retard sur la précédente et le tracé se disposera en escalier, d'une façon très lisible, comme l'indique la figure 88.

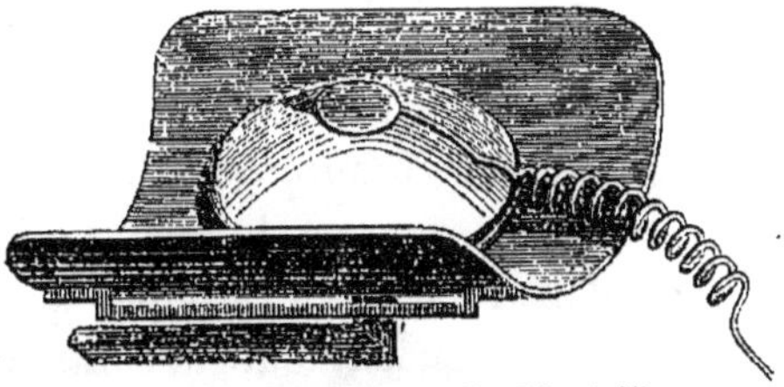

Fig. 91. — Myographe applicable à l'homme; il traduit le gonflement des muscles.

Il est parfois difficile d'inscrire directement les raccourcissements du muscle; on opère alors par transmission avec les signaux à air. Le muscle est relié au levier d'un tambour manipulateur comme l'indique la figure 89; les mouvements de ce manipulateur sont, d'après le principe représenté sur la figure 79, transmis à un tambour récepteur qui inscrira sur le cylindre enregistreur.

Au lieu d'enregistrer la variation de longueur d'un muscle au moment de sa contraction, on peut, en disposant l'expérience comme sur la figure 90, inscrire son gonflement. Ce procédé est du reste le seul applicable sur les animaux que l'on ne veut pas sacrifier, et sur l'homme. Pour faire de la myographie sur l'homme, on emploie un tambour de Marey logé dans une sorte de gouttière comme l'indique la figure 91. Cette gouttière est placée et fixée, à l'aide de bandes, contre le muscle que l'on veut explorer. Au moment de la contraction, par suite du gonflement du muscle, le tambour qui se trouve dans la gouttière est comprimé et cette compression est transmise au tambour récepteur.

La contraction musculaire peut se produire dans deux conditions bien différentes. Ou bien le muscle se raccourcit sous une force antagoniste constante; ou bien la contraction se produit sans

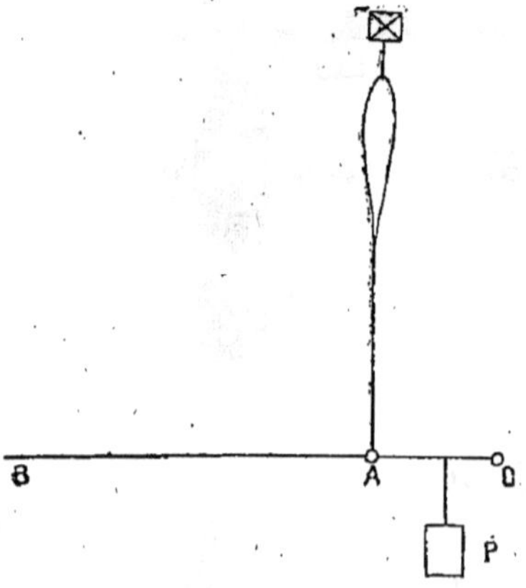

Fig. 92.

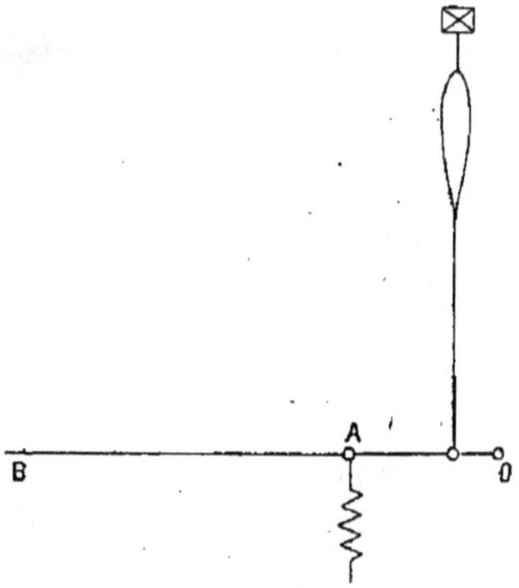

Fig. 93.

variation de longueur. C'est ce que Fick a distingué sous le nom de contraction *isotonique* et de contraction *isométrique*.

Considérons un muscle relié au levier myographique en A, ce levier étant ramené au zéro par un poids tenseur (fig. 92.) Il est évident que, pendant toute la contraction, la traction exercée sur le muscle restera la même; l'extrémité B du levier inscrira sur le cylindre enregistreur la courbe de raccourcissement du muscle: la contraction est isotonique.

Supposons, au contraire, que le fil attaché au tendon se fixe au levier myographique très près de l'axe de rotation, la force antagoniste étant produite par un ressort placé à une certaine distance du point O (fig. 93). Lorsque l'on provoquera la contraction, le levier se déplacera, mais le muscle ne pourra pour ainsi dire pas se raccourcir; la contraction sera isométrique.

Si le ressort a été préalablement gradué, l'étude de la courbe tracée par B donnera à chaque instant la force développée par le muscle.

Quand on provoque une contraction musculaire sous l'influence d'une excitation très brève, le muscle se raccourcit et revient presque immédiatement à sa longueur primitive ; on a ce que l'on appelle une secousse musculaire.

La secousse isotonique a été beaucoup plus étudiée jusqu'ici que la secousse isométrique. Cette secousse peut se diviser en trois périodes. On constate tout d'abord, après l'excitation, une première période AB pendant laquelle le muscle reste au repos (fig. 94) ; elle correspond à ce que l'on appelle la *période d'excitation latente*, ou *temps perdu* de Helmholtz ; elle sera étudiée avec plus de détails en électro-physiologie.

En second lieu vient la période d'ascension BC suivie tout aussitôt du relâchement du muscle. Ce muscle ne revient pas immédiatement à sa longueur primitive ; il lui faut pour cela un temps assez considérable.

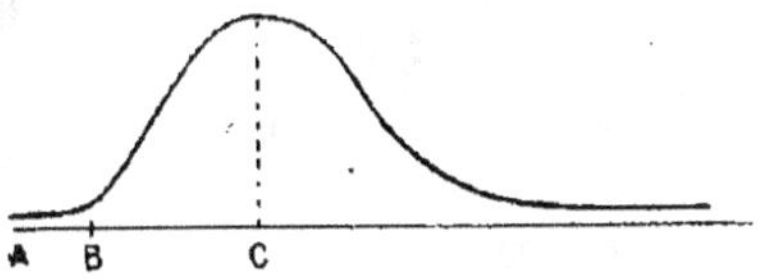

Fig. 94.

La période de descente de la courbe est généralement plus longue que la période d'ascension. La forme de cette courbe varie d'ailleurs beaucoup suivant les animaux et même suivant les divers muscles d'un même animal.

Il est difficile, dans les expériences de ce genre, de maintenir la forme de la courbe myographique constante pendant un temps un peu long ; peu à peu cette forme se modifie, l'amplitude du tracé baisse légèrement pendant que la durée générale de la contraction augmente. Cet effet est dû à deux causes, à la fatigue du muscle et aux modifications que les excitations successives apportent à son irritabilité. Ce dernier point sera traité avec plus de détails en électro-physiologie.

Outre la fatigue, diverses influences peuvent modifier la forme de la courbe myographique.

La température agit de la façon la plus remarquable. Si, par exemple, on prend un tracé de la secousse musculaire sur le gastrocnémien d'une grenouille, et que l'on fasse peu à peu varier la température, on obtient à 0° une belle secousse, très haute, très allongée. Au-dessous de 0° la contractilité du muscle baisse très rapidement pour disparaître aux environs de — 5°. Au-dessus de 0° on voit aussi la hauteur de la secousse s'abaisser en même temps

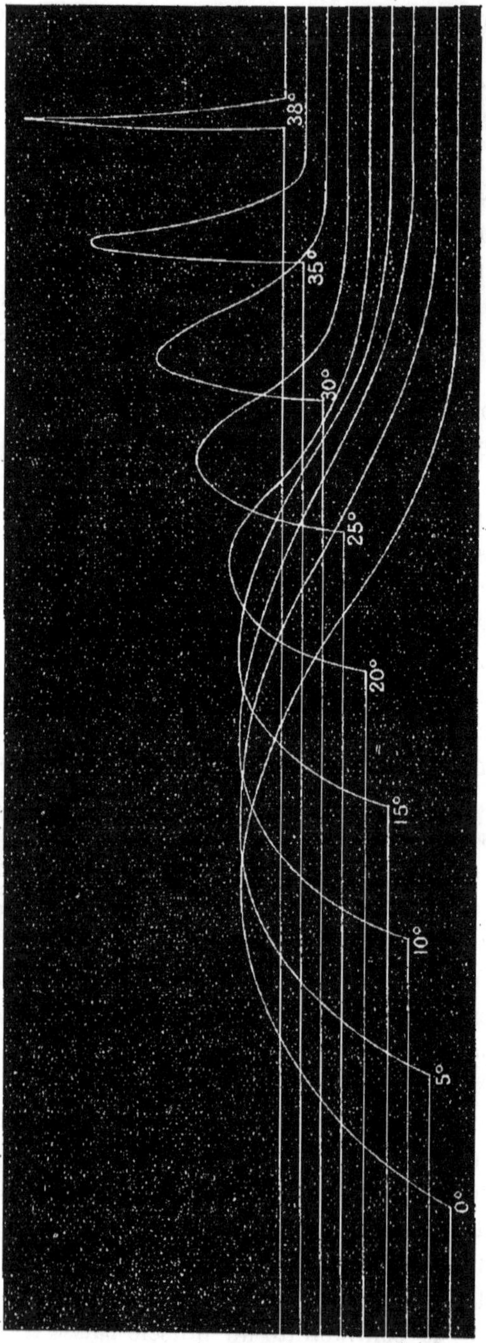

Fig. 95.

que sa rapidité augmente, la secousse inscrite sur le tracé devient de plus en plus courte. Mais, tandis que la rapidité de la secousse augmente toujours avec la température, jusqu'au moment de sa disparition, on voit la hauteur baisser à partir de 0° jusque vers 19°, où elle passe par un minimum. Au-dessus de 19° elle augmente de nouveau jusqu'à 38° environ, puis tombe très rapidement. La figure 95 représente un tracé pris dans ces conditions et la figure 96 est un schéma des variations de hauteur de la secousse avec la température.

Au delà de 38°, en même temps que la hauteur de la secousse tombe, on voit apparaître un phénomène nouveau : au lieu de revenir à sa longueur primitive après chaque contraction, le muscle prend peu à peu un raccourcissement permanent comme s'il était contracturé; ce raccourcissement devient très important; il peut disparaître s'il ne dure pas longtemps et si l'on se hâte de refroidir le muscle, sinon il devient persistant.

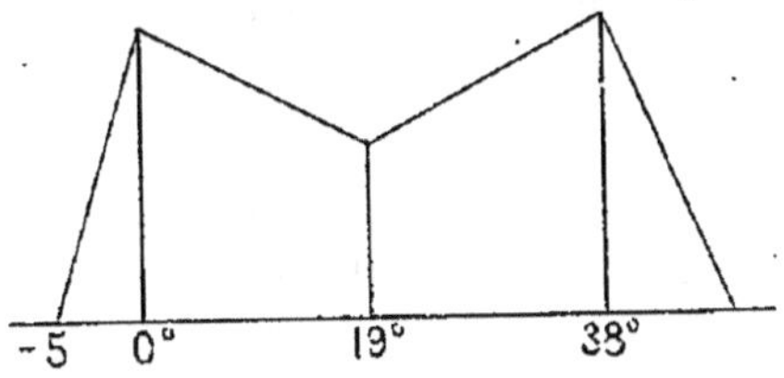

Fig. 96.

La loi de variation de hauteur de la secousse musculaire avec la température est représentée schématiquement sur la figure 96; c'est là ce que l'on admet généralement. Toutefois, en faisant varier le poids tenseur et la grandeur de l'excitation, il est aisé de voir que cette loi

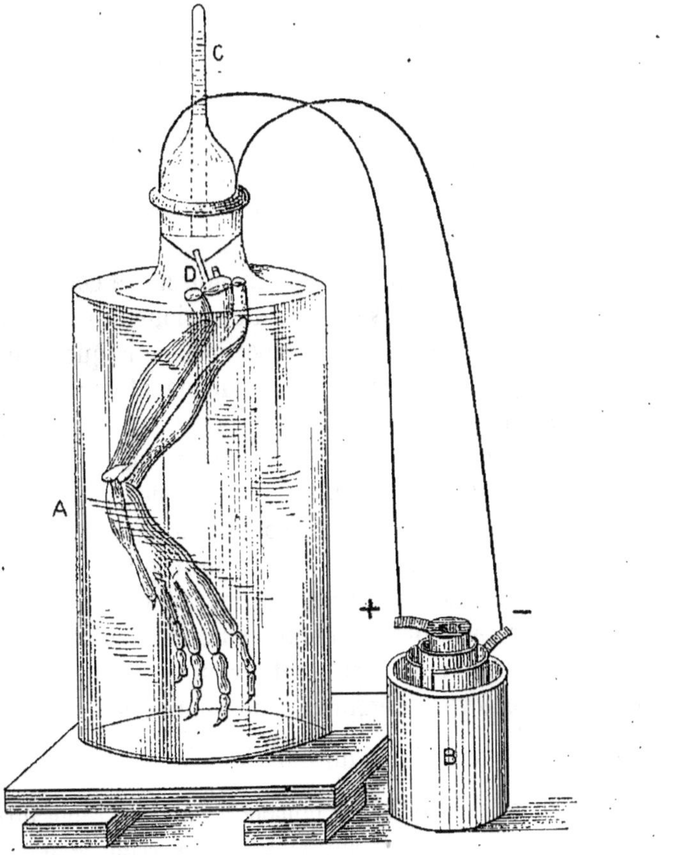

Fig. 97. — Appareil démontrant que le volume du muscle ne change pas pendant sa contraction. — A, flacon rempli d'eau. — B, pile pour exciter le muscle. — C, tube capillaire surmontant le flacon. — D, muscle de grenouille.

schématique est loin d'être toujours respectée, et il n'est pas rare, dans certaines expériences, de trouver des variations de la hauteur des secousses très différentes; soit que les maxima et le minimum se déplacent, soit même que le minimum disparaisse complètement et qu'il y ait une variation continue et de même sens quand on passe des basses aux hautes températures.

La charge que le muscle doit soulever en se contractant a une influence très nette sur la forme de la contraction. En général, la hauteur de la secousse diminue lorsque le poids à soulever augmente, cependant une certaine tension du muscle est nécessaire, le muscle ayant un raccourcissement plus grand sous une légère traction que sous une traction nulle; il arrive même parfois que l'augmentation de la hauteur de la secousse avec le poids tenseur se produise dans des limites assez étendues. La période d'ascension est généralement prolongée par un poids tenseur plus fort, tandis que la période de descente est abrégée. Quand la charge est très faible, cette période de relâchement peut se prolonger pendant un temps plus long.

L'influence de la nature de l'excitation sera étudiée en électrophysiologie.

Nous avons vu que lorsqu'un muscle se contracte, il se raccourcit en même temps que ses dimensions transversales augmentent. Divers auteurs se sont préoccupés de la question de savoir si ces modifications entraînent un changement de volume du muscle. Plusieurs procédés ont été employés dans ce but. Certains expérimentateurs ont cherché à vérifier directement s'il y a un changement de volume; pour cela, ils enfermaient un muscle dans un vase contenant de l'eau et ne communiquant avec l'extérieur que par un tube capillaire (fig. 97). En provoquant la contraction, on pouvait vérifier s'il en résultait des déplacements du ménisque dans le tube capillaire. Quelques auteurs nient toute variation de volume; il semblerait cependant qu'au moment de la contraction il y ait une légère diminution de volume qui, en tout cas, n'atteint pas $\frac{1}{100}$ du volume du muscle.

L'étude de l'élasticité du muscle à l'état de repos ou de contraction est des plus importantes; aussi les recherches sur ce point sont-elles très nombreuses. Le mot élasticité pouvant prêter à confusion, il y a intérêt à employer, comme l'a proposé M. Marey, les termes rétractilité et extensibilité. L'étude de l'extensibilité du muscle est compliquée par l'existence de ce que l'on appelle l'extensibilité supplémentaire. En effet, lorsqu'on suspend un poids à un muscle, ce muscle ne prend pas immédiatement un allongement définitif ; il faut parfois un temps fort long pour que l'on arrive à une longueur immuable. Il peut même se produire d'incessantes variations de longueur consistant en allongements et raccourcissements successifs qui rendent toute détermination presque impossible.

M. Marey a étudié l'extensibilité du muscle en enregistrant son allongement sous l'influence d'une charge régulièrement croissante, puis son retour à la longueur primitive pendant la diminution de la charge. On constate qu'après la disparition totale de cette charge le muscle n'est pas revenu tout à fait à sa longueur première. Il y a eu un certain allongement permanent.

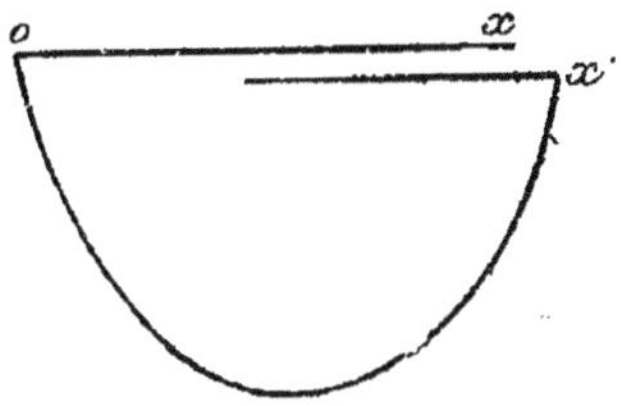

Fig. 98.

Cette variation de longueur est représentée sur la figure 98 où l'on a chargé le muscle d'un poids croissant à partir de o, ce qui l'a allongé peu à peu; puis on a déchargé le muscle jusqu'à x'; il n'est pas revenu à sa longueur première.

On voit que l'allongement ne croît pas proportionnellement à la charge ; pour une même surcharge cet allongement est d'autant moindre que l'allongement est lui-même déjà plus considérable. Toutefois, si l'on dépasse une certaine limite, c'est l'inverse qui se produit, comme on le voit sur la figure 99: pour une même surcharge l'allongement croît alors de plus en plus, jusqu'à la rupture du muscle.

L'élasticité du muscle est encore bien plus difficile à étudier pendant sa contraction que pendant son repos, car la fatigue devient une cause de complication extrême. Weber, le premier, a fait voir que le muscle actif avait une extensibilité plus grande que celle du muscle au repos. La figure 100 fait voir comparativement la courbe d'allongement dans les deux cas.

L'allongement d'un muscle étant plus grand pendant sa contraction qu'à l'état de repos, il peut arriver qu'un muscle portant un poids lourd s'allonge au moment de l'excitation. Ce fait, connu sous le nom de paradoxe de Weber, a été contredit par certains auteurs et défendu par d'autres. Ce désaccord tient probablement à la nature des muscles sur lesquels ces auteurs ont opéré.

Aeby a montré, le premier, que si on excite un muscle en un

point, la contraction ne se produit pas simultanément dans tout le muscle. Pour mettre ce fait en évidence, il plaçait deux leviers

Fig. 99. — Élasticité (d'après M. Marey). Muscle de grenouille. Rotation très lente du cylindre. Influence d'un poids graduellement croissant. La rupture s'est produite sous une charge de 750 g. Quelques instants auparavant, en *a* la limite d'élasticité a été dépassée.

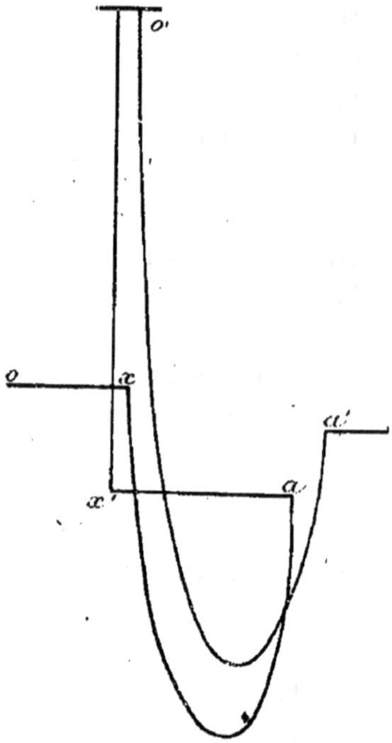

Fig. 100. — Élasticité (d'après M. Marey). Muscle de grenouille. Rotation lente du cylindre. Sous l'influence d'une charge, le muscle non tétanisé donne la courbe *xa*. Le muscle tétanisé donne la courbe *a'o'*, sous l'influence de la même charge. L'excitation est en *x'* et le muscle remonte en *o'* par le fait de sa contraction.

myographiques sur deux points différents d'un muscle long excité à une de ses extrémités. Il arrivait alors que les enregistrements

Fig. 101. — Aspect de l'onde musculaire vue au microscope, d'après Aeby.

des deux leviers n'étaient pas concordants; le plus éloigné du point d'excitation, paraissait être en retard sur le plus rapproché. Aeby en concluait qu'une onde de contraction, partie du point excité, se propageait le long du muscle. Une onde musculaire de ce genre peut être vue au microscope. Il suffit pour cela d'arracher une patte à un hydrophile, d'ouvrir avec soin la partie chitineuse et de placer sur une lame de verre un petit fragment du muscle blanc qui y est contenu. On ajoute une goutte du liquide qui coule par la blessure faite à l'animal et on couvre avec une lamelle. En examinant cette préparation au microscope on aperçoit facilement des ondes

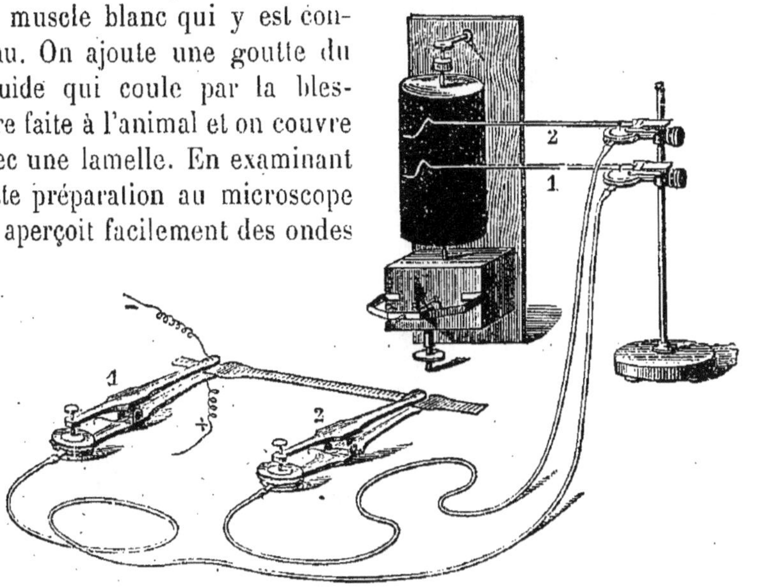

Fig. 102. — Passages de l'onde musculaire explorés au moyen de deux pinces myographiques.

qui se produisent spontanément et qui parcourent les fibres musculaires.

M. Marey et divers auteurs ont repris les expériences de Aeby

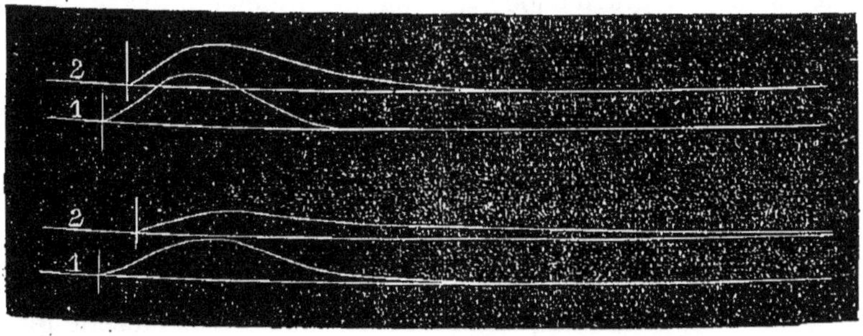

Fig. 103. — Tracés du passage de l'onde musculaire.

et ont constaté l'existence de l'onde dont ils ont même pu mesurer la vitesse de propagation.

M. Marey se sert dans ce but de deux pinces myographiques à transmission installées comme le représente la figure 102. Le muscle est excité près de l'une des pinces

La figure 103 représente les tracés obtenus sur le lapin. Le tracé inférieur correspond à un muscle refroidi par la glace; on voit que dans ce cas l'onde se propage plus lentement. Si l'on excite le muscle par l'intermédiaire du nerf, on ne constate pas d'onde, toutes les parties entrent simultanément en activité. Aussi, pour mettre l'onde en évidence, faut-il opérer sur un muscle curarisé ou bien exciter la partie la plus éloignée du point d'entrée du nerf.

Voici quelques chiffres donnant une idée de la vitesse de propagation de l'onde :

Grenouille	3 à 4	mètres par seconde.
Lapin	4 à 5	—
Homme.	10 à 13	—

Ce dernier chiffre est pris sur l'homme vivant.

Les premiers ont été obtenus sur des muscles séparés du corps de l'animal. Le froid et la fatigue diminuent la vitesse de propagation de l'onde. Il en est de même de certains poisons.

X

STATION ET LOCOMOTION DE L'HOMME

Dans tous les problèmes d'équilibre et de mouvement des corps, le centre de gravité joue un rôle de premier ordre. Il est donc indispensable de connaître le centre de gravité du corps humain pour toutes les questions concernant la station, la marche, etc.

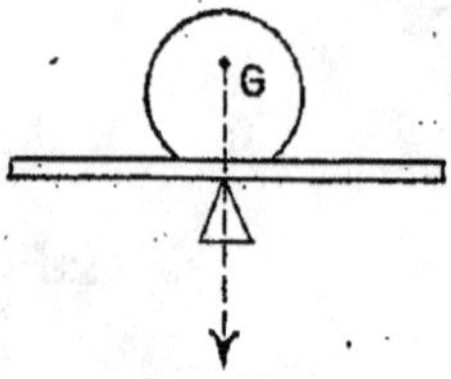

Fig. 104.

Cette détermination peut se faire de diverses façons.

Si l'on place une planche horizontale sur un couteau de balance à arête supérieure, on pourra trouver une position où cette planche a une égale tendance à basculer à droite ou à gauche. Plaçons maintenant sur la planche un corps, il se trouvera aussi pour ce corps une position sur la planche où la tendance à basculer également à droite ou à gauche est conservée (fig. 104). A ce moment le centre de gravité G est au-dessus de l'arête du couteau. En répétant la même expérience pour une série de positions du corps G, on aura sur ce corps une série de lignes qui, par leur intersection, donnent la position du centre de gravité. Il suffit pour cela de faire l'opération dans trois positions différentes.

C'est le procédé que l'on peut employer pour déterminer la position du centre de gravité du corps humain. On couche d'abord le sujet horizontalement sur la planche, perpendiculairement à l'arête du couteau, on obtient ainsi la hauteur à laquelle se trouve le centre de gravité dans le corps.

On fait ensuite une deuxième expérience, le sujet étant debout et vu de profil. Il est en général inutile d'en faire une troisième, car on sait que le centre de gravité est dans le plan de symétrie du corps, à moins toutefois que l'on ne recherche cette position du centre de gravité pour une attitude asymétrique, par exemple pour un sujet fendu à l'escrime, ou un individu portant un fardeau sur une épaule, etc.

La position du centre de gravité varie quand on vient à déplacer les membres, c'est par des mouvements de ce genre que les acrobates arrivent à se tenir en équilibre sur une perche horizontale ou même une corde, en ramenant toujours par un mouvement approprié le centre de gravité au-dessus du point d'appui.

Il faut donc, dans la détermination du centre de gravité par le procédé que nous venons d'indiquer, bien spécifier la position dans laquelle se trouvait le sujet. Le mieux est d'en prendre une photographie. C'est ainsi qu'a opéré P. Richer entre autres.

Dans la station debout, le centre de gravité est à la hauteur de la partie supérieure de la deuxième vertèbre lombaire, et sa projection horizontale tombe sur une ligne transversale passant en avant de l'apophyse du cinquième métatarsien.

Lorsqu'on déplace un membre, aussitôt le centre de gravité se déplace aussi dans le corps, et il faudrait déterminer sa position pour chaque attitude. Au lieu de faire cela expérimentalement, ce qui dans certains cas serait presque impossible, on peut déterminer le centre de gravité de chaque segment du corps ou des membres, et, dans une position déterminée, on trouvera par une composition de forces la position du centre de gravité de l'ensemble.

Dans ce but, pour déterminer les centres de gravité des diverses parties du corps, W. Braune et O. Fischer ont congelé un cadavre, l'ont découpé à la scie et ont recherché le poids et la position des centres de gravité des morceaux ainsi obtenus.

Station.

Pour qu'un homme puisse se tenir debout dans la position dite du soldat sans arme, les divers segments du corps doivent être en équilibre les uns au-dessus des autres.

Différentes théories ont été données pour que cette condition se trouve réalisée.

Pour qu'un corps se trouve en équilibre sur un support, nous savons que la verticale passant par son centre de gravité doit passer par le point où il touche le support, ou, s'il le touche par divers points, en dedans du polygone formé en joignant les uns aux autres ces divers points de contact. Cette condition ne se trouve généralement pas réalisée dans le corps humain.

Prenons, par exemple, la pièce supérieure, le crâne, qui repose par les condyles sur la dernière vertèbre, l'atlas. La verticale du centre de gravité passe sensiblement en avant de la ligne transversale joignant les deux condyles. Il en résulte que la tête ne se maintient pas en équilibre par elle-même, elle a une tendance à tomber en avant. Il est facile de le constater sur une personne qui dort assise; si elle n'a pas au préalable fortement renversé la tête en arrière, cette tête aura une tendance à tomber en avant. A l'état de veille les muscles de la nuque interviennent alors, et produisent par rapport au point de rotation O un moment annulant l'effet du poids. Il en est de même dans les autres articulations, et ce moment compensateur est produit, suivant les auteurs, par les ligaments, la tonicité des muscles, ou par leur contraction active. Il ne faut pas être absolu, ces divers facteurs peuvent intervenir à la fois, et leur influence varie d'ailleurs suivant l'articulation examinée et la position de la station.

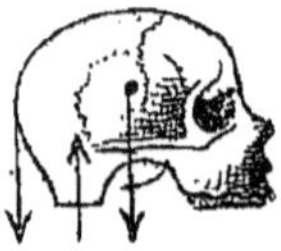

Fig. 105.

Si nous examinons les diverses vertèbres, nous constatons qu'elles conservent leur position les unes au-dessus des autres par le même mécanisme que la tête. Ce sont ici les muscles du dos qui interviennent, au moins pour la partie cervicale et dorsale. Dans la région lombaire la ligne de gravité passe en arrière (fig. 106) des vertèbres et ce sont alors les muscles de l'abdomen qui forment le moment compensateur.

Le tronc est en équilibre sur la tête des deux fémurs, c'est comme s'il était posé sur un axe horizontal passant par ces deux têtes. La verticale du centre de gravité passe en arrière de cette horizontale, ce sont alors les muscles qui vont de la cuisse à la partie antérieure du bassin qui forment le moment compensateur. (Psoas iliaque, tenseur du fascia lata et surtout ligament de Bertin; fig. 107.)

Les condyles du fémur reposent sur les tibias, la verticale du centre de gravité passe en avant du contact et l'équilibre est assuré par les jumeaux et les ligaments du genou. Enfin, pour le pied, ce sont les jumeaux et le soléaire.

Ce que je viens de dire se rapporte à la position symétrique où la ligne des épaules est parallèle à la ligne des hanches (fig. 108).

La figure 108 et la figure 109 représentent la projection horizontale de la ligne des épaules et de la ligne des hanches dans la station droite et la station hanchée à gauche.

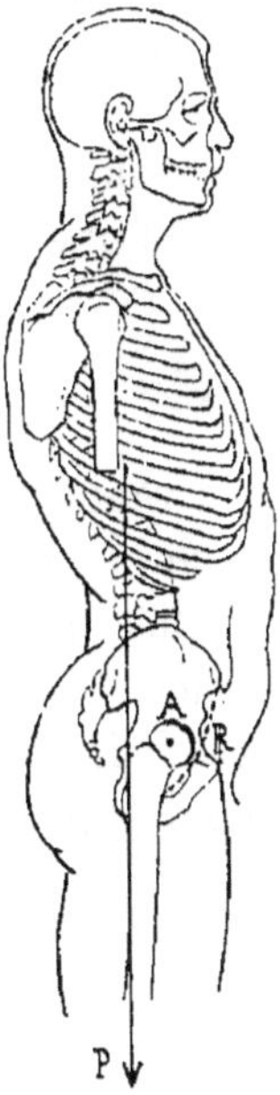

Fig. 106.

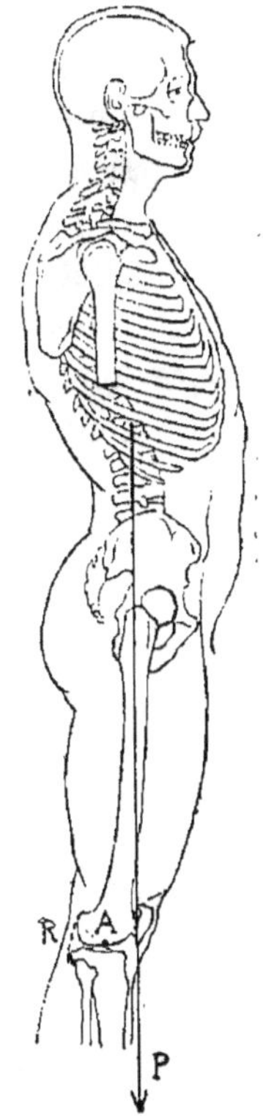

Fig. 107.

Si l'on porte le poids du corps sur une jambe, par exemple la gauche, il y a une rotation double en sens inverse de la ligne des épaules et de la ligne des hanches, et le centre de gravité se porte vers la jambe gauche (fig. 109).

De même si l'on porte un poids, seau d'eau, fusil, etc., sur

Fig. 108. — Station droite.

Fig. 109. — Station hanchée à gauche.

une épaule, il n'y a plus symétrie par rapport à un plan vertical antéro-postérieur.

Lorsqu'une personne veut se soulever sur la pointe des pieds, on voit, d'après ce qui a été dit sur le point où tombe la verticale du centre de gravité, qu'il est nécessaire qu'elle se penche préalablement en avant. En effet, si elle se contentait de contracter les muscles de ses mollets, elle se soulèverait bien pendant un instant, mais la verticale du centre de gravité tombant en arrière des points où la pointe des pieds touche le sol, il y aurait rotation en arrière et chute du corps. L'expérience est facile à faire; si dans la station debout on se contente de contracter les muscles du mollet on tombe en arrière. On peut au contraire rester en équilibre si préalablement on penche le corps en avant de façon à faire tomber la verticale du centre de gravité aux points où les pieds toucheront le sol une fois le corps soulevé.

Marche.

L'étude de la marche, de la course à diverses allures, du saut, etc., comprend un grand nombre de problèmes dont les principaux sont de déterminer le mouvement des diverses parties du corps dans l'espace, la force déployée par les muscles et l'action exercée par les pieds contre le sol.

Pendant longtemps, conformément aux théories des frères Weber, on considérait que pendant la marche le corps reposait alternativement sur la jambe droite et la jambe gauche servant de point d'appui, la jambe mobile oscillant comme un pendule pour quitter le sol en arrière et se porter en avant. La jambe mobile était donc à proprement parler passive. Aujourd'hui, grâce surtout aux travaux de Marey, on sait qu'il n'en est rien, et qu'à chaque pas, la jambe qui va quitter le sol exerce une pression contre ce sol pour pousser le corps en avant.

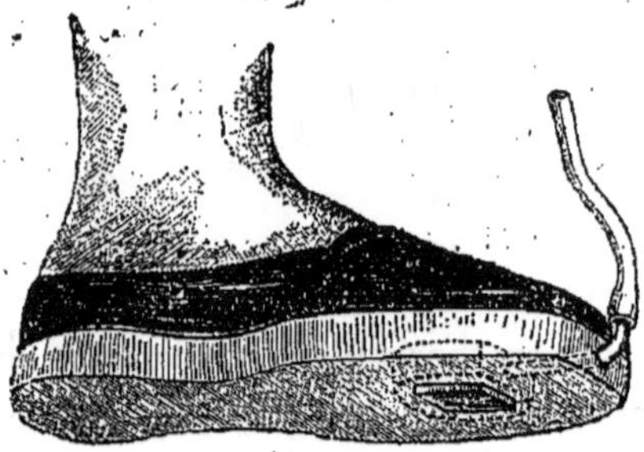

Fig. 110.

Pour montrer cela, Marey munissait le sujet soumis à l'expérience d'une chaussure exploratrice à semelle élastique contenant une petite chambre à air (fig. 110) pouvant être comprimée au moment de l'appui sur le sol. Cette petite chambre à air était mise en communication par un tube en caoutchouc avec un tambour à levier inscrivant, sur un cylindre enfumé, toutes les variations de compression et par suite toutes les variations de la force avec laquelle le pied pressait contre le sol. C'est ainsi que Marey put vérifier que la pression augmente à la fin de l'appui ; c'est-à-dire qu'avant de quitter le sol pour se porter en avant, le pied exerce

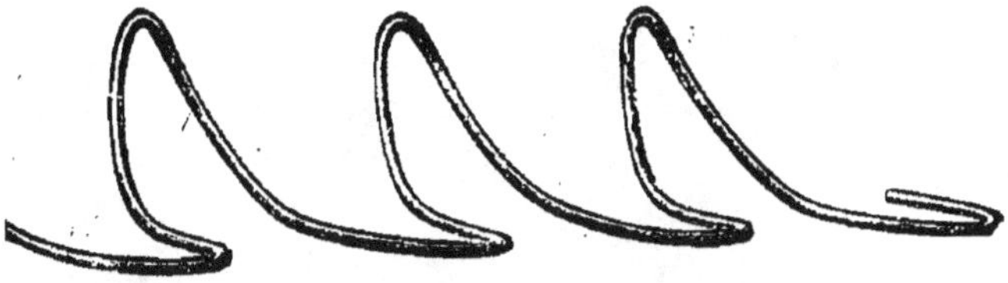

Fig. 111

contre lui une poussée plus énergique que dans le simple appui. Dans une série de travaux remarquables, W. Braune et O. Fischer ont commencé à étudier l'action des différents muscles aux divers temps de la marche, mais l'exposé de ces recherches réservées

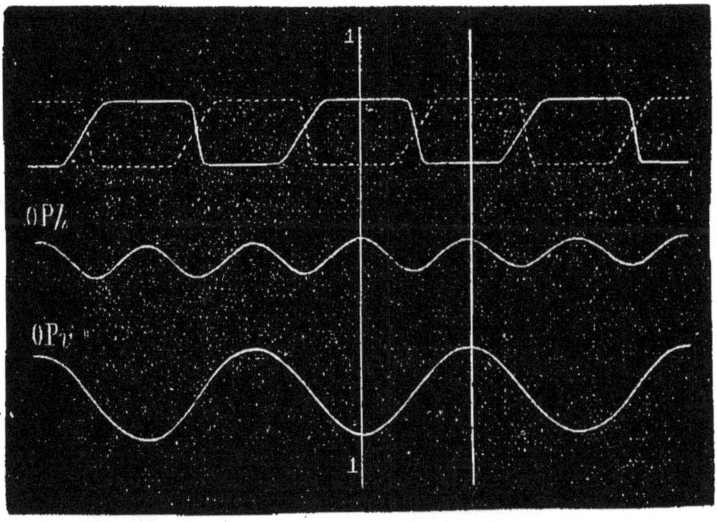

Fig. 112.

aux spécialistes nécessiterait, pour être compréhensible, de trop grands développements.

Pendant la marche, le centre de gravité subit une série d'oscillations qui se répètent périodiquement à chaque pas. Pour étudier graphiquement ces oscillations, ne pouvant opérer sur le centre de gravité qui se trouve à l'intérieur du corps, Marey détermina le mouvement du pubis. A cet effet le sujet marchait en se tenant à l'extrémité du bras d'un manège ; le pubis était relié à un système de tambours à levier qui en transmettaient les mouvements à un enregistreur placé au centre du manège. On reconnaît ainsi que le pubis oscille de haut en bas et de droite à gauche. L'ensemble de la courbe qu'il décrit peut être représenté (fig. 111)

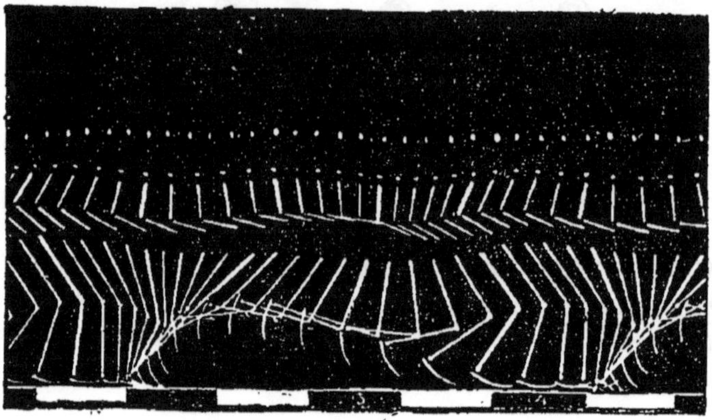

Fig. 113.

au moyen d'un fil de fer faisant une série de sinuosités à droite et à gauche d'une ligne moyenne appliquée au fond d'une rainure cylindrique à concavité supérieure. Au moment où le corps repose également sur les deux pieds, ce que l'on nomme le double appui,

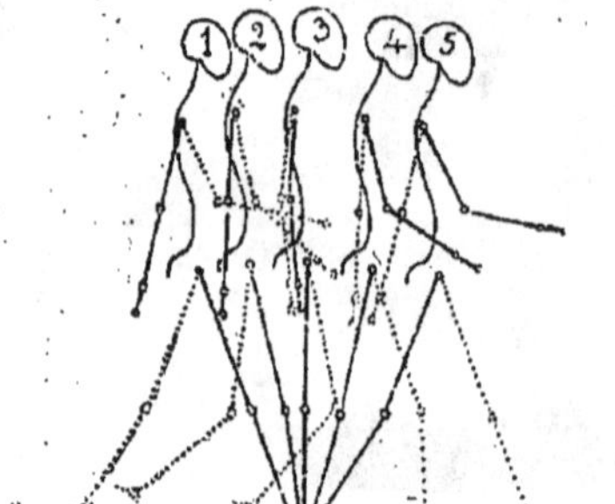

Fig. 114.

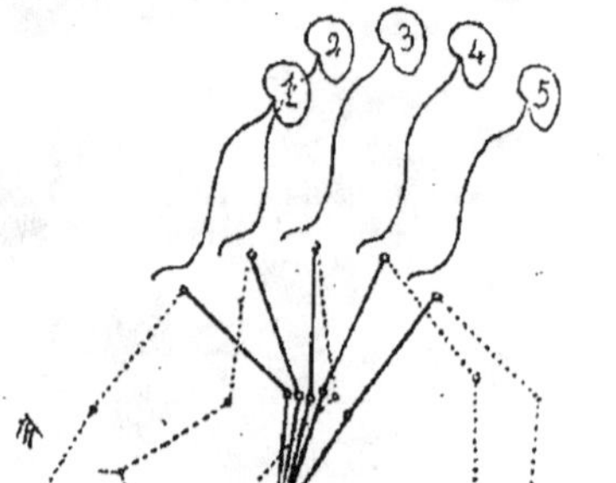

Fig. 115.

le centre de gravité est sur la ligne moyenne et le plus bas possible. Le pied arrière se soulevant pour se porter en avant, le centre de gravité, ou le pubis, s'élèvent et se déplacent latéralement du côté de l'appui, pour redescendre ensuite vers la ligne moyenne, et l'atteindre au moment du nouveau double appui. La figure 112 représente les oscillations horizontales et verticales du pubis dans ce mouvement, on voit que les premières sont en nombre double des secondes, ce que l'on comprend aisément en se reportant à la figure précédente.

Dans ces dernières années l'emploi de la méthode graphique

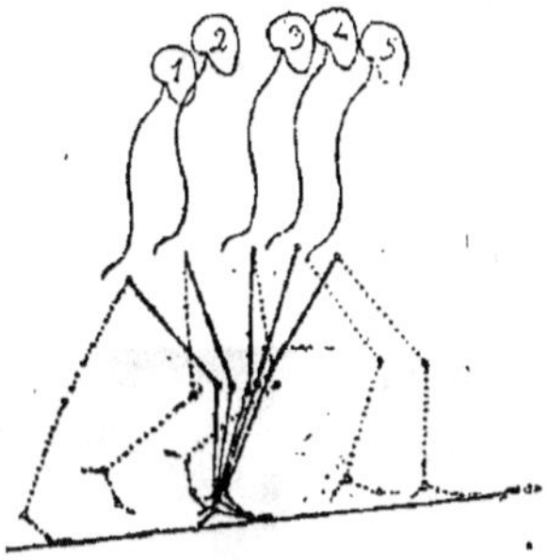

Fig. 116.

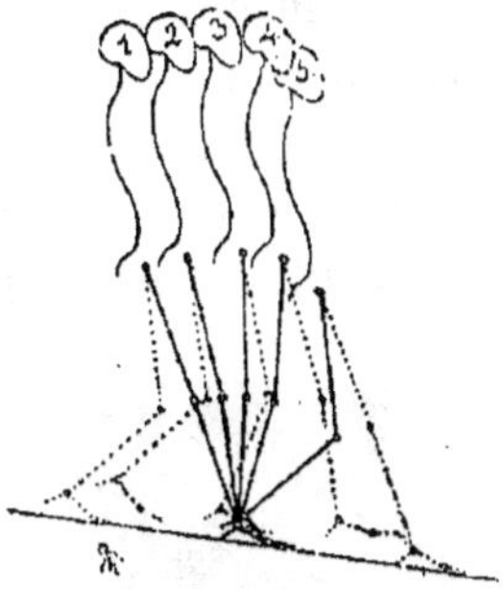

Fig. 117.

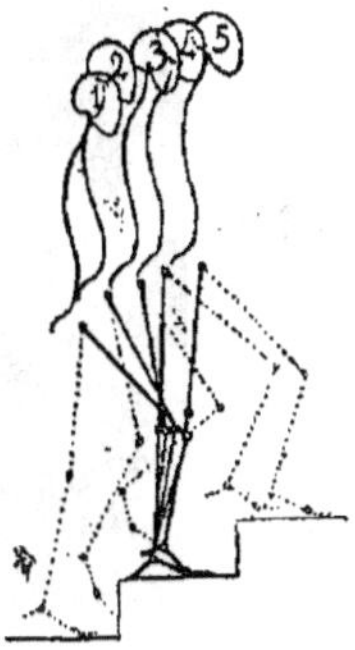

Fig. 118.

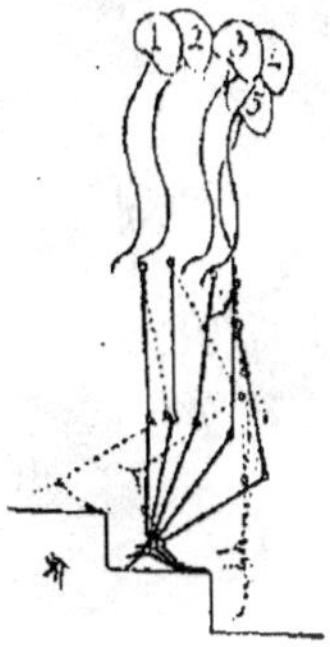

Fig. 119.

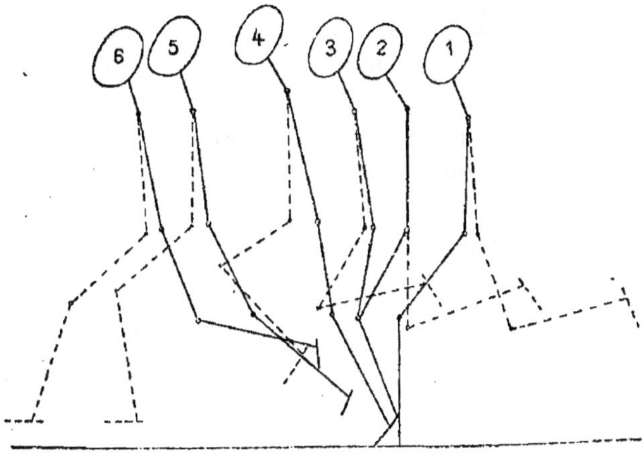

Fig. 120.

pour l'étude de la marche a été remplacé par la photographie instantanée en séries. Ces séries de photographies aux divers temps de la marche ou de la course peuvent se faire sur plaque fixe ou sur plaque mobile, comme il sera indiqué au chapitre relatif à la chronophotographie. Sur plaque fixe on obtient toute une série d'images sur la même plaque, on risque donc des superpositions plus ou moins considérables suivant le déplacement du sujet et le nombre des images. Afin d'éviter ces superpositions on place le sujet sur fond noir, on l'habille tout en noir, en ne marquant avec des lignes blanches que les points ou lignes dont

Fig. 121.

on désire fixer la position sur l'épreuve. On a alors une épreuve analogue à celle de la figure 113 où l'on peut suivre le mouvement des divers segments du corps. Dans les photographies sur plaque mobile on a au contraire les images complètement dissociées, chaque épreuve est à part, mais dans ce cas il faut avoir des repères sur chacune d'elles et faire un travail considérable de reconstitution pour avoir la loi du mouvement. Cette seconde méthode est surtout bonne pour étudier les attitudes et les mouvements des muscles aux divers temps de la locomotion.

Les figures 114, 115, 116, 117, 118, 119, 120, montrent comment les différents segments du corps se déplacent dans la marche à diverses allures et dans la course, ce sont des résultats de chronophotographies sur plaque fixe.

La figure 121 est un exemple de photographies dissociées sur lesquelles on peut bien voir le relief des muscles, leur forme et la véritable attitude des membres aux divers temps de la marche.

XI

PRINCIPES GÉNÉRAUX D'HYDROSTATIQUE ET D'HYDRODYNAMIQUE

Hydrostatique.

Fluides. — Les fluides se distinguent des solides en ce que leurs molécules n'occupent pas, les unes par rapport aux autres, une position fixe. Ces fluides sont les gaz et les liquides.

Les molécules des fluides étant parfaitement mobiles les unes par rapport aux autres, ces corps se moulent exactement sur la surface interne des vases qui les contiennent. Lorsqu'on place un gaz à l'intérieur d'un vase, il en occupe toute la capacité; ses molécules s'écartent les unes des autres en conséquence. Un liquide, au contraire, conserve un volume constant quel que soit le vase qui le contienne. Sa forme changera avec celle du récipient, mais ses molécules, tout en glissant les unes sur les autres, conserveront la même distance réciproque.

Pression. — Considérons un vase complètement rempli d'un fluide quelconque, que nous supposerons d'abord dénué de pesanteur. Ce fluide exerce sur les parois du vase une certaine pression, et si l'on venait à découper dans la paroi de ce vase une ouverture, le fluide s'échapperait par cette ouverture, à moins que la pression extérieure ne soit plus grande que la pression intérieure, auquel cas c'est l'inverse qui se passerait. Cette pression du fluide ne s'exerce pas seulement sur la paroi du vase; en un point quelconque du milieu, une petite surface idéale, ou, si on veut la matérialiser, la surface d'un petit morceau de papier tel que AD, subira une pression de la part du fluide.

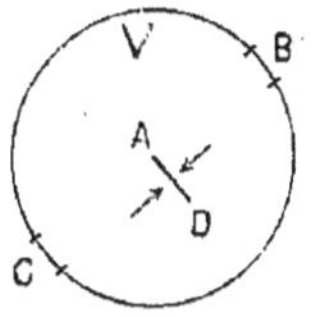

Fig. 122.

La propriété fondamentale des fluides, énoncée par Pascal, est que la pression se transmet intégralement. Cela veut dire que si en un point quelconque du fluide une surface donnée supporte une pression déterminée, en tout autre point la même surface supportera la même pression. Supposons, par exemple, que le vase V (fig. 122) contienne un fluide non pesant, et que en B un centimètre carré subisse, de la part du fluide, une pression de 1 kilogramme; on peut affirmer qu'en une région quelconque, C, de la paroi, un centimètre carré supportera également une pression de 1 kilogramme. Si au lieu de prendre une surface de paroi, on prenait 1 cm² en AD, il supporterait encore cette même pression de 1 kg. D'une façon générale, dans ce vase, 1 cm², quelles que soient sa position et son orientation, supporte une pression de 1 kg. Cette pression est normale à la surface.

Ce principe établi pour les fluides non pesants subsiste pour les fluides pesants, mais il s'y ajoute un autre effet.

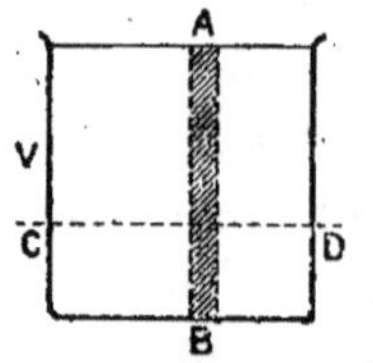

Fig. 123.

Considérons un vase V contenant un fluide pesant le remplissant complètement (fig. 123). Un centimètre carré de paroi A, à la partie supérieure du vase, sera soumis à la pression p qui se transmettra intégralement au centimètre carré placé en B. Mais, en plus, B supportera le poids de la colonne de fluide qui se trouve au-dessus de lui. Par conséquent, B supportera une pression d'autant plus grande, par rapport à celle que supporte A, que la hauteur AB sera elle-même plus grande.

Dans ce cas, la pression est encore normale à la surface.

Les petites surfaces A et B n'ont pas besoin d'être superposées pour que cette règle s'applique. En effet, toutes les petites surfaces égales à 1 cm², et se trouvant dans un même plan horizontal CD, supportent la même pression que 1 cm² en A, plus le poids d'une colonne de fluide ayant pour base 1 cm², et pour hauteur la distance verticale entre CD et A. Enfin, la pression sur 1 cm² est indépendante de l'orientation de ce centimètre.

Ainsi, 1 cm² placé en C supporte la même pression, qu'il soit horizontal, vertical ou oblique. Une surface telle que CD, où chaque centimètre supporte la même pression, s'appelle une surface de niveau.

Principe d'Archimède. — Lorsqu'un corps C (fig. 124) se trouve plongé dans un fluide, toute sa surface se trouve soumise à une certaine pression. Si le fluide est pesant, la pression sur chaque centimètre carré sera plus grande à la partie inférieure du corps qu'à la partie supérieure. Il en résultera que toutes les pressions qui tendront à élever le corps seront supérieures à celles qui tendront à l'abaisser. La résultante de l'ensemble de toutes ces pressions sera dirigée de bas en haut.

On démontre expérimentalement et théoriquement que cette résultante, ou poussée du fluide sur le corps, est égale au poids du fluide déplacé par le corps.

Il peut arriver :

1° Ou bien que le corps ait exactement le même poids que le volume de fluide qu'il déplace. Le corps restera alors en équilibre dans ce fluide, il ne montera ni ne descendra.

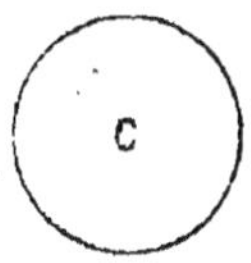

Fig. 124.

2° Ou bien que le corps ait un poids supérieur à celui du volume de fluide déplacé, et il tombera comme le font la plupart des corps dans l'air ou comme le fait une pierre dans l'eau.

3° Ou bien, enfin, que le corps ait un poids inférieur à celui du volume du fluide déplacé, la poussée sera supérieure à l'effet de l'attraction terrestre. Le corps s'élèvera comme un ballon dans l'air ou comme un bouchon dans l'eau.

Ce principe d'Archimède trouve son application dans un grand nombre de cas. En particulier lorsqu'on veut déterminer le volume d'un corps, il suffit de le suspendre sous le plateau d'une balance, et de faire l'équilibre. On plonge ensuite le corps dans l'eau (fig. 125); il en résulte une poussée de bas en haut. On rétablit l'équilibre en ajoutant des poids dans le plateau du côté du corps. Ces poids ajoutés donnent le poids d'eau déplacée par le corps et, par suite, son volume.

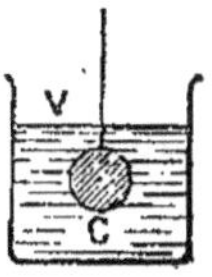

Fig. 125.

Lorsqu'un corps plongé dans un fluide, un liquide par exemple, subit ainsi une pression de bas en haut, inversement les parois du vase subissent une pression de haut en bas. Cela résulte du principe de Newton, sur l'action et la réaction. Supposons, par exemple, qu'un vase V (fig. 125) contienne de l'eau et un certain corps C. Ce corps C subit, comme nous l'avons dit, une poussée de bas en haut. Inversement les parois du vase subissent une poussée de haut en bas, égale au poids de l'eau contenue dans le vase, plus le poids d'eau qui occuperait le volume du corps.

Lorsqu'un corps C repose sur un plan, par exemple sur le fond d'un vase V, tout le poids du corps se transmet au plan par leur point de contact. Il peut arriver alors que sous cette pression le corps C se déforme et se détériore en ce point de contact. Si l'on remplit le vase d'eau par exemple, le corps subira une poussée de bas en haut et la pression qu'il exerce en son contact avec le plan sera diminuée d'autant; si sa densité n'est que très peu supérieure à celle du liquide dans lequel il est plongé, il flottera et ne subira plus qu'une faible pression directe en un de ses points par contact avec le vase qui le contient.

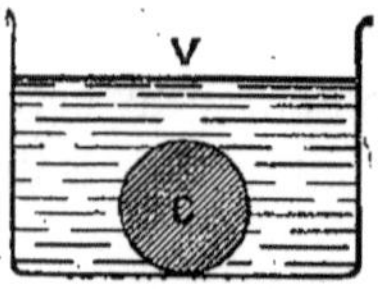

Fig. 126.

La pression du liquide sera répartie sur toute sa surface et ne causera aucune déformation sensible. C'est ainsi que certains organes délicats, comme le cerveau, sont soutenus et protégés, dans la boîte osseuse qui les renferme par le liquide interposé entre eux et la paroi. Ce liquide joue finalement le rôle d'un véritable matelas.

Hydrodynamique.

Considérons un liquide en mouvement.

La variation de pression d'un point à un autre ne suit plus la loi simple indiquée pour les liquides en équilibre.

De plus, la pression exercée par le liquide sur une paroi solide n'est plus normale à la paroi. Ceci n'aurait lieu que si les molécules liquides glissaient sur ces parois sans aucun frottement. En réalité, il n'en est pas ainsi; lorsqu'un liquide se déplace sur une paroi solide, il y a entre ces deux corps un frottement analogue à celui que nous avons étudié dans le mouvement de deux corps solides au contact; en nous reportant au frottement des solides, nous pouvons aisément concevoir que l'action exercée par le liquide mobile sur la paroi fixe n'est plus normale à cette paroi. La pression du liquide sur la paroi a une inclinaison variable suivant la grandeur du frottement; elle dépend de la vitesse du courant, de la nature liquide et de la paroi.

Un autre élément influe encore considérablement sur la transmission des pressions dans un liquide en mouvement : c'est ce que l'on appelle la viscosité du liquide, qui sera plus spécialement étudiée plus loin. Nous avons, en effet, supposé dans la définition des fluides que leurs molécules roulent les unes sur les autres sans éprouver aucune résistance. Mais cette définition correspond à un état idéal, à ce que l'on peut appeler un fluide parfait. Les liquides que nous connaissons sont loin de se trouver dans ce cas.

Ils possèdent tous ce que l'on appelle un frottement intérieur; et lorsque les molécules d'un pareil liquide sont en mouvement les unes par rapport aux autres, elles éprouvent dans leurs déplacements une résistance qui est cause d'une perturbation dans la transmission des pressions.

La différence de pression entre deux points d'un liquide, cause du mouvement de ce liquide, est ce que l'on appelle la charge. Considérons un tuyau d'écoulement d'eau. A l'une de ses extrémités la pression sera par exemple de trois atmosphères, à l'autre extrémité elle sera d'une atmosphère, si le tuyau débouche dans l'air. On dira que la charge entre les deux extrémités du tuyau est de deux atmosphères. C'est sous l'influence de cette charge que se produira l'écoulement.

Si l'on désire connaître la pression en un point d'un liquide, il suffit de placer en ce point l'extrémité inférieure d'un tube de verre ouvert aux deux bouts. Le liquide pénètre dans le tube et monte à une hauteur qui donne la pression au point considéré. Un pareil tube se nomme *tube piézométrique*.

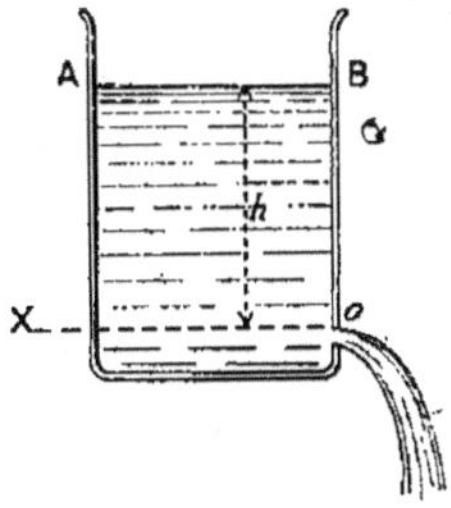

Fig. 127.

Quand un liquide s'écoule à travers l'orifice O d'un vase, les parois étant très minces au niveau de cet orifice, de façon à éviter le frottement des molécules liquides contre les parois solides, la vitesse à la sortie est donnée par la relation $V = \sqrt{2gh}$, h étant la hauteur du niveau au-dessus de l'orifice (fig. 127). Cela revient à dire que les molécules liquides ont la même vitesse que si elles tombaient en chute libre de la hauteur h.

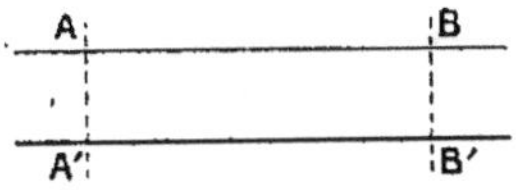

Fig. 128.

Si un liquide s'écoule à travers un tuyau cylindrique (fig. 128), il y a d'abord lieu de remarquer que la vitesse du liquide doit être la même en tous les points du parcours, car le liquide est pratiquement incompressible. Dans le même temps la même quantité doit passer à travers la surface AA′ et à travers la surface BB′. Ces deux surfaces étant égales, la vitesse y est la même. Si, au contraire, le tuyau est de section (fig. 129) brusquement ou graduellement variable, la même quantité de liquide doit encore passer à travers AA′ et BB′, mais évidemment dans ce cas la vitesse est d'autant plus faible que la surface de section à traverser est plus grande.

Voyons maintenant ce qui ce passe pour les pressions. Dans un tuyau cylindrique de section uniforme (fig. 130) le liquide coule des parties à plus haute pression A, vers les parties à basse pression B. L'expérience prouve qu'entre ces deux points la baisse de pression se répartit uniformément, c'est-à-dire que les niveaux dans les tubes piézométriques se trouveraient tous sur une ligne droite comme l'indique la figure. Si, à partir d'un certain point, la section du tube venait à diminuer (fig. 131), on verrait la chute de pression se faire plus rapidement dans la partie étroite du tube que dans la partie large. Si, au contraire (fig. 132), le calibre du tube augmentait, la chute de pression deviendrait plus lente. Si enfin en une région B d'un tube, pour une raison quelconque, il se produisait une augmentation de résistance (fig. 133), aussitôt cette augmentation se traduirait par cette chute de pression après laquelle la diminution de hauteur des niveaux piézométriques reprendrait la même allure qu'avant, si le tube a même calibre. La quantité de liquide débité

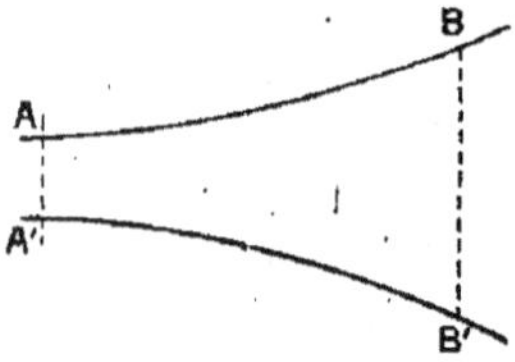

Fig. 129.

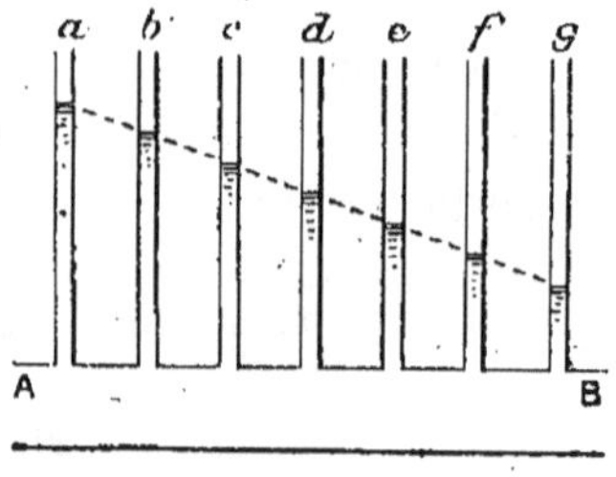

Fig. 130.

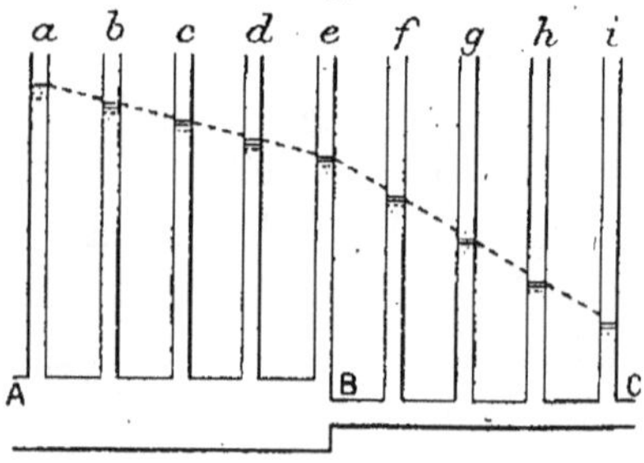

Fig. 131.

par un tuyau varie suivant sa section, sa longueur, la nature de ses parois et la pression. La loi qui régit ce débit est assez compliquée ; il nous suffira de dire que la quantité de liquide qui s'écoule, dans le même temps, à travers un même tuyau, est proportionnelle à la racine carrée de la différence de pression qui s'exerce à ses deux extrémités, autrement dit pour doubler l'écoulement il faut quadrupler la pression.

Ceci ne s'applique qu'aux tuyaux à grand diamètre ; la loi d'écoulement des liquides dans les conduits capillaires est totalement différente de la précédente. Nous devons à Poiseuille une étude très complète de cette question. Il fit voir que dans un même tube capillaire la quantité de liquide écoulé est proportionnelle à la pression et non à la racine carrée de la pression, comme pour les tubes larges.

Puis il montra que le débit sous une même pression est en raison inverse de la longueur du tube. Il faut, pour que cette loi se vérifie, que la longueur ne tombe pas au-dessous d'une certaine limite, variable avec le diamètre du tube. Ainsi, pour un diamètre de 0 mm. 1, il suffit de quelques millimètres de lon-

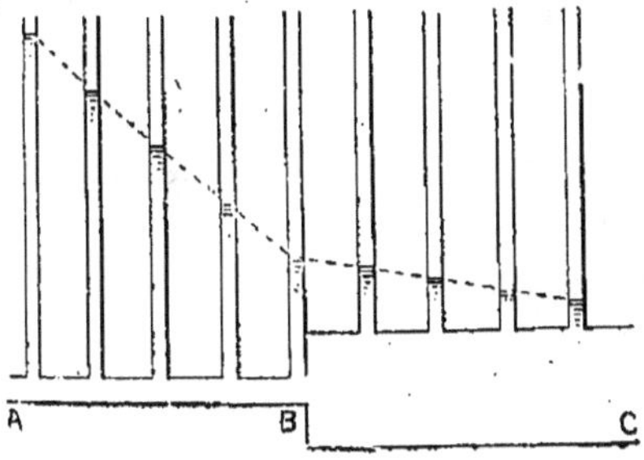

Fig. 132.

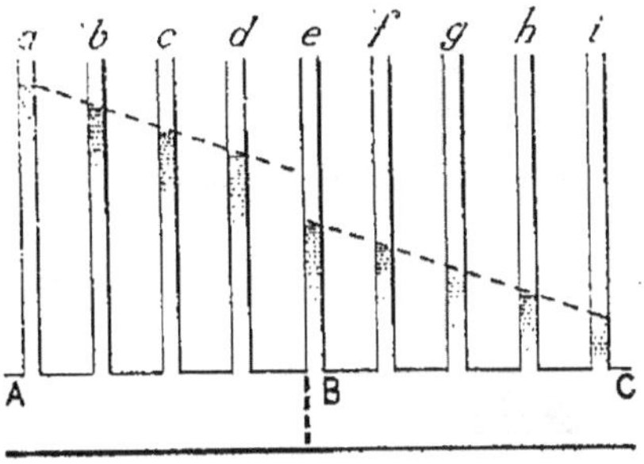

Fig. 133.

gueur; pour 0 mm. 5 de diamètre, il faut au moins 150 mm. de longueur.

Enfin, dans les mêmes conditions, le débit augmente avec la quatrième puissance des diamètres. C'est-à-dire que si le diamètre double il s'écoule 16 fois plus de liquide, s'il triple il s'en écoule 81 fois plus.

On peut donc exprimer la loi d'écoulement dans les tubes capillaires par la formule :

$$Q = K \frac{PD^4}{L},$$

K étant un coefficient qui dépend de la nature du liquide et de la température.

Poiseuille a démontré aussi qu'il existe au voisinage de la paroi des tubes capillaires une couche liquide immobile. Duclaux, par une série d'expériences ingénieuses, a vérifié l'existence de cette couche et a pu la mesurer pour un certain nombre de liquides. Il en résulte que lorsqu'un liquide s'écoule dans un tube capillaire, il se déplace sur un corps de même nature que lui-même. La résistance qu'il éprouve tient donc à ce que nous avons appelé le frottement intérieur du liquide ou à la viscosité, et l'écoulement des divers liquides dans les tubes capillaires permet, comme on le verra plus loin, de mesurer cette viscosité.

Canalisation ramifiée. — Lorsque au lieu d'un tuyau unique on a une canalisation ramifiée, tous les problèmes relatifs à l'écoulement des liquides se compliquent beaucoup.

Il est impossible de donner des règles générales; dans chaque cas il faut étudier par tronçons ce qui se passe entre deux embranchements.

Régime non permanent. — Dans tout ce qui précède, nous avons supposé que le régime permanent était établi, c'est-à-dire qu'en un point quelconque le liquide conservait toujours la même vitesse.

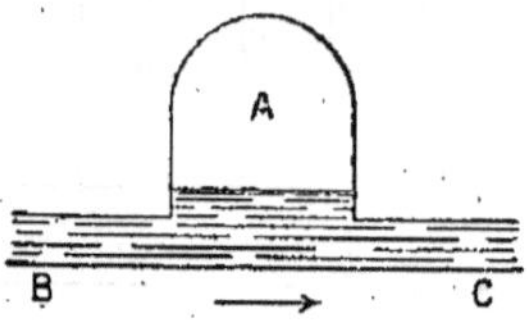

Fig. 131.

Souvent il n'en est pas ainsi. Cela arrivera, par exemple, quand au lieu de laisser l'eau d'un bassin à niveau constant s'écouler librement dans une conduite, ce liquide sera chassé dans les tuyaux par une pompe. Dans bien des cas l'effet de cette pompe ne sera pas de lancer un courant continu, mais de produire une série d'ondes. A l'origine de la conduite, la vitesse de l'eau, d'abord nulle, ira croissant jusqu'à un maximum, puis retombera à zéro, pour repasser périodiquement par les mêmes états.

Ces conditions sont encore mal étudiées, mais l'on sait qu'il se produit dans ce cas de grandes pertes de charge. Pour réduire ces pertes de charge, il faut donner aux conduites une certaine élasticité. On peut, pour arriver à ce résultat, ou bien se servir de conduites à paroi élastique, ou bien placer à l'origine de ces conduites un amortisseur à air. Supposons, par exemple, que sur une conduite BC (fig. 134) parcourue par un courant variable de gauche à droite, on place une cloche A contenant de l'air, cela n'empêche pas le liquide de passer. A chaque augmentation de pression venant par B, l'air A sera comprimé, il ne se produira pas d'onde brusque du côté de C. Le liquide ne s'écoulera que peu à peu vers la droite, et, malgré les variations de pression venant par B, le courant sera sensiblement continu en C. On peut rendre cette continuité aussi grande qu'on le désirera en prenant A assez grand. Dans ces conditions, les pertes de charge de la conduite sont beaucoup diminuées, et l'on constate que la même pompe donne un débit plus grand. Lorsque dans le cas d'un courant intermittent il n'y a pas à l'origine de cette conduite de réservoir élastique, l'atténuation des oscillations peut être atteinte par l'élasticité des parois des tuyaux, ainsi qu'on l'a vu à propos de l'élasticité. On verra l'intérêt de ces faits, à propos de l'étude de la circulation du sang.

Travail nécessaire pour produire un écoulement déterminé. — Considérons une conduite AB, A étant l'ouverture par laquelle l'eau entre dans la conduite sous une pression P, v étant la vitesse d'écoulement.

Tout se passe comme si en A il y avait un piston de section exactement égale à celle du tuyau et s'avançant avec une vitesse v. Quelle est la quantité de travail dépensée pour faire avancer le piston? La pression par unité de surface étant p, la pression totale sur le piston pS, S étant la surface de ce piston. Comme en une seconde il parcourt un chemin v, le travail dépensé est pSv. Mais Sv est la quantité Q d'eau débitée par seconde; donc le travail est représenté par pQ.

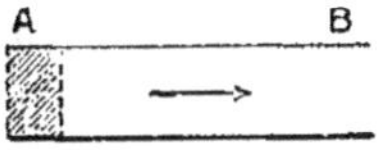

Fig. 135.

C'est-à-dire que le travail nécessaire pour chasser un liquide dans une conduite est égal au produit de la quantité de liquide débitée par la pression à l'origine de la conduite.

XII

CIRCULATION

Révolution cardiaque.

Tous les vertébrés, sauf l'amphioxus, ont un cœur. Chez les vertébrés inférieurs, il ne se compose que d'une oreillette et d'un ventricule; puis on voit d'abord l'oreillette se diviser, plus tard le ventricule. Chez les oiseaux et les mammifères il y a une séparation complète en ce que l'on nomme le cœur droit, contenant le sang veineux et composé d'une oreillette et d'un ventricule, et le cœur gauche, contenant le sang artériel et composé aussi d'une oreillette et d'un ventricule.

Dans les deux cœurs le sang afflue par les veines et est chassé par les artères. Sauf des cas exceptionnels les deux oreillettes se contractent simultanément donnant la systole auriculaire, puis les deux ventricules se contractent également simultanément donnant la systole ventriculaire.

Si l'on observe ce qui se passe pendant une révolution du cœur, c'est-à-dire entre deux retours au même état, on constate d'abord une période de repos complet, le cœur est en diastole, les oreillettes se remplissent de sang. A un moment donné les oreillettes chassent une partie de leur contenu dans les ventricules à travers les orifices auriculo-ventriculaires; très rapidement après cette systole auriculaire, se produit la systole ventriculaire chassant le sang dans l'aorte et l'artère pulmonaire. Des valvules placées aux orifices auriculo-ventriculaires, valvule mitrale à gauche et tricuspide à droite, empêchent pendant ce temps le sang de refluer dans les ventricules pendant la diastole par suite des valvules aortiques et pulmonaires.

Le cœur fonctionne comme une pompe munie de soupapes pour puiser le sang dans les veines et le refouler dans les artères.

La fréquence des battements est très variable suivant les espèces animales, nous verrons à propos de la chaleur que, chez les mammifères, cette fréquence est étroitement liée à la grandeur des animaux.

Chez un même animal diverses conditions peuvent aussi faire varier cette fréquence, le travail musculaire, la température, la pression, d'autres facteurs parfois difficiles à préciser. Dans des conditions en apparence identiques, il y a des variations individuelles notables pour une même espèce. Ainsi, chez l'homme sain, on a vu la fréquence par minute tomber à 20 et monter à 120, les chiffres moyens sont 70 pour l'homme et 80 pour la femme. Chez les jeunes enfants elle peut s'élever normalement jusqu'à 100.

Pendant une révolution du cœur la durée des systoles reste sensiblement constante d'un individu à l'autre. On peut prendre comme chiffres simples faciles à retenir : 0",5 pour le grand repos, 0",1, pour la systole auriculaire, 0",1 pour le petit repos et 0"3 pour la systole ventriculaire. Ceci donnerait 60 battements par minute, les variations portent surtout sur le grand repos.

La révolution cardiaque se manifeste extérieurement par les bruits du cœur et le choc du cœur.

Le premier bruit, sourd, correspond à la systole ventriculaire. Le deuxième bruit, bref et plus clair, à la fin de cette systole.

Le deuxième bruit est dû au claquement des valvules aortiques et pulmonaires, il est généralement unique, ces deux groupes de valvules fonctionnant presque simultanément; cependant, chez un certain nombre de personnes, il y a un dédoublement net de ce second bruit, et il est facile de se rendre compte des causes de ce phénomène. La pression sanguine est moindre dans l'artère pulmonaire que dans l'aorte, les valvules sigmoïdes, à la fin de la systole, au moment où le sang tend à refluer des artères dans le cœur, sont soumises à une action moindre dans l'artère pulmonaire que dans l'aorte et par suite se ferment plus lentement. En général cette différence est trop faible pour être perçue; mais, comme nous l'avons dit, sur certains individus elle est suffisante pour donner lieu au dédoublement. Remarquons d'ailleurs qu'au moment de l'inspiration le poumon se dilate, la pression de l'air est abaissée dans ce poumon et il y a un appel de sang dans ses vaisseaux, ce qui produit encore un abaissement de pression dans l'artère pulmonaire. Pour cette raison le dédoublement du second bruit est plus net à la fin de l'inspiration, surtout quand on fait une inspiration forcée. Dans certains cas pathologiques il peut arriver que la pression devienne plus grande dans l'artère pulmonaire que dans l'aorte, c'est ce qui a lieu dans le rétrécissement mitral où, par suite de la résistance que le sang rencontre au passage de l'orifice auriculo-ventriculaire gauche, il y a augmentation de pression dans les veines et l'artère pulmonaire, et diminution dans l'aorte. Il y a alors encore dédoublement du second bruit, mais les valvules pulmonaires claquent avant les valvules aortiques.

Le premier bruit est complexe, c'est un bruit musculaire accompagné de celui que produit la fermeture des valvules auriculo-ventriculaires et dû aussi, en partie, à des mouvements de liquide.

Le choc du cœur se produit dans le cinquième espace intercostal gauche, rarement dans le quatrième. Il concorde avec la systole ventriculaire, et est dû aux changements de forme et de position du cœur. Ces changements occasionnent une variation de la pression du cœur contre la paroi thoracique qui se traduit au dehors. Nous reviendrons plus en détail sur ce choc du cœur, un peu plus loin.

Étude de la pression dans le cœur.

Pendant toute la durée d'une révolution cardiaque, il y a dans les diverses cavités du cœur des variations de pression correspondant aux différentes phases. L'étude de ces variations de pression est des plus importantes, car ce sont elles qui règlent la circulation du sang dans les vaisseaux. Chauveau et Marey les premiers les ont étudiées méthodiquement chez le cheval. Pour cela ils se servaient de sondes cardiaques. Une sonde cardiaque simple se compose essentiellement d'un tube métallique *t*, portant à une de ses extrémités une ampoule élastique *a*. L'autre extrémité est reliée au moyen d'un tube en caoutchouc à un tambour de Marey; tout l'appareil est plein d'air. On peut introduire la sonde dans le ventricule gauche en passant par la carotide. Dès lors, l'ampoule *a* sera soumise à toutes les variations de pression qui se produiront dans le ventricule, et les variations de volume de cette ampoule pourront être enregistrées au moyen du style *s* appuyé contre un cylindre tournant.

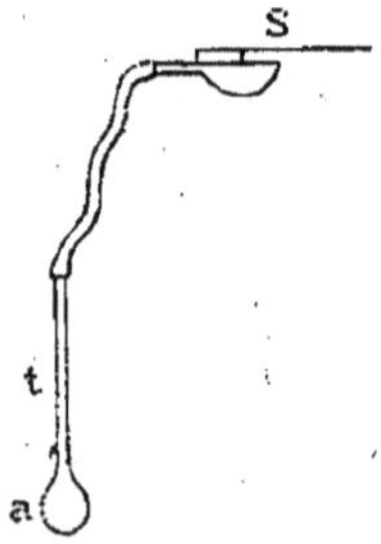

Fig. 136.

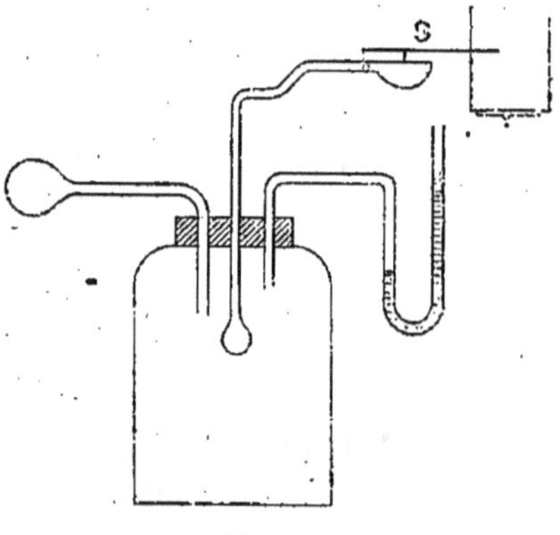

Fig. 137.

Une fois la courbe tracée, pour connaître la pression réelle sur *a* qui a produit un déplacement donné du style *s*, il faut graduer l'appareil. On introduit, à cet effet, l'ampoule dans un flacon bien bouché par un bouchon à trois trous; l'un donne passage à la sonde, le second à un manomètre, le troisième à un appareil de compression, une seringue ou une poire. On établit alors successivement dans le flacon des pressions de 1, 2, 3,... cm. de mercure, on enregistre les déviations correspondantes du style, et on a ainsi une échelle permettant d'étudier toutes les courbes de pression obtenues au moyen de la sonde que l'on vient de graduer.

Il est imposible de pénétrer d'une façon analogue dans l'oreillette gauche; il faudrait en effet y arriver par les veines pulmonaires.

Pour le cœur droit Chauveau et Marey ont fait des sondes doubles (fig. 138). Deux tubes concentriques sont en communication l'un avec l'ampoule supérieure, l'autre avec l'ampoule inférieure. On pénètre par la veine jugulaire, on arrive dans l'oreillette droite et de là on passe dans le ventricule par l'orifice auriculo-ventriculaire. La distance des deux ampoules est réglée de telle sorte que la première étant dans le ventricule la seconde reste dans l'oreillette. La suite des opérations se fait comme pour une sonde simple.

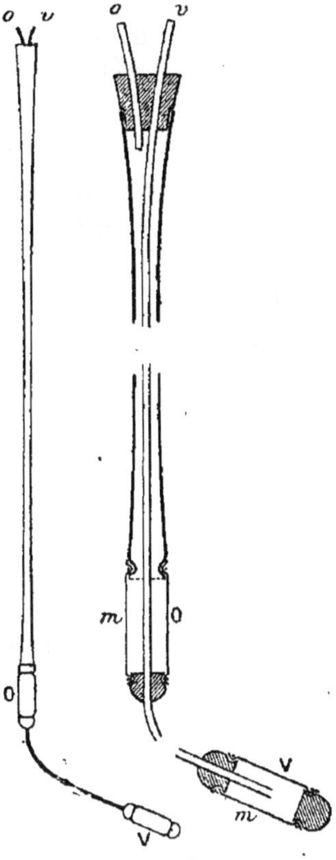

Fig. 138.

Si l'on désire avoir la pression dans l'aorte au-dessus des valvules sigmoïdes, on peut, au moyen de la sonde simple, l'obtenir en retirant cette sonde d'une certaine quantité, de façon à passer au-dessus des valvules.

Un autre procédé consiste à introduire dans la cavité à explorer une extrémité d'un tube ouvert aux deux bouts, l'autre extrémité est reliée à un manomètre enregistreur auquel la pression se trans met. Dans ces conditions tout l'espace compris entre le manomètre et la cavité à explorer doit être rempli de liquide, la présence de l'air soumis à des variations de pression donnerait lieu à des oscillations qui fausseraient les indications de l'appareil. L'emploi du manomètre à mercure n'est pas à recommander pour ce genre de recherches; par suite de l'inertie énorme de ce liquide, les indications de cet instrument sont considérablement altérées aussitôt qu'il est en régime variable. Aussi a-t-on imaginé de nombreux dispositifs pour le remplacer.

En réalité on ne met pas la cavité où l'on veut étudier la pression en communication directe avec un tambour de Marey, car cette pression étant généralement trop forte la membrane du tambour serait rompue. On évite cet accident au moyen du sphygmoscope de Chauveau. Cet instrument donne de très bons résultats, il a l'avantage d'être facile à construire, malheureusement il faut le graduer très fréquemment, sinon après chaque expérience. Il se compose essentiellement d'un doigt de gant en caoutchouc (fig. 139) dont on coiffe un bouchon perforé muni d'un tube en verre comme l'indique la figure. C'est par ce tube en verre que l'on reliera l'appareil soigneusement rempli de liquide à la sonde manométrique. Lors des variations de pression le doigt de gant subira des changements de volume ; pour les enregistrer on enfonce le bouchon coiffé de son doigt de gant dans un tube en

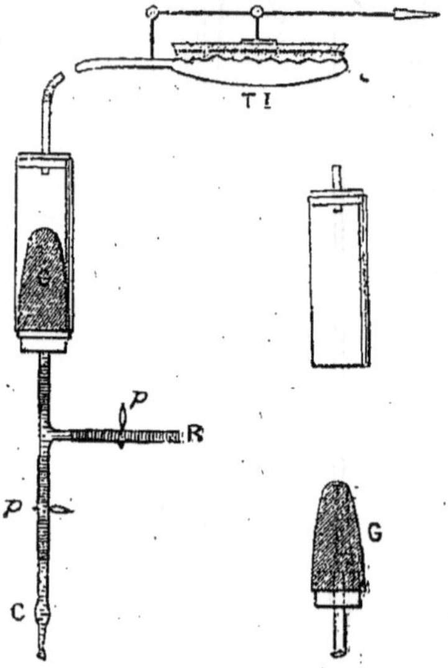

Fig. 139.

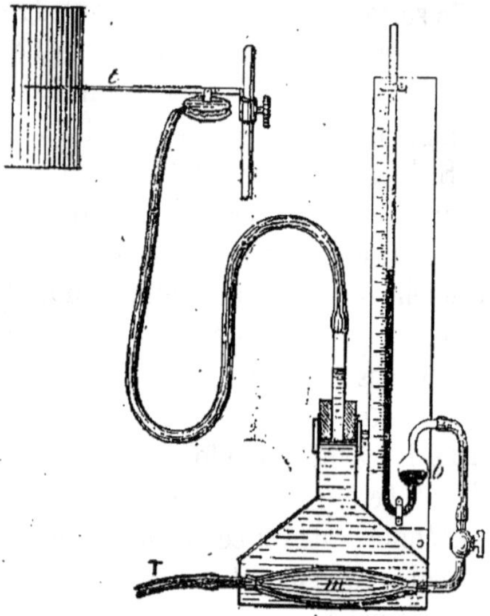

Fig. 140.

verre dont l'autre extrémité est munie d'un bouchon à travers lequel passe un petit tube de verre, relié par un tube de caoutchouc à un tambour de Marey. Il est aisé de se rendre compte, d'après la figure, de la façon dont l'instrument fonctionne. Il suffit de graduer l'appareil comme on l'a fait pour les sondes de Chauveau et Marey.

Marey a construit un appareil basé sur l'emploi des capsules du baromètre anéroïde. Le sang communique avec l'intérieur de cette capsule (fig. 140) placée dans un flacon clos, contenant du liquide jusqu'à une certaine hauteur. L'air qui se trouve au-dessus de ce liquide est en communication avec un tambour de Marey enregistreur. L'appareil est en outre muni d'un manomètre à mercure que l'on peut isoler et qui permet un étalonnage facile. Pour cela on met le tube T en communication avec un réservoir où l'on fera varier la pression, une simple seringue suffira. On ouvrira le robinet d'accès du manomètre et on lira les pressions correspondant aux diverses excursions du style enregistreur. Quand on veut prendre un tracé, on ferme le robinet pour éviter que les oscillations de la colonne de mercure n'agissent sur la capsule manométrique.

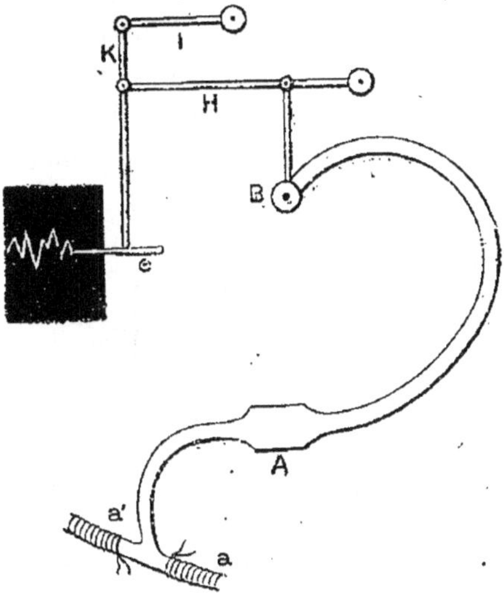

Fig. 141.

Fick a employé deux dispositifs différents. L'un (fig. 141) est en somme un tube de manomètre Bourdon, à l'intérieur duquel on fait arriver le liquide dont on veut étudier la pression, et dont les mouvements amplifiés s'inscrivent par un système de levier indiqué sur la figure. Pour l'autre, le liquide arrive dans une très petite cavité *b* (fig. 142) et refoule plus ou moins une membrane en caoutchouc *c* portant

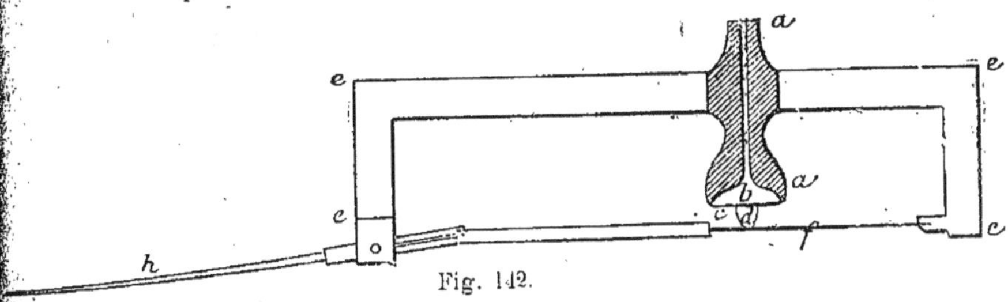

Fig. 142.

un bouton d'ivoire *d*. Ce bouton bute contre un ressort *f* dont les flexions sont enregistrées par le levier *h*.

De nombreux appareils ont encore été imaginés par divers auteurs, ce sont des modifications de ceux qui viennent d'être décrits.

Voyons maintenant quels sont les résultats obtenus.

La figure 143 est une représentation schématique des variations de pression dans les cavités du cœur, toutefois la pression dans les oreillettes a été exagérée afin de rendre le tracé plus net. On a indiqué aussi les moments des mouvements valvulaires et les bruits du cœur. On voit que les ventricules se contractent simultanément, et qu'entre leur systole et celle des oreillettes il y a un certain intervalle. Cet intervalle est très variable, il a même échappé à certain auteurs, mais M. Chauveau en a établi l'existence. La systole auriculaire est suivie à un certain intervalle d'une aspiration qui serait principalement due à un abaissement du plancher des oreillettes. De même la stystole des ventricules est accompagnée d'une chute analogue de la pression. On voit

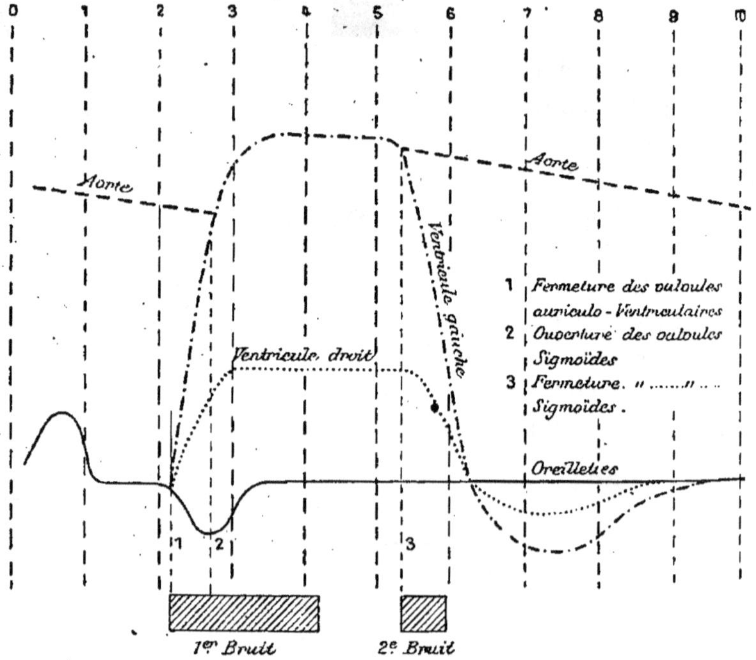

Fig. 143.

que le maximum de pression dans le ventricule gauche est bien supérieur à celui du ventricule droit. La pression dans l'aorte ne tombe jamais très bas; au moment où la tension s'étant élevée dans le ventricule gauche les valvules sigmoïdes s'ouvrent, il y a une lancée de sang qui fait croître la pression dans l'aorte et les grands vaisseaux voisins. L'ensemble élastique de ces vaisseaux joue le même rôle que le ballon placé sur les tubes des pulvérisateurs; ils se dilatent, et après la clôture des valvules sigmoïdes, la pression ne baisse que lentement jusqu'à une contraction nouvelle.

Voici, non pas les chiffres absolus des pressions que l'on observe, mais des valeurs approximatives et relatives. Chauveau et Marey ont trouvé chez le cheval :

Oreillette droite.	2,5 mm. de mercure.	
Ventricule droit	24	—
— gauche	128	—

de Jäger chez le chien de grande taille :

Ventricule gauche	191
Aorte.	177

Goltz et Gaule chez le chien de grande taille :

Ventricule droit	53
Aorte.	130

Il est beaucoup plus facile de prendre des tracés de la pression dans les gros vaisseaux que dans le cœur ; on fait généralement l'expérience sur la carotide ou sur la fémorale. Pour cela on commence par lier le vaisseau; puis on introduit dans le bout central une canule à trois branches *c*. Une des autres branches est munie d'un caoutchouc sur lequel on met une pince *p*. La troisième est reliée, par un caoutchouc pincé en *m*, à l'appareil enregistreur qui, dans le cas de la figure, est un manomètre à mercure (fig. 144).

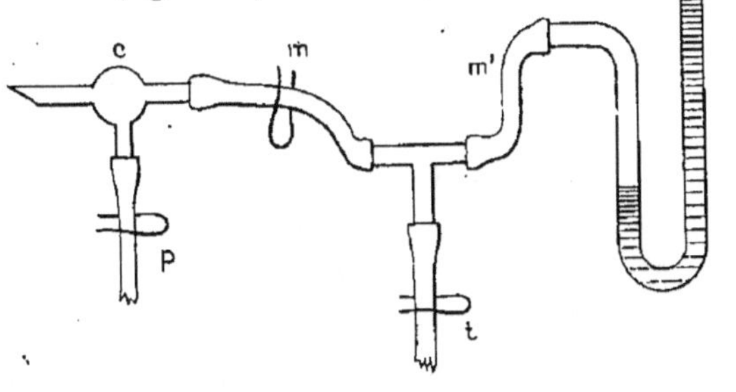

Fig. 144.

Avant de mettre la canule sur la carotide, on a rempli tous les tubes en caoutchouc et la canule d'une solution concentrée de sulfate de soude pour retarder les coagulations. Une fois la canule *c* placée, on introduit en *t* la pointe d'une seringue chargée de la même solution, et l'on pousse sur le piston jusqu'à ce que le manomètre indique approximativement la pression supposée du sang, on ferme la pince *t* et on ouvre *m*. Aussitôt on voit le mercure osciller, et si la branche libre est munie d'un flotteur, on peut enregistrer sur un cylindre tournant toutes les variations de pression (fig. 145). S'il se fait une coagulation de sang, on porte la pince *m* en *m'*, on serre provisoirement l'artère avec les doigts, et ouvrant *p* et *t* on fait une chasse de sulfate de soude par *t*; elle sort par *p* entraînant

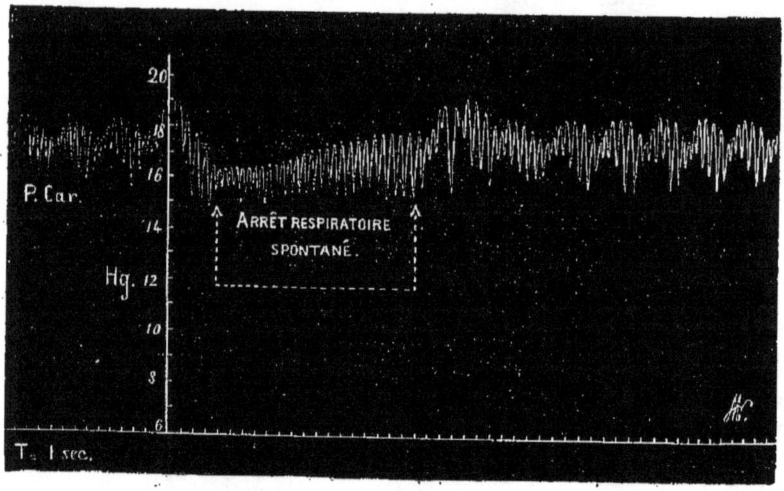

Fig. 145.

les caillots. Puis on ferme de nouveau *p* et *t*, et on ouvre *m'*.

Souvent on arrive par un semblable lavage à se débarrasser complètement des caillots et à pouvoir continuer le tracé.

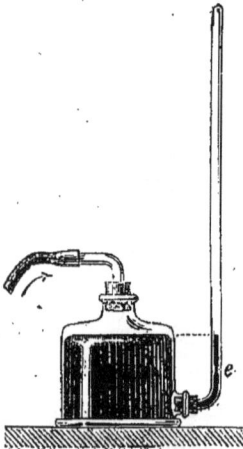

Fig. 146.

Dans cette expérience l'inertie du mercure a moins d'influence que dans les recherches sur le cœur, parce que les variations de pression et par suite les oscillations sont beaucoup plus limitées.

L'appareil indicateur varie du reste, quoique le dispositif indiqué ci-dessus, dû à Ludwig, soit le plus courant. Hales, qui fit les premières recherches de ce genre, mettait simplement l'artère en communication avec un tube vertical dans lequel le sang montait, il en résultait une véritable hémorragie. C'est Poiseuille qui lui substitua le manomètre à mercure, et Ludwig qui le rendit enregistreur. On peut aussi se servir d'un manomètre élastique.

Dans le cas où l'on se contente d'étudier la pression moyenne, on fait usage du manomètre de Marey, dans le tube duquel il y a un étranglement *e* créant au passage du sang une résistance telle qu'il en résulte un amortissement des oscillations. Il s'établit alors un niveau moyen (fig. 146).

Il serait très important, tant au point de vue de la physiologie

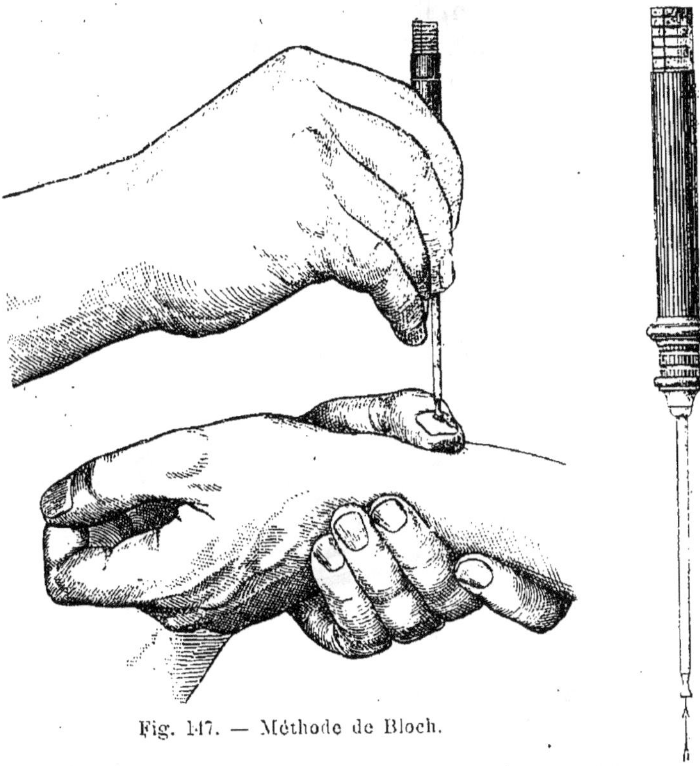

Fig. 147. — Méthode de Bloch.

que de la pathologie, de pouvoir déterminer la pression sanguine chez l'homme, sans, bien entendu, produire aucune lésion. L'idéal serait de déterminer toutes les variations de la pression sanguine dans une artère, comme on le fait sur les animaux dans le laboratoire, mais cela paraît impossible. Jusqu'à présent les appareils imaginés n'ont pour but que de mesurer soit la pression maxima seule, soit les limites entre lesquelles oscille la pression.

Méthode de Bloch. — Bloch a proposé un procédé fort simple pour évaluer approximativement la pression maxima dans la radiale. Il consiste à saisir le poignet du sujet, les quatre doigts en dessous et le pouce en dessus appliqué sur la radiale, à l'endroit où l'on tâte le pouls. A l'aide d'une tige agissant sur un ressort à boudin renfermée dans un étui, on exerce une pression sur l'ongle du pouce jusqu'à ce que l'ondée sanguine cesse de passer (fig. 147). A ce moment on lit sur une graduation la grandeur de la compression exercée.

Remarquons que le pouce ne doit par lui-même ni aider ni entraver la compression, il doit rester absolument libre ; il y a là une première petite difficulté, mais à laquelle on peut s'habituer.

Une autre cause d'erreur résulte de l'appréciation du moment où l'ondée sanguine cesse de passer sous la pulpe du pouce, mais

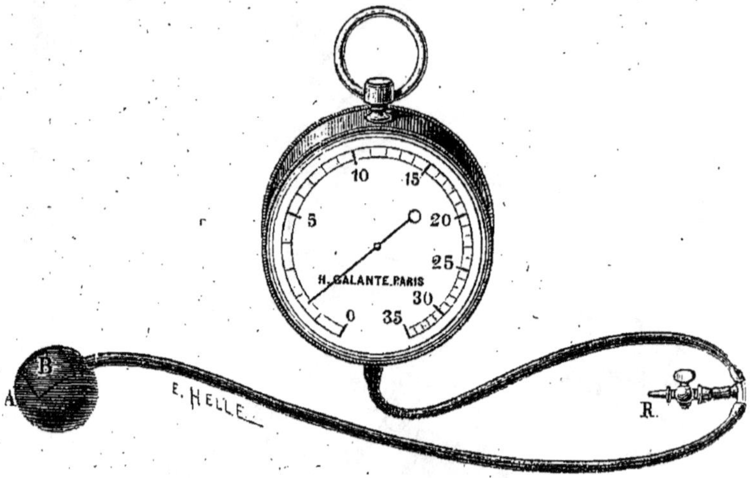

Fig. 148.

vient seulement battre contre elle. Enfin il est évident que pour une même force totale lue sur la graduation, la compression de l'artère est différente suivant que le pouce de l'opérateur est en contact avec le poignet du sujet par une surface plus ou moins considérable. Je n'insiste pas sur d'autres causes d'erreur.

Il ne faut pas demander à cet instrument plus que l'indication approximative, entre les mains d'un même opérateur, d'une pression anormalement haute ou basse. Dans ces conditions, comme il est très portatif, il peut rendre service.

Méthode de Basch-Potain. — Ce procédé a été imaginé par von Basch et perfectionné par Potain. On comprime la radiale au moyen d'une petite pelote en caoutchouc remplie d'air et reliée à un manomètre métallique (fig. 148). En tâtant l'artère en aval du point comprimé on vérifie que le pouls cesse de battre ; à ce moment on lit la pression du manomètre que l'on considère comme représentant la pression artérielle. Tant que la pression extérieure à l'artère est inférieure à celle du sang, il est en effet évident que celui-ci peut s'écouler ; il peut forcer le passage, ce qui lui devient impossible au moment où le vaisseau s'oblitère par une compression extérieure supérieure à la pression intérieure. Ce raisonnement suppose qu'il n'y ait aucune résistance passive interposée entre le sang et l'air contenu dans la pelote.

Evidemment cela n'est pas rigoureusement exact ; la paroi de

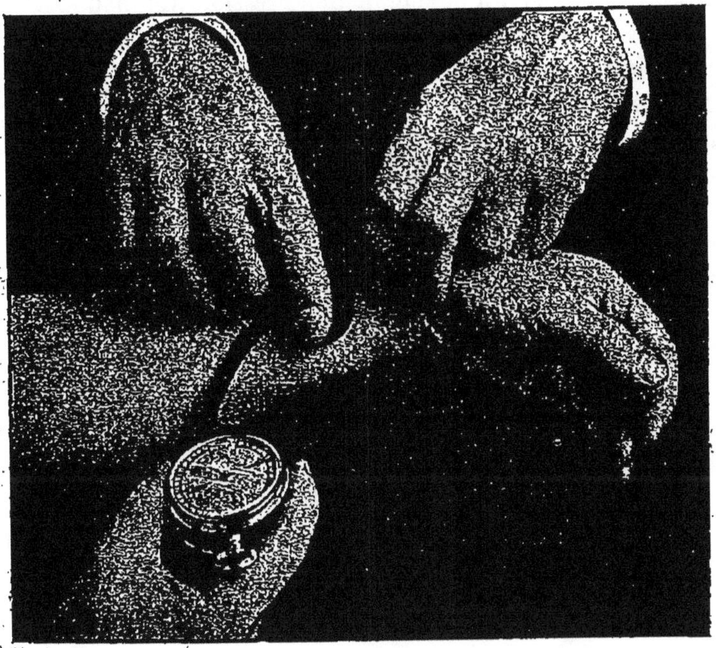

Fig. 149. — Méthode de Basch-Potain.

l'artère, les tissus, la peau s'opposent à la compression et il en résulte une légère erreur par excès. Il ne semble pas toutefois que cliniquement les écarts dus à cette cause aient grande importance. Mais une application vicieuse de la méthode peut conduire à des résultats fautifs. Voici comment on doit opérer :

On commence par gonfler légèrement la pelote par le robinet R, que l'on ferme ensuite. Potain partait ainsi de la division 5 du manomètre. Puis, la main du sujet étant dans la demi-pronation, l'opérateur la saisit avec la main homonyme (droite pour explorer la main droite), et, tâte le pouls avec l'index (fig. 149). En même temps, pour éviter les erreurs dues à la récurrence du pouls, il écrase la radiale, en premier lieu, avec le médius placé un peu au-dessous de l'index, en second lieu avec l'annulaire comprimant dans la tabatière anatomique. Le pouce sert à maintenir le poignet. Avec l'index de l'autre main on serre la pelote sur l'artère, le secteur B en caoutchouc mince se trouvant sur cette artère, au-dessus du point où l'on tâte le pouls, et on cherche la position permettant d'intercepter le pouls avec la pression minima. On peut en effet, par une position vicieuse de la pelote, comprimer sur un tendon, ce qui donnerait une pression trop haute.

Il est nécessaire que le sujet abandonne complètement sa main, sans raidir en quoi que ce soit son poignet ; le mieux est de l'appuyer sur le genou de l'opérateur, dont le pied sera sur un tabouret, un barreau de chaise ou une tringle du lit, de façon à maintenir le poignet à la hauteur du cœur du sujet.

Les résultats obtenus par cette méthode, à la suite de nombreuses mesures faites par Potain, ont été publiés après sa mort par son élève P. Teissier. Il y a intérêt à rappeler ici tout au moins les moyennes des pressions trouvées aux divers âges chez le sujet normal :

6 ans à 10 ans	9	centimètres.
10 — à 15 —	13,5	—
15 — à 20 —	15	—
20 — à 25 —	17	—
25 — à 30 —	18	—
30 — à 40 —	19	—
40 — à 50 —	20	—
50 — à 60 —	21	—
60 — à 80 —	22	—

L'appareil de Potain a l'avantage de pouvoir s'appliquer à la mesure de la tension de toute artère dans laquelle on peut sentir le pouls et que l'on peut comprimer à travers la peau sur un plan résistant, de façon à y interrompre la circulation.

En général, on opère sur la radiale avec les précautions indiquées plus haut ; la temporale ou la pédieuse se prêtent également à cette mesure.

Mais à côté de ces avantages, il a des inconvénients sérieux. L'emploi du sphygmomanomètre de Potain exige une assez grande habitude. Le fait d'effacer plus ou moins complètement les récurrences, de bien trouver la meilleure place pour la pelote, de percevoir délicatement le pouls avec l'index de la même main qui supprime la récurrence, sont des facteurs pouvant influer sur le résultat et conduire à des écarts variables suivant les opérateurs. On a donc cherché des procédés moins sujets aux erreurs individuelles.

Méthode de Riva Rocci. — De nombreux appareils sont basés sur le principe de Riva Rocci. La mesure de la pression se fait

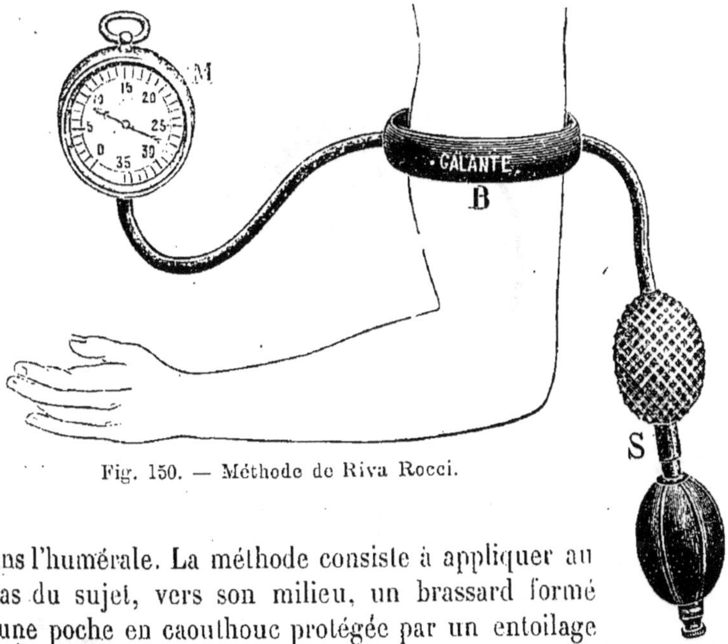

Fig. 150. — Méthode de Riva Rocci.

dans l'humérale. La méthode consiste à appliquer au bras du sujet, vers son milieu, un brassard formé d'une poche en caoutchouc protégée par un entoilage et serrée sur le bras par un arrêt variable suivant les modèles. Cette poche est reliée à un compresseur d'air et à un manomètre. On cherche quelle est la pression d'air nécessaire pour que l'humérale cesse d'être perméable au sang ou, plus exactement, pour que le pouls cesse d'être perceptible à la radiale. En somme, la pelote de Basch-Potain comprimant la radiale a été remplacée par un brassard circulaire agissant sur tous les tissus du bras et comprimant par leur intermédiaire l'humérale.

Dans l'appareil initial de Riva Rocci, le brassard était formé par une poche en caoutchouc de 4-5 cm. de largeur recouverte d'une garniture en soie, et assez longue, pour faire au moins une fois le tour du bras sur lequel on l'enroulait en l'arrêtant par une sorte de pince à cravate. L'intérieur du brassard communiquait par un tube en caoutchouc avec un manomètre à mercure et un insufflateur de Richardson. On vérifiait que l'artère était ou non perméable en tâtant le pouls du sujet et on lisait la pression correspondant au moment limite où le pouls cessait d'être perceptible.

De cette méthode dérivent divers appareils par une modification, soit du brassard, soit du manomètre, soit du mode de compression de l'air ou du procédé employé pour apprécier la perméabilité de l'humérale.

Actuellement, le modèle le plus parfait est le sphygmo-signal de

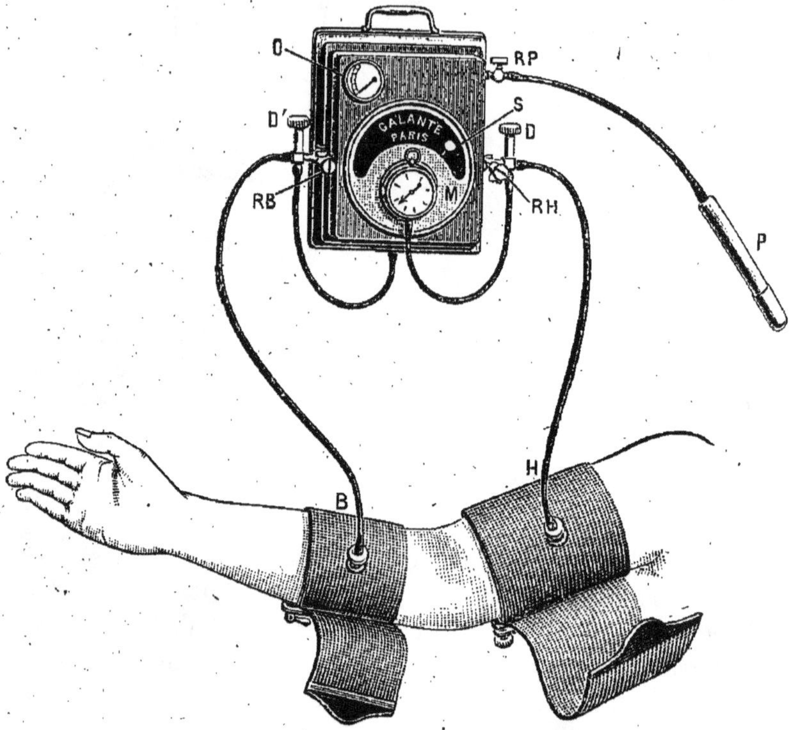

Fig. 151. — Méthode de Vaquez.

Vaquez. Il se compose essentiellement d'un réservoir où l'on fait une provision d'air comprimé à l'aide d'une pompe de bicyclette. Le brassard compresseur de l'humérale, sur lequel je reviendrai plus loin, est relié à ce réservoir et à un manomètre métallique sur lequel on lira la pression exercée dans le brassard.

Pour reconnaître si le sang continue ou non à passer, au lieu de tâter le pouls, on fixe sur l'avant-bras, un peu au-dessous du pli du coude, un deuxième brassard relié également au réservoir d'air comprimé et à un signal de construction spéciale.

Quand, ouvrant le robinet RB, on fait monter peu à peu la

pression dans le brassard explorateur, on voit l'aiguille du signal dévier du zéro, et pour une certaine position, variable suivant le sujet, se mettre à battre périodiquement, synchroniquement au pouls. Ce résultat obtenu, on fait passer de l'air dans le brassard compresseur et on lit le manomètre au moment où l'aiguille du signal cesse de battre. On admet que l'on obtient ainsi la pression sanguine maxima. Cela équivaut à dire que la pression de l'air du brassard

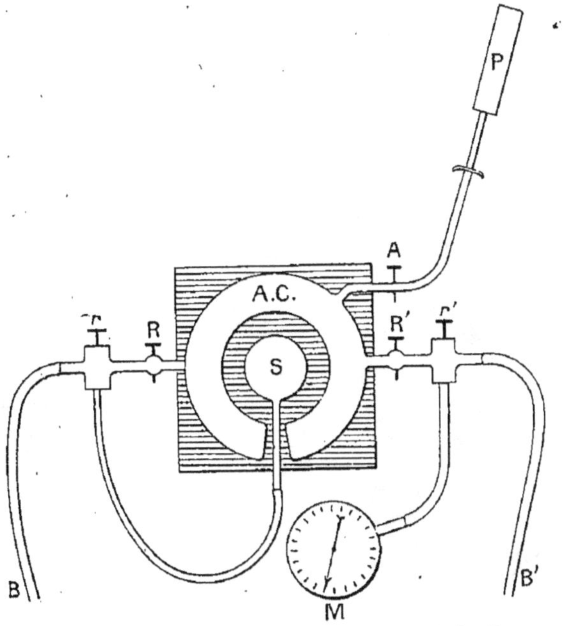

Fig. 152. — Schéma des connexions du signal de Vaquez.

A.C., réservoir à air comprimé ; *P*, pompe ; *S*, signal ; *M*, manomètre ; *B*, brassard explorateur ; *B'*, brassard compresseur ; *R*, robinet pour donner admission de l'air comprimé au brassard explorateur et au signal ; *r*, robinet de fuite pour dégonfler plus ou moins le brassard explorateur et le signal dans le cas où l'on aurait laissé monter la pression trop haut ; *R'*, *r'*, robinets jouant le même rôle pour le brassard compresseur et le manomètre.

compresseur a précisément suffi à vaincre la pression sanguine.

En réalité cela n'est pas exact ; Pachon a montré que lorsque l'aiguille du signal de Vaquez cesse de battre, cela ne tient pas à ce que le courant sanguin est arrêté, mais à ce qu'il est *régularisé*, la poche de caoutchouc du brassard compresseur fonctionnant alors comme le ballon de l'appareil de Richardson. L'arrêt des battements ne correspond donc pas au moment où la pression de l'air du brassard est égale à la pression maxima du sang dans les artères.

Méthode de Gærtner. — Dans cette méthode on fait usage d'un anneau métallique, muni à son intérieur d'une poche de caoutchouc (fig. 153). On passe cet anneau à l'un des doigts au niveau de la deuxième phalange, puis on chasse le sang de l'extrémité du doigt à l'aide d'un lien de caoutchouc AB que l'on enroule sur lui en partant de l'extrémité distale (fig. 154). Cela fait, on comprime de l'air dans l'anneau par le tube T et on enlève le lien (fig. 155). Le sang ne peut revenir à l'extrémité du doigt, qui paraît blanc cireux. On décomprime peu à peu et on note l'instant où l'ongle redevient rouge; à ce moment on lit la pression sur le manomètre.

Fig. 153.

L'application de cette méthode est très simple, le moment du

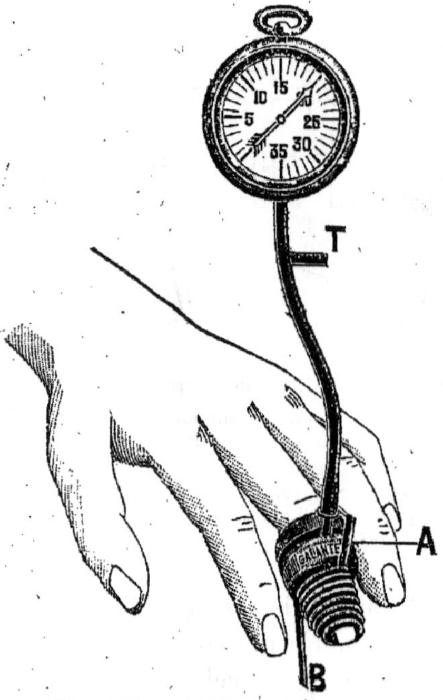

Fig. 154. — Méthode de Gærtner.

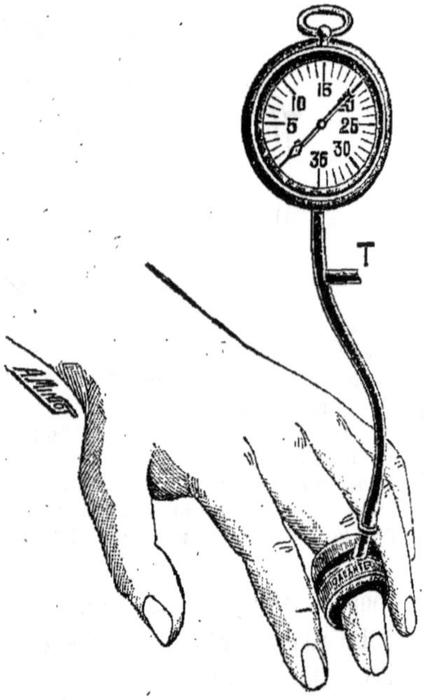

Fig. 155.

retour du sang est très précis, et cependant elle doit être considérée comme très infidèle. Fût-elle bonne en principe, il est évident que ses résultats ne peuvent être comparés à ceux du signal de Vaquez, par exemple. Dans l'un des cas, on mesure la pression de l'humérâle; dans l'autre, celle des petites artères de l'extrémité des doigts où, comme on sait, elle doit être plus faible.

Mais, en outre, il y a un fait grave, en dehors de toute discussion de principe : on ne trouve pas la même pression aux divers doigts.

Voici un résultat de mesure :

Index	13
Médius	15,5
Annulaire	18
Auriculaire	13

Ce ne sont pas là des écarts négligeables, et aucune raison valable ne permet d'adopter un de ces chiffres de préférence aux autres. Il y a pis. En plaçant l'anneau à la première phalange, on trouve généralement une pression plus basse que celle obtenue à la deuxième phalange, et c'est le contraire qui devait avoir lieu. Cela ne tient pas uniquement à des questions de variation de calibre du doigt par rapport à l'anneau; car on n'observe aucun écart régulier à cet égard. Il y a donc lieu de se méfier de la méthode de Gærtner.

Méthode de Marey. — Les méthodes précédentes ont pour but de déterminer la pression maxima qui accompagne chaque systole cardiaque, ou pression systolique.

D'autres appareils, basés sur un principe dû à Marey, permettent de mesurer la pression minima ou diastolique.

Marey a fait remarquer que si l'on exerce sur une artère une pression extérieure légèrement supérieure à la pression minima intérieure, l'artère s'aplatit complètement au moment du minimum intérieur, tandis qu'elle se gonfle pendant l'onde systolique. C'est dans ces conditions que le volume extérieur de l'artère subit les plus grandes variations. Pour une pression extérieure moindre, l'artère ne s'aplatit pas pendant la diastole, pour une pression plus grande elle ne se dilate pas aussi bien.

Hill et Barnard ont appliqué ce principe à la mesure de la pression diastolique; pour cela ils placent sur le bras un brassard B relié à un manomètre M et à une pompe de compression P (fig. 156). En comprimant de l'air dans le brassard, on voit à un moment donné l'aiguille du manomètre se mettre à battre, ces battements vont pendant quelque temps en augmentant d'amplitude avec la pression, puis ils diminuent. On lit la pression correspondant au maximum d'amplitude et on considère qu'elle correspond à la pression diastolique.

Les oscillations du manomètre métallique sont en général assez faibles et leurs variations d'amplitude difficiles à apprécier. Pachon a fait remarquer en outre qu'il y a dans l'appareil de Hill et Barnard une cause d'erreur provenant de ce que la sensibilité du manomètre va en diminuant à mesure que la pression interne augmente, ce qui fausse les indications. Pour éviter cette cause d'erreur Pachon place l'indicateur d'oscillation à l'intérieur d'un réservoir contenant de l'air à la même pression que l'indicateur (fig. 157). Dans ce cas, la membrane élastique de cet indicateur subit sur ses deux faces la même pression et n'est pas tendue; mais, naturellement, les pulsa-

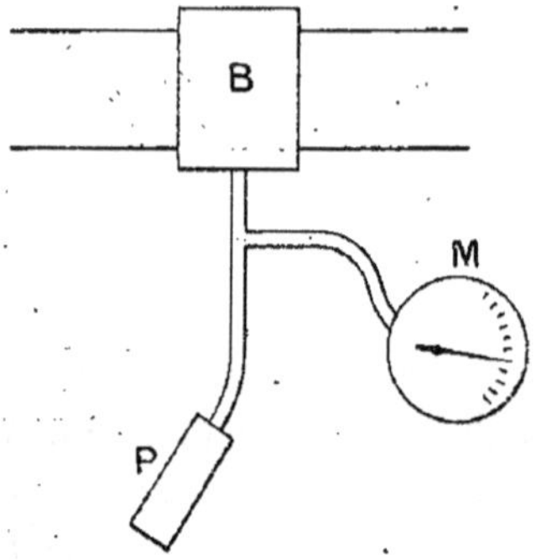

Fig. 156.

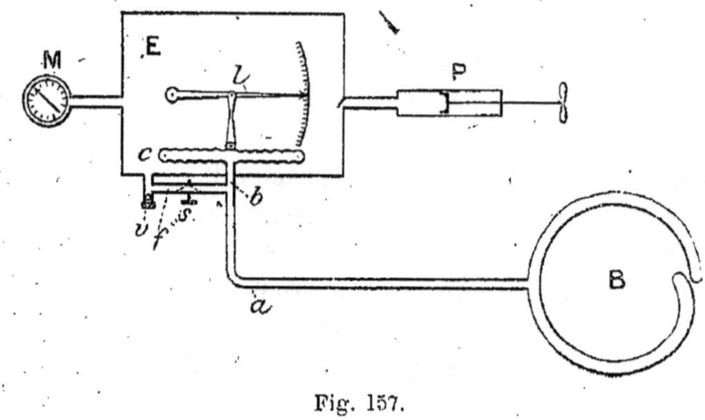

Fig. 157.

tions venant du brassard ne la font pas osciller. Quand on veut voir quelle est la valeur des pulsations, on écrase en *s* un tube de caoutchouc qui isole le brassard et l'intérieur de l'indicateur de la chambre à air comprimé où se trouve ce dernier, aussitôt on le voit battre. Le manomètre M donne la pression de l'air. Pour faire une détermination, on exerce, à l'aide de la pompe P, une pression manifestement supérieure à celle du sang, puis on descend peu à peu en manœuvrant la valve de fuite V, et, de temps en temps, en écrasant en *s* on cherche où en sont les pulsations. La plus petite pression qui éteint complètement les oscillations correspond à la pression systolique; la pression qui donne les oscillations maxima correspond à la pression diastolique.

La figure 157 est un schéma du dispositif, la figure 158 repré-

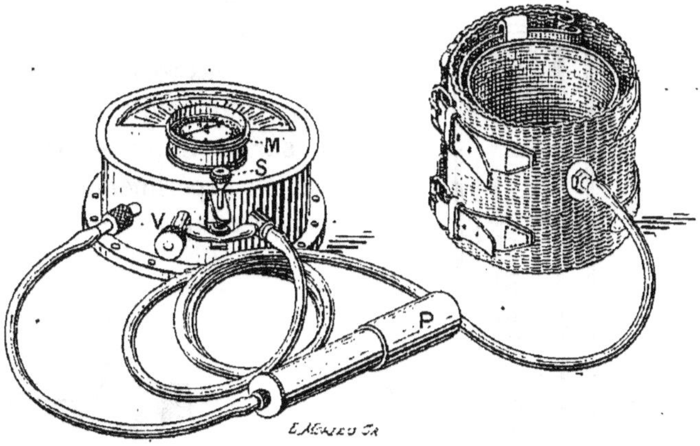

Fig. 158.

sente une vue de l'appareil auquel Pachon a donné le nom d'*oscillomètre sphygmométrique*.

Vitesse du sang.

L'étude de la vitesse de propagation du sang est un problème extrêmement difficile; il est aussi très important, car la nutrition des organes est directement liée à la quantité de sang qui les irrigue.

Pour faire une mesure de vitesse du sang, il faut absolument interrompre le vaisseau en un point de son parcours et y intercaler l'appareil de mesure. Il est impossible de ne pas introduire par cette opération une première cause d'erreur très importante. De plus, les appareils eux-mêmes sont d'un maniement très délicat. On peut les diviser en deux catégories, ceux où l'on mesure la quantité de sang débitée dans un laps de temps déterminé, et qui ne donnent par suite qu'une vitesse moyenne, et ceux qui en indiquent la valeur à chaque instant et permettent d'en suivre toutes les variations.

Dans la première catégorie nous pouvons placer le plus ancien en date de ces instruments, l'hémodromomètre de Volkmann et la Stromühr de Ludwig qui en est un perfectionnement (fig. 159 et 160).

L'hémodromomètre de Volkmann se compose d'un tube en U renversé mastiqué dans un ajutage dont le détail se fait voir en C et B. On remplit le tube en U d'eau salée, en mettant les robinets dans la position C on intercale la garniture métallique sur le trajet du vaisseau sur lequel on expérimente. Le sang entrera par exemple par *a* et sortira par *d*.

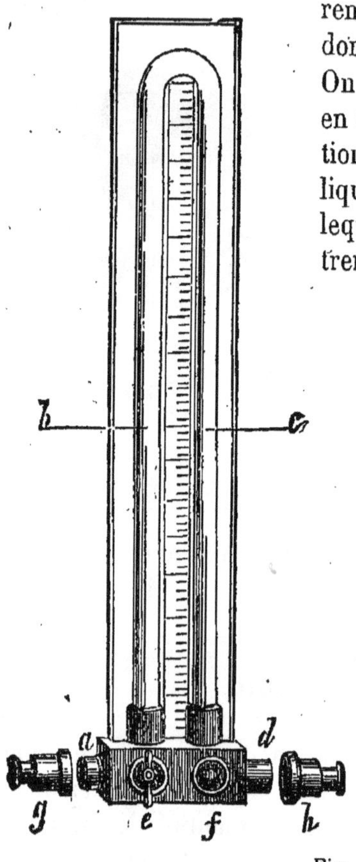

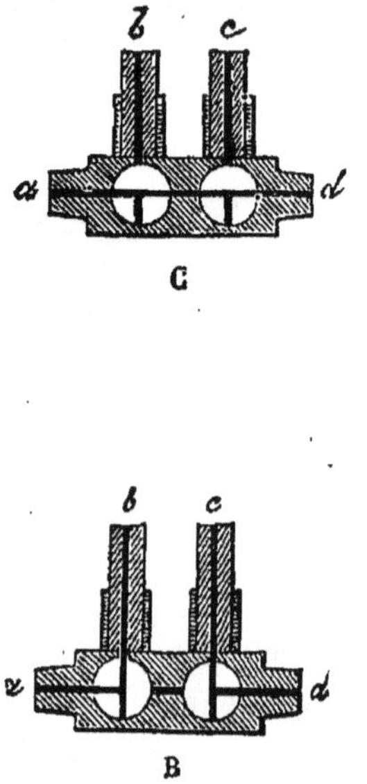

Fig. 159.

Brusquement on met les robinets dans la position B, le sang est obligé de parcourir le tube en U, et avec une montre à seconde on compte combien il lui faut de temps pour chasser l'eau salée devant lui.

La Stromühr de Ludwig (fig. 160) se compose de deux ampoules communiquant entre elles par la partie supérieure, et terminées inférieurement par des tubes sur lesquels on lie les bouts sectionnés du vaisseau.

On commence par remplir une des ampoules d'huile, l'autre de sérum et on les intercale sur le vaisseau, l'huile étant du côté central. Au moment où le courant s'établit, le sérum est chassé dans la circulation, l'huile prend sa place, étant elle-même remplacée par du sang. Si l'on a compté combien il faut pour cela de secondes, si en plus on connaît le volume des ampoules, on en déduit le débit du vaisseau. On peut, au moment où toute l'huile a passé de H en S,

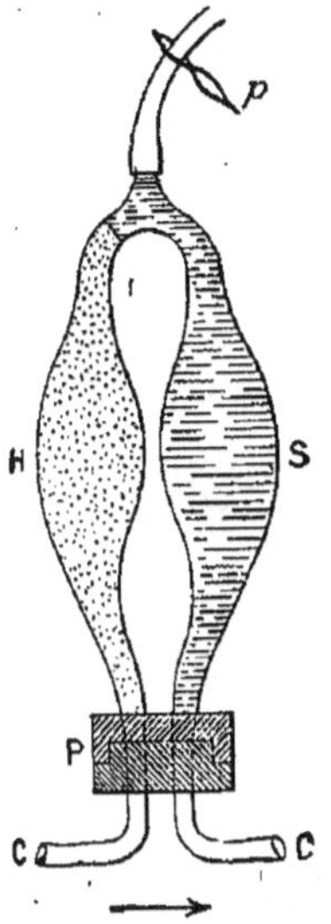

Fig. 160.

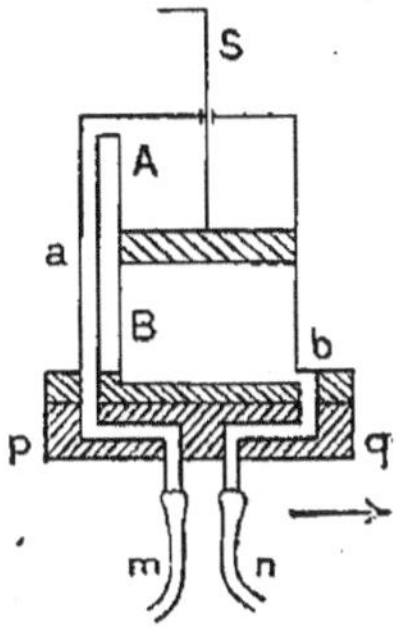

Fig. 161.

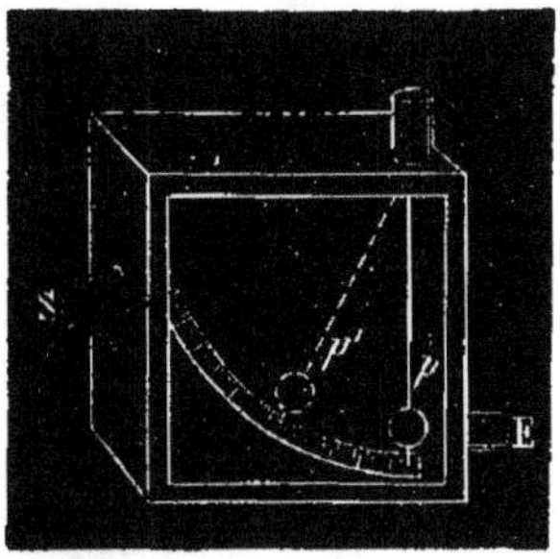

Fig. 162.

faire tourner les deux récipients et les substituer l'un à l'autre, et répéter cette même opération un grand nombre de fois. Cela permet d'étudier le débit pendant un temps assez prolongé.

Dans ces derniers temps Hurthle a modifié la Stromühr d'une façon très ingénieuse pour en faire un appareil enregistreur. Les deux ampoules sont remplacées par deux vides laissés de part et d'autre d'un piston dans un petit corps de pompe (fig. 161). Les tubes d'amenée *a* et *b* débouchent vis-à-vis de deux conduits creusés dans un plateau PQ pouvant tourner autour de son axe. Ces deux conduits aboutissent au moyen de tubes en caoutchouc souples aux canules *m* et *n* destinées à être placées dans le bout central et périphérique de l'artère. Dans le cas de la figure, le sang arrivera par *m*, le piston descendra. Au moment où il sera arrivé au bout de sa course on fera rapidement tourner le plateau

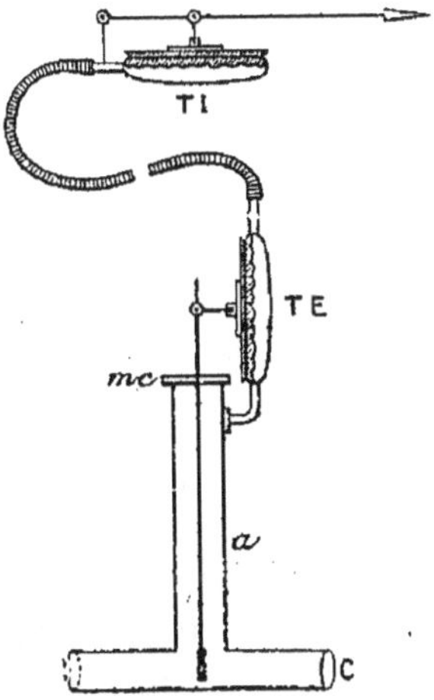

Fig. 163.

PQ de 180° de façon à intervertir les communications, le piston sera chassé de bas en haut, puis on fera une rotation de sens inverse et ainsi de suite. Le piston se déplace évidemment de quantités proportionnelles au débit dont on pourra donc enregistrer la valeur et les variations au moyen du style S appuyé contre un cylindre tournant.

Dans l'hémotachomètre de Vierordt, le sang traverse une petite

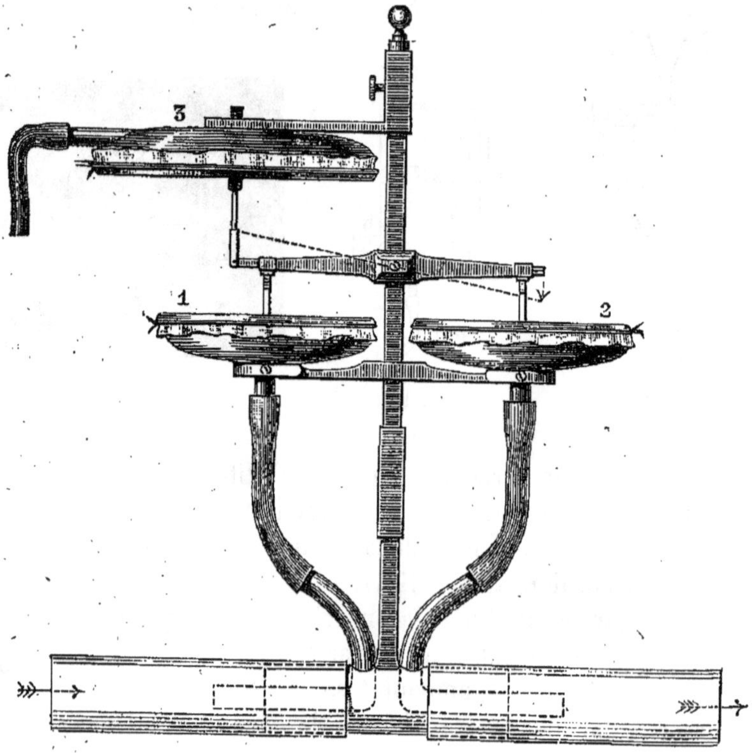

Fig. 164.

boîte, entrant par E (fig. 162) et sortant par S; il heurte au passage un petit pendule p dont la déviation croît avec la vitesse du courant. Cette déviation se lit sur un arc gradué. Ce procédé est très imparfait, quand cela ne serait que par suite des remous qui se forment dans la boîte et dont il est impossible de tenir compte. M. Chauveau lui a fait subir une série de transformations, elles l'ont conduit à son hémodromomètre qui, rendu enregistreur, est devenu l'hémodromographe (fig. 163). Le tube CC est intercalé sur le trajet de l'artère à étudier. Dans son passage le sang frappe contre une petite palette traversant une membrane en caoutchouc *mc* et agissant sur un tambour de Marey explorateur TE. Le tambour récepteur TI enregistrera la courbe des vitesses sur un cylindre tournant.

Un autre appareil enregistreur de la vitesse a été imaginé par Marey, il est basé sur ce que l'on nomme les tubes de Pitot, et représenté sur la figure 164.

Le sang traverse un tube dans le sens des flèches; dans l'axe de ce tube sont placés deux tubes plus petits, ouverts celui de gauche contre le courant, celui de droite en sens inverse. Le sang tend à exercer une compression dans le petit tube de gauche, une aspiration dans celui de droite. la membrane du tambour 1 s'élève, celle du tambour 2 s'abaisse. L'ensemble de ces effets est transmis par un système de leviers à un tambour unique relié à un enregistreur comme dans l'appareil de Chauveau. Cet instrument a entre autres comme inconvénient un nettoyage difficile lorsqu'il s'y est formé des caillots.

Bien entendu, avant d'être employés, l'hémodromographe de Chauveau et l'appareil de Marey demandent à être gradués; pour cela on les place sur un tube de caoutchouc faisant fonction d'artère, dans lequel circule de l'eau sous régime constant, on mesure le débit et on en déduit la vitesse pour les diverses indications des appareils.

Pour donner un exemple de vitesse du sang nous dirons que Chauveau a trouvé dans la carotide du cheval une vitesse moyenne de 15 cm. par seconde s'élevant, au moment de la contraction ventriculaire, à 52 cm. par seconde.

Ajoutons que le grand nombre et la variété des appareils proposés montrent combien il est difficile de trouver une solution satisfaisante pour ce genre de recherches.

Travail du cœur.

Le cœur fonctionne comme une pompe élévatoire. Considérons d'abord uniquement ce qui se passe dans l'aorte. La hauteur à laquelle le cœur élèverait le sang est égale à celle de la colonne de sang qui mesure la pression dans le ventricule; cette hauteur sera environ de 2 m. D'après ce qui a été exposé page 129, au paragraphe intitulé « travail nécessaire pour produire un écoulement déterminé », on voit qu'il suffit de connaître la quantité de sang chassée, c'est-à-dire élevée à chaque pulsation pour pouvoir calculer le travail nécessaire à la progression du sang dans l'aorte. Ici les chiffres sont très discordants ; suivant les auteurs ils varient chez l'homme de 45 g. à 188 g. par systole. On peut admettre, après critique des expériences, que selon les cas la quantité de sang varie entre 50 g. et 100 g. par systole.

Prenons le premier chiffre. Tout se passe comme si à chaque systole le ventricule gauche élevait 50 g. de sang à 2 m. de haut, ce qui correspond à un travail de $0{,}05 \times 2 = 0{,}1$ kilogrammètre. Si l'on prenait l'autre chiffre on trouverait 0,2 kilogrammètre par systole.

Le ventricule droit lance la même quantité de sang que le ventricule gauche, mais la pression est trois ou quatre fois moindre, le travail est donc aussi trois ou quatre fois moindre. Quant au travail des oreillettes, il est négligeable par rapport à celui des ventricules.

Une remarque importante s'impose. Le calcul que nous venons d'effectuer correspond à ce que l'on appelle improprement dans tous les ouvrages : « Le travail du cœur » ; mais en réalité nous n'obtenons ainsi que le travail nécessaire à la mise en circulation du sang ; nous ne savons pas ce que le cœur a dû dépenser pour cela. De même lorsqu'on soulève un poids à l'aide d'un moteur, on sait quel est le travail absorbé par ce soulèvement, mais on ne connaît pas la dépense du moteur. Cette question est encore trop peu étudiée pour être traitée ici.

Tracés pris sur le cœur.

On a beaucoup étudié les mouvements extérieurs du cœur, soit en l'explorant directement après l'avoir mis à nu, soit en opérant à travers la paroi thoracique.

Chez les animaux à sang froid on peut facilement isoler complètement le cœur sans qu'il cesse de battre. On peut alors enregistrer les mouvements des oreillettes ou des ventricules en appuyant sur eux de légers leviers. La figure 165 représente le double myographe de F. Franck appliqué sur un cœur de tortue et dont on inscrit ainsi les pulsations de l'oreillette et du ventricule. Un appareil analogue peut servir pour la grenouille, mais il vaut mieux sur cet animal, l'expérience étant très facile à faire, conserver le cœur en place avec sa circulation, comme le représente la figure 166. On saisit alors l'organe entre deux petits cuillerons dont l'un est fixe, l'autre mobile et ramené contre le premier à l'aide d'un petit ressort ou d'un contrepoids. Ces cuillerons peuvent en même temps servir d'électrodes si l'on veut exciter électriquement le cœur.

Un bon procédé consiste aussi à enfermer le cœur séparé du

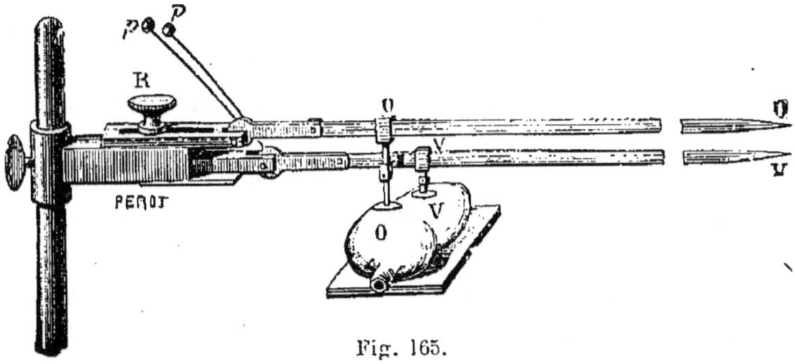

Fig. 165.

corps dans une cavité close. La première idée de ce procédé est due à Flick et Blasius; dans leur dispositif le récipient contenant

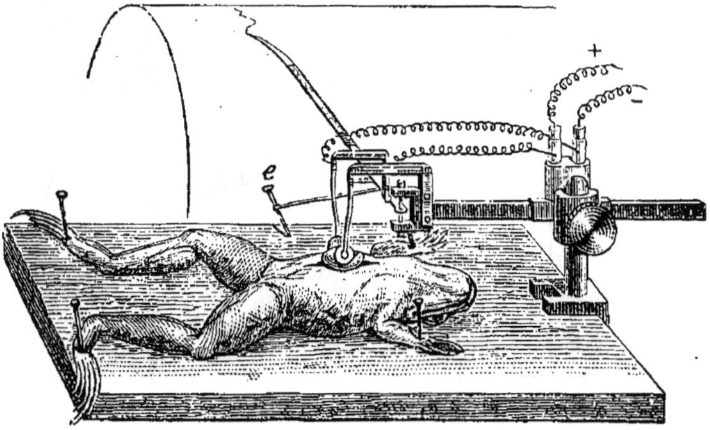

Fig. 166.

le cœur muni d'une circulation artificielle était plein de liquide. Il portait une branche latérale dans laquelle un flotteur inscrivait les changements de volume du cœur. Fr. Franck a relié cette branche latérale à un tambour de Marey, l'appareil est alors disposé comme l'indique la figure 167.

Le meilleur dispositif a été donné par M. Camus. Le cœur est placé dans une cavité ne contenant que de l'air dont on

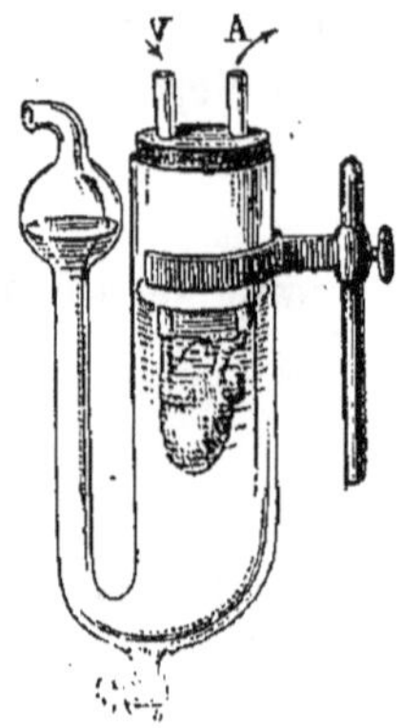

Fig. 167.

enregistrera les variations de pression. Ce cœur est relié par la veine cave et l'aorte à un récipient contenant le liquide d'alimentation ainsi que l'indique la figure 168. L'appareil ne contient que 1 ou 2 cm³ de liquide, cela suffit; c'est de l'eau salée à 7 p. 1 000 avec quelques globules de sang. Pour faire varier la température il suffit de plonger le tout dans un bain; quant à la pression on la modifie à volonté dans l'oreillette ou le ventricule en inclinant convenablement l'instrument. On peut ainsi faire d'une façon très commode des recherches sur l'action de divers poisons ou médicaments.

Dans ces dernières années on a fait de nombreuses recherches

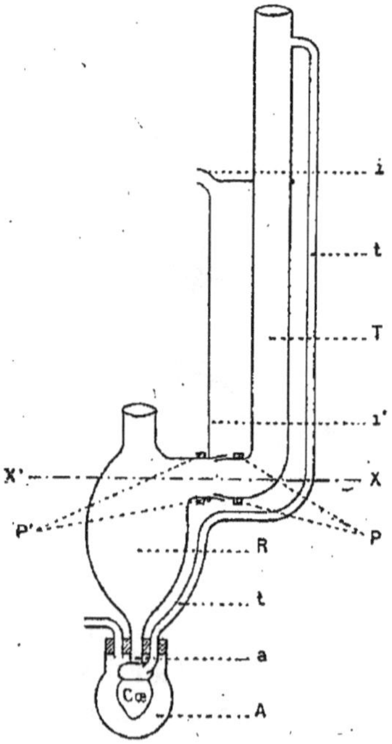

Fig. 168.

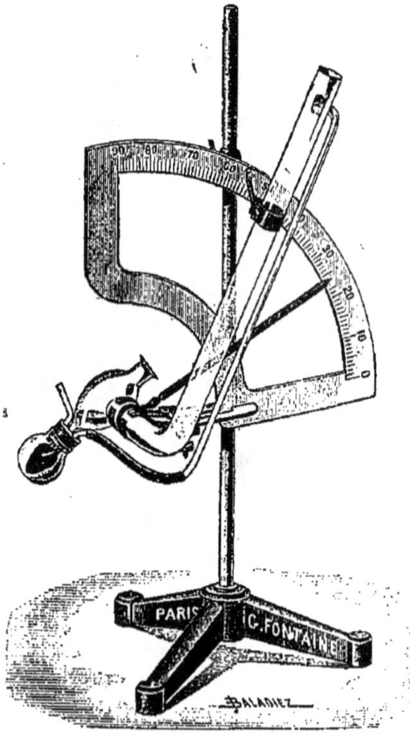

Fig. 169.

sur le cœur des mammifères isolé; cet organe peut, en effet, si on lui fait une bonne circulation artificielle, se séparer du corps et continuer fort longtemps à battre. On peut même ranimer un cœur qui a complètement cessé de battre avant l'extirpation. L'opération est plus délicate à exécuter que chez les animaux à sang froid, deux conditions principales doivent être réalisées, une température convenable et un apport considérable d'oxygène. Le liquide est du sang défibriné ou mieux encore un sérum artificiel dont la composition a été donnée par Locke. En outre il y a divers

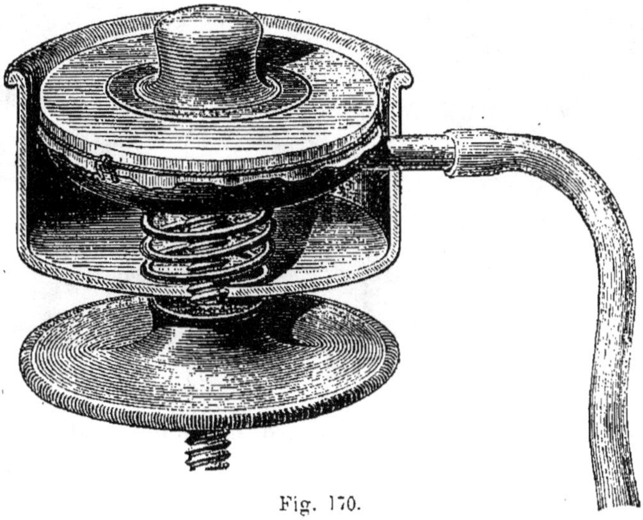

Fig. 170.

accidents dont il faut se garder : embolies par coagulation, rentrées d'air, etc.

Chez les mammifères on a le plus souvent laissé le cœur en place, en faisant la respiration artificielle et ouvrant le thorax. On applique alors sur le cœur des leviers convenablement placés, ou bien on le prend dans des pinces appropriées pour faire les tracés.

Un des problèmes les plus importants consiste à prendre des tracés à travers la paroi même du thorax, c'est en effet la seule méthode s'appliquant à l'homme et aux animaux qu'on ne veut pas sacrifier. On emploie généralement dans ce but le cardiographe de Marey, consistant essentiellement en un tambour dont la membrane porte en son milieu un bouton en ivoire ou en os, et supporté par une armature métallique ayant une forme de cloche comme l'indique la figure 170. Cette cloche est appliquée par sa base sur la poitrine, le bouton correspondant au point où l'on veut explorer le cœur, le cinquième espace intercostal généralement.

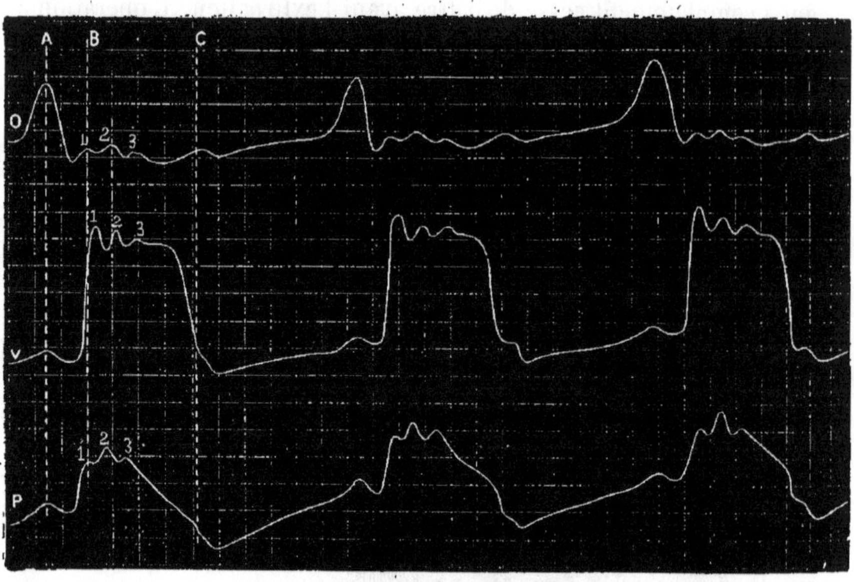

Fig. 171.

On règle la pression de ce bouton par un mouvement de vis et on relie l'appareil à un tambour récepteur qui inscrira les déplace-

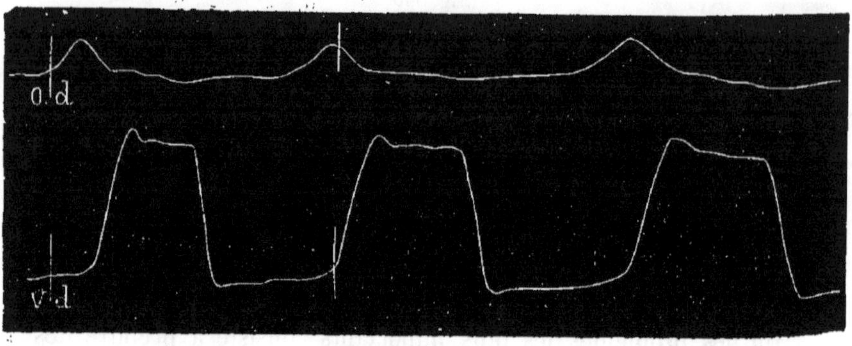

Fig. 172.

ments de son levier sur un cylindre enfumé. Des appareils analogues permettent de prendre des tracés chez les animaux. La figure 171 nous donne la concordance d'un tracé pris dans ces conditions avec le jeu des oreillettes et des ventricules. On peut reconnaître sur la courbe du choc du cœur P, d'abord la systole auriculaire puis la systole ventriculaire avec la reproduction de ses principaux accidents.

Ces tracés cardiographiques sont difficiles à obtenir, il faut y mettre tous ses soins. Dans certains cas particuliers, lorsque le cœur était en ectopie, ce qui s'est rencontré chez l'homme et se retrouve de temps en temps chez les animaux, on a pu prendre séparément des graphiques des battements auriculaires et ventriculaires. La figure 172 en est un exemple, on retrouve alors exactement ce que l'on obtient sur un cœur à nu.

Quand on cherche à prendre un tracé avec le cardiographe de Marey appliqué sur la poitrine, on est souvent dans de mauvaises conditions; le cœur fuit devant le bouton du cardiographe, et c'est pourquoi les tracés sont en général mauvais.

On n'obtient de bons résultats qu'en se conformant à la méthode de Pachon, qui recommande de pratiquer l'exploration cardiographique systématiquement dans le décubitus latéral gauche. C'est le seul moyen qui nous donne la forme exacte de la contraction cardiaque.

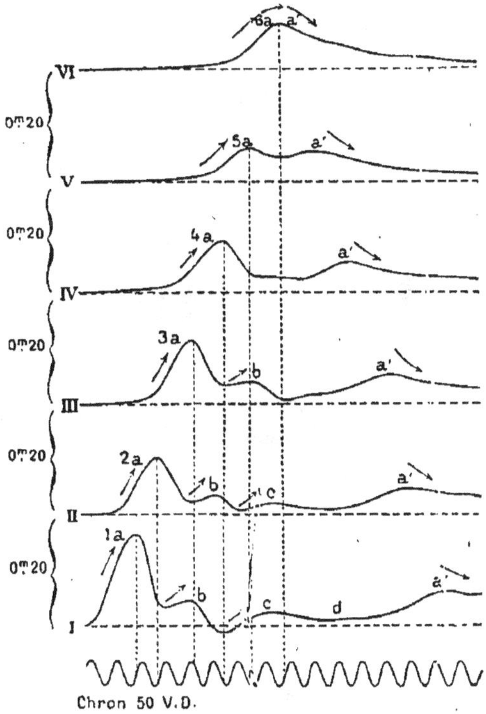

Fig. 173.

Sphygmographie.

A chaque contraction du ventricule gauche il y a une onde sanguine lancée dans l'aorte, il en résulte la production, dans toutes les artères, de ce qu'on appelle le pouls. Ce phénomène est analogue à celui que l'on observe quand on ébranle un fluide en un de ses points. Si l'on jette un caillou dans l'eau on voit une ondulation partir du point où ce caillou est entré dans le liquide et en parcourir la surface sous forme de cercles de rayon croissant.

En plaçant une série d'appareils explorateurs sur un tube en caoutchouc plein d'eau et produisant une onde à l'une des extrémités de ce tube par une brusque introduction de liquide, Marey a mis en évidence (fig. 173) une onde analogue

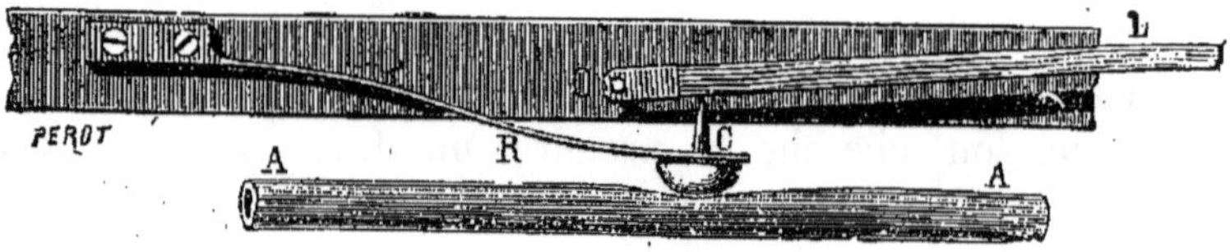

Fig. 174.

à celle que l'on voit à la surface des liquides après la chute d'une pierre en un point, se propageant dans toute la longueur du tube.

Dans le cas de la pulsation cardiaque le même phénomène se produit, une onde partant du cœur parcourt toutes les artères. Le phénomène que l'on perçoit en mettant le doigt sur l'une d'elles,

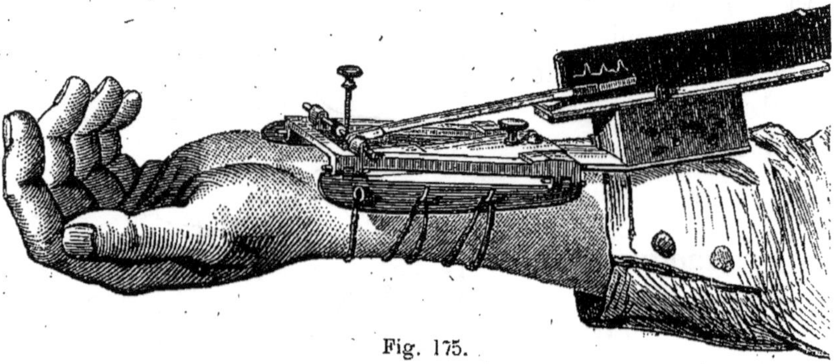

Fig. 175.

et qui est désigné sous le nom de pouls, est dû au gonflement et au durcissement subit de l'artère sous l'influence du passage de l'onde sanguine.

On sait que pour bien sentir ce pouls il faut légèrement écraser une artère sur un plan résistant, alors tout l'effet de la projection du sang se fait contre le doigt de l'observateur.

Remplaçons maintenant le doigt par un léger ressort convenablement réglé, ce ressort sera repoussé à chaque pulsation et nous pourrons en inscrire les déplacements. C'est là l'origine du sphygmographe. Le premier appareil de ce genre, a été imaginé par Vierordt, mais les pièces à mouvoir avaient une telle inertie que le tracé obtenu était complètement déformé. Le meilleur modèle que nous ayons actuellement est celui de Marey. La figure 174 est un schéma simple à comprendre à l'inspection de la figure et donnant la théorie de l'appareil; la

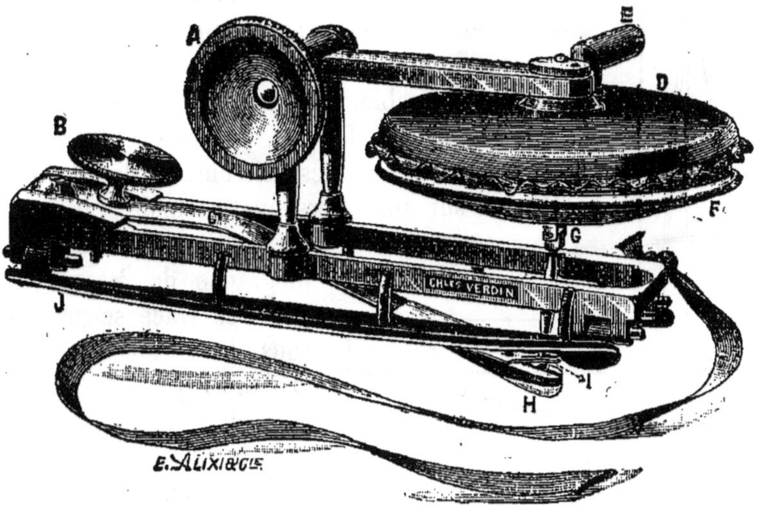

Fig. 176.

figure 175 montre le sphygmographe tel qu'il doit être appliqué sur le bras.

L'enregistrement se fait sur un papier enfumé tendu sur un petit cadre entraîné par un mouvement d'horlogerie. Une vis permet de régler la pression du ressort sur l'artère. Suivant le degré de pression la courbe enregistrée se modifie, et c'est là le grand écueil de la sphygmographie, dans l'état actuel de la question. Deux personnes se servant du même appareil sur un même sujet ne trouvent pas forcément le même tracé.

Lorsqu'on veut prolonger un certain temps l'enregistrement, le sphygmographe direct devient insuffisant, car la bande de papier arrive vite au bout de sa course. On prend alors le sphygmographe à transmission; le ressort, au lieu d'agir directement sur le style, vient comprimer la membrane d'un tambour de Marey (fig. 176), ce tambour sera relié à un récepteur suivant le procédé connu.

Si l'on veut faire de la sphygmographie, il y a lieu actuellement de n'employer que l'instrument de Marey qui est bien combiné et construit dans de bonnes conditions, les instruments similaires ont généralement trop d'inertie et faussent les indications, ainsi que nous nous en sommes assuré. Il faut surtout se méfier du type de Dudgeon (fig. 177), où les mouvements du ressort appuyé sur la radiale en F se transmettent à un système de leviers assez compliqué, et auquel la présence d'une petite boule C donne une inertie considérable. Cet appareil est très séduisant au premier abord, facile à mettre en place, mais il est le plus inexact des instruments de ce genre.

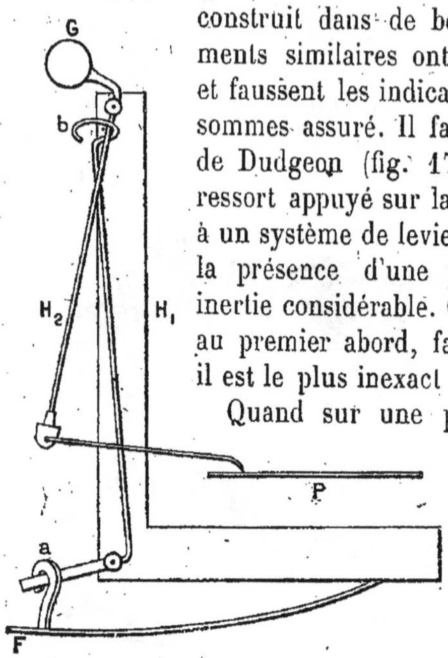

Fig. 177.

Quand sur une personne normale, on prend un tracé avec un bon sphygmographe de Marey (fig. 178), ce tracé se présente sous la forme suivante. D'abord il y a une brusque ascension, puis une descente plus lente, sur laquelle on observe plusieurs ondulations, dont l'une *d* est plus importante que les autres : *d* correspond à ce que l'on appelle le dicrotisme du pouls. La brusque ascension du début *b* correspond à l'arrivée de l'onde, lancée

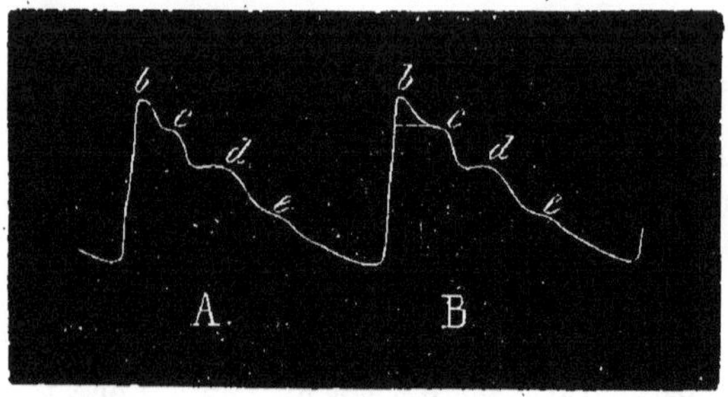

Fig. 178.

par le cœur. On attribue généralement le dicrotisme *d* à une réflexion de l'onde primaire. A la fin de la systole ventriculaire, après que l'aorte s'est dilatée sous l'influence de l'afflux sanguin venant du cœur, le sang tend à revenir vers cet organe. Mais les valvules sigmoïdes se ferment, il en résulte un choc contre ces valvules et la production d'une ondulation donnant lieu au dicrotisme.

Contrairement à ce que l'on pourrait penser au premier abord, la hauteur des tracés sphygmographiques ne croît pas avec la pression sanguine, au contraire. Si, dans les mêmes conditions, on voit l'amplitude d'un tracé augmenter, la pression sanguine a diminué. Cela peut tenir à diverses causes parmi lesquelles il y en a une facile à concevoir; plus la pression est haute, plus l'artère est déjà distendue et moins une même onde fera varier son calibre; or ce sont précisément ces variations seules que l'on inscrit.

Naturellement le pouls n'est pas synchrone de la pulsation cardiaque, il y a un retard d'autant plus prononcé que l'artère explorée est plus éloignée du cœur. De plus l'onde ne commence à se produire qu'au moment de l'ouverture des valvules sigmoïdes, et cette ouverture n'a lieu, comme nous le savons, qu'un moment après le début de la systole. Autrement dit, entre le moment où le ventricule commence sa systole et celui où le pouls se fait sentir, il y a : 1° une période de compression jusqu'à l'ouverture des valvules sigmoïdes; 2° une durée de propagation depuis le cœur jusqu'au point exploré.

La période de compression varie suivant les auteurs; mais elle ne dépasse pas 0″,1 (Chauveau et Marey). Quant à la vitesse de propagation de l'onde, elle est estimée à 8 ou 9 m. par seconde dans les grosses artères. On voit immédiatement que cette propagation du pouls ne peut être confondue avec la vitesse du sang qui n'est que de 0 m. 25 à 0 m. 30 par seconde.

Dans diverses maladies on voit la forme du pouls se modifier, malheureusement jusqu'ici cette étude a été fort mal faite, les divers instruments dont on s'est servi n'étant nullement comparables entre eux; elle serait tout entière à reprendre.

Pléthysmographie.

La pulsation cardiaque ne se fait pas sentir uniquement dans les gros vaisseaux, ses effets se propagent jusque dans les capillaires, il en résulte une variation de volume périodique des organes. De plus on sait que le calibre des petits vaisseaux varie sous effet des nerfs vaso-moteurs, de ce chef il résulte aussi une variation de volume des organes. L'étude de ces variations est très intéressante, elle se fait au moyen des pléthysmographes ou des oncographes.

Dans les pléthysmographes on enferme l'organe à étudier dans

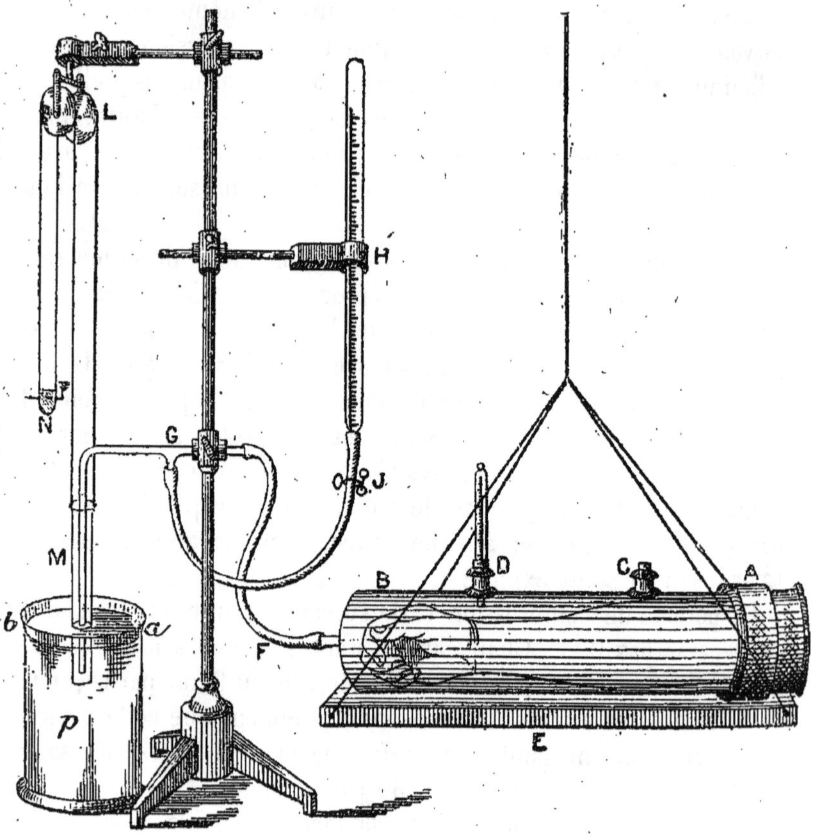

Fig. 179.

une cavité close reliée à un tambour de Marey ou un enregistreur analogue.

Dans les oncographes on prend l'organe entre les valves appropriées dont l'une sera fixe, l'autre mobile, munie d'un levier enregistreur ou agissant sur une transmission.

La figure 179 représente le pléthysmographe de Mosso. Il consiste en un gros tube E dans lequel on introduit le bras, en A une garniture de caoutchouc permet de clore hermétiquement l'appareil que l'on remplit d'eau par C. Les variations de volume produisent un écoulement ou une aspiration dans une éprouvette M suspendue sur deux poulies avec contrepoids et dont on enregistra les déplacements par un petit style fixé en N.

On peut détacher en partie un organe ou une portion d'organe

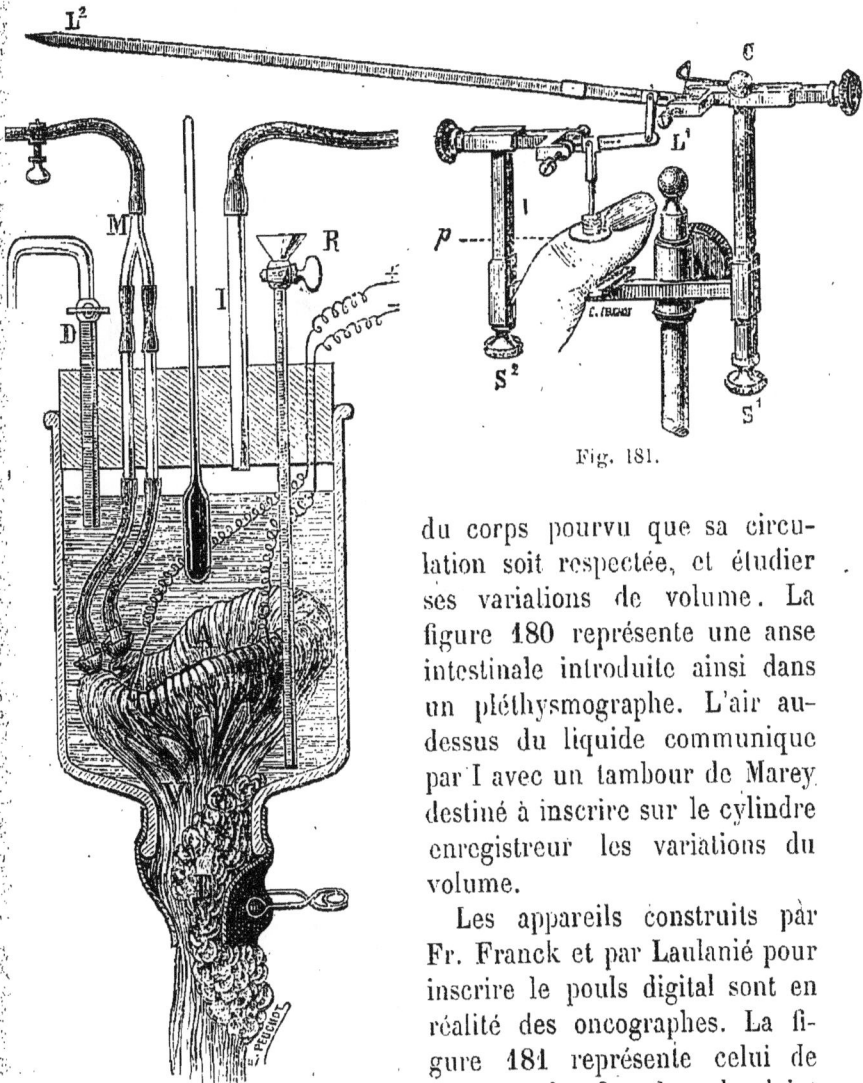

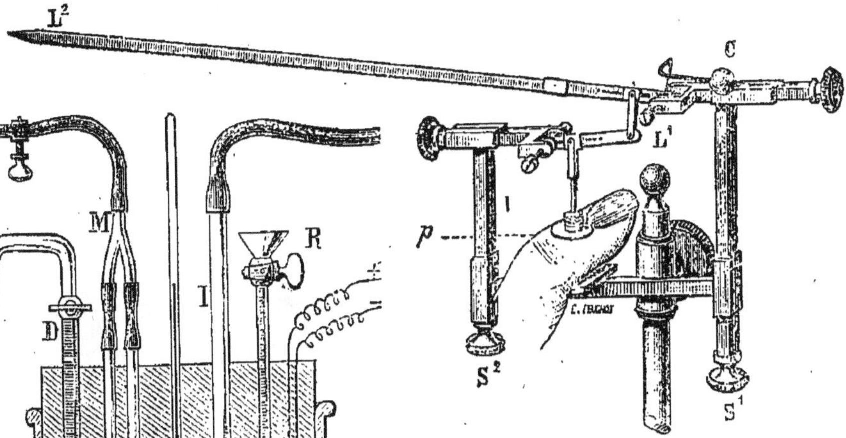

Fig. 181.

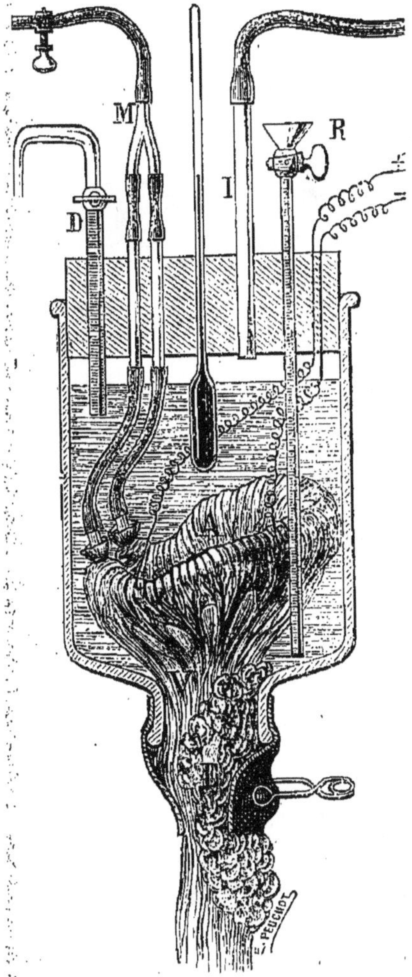

Fig. 180.

du corps pourvu que sa circulation soit respectée, et étudier ses variations de volume. La figure 180 représente une anse intestinale introduite ainsi dans un pléthysmographe. L'air au-dessus du liquide communique par I avec un tambour de Marey destiné à inscrire sur le cylindre enregistreur les variations du volume.

Les appareils construits par Fr. Franck et par Laulanié pour inscrire le pouls digital sont en réalité des oncographes. La figure 181 représente celui de Fr. Franck. On place le doigt sur un support fixe, la valve mobile de l'oncographe peut être figurée par une petite lame métallique ou par l'ongle sur lequel on appuie le levier enregistreur.

Cet instrument est d'un maniement très simple et peut donner d'excellents tracés.

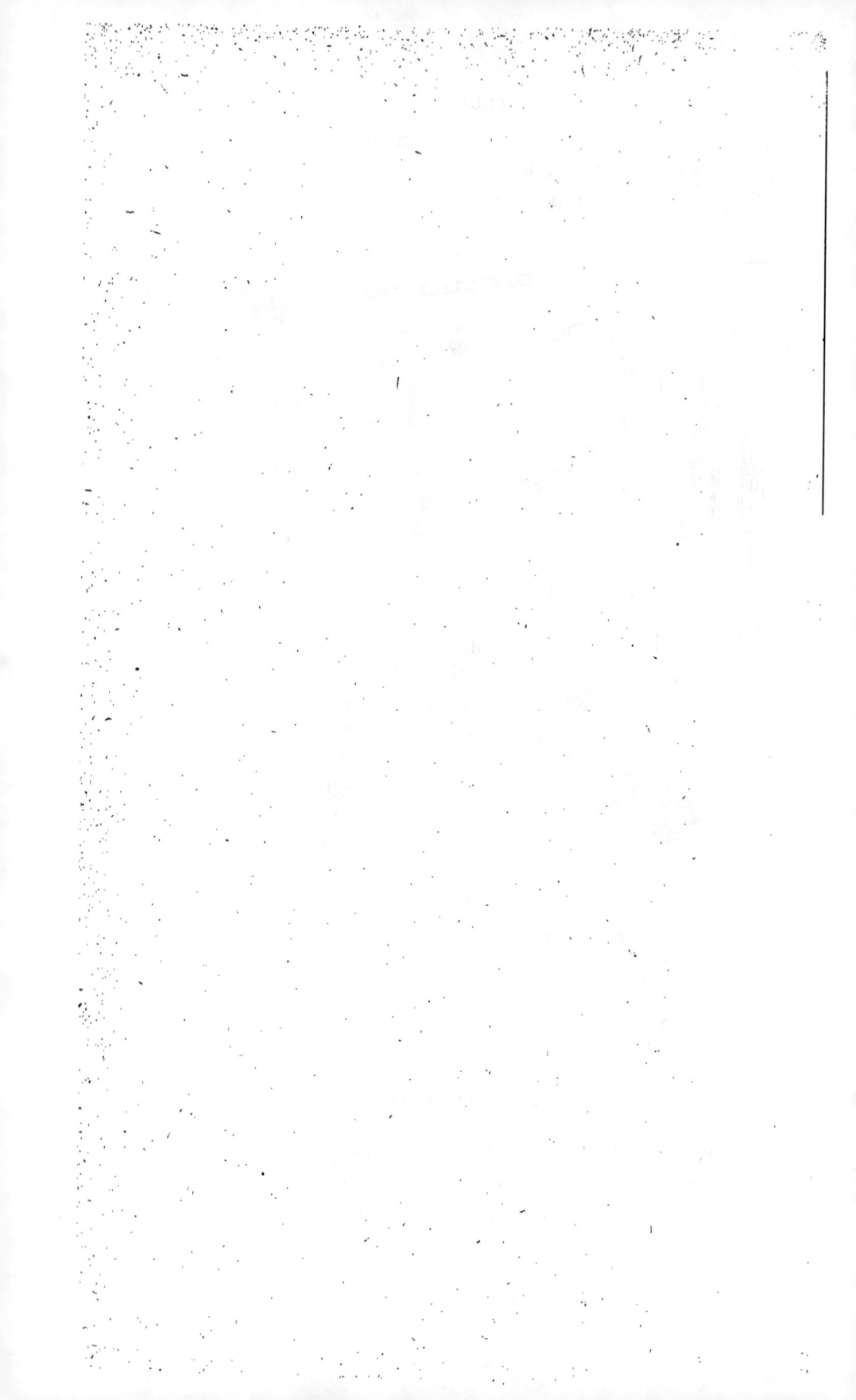

DEUXIÈME PARTIE

ACTIONS MOLÉCULAIRES

I

GAZ

Il est indispensable, pour l'étude d'un grand nombre de phénomènes, entre autres dans les recherches sur la respiration, de connaître les propriétés fondamentales des gaz, qui peuvent se résumer de la façon suivante.

1° **Loi de Mariotte.** — A une même température, le volume d'une certaine masse de gaz est en raison inverse de la pression que supporte ce gaz, ou bien, ce qui revient au même, de la pression qu'il exerce contre les parois du récipient dans lequel il est contenu.

Ainsi si nous prenons une certaine masse de gaz enfermée dans un mètre cube sous une certaine pression, pour réduire ce volume à un demi-mètre cube il nous faudra doubler la pression. Pour réduire le volume à un tiers de mètre cube il faudra tripler la pression, et ainsi de suite.

2° **Loi de Gay-Lussac.** — Pour une même pression constante l'accroissement de volume d'un certain volume de gaz est proportionnel à la température.

Si l'on part de 0°, pour chaque élévation de température de 1 degré centigrade, le volume augmente de $\frac{1}{273}$ du volume à 0°.

Au lieu de conserver la pression constante et de laisser varier le volume, on peut faire l'inverse. Dans ces conditions, le volume restant constant la pression augmente avec la température suivant la même loi, c'est-à-dire que l'augmentation de pression est proportionnelle à l'augmentation de température; et si l'on part de zéro, pour chaque degré centigrade la pression augmente de $\frac{1}{273}$ de la pression à zéro.

3° **Loi de Dalton.** — Si l'on met en présence deux ou plusieurs gaz ils se mélangent d'une façon parfaite. Chacun de ces gaz se comporte dans le récipient où ils se trouvent enfermés comme s'il y était seul. Il y exerce la même pression, et la pression totale du mélange est égale à la somme des pressions exercées par chaque gaz.

La loi de Dalton semble rigoureusement vraie; il n'en est pas de même pour la loi de Mariotte et la loi de Gay-Lussac qui ne sont qu'approchées. Il faut en effet remarquer, ainsi que l'ont montré des recherches précises, que les divers gaz ne se compriment pas de la même façon et ont, lors des variations de température, des coefficients de dilatation différents.

De plus il y a lieu de faire intervenir dans ces opérations un facteur très important; c'est ce que l'on appelle le voisinage de point de liquéfaction.

Tout gaz peut se transformer en un liquide par une compression et un abaissement de température suffisants. De même tout liquide peut donner des vapeurs qui, à une température assez élevée, sont de véritables gaz.

Or au moment où un gaz ou plutôt une vapeur va se liquéfier, les lois de Mariotte et de Gay-Lussac sont complètement en défaut. Elles se rapprochent d'autant plus de la vérité que l'on est plus éloigné de ce point de liquéfaction, et lorsqu'on en est très loin, comme cela arrive pour l'oxygène, l'azote, l'hydrogène, et d'autres gaz encore dans les conditions habituelles, elles sont vraies pour des limites assez étendues de variation de pression ou de température. On dit alors que ces gaz sont à l'état parfait.

II

DENSITÉ DES GAZ

La densité d'un gaz est le rapport d'un certain volume de ce gaz au même volume d'air, dans les mêmes conditions de température et de pression.

Pour avoir le poids d'un gaz on cherche le poids du même volume d'air, dans les mêmes conditions de température et de pression, et on multiplie ce volume par la densité du gaz.

Inversement, pour avoir la densité d'un gaz, on cherche le poids du gaz, puis on cherche le poids du même volume d'air dans les mêmes conditions de température de pression et on divise l'un par l'autre.

Dans les traités de physique élémentaire on décrit les méthodes employées pour peser un gaz. Elles consistent, en principe, à peser un ballon dans lequel on a fait le vide, puis à y laisser rentrer le gaz sur lequel on veut expérimenter et à faire une nouvelle pesée. Par différence, on a le poids du gaz.

Remarque. — La densité d'un gaz ne représente plus le poids de l'unité de volume comme pour les solides et les liquides. Ainsi la densité de l'acide carbonique est 1,529 et le poids du décimètre cube est 1,977, cela tient à ce que le poids du décimètre cube d'air, substance par rapport à laquelle est prise la densité, n'est pas 1 gramme, mais 1gr,293.

III

MENSURATION DES GAZ

De même que pour un liquide ou un solide, on peut évaluer une masse de gaz en volume ou en poids, et l'on peut passer d'une de ces évaluations à l'autre; mais pour les gaz il faut tenir grand compte dans ces opérations de la pression et de la température. Nous savons qu'un kilogramme d'eau fait un litre environ; si l'on ne nous donne ni la température ni la pression supportée par ce liquide, nous n'introduirons cependant pas, de ce chef, d'erreur importante dans nos opérations, au moins dans les circonstances ordinaires. C'est ce qui nous permet l'emploi facile des mesures graduées en volume, éprouvettes, pipettes, etc.

Pour un gaz il n'en est pas de même. Les variations de volume sous l'influence des changements de température et de pression sont trop considérables pour pouvoir être négligées, aussi faut-il toujours spécifier dans quelles conditions les mesures ont été faites, et l'on a pris l'habitude de ramener toutes les déterminations à une même température et à une même pression. Cette température est 0°, la pression est une atmosphère, c'est-à-dire 760 mm. de mercure.

Certains expérimentateurs rapportent leurs mesures à 1 m. de mercure, ce qui est plus rationnel et simplifie certaines opérations de calcul.

Il est indispensable, pour faire divers calculs, de connaître le volume occupé par un gramme des divers gaz, ou le poids du litre de ce gaz à 0° et à 760 mm. de pression. Voici ces valeurs pour ceux d'entre eux qui interviennent en physiologie :

Gaz.	à 0° et à 760 mm. Poids du litre.	Volume du gramme.
Air	1 g. 293	0 l. 773
H^2	0 g. 090	11 l. 111
O^2	1 g. 430	0 l. 698
Az^2	1 g. 256	0 l. 796
CO^2	1 g. 977	0 l. 506
Vapeur d'eau	0 g. 806	1 l. 241

A l'aide de ces chiffres, si l'on connaît le poids d'un gaz, on en déduit immédiatement son volume à 0° et à 760 mm. On peut ensuite passer à une température ou un volume quelconque. Pour la température il suffit pour chaque élévation de 1° d'ajouter au volume à 0° ce volume multiplié par $\frac{1}{273} = 0{,}00366$. S'il y a $t°$ d'élévation de température il faut ajouter $Vt \times 0{,}00366$. Le volume sera donc $V + V.t \times 0{,}00366 = V(1 + t.\,0{,}00366)$.

Pour passer de la pression 760 à une autre pression H, d'après la loi de Mariotte il faudra multiplier le volume à 760 par $\frac{H}{760}$.

Donc, finalement, pour passer du volume à 0° et 760 mm., au volume à $t°$ et H mm. de pression, il faut multiplier le volume à 0° par

$$\frac{760}{H}(1 + t\ 0{,}00366). \qquad (1)$$

Inversement si l'on connaît un volume de gaz à t et à la pression H, pour avoir ce même volume à 0° et 760 il faudra diviser par (1). Ce résultat obtenu on pourra, à l'aide du chiffre approprié de la table précédente, trouver le poids de gaz.

Dans les recherches biologiques on ne dose généralement en poids que CO^2 ou H^2O. Ces corps sont absorbés par des substances convenablement choisies, et, par des pesées faites avant et après l'absorption, on connaît le poids de CO^2 ou de H^2O cherché.

Les autres gaz se dosent en volume, ce que, bien entendu, on peut aussi faire et ce que l'on fait d'ailleurs souvent pour CO^2. C'est dans ce cas qu'il est extrêmement important de bien tenir compte de la température et de la pression.

La température se détermine au thermomètre. Il faut être bien certain que le gaz s'est mis en équilibre de température avec le thermomètre ; comme cela prend un certain temps il est bon de ne faire ses mesures que sous l'eau et il faut, pour cela, employer des procédés de technique dans le détail desquels il est impossible d'entrer ici. Dans l'air, les courants et variations brusques ne permettraient pas d'obtenir un résultat certain.

La pression se détermine au moyen du baromètre. Bien entendu suivant le degré de précision que l'on désire atteindre, il faut un baromètre plus ou moins parfait.

Une fois la pression barométrique déterminée, il faut vérifier que le gaz étudié est à cette même pression, sinon il sera nécessaire de tenir compte de la différence, de l'ajouter ou de la retrancher suivant que le gaz est au-dessus ou au-dessous de la pression atmosphérique. A cet effet les appareils où les gaz seront recueillis doivent être munis d'un manomètre indiquant la différence de pression entre le gaz qui y est contenu et l'atmosphère.

Il y a encore un élément dont il est important de tenir compte, c'est la vapeur d'eau que peut contenir le gaz, car un volume donné ne contient pas la même masse de gaz, suivant que ce gaz est humide ou sec. Si le gaz est complètement sec il n'y a aucune difficulté ; mais cet état est difficile à obtenir et à maintenir, les substances absorbantes étant généralement humides ainsi que les parois des vases. Pour ne pas avoir de doute sur la quantité de vapeur d'eau contenue dans le gaz il est bon de le tenir toujours saturé, c'est-à-dire de maintenir en sa présence une très légère quantité d'eau. Dès lors il est aisé de connaître la quantité de vapeur d'eau contenue dans ce gaz, car chaque unité de volume, chaque centimètre cube ou litre en contient une quantité qui ne dépend que de la température, comme on le verra au chapitre de l'hygrométrie. Cette vapeur d'eau se comporte comme un gaz dans le mélange, elle a sa pression propre qu'il faut retrancher de la pression totale pour avoir la pression réelle du gaz étudié. La pression de la vapeur d'eau aux diverses températures est donnée par des tables spéciales.

Pour pouvoir mesurer les gaz et les analyser, il faut au préalable les recueillir.

Lorsqu'il s'agit de suivre les échanges respiratoires d'un animal, le procédé le plus simple consiste à placer l'animal soumis à l'expérience dans une enceinte close. On fait une prise de gaz au début, ou bien on admet que ce gaz a la composition de l'air, puis on fait une nouvelle prise à la fin de l'expérience. Cette deuxième prise est analysée, et, si l'on sait quel est le volume total du récipient on peut en déduire la quantité d'oxygène absorbée et la quantité de CO^2 exhalée. Cette méthode a l'inconvénient de faire respirer à l'animal un air

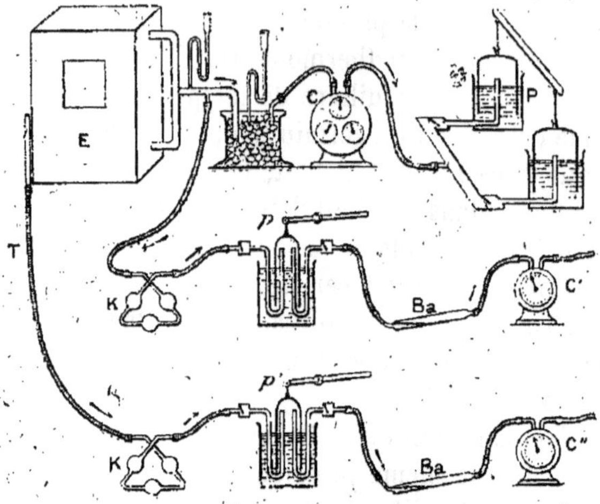

Fig. 182. — *Schéma de l'appareil de Pettenkoffer et Voit.* E, chambre respiratoire ; P, grande pompe aspiratrice pour y déplacer l'air ; C, compteur mesurant le volume d'air déplacé ; *p*, *p'*, petites pompes avec C, C' leurs compteurs particuliers placés en dérivation, l'un *p* sur le courant de sortie, l'autre *p'* sur le courant d'entrée, K, K' ; *Ba*, *Ba'*, barboteurs destinés à retenir l'acide carbonique et l'eau.

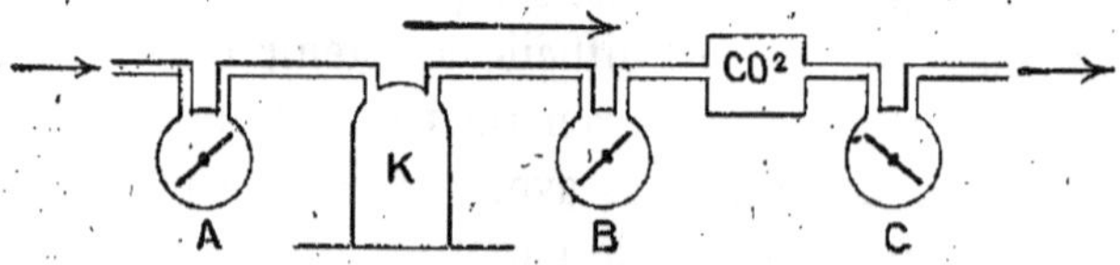

Fig. 182 *bis*.

confiné, dont la composition se modifie au cours de l'expérience, cela peut introduire certains troubles, il vaut mieux ne lui donner que de l'air frais.

On peut pour cela faire passer un courant continu d'air dans la chambre où se trouve l'animal, mais alors CO^2 produit se trouve dilué dans une grande quantité d'autre gaz et le dosage en est assez délicat; il devient encore plus difficile de déterminer la quantité d'oxygène absorbée. On y arrive cependant à l'aide de la méthode des compteurs employée par Pettenkoffer et Voit, et par Hanriot et Richet; voici le principe de ce procédé.

La méthode de Pettenkoffer et Voit consiste à placer le sujet sur lequel on opère dans une enceinte E (fig. 182); l'air est aspiré au moyen d'une pompe P et un compteur C donne la quantité d'air qui passe ainsi. De plus une deuxième pompe *p*, plus petite, puise un échantilton d'air qui sera mesuré au compteur C′ et qui barbote successivement dans de l'acide sulfurique K pour déterminer la vapeur d'eau qu'il contient et dans de la baryte Ba pour mesurer l'acide carbonique. Enfin une troisième petite pompe *p′*, puise de l'air avant l'entrée de l'appareil. Cet air est mesuré par le compteur C′, on détermine également la vapeur d'eau et l'acide carbonique qu'il contient.

De cette façon on connaît le volume d'air qui traverse l'appareil, on sait quelle est sa composition à l'entrée et à la sortie, on peut en déduire la vapeur d'eau et l'acide carbonique éliminé par l'animal. Un grand nombre de déterminations ont été faites ainsi en Allemagne.

Dans le dispositif de Hanriot et Richet, l'animal se trouve en K (fig. 182 *bis*) et reçoit l'air pur traversant le compteur à gaz A et mesuré par lui. A la sortie de K l'air est de nouveau mesuré par le compteur B, puis débarrassé de son acide carbonique par le passage sur de la potasse, et finalement mesuré en C. Une trompe à eau produit une aspiration continue pour faire passer l'air dans le sens des flèches. La différence entre les volumes mesurés en C et en A donne l'oxygène absorbé. La différence d'air entre C et B donne l'acide carbonique produit.

Cette méthode est très délicate, sujette à erreur par suite des variations de température de l'air et du déréglage possible des compteurs; elle demande à être maniée avec beaucoup de prudence.

Un autre procédé dû à Regnault et Reiset consiste à faire circuler toujours le même air dans la cloche où se trouve l'animal, on l'aspire sur de la potasse pour le débarrasser de CO^2 et on le lance à nouveau dans la chambre. A ce jeu il s'appauvrit rapidement en oxygène et la pression baisse, mais alors on fait rentrer de l'oxygène pur dans la cloche de façon à y maintenir la pression constante. A la fin de l'expérience il suffit de mesurer l'oxygène dépensé et de peser l'augmentation de poids de la potasse pour avoir tous les éléments du problème. Ce procédé a subi de notables perfectionnements, on sait aujourd'hui enregistrer d'une façon continue l'acide carbonique produit et l'oxygène dépensé.

C'est sur ce même principe qu'est construite la chambre dans laquelle un homme peut séjourner plusieurs jours, et qui a servi à Atwater et à Bénédict, en Amérique, pour leurs expériences.

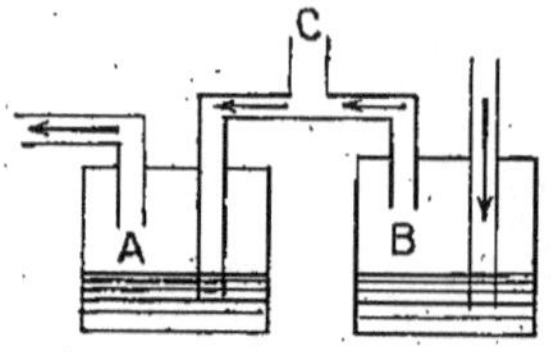

Fig. 183.

Un bon procédé, pour étudier les échanges respiratoires, consiste à étudier directement l'air sortant des poumons et par conséquent à ne recueillir que cet air sans s'occuper de l'atmosphère dans lequel est plongé l'animal.

On emploie dans ce but la soupape de Müller (fig. 183). Elle consiste essentiellement en deux flacons dont les bouchons percés reçoivent des tubes allant les uns jusque vers le fond des flacons, les autres restant à la partie supérieure ainsi que l'indique la figure. Chaque vase contient une petite quantité de liquide, d'eau par exemple. L'animal respire par le tube C, qu'il prend en bouche quand c'est l'homme, qu'il faut lier sur la trachée quand c'est un animal.

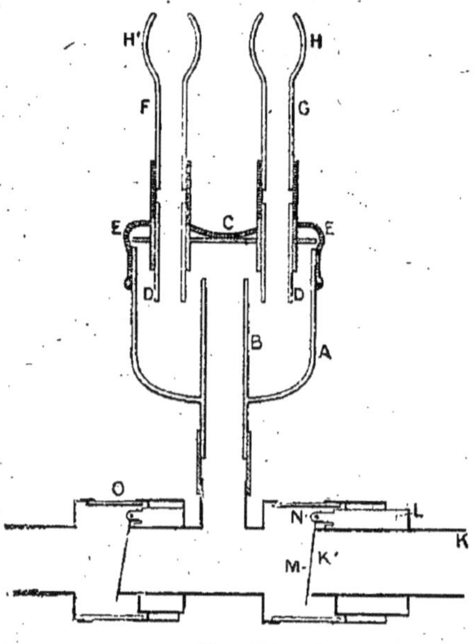

Fig. 184.

L'air ne peut circuler que dans le sens des flèches, au moment de l'aspiration il entre par B et va par C à l'animal. Au moment de l'expiration il est refoulé de C par A dans l'air. En passant ainsi, l'air barbote dans le liquide au fond des vases; si l'on voulait renverser le courant cela ferait monter ce liquide dans les tubes qui y plongent, il en résulterait une résistance considérable. C'est grâce à ce mécanisme que l'air ne peut circuler que dans le sens indiqué par les flèches.

Ce dispositif a un grave inconvénient; l'air traverse un liquide en barbotant, il en résulte une certaine pression à vaincre, aussi bien à l'inspiration qu'à l'expiration. Cette pression est faible il est vrai, mais elle suffit pour modifier la mécanique de la respiration. MM. Chauveau et Tissot se servent d'une soupape à valves métalliques très légères (fig. 184) fonctionnant comme la soupape de Müller. Pour éviter que les valves ne viennent à coller sur leur support, ce qui arrive facilement, aussitôt qu'une petite quantité de vapeur s'est condensée dans l'appareil, elles reposent sur un orifice à bord tranchant qui ne peut donner lieu à aucune adhérence. Dans le cas de la figure la soupape porte une double canule H, H' destinée à se fixer aux narines du sujet.

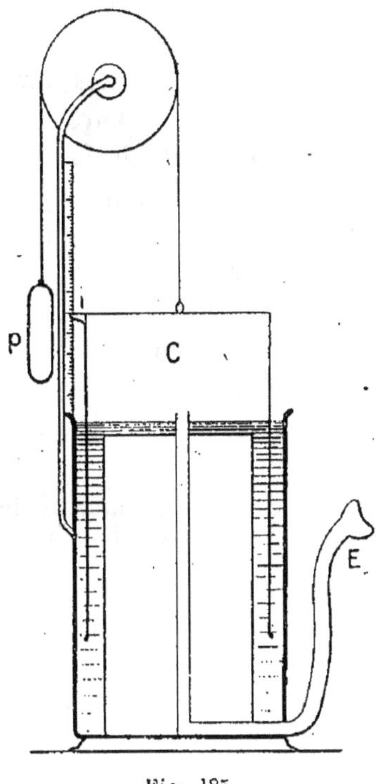

Fig. 185.

Dans ces conditions on recueille tout l'air provenant de la respiration, dans un réservoir approprié, on le mesure et on l'analyse. Mais on conçoit que sitôt que l'on opère sur de gros animaux, sur l'homme, par exemple, on a affaire à des volumes gazeux très considérables et il devient difficile d'avoir des récipients assez vastes pour les contenir. M. Chauveau a, pour éviter cette difficulté, imaginé un appareil à dérivation partielle, c'est-à-dire qu'on ne recueille qu'une fraction connue de l'air expiré. Un dixième de l'air expiré est retenu, mesuré et analysé, et il suffit de multiplier tous les résultats par 10 pour obtenir le même résultat que si l'on avait opéré sur tout l'air de la respiration.

Bien entendu les récipients dans lesquels, au moment de la respiration, l'animal envoie l'air qu'il respire ne doivent donner lieu à aucune contre-pression, sans cela il en résulterait, comme pour la soupape de Müller, une résistance à vaincre qui modifierait les résultats.

Lorsqu'on emploie des gazomètres consistant en une cloche renversée sur l'eau, dans laquelle l'air pénètre par un tube traversant le bassin contenant cette eau, recouverte par une légère couche d'huile pour éviter la dissolution des gaz, la cloche de ces appareils se soulève à mesure de la rentrée d'air. Le poids de cette cloche doit donc être soigneusement compensé, pour ne pas exercer de pression sur l'air qui y est contenu. Ce résultat est assez difficile à atteindre car la valeur du contrepoids varie avec la plongée de la cloche; il doit croître, à mesure que la cloche se soulève et subit une poussée moindre de la part de l'eau.

Tissot, modifiant des appareils de Pflüger et de Frédéricq, a construit un gazomètre où la valeur du contrepoids se règle automatiquement, de façon que la pression dans l'intérieur de l'appareil soit toujours rigoureusement égale à la pression atmosphérique.

On se sert aussi, dans le laboratoire de M. Chauveau, de vessies. Quand elles sont bien choisies, minces et convenablement enduites de graisse, on peut y conserver le gaz de la respiration sans crainte de pertes à travers la paroi, et par suite de leur souplesse elles ne créent aucune contre-pression appréciable au moment où l'on y envoie l'air expiré.

Pour évaluer la quantité de gaz expiré, on peut effectuer directement la mesure dans la cloche où il a été recueilli, c'est en somme en cela que consiste le spiromètre de Hutschinson (fig. 185).

Cet appareil a l'avantage de retenir les gaz et de permettre, après les avoir mesurés, de les analyser. D'autres spiromètres vendus dans le commerce sont de simples compteurs à gaz à travers lesquels passe l'air expiré pour se perdre dans l'atmosphère, on peut alors évaluer le volume de cet air, mais on ne connaît pas sa composition. D'ailleurs ces appareils ne peuvent être que très approximatifs par suite de l'ignorance dans laquelle on se trouve sur la température et la pression de l'air qui les traverse.

IV

PHÉNOMÈNES MÉCANIQUES DE LA RESPIRATION

Les poumons se trouvent dans la cavité thoracique close de toute part; par suite de leur plasticité, leur surface externe s'applique contre la surface interne de cette cavité, si toutefois il y a le vide entre ces deux surfaces. S'il vient à se produire une ouverture mettant la cavité thoracique en communication avec l'atmosphère, l'air se précipite dans l'intérieur de cette cavité, le poumon quitte la paroi et s'affaisse sur lui-même.

Si, au contraire, aucune rentrée d'air n'est possible, quand la cavité thoracique augmente de volume par suite du soulèvement des côtes et de l'abaissement du diaphragme, le poumon augmente de volume et l'air y pénètre par la trachée, c'est la période d'inspiration. Au moment du relèvement du diaphragme et de l'abaissement des côtes c'est l'inverse qui se produit, le volume du poumon et celui de la cavité thoracique diminuent, c'est la période d'expiration pendant laquelle l'air est de nouveau chassé dans l'atmosphère.

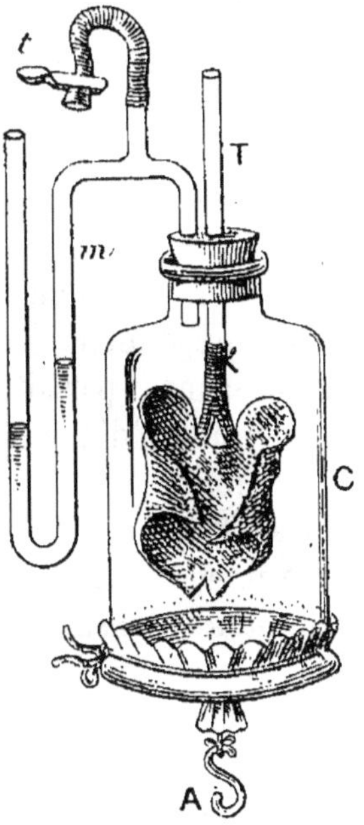

Fig. 186.

On se rend très bien compte de ces divers phénomènes à l'aide d'un dispositif schématique représenté sur la figure 186. Les poumons d'un chien, par exemple, sont extraits de la cavité thoracique avec la trachée, en faisant bien attention de ne pas blesser ces poumons. On ligature sur la trachée un tube que l'on fait passer au travers d'un bouchon placé sur le goulot d'une cloche. Un second tube donne accès à un manomètre et par un branchement on fixe un tube de caoutchouc que l'on pourra à volonté fermer avec une pince.

L'ouverture inférieure de la cloche est fermée par une épaisse membrane en caoutchouc, munie en son milieu d'une poignée ou d'un crochet.

Le poumon étant en place dans l'intérieur de la cloche et la membrane de caoutchouc liée sur l'ouverture inférieure, on commence par aspirer par *t* une partie de l'air de la cloche. A mesure que cette opération se fait, on voit le poumon se gonfler de plus en plus, il est inutile pour la suite d'aller jusqu'à le faire s'appliquer en tous points sur la paroi interne de la cloche. On ferme le tube *t* et l'on constate au manomètre une dépression permanente à l'intérieur de la cloche, cela tient à ce que, par suite de son élasticité, le poumon tend à revenir sur lui-même et à diminuer son volume extérieur; si l'on mettait un manomètre à la trachée et que l'on ouvre le tube *t*, on constaterait que, par suite de cette élasticité, le poumon exerce une pression d'air dans ce manomètre; il souffle pour ainsi dire dans le manomètre.

La membrane de caoutchouc se trouve bombée vers le haut tant que la pression dans l'intérieur de la cloche se trouve au-dessous de la pression atmosphérique. Si maintenant l'on saisit la poignée qui se trouve au milieu de cette membrane et qu'on l'abaisse, on produit dans la cloche une diminution de pression visible au manomètre *m*, le poumon se dilate et fait une inspiration. Quand on laisse remonter la membrane l'inverse se passe, les choses reviennent en l'état primitif et il se produit une expiration. La membrane joue ainsi absolument le rôle du diaphragme et l'on voit, en observant le poumon et le manomètre, comment les variations de pression dans la cavité où est contenu le poumon influent sur ses changements de volume et sur la respiration. Dans la réalité il n'existe pas d'intervalle entre le poumon et la cavité thoracique; il y a accolement parfait; mais le mécanisme est le même.

Pour suivre d'une façon précise les phénomènes mécaniques de la respiration on fait usage de la méthode graphique sous différentes formes.

Un procédé simple, lorsqu'il ne s'agit que d'étudier le rythme respiratoire, consiste à enfermer l'animal à étudier dans un bocal, tous les mouvements de dilatation ou de contraction du thorax se traduisent par des variations de pression de l'air, et il suffit de mettre cet air en communication avec un tambour de Marey pour enregistrer ces variations. A première vue il semble que la quantité d'air emprisonné dans l'enceinte où se trouve l'animal restant la même il ne doive résulter des mouvements de cet animal aucune variation de pression de cet air; mais il faut considérer qu'au moment de l'inspiration par exemple, la dilatation du thorax précède un peu la rentrée de l'air dans les poumons, par conséquent, à ce moment, il y a une compression de l'air ambiant. Inversement, au moment de l'expulsion de l'air du poumon, cette expulsion est causée et par suite précédée par un retrait de la cage thoracique, entraînant une diminution de pression de l'air dans lequel se trouve l'animal.

Si l'animal soumis à l'expérience ne doit pas être conservé, on peut lui fixer une canule sur la trachée. Cette canule sera reliée à un tube passant à travers le bouchon d'un vase clos de toute part.

et contenant de l'air. C'est l'air de cet enclos qui servira uniquement à la respiration de l'animal et il sera alternativement comprimé et dilaté. Ces variations de pression pourront être enregistrées comme précédemment. Dans les deux dispositifs que nous venons de décrire on a recueilli les produits de la respiration et on peut les analyser. Si l'on n'y tient pas, il vaut mieux employer le dispositif de Hering, grâce auquel l'animal ne respire pas de l'air confiné. On lui lie une canule dans la trachée, l'animal est placé en vase clos pour faire l'enregistrement des mouvements

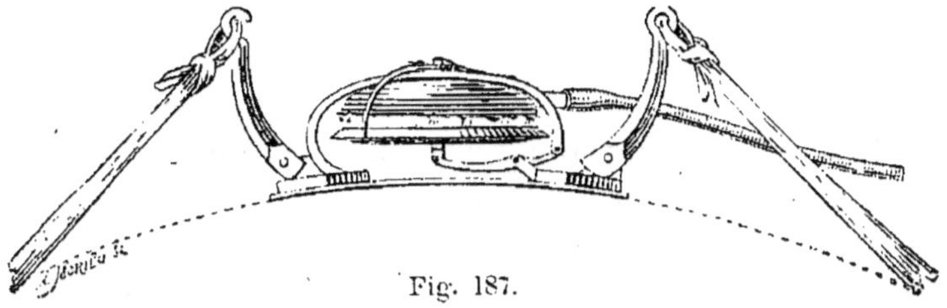

Fig. 187.

respiratoires, mais sa trachée communique avec l'atmosphère et il prend ainsi de l'air pur.

Suivant ce que l'on veut obtenir il faut adopter un de ces trois dispositifs.

On a aussi imaginé des appareils dits pneumographes, qui permettent d'enregistrer les mouvements de la cage thoracique sans se préoccuper de la manière dont sera recueilli l'air de la respiration.

La figure 187 représente le pneumographe de Marey. L'appareil se compose d'une bande métallique élastique que l'on applique sur le devant de la poitrine. Une ceinture reliée à deux leviers solidaires de cette plaque fait le tour de la cage thoracique qui, en se dilatant, exerce une traction sur les extrémités de ces deux leviers.

Dans ces conditions la bande métallique se courbe plus ou moins, la membrane du tambour se comprime et ses mouvements sont transmis par la méthode habituelle à un tambour récepteur inscrivant sur un cylindre tournant les variations de volume du thorax.

Cet appareil a subi de nombreuses modifications, mais toutes sont basées sur le même principe. La figure 188 représente le modèle de Laulanié, qui est d'une application très facile et dont il est aisé de saisir le fonctionnement par l'examen du dessin en se reportant aux explications données plus haut.

Le ruban C vient, après avoir fait le tour de la poitrine, se fixer aux dents D sur lesquelles il tire lors de la dilatation de la cage thoracique. Les mouvements de la planchette articulée H sont modérés par le lien élastique E et se transmettent à la membrane du tambour G.

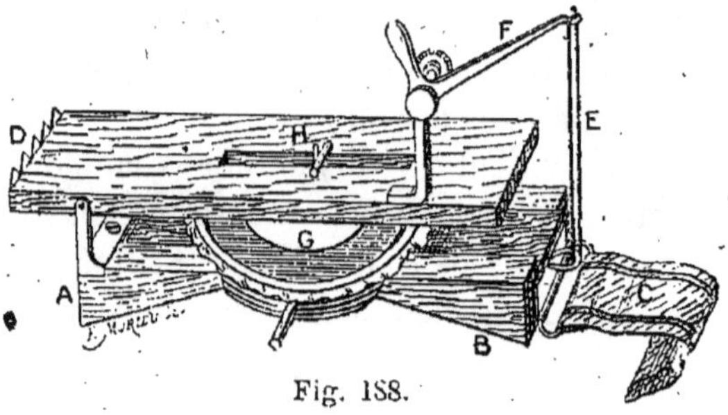

Fig. 188.

On a aussi fait des modèles dans lesquels on peut enregistrer séparément les dilatations du côté gauche et du côté droit de la poitrine. Le principe de ces appareils est le suivant. Une plaque métallique est placée sur le devant de la poitrine, elle porte deux tambours isolés l'un de l'autre et la ceinture faisant le tour de la cage thoracique exerce ses tractions sur les deux tambours, soit en étant reliée directement au centre de la membrane de caoutchouc, comme dans la figure 189, soit par un autre dispositif variable suivant les modèles. Il faut prendre de grandes précautions dans l'emploi de ce genre d'appareils, car les dilatations d'un côté de la poitrine peuvent très bien se transmettre au tambour du côté opposé, soit par glissement de l'instrument sur le devant du thorax, soit par glissement du ruban. Le mieux est de maintenir en place l'instrument par des bandes de diachylon bien collées sur la peau et de fixer également le ruban au niveau de la colonne par le même procédé.

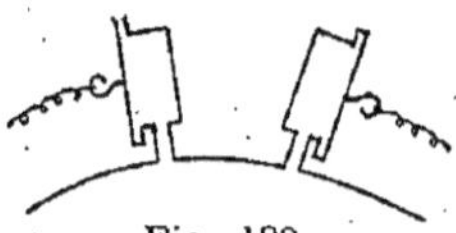
Fig. 189.

V

DISSOLUTION DES GAZ

La dissolution des gaz est soumise aux lois suivantes :

1° *Lorsqu'un mélange de gaz se trouve en présence d'un liquide, chaque gaz se dissout comme s'il était seul.* C'est-à-dire que tout se passe pour chaque gaz comme si l'on faisait disparaître les autres gaz mélangés avec lui. Il ne reste donc qu'à examiner comment se comporte un seul gaz en présence d'un liquide.

2° *Pour un même gaz et un même liquide, à une température donnée, la quantité de gaz dissoute dans le liquide est proportionnelle à la pression que le gaz exerce à la surface du liquide une fois la dissolution effectuée.*

Ainsi, si l'on place un gaz en présence d'un liquide, pendant que la dissolution s'effectue la masse de gaz libre peut varier et sa pression changer, mais à la fin de l'opération, lorsque l'équilibre est établi, la quantité de gaz en dissolution est proportionnelle à la pression que le gaz libre exerce à la surface libre du liquide.

3° *Pour une même pression finale et une même température, la quantité de gaz dissous dépend de la nature du gaz et de celle du liquide.*

4° *La quantité d'un gaz qui se dissout dans un liquide à une pression déterminée diminue quand la température s'élève.*

Voici une table donnant la quantité de gaz qui se dissout dans

GAZ	0°	4°	10°	15°	20°
Air.	0,0247	0,0224	0,0195	0,0179	0,0170
Azote.	0,0203	0,0184	0,0160	0,0148	0,0140
Oxygène	0,0411	0,0372	0,0325	0,0299	0,0284
Hydrogène	0,0193	0,0193	0,0193	0,0193	0,0193
Acide carbonique. . .	1,7987	1,5126	1,1847	1,0020	0,9014
Oxyde de carbone. . .	0,0329	0,0299	0,0263	0,0243	0,0231

l'eau à diverses températures, pour une pression de 760 mm. et pour les gaz les plus usuels en biologie. Cette table donne les volumes de gaz se dissolvant dans un volume d'eau égal à 1.

A l'aide de ces chiffres on peut calculer la quantité de gaz dissoute dans l'eau à une pression quelconque pour les limites de température comprises entre 0° et 20°.

On voit que lorsqu'on désire obtenir la dissolution de la plus grande quantité de gaz possible, il faut opérer à basse température et à haute pression. Si, au contraire, on désire chasser les gaz d'une dissolution, deux moyens sont à notre disposition : on peut faire le vide au-dessus du liquide ou le chauffer. Dans ce dernier cas il faut arriver à l'ébullition pour obtenir le départ des dernières traces du gaz dissous, aussi, dans bien des cas, lorsque l'on craint d'altérer certains produits se trouvant dans le liquide, on préfère avoir recours au premier procédé. Souvent on les combine en faisant agir à la fois l'élévation de température et l'abaissement de pression.

VI

OCCLUSION DES GAZ

Les corps solides jouissent de la propriété de condenser les gaz, tout se passe comme si le gaz se dissolvait dans un liquide. Certains corps sont particulièrement remarquables à cet égard ; ainsi le palladium peut absorber jusqu'à 643 fois son volume d'hydrogène. Au moment de cette absorption il se produit une élévation considérable de la température. Un des corps les plus intéressants à ce point de vue pour le biologiste est le charbon de bois, dont on se sert parfois pour absorber les gaz provenant des corps en putréfaction.

Un volume de charbon de bois peut absorber

Ammoniaque .	90	volumes.	CO^2	35	volumes.
HCl	85	—	O^2	9,25	—
SO^2	56	—	Az	7,70	—
H^2S	55	—	H^2	1,75	—

Une élévation considérable de température débarrasse les corps des gaz qui y sont occlus. Si l'on veut avoir du charbon ne contenant ainsi aucun gaz il faut le chauffer au rouge et l'éteindre sous le mercure.

VII

DIFFUSION DES GAZ

Lorsque deux gaz sont en présence sans agitation, ils se pénètrent l'un l'autre, chacun d'eux finit par se comporter dans le vase où ils sont enfermés comme s'il s'y trouvait seul, on dit que les gaz ont diffusé l'un dans l'autre.

Lorsque les gaz sont séparés par un diaphragme mince percé d'une ou plusieurs petites ouvertures, le mélange se fait par le passage des gaz à travers ces orifices. La loi de passage est dans ce cas fort simple, la vitesse de chaque gaz est en raison inverse de la racine carrée de sa densité. C'est-à-dire que si, dans le même temps, il passe deux fois plus d'un gaz A que d'un gaz B, c'est que le gaz A est quatre fois moins dense que B. La nature de la paroi n'a aucune influence.

Il n'en est plus de même pour les diaphragmes épais et poreux, il se produit alors des actions spéciales de la part des parois limitant les orifices, la nature de cette paroi intervient, le phénomène se complique et il n'y a plus de loi simple à formuler pour le mélange des gaz situés de part et d'autre du diaphragme.

Il y a un cas particulièrement important, c'est celui où le diaphragme ne semble présenter aucun orifice, quelque petit qu'il soit; il en est ainsi du caoutchouc. Les gaz passent à travers la membrane de caoutchouc avec une vitesse variable suivant la nature du gaz. Le tableau suivant donne les vitesses relatives par rapport à celle de l'azote.

Azote	1
Oxyde de carbone	1,113
Air	1,149
Gaz des marais	2,148
Oxygène	2,556
Hydrogène	5,500
CO^2	13,585

On conçoit pourquoi un ballon d'hydrogène maintenu dans l'air diminue rapidement de volume, l'hydrogène en sort plus vite que l'air n'y rentre. Au contraire un ballon d'air dans l'hydrogène ou CO^2 se gonfle au point d'éclater.

Il faut remarquer que la pression totale des gaz ne joue dans ce phénomène qu'un rôle secondaire; ainsi, dans la dernière expérience, l'H ou le CO^2 extérieur, quoique étant à une pression moindre que la pression du ballon, y pénètre cependant. Bien entendu lorsque la pression de H ou de CO^2, considérés isolément, sera la même à l'intérieur du ballon qu'à l'extérieur, le passage cessera de s'effectuer.

Ce passage des gaz à travers le caoutchouc est un phénomène important à connaître, il montre à quelles erreurs on s'expose lorsque l'on veut conserver dans des sacs en caoutchouc des gaz destinés à être analysés, en vue d'une étude des échanges respiratoires, par exemple.

VIII

DISSOCIATION

La dissociation est un phénomène des plus importants au point de vue de la stabilité des composés chimiques dans lesquels entre un gaz, en particulier c'est lui qui intervient lors de la fixation, avec combinaison, d'un gaz sur un solide, aussi allons-nous l'exposer avec quelques détails.

Prenons un corps solide pouvant par sa décomposition dégager un gaz, par exemple un carbonate, et, pour préciser, nous prendrons le carbonate de chaux à la température de 1 040°. Si, dans ces conditions, le carbonate de chaux se trouve à l'air libre, il se décompose en chaux restant à l'état solide et CO^2 qui se perd dans l'atmosphère.

Enfermons au contraire dans un espace clos, où nous pourrons faire varier la pression, du carbonate de chaux, de la chaux vive et de l'acide carbonique le tout à une température de 1 040°. Il y aura divers cas à considérer.

Si la pression de l'acide carbonique est de 520 mm., on se trouvera dans un régime d'équilibre, il ne se formera pas de carbonate de chaux nouveau et il ne s'en décomposera pas ; les quantités de carbonate de chaux et d'acide carbonique resteront constantes. Par un procédé quelconque, refoulons maintenant de l'acide carbonique dans le réservoir ; il semblera que la pression doive monter ; or il n'en sera rien. Une certaine quantité d'acide carbonique se combinera avec la chaux, la pression se maintenant à 520 mm.

Inversement, si nous extrayons du gaz, il se dégagera de l'acide carbonique par suite de la décomposition du carbonate jusqu'à ce que la pression soit remontée à 520 mm.

Il y a là quelque chose d'analogue à ce que l'on observe avec les vapeurs saturées en présence de leur liquide. On sait que si, dans un espace clos, on a un liquide surmonté de sa vapeur, si la température reste constante on a beau chercher à augmenter ou à diminuer la pression, on ne peut y arriver, il se liquéfie de la vapeur ou il se vaporise du liquide de façon que la pression reste sans cesse constante.

Il en est absolument de même pour la dissociation de carbonate de chaux, il se dégage ou il se fixe de l'acide carbonique de façon que la pression reste constante. Bien entendu, si l'on pousse les choses trop loin, si l'on enlève sans cesse de l'acide carbonique, tout le carbonate finit par être décomposé, et, à partir de ce moment, une nouvelle extraction donne lieu à une chute de la pression. Ou bien si, en refoulant de l'acide carbonique dans l'appareil, on transforme toute la chaux en carbonate, à partir de ce moment toute nouvelle introduction ou compression donne lieu à une hausse de la pression.

Remarquons encore ce fait important. Si, au lieu de maintenir dans l'appareil de l'acide carbonique pur, nous y introduisons un mélange de gaz, par exemple de l'acide carbonique et de l'air, tout se passe comme si l'air était absent, c'est-à-dire que l'acide carbonique, pour sa part seule, devra atteindre la pression 520 mm., la pression totale du mélange sera suivant la loi du mélange des gaz égale à la somme des pressions de l'air et de l'acide carbonique. Si par exemple, l'air et l'acide carbonique sont mélangés à parties égales, chacun aura 520 mm. de pression et la pression totale sera 1 040 mm. S'il y a deux parties d'air et une d'acide carbonique, cet acide carbonique devra toujours avoir 520 mm. et l'air deux fois 520, soit 1 040 mm.; le mélange aura 1 560 mm. et ainsi de suite.

On dit que la tension de dissociation du carbonate de chaux à 1 040° est de 520 mm.

A mesure que la température baisse, la tension de dissociation baisse aussi, c'est-à-dire que le carbonate de chaux peut exister à une pression moindre, il devient de plus en plus stable. Au contraire, à mesure que la température s'élève la tension de dissociation s'élève et le carbonate de chaux devient de plus en plus instable.

Cette loi s'applique toutes les fois qu'un corps gazeux se combine avec un corps solide; naturellement, suivant la nature des corps, la valeur de la tension de dissociation à une température donnée n'est pas la même. Dans la plupart des traités de Physiologie on établit une analogie entre la fixation de l'anhydride carbonique sur la chaux et la fixation de l'oxygène sur l'hémoglobine. Pareil rapprochement est complètement inexact, car il en résulterait, pour une température donnée, une tension de dissociation bien déterminée de l'oxyhémoglobine. Au-dessous de cette tension il ne pourrait se fixer d'oxygène sur le sang, tandis qu'au-dessus ce dernier se saturerait complètement. Or il n'en est rien, on sait, d'après les mesures qui ont été faites, que la quantité d'oxygène qui se fixe sur un volume donné de sang croît graduellement avec

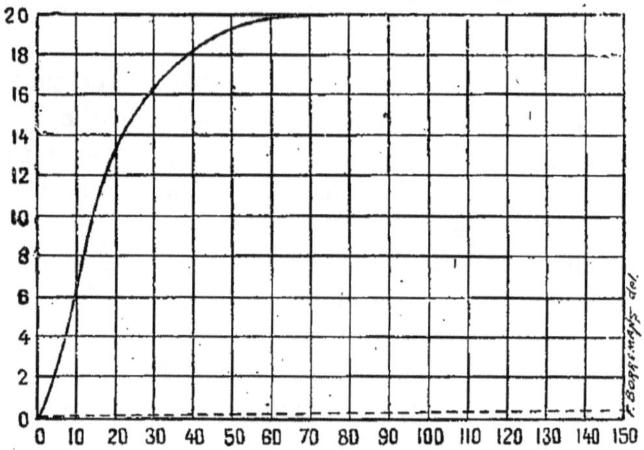

Fig. 190.

la pression comme le représente la figure 190. La loi qui règle ce phénomène est la loi des équilibres chimiques dans les solutions, qu'il importe d'examiner maintenant, pour montrer en quoi il diffère de la dissociation.

IX

ÉQUILIBRES CHIMIQUES DANS LES SOLUTIONS

Quand on fait réagir les uns sur les autres divers corps en solution, et que les produits qui se forment restent eux-mêmes en solution, la réaction n'est en général pas complète. Prenons un exemple. Mélangeons de l'alcool avec de l'acide chlorhydrique; il se formera de l'éther chlorhydrique et de l'eau suivant la formule :

$$C^2H^6O + HCl = C^2H^5Cl + H^2O.$$

Inversement si l'on mélangeait de l'éther chlorhydrique et de l'eau on aurait :

$$C^2H^5Cl + H^2O = C^2H^6O + HCl.$$

Réaction inverse de la précédente. On conçoit qu'aucune d'elles ne puisse être complète, il y a pour l'une comme pour l'autre une limite correspondant à un état d'équilibre, le même dans les deux cas. La réversibilité du phénomène s'exprime par le symbole :

$$C^2H^6O + HCl \rightleftarrows C^2H^5Cl + H^2O$$

et le point d'équilibre se règle de la façon suivante. Appelons C, C′ les concentrations dans la solution, de C^2H^6O et de HCl, c'est-à-dire le poids de ces corps par litre de solution. De même appelons C_1, C'_1 les concentrations de C^2H^5Cl et H^2O, l'équilibre aura lieu, quand les concentrations satisferont à l'égalité

$$\frac{C \times C'}{C_1 \times C'_1} = K$$

ou :

$$C \times C' = K \times C_1 \times C'_1.$$

K étant une constante ne dépendant que de la nature des corps en présence et de la température.

Appliquons cette règle à la transformation d'hémoglobine réduite en oxyhémoglobine. Supposons que dans un certain volume de liquide il y ait une quantité C d'hémoglobine, C′ d'oxygène, C″ d'oxyhémoglobine, l'équilibre chimique aura lieu si on a :

$$C.C' = KC''.$$

Remarquons que, conformément à la loi de dissolution des gaz, la quantité d'oxygène en solution, C′, dépendra de la pression que ce gaz exerce sur la surface libre du liquide. Si cette tension est très faible, C′ sera très petit, le premier membre de l'équation sera voisin de zéro et par suite il en sera de même du second membre, il y aura peu d'oxyhémoglobine. A mesure que la tension de l'oxygène augmente il s'en dissout de plus en plus, C′ va aller en croissant graduellement et il en sera de même du premier membre de l'égalité et par suite de C″. Peu à peu l'hémoglobine se transforme en oxyhémoglobine en fixant d'autant plus d'oxygène que la tension est plus élevée, mais jamais la transformation ne pourra être rigoureusement complète, car alors il n'y aurait plus d'hémoglobine réduite $C = o$, le premier membre serait nul, ce qui entraînerait $C'' = o$, c'est-à-dire une contradiction. Ce résultat est conforme à ce qui est exprimé par la courbe de la figure 190.

On voit que la quantité d'oxyhémoglobine va en croissant avec la tension de l'oxygène, sans que jamais, quelle que soit la pression, il y ait transformation complète de l'hémoglobine en oxyhémoglobine. Ceci serait inexplicable par un phénomène analogue à la décomposition du carbonate de chaux, où, pour une pression supérieure à la tension de dissociation, il y a fixation du gaz jusqu'à transformation complète saturée, tandis que pour une pression inférieure à la tension de dissociation il y a décomposition complète.

X

INFLUENCE DE LA PRESSION SUR LES ANIMAUX

En moyenne au bord de la mer la pression atmosphérique est d'environ 760 mm. de mercure, à mesure qu'on s'élève, cette pression moyenne diminue. On peut, dans les limites où l'homme vit habituellement, admettre approximativement une dépression d'un peu moins de 1 mm. par 10 m. d'altitude, cette chute est de moins en moins rapide à mesure qu'on monte. Quand on descend dans l'eau il y a une augmentation de pression d'une atmosphère par 10 m. de profondeur.

Les régions les plus élevées habitées par l'homme se trouvent dans la Cordillère des Andes, la localité de la Paz est à 3 720 m., la pression barométrique y tombe à 480 mm. Mais on peut s'élever plus haut, quelques aéronautes ont pu dépasser 8 500 m., moyennant des précautions spéciales que nous indiquerons plus loin; le physiologiste Mosso a subi sans dommage, dans une cloche pneumatique, une dépression faisant tomber le baromètre à 192 mm., ce qui correspondait à une altitude de 11 650 m.

On a vu que la fixation de l'oxygène sur le sang est la conséquence d'une combinaison chimique, et que cette fixation est directement liée à la tension de l'oxygène en contact avec le sang. Il y a une limite au-dessous de laquelle la tension de l'oxygène ne peut pas tomber sans mort certaine, la quantité d'oxygène qui se fixe n'étant plus alors suffisante pour entretenir la vie. Nous avons montré aussi que les conditions de fixation ne dépendent que de la pression partielle de l'oxygène dans le mélange de gaz azote et l'oxygène formant l'atmosphère. Si, par exemple, la pression était réduite de moitié, on ne changerait rien aux conditions de fixation de l'oxygène sur le sang, en prenant la précaution de doubler le titre en oxygène de l'air inspiré. Quand on s'élève dans l'air, pendant un certain temps les changements de pression sont trop faibles pour que l'on s'en ressente. A partir d'un certain point, suivant des conditions très variables, on éprouve le mal des montagnes, sur lequel nous reviendrons plus loin, puis on arrive à la zone réellement dangereuse pour tout individu, où la tension de l'oxygène est trop faible pour suffire aux conditions de la vie. Pour remédier à cela, il faut respirer de l'air plus riche en oxygène ou mieux de l'oxygène pur, moyennant quoi on peut continuer à s'élever. C'est dans ces conditions que certains aéronautes ont pu s'élever très haut et que Mosso a pu supporter la dépression considérable dont nous avons parlé précédemment.

Pendant la dépression barométrique, il se produit un certain nombre de phénomènes importants. Dans les limites où l'on a expérimenté jusqu'ici les mouvements respiratoires varient peu, il en résulte que l'on inspire ou expire sensiblement les mêmes volumes d'air dans le même temps; mais, à mesure que l'on monte, la pression étant de plus en plus faible, ces volumes correspondent à des poids de plus en plus réduits de gaz. Il semblerait que les échanges de l'organisme dussent se ralentir. Mais il résulte de l'analyse de ces gaz expirés que, plus on monte, plus la fixation d'oxygène et l'élimination d'acide carbonique deviennent importants, de telle sorte qu'il s'établit une compensation. L'air sortant du poumon à 2 000 ou 3 000 m. d'altitude contient moins d'oxygène et plus d'acide carbonique qu'à terre.

Les causes du mal des montagnes ne sont pas encore entièrement connues, ce phénomène dépend en effet de beaucoup de conditions. En premier lieu, de l'accoutumance, peut-être de la température. Chose étrange : il se prend plus facilement dans certaines montagnes que dans d'autres, les personnes qui y sont sujettes en ressentent généralement les premières atteintes à la limite des neiges, ce qui concorde avec cette observation que dans les Alpes il se produit à une altitude plus basse que dans les Cordillères ou dans l'Himalaya. Regnard a montré, par comparaison sur des animaux au repos et au travail, que la dépense d'énergie musculaire facilite l'apparition du mal des montagnes. Cela explique pourquoi il est possible de s'élever en ballon sans le ressentir, à une altitude au-dessus de laquelle on est généralement déjà pris lors d'une ascension en montagne.

L'homme et les animaux supportent mieux l'augmentation de

pression que la diminution, au moins quand on ne dépasse pas certaines limites. On utilise dans les travaux publics des appareils à air comprimé pour exécuter les travaux sous l'eau, caissons ou scaphandres, qui permettent d'une façon courante de descendre à 20 m. de profondeur. Cela correspond à une augmentation de pression de 2 atm. Exceptionnellement on a travaillé dans les caissons à air comprimé à 4 atm. 5, et certains plongeurs sont descendus avec des scaphandres à 54 m., ce qui fait un total de 6 atm. 5.

Pendant ces opérations il y a deux périodes à considérer, la phase de compression et celle de décompression.

Pendant la première il n'arrive généralement pas d'accident grave, on peut avoir quelques bourdonnements d'oreilles, même quelques douleurs dues au refoulement du tympan, mais il est aisé de les faire passer par quelques mouvements de déglutition qui rétablissent l'égalité de pression des deux côtés de cette membrane.

C'est au moment de la décompression qu'il faut opérer avec prudence. Jusqu'à une dizaine de mètres de profondeur, c'est-à-dire pour une augmentation de pression de 1 athmosphère environ, on n'observe pour ainsi dire rien quand on revient à la pression normale. Au delà jusqu'à 20 m., il se produit au retour à la pression ordinaire des démangeaisons à la peau, quelquefois des gonflements de certains muscles et des douleurs péri-articulaires. Pour de plus fortes pressions apparaissent les accidents graves et même mortels, les paralysies, syncopes, altérations de la vue ou de l'ouïe, etc. Ces accidents suivent immédiatement la sortie de l'appareil ou parfois mettent quelque temps, jusqu'à vingt-quatre heures à se produire. Il y a à cet égard une règle absolue à observer. Le danger est d'autant plus grand que la compression, et surtout la décompression se produisent plus rapidement. C'est pourquoi dans les grands caissons servant à la fondation des piles de pont, on ne pénètre pas directement dans la chambre à air comprimé, mais on entre par une pièce intermédiaire jouant le rôle d'écluse où se produisent graduellement les variations de pression; augmentation à l'entrée, diminution à la sortie. En procédant avec lenteur, surtout à la sortie, on évite presque tout accident.

Paul Bert, d'autres après lui, ont étudié les effets de la compression au moyen d'appareils de laboratoire consistant en chambres métalliques hermétiquement closes où l'on pouvait enfermer soit l'homme, soit les animaux.

Jusqu'à 5 atm. environ, Paul Bert a constaté les mêmes phénomènes que ceux qui viennent d'être énumérés. Les auteurs qui l'ont suivi ont montré que, dans ces conditions, ni les échanges respiratoires ni le rythme de la respiration n'étaient modifiés. A 5 atm. l'air contient sous le même volume autant d'oxygène que le même volume d'oxygène pur à la pression atmosphérique ; or on a étudié les effets de l'oxygène pur et l'on a reconnu que l'inspiration de ce gaz ne modifiait pas l'intensité des échanges.

Les accidents pendant la décompression semblent provenir du fait suivant. Pendant que l'animal se trouve à haute pression, les gaz de l'air, outre la fixation d'oxygène sur l'hémoglobine, se dissolvent dans le plasma du sang proportionnellement à la pression. Au moment de la décompression, ils se dégagent en bulles. L'oxygène peut être utilisé par les tissus, mais l'azote forme, comme il sera montré à propos de la capillarité, des embolies gazeuses qui ne se résorbent que très difficilement et entravent la circulation dans les petits vaisseaux.

Quand la pression s'élève au-dessus de 6 atm., les accidents graves se produisent chez les animaux; à partir de 8 atm. ils sont toujours mortels pour les mammifères, les oiseaux résistent un peu au-dessus, jusque vers 10 atm. Ces accidents sont dus principalement à des troubles des centres nerveux, se traduisent par des convulsions et des paralysies. Ces phénomènes ne sont pas d'origine purement mécanique, car en mettant les animaux dans l'oxygène pur, on les voit apparaître aussitôt que la pression monte à 3 atm. environ. L'oxygène sous pression est donc toxique pour l'organisme; il produit, dans les conditions indiquées, des convulsions cloniques et toniques auxquelles l'animal finit par succomber si la pression a été poussée trop loin ou maintenue trop longtemps.

Les animaux aquatiques peuvent supporter des pressions beaucoup plus considérables que les animaux terrestres sans en être incommodés. L'expérience du laboratoire prouve qu'un poisson comprimé à 100 atm. dans l'eau n'en ressent aucun malaise, il ne meurt qu'à 300 atm. Un fait qui concorde avec celui-ci est que les pêches en eau profonde et dragages ramènent des poissons vivant habituellement à la surface, dans les prises faites jusqu'à 3 000 m. de profondeur, au delà ils disparaissent. Ces 3 000 m. correspondent bien à 300 atm. Mais beaucoup plus bas la vie continue, et jusque dans les plus grandes profondeurs explorées jusqu'ici on a trouvé divers animaux. Dans le laboratoire on a pu voir des crustacés vivre à 600 atm.; les ferments ne sont pas détruits à 1 000 atm. Enfin Roger a montré que divers bacilles sont à peine atténués, d'autres nullement influencés par des pressions atteignant près de 3 000 atm.

XI

TENSION SUPERFICIELLE ET CAPILLARITÉ

La surface de séparation d'un liquide au contact d'un gaz, ou d'un liquide au contact d'un autre liquide incapable de se mélanger avec lui présente une particularité très remarquable. Tout se passe comme si cette surface de séparation était constituée par une membrane élastique.

Voici quelques expériences élémentaires qui mettent ce phénomène en évidence.

Expérience de Pasteur. — Si l'on saupoudre du lycopode à la surface de l'eau, et que l'on vienne à enfoncer normalement à la surface libre une baguette de verre, légèrement graissée pour ne pas être mouillée, on voit le lycopode former autour de la baguette une véritable gaine qui se déprime comme une membrane élastique et reprend sa forme plane quand on retire la baguette; on a absolument l'impression d'une lame de caoutchouc tendue à la surface de l'eau.

Expérience de Dupré (fig. 191). — Prenons une cuve à fond plat, ayant une paroi CD mobile autour de l'axe horizontal C, et dont les bords seulement sont légèrement graissés pour éviter les fuites d'eau entre elle et la paroi fixe. Versons l'eau dans cette

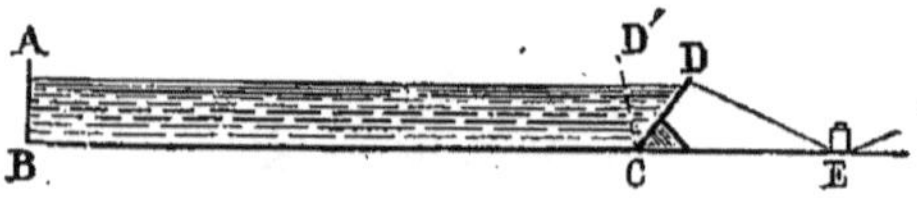

Fig. 191.

cuve : nous verrons, malgré la pression exercée par l'eau de dedans en dehors, la paroi mobile être attirée de D vers D′ par suite de l'élasticité de la surface libre. C'est bien là l'explication, car si on graisse toute la surface de la paroi de manière à empêcher l'eau de prendre son point d'attache en la mouillant, cette rétraction de D vers D′ ne se fait plus.

Cette même influence se manifeste nettement dans les lames minces de liquide, où l'on a deux surfaces de séparation du liquide et de l'air accolées, on peut alors faire un grand nombre d'expériences montrant la traction élastique se produisant à la surface libre.

Prenons par exemple un petit cadre métallique (fig. 192) et plongeons-le dans de l'eau de savon, il s'y formera une lame mince de liquide. Jetons sur cette lame mince un fil de cocon dont les deux bouts sont reliés pour former un anneau, cet anneau prendra une forme quelconque, mais si nous venons à percer la lame mince au milieu, elle disparaît en dedans de l'anneau qui, subissant en tous ses points une traction de dedans en dehors seulement, prendra une forme circulaire. On conçoit maintenant par quel mécanisme les bulles de savon se forment, la membrane liquide joue le même rôle que la membrane élastique des petits ballons de caoutchouc, et si, après les avoir gonflés, on ne ferme pas l'ouverture par où on a introduit de l'air, elles

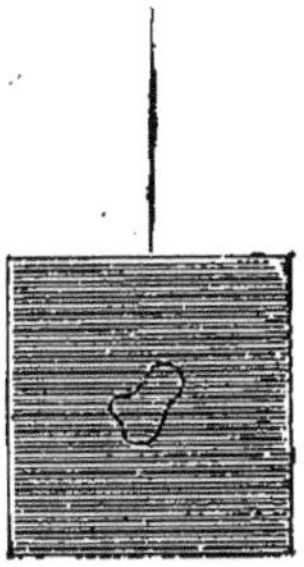

Fig. 192.

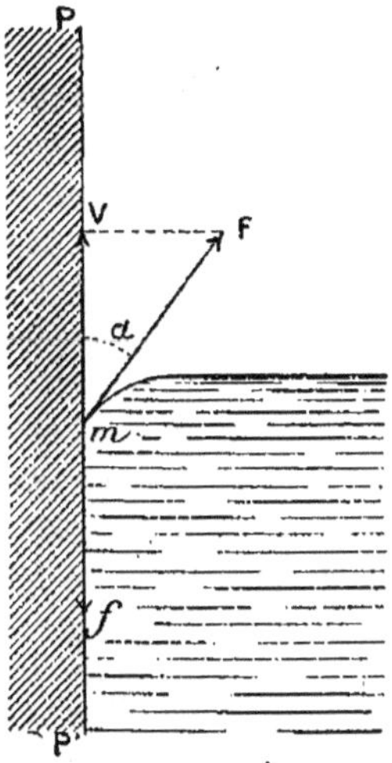

Fig. 193.

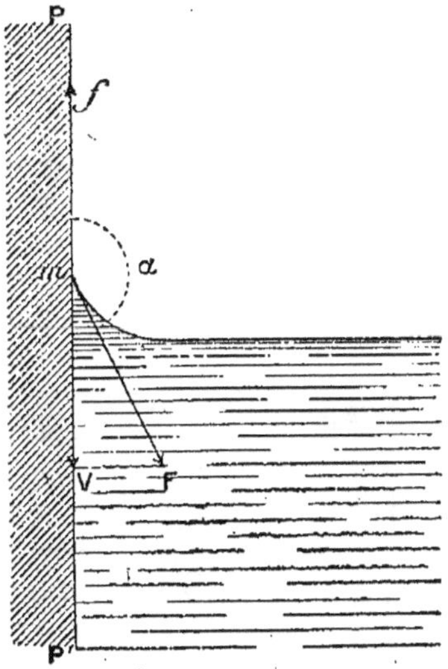

Fig. 194.

se dégonflent en refoulant à l'extérieur le gaz qu'elles contenaient. C'est encore pour cette raison qu'une goutte de liquide plongée dans un autre liquide non miscible avec le premier prend une forme sphérique.

Que va-t-il se passer au contact de la surface libre d'un liquide avec la paroi du vase qui le contient? Deux cas peuvent se présenter.

Si (fig. 193) le liquide ne mouille pas la paroi, que nous supposerons verticale, il ne pourra pas venir se terminer normalement à cette paroi, la membrane élastique qui forme sa surface et se continue tout le long de la paroi du vase a pour effet d'arrondir le bord comme l'indique la figure, et la surface de séparation du liquide et de l'air rencontre la paroi du vase sous un angle α, dit angle de raccordement. Cet angle de raccordement est constant pour un même liquide et une même nature de paroi, il est facile à observer dans un vase en verre contenant du mercure par exemple.

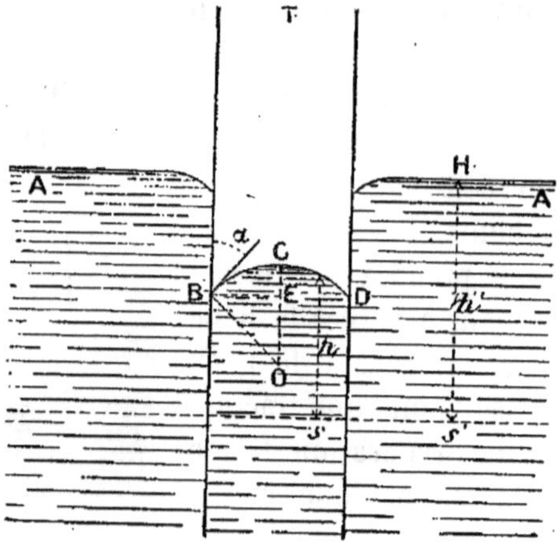

Fig. 195.

Si le liquide mouille la paroi (fig. 194) la membrane liquide exerce sur le bord une traction de bas en haut; il y a en ce point un soulèvement du liquide, l'angle de raccordement est de sens inverse du précédent.

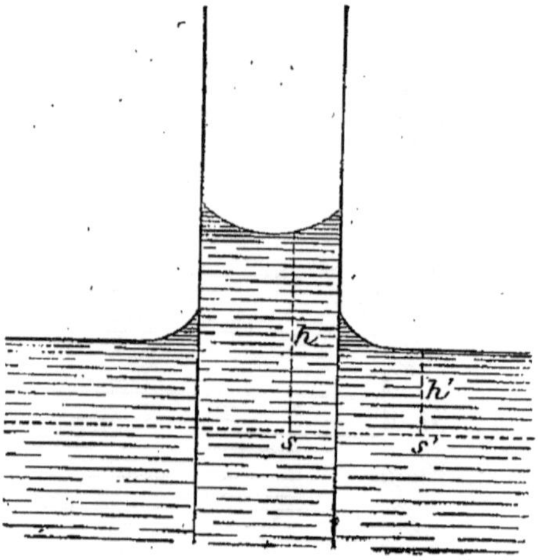

Fig. 196.

On peut dès lors s'expliquer facilement ce qui se passe dans les tubes plongés dans un liquide. Si (fig. 195) le liquide ne mouille pas la paroi, la surface libre dans le tube doit prendre la forme d'un ménisque convexe vers le haut, par suite de la traction élastique de la membrane qui le sépare de l'air, il en résulte une dépression, le liquide monte moins haut que ne le feraient penser les lois de l'hydrostatique. C'est par suite de ce phénomène qu'il se produit dans les baromètres une dépression dont il faut tenir compte pour avoir la véritable pression atmosphérique. Quand le liquide mouille le tube (fig. 196), il y a au contraire une traction vers le haut, la force exercée par la membrane étant naturellement toujours dirigée du côté de la concavité; le liquide monte plus haut qu'il ne devrait.

La hauteur d'ascension ou de dépression du liquide dans un tube capillaire varie avec la nature du liquide et du tube. En plus elle dépend du diamètre du tube, à ce point de vue on peut formuler une loi fort simple :

Loi de Jurin. — *Les hauteurs d'ascension ou de dépression d'un liquide dans des tubes étroits de même substance, mais de différents diamètres, varient en raison inverse du diamètre des tubes.* Ainsi, en passant d'un tube à l'autre on constate une ascension double par exemple, on peut dire que le diamètre est réduit de moitié.

La tension superficielle des liquides permet d'expliquer divers phénomènes paradoxaux au premier abord. Si l'on prend un petit fil métallique ou une aiguille à coudre mince, il suffit de passer celle-ci entre les doigts pour la graisser légèrement, et pouvoir la faire flotter sur l'eau comme l'indique la figure 197. Cela tient à ce qu'elle est maintenue par la membrane élastique formant la surface libre, l'eau ne mouillant pas l'aiguille et donnant lieu à un ménisque convexe par le haut sur les bords, mais concave sous l'aiguille et exerçant une poussée de bas en haut. Si on lave l'aiguille à l'éther, aussitôt elle est mouillée et tombe au fond de l'eau. C'est par le même mécanisme que certains insectes plus lourds que l'eau (fig. 198) peuvent cependant se maintenir à la surface et s'y promener. Il suffit de leur laver les pattes à l'éther pour les débarrasser de leur matière grasse et voir ces insectes s'enfoncer dans l'eau.

Fig. 197.

Fig. 198.

Nous trouvons aussi là l'explication des mouvements de bulles liquides dans les tubes capillaires et de la résistance des embolies gazeuses.

Considérons un tube capillaire conique (fig. 199) et dans ce tube une bulle liquide, il pourra arriver que ce liquide mouille ou ne mouille pas le tube. Dans les deux cas la force exercée sur chaque ménisque sera dirigée vers sa concavité, mais la force du petit ménisque est supérieure à celle du grand, comme on le voit dans le cas de la loi de Jurin, c'est donc toujours la force du petit ménisque qui l'emportera. Si le liquide mouille la paroi, on voit que la bulle sera entraînée vers les parties les plus étroites, s'il ne la mouille pas, la bulle sera repoussée vers les parties les plus larges.

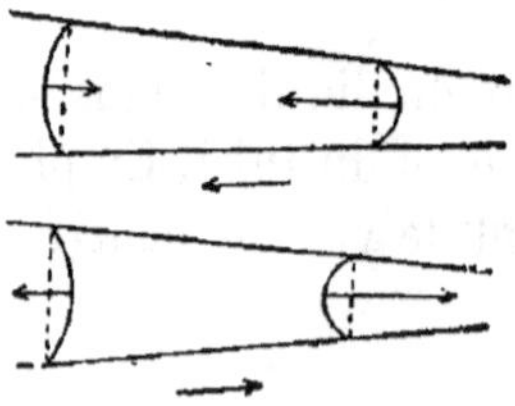

Fig. 199.

Une bulle d'air dans un liquide mouillant la paroi donnera lieu à deux ménisques et opposera une résistance à une force tendant à la pousser vers les parties rétrécies du tube.

Il faut bien remarquer, et c'est ce que l'on oublie trop souvent, que ces phénomènes sont localisés aux surfaces de séparation des liquides et des gaz ou de deux liquides non miscibles, et que, même dans des tubes très étroits, il ne peut être question de phénomènes capillaires, au sens que nous venons de donner à ce terme, si le liquide remplit complètement le tube.

Ainsi, prenons un tube étiré à sa partie inférieure et versons-y du mercure qui ne le mouille pas, il se formera dans le tube capillaire un ménisque concave du côté du mercure, il en résultera une pression de bas en haut capable de soutenir une colonne de liquide assez élevée, un mètre par exemple si le tube est assez étroit. Mais si, par un artifice quelconque, nous arrivons à remplir tout le tube plongeant par sa pointe dans un bain de mercure de façon à ne plus avoir de ménisque entre le mercure A et le mercure B, toute action capillaire sera supprimée et le mercure s'écoulera lentement mais complètement de A en B. C'est pour cela qu'il est parfois difficile dans la filtration du mercure d'amorcer l'écoulement, mais une fois qu'il est commencé il se fait complètement. De même dans un système capillaire entièrement rempli d'un liquide mouillant la paroi, il n'y a d'autres résistances à vaincre que celles dues au frottement, mais s'il s'y introduit de l'air, il se forme des bulles, des ménisques et des résistances parfois invincibles.

Une autre application intéressante de la capillarité se trouve dans le compte-gouttes.

Quand on fait écouler lentement un liquide par un orifice dont le plan est horizontal, on n'a pas un filet continu, mais, si le liquide mouille la paroi de l'orifice, une série de gouttes de poids sensiblement constant. En effet, le liquide adhère au pourtour de l'orifice qu'il mouille, et il se forme un petit globule dont la surface fonctionne comme une enveloppe élastique (fig. 200), quand le poids de ce globule devient trop considérable, il y a rupture au pourtour de l'orifice et une goutte tombe. On conçoit très bien, d'après ce mécanisme, que la goutte doive se détacher pour un poids d'autant plus grand que le pourtour de l'orifice est plus considérable puisque cela augmente la portion de membrane servant à soutenir la goutte. Généralement l'orifice est l'extrémité inférieure d'un tube tenu verticalement; on peut prévoir, et l'expérience le vérifie, que dans ces conditions le poids des gouttes pour un même liquide est proportionnel au pourtour du tube. Dans la pratique pharmaceutique on est convenu d'adopter un tube déterminé, de façon que les gouttes aient toujours la même valeur pour un même liquide, ce tube a 3 mm. de diamètre extérieur, et dans ces conditions l'eau distillée donne 20 gouttes par gramme.

Fig. 200.

Des tables que l'on trouve dans les formulaires indiquent combien il y a de gouttes au gramme pour les divers liquides qui se mesurent de cette façon, en admettant que l'on fasse usage du compte-gouttes que nous venons de spécifier.

Le compte-gouttes de Duclaux (fig. 201) dont on fait un usage fréquent dans les laboratoires a, à partir d'un trait supérieur *b*, un volume convenable, et un diamètre du tube d'écoulement tel que l'eau distillée qu'il contient donne 100 gouttes à la température ordinaire des laboratoires. Si un liquide aqueux donne un nombre de gouttes plus grand, c'est que l'on a affaire à de l'eau contenant en solution un corps abaissant la tension superficielle, de l'alcool par exemple, en quantité d'autant plus importante que le nombre de gouttes est plus grand.

Il y a finalement lieu de faire une remarque importante au point de vue pratique, en ce qui concerne certains effets de la capillarité. Quand on plonge dans un liquide une tige mouillée par le liquide, il se forme au point d'immersion un ménisque comme celui de la figure 202, le liquide exerce une véritable traction de haut en bas sur la tige. Si la tige n'est pas mouillée (fig. 203), le sens du ménisque change ; le liquide exerce sur la tige une action de sens contraire à celle du cas précédent.

On conçoit que lorsqu'on fait usage d'un aréomètre, suivant que la tige de cet aréomètre sera parfaitement nette et mouillée par un liquide ou légèrement grasse, on pourra obtenir des indications différentes de l'appareil. Il est donc bon de surveiller cette cause d'erreur, et au besoin de laver l'aréomètre à l'éther avant d'en faire usage.

Fig. 201.

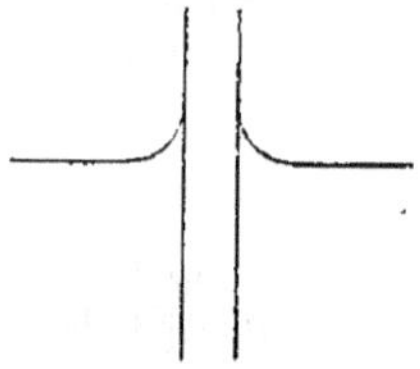
Fig. 202.

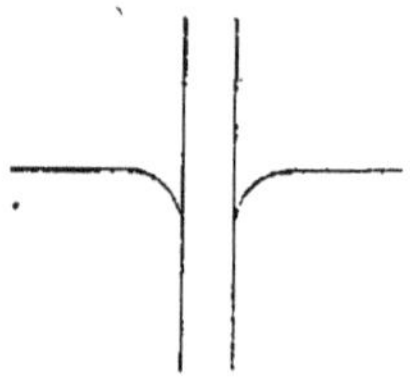
Fig. 203.

XII

VISCOSITÉ

On dit qu'un liquide est plus visqueux qu'un autre, lorsque toutes choses égales d'ailleurs, il s'écoule plus difficilement à travers un tube étroit. La manière même dont on mesure la viscosité fera encore mieux comprendre ce qu'on entend par cette dénomination.

Viscosimètre d'Ostwald. — L'appareil en verre représenté sur la figure 204 sert à mesurer la viscosité d'un liquide par rapport à celle de l'eau prise comme unité.

Pour cela on place le liquide à étudier dans l'appareil, de façon à ce qu'il s'élève jusque vers *d*, la boule A étant complètement pleine, ainsi que le capillaire C, mais la boule B ne contenant que peu de liquide. Il suffit pour maintenir les choses en état de boucher l'orifice E avec un doigt.

A un moment donné on débouche E, l'appareil étant vertical. Le liquide coule de A vers B. Au moment où le niveau libre passe à l'étranglement a, où se trouve un index, on note le temps. On compte combien il faut de secondes pour que la boule A se vide jusqu'en b, soit θ ce nombre de secondes.

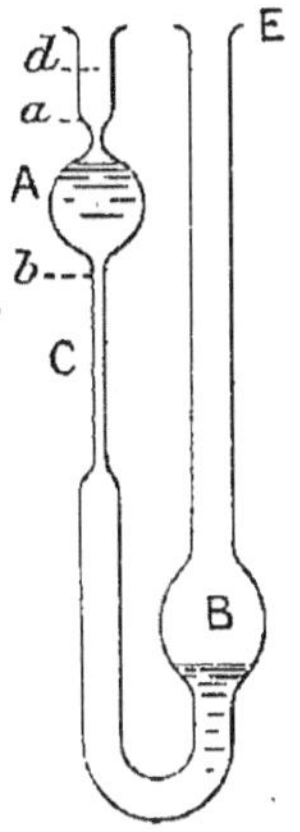

Fig. 204.

Ce temps d'écoulement est d'autant plus long que la viscosité v du liquide est plus grande. Il est au contraire en raison inverse de la pression qui produit l'écoulement, c'est-à-dire de la différence de niveau, et de la densité du liquide. En appelant K une constante qui dépend de l'appareil on a donc :

$$\theta = K \frac{v}{hd} \qquad \text{ou} \qquad Kv = h.d.\theta. \qquad (1)$$

Si on recommence la même opération avec de l'eau dont la viscosité sera, par définition, prise comme unité, et que l'on opère avec la même quantité de liquide, d'où résultera la même valeur de h, on aura, puisque la densité de l'eau $= 1$.

$$K = h\theta'. \qquad (2)$$

D'où par division de (1) par (2) :

$$v = d.\frac{\theta'}{\theta}.$$

Il suffira donc pour avoir la viscosité d'un liquide par rapport à celle de l'eau de prendre le rapport des temps d'écoulement dans le même appareil et de multiplier ce quotient par la densité du liquide.

La température ayant une grande influence sur la valeur de la viscosité, il importe d'immerger l'appareil, jusqu'au-dessus de la boule A, dans de l'eau où l'on plongera aussi un thermomètre.

La méthode d'Ostwald ne peut s'appliquer au sang, d'abord parce qu'il en faudrait une trop grande quantité, plusieurs centimètres cubes, et en second lieu parce que l'opération démande un certain temps, ce qui entraîne des coagulations dans le capillaire.

On fait alors usage du viscosimètre de Hess pour lequel il suffit de prendre une goutte de sang par une piqûre faite au doigt.

Viscosimètre de Hess. — Le viscosimètre de Hess se compose essentiellement de deux capillaires fins C et K, prolongés de chaque côté par des tubes notablement moins capillaires, devant en somme servir de réservoirs. La poire P permet en bouchant l'orifice *f* au doigt de faire des aspirations ou des refoulements de liquide. On commence par ouvrir le robinet R, et, mettant une

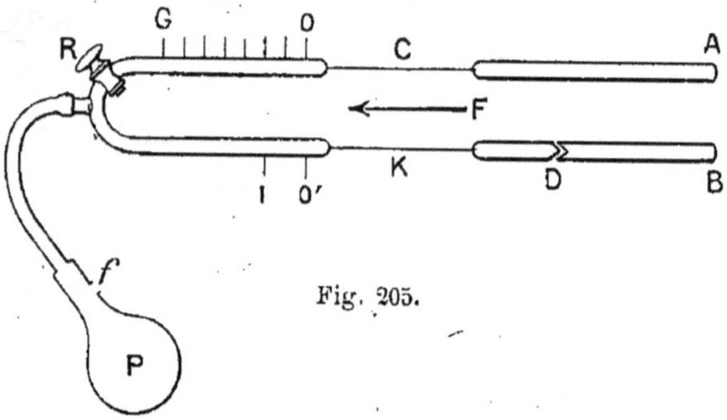

Fig. 205.

goutte d'eau distillée en A on fait pénétrer le liquide jusqu'au trait *o*; à ce moment on ferme R. On prend alors le tube amovible BD, et, faisant une piqûre au doigt on le remplit de sang.

On met le tube aussi rapidement que possible en place, en assurant le contact en D. On aspire le sang avec la poire de façon à le faire venir jusqu'au trait *o*. Puis ouvrant R, on aspire les deux liquides à la fois, ils se déplacent dans le sens F. Le sang va d'autant moins vite par rapport à l'eau, qu'il est plus visqueux. Quand il est arrivé en 1, on arrête l'aspirateur et on lit sur la graduation empirique OG quelle est la viscosité.

Aussitôt l'opération faite il faut, pour éviter les coagulations, ce qui mettrait l'appareil hors d'usage, vider le capillaire K, par compression de la poire, y faire pénétrer de l'ammoniaque et le laver à l'eau distillée.

Le viscosimètre de Hess a l'inconvénient d'être fragile; de plus s'il se produit une coagulation dans le capillaire K, l'appareil est perdu.

Viscosimètre de Denning et Watson. — Ce viscosimètre consiste essentiellement en un petit tube capillaire comme celui qui est représenté sur la figure 206. Il porte en A un petit renflement et en B un entonnoir capable de contenir une goutte de liquide.

Une fois pour toutes on a déterminé le temps qu'il faut à l'eau distillée, dont une goutte a été déposée en B, pour remplir le petit renflement de *a* en *b*. Ce temps est inscrit sur le tube.

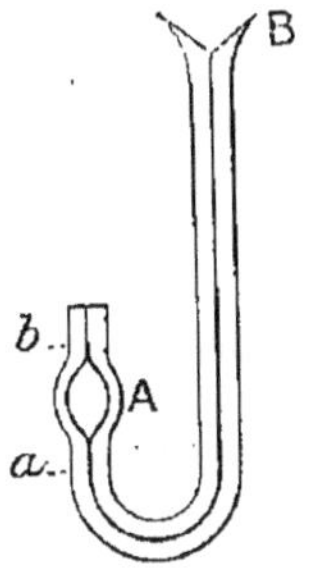

Fig. 206.

Pour faire une mesure de viscosité, on dépose une goutte de sang en B, il file dans le capillaire, et on compte le temps nécessaire pour que le sang passe de *a* en *b*. En prenant le rapport des temps d'écoulement pour le sang et l'eau distillée, ou en se reportant à une table dressée d'avance, on a la valeur de la viscosité.

L'appareil n'est pas fragile, la seule crainte que l'on puisse avoir est celle d'une coagulation dans le capillaire; la perte n'est pas grande, vu le prix minime de ces tubes.

XIII

DISSOLUTION DES SOLIDES ET DES LIQUIDES

Un liquide peut dissoudre un autre liquide ou un solide. Parfois deux liquides peuvent se mélanger en proportion indéfinie, c'est le cas de l'alcool et l'eau, par exemple. Mais dans d'autres cas, comme celui de l'eau en présence d'éther ou de chloroforme, l'eau ne dissout qu'une certaine quantité de ces liquides. De même les liquides ne dissolvent les solides que jusqu'à une certaine limite; à ce moment on dit que la solution est saturée, on a beau ajouter du corps il ne s'en dissout plus.

Pour chaque espèce de corps en présence il y a un coefficient spécial donnant la proportion de corps dissous; généralement cette proportion se donne pour 100 parties du dissolvant mesuré en volume. Ainsi on dira que tel sel se dissout à raison de 10 gr. par 100 cm^3 d'eau. La température a, du moins en général, une grande influence sur cette dissolution. Quand elle s'élève la solubilité augmente; il n'y a que quelques exceptions rares à cette règle. Pour certains corps, comme le chlorure de sodium, l'augmentation de solubilité avec la température est faible, pour d'autres elle est très considérable. Les tables de solubilité donnent pour chaque corps la loi de variation avec la température.

Si l'on a fait dissoudre un corps, un sel par exemple, dans un liquide chaud, et que l'on ait obtenu une solution saturée à haute température, au moment du refroidissement le sel se dépose en partie, ne laissant en solution que la quantité de sel correspondant à la saturation à basse température. Toutefois il se présente souvent un phénomène remarquable. On a beau abaisser la température, le sel ne se dépose pas; la solution en contient alors une trop grande proportion pour cette température basse; elle est dite sursaturée. Il suffit d'y précipiter un petit cristal du sel, ou même parfois de donner un petit choc contre le vase contenant la solution pour voir aussitôt l'excès de sel se précipiter, en même temps que la température du liquide s'élève.

Pendant qu'un sel se dissout dans un liquide, il y a abaissement de température parfois très considérable. Il y a à cette règle des exceptions apparentes dues à une réaction chimique accompagnant la dissolution, et quelques exceptions réelles pour des sels dont la solubilité va en diminuant quand la température s'élève.

XIV

IONISATION DES SOLUTIONS

La dissolution d'un corps est souvent accompagnée d'un phénomène de grande importance appelée *ionisation*. Ce phénomène consiste en une décomposition, spontanée, par le seul fait de la mise en solution des molécules du corps entrant dans cette solution. Ainsi si l'on dissout dans l'eau du chlorure de sodium, NaCl, l'ionisation de ce chlorure consiste en une décomposition de la molécule NaCl en un Ion sodium Na, et un Ion chlore Cl.

On verra plus loin que diverses propriétés des dissolutions dépendent de ce que l'on nomme le nombre des molécules qu'elles contiennent. Si l'on vient à étendre une solution, il semble, au premier abord, évident que chaque unité de volume doive se comporter comme si elle contenait un nombre de molécules variant en raison inverse de la dilution. C'est là une conséquence de la constance du nombre de molécules dans le volume total, quel que soit son degré de dilution. L'expérience démontre que pour diverses substances, le sucre de canne par exemple, la glycérine, etc., il en est bien ainsi;

mais pour la plupart des acides, des bases, des sels, il se présente une anomalie; le nombre des molécules semble aller en augmentant dans le volume total, à mesure qu'on y ajoute du solvant.

On a interprété ce fait en admettant que la molécule se divise en particules nommées *ions*, qui, à certains points de vue tout au moins, jouent chacune le même rôle que la molécule entière.

Prenons comme exemple une solution aqueuse de chlorure de sodium (NaCl), contenant 5 gr. 8 de sel par litre, on peut par certaines méthodes dont l'exposé n'a pas sa place ici, déterminer le nombre de molécules ionisées, et dans le cas particulier où nous nous sommes placés, on trouve qu'il y en a 50 p. 100 environ. — Etendons le volume à 10 fois sa valeur primitive; 80 p. 100 des molécules seront ionisées; en répétant la même opération, la presque totalité des molécules seront ionisées. Comme chaque NaCl donne un ion Na et un ion Cl, la dernière solution contiendra deux fois plus d'ions qu'on y a mis de molécules.

Nous verrons plus loin le rôle joué par cette ionisation dans divers phénomènes, et nous trouverons des corps qui au lieu de donner par division de la molécule deux ions seulement, en donnent trois ou quatre.

Les corps qui en se dissolvant dans l'eau ne s'ionisent pas, comme le sucre de canne par exemple, ne rendent pas l'eau conductrice de l'électricité. Les corps qui, au contraire, s'ionisent confèrent à la solution une conductibilité d'autant plus grande, pour un même poids de corps dissout, que l'ionisation est plus prononcée. Ces derniers corps sont nommés des *électrolytes*.

XV

IMBIBITION

Certaines substances organiques, plongées dans un liquide, ne s'y dissolvent pas, mais absorbent une certaine quantité de ce liquide en se gonflant. En augmentant ainsi de volume elles peuvent, si l'on veut s'opposer à leur dilatation, exercer une pression assez considérable. Cette propriété est bien connue des anatomistes, qui, pour désarticuler les os d'un crâne, le remplissent de graines sèches, de haricots par exemple, par le trou occipital, puis le plongent dans l'eau. L'augmentation de volume des haricots produit une pression de dedans en dehors à laquelle les sutures des divers os du crâne ne peuvent résister. On emploie aussi en chirurgie des fragments d'éponge sèche ou d'un bois appelé laminaire, de calibre assez réduit, mais qui, humectés, augmentent de volume et peuvent ainsi servir à dilater certaines cavités.

XVI

DIFFUSION

Si l'on met de l'eau dans une éprouvette (fig. 207) et que l'on fasse passer avec précaution, en se servant d'une pipette, une solution saline à la partie inférieure de l'éprouvette, on constate que les deux liquides, quoique miscibles, présentent une surface de séparation horizontale très nette. Peu à peu elle s'estompe, le sel de la solution pénètre dans l'eau, et au bout d'un certains temps, si on prélève une partie de cette eau, on constate qu'elle contient d'autant plus de sel que la prise d'eau a été faite plus près de la surface de séparation primitive, et que l'expérience dure depuis plus longtemps. Telle est l'expérience fondamentale de la diffusion, des liquides due à Graham. Il est aisé de la répéter avec les objets usuels; prenons un verre d'eau et versons-y avec précaution du vin rouge, on peut, avec un peu de patience, et en faisant tomber les gouttes de vin sur un petit morceau de papier flottant sur l'eau, obtenir deux couches séparées par une surface nette, l'eau étant à la partie inférieure du verre, le vin plus léger à la partie supérieure. Peu à peu on verra cette surface devenir de moins en moins nette, les deux liquides se pénétrant par diffusion et grâce à la couleur du vin on pourra en suivre la marche. Une condition indispensable à la réussite de ces expériences est que les deux liquides soient solubles l'un dans l'autre, elle ne pourrait réussir avec l'eau et l'huile par exemple.

Fig. 207.

De ses expériences Graham a tiré les trois lois suivantes :

1° La vitesse de diffusion varie avec la nature de la substance en dissolution.

2° Les quantités de sel diffusé dans un même temps par des solutions diversement concentrées d'une même substance sont proportionnelles aux degrés de concentration.

3° La quantité de sel diffusé par une solution donnée augmente rapidement avec la température.

En étudiant ainsi les divers corps, on constate qu'ils peuvent se classer en deux catégories, les uns diffusent d'une façon abondante, les autres diffusent difficilement. Les premiers sont ceux qui sont capables de cristalliser, Graham les a désignés sous le nom de cristalloïdes, réservant le nom de colloïdes aux seconds qui ne cristallisent pas.

Voici des chiffres qui donneront une idée de la différence qu'il y a entre ces deux espèces de corps; ils représentent le temps nécessaire pour une même diffusion.

Cristalloïdes.		Colloïdes.	
Acide chlorhydrique.	1	Albumine.	49
Sel marin.	2,33	Caramel	98
Sulfate de magnésie.	7		
Sucre.	7		

La diffusion dans l'eau peut permettre de séparer, partiellement au moins deux corps inégalement diffusibles, par exemple un cristalloïde et un colloïde, mais nous verrons que pour cette opération il y a avantage à modifier quelque peu l'expérience. Pendant la diffusion il peut se présenter des décompositions, ainsi si l'on fait diffuser une solution de bisulfate de potasse, elle se décompose en sulfate neutre et acide sulfurique qui diffuse plus vite. L'alun de potasse se décompose généralement en sulfate d'alumine et sulfate de potasse.

Il importe dans ces expériences d'éviter les variations de température des liquides, car il en résulte des courants de convection qui faussent complètement les résultats. On évite cette cause d'erreur en ajoutant à l'eau un peu de gélatine par exemple. La dissolution de cette gélatine se fait à chaud, et par refroidissement on a une masse solide dans laquelle la diffusion se fait comme dans de l'eau pure, à la condition que la quantité de gélatine ne soit pas trop grande; qu'il y en ait juste assez pour faire prendre l'eau. Une fois la masse prise on y découpe des cubes que l'on plonge dans la solution saline, au bout d'un certain temps on les en retire et on y prélève des fragments que l'on soumet à l'analyse. On peut aussi couler la solution de gélatine dans une éprouvette, et la masse une fois prise, verser à la surface libre la solution saline sur laquelle on veut expérimenter.

XVII

ÉTAT COLLOÏDAL

Graham avait distingué les cristalloïdes des colloïdes par la propriété que possèdent les premiers de diffuser rapidement tandis que les seconds ne le font que très lentement. En réalité nombre de corps peuvent, suivant les circonstances de leur préparation, être ou ne pas être à l'état colloïdal, nous citons par exemple nombre de métaux; cependant on ne dira pas qu'ils sont des colloïdes.

L'état colloïdal se distingue par ce fait que le corps se trouve à l'état très divisé en suspension stable dans un liquide. Cette constitution peut se vérifier au moyen d'un dispositif nommé ultramicroscope permettant de déceler des grains complètement invisibles par les méthodes microscopiques ordinaires.

On a pu estimer ainsi que les granules des solutions colloïdales varient environ de 1 $\mu\mu$ à 100 $\mu\mu$, suivant la substance envisagée, 1 $\mu\mu$, représentant 1 millionième de millimètre. Le nombre de ces granules varie suivant la nature et la concentration des solutions, il nous suffira de dire qu'une solution contenant 5 milligrammes d'or colloïdal dans 100 cm^3 renferme environ 1 milliard de granules par millimètre cube.

On constate aussi que tous ces éléments sont animés de petits mouvements vibratoires constituant ce que l'on appelle le « mouvement Brownien ».

Lorsqu'on fait passer un faisceau lumineux dans un liquide ou une solution parfaite, ne contenant ni poussière ni corpuscules en suspension, le faisceau traverse le liquide sans y laisser de trace lumineuse, un observateur placé sur le côté ne peut en aucune façon se rendre compte de l'extinction ou de la réapparition de la lumière. Tyndall a exprimé cela en disant que ce liquide est optiquement vide. Mais il n'en est plus de même s'il contient en suspension des particules capables de s'éclairer et de diffuser la lumière. Il se produit alors un phénomène analogue à celui que l'on observe quand un rayon solaire pénètre dans une chambre noire où l'air est poussiéreux. On voit le trajet du faisceau lumineux. C'est ce qui se passe pour les solutions colloïdales, elles ne sont pas optiquement vides.

Parmi les propriétés les plus remarquables des solutions

colloïdales il y a lieu de citer ce fait que les grains qui les composent se déplacent sous l'influence du champ électrique, tantôt du pôle + vers le pôle —, tantôt en sens inverse. Les solutions colloïdales dont les granules vont vers le pôle + sont dites électro-négatives, les granules allant vers le pôle + parce qu'ils sont chargés négativement. Les autres solutions colloïdales sont électro-positives. Ainsi l'or et l'argent colloïdal, le glycogène, le bleu d'aniline, sont électro-négatifs, le cadmium, l'aluminium, le rose de Magdala sont électro-positifs.

Il n'y a pas lieu ici de décrire les méthodes permettant de préparer les solutions colloïdales.

Les solutions colloïdales sont stables grâce à la division extrême de la matière, car alors la surface des granules étant énorme par rapport à leur masse, ils ne se déplacent que très difficilement dans le liquide. Les granules sont maintenus à distance les uns des autres par la répulsion des charges électriques qu'ils portent. Si on vient à les décharger ils se collent les uns aux autres, forment une agglomération plus importante dans laquelle la masse finit par l'emporter et il y a précipitation ou floculation. Pour obtenir ce résultat il suffit de mélanger dans une proportion convenable deux colloïdes inverses, par exemple du rose de Magdala et du bleu d'aniline. Les solutions d'électrolytes produisent le même effet, en particulier les colloïdes électro-positifs sont précipités par les solutions basiques et les colloïdes électro-négatifs par les solutions acides.

XVIII

OSMOSE

Des expériences analogues à celle de la diffusion peuvent se faire en interposant entre les deux liquides une cloison, un septum constitué par un morceau de vessie ou de tout autre corps susceptible d'être mouillé par les deux liquides.

Dutrochet construisit son *endosmomètre* à l'aide d'une fiole dont le fond était remplacé par une vessie de porc formant cloison (fig. 208). Dans le goulot il plaçait un tube vertical muni d'une graduation et le tout plongeait par sa partie inférieure dans un critallisoir. Quand on mettait de l'alcool à l'intérieur du flacon et de l'eau extérieurement, au bout d'un certain temps on constatait le passage d'une partie d'alcool dans l'eau et inversement d'une partie de l'eau dans l'alcool. Ce dernier passage était même plus abondant que le premier car le niveau s'élevait dans le tube gradué. Dutrochet désigna ces deux passages sous le nom d'endosmose et d'exosmose, mais ces expressions n'ont aucune raison d'être, car si l'on met l'alcool extérieurement et l'eau intérieurement le phénomène est renversé, le niveau baisse dans le tube gradué et chacun des liquides passe comme précédemment, mais en sens inverse.

La nature de la membrane a une influence considérable, si on remplace la vessie de porc par une lame de caoutchouc, l'alcool passe plus vite que l'eau. Si l'on place d'un côté de la vessie de porc de l'eau et de l'autre une solution saline, il y

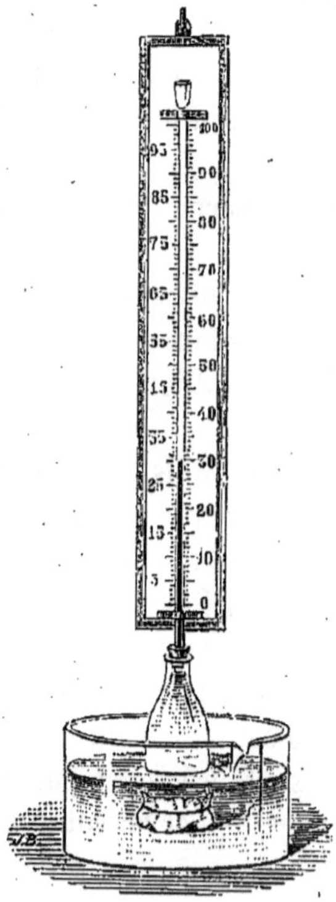

Fig. 208.

Fig. 209.

a double échange comme pour l'alcool et l'eau, mais le courant allant de l'eau vers la solution l'emporte, autrement dit le niveau s'élève dans le tube gradué si c'est la solution saline qui se trouve dans la fiole.

Il y a encore un point remarquable à signaler, c'est que pour certaines membranes les conditions d'osmose se modifient lorsqu'on retourne cette membrane.

Les phénomènes d'osmose à travers une membrane ont eu une application pratique importante. Les diverses substances solubles dans l'eau passant avec des vitesses très différentes à travers les membranes, en particulier les cristalloïdes passant très rapidement par rapport aux colloïdes, on peut séparer ces deux espèces de corps par ce que l'on appelle la dialyse. Le dialyseur se compose essentiellement d'un vase peu élevé A (fig. 209), dont le fond a été remplacé par une membrane, consistant le plus souvent en une feuille de papier parchemin, c'est ce que l'on a trouvé de mieux. On verse dans l'intérieur de l'appareil le liquide à traiter et on place le tout dans un récipient B contenant de l'eau pure. Les colloïdes restent dans le vase A, les cristalloïdes passent en B. Si l'on ne tient pas à recueillir ces cristalloïdes on établit à l'extérieur du vase A un courant continu d'eau, on peut alors se débarrasser complètement des cristalloïdes. Dans le cas où l'on ne change pas l'eau qui est en B, elle s'enrichit en cristalloïdes jusqu'à un état d'équilibre qu'on ne peut dépasser, il faut alors enlever l'eau de B et la remplacer par de l'eau fraîche et ainsi de suite jusqu'à épuisement des cristalloïdes de A, l'opération est bien plus longue qu'avec le courant d'eau.

Il n'y a pas lieu d'insister sur les autres résultats expérimentaux que l'on a obtenus en opérant de cette façon, ni sur les théories que l'on a faites des phénomènes osmotiques. La question s'est présentée sous un aspect nouveau et a pris un intérêt capital grâce à l'emploi de membranes dites semi-perméables et à la notion de pression osmotique.

Membranes semi-perméables.

Il est possible de confectionner des membranes jouissant de la propriété remarquable de ne se laisser traverser que par l'eau et nullement par les corps en dissolution dans cette eau. Ajoutons toutefois que cette imperméabilité pour les corps dissous n'est absolue que pour certains d'entre eux; pour d'autres, seulement quand la solution n'est pas trop concentrée; pour d'autres enfin, il passe toujours un peu de corps à travers la membrane. Mais l'important est que l'on puisse trouver des corps ne passant pas du tout et permettant de faire des expériences parfaites.

Pour réaliser ces membranes on met en présence deux solutions donnant un précipité. Traube prenant au bout d'une baguette de verre une solution de colle, la plongeait (fig. 210) dans une solution de tannin. Il se formait à la surface de séparation des deux liquides une pellicule de tannate de gélatine transparente, et l'on avait une sorte de cellule qui, plongée dans l'eau, augmentait de volume par passage de l'eau du dehors en dedans, mais à travers laquelle le tannin ne passait pas.

Pour réaliser dans de meilleures conditions un appareil muni d'une membrane semi-perméable et permettant d'étudier les échanges entre deux solutions, voici comment on opère aujourd'hui d'après les indications de Pfeffer.

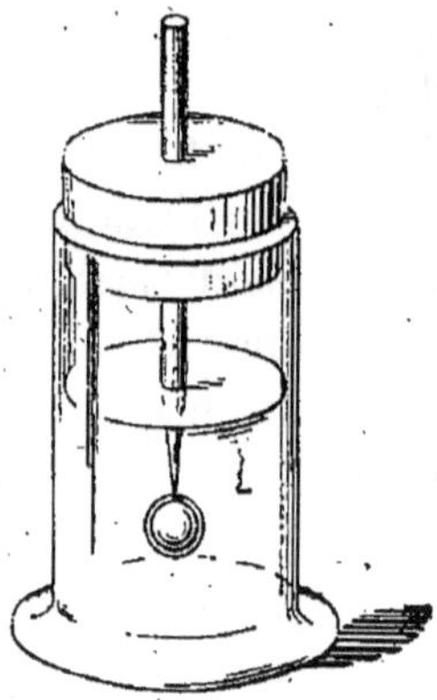

Fig. 210.

On prend un vase de pile à pâte fine que l'on rince convenablement, d'abord aux alcalis puis à l'acide chlorhydrique étendu. Ceci fait, on l'imbibe soigneusement d'eau distillée de façon à chasser tout l'air qu'il peut contenir, enfin on verse à l'intérieur du vase une solution de sulfate de cuivre et on le plonge extérieurement dans une solution de ferrocyanure de potassium. Les deux sels vont à la rencontre l'un de l'autre à travers la paroi du vase, viennent au contact dans son épaisseur, et y forment une membrane de précipité de ferrocyanure de cuivre. Cela fait on munit le vase de pile d'une garniture permettant de le fermer et de le mettre en communication avec un manomètre (fig. 211).

Pression osmotique.

Quand l'on place dans l'intérieur de l'appareil de Pfeffer une solution de sucre à une concentration inférieure à 5 p. 100, et qu'on le plonge dans l'eau, il ne passe pas de sucre à travers la membrane semi-perméable, mais l'eau diffuse de l'extérieur vers l'intérieur en faisant monter la pression jusqu'à un moment où l'équilibre est établi. Cette pression est la pression osmotique.

Voici dès lors les lois remarquables auxquelles satisfait cette pression limite osmotique.

1° En faisant varier le titre des solutions, la pression osmotique est proportionnelle à la concentration.

2° Pour une même solution, quand la température varie, la pression osmotique croît proportionnelle au binôme de dilatation $(1 + \alpha t)$; nous verrons plus loin quelle est la valeur de α.

3° La pression osmotique est la même quand on change la matière dissoute, pourvu que le nombre de molécules dissoutes reste le même.

4° La pression osmotique est indépendante de la nature du dissolvant.

Quand on examine ces lois on est frappé de leur analogie avec les lois qui règlent la pression des gaz.

Nous avons en effet :

1° La loi de Mariotte, qui nous dit que la pression d'un gaz est en raison inverse de son volume, ou, ce qui revient au même, que la pression à volume constant est proportionnelle à la densité du gaz, ce qui équivaut à la concentration d'une solution. En effet tous deux ne dépendent que du poids de gaz ou de substance qui se trouvent dans le volume.

2° La loi d'Ampère, d'après laquelle à volume constant la pression du gaz croît comme le binôme de dilatation $(1+\alpha t)$ où α est égal à $\frac{1}{273}$. Cette même loi se retrouve pour la pression osmotique, et, fait des plus remarquables, α a la même valeur dans les deux cas.

3° La loi d'Avogadro, d'après laquelle tout gaz contenu dans un certain volume exerce la même pression quelle que soit la nature du gaz, pourvu que le nombre des molécules soit le même. C'est la troisième loi de l'osmose, et ce qui est remarquable c'est que cette pression gazeuse exercée par un certain nombre de molécules est la même que la pression osmotique exercée par le même nombre de molécules dissoutes dans l'eau, si le volume d'eau est le même que le volume gazeux.

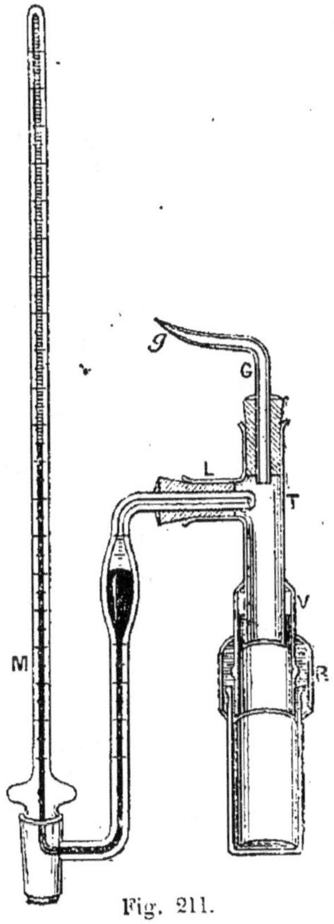

Fig. 211.

En résumé la pression osmotique est absolument assimilable à la pression des gaz, les corps en solution se comportent comme s'ils étaient transformés en gaz dans le même volume, la pression osmotique étant remplacée par la pression gazeuse.

Le parallèle va plus loin. On sait que les lois de Mariotte et d'Ampère ne sont exactes que pour les gaz éloignés de leur point de liquéfaction, c'est-à-dire ne contenant pas un trop grand nombre de molécules dans un volume donné, plus on se rapproche de ce point de liquéfaction et moins les lois s'appliquent avec précision.

Il en est même pour la pression osmotique. Aussitôt que l'on veut opérer sur des solutions trop concentrées, les lois que nous avons énoncées sont en défaut.

Enfin l'on sait que certaines vapeurs semblaient fort longtemps se trouver en contradiction avec la loi d'Avogadro, en particulier les vapeurs de chlorhydrate d'ammoniaque, de pentachlorure de phosphore, d'hydrate de chloral, etc. Quand ces vapeurs contiennent, dans un volume donné, le même nombre de molécules qu'un gaz, l'oxygène par exemple, elles exercent une pression plus forte que l'indiquerait la règle. On a démontré depuis que cela ne tient pas à une exception à la loi, mais que ces vapeurs se dissocient et que le volume contient par suite un plus grand nombre de molécules qu'il ne semble.

Il en est de même pour la plupart des sels en solution, ils se dissocient ou, comme il a été dit plus haut, s'ionisent plus ou moins suivant le degré de concentration de la solution, complètement si cette solution est assez étendue, et il en résulte que le liquide contient un plus grand nombre de molécules qu'il ne semble *a priori*; il a une plus forte pression osmotique. Prenons par exemple le chlorure de sodium, s'il est en dissolution très étendue il est complètement dissocié, chaque molécule en donne deux et la pression osmotique est double de celle que l'on pourrait prévoir en ne comptant pas avec cette dissociation.

Puisque la pression osmotique ne dépend que du nombre de molécules en dissolution, on conçoit qu'il y a là un moyen de déterminer le degré de concentration d'une solution en comparant sa pression osmotique à celle d'une solution connue, mais ce procédé exigerait une expérimentation délicate. De plus elle nécessiterait une assez grande quantité de liquide et beaucoup de temps; nous verrons plus loin d'autres procédés qui conduisent rapidement au même résultat.

Isotonie.

On peut, dans l'appareil de Pfeffer, placer une solution saline de chaque côté de la membrane semi-perméable. On se trouve alors en présence de trois cas possibles.

1° Le niveau s'élève dans le tube; cela prouve qu'il passe de l'eau de l'extérieur à l'intérieur, la solution intérieure est plus concentrée que la solution extérieure.

2° Le niveau baisse dans le tube au-dessous du niveau extérieur, c'est la solution extérieure qui est la plus concentrée.

3° Le niveau est le même à l'extérieur qu'à l'intérieur, la concentration est la même des deux côtés de la membrane. Si c'est le même sel qui se trouve dans les deux solutions, il n'y a aucune difficulté, les deux solutions sont identiques, elles contiennent par litre la même quantité de sel. Si ce sont des sels ou des corps différents, dire que les deux solutions ont la même concentration veut dire qu'elles contiennent, à volume égal, le même nombre de molécules, d'après la troisième loi du chapitre précédent, car c'est dans ce cas qu'elles ont la même pression osmotique; aucune d'elles ne doit l'emporter sur l'autre.

Deux solutions contenant ainsi le même nombre de molécules sont dites isotoniques. De deux solutions ne contenant pas le même nombre de molécules, la plus concentrée est dite hypertonique par rapport à l'autre qui est dite hypotonique. Il est bien entendu que dans cette concentration moléculaire il faut tenir compte de la dissociation ou ionisation qui peut se produire comme nous l'avons vu plus haut.

Nombre de molécules et Concentration moléculaire.

Il y a lieu de revenir sur ces deux expressions souvent employées, afin de bien les préciser et de montrer comment on est arrivé à ces considérations.

Partons de la loi d'Avogadro, qui dit que dans un même volume de gaz ou de vapeur, à la même température et à la même pression, il y a le même nombre de molécules. Il n'y a pas lieu de montrer ici comment cette loi a été établie, il nous suffira de l'admettre.

Si nous prenons un même volume d'hydrogène, d'oxygène, de chlore, de vapeur de soufre, d'acide carbonique, etc., ces volumes contiendront le même nombre de molécules. Or si nous prenons le poids de ce volume d'hydrogène comme = 2, nous trouvons pour les poids du même volume gazeux des autres corps :

Hydrogène	2
Oxygène	32
Chlore	71
Soufre	64
CO^2	44
Etc.	

Ce qui revient à dire, puisque chacun de ces volumes contient le même nombre de molécules, que si la molécule d'hydrogène pèse 2, les autres pèsent respectivement 32, 71, 64, 44, etc.

Il en est de même pour tous les corps, qu'ils soient à l'état gazeux ou non, le nombre qui est donné comme représentant leur poids moléculaire indique le poids de leur molécule par rapport à celui de l'hydrogène pris comme égal à 2. Si par exemple on dit que le poids moléculaire de glucose est 180, cela veut dire que sa molécule pèse 90 fois plus que celle de l'hydrogène. Il en résulte qu'en prenant un poids 180 de glucose, on a autant de molécules qu'en prenant 2 d'hydrogène, 32 d'oxygène, etc.

Dans la pratique pour faire des pesées, il faut adopter une unité pratique, on a pris le gramme. On appelle dès lors molécule-gramme d'hydrogène, 2 g. d'hydrogène. Une molécule-gramme d'oxygène sera 32 g. d'oxygène, etc., une molécule-gramme de glucose sera de 180 g. de glucose.

Par convention, si l'on fait dissoudre une molécule-gramme d'un corps dans un litre de dissolvant, on a la solution dite *normale.*

Ainsi la solution normale de glucose contient 180 g. de glucose par litre, la solution normale de chlorure de sodium 58 g. de sel et ainsi de suite.

Ces solutions sont en général trop concentrées pour les usages de la pratique, on fait alors usage de solutions *décinormales* contenant une molécule-décigramme par litre.

Les solutions 100 fois moins concentrées que la solution normale sont dites *centinormales*, celles qui sont 1 000 fois moins concentrées, *millinormales*, etc.

Je reviens ici sur un point capital. Les solutions de glucose ne se dissocient pas, il en est de même pour l'alcool, la glycérine et divers autres corps. Les solutions normales de ces corps contiennent donc le même nombre de molécules.

Il n'en est plus de même pour un grand nombre de sels qui se dissocient plus ou moins suivant l'état de concentration de leur solution.

Prenons comme type le chlorure de sodium NaCl, faisons une solution normale de ce sel. Cette solution contiendra des molécules NaCl, mais une partie de ces molécules se divisera en ce que nous avons appellé des Ions Na et des Ions Cl. Chaque molécule dissociée ou ionisée se comportera alors comme deux molécules. Tout se passe au point de vue osmotique, et à d'autres points de vue que nous étudierons, comme si l'on avait dissout plus d'une molécule du corps.

Cette dissociation est proportionnellement d'autant plus importante que la solution est plus étendue. Ainsi pour les solutions décinormales, qui se rapprochent, par leur concentration, des liquides de l'organisme, l'expérience montre que 50 p. 100 environ du NaCl est ionisé. Pour les solutions centinormales, 80 p. 100. Pour les millinormales, pratiquement il y a ionisation complète et la solution semble contenir deux fois plus de molécules que celles qu'on y a introduites. En mettant 58 g. de NaCl dans un mètre cube d'eau on a une solution dont la pression osmotique sera double de celle qui contient 180 g. de glucose.

Remarquons encore qu'un sel ayant une formule analogue à celle du chlorure de calcium par exemple, $CaCl^2$ donnera par ionisation Ca et 2Cl, c'est-à-dire 3 ions, — K^3PO^4 donne 4 ions, 3K et PO^4.

Une solution normale, décinormale ou centinormale ou millinormale, se comportera donc différemment suivant le corps en solution. Prenons 10 l. d'eau et mettons-y soit une molécule de glucose, de NaCl, de $CaCl^2$ ou de K^3PO^4, comme la moitié du corps s'ionise, d'après ce qui a été dit plus haut, le nombre apparent de molécules dans la solution sera :

Pour le glucose........... 1.

« NaCl $\frac{1}{2} + \frac{1}{2} \times 2 = 1,5.$

« $CaCl^2$ $\frac{1}{2} + \frac{1}{2} \times 3 = 2.$

« K^3PO^4 $\frac{1}{2} + \frac{1}{2} \times 4 = 2,5.$

Faute de tenir compte de ce fait on peut commettre de graves erreurs.

Recherches de l'isotonie par la méthode de De Vries.

Les cellules végétales sont pourvues extérieurement d'une enveloppe rigide, la membrane cellulaire, tapissée intérieurement par la membrane limitante du corps cellulaire ou membrane plasmique. Cette dernière est semi-perméable comme la membrane de ferrocyanure de cuivre de l'appareil de Pfeffer, la membrane cellulaire jouant un rôle de soutien comme le vase de pile poreux. Si une pareille cellule est placée dans une solution aqueuse très étendue, l'eau tend à pénétrer dans son intérieur, la membrane plasmique gonflée s'applique sur la membrane cellulaire (fig. 212 A). Si au contraire, la solution aqueuse est très concentrée, une partie de l'eau de la cellule tend à passer à l'extérieur, il y a diminution de volume, la membrane plasmique tend à se séparer de la membrane cellulaire (fig. 212 C).

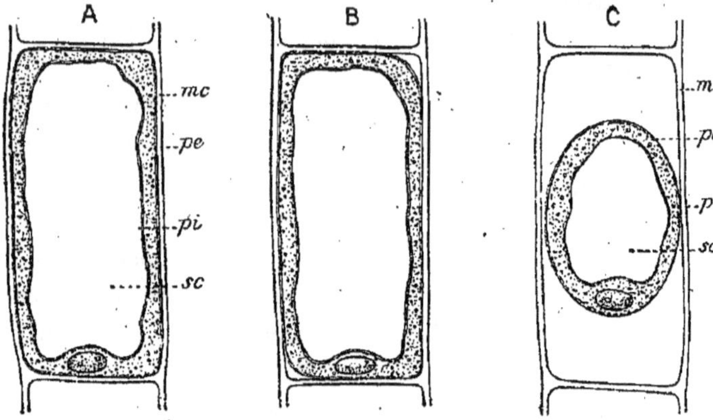

Fig. 212.

Il y a un certain degré de concentration moléculaire de la solution où il n'y a pas d'échange d'eau avec la cellule (fig. 212B). Pour le trouver on fait une série de solutions d'un sel, de concentrations diverses allant en croissant régulièrement. Dans chacune on met un petit fragment du végétal que l'on emploie, et l'on cherche, au microscope, au bout d'une heure et demie, par exemple, quelle est la solution où la séparation des deux membranes commence à se faire, cette solution est déjà un peu concentrée, l'isotonie se trouve entre elle et la solution au-dessous. La séparation des deux membranes porte le nom de plasmolyse (fig. 212 B). Divers végétaux peuvent servir à cette opération, un des plus commodes est le *Trandescantia discolor*, dans lequel on pratiquera de petites coupes minces faciles à observer au microscope.

En opérant avec diverses substances on peut ainsi trouver quelles sont les solutions isotoniques au contenu cellulaire et par suite isotoniques entre elles. De Vries a trouvé de cette façon que les solutions isotoniques entre elles ont la même concentration moléculaire.

Recherches de l'isotonie par la méthode de Hamburger.

Hamburger a fait des recherches analogues à celles de De Vries, mais il employait comme indicateur des globules sanguins qui ne restent inaltérés que dans des solutions isotoniques avec le sérum sanguin. Il faut, bien entendu, faire cette observation au microscope. On peut, en opérant avec divers sels, trouver quelles sont les concentrations isotoniques entre elles, et l'on retrouve encore que ce sont celles qui contiennent le même nombre de molécules. Dans ces expériences on observe aussi un autre phénomène que celui de la déformation des globules, c'est le passage de la matière colorante de ces globules dans le liquide qui les baigne. Ce phénomène nommé hématolyse ne se produit qu'avec des solutions bien moins concentrées que les solutions isotoniques au sérum sanguin. Ainsi si l'on opère sur les globules du sang de la grenouille, il faut une solution de 0,21 p. 100 environ pour faire apparaître la matière colorante dans le liquide, tandis que la solution isotonique au sérum sanguin est 0,64 p. 100. Il y a, dans ces expériences, une cause d'erreur qui peut faire varier le titre de la solution pour laquelle se produit l'hématolyse : c'est la non-stérilité du liquide. M. Vaquez a montré qu'il y avait là une condition indispensable à une bonne expérience, la matière colorante n'apparaît pas dans une solution trop concentrée, à la condition que cette solution soit faite dans des conditions d'asepsie parfaite. Il suffit pour cela de faire une solution mère concentrée que l'on stérilise à l'autoclave, puis avec de l'eau distillée bouillie on fait une série de solutions de titre différent graduellement variable. Dans chacune de ces solutions on met une ou deux gouttes de sang défibriné et l'on cherche quelle est, en descendant l'échelle des concentrations, la première des solutions produisant l'hématolyse. On a basé sur ce phénomène un procédé destiné à étudier la résistance des globules sanguins dans divers états pathologiques; mais, il faut le répéter, l'hématolyse ne se produit pas, comme certains auteurs l'on dit par erreur, pour un liquide de concentration moléculaire immédiatement inférieure à celle du sérum sanguin.

XIX

TONOMÉTRIE

Les corps en dissolution dans l'eau ou les autres liquides modifient la tension de vapeur de ces liquides et par suite leur point d'ébullition.

En particulier si l'on considère les solutions aqueuses, les seules qui aient, en somme, leur intérêt en biologie et les seules dont nous nous occuperons dans la suite, on trouve que l'abaissement de la tension de vapeur est proportionnel au nombre de molécules du corps dans un même volume du dissolvant. On peut baser sur ce principe un procédé de détermination de la concentration moléculaire d'un liquide soit en mesurant directement sa tension de vapeur, soit en cherchant le point d'ébullition sous une pression barométrique donnée. Mais ces procédés sont délicats et peu précis, ils ne sont pas usités dans la pratique.

XX

CRYOSCOPIE

De même que la présence d'un corps en solution dans l'eau abaisse la tension de vapeur, elle abaisse aussi le point de congélation. L'abaissement du point de congélation est proportionnel au nombre de molécules dissoutes dans un même volume d'eau. Par conséquent en abaissant la température d'une solution aqueuse et observant la température à laquelle la glace commence à se former, nous pouvons déterminer la concentration moléculaire d'un liquide comme on peut le faire par l'étude de la pression osmotique ou de la tension de vapeur. Ce procédé de recherche est très pratique et est employé d'une façon courante en biologie, nous allons le décrire avec quelques détails et insister sur les précautions à prendre.

En premier lieu il y a un fait important à connaître; lorsqu'une solution se congèle, la glace formée est de l'eau pure solidifiée, les corps en solution restent dans le liquide qui se concentre de plus en plus. Il peut arriver, quand on a une solution trop concentrée, que, lors du refroidissement, une partie du corps dissous se sépare à l'état solide et se mélange mécaniquement avec la glace, ou bien encore il se peut qu'une partie de la solution reste prise entre les lamelles de glace, mais cette glace, en elle-même, séparée du liquide dans lequel elle baigne ou des corps solides déposés, provient de l'eau pure comme la vapeur d'eau distillée.

Si l'on prend une solution plus ou moins étendue et que l'on procède à la congélation, à mesure que la glace se formera, la concentration moléculaire du liquide restant augmentera, le point de congélation s'abaissera de plus en plus. Il faut donc, pour avoir rigoureusement le point de congélation d'une solution, observer la température au moment où les premiers cristaux de glace apparaissent. Sinon on mesure le point de congélation de ce qui reste encore à l'état liquide.

Il y a intérêt à refroidir doucement, avec lenteur, en agitant sans cesse le mélange et observant le moment où les cristaux de glace commencent à apparaître.

On peut être gêné par ce que l'on appelle le phénomène de la surfusion. Supposons que l'on refroidisse de l'eau ; régulièrement elle devrait geler à 0° ; mais dans un tube de verre propre elle peut s'abaisser jusqu'à plusieurs degrés au-dessous de 0 sans se prendre. S'il se forme à ce moment un peu de glace en un point, la congélation s'étend à une masse plus ou moins considérable du liquide et la température remonte à 0. Si nous opérons de même avec une solution saline, le même phénomène se présentera, il se formera tout d'un coup d'autant plus de glace que la température est descendue plus bas. A ce moment le thermomètre montera non pas au point de solidification de la solution primitive, mais au point de solidification de ce qui reste de cette solution après formation de la glace. Nous aurons ainsi une température trop basse.

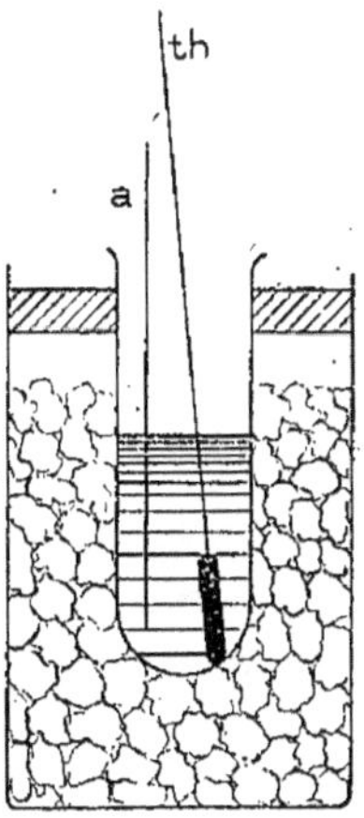

Fig. 213.

Comme la surfusion cesse aussitôt qu'il apparaît une parcelle de glace en un point de la solution refroidie, il suffira, pour amorcer la formation de la glace, de plonger dans le liquide dont la température est un peu plus basse que le point de congélation une tige de verre portant à son extrémité un peu de glace.

Voici dès lors la manière la plus simple d'opérer en pratique.

Avant tout il est indispensable d'avoir un excellent thermomètre à mercure divisé en $\frac{1}{50}$ de degré, ce qui permet de lire le centième, et dont on vérifie de temps en temps la position du 0 en le plongeant dans la glace fondante. Un déplacement de ce 0, accident fréquent, donnerait lieu, on le conçoit, à des erreurs des plus fâcheuses. Le liquide à étudier sera placé dans un tube à essai, où l'on plongera aussi le thermomètre *th* et un agitateur *a* (fig. 213). Il ne faut pas prendre un agitateur ordinaire en verre qui, entre autres inconvénients de sa masse, casse le réservoir mince du thermomètre au moindre choc. Une mince petite tige de métal remplit très bien l'office. Le petit tube à essai est fixé dans un vase, où l'on placera le mélange réfrigérant destiné à abaisser la température du liquide. On agitera sans cesse et, au moment où la température aura baissé d'un demi-degré environ au-dessous du point cryoscopique présumé, on plongera dans le liquide une parcelle de glace qui fera cesser la surfusion. Aussitôt il se formera de petites aiguilles de glace dans le liquide, le thermomètre remontera à un point où il restera fixé un certain temps, c'est ce point qu'il faut lire.

On se procure facilement le petit fragment de glace destiné à faire cesser la surfusion ; en effet très rapidement on voit apparaître une couche de givre sur la surface extérieure du vase contenant le mélange réfrigérant. Il suffit, au moment voulu, de passer la pointe de l'agitateur *a* sur cette surface pour entraîner un petit cristal, en replongeant l'agitateur dans le liquide la surfusion cesse.

Nous avons dit qu'il fallait refroidir doucement pour permettre à l'équilibre de température de se faire à chaque instant. Le mélange de glace et de sel marin est un réfrigérant un peu trop énergique, entre des mains peu exercées il conduit facilement à des points cryoscopiques trop bas. On peut avec avantage se servir des mélanges suivants.

Glace et alun donnent.		— 0°,47
—	sulfate de soude crist.	— 0°,70
—	chromate de potasse	— 1°,00
—	sulfate de potasse.	— 1°,50
—	sulfate ferreux	— 2°,00
—	nitrate de potasse.	— 3°,00

On choisira un mélange abaissant la température un peu au-dessus du point cryoscopique présumé.

On peut aussi, en se servant de la glace et du sel marin, ralentir le refroidissement en munissant le tube à essai d'une double enveloppe à chemise d'air mauvaise conductrice (fig. 214). On a alors l'appareil de Beckmann. Par suite de l'air M interposé entre le liquide et le mélange réfrigérant le refroidissement se fait très lentement. Le bouchon portant le thermomètre doit être muni de deux autres ouvertures :

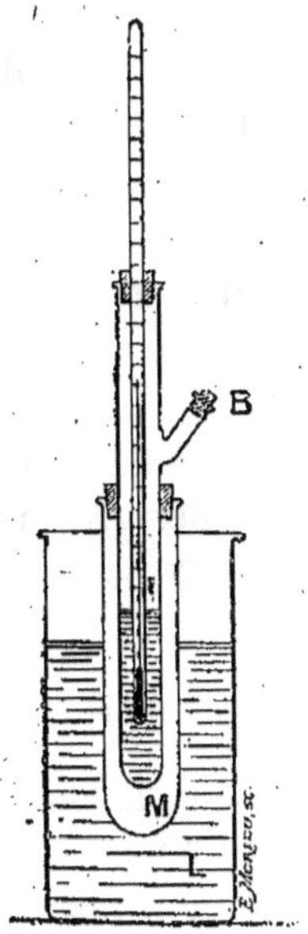

Fig. 214.

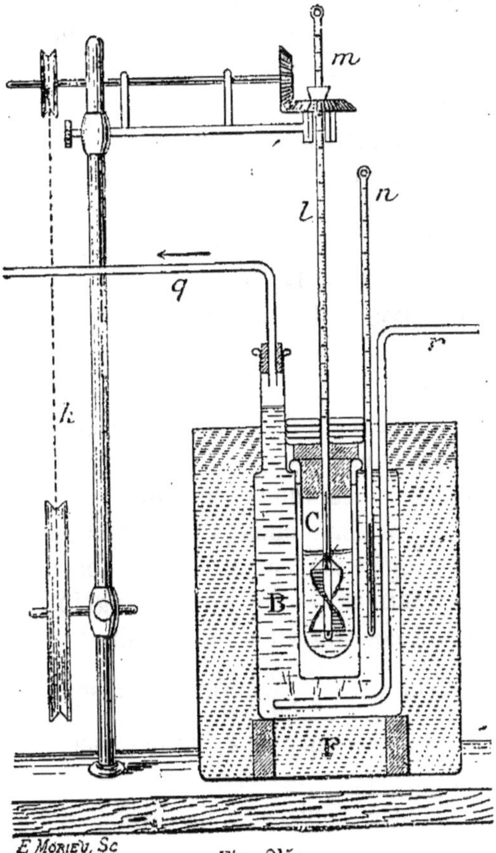

Fig. 215.

l'une permettant de jeter un petit cristal de glace dans la solution pour faire cesser la surfusion au moment voulu, l'autre pour donner passage à la tige d'un agitateur à anneau que l'on fait monter et descendre pour assurer le mélange et l'égalisation des températures dans le liquide.

Cet appareil très simple donne d'excellents résultats.

On peut enfin, si l'on se propose de faire des recherches très précises, employer le cryoscope de précision de Raoult (fig. 215) muni d'un agitateur rotatif assurant un mélange parfait et dans lequel l'abaissement de température se règle admirablement par évaporation de l'éther. Il est bon de faire chaque fois deux déterminations, l'une pour donner approximativement le point de congélation; la seconde, mieux réglée, où l'on abaisse lentement la température un peu au-dessous de ce point pour le point cryoscopique avec formation de très peu de glace, et par suite sans variation de concentration du liquide restant.

Si nous considérons une solution d'un corps, non dissocié dans cette solution, et contenant une molécule-gramme par litre, nous constatons un abaissement du point de congélation de — 1°,85. Réciproquement si nous constatons qu'une solution aqueuse se congèle à — 1°,85 nous pouvons dire qu'elle contient une molécule-gramme par litre, cette molécule étant non dissociée. Si au contraire la molécule se dissocie, le point de congélation s'abaisse et il ne se trouvera ramené à — 1°,85 que si le nombre total de molécules et d'ions est équivalent à une seule molécule. Supposons, par exemple, qu'un sel en solution puisse se dissocier complètement de façon que chacune de ses molécules en produise deux; quand le point de congélation sera — 1°,85 il n'y aura en réalité en solution qu'une demi-molécule du sel par litre.

Ce principe nous permet donc de calculer, étant donné un point de congélation, combien la solution contient de molécules-grammes.

Exemple. — Le sérum sanguin se congèle à — 0°,55, quelle est sa concentration moléculaire?

Elle sera $\frac{0,55}{1,85} = 0,292$, puisque la concentration moléculaire est proportionnelle à l'abaissement du point de congélation. La solution contient donc une série de corps, dissociés en partie ou non, mais dont la somme des particules libres est équivalente à 0 mol. 292. On peut par ce procédé déterminer par différence le nombre de molécules organiques ou inorganiques d'une solution.

Exemple. — Un sérum sanguin donne un abaissement du point de congélation de 0°,595. Il contient donc $\frac{0,595}{1,85} = 0$ mol. 321 par litre. On évapore, on incinère de façon à détruire les matières organiques et on redissout dans l'eau pour ramener au volume primitif. Le point de congélation est — 0,480, il y a donc $\frac{0,480}{1,85} = 0$ mol. 259 par litre, c'est la partie inorganique. La partie organique sera la différence 0 mol. 062 organiques et 0 mol. 259 inorganiques.

Ce procédé permet aussi de déterminer facilement quelle est la quantité d'eau qui a pu être ajoutée à un liquide.

Exemple. — Le point de congélation normal du lait est — 0°,55, il doit donc contenir 0 mol. 292 par litre. Si le point de congélation d'un lait est — 0°,48 il ne contient plus que 0 mol. 257 par litre, on a donc ajouté de l'eau dans la proportion suivante. Avec un litre de lait on a fait $\frac{0,292}{0,259} = 1$ l. 12 de liquide.

On peut ainsi très aisément par ce procédé déterminer la concentration moléculaire de l'urine et suivre la marche de l'élimination des produits dissous dans cette urine.

XXI

FILTRATION

La filtration des liquides a pour but de les débarrasser des particules solides qu'ils tiennent en suspension; pour cela on les fait passer à travers une substance poreuse qui retiendra des particules d'autant plus petites que ses orifices seront plus fins. Il ne faudrait pas croire cependant qu'un filtre agisse simplement à la façon d'une passoire sur laquelle restent les corps de dimension plus grande que les trous, tandis que les corps plus petits passent au travers. Les parois du filtre exercent en effet une attraction sur les particules en suspension dans les liquides, et l'on voit certains précipités ne pas passer avec le liquide traversant un corps poreux, alors que les pores sont cependant certainement plus grands que les éléments du précipité.

Dans les laboratoires on se sert généralement de filtres en papier à grain plus ou moins serré suivant le but que l'on se propose. Parfois aussi on emploie des étoffes, de la flanelle ou du feutre. Ces mêmes corps sont employés dans l'industrie pour la clarification des vins, de la bière ou des sirops.

Lorsqu'il s'agit de débarrasser l'eau des micro-organismes qu'elle peut contenir, les substances précédentes ne suffisent plus; il faut des filtres à grain plus serré. Pendant longtemps on s'est servi de fontaines filtrantes consistant en une (fig. 216) caisse à deux compartiments. On versait l'eau à filtrer dans la partie A, peu à peu elle passait en B à travers une paroi en pierre poreuse, et on la puisait par un robinet G. Quand la pierre était encrassée et ne laissait plus que difficilement passer l'eau par suite d'un dépôt trop abondant à sa surface on la brossait, on la lavait à grande eau que l'on faisait écouler par F. Souvent on suspendait en A au moyen d'une chaîne un panier en fer contenant du

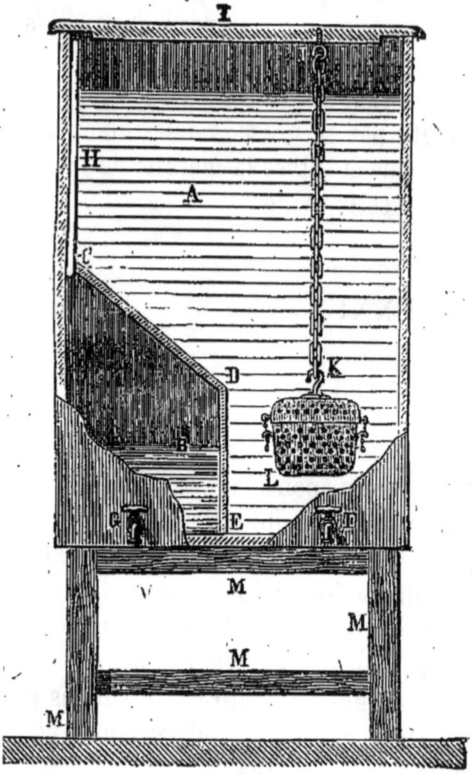

Fig. 216.

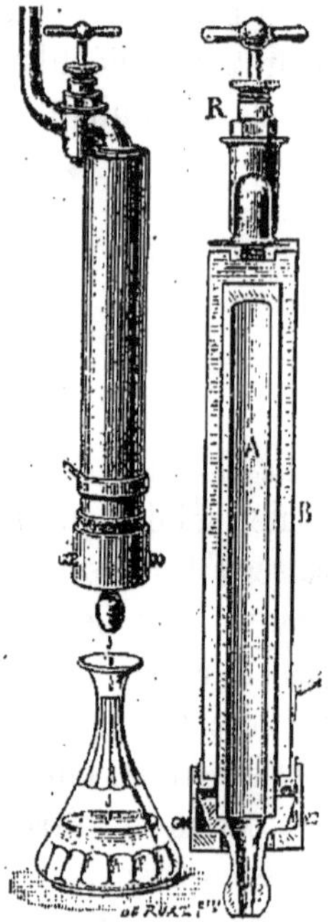

Fig. 217.

charbon de bois destiné à empêcher la putréfaction de l'eau dans A.

De nos jours l'alimentation en eau se faisant par des conduites l'amenant à domicile, on place généralement les filtres directement sur ces conduites. L'un des plus répandus est le filtre Chamberland (fig. 217), consistant en une bougie creuse, en porcelaine poreuse placée dans un tube en communication avec la conduite. L'eau arrive sous pression à l'extérieur de la bougie, passe à travers la paroi et s'écoule au fur et à mesure des besoins. La filtration étant assez lente il faut recueillir l'eau purifiée dans un réservoir propre afin d'en faire provision. Il y a des appareils pourvus d'un plus ou moins grand nombre de bougies, et bien entendu le débit croît avec ce nombre. Les bougies s'encrassent comme la pierre des anciens filtres, il est aisé de démonter l'appareil pour en faire le nettoyage, mais en plus il est extrêmement important de faire bouillir la bougie de temps en temps pour la stériliser, tous les huit jours par exemple. En effet les micro-organismes peuvent, par culture, se propager de proche en proche à travers la paroi de la bougie, et il faut assez fréquemment procéder à la destruction de ces cultures.

On trouve dans le commerce un grand nombre d'autres filtres qu'il n'y a pas lieu de décrire ici, l'étude particulière de chacun d'eux peut seule renseigner sur leur valeur, mais d'une façon générale ils doivent, à une première expérience, débarrasser l'eau des micro-organismes, ce que révèle une analyse bactériologique, et de plus ils doivent être faciles à nettoyer et à stériliser.

Certaines villes, pour éviter la filtration à domicile, s'alimentent par des eaux purifiées en grand par leur passage à travers des terrains spécialement préparés. Dans ce but, sur une surface convenablement drainée et canalisée, on étend en premier lieu une couche de gravier ou de pierres grossièrement cassées. Puis du gravier de plus en plus fin, pour terminer par du sable. C'est là-dessus que les eaux sont amenées. Au début la filtration se fait assez rapidement, elle dépend, du reste, toutes choses égales d'ailleurs, de la pression, c'est-à-dire de la hauteur du plan d'eau que l'on règle de façon à faire passer un volume d'eau déterminé. A ce point de vue l'expérience a montré qu'un filtre débitant environ 4 m^3 par mètre carré en un jour se trouve dans de bonnes conditions. Bien entendu une vitesse moindre ne nuit pas, si l'on dépasse beaucoup cette valeur, on risque de ne filtrer qu'imparfaitement. Au bout d'un certain temps le filtre s'obstrue de plus en plus, à un moment donné une augmentation de pression ne suffit plus à le faire fonctionner convenablement. il faut le nettoyer. La durée d'un filtre varie, bien entendu, suivant l'état des eaux à purifier; il y a des villes où le nettoyage est nécessaire deux fois par mois.

Parfois, au lieu de filtrer purement et simplement l'eau, on commence à la stériliser chimiquement. Un des procédés les plus répandus et donnant d'excellents résultats, consiste à ajouter à l'eau du permanganate de chaux ou de potasse jusqu'au moment où l'eau garde une teinte rose permanente. A ce moment on filtre sur du charbon de bois qui débarrasse l'eau du permanganate en excès qu'il absorbé et qui retient, en même temps, l'oxyde de manganèse précipité. On a ainsi une eau parfaitement pure ; c'est un des procédés les plus recommandables par ses résultats et par la facilité qu'il y a à l'employer partout.

D'autres moyens de purification chimique des eaux avant filtration sont employés en grand, il n'y a pas lieu d'y insister ici.

TROISIÈME PARTIE

CHALEUR

I

THERMOMÉTRIE

L'unité de variation de température adoptée en France est le degré centigrade.

L'intervalle qu'il y a entre la température de la glace fondante et la température de la vapeur d'eau bouillante à la pression de 760 mm. a été divisé en 100 parties dont chacune constitue 1 degré. L'origine des mesures est à la température de la glace fondante, c'est le zéro, il en résulte que l'eau bout à 100 degrés sous la pression de 760 mm.

Ceci est affaire de convention ; dans certains pays ou dans certaines industries on se sert encore de l'échelle Réaumur, où l'intervalle entre la température de la glace fondante et de la vapeur d'eau bouillante est divisé en 80 parties. Enfin dans les pays de langue anglaise on fait usage de l'échelle Fahrenheit, dans laquelle la température de la glace fondante est 32° et celle de la vapeur d'eau à 760 mm. 212°, c'est-à-dire que dans ce système on s'élève de $212 - 32 = 180°$ en passant de la température de la glace fondante à celle de la vapeur d'eau.

Des opérations d'arithmétique simples, indiquées d'ailleurs dans tous les livres élémentaires, permettent de passer d'un système à l'autre; dans tout ce qui va suivre nous ne nous occuperons plus que de l'échelle centigrade.

Il résulte de considérations qui ne peuvent trouver place ici, que le seul thermomètre donnant réellement la température définie par l'échelle centigrade, est le thermomètre à hydrogène à volume constant. C'est-à-dire que l'on enferme dans un récipient, analogue par exemple à celui de la figure 218, une certaine quantité d'hydrogène isolée de l'atmosphère par une colonne de mercure. On porte ce ballon dans la glace fondante et on note la pression correspondant à un volume déterminé. Puis on note l'augmentation de pression qu'il faut exercer pour conserver le volume constant quand on passe dans la vapeur d'eau bouillante à 760 mm. La centième partie de cette variation de pression correspond à un degré centigrade, et si dans des conditions déterminées de variation de température il faut exercer $\frac{25}{100}$ par exemple de cette pression pour conserver le volume de l'hydrogène constant, on dit que l'on est à la température de 25° centigrades.

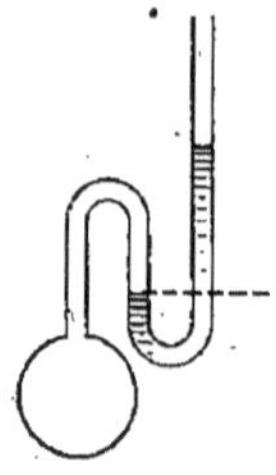

Fig. 218.

Cet appareil est d'un maniement difficile, et dans la pratique on se sert généralement de thermomètres à mercure ou à alcool, où on lit des variations de volume au lieu de lire des variations de pression. Ces instruments devront être gradués avec soin par comparaison avec le thermomètre à hydrogène. Les thermomètres à alcool sont absolument à rejeter dans les mesures précises, la dilatation de l'alcool suit une loi complètement différente de celle du mercure, et si deux instruments, l'un à alcool, l'autre à mercure, sont d'accord à zéro degré et à 50 degrés par exemple, ils peuvent cependant entre ces deux limites donner des indications complètement différentes.

De même si l'on se contentait de porter un thermomètre à mercure dans la glace fondante, puis dans la vapeur d'eau bouillante et à diviser l'intervalle repéré ainsi sur la tige en 100 parties, on aurait un instrument exact à 0°, à 100°, mais qui dans l'intervalle ne concorderait pas avec le thermomètre à hydrogène. C'est pour cela qu'il faut graduer ces instruments par comparaison, en vérifiant les points intermédiaires, lorsqu'on veut avoir des indications véritablement précises. En général ceci est l'affaire du fabricant, il y a des maisons connues pour ne livrer que d'excellents thermomètres. On peut, au lieu de se servir du thermomètre à hydrogène, comme instrument de comparaison, employer un thermomètre à mercure de très bonne qualité, dit étalon, vérifié une fois pour toutes et auquel on comparera facilement tous les instruments d'usage courant. Il y a en tout cas une vérification qu'il faut toujours pouvoir faire soi-même, c'est celle de la constance du zéro. Même dans les meilleurs instruments, il arrive avec le temps que le zéro des thermomètres se déplace, c'est-à-dire que le sommet de la colonne de mercure ne se trouve plus vis-à-vis du zéro de la graduation ; toutes les lectures sont alors entachées d'une même erreur. On est dans les mêmes conditions que celles où l'on se trouve pour la détermination du temps avec une montre qui avance ou retarde, il faut connaître l'avance ou le retard. Pour déterminer le déplacement du zéro d'un thermomètre, il suffit de le plonger dans la glace fondante finement pulvérisée, il doit y en avoir une assez grande quantité de façon que le thermomètre plongé au milieu soit bien soustrait à l'action du rayonnement extérieur. Au bout d'un certain temps, quand on constate que le thermomètre reste stable, on le lit et on a son avance ou son retard. Il est bien rare d'avoir un instrument qui ne présente pas cette petite défectuosité, à laquelle, comme on voit, il est aisé de remédier.

Les thermomètres médicaux doivent être gradués en dixième de degré et être à maximum, c'est-à-dire que la colonne ne doit jamais descendre spontanément, elle est poussée vers les hautes valeurs de l'échelle au moment de l'élévation de température, et doit y rester quand on retire l'instrument pour le lire. Un petit choc fait descendre la colonne quand on désire faire une nouvelle expérience.

Il est bon de faire vérifier ses thermomètres médicaux, cependant les instruments livrés dans le commerce par les constructeurs connus sont généralement de qualité suffisante, à part bien entendu le déplacement du zéro. Lorsqu'il s'agit de mesures plus délicates comme celles qui se sont introduites depuis l'usage de la cryoscopie, on ne peut employer que les thermomètres spécialement construits dans ce but, donnant au moins le $\frac{1}{50}$ de degré et portant la marque de certaines maisons.

Températures absolues. — Diverses considérations ont fait introduire dans la science un autre zéro que celui de la glace fondante, sans qu'il y ait rien à changer à la valeur du degré. Dans l'échelle centigrade, ce zéro se trouve à 273° au-dessous de la température de la glace fondante ; il faut donc simplement ajouter 273° à la valeur des températures centigrades pour avoir les températures absolues. Ainsi, en températures absolues la glace fond à 273°; l'eau bout à 373°, etc.

II

ÉTUVES

Les étuves employées en médecine et dans les sciences biologiques sont à température constante, c'est-à-dire qu'elles sont munies d'un dispositif régulateur destiné à empêcher la température de s'élever ou de s'abaisser au-dessous d'un certain point.

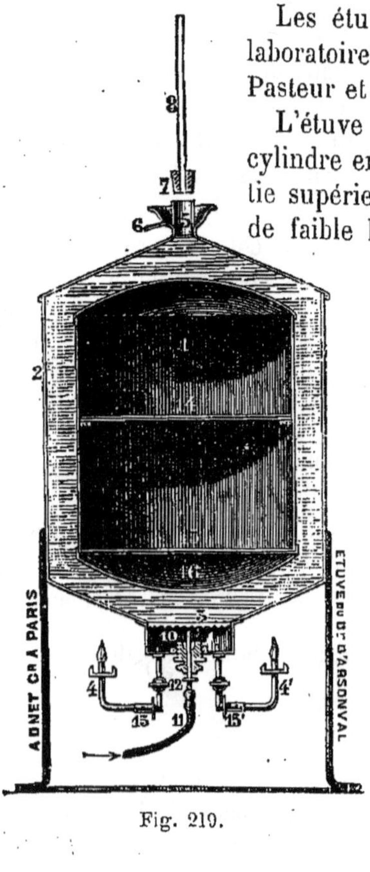

Fig. 219.

Les étuves les plus répandues dans les laboratoires sont celles de d'Arsonval, de Pasteur et de Wiesnegg.

L'étuve de d'Arsonval se compose d'un cylindre en cuivre (fig. 219) fermé à la partie supérieure et inférieure par deux cônes de faible hauteur. Cette enveloppe contient une chambre et entre les deux parois se trouve un matelas d'eau. Le gaz qui sert à chauffer cette eau, arrive d'abord dans une chambre placée à la partie inférieure de l'appareil par un tube venant se terminer au voisinage du plafond de cette chambre constitué par une lame élastique sur laquelle repose l'eau du matelas. Puis le gaz va aux brûleurs. L'appareil étant plein d'eau on allume les brûleurs, et quand on a atteint la température à laquelle on désire se fixer, on enfonce dans un orifice pratiqué à la partie supérieure de l'instrument un bouchon percé d'un trou et portant un tube vertical en verre. A partir de ce moment si l'eau augmente de température elle se dilate, monte dans le tube en verre, la pression au bas de l'appareil augmente et la membrane élastique se déprimant diminue l'admission du gaz en obstruant l'orifice d'arrivée. La température ne peut donc pas monter au-dessus du degré qu'on s'est fixé.

Dans l'usage courant on a généralement renoncé au régulateur

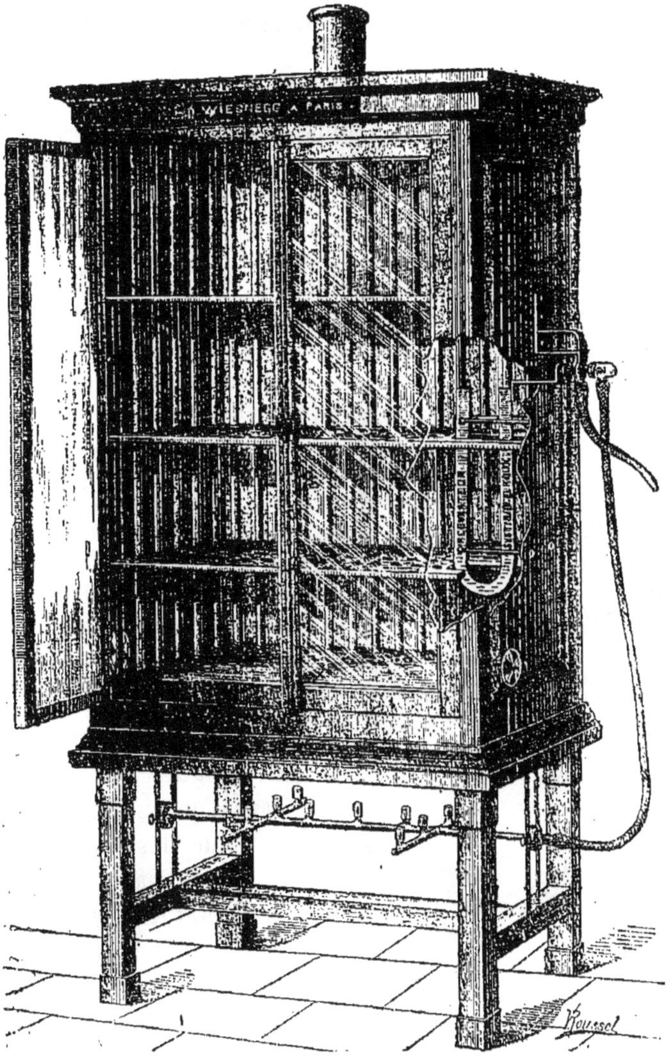

Fig. 220.

de d'Arsonval. On le remplace par un régulateur de Roux qui sera décrit plus loin.

L'étuve de Pasteur se compose d'une armoire en bois (fig. 220) aux parois intérieures de laquelle sont fixés des tubes en laiton mince. Le devant est fermé par une porte vitrée, et sous le plancher se trouvent les brûleurs dont les gaz chauds monteront dans les tubes en laiton et chaufferont l'étuve. Un régulateur de Roux, que nous décrirons plus loin, assure la constance de la température. Ce modèle est très répandu, il est extrêmement commode, l'étuve de Weisnegg à double enveloppe d'air a le même but et les même avantages.

Quand il s'agit de stériliser des instruments ou des liquides, les étuves précédentes ne suffisent plus, on a alors recours au four Pasteur ou à l'autoclave de Chamberland qui permettent de dépasser 120°.

Dans le four Pasteur (fig. 221) les objets sont stérilisés à sec dans une enceinte métallique chauffée au gaz. On préfère généralement aujourd'hui stériliser dans la vapeur d'eau sous pression.

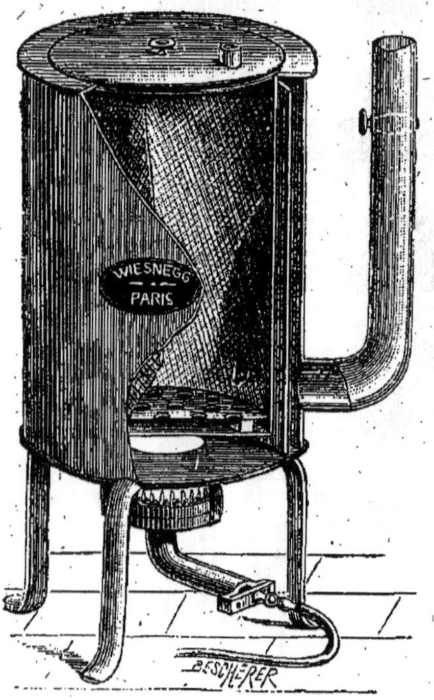

Fig. 221.

La figure 222 représente l'autoclave de Chamberland dont le principe se trouve dans la marmite de Papin. Un réservoir résistant contient à sa partie inférieure de l'eau chauffée par un certain nombre de brûleurs de Bunsen. Sur une plaque en cuivre perforé ou dans une corbeille en toile métallique on place les objets à stériliser qui seront baignés par la vapeur d'eau. L'enceinte étant hermétiquement close, la pression de la vapeur d'eau, et par suite sa température, s'y élèvent; un manomètre indique quelle est cette pression et la température correspondante. L'appareil est, bien entendu, muni d'une soupape de sûreté. On chauffe généralement à 120° ou 130° pendant 1/4 d'heure ou 20 minutes, puis on laisse refroidir et on sort les objets stérilisés.

Lorsqu'il s'agit de désinfecter des corps volumineux comme des objets de literie et d'ameublement on à recours à de grandes chambres fonctionnant comme les étuves précédentes.

L'expérience a prouvé que la stérilisation par la vapeur d'eau surchauffée est bien supérieure à la stérilisation par l'air sec. Cette dernière pour arriver aux mêmes résultats exige une température plus élevée et pénètre moins bien les objets. Il en peut

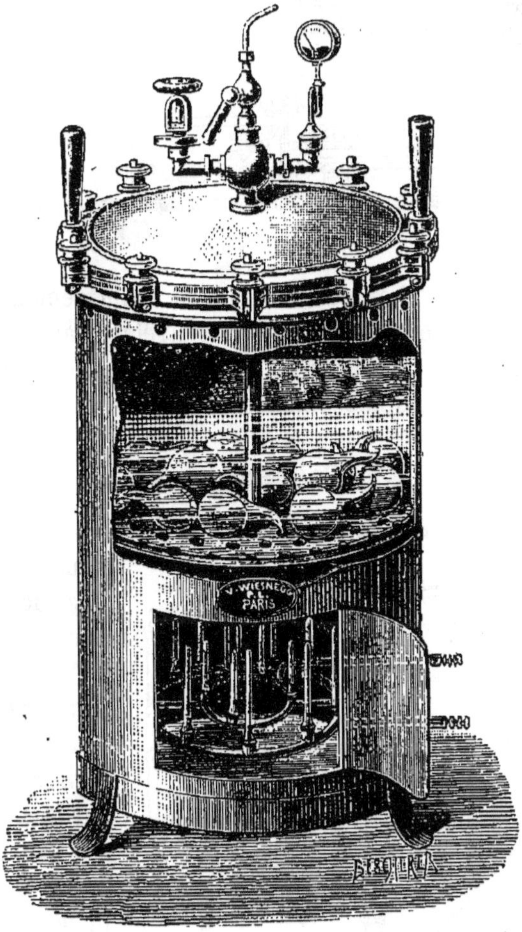

Fig. 222.

résulter que des matelas, coussins, etc., restent infectés dans leur épaisseur malgré un séjour assez prolongé dans l'air sec chaud.

Pour ces raisons, le type d'étuve à désinfecter de Geneste et Herscher (fig. 223) est le plus en faveur en France. Cette étuve consiste en un grand cylindre horizontal en tôle, fermé à ses deux extrémités, et dans lequel on introduit les objets à traiter au moyen d'un chariot sur rails. On ferme et on chauffe en envoyant de la vapeur d'eau dans la chambre et dans deux batteries de surface chauffante. On fait monter la température à 108°-109°

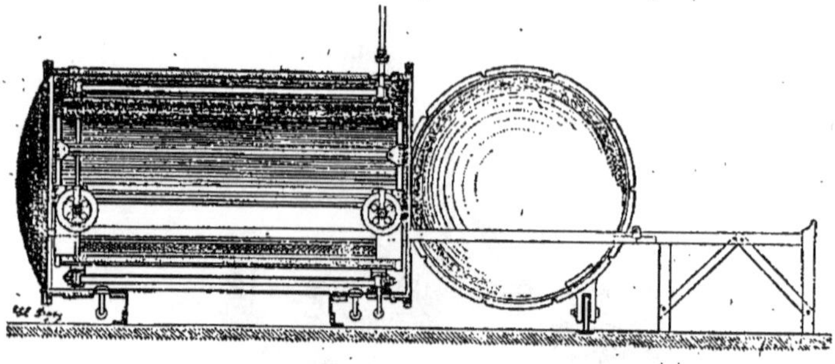

Fig. 223.

pendant un quart d'heure, l'expérience ayant démontré que cela est suffisant, puis on ouvre des portes arrêtant l'arrivée de vapeur et continuant à chauffer pour opérer le séchage, ce qui ne dépasse pas une durée d'un quart d'heure.

Couveuses.

Les couveuses ne sont autre chose que des étuves; nous ne nous occuperons ici que des couveuses pour enfants.

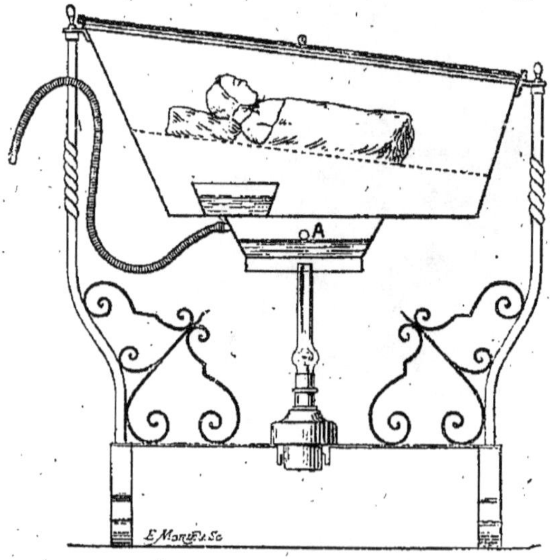

Fig. 224.

La couveuse de Tarnier consistait en une caisse en bois, divisée en deux compartiments superposés par une cloison horizontale incomplète. Celui du haut, fermé par un couvercle vitré, était destiné à recevoir l'enfant; dans celui du bas on introduisait une bouillotte contenant 10 litres d'eau chaude environ. Une éponge mouillée assurait à l'air un certain état hygrométrique, une ouverture dans le couvercle, munie d'un ventilateur, permettait de constater que le renouvellement de l'air se faisait dans de bonnes conditions. On surveillait la température au thermomètre, quand elle baissait on remplaçait l'eau de la bouillotte.

La surveillance de la bouillotte est une grande sujétion; dans la couveuse de Diffre il y est remédié par un chauffage continu à la lampe à pétrole (fig. 224). L'enfant est couché sur une simple toile métallique, facile à tenir propre. A la partie inférieure de la chambre se trouve une cuvette destinée à maintenir l'air humide. Le chauffage ne se fait pas directement, la lampe sert à maintenir au voisinage de l'ébullition l'eau d'un réservoir A placé au-dessous de la couveuse, la vapeur assujettie à passer par un tube assez long s'y condense et rentre dans le réservoir A qui reste ainsi alimenté. On règle facilement la température en montant ou baissant la mèche de la lampe. L'aération est assurée par deux ouvertures pratiquées dans la chambre.

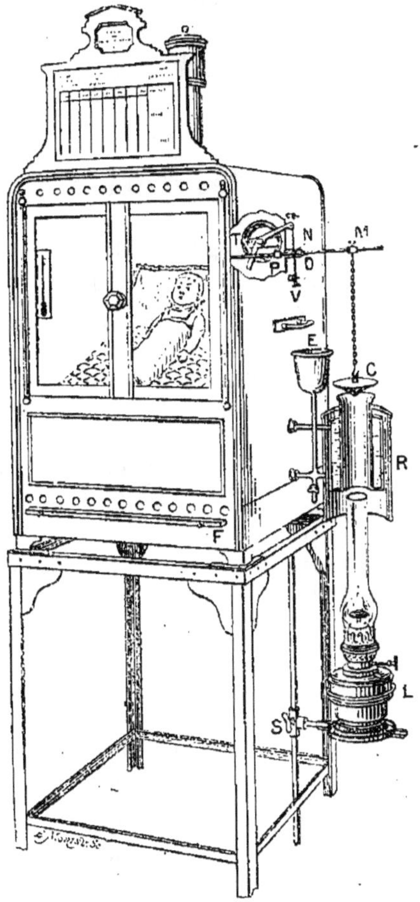

Fig. 225.

Un des modèles les plus parfaits semble être la couveuse Lion (fig. 225). Elle est tout entière en tôle galvanisée avec une porte vitrée permettant de surveiller l'enfant. L'air entre par une quarantaine de trous pratiqués à la partie inférieure, il s'échauffe au contact d'un serpentin en cuivre et s'échappe par la partie supérieure. Le chauffage se fait par un thermosiphon R au contact duquel l'eau vient se chauffer pour aller circuler dans le serpentin en cuivre. Ce thermosiphon est muni d'un régulateur de température fonctionnant de la façon suivante. L'air chaud d'une lampe traverse un tube vertical passant au milieu de l'eau; si la température est trop haute, le cône C est soulevé, l'air passe rapidement et cède peu de chaleur à l'appareil; si elle baisse, par suite d'un système à dilatation P, le cône C descend, obture la cheminée et le chauffage se fait dans de meilleures conditions. En agissant sur la vis V on s'arrange de façon que l'obturation se fasse pour la température que l'on désire maintenir constante dans la couveuse.

Régulateurs de température.

Les bons régulateurs de température fonctionnent au gaz ou à l'électricité; voici sur quel principe ils sont construits.

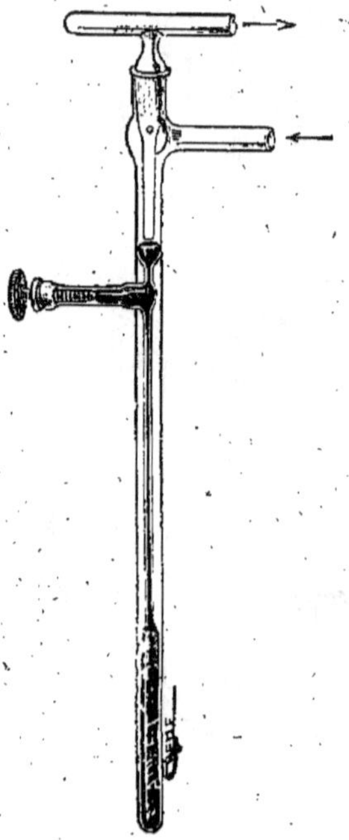

Fig. 226.

Régulateurs à gaz. — Le gaz arrive par un tube d'amenée dans un espace clos et en sort par un deuxième tube qui le conduit aux brûleurs.

Sous l'influence de l'augmentation de température un corps se dilate et obstrue l'orifice d'amenée ou de départ du gaz, par suite les brûleurs baissent. Si, au contraire, la température descend, les orifices se débouchent davantage et les brûleurs débitent plus de gaz Il s'établit de la sorte un régime dont on règle à volonté le point par divers procédés que nous indiquerons plus loin.

Il est important dans tous les cas qu'une légère fuite permanente évite l'extinction complète du gaz, même si pour une cause accidentelle la température venait à s'élever anormalement.

Régulateurs électriques. — Dans les régulateurs électriques le chauffage est effectué par le courant passant dans des résistances appropriées. Si la température s'élève trop, le courant se rompt en totalité ou en partie; si la température baisse, le circuit se ferme.

Nous allons maintenant décrire les modèles les plus usités.

Régulateur de Chancel. — L'appareil a la forme représentée sur la figure 226; il est basé sur la dilatation du mercure, les flèches indiquent la marche du courant gazeux. Ce régulateur est placé dans l'étuve; au moment où l'on atteint la température à laquelle on devra se fixer, on tourne la vis placée à la gauche de la figure et on amène le mercure à effleurer le tube de sortie du gaz, à ce moment le réglage est fait, car si la température s'élève, l'orifice de sortie se bouche, si elle baisse il se débouche complètement et livre plus facilement passage au gaz.

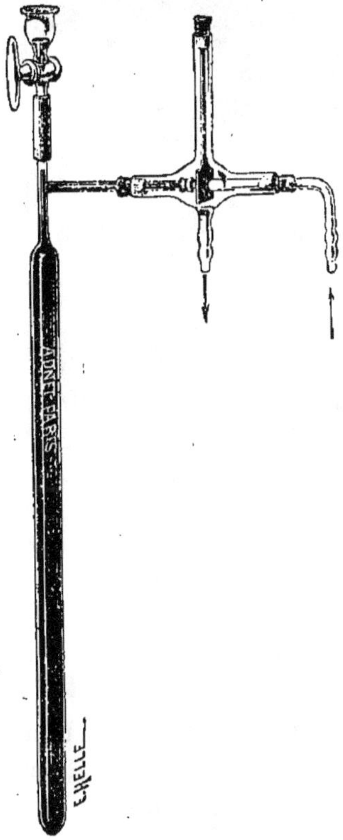

Fig. 227.

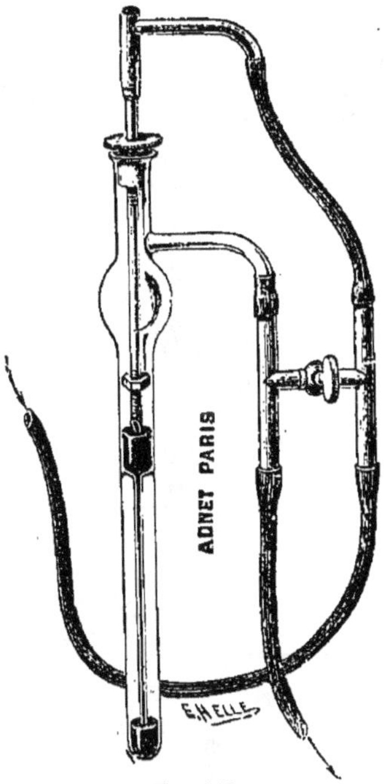

Fig. 228.

Régulateur de Schlœsing. — Représenté sur la figure 227. Le tube à mercure porte une branche horizontale coiffée à son extrémité par une membrane en caoutchouc; lorsque la température voulue est atteinte on ferme le robinet et on emprisonne le mercure. Dès lors si la température s'élève, la petite membrane de caoutchouc se gonfle et repousse une lame métallique qui obstrue l'orifice d'entrée du gaz.

Régulateur de Raulin. — Ici le corps dilatable est l'air

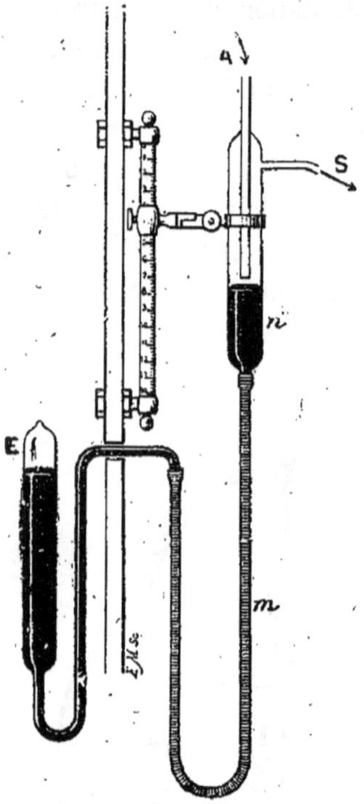

Fig. 229.

Fig. 230.

(fig. 228) qui refoule le mercure et obstrue ainsi l'arrivée du gaz.

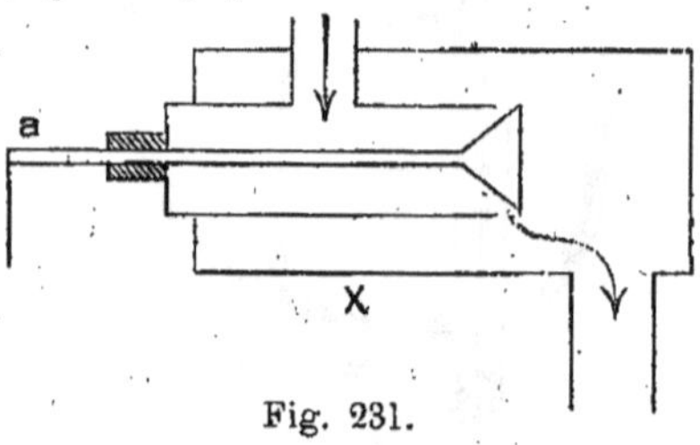

Fig. 231.

Le tube d'arrivée du gaz et le tube de départ peuvent communiquer directement, et il faut avoir soin de ne pas fermer complètement le robinet qui sert à les séparer, pour qu'au cas où une occlusion complète au niveau du mercure se produirait, les brûleurs ne s'éteignent pas, il faut que dans ce cas il persiste encore une flamme très petite.

Régulateur de Chauveau. — Dans cet appareil figuré en 229, un liquide placé en E exerce sa pression de vapeur sur le mercure. Suivant le liquide choisi, la valeur refoulera le mercure à une température différente, il faut donc faire ce choix pour le point où l'on devra se fixer. On peut d'ailleurs, pour un même liquide, modifier d'une dizaine de degrés la température de l'étuve en élevant ou abaissant le réservoir par où passe le gaz. La vapeur aura ainsi pour obturer le tube A à vaincre une pression d'autant plus élevée, et par suite la température de fixation sera plus haute.

Régulateur de Roux. — C'est un des plus répandus aujourd'hui (fig. 230). Il se compose essentiellement d'une pièce en fer à cheval allongé A faite de deux métaux inégalement dilatables de sorte que, par suite des variations de température, les deux branches s'écartent ou se rapprochent. L'une des branches, celle de gauche sur la figure, est fixe, l'autre vient buter contre une tige métallique *a* (fig. 231) qui bouche ou débouche suivant le sens de son mouvement un orifice de passage du gaz. A l'aide de la vis V (fig. 230) on approche ou on éloigne plus ou moins de A la pièce figurée à part en X et on fait varier par suite la température à laquelle se fait le réglage.

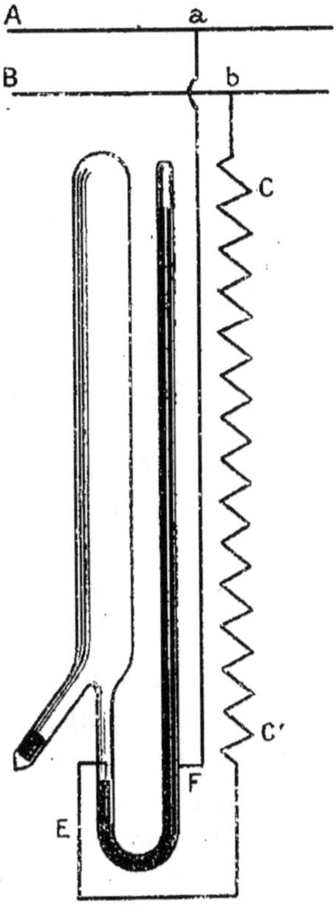

Fig. 232.

Régulateur électrique de Regaud. — Un tube ayant la forme de la figure 232 contient dans sa partie gauche de l'hydrogène raréfié qui se dilatera plus ou moins sous l'influence des variations de température, dans le tube de droite il y a le vide. Un courant électrique passe par la résistance CC' destinée à donner lieu au dégagement de chaleur, et par la colonne de mercure. Si la température s'élève, l'hydrogène se dilate, repousse le mercure et il se fait une rupture de circuit en E, le chauffage cesse et ne reprend que si la température s'abaisse. Pour régler le point où l'on devra se fixer, on fait d'abord passer une plus ou moins grande quantité de mercure dans le diverticule de gauche et on incline l'appareil pour faire varier la pression supportée par l'hydrogène.

III

FUSION ET VAPORISATION

Quand la température d'un corps solide s'élève, il arrive généralement un moment où ce corps fond, il se transforme en liquide. Parfois cette transformation est graduelle, le corps passant par l'état pâteux, devenant de moins en moins visqueux et donnant finalement un véritable liquide. D'autres fois le passage est brusque, on a un corps dur ayant toutes les propriétés caractéristiques du solide et passant directement à l'état de liquide parfaitement fluide. Le type de cette transformation est la fusion de la glace. Dans ce cas il se présente un phénomène très remarquable que l'on peut résumer dans les deux propositions suivantes.

1° Le corps fond à une température toujours la même, et cette température reste constante pendant tout le temps où il reste du liquide et du solide en présence.

Ainsi, faisons fondre de la glace, la fusion commencera aussitôt que la température de la glace atteint 0° et le mélange de glace et d'eau restera à 0° tant qu'il y aura de la glace à fondre. Une fois toute la glace fondue la température peut s'élever.

2° Si on refroidit un liquide il se solidifie toujours à la même température, cette température est la même que celle de la fusion du solide, c'est-à-dire de l'opération inverse, et elle ne change pas tant qu'il y a du solide et du liquide en présence.

Ainsi, si l'on fait congeler de l'eau, la formation de la glace commence à 0° et la température ne s'abaisse pas au-dessous tant qu'il reste de l'eau à congeler. Une fois toute l'eau congelée la température peut descendre.

Il y a lieu de faire remarquer que ces propositions ne sont rigoureusement vraies qu'en l'absence de toute variation de la pression extérieure. En réalité, quand la pression varie, la température de fusion ou de solidification varie aussi, mais ces actions sont très peu accentuées, il faut des variations de pression énormes pour produire des différences appréciables dans la température de fusion ; en pratique il n'y a pas lieu d'en tenir compte.

Il peut arriver aussi qu'un solide se transforme directement en vapeur quand on le chauffe, sans passer par l'état liquide, c'est ce qui se produit pour l'iode, par exemple, mais c'est là une exception.

La plupart des liquides émettent de la vapeur à toute température.

Si la vapeur se trouve en présence du liquide qui l'a émise, on dit qu'elle est saturée. Dans ces conditions, la température restant fixe, si l'on cherche à la comprimer comme un gaz, la pression n'augmente pas, une certaine quantité de vapeur se liquéfie; si on cherche à augmenter son volume, la pression ne diminue pas, une partie du liquide se vaporisant. Donc, dans ces conditions, la tension de la vapeur a une valeur constante dépendant bien entendu de la température. Cette tension de la vapeur saturée croît avec la température, on en trouve la valeur, pour un certain nombre de liquides, dans les tables dressées à cet effet.

Si tout le liquide s'est vaporisé et que l'on continue à augmenter le volume de la vapeur, la pression diminue, la vapeur se conduit alors comme un gaz. Dans ce cas la vapeur tend de plus en plus à suivre les lois de Mariotte et de Gay-Lussac, elle s'en rapproche d'autant plus qu'elle est plus loin de son point de liquéfaction.

Il y a lieu de remarquer que la vapeur d'un liquide se comporte de la même façon dans le vide ou en présence d'un gaz. Ainsi, introduisons de l'eau dans une chambre barométrique à 20°, nous verrons le mercure baisser, indiquant que la vapeur qui s'est formée a une pression de 17 mm. 4 de mercure, à la condition, bien entendu, qu'il reste un petit excès de liquide afin que la vapeur soit saturée. Si, de même, on introduisait à 20° de l'eau dans un certain volume d'air sec, il se formerait de la vapeur d'eau saturée qui augmenterait de 17 mm. 4 la pression de l'air.

Si l'on chauffe fortement un liquide, il arrive un moment où la transformation en vapeur se fait avec dégagement rapide de bulles, au milieu du liquide, ou plutôt sur les parois du vase; on dit qu'il y a ébullition.

L'ébullition d'un liquide se fait à une température constante pour une même pression supportée par ce liquide. Ainsi, sous la pression 760 mm. l'eau bout à 100°; si la pression varie, le point d'ébullition varie; il s'élève quand la pression monte, s'abaisse quand la pression descend. Cette influence est très notable, il faut en tenir compte dans la détermination du point 100 des thermomètres.

Il y a une chose importante à signaler, c'est que l'ébullition se produit dans les mêmes conditions quelle que soit la façon dont la pression s'exerce à la surface du liquide. Ainsi, dans les conditions ordinaires, c'est l'air atmosphérique qui produit la pression de 760 mm. pour que l'eau bouille à 100°. Si nous plaçons l'eau dans un récipient vide d'air, elle entrera en ébullition à 100° quand la tension de sa vapeur exercera sur les parois du vase et la surface du liquide une pression de 760 mm. de mercure.

IV

HYGROMÉTRIE

L'état hygrométrique de l'air est le rapport qui existe entre la pression de la vapeur d'eau dans cet air et la pression qu'aurait la vapeur, si elle était saturée.

Comme à volumes égaux les poids de gaz sont proportionnels à la pression, on peut dire aussi :

L'état hygrométrique de l'air est le rapport entre le poids de vapeur d'eau qui existe dans un certain volume d'air et le poids qui y existerait si l'air contenait de la vapeur d'eau saturée.

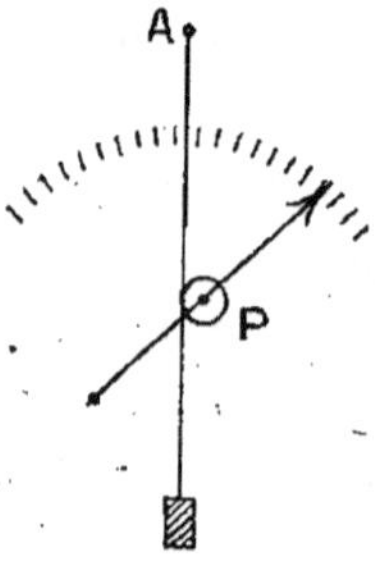

Fig. 233.

Les procédés employés pour déterminer avec précision l'état hygrométrique de l'air sont décrits dans les traités généraux de physique, dans les applications biologiques on se contente généralement d'appareils à lecture directe, peu précis à la vérité.

L'hygromètre de Saussure (fig. 233) est basé sur l'allongement que subit un cheveu dans l'air de plus en plus humide. Ce cheveu, fixé en A, s'enroule sur une petite poulie P et est tendu par un léger poids. La poulie, munie d'une aiguille se déplaçant sur un cadran gradué, tourne sur son axe quand le fil s'allonge ou se raccourcit. Il faut graduer cet appareil par comparaison avec un instrument donnant d'une façon précise le degré hygrométrique de l'air, ou en le plaçant sur une cloche contenant de l'air dont on connaît l'état hygrométrique par un artifice quelconque ; il est peu précis.

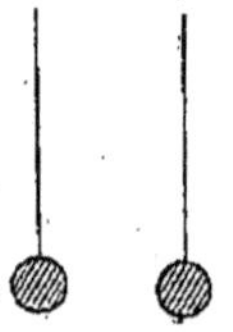
Fig. 234.

Le psychromètre vaut mieux, il consiste (fig. 234) en deux

thermomètres identiques, l'un est recouvert d'une mèche de coton sans cesse mouillée par imbibition dans un réservoir latéral contenant de l'eau. L'eau s'évaporant à la surface du thermomètre ainsi mouillé, d'autant plus rapidement que l'air est plus sec, le thermomètre mouillé indique une température plus basse que le thermomètre sec, et l'écart est d'autant plus grand que l'air est moins saturé. On lit les deux thermomètres, et l'on applique une formule donnant l'état hygrométrique de l'air.

$$e = 1 - \frac{A}{F}(t - t').$$

Dans cette formule, A est une constante valant très sensiblement 0,53. F la tension maxima de vapeur, à la température de l'air, par suite à t, exprimée en millimètres. t' est la température indiquée par le thermomètre mouillé.

L'examen le plus superficiel suffit à nous montrer que l'état hygrométrique de l'air a une influence considérable sur les phénomènes de la vie, cette action n'a pas encore été assez étudiée.

Il y a pourtant un fait important qu'il faut relater. Certains animaux placés dans une atmosphère à faible état hygrométrique se déshydratent sans mourir pour cela, ils prennent un état de vie latente. L'exemple le plus connu de ce phénomène se trouve chez les tardigrades qui, desséchés, peuvent rester fort longtemps à l'état de mort apparente, mais il suffit de les mouiller pour les voir revivre. Il en est de même de divers autres animaux inférieurs.

V

TEMPÉRATURE DES ANIMAUX

Par suite des combustions qui se passent dans les tissus des animaux, leur température se maintient plus ou moins au-dessus de celle de l'air ambiant. Il y a toutefois une distinction importante à faire. Pour certains animaux l'écart de température entre l'intérieur de leur corps et le milieu dans lequel ils sont plongés est très faible, les variations de l'air ou de l'eau se font rapidement sentir, le corps de l'animal tend à se mettre en équilibre de température avec le milieu ambiant, tout en se maintenant en général légèrement au-dessus. Ces animaux ont, pendant longtemps, été désignés sous le nom d'animaux à sang froid, expression incorrecte et qu'il vaut mieux remplacer par celle d'animaux à température variable ou hétérothermes. Ce groupe comprend la grande majorité des êtres vivants.

D'autres animaux, appelés improprement « à sang chaud », se maintiennent à une température très sensiblement constante, d'où leur nom d'homéothermes. S'ils se trouvent dans une atmosphère trop froide, et s'ils perdent par suite plus de chaleur, ils en fabriquent aussi davantage, leurs combustions augmentant. Si, au contraire, le milieu dans lequel ils sont plongés est trop chaud, ils peuvent, par un mécanisme que nous indiquerons plus loin augmenter leurs pertes de chaleur, et, par suite, lutter contre une élévation de température qui leur serait nuisible. Ce groupe comprend la plupart des mammifères et des oiseaux adultes.

Nous pouvons avec avantage adopter la division proposée par M. Richet et qui se résume dans le tableau suivant :

Animaux qui ont une température sensiblement invariable (Homéothermes).

Mammifères et Oiseaux adultes, à part les Hibernants	à 42° environ.	Oiseaux.
	à 39° — .	Mammifères.
	à 37° — .	Hommes.

Animaux qui ont une température variable (Hétérothermes).

α. Qui meurent quand leur température descend au-dessous de 20°.	Mammifères et Oiseaux nouveau-nés.
β. Qui s'engourdissent quand leur température descend au-dessous de 20°.	Hibernants.
γ. Qui sont encore actifs quand leur température descend au-dessous de 20°.	Reptiles, Batraciens, Poissons, Mollusques, Insectes, etc.

1° **Homéothermes.** — L'étude de la température des animaux se fait au thermomètre. Il devra être muni d'un index à maximum afin d'indiquer certainement la température la plus élevée qui ait été atteinte, les sources d'erreur donnent en effet presque toujours une température trop basse. Il serait superflu de dire que cet instrument doit être parfaitement gradué et vérifié de temps en temps, si la science n'était pas encombrée de documents faux, tenant, au moins en partie, à un appareil de mesure imparfait. On ne saurait trop répéter qu'il est indispensable, même lorsque l'on est certain d'avoir un bon thermomètre, de vérifier de temps en temps qu'il n'y a pas de déplacement du zéro.

Même dans ces conditions la détermination de la température d'un animal n'est pas chose aussi simple qu'il pourrait sembler au premier abord.

Que l'on prenne en effet un chien, un lapin, un homme ou tout autre mammifère, on pourra trouver des résultats très différents suivant la manière dont on aura opéré.

La température n'est pas la même en tous les points du corps; elle n'est pas la même dans la bouche, sous l'aisselle et dans le rectum. En général c'est dans le rectum que l'on introduit le thermomètre, mais diverses causes, en particulier la présence de matières fécales qui ne se mettent pas rapidement en équilibre de température avec les tissus voisins, peuvent induire l'observateur en erreur. Si, au moment de l'expérience, pour une cause quelconque la température interne du corps vient à se modifier, ces variations pourront ne pas être indiquées par le thermomètre plongé au milieu des matières fécales. Il est aisé de mettre ce fait en évidence en plaçant sur un animal deux thermomètres, l'un dans le foie, l'autre dans le rectum et provoquant par un procédé quelconque des variations de températures. Ces variations seront beaucoup mieux indiquées par le thermomètre du foie que par celui du rectum, qui les suit plus lentement et n'en indique pas toute l'amplitude.

Il faut toujours, quand on fait des études sur la température, opérer de la même façon et ne pas comparer des températures relevées par des procédés différents. L'introduction du thermomètre dans le rectum est dans la plupart des cas le seul procédé praticable, il faut l'introduire assez loin pour que le réservoir ne soit pas à proximité de la marge de l'anus, où la température est toujours plus basse, et attendre que la colonne cesse de monter, ce qui demande parfois un temps assez long. Certains auteurs recommandent de chauffer au préalable le thermomètre, ou tout au moins de ne l'introduire que progressivement pour ne pas refroidir l'endroit où sera prise la température définitive.

Certains animaux, dont le type est le lapin, donnent généralement une température trop basse; en effet, aussitôt qu'ils sont attachés ils restent immobiles, et l'on voit la température baisser très rapidement; deux ou trois minutes suffisent pour cela, et l'écart peut facilement atteindre 1° au bout d'une dizaine de minutes. Au contraire d'autres animaux comme le chien ne cessent de se débattre et leur température s'élève; nous en verrons les causes plus loin.

Toutes ces raisons sont suffisantes pour expliquer les écarts entre les résultats des divers observateurs; il faut faire une critique sévère des expériences avant de les considérer comme valables. Ce serait une grande erreur, pour avoir la température d'une espèce animale, que de prendre la moyenne des résultats épars dans la science, il vaut beaucoup mieux adopter ceux d'un bon expérimentateur.

C'est ainsi que nous considérons par exemple comme température normale du chien 39°,28. Cela ne veut pas dire que tout chien normal aura 39°,28 de température rectale; même en supposant la mesure bien faite, cette température peut en effet varier avec beaucoup de circonstances.

Il y a des chiens à poil ras et des chiens à poil long, ces derniers, mieux protégés contre les pertes de chaleur, ont en général une température un peu plus élevée que les premiers; cet écart peut atteindre près de 1°. Cette influence du pelage est très importante, un lapin rasé lutte difficilement contre l'abaissement de température et au bout de quelques jours on peut voir cette température tomber jusqu'à provoquer la mort de l'animal. L'état d'inanition abaisse aussi la température des animaux.

Lorsque la température extérieure s'abaisse, la quantité de chaleur rayonnée par l'animal augmentant, il faut, pour que sa température reste constante, que les combustions de l'organisme s'accroissent; en même temps il y a une vaso-constriction des vaisseaux cutanés restreignant les pertes. Les homéothermes peuvent de cette façon lutter contre de grands froids. On les voit conserver sensiblement la même température dans les contrées polaires où il y a parfois un écart de 80° entre la température du corps et celle de l'atmosphère. Cependant, dans ces conditions, il y a de légères variations, la température du milieu ambiant n'est pas tout à fait sans influence sur celle du corps des homéothermes.

Lorsque la température du milieu vient à s'élever, les combustions de l'organisme se ralentissent et il se produit une vaso-dilatation des vaisseaux cutanés. De plus les animaux ont encore un autre moyen à leur disposition pour lutter contre l'échauffement du corps, ils vaporisent une plus ou moins grande quantité d'eau. Nous savons que chaque kilogramme d'eau nécessite pour passer à l'état de vapeur une absorption de plus de 500 calories. Plus cette évaporation sera importante, et plus elle absorbera de chaleur, permettant ainsi aux tissus de ne pas s'échauffer. Ce phénomène se produira d'autant plus facilement que l'air ambiant sera plus sec. Dans une atmosphère saturée il ne peut avoir lieu, c'est pourquoi la température de l'air s'élevant, le séjour dans l'air est d'autant plus pénible qu'il est plus voisin du point de saturation.

Certains animaux ne transpirent pas, le chien par exemple. Quand sa température tend à s'élever, comme lors d'une course ou d'une simple exposition au soleil, il vaporise de l'eau par sa surface pulmonaire. On voit alors sa fréquence respiratoire

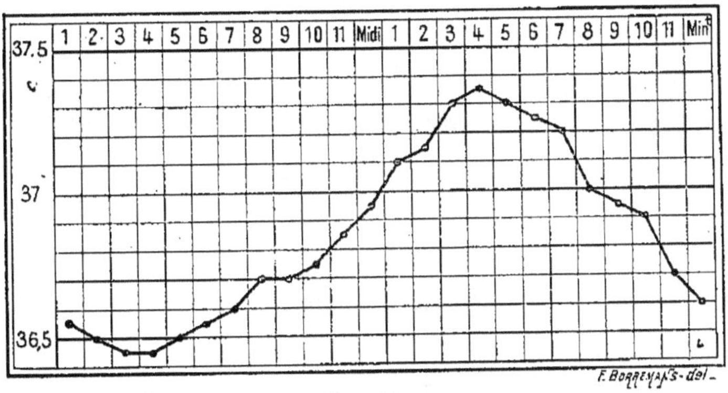

Fig. 235.

s'accroître beaucoup et donner lieu à ce que Richet a appelé la polypnée thermique.

Bien entendu la température de l'homme a été étudiée avec beaucoup plus de détails que celle des animaux, aussi a-t-elle révélé bien des particularités intéressantes.

La température de l'homme se prend d'habitude sous l'aisselle ou dans le rectum. On peut considérer, en prenant la moyenne des bonnes observations que la première est d'environ 37°, la seconde étant de 37°,5. Ces chiffres n'indiquent qu'une valeur moyenne; dans la journée la température subit sans cesse des oscillations dont la figure 235 donne une bonne idée. En général il y a un minimum vers 4 heures du matin et un maximum vers 4 heures du soir. L'amplitude de l'oscillation est d'environ 1° et peut atteindre 2°, le sujet étant en bonne santé.

Le jeûne ou le repos ne suppriment pas ces variations, mais chez les personnes qui d'une façon habituelle travaillent la nuit et se reposent dans la journée, comme les ouvriers boulangers, par exemple, c'est l'inverse qui se présente, le maximum se produit vers le matin et le minimum vers le soir.

Au moment de la naissance, l'enfant a une température supérieure à celle de la mère, cette température se met à baisser rapidement, puis se relève pour prendre, dans le cours ou au bout de la première journée, une valeur un peu supérieure à celle de l'adulte. A partir de l'âge adulte la température ne varie plus normalement, même dans l'âge avancé. Cependant, d'après certains auteurs, il y aurait une très légère chute dans la vieillesse; ce fait a été contredit.

Voici un tableau qui donne à peu près les variations de la température aux divers âges de la vie.

A la naissance.	38°,8
Une demi-heure après	36°,6
Dans les 10 jours suivants.	37°,6
Enfance et adolescence	37,6 à 37°
Age adulte	37°
Vieillesse	37°

Ni le sexe ni la race ne semblent avoir d'influence. Si les mesures effectuées sur les indigènes des pays chauds donnent une

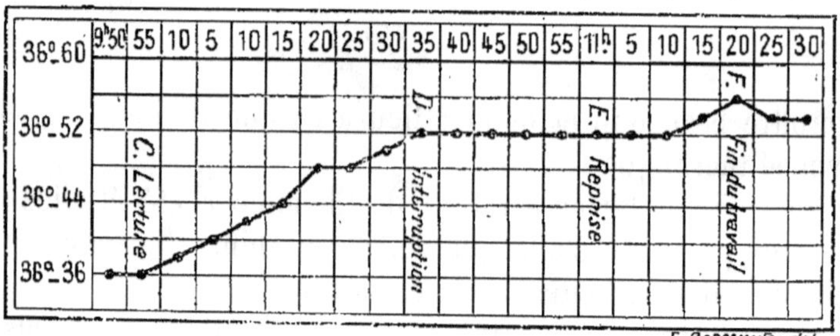

Fig. 236.

valeur un peu supérieure à celle qui est admise pour le blanc, cela tient aux conditions de température dans lesquelles ces observations ont été faites, car des déterminations effectuées simultanément au même endroit sur des blancs, des nègres, des Indous, etc., n'ont pas montré d'écart imputable à la race. Il est au contraire bien établi que, suivant la température du milieu, celle du corps de l'homme peut varier d'environ 1°.

L'exercice physique peut provoquer une élévation de température de 0°,5 à 1° et même davantage.

Le travail intellectuel n'est pas sans influence comme le montre la courbe de la figure 236.

Au point de vue pratique on peut dire que normalement, en dehors d'une cause spéciale, on peut adopter pour la température du corps humain les valeurs suivantes :

Sous l'aisselle. .	36°,2 nuit	37°,5 à la fin du jour.
Dans le rectum .	36°,6 nuit	37°,8 —

Dans les cas de maladie la température peut s'élever notablement ; on a cité des faits où elle aurait atteint jusqu'à 50°, mais il y a là certainement une erreur. La limite de 42° est déjà extrêmement grave et l'on ne connaît que deux cas paraissant authentiques où l'on ait observé 44° sans que la mort en ait été la conséquence.

La limite inférieure est beaucoup plus étendue, on a pu voir chez des ivrognes s'endormant au froid la température baisser jusqu'à 24°, l'individu ayant été rappelé à la vie. Ceci n'est pas invraisemblable, car, expérimentalement dans le laboratoire, on peut refroidir un lapin à 18° sans que la mort suive fatalement. Le chien est un peu plus sensible, il ne supporte pas moins de 20° à 21°.

On voit que l'abaissement de température est par lui-même beaucoup moins grave que l'élévation de température.

2° **Hétérothermes. Mammifères et oiseaux nouveau-nés.** — Les mammifères et oiseaux nouveau-nés ne sont pas encore organisés pour se défendre contre les variations de température extérieure. Aussitôt séparés de leur mère, ils ont une grande tendance à se refroidir, mais comme, au point de vue de leur santé, ils sont aussi sensibles à ces changements de température que les adultes, lorsque leur température baisse au-dessous de 20° ils meurent. Cet effet est d'autant plus rapide que les animaux sont plus jeunes et se fait surtout sentir chez ceux d'entre eux qui naissent avant terme. C'est pour ces raisons qu'il faut protéger les nouveau-nés contre le refroidissement au moyen de couvertures et même de boules d'eau chaude. Quant à ceux qui viennent avant terme il faut les placer dans une couveuse.

Hibernants. — Les hibernants, dont le type le plus connu est la marmotte, se comportent habituellement comme les mammifères, sauf que leur température normale est plus basse (29° marmotte).

Quand la température extérieure tombe aux environs de 8° ils entrent en hibernation, leur température propre s'abaisse et n'excède celle de l'extérieur que de quelques degrés (1°-6°). Toutefois, si cet abaissement est excessif, quand l'animal n'a plus que 6 environ, il y a danger pour sa vie. Il est protégé contre cet accident par ce fait remarquable qu'il se réveille alors, et fait remonter sa température en s'agitant.

Il y a de faux hibernants, l'ours par exemple, qui dorment l'hiver mais dont la température ne s'abaisse pas comme celle de la marmotte.

Reptiles, batraciens, poissons, etc. — Chez les autres hétérothermes, la température peut varier dans les limites très étendues, non seulement sans que la mort s'ensuive, mais même sans qu'ils ne continuent à vivre normalement. Ils suivent les fluctuations de la température extérieure. Comme par suite des combustions de leur organisme ils produisent un peu de chaleur, lorsqu'ils sont dans un milieu constant leur température est légèrement supérieure à celle de ce milieu. Il semble que cet écart de température soit en relation directe avec le degré de développement de leur système nerveux; il est le plus accentué pour les reptiles, chez lesquels on le voit dans certaines circonstances prendre une très grande importance.

Ceci ressort du tableau suivant, qui n'est certainement pas rigoureux, mais donne une idée de l'ensemble du phénomène.

Excès de la température du corps sur le milieu ambiant.

Reptiles	3°,13
Batraciens	1°,51
Poissons	1°,20
Articulés et Annélides	0°,86
Mollusques, Crustacés	0°,35

Lorsque ces animaux se trouvent exposés à une température variable, ils suivent ces variations avec un certain retard, il arrive donc qu'ils soient tantôt au-dessus, tantôt au-dessous, suivant le sens de la variation. C'est un fait dont il est important de tenir compte dans les mesures.

Limites de température extrêmes compatibles avec la vie.

Ces limites sont très étendues. On ne peut tuer par le froid le plus rigoureux certains spores qui, dans les températures élevées, nécessitent plus de 100° pour être détruites. Pour des organismes plus élevés, P. Broca a vu des tardigrades desséchés résister à 98° ; on trouve des conferves dans des sources au-dessus de 60°. Pour les vertébrés dont nous connaissons les limites supérieures de température, on a pu congeler des poissons et des batraciens, les porter même à — 15° et les voir revivre si l'on prend la précaution de les réchauffer lentement.

VI

QUANTITÉS DE CHALEUR

Quand 1 kg. d'eau passe de 0° à 1°, on dit qu'il absorbe une calorie. Pour les besoins de la pratique on admet qu'en passant de 0° à n°, 1 kg. d'eau absorbe n calories, et d'une façon générale, qu'en s'élevant de 1°, 1 kg. d'eau absorbe une calorie, quelle que soit sa température initiale. La calorie est l'unité qui sert à mesurer les quantités de chaleur ; on emploie aussi la petite calorie, mille fois plus petite que la grande calorie, c'est-à-dire correspondant à la chaleur nécessaire pour élever de 1° 1 g. d'eau.

Si au lieu de chauffer de l'eau, on chauffe un autre corps, il faudra dépenser moins de chaleur pour le même poids et la même variation de température. Par exemple, si nous échauffons de 1° 1 kg. de cuivre, nous ne dépenserons que 0 cal. 095 environ. On dit que 0,095 est la chaleur spécifique du cuivre.

La chaleur spécifique des tissus du corps de l'homme et des animaux est mal connue, elle est voisine de 0,8 ou 0,9 c'est-à-dire un peu inférieure à celle de l'eau qui est 1 par définition.

Quand un corps change d'état, c'est-à-dire passe de l'état solide à l'état liquide, ou de l'état liquide à l'état gazeux, il y a absorption ou dégagement de chaleur suivant le sens du changement, sans que la température varie.

1 kg. de glace à 0° passant à l'état d'eau à 0° absorbe 79,25 calo-

ries. Inversement il dégage le même nombre de calories en passant de l'état d'eau à l'état de glace.

1 kg. d'eau à 100° passant à l'état de vapeur d'eau à 100° absorbe 537 calories environ, et inversement la vapeur en se condensant dégage 537 calories.

La connaissance des quantités de chaleur est extrêmement importante pour un grand nombre de problèmes biologiques, mais outre la question de quantité de chaleur il y a une autre considération extrêmement importante, c'est celle de la température de la chaleur. Cette notion de la température à laquelle se trouve une certaine quantité de chaleur a une importance capitale comme nous le verrons plus loin. Une même quantité de chaleur n'a pas les mêmes propriétés suivant la température à laquelle elle se trouve. Un exemple nous suffira pour le faire comprendre. Le plomb fond à 326° C.; si nous avons à notre disposition 1 000 calories à 1 000° C. nous pourrons fondre une certaine quantité de plomb, mais une quantité même infinie de calories ne nous permettrait pas d'en fondre une parcelle, si ces calories étaient au-dessous de 326°.

Si nous voulons faire une comparaison, prenons de l'air à la pression de 10 atm.; nous pourrons, avec cet air que nous laisserons se détendre, repousser un piston et produire du travail. Supposons que, sans en perdre, nous ayons laissé l'air se détendre à 1 atm., nous en aurons toujours la même quantité mais nous ne pourrons plus l'utiliser comme dans le cas précédent. Il en est de même de la chaleur, nous verrons qu'une quantité déterminée de chaleur ne nous permet pas de produire le même travail quelle que soit la température à laquelle elle se trouve.

VII

PROPAGATION DE LA CHALEUR

Lorsque deux régions d'un corps solide sont à des températures différentes, la chaleur se propage de proche en proche des points les plus chauds vers les points les plus froids. L'importance de cette propagation dépend de divers facteurs, entre autres de la différence de température et de ce que l'on nomme la conductibilité du corps. On ne peut formuler de règle simple que dans un cas particulier. Considérons une lame à faces parallèles, dont les faces sont respectivement aux températures t et t', la quantité de chaleur qui passe, par seconde, d'une face à l'autre, à travers l'unité de surface, est soumise aux lois suivantes :

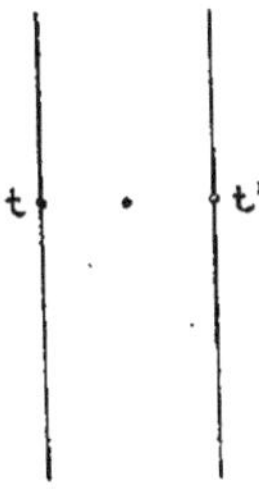

Fig. 237.

Elle est proportionnelle à la différence des températures t et t'.

Elle est inversement proportionnelle à l'épaisseur de la lame.

Elle dépend d'un coefficient déterminé pour chaque nature de substance et appelé conductibilité spécifique de cette substance.

Cette conductibilité est très grande pour certains métaux comme l'argent ou le cuivre, elle est très faible pour les corps dits isolants, le verre, l'ébonite, la paraffine, etc.

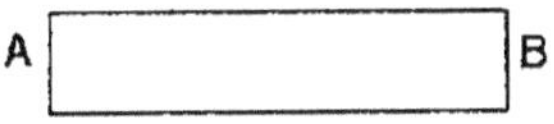

Fig. 238.

Lorsque, au lieu de prendre une lame à faces parallèles, on porte à deux températures différentes les extrémités A et B d'une barre, la loi précédente ne subsiste pas dans sa simplicité. La chaleur se propage encore du côté chaud au côté froid, d'autant plus rapidement que l'écart de température est plus grand, que la longueur AB est moindre et que la conductibilité est plus élevée ; mais la loi ne conserve pas la forme simple de la proportionnalité, c'est-à-dire par exemple, si la longueur de la barre double il ne passe pas moitié moins de chaleur de A en B. Cela tient à la perte qui se fait en route par la surface latérale ; plus cette surface latérale deviendra importante par rapport à la section de la barre, plus on s'écartera de la loi simple énoncée pour la lame à faces parallèles, qu'il faut même supposer sans bords, c'est-à-dire indéfinie, pour que la loi soit rigoureusement vraie.

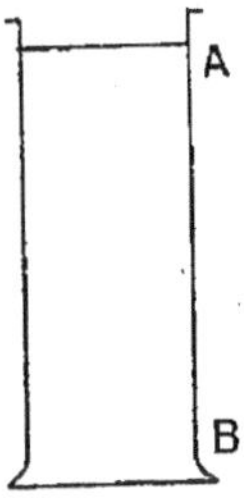

Fig. 239

La propagation de la chaleur de proche en proche en passant des points les plus chauds aux points les plus froids se complique d'un autre phénomène dans les liquides ou les gaz.

Dans ces corps les molécules viennent s'échauffer dans les parties chaudes, puis elles sont entraînées par des courants vers les parties froides et transportent ainsi avec elles une certaine quantité de chaleur. Ce genre de propagation est dit par convection.

On conçoit qu'il puisse prendre une importance prépondérante dans les fluides possédant une mauvaise conductibilité.

Prenons par exemple une éprouvette contenant de l'huile (fig. 239). Si nous venons à chauffer la partie supérieure A, la chaleur se transmet peu à peu de A vers B par simple conductibilité. Mais si l'on chauffe en B, le liquide, en se dilatant, diminue de densité en B, il tend à monter vers les parties supérieures, il se produit des courants de convection et un transport plus rapide de la chaleur. Il en est de même dans tous les fluides, les parties chaudes tendent à monter au milieu des parties froides. C'est grâce à ce phénomène que se produit le tirage des cheminées, l'ascension des montgolfières, le mouvement de l'eau ou de l'air dans les calorifères.

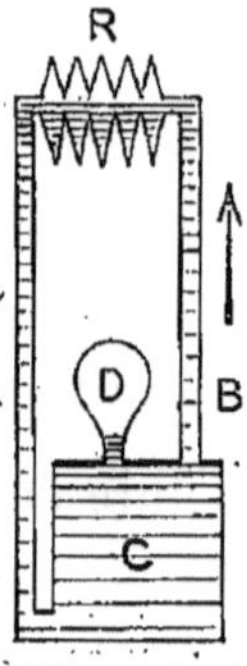

Fig. 240.

Considérons (fig. 240) de l'eau enfermée dans un espace clos composé d'un premier récipient C dont partent deux tubes l'un B venant de la partie supérieure et allant à un appareil nommé radiateur, l'autre A partant du radiateur et retournant à la partie inférieure de C. Si l'on chauffe l'eau de C, les portions chauffées montent à la partie supérieure de C, s'engagent en B pour aller au radiateur où elles se refroidissent en cédant une partie de leur chaleur à ce radiateur. A mesure que l'eau chaude arrive par B au radiateur, l'eau plus froide retourne par A à la chaudière, il y a ainsi une circulation et un transport continu de la chaleur de C en R. Le radiateur est une pièce métallique ayant un très grand développement de surface, de façon à céder facilement sa chaleur au milieu extérieur. D est une capacité contenant de l'air; au moment du chauffage, l'eau peut ainsi se dilater sans exercer sur les parois de la conduite une pression excessive qui pourrait la détériorer.

Fig. 241.

Dans les calorifères à air chaud, l'air échauffé monte dans une conduite (fig. 241) et se répand dans les appartements par une bouche B, ce qui a l'inconvénient d'y lancer beaucoup de poussière. La prise d'air froid se fait à la partie inférieure par P, et le foyer est disposé de façon à chauffer la région inférieure de la canalisation que l'air doit traverser.

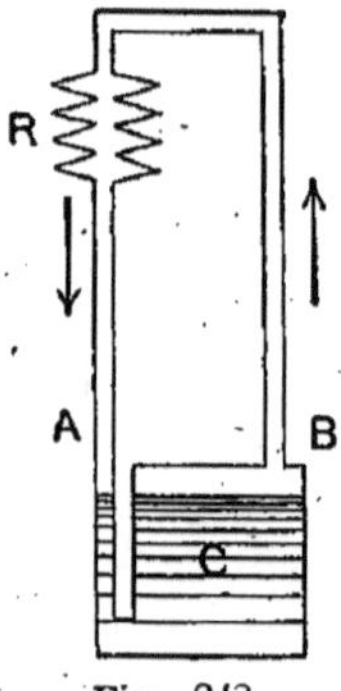

Fig. 242.

On fait aussi des calorifères à vapeur d'eau. Prenons le schéma de la figure 242 et supposons que la chaudière ne contienne de l'eau que jusqu'à un certain niveau, le vide étant fait dans le reste de l'appareil. Si l'on chauffe en C l'eau s'y vaporisera, chaque kilogramme de vapeur ayant absorbé 537 calories. Cette vapeur montera au radiateur, s'y condensera en restituant les 537 calories et l'eau de condensation redescendra à la chaudière par A. C'est là un excellent moyen de transport de la chaleur; s'il se produit une fuite dans les conduites, on a une perte de vapeur mais on ne risque pas l'inondation causée parfois par le calorifère à eau.

Propagation de la chaleur par rayonnement. — La chaleur peut aussi passer d'un corps chaud à un corps froid sans l'intermédiaire d'un corps matériel. C'est ainsi que la chaleur nous arrive du soleil à travers le vide interplanétaire. On peut mettre ce fait en évidence par une expérience très simple. Un thermomètre est soudé dans un ballon, de façon que son réservoir en occupe le centre; on a fait le vide dans ce ballon.

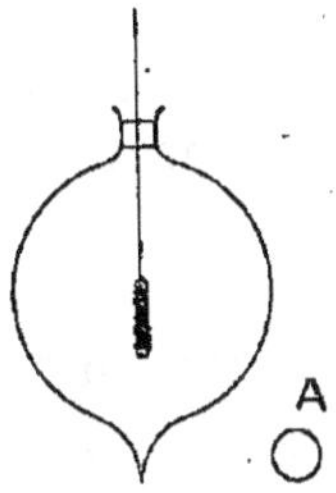

Fig: 243.

Si l'on vient maintenant à placer un corps chaud A dans le voisinage du ballon, aussitôt on voit le thermomètre monter, sans que l'on puisse incriminer la conductibilité par les parois du ballon et la tige du thermomètre, laquelle n'aurait pas eu le temps d'agir. Ce rayonnement joue un très grand rôle dans les phénomènes naturels, non seulement c'est de cette façon que nous arrive la chaleur solaire, source de toute vie sur la terre, mais c'est en grande partie par ce mécanisme que la chaleur se transmet d'un corps à un autre avec lequel il n'est pas en contact direct. La quantité de chaleur qui passe par rayonnement d'un corps A à un autre corps B plus froid est déterminée par la formule $Q = M(T - t)$, connue sous le nom de formule de Newton; T et t sont les températures des deux corps, la quantité de chaleur rayonnée de l'un à l'autre est proportionnelle à leur différence de température et à un coefficient M dépendant des conditions de l'expérience, c'est-à-dire de la nature des corps, de leur surface, des milieux interposés, etc.

Bien entendu, toutes choses égales d'ailleurs, la quantité de chaleur rayonnée par un corps croît proportionnellement à sa surface, mais l'état même de cette surface a aussi une importance considérable. En général les métaux et surtout les métaux polis rayonnent peu, ils ont, comme on dit, un faible pouvoir émissif de la chaleur. De même ils ont aussi un faible pouvoir absorbant, la chaleur passe difficilement à travers leur surface, soit qu'elle cherche à entrer dans le corps soit à en sortir. Le pouvoir émissif des corps et le pouvoir absorbant marchent parallèlement. Les surfaces mates rayonnent beaucoup. Prenons par exemple un vase en métal poli et versons-y de l'eau chaude dans laquelle plongera un thermomètre, nous verrons ce thermomètre baisser lentement. Mais cette baisse s'accélérera beaucoup si nous recouvrons la surface du vase de noir de fumée, c'est le corps qui a le plus fort pouvoir émissif et aussi le plus fort pouvoir absorbant.

La chaleur rayonnante ne traverse pas tous les corps avec une égale facilité. Si nous considérons deux corps A et B à température différente, il passera des quantités de chaleur différentes de l'un à l'autre suivant le milieu interposé, c'est-à-dire que le coefficient M de la formule de Newton dépend de la nature de ce milieu interposé. C'est à travers le vide que la chaleur passe le plus facilement en rayonnant, tous les corps matériels traversés en absorbent une plus ou moins grande partie. Pour l'air pur et sec cette absorption est faible, mais elle s'élève lorsque l'état hygrométrique augmente. Les nuages s'opposent dans une mesure assez grande au rayonnement; c'est pourquoi, dans les nuits claires, les corps placés à la surface de la terre se refroidissent rapidement en rayonnant vers l'espace. Cette perte de chaleur est au contraire très réduite quand le ciel est couvert.

Il y a d'ailleurs une distinction à faire suivant la température du corps émettant la chaleur. Lorsqu'il est très chaud, lumineux, les radiations calorifiques traversent assez aisément certaines substances comme le verre qui sont presque opaques pour la chaleur émanée d'un corps à température plus basse, c'est-à-dire pour les radiations sombres. Il se passe là un phénomène analogue à celui que l'on rencontre dans la transparence des corps pour les radiations lumineuses. Tel corps laissera passer la lumière rouge, tel autre la lumière verte, un autre encore la lumière bleue, etc. Il y a de même des corps transparents pour les radiations calorifiques dites infra-rouges, que nous étudierons à propos du spectre, d'autres pour des radiations lumineuses seulement. Ainsi une solution d'alun est aussi transparente que le verre blanc pour les radiations lumineuses, tandis qu'elle est très opaque pour les radiations calorifiques infra-rouges. Inversement une solution d'iode dans le sulfure de carbone est très transparente pour les radiations infra-rouges et opaque pour les radiations lumineuses.

Résumé de la propagation de la chaleur. — En général un corps ne perd pas ou ne gagne pas de la chaleur exclusivement par conductibilité, par convection ou par rayonnement ; le plus souvent ces trois causes agissent simultanément. Plaçons un vase contenant de l'eau chaude sur une table, comment ce vase se refroidira-t-il ?

1° Par conductibilité, la chaleur de l'eau passe à travers les parois du vase et se propage de la même façon au support.

2° La surface externe du vase rayonne de la chaleur vers tous les corps qui l'entourent.

3° L'air s'échauffe au contact des parois du vase et emporte de la chaleur par convection.

4° Ajoutons enfin, puisqu'il y a de l'eau, que cette eau s'évapore sans cesse, emportant 537 petites calories par gramme d'eau évaporée, c'est là une source de refroidissement importante et même dans bien des cas prépondérante.

Conclusions pratiques. — Deux cas extrêmes peuvent se présenter :

a. On veut empêcher un corps de varier de température.

Il faut réduire les quatre sources de perte que nous venons de signaler.

1° Éviter l'évaporation ; en particulier il ne faut pas que la surface du corps soit humide.

2° L'envelopper d'un corps mauvais conducteur pour empêcher la chaleur d'arriver rapidement au contact de l'air.

3° Autant que possible s'arranger de façon que sa surface ait un faible pouvoir émissif.

4° Éloigner les corps froids des environs ayant un grand pouvoir absorbant ; si on ne peut les éloigner, les recouvrir d'une surface à faible pouvoir absorbant.

Bien entendu les mêmes règles s'appliquent aux corps que l'on veut empêcher de se réchauffer, d'une façon générale à tous les corps que l'on veut préserver des échanges de chaleur. C'est pour cela que l'on enveloppe de couvertures les corps que l'on veut conserver chauds, aussi bien que la glace que l'on désire préserver de la fusion. C'est pour cela encore que l'on fait en métal bien poli les calorimètres qui ne doivent pas, dans la limite du possible, échanger de chaleur avec le milieu ambiant.

Le type de l'appareil se trouvant à l'abri des échanges de chaleur est le vase imaginé par d'Arsonval et destiné à la conservation de l'air liquide, qui ne reste dans cet état qu'à la condition de ne pas être réchauffé par l'atmosphère ambiante.

C'est un ballon en verre A, argenté à la surface pour avoir un faible pouvoir émissif. Ce ballon est soudé dans un autre ballon plus grand, argenté à sa surface externe de façon à former miroir vers l'intérieur et avoir vers cet intérieur un faible pouvoir absorbant. Entre les deux ballons on fait le vide, il en résulte que la convection et la conductibilité sont supprimées entre les deux enveloppes.

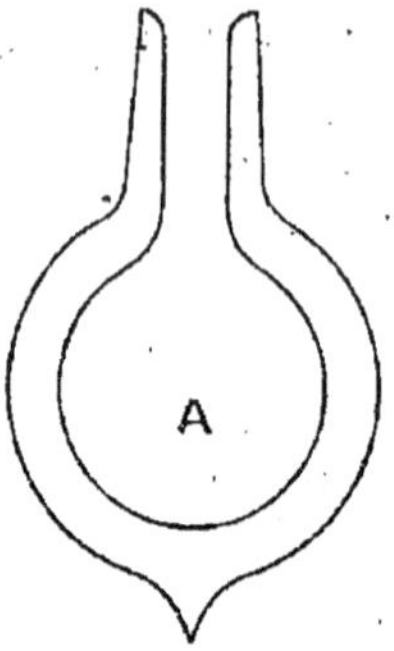

Fig. 244.

Dans un appareil de ce genre il n'y a pour ainsi dire pas d'échange de chaleur entre l'intérieur et l'extérieur, l'air s'y maintient liquide remarquablement longtemps.

b. On veut favoriser le refroidissement d'un corps.

1° On mouillera le corps extérieurement, si cela est possible, de façon à provoquer une évaporation et par suite une absorption de chaleur.

2° On pourra le recouvrir de noir de fumée, corps à pouvoir émissif très grand.

3° Dans certains cas on le plongera dans l'eau froide qui emportera beaucoup de chaleur par conductibilité et par convection. L'eau ayant une grande chaleur spécifique absorbera beaucoup de chaleur pour s'échauffer au contact du corps. Le mercure qui, à volume égal, a une chaleur spécifique supérieure à celle de l'eau et une plus grande conductibilité, lui est supérieur dans certains cas où un refroidissement très rapide est nécessaire, par exemple dans la trempe de certains outils.

4° Quand on ne pourra faire autrement on agitera l'air au voisinage du corps pour accélérer la déperdition par convection.

Ces quelques principes suffiront pour trouver, dans chaque circonstance, comment on peut soit préserver un corps des changements de température, soit favoriser ces changements; avec un peu d'ingéniosité on imaginera facilement dans chaque cas particulier comment il faut s'y prendre pour arriver à une solution satisfaisante.

VIII

TRANSFORMATION DE TRAVAIL MÉCANIQUE EN CHALEUR ET CONSERVATION DE L'ÉNERGIE

Considérons un poids tombant d'une certaine hauteur, cette chute se fait par l'effet de l'attraction terrestre qui développe une force déterminée. Le corps parcourt un certain chemin, qui, multiplié par la force, c'est-à-dire par le poids du corps, donne l'expression du travail dépensé. Nous savons que ce travail n'est pas perdu, qu'il est emmagasiné sous forme de force vive dans le poids en mouvement, et que par certains artifices nous pouvons le faire reparaître et en disposer. Supposons que le corps vienne dans sa chute heurter le sol et s'arrête ainsi; il n'y a plus de force vive, le travail dépensé est perdu, a-t-il donc été détruit sans profit aucun? L'expérience prouve qu'au moment du choc le corps s'est échauffé, il a apparu un certain nombre de calories. Ce phénomène est absolument général, sa démonstration résulte de nombreuses expériences. Chaque fois que nous voyons disparaître du travail mécanique, soit par choc, soit par frottement, il apparaît de la chaleur. Il y a entre cette chaleur qui apparaît et le travail mécanique disparu un rapport constant : 425 kilogrammètres donnent une calorie. Cela revient à dire par exemple que 1 kg. tombant de 425 m. et brusquement arrêté dans sa course produit une calorie. De même si un corps est traîné sur le sol et qu'il faille une traction de 1 kg. pour le déplacer, au bout de 425 m. le frottement aura dégagé une calorie.

Mais inversement si une machine à vapeur produit du travail, si, par exemple, elle soulève un poids à l'aide d'un treuil, on peut constater, par des mesures délicates, que pour chaque production de 425 kilogrammètres il a disparu une calorie.

Ces transformations inverses peuvent se mettre en évidence par le dispositif suivant. Considérons un corps de pompe étanche renfermant de l'air et dans lequel joue un piston (fig. 245). Si nous comprimons l'air en déposant un poids croissant sur le piston, il y a dépense de travail par la descente de poids, mais l'air du piston s'échauffe et des mesures feraient voir qu'il apparaît une calorie pour 425 kilogrammètres dépensés par la descente des poids.

Déchargeons maintenant peu à peu le piston, il remontera, à chaque décharge partielle il soulèvera un peu les poids restants, il y aura production de travail et l'air du piston, dans sa détente, se refroidira dans le même rapport que lors de l'opération inverse.

On voit donc que si le travail mécanique produit de la chaleur en disparaissant, inversement la chaleur produit le travail mécanique. On dit que l'énergie mécanique se transforme en énergie calorique et réciproquement. Il n'y a pas de perte puisque 425 kilogrammètres produisent 1 calorie qui, elle, reproduit les 425 kilogrammètres. C'est ce que l'on appelle le principe de l'équivalence du travail mécanique et de la chaleur.

La transformation de l'énergie peut être beaucoup plus complexe qu'elle ne l'est dans les exemples précédents. Prenons une chute d'eau, le poids de l'eau tombant d'une certaine hauteur donne lieu à une production de travail s'évaluant en kilogrammètres. Utilisons cette chute pour faire tourner une turbine actionnant une machine dynamo-électrique. Le courant produit par cette machine pourra servir à chauffer des conducteurs, ou par exemple à décomposer de l'eau. L'hydrogène et l'oxygène provenant de cette décomposition pourront être brûlés et donner de la chaleur. En fin de compte, si nous totalisons toute la chaleur produite par les combustions d'hydrogène et d'oxygène, l'échauffement des fils conducteurs, l'échauffement des coussinets de la dynamo et de la turbine, nous trouverons autant de calories que la chute d'eau a dépensé de fois 425 kilogrammètres. C'est le principe de la conservation de l'énergie.

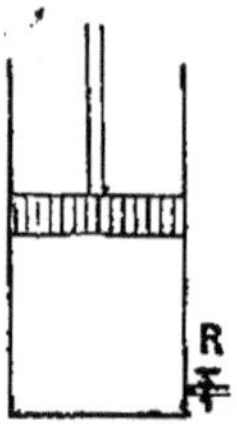

Fig. 245.

Ce principe de la conservation de l'énergie est aussi absolu que le principe de la conservation de la matière, chaque fois que nous voyons apparaître de l'énergie, soit mécanique, soit calorifique, soit électrique, nous pouvons affirmer qu'elle vient d'une transformation d'énergie présente sous une autre forme. Parfois cette source d'énergie est masquée pour celui qui débute dans la science, mais elle existe toujours.

Il n'y a pas lieu d'exposer ici les diverses méthodes qui ont permis de déterminer le nombre 425, nommé équivalent mécanique de la chaleur; de nombreuses expériences ont été instituées dans ce but, elles ont toutes consisté à dépenser une quantité connue de travail mécanique et à mesurer la chaleur apparue. On faisait par exemple battre un moulinet, ou frotter deux surfaces planes sous l'eau, on mesurait le travail disparu pendant le mouvement de l'appareil. D'autre part, on déterminait l'élévation de température de l'eau, ce qui permettait de calculer le nombre de calories qui apparaissaient. Toujours on constatait que la disparition de 425 kilogrammètres correspondait à l'apparition d'une calorie.

Dans un seul cas on a tenté de faire l'opération inverse : on a produit du travail aux dépens de disparition de chaleur; mais, par suite de difficultés expérimentales énormes. le résultat n'a pas été très satisfaisant comme précision.

Énergie potentielle et Énergie cinétique.

Si un corps pesant se trouve à une certaine hauteur au-dessus du sol, il est capable, en descendant, de produire un certain travail utilisable. On dit qu'il possède une certaine *énergie potentielle.* Naturellement à mesure que le corps descend, son énergie potentielle diminue, si on le soulève de bas en haut, son énergie potentielle augmente. Un mélange de corps capables, dans leur réaction chimique, de dégager de la chaleur, possède aussi une certaine énergie potentielle, de même un morceau de charbon avec l'oxygène qu'il faut pour le brûler.

Lorsqu'un corps tombe, ou qu'une réaction chimique se fait en dégageant de la chaleur, l'énergie potentielle en réserve diminue et donne ce que l'on nomme de *l'énergie actuelle ou cinétique*, directement utilisable. Inversement l'énergie cinétique peut se mettre en réserve à l'état d'énergie potentielle.

Prenons un exemple simple. Un corps à une certaine hauteur possède de l'énergie potentielle. Il tombe, peu à peu l'énergie potentielle diminue tandis que l'énergie cinétique apparaît sous forme de force vive du corps en chute. Inversement lançons un corps de bas en haut. Le corps part avec une certaine vitesse, il a une certaine force vive; mais, peu à peu, à mesure que le corps monte, son énergie cinétique diminue, tandis que son énergie potentielle augmente, cela jusqu'à ce que la vitesse soit réduite à zéro, et que toute l'énergie cinétique soit emmagasinée dans le corps à l'état d'énergie potentielle, où elle restera jusqu'à ce qu'on laisse tomber le corps à nouveau.

Rendement des moteurs.

Considérons une chute d'eau alimentant une turbine, cette turbine servant à actionner un treuil soulevant un poids. Toute l'énergie mécanique dépensée par la chute d'eau devra se retrouver. Comme les appareils dont se compose cette installation ne sont pas parfaits, qu'il y a des frottements et d'autres causes de perte diverses, pour chaque kilogrammètre dépensé à la chute, nous ne disposerons pas d'un kilogrammètre au treuil, mais par exemple nous ne pourrons soulever que 0 kg. 6 à 1 m., ce qui donne 0 kgm. 6. Le reste, soit 0 kgm. 4 aura été employé à vaincre les frottements, perdu en fuites d'eau, etc. Donc on a dépensé 1 kilogrammètre et on n'a utilisé que 0 kgm. 6. On dit que $\frac{0 \text{ kgm. } 6}{1 \text{ kgm.}}$ est le rendement du moteur.

Aucun moteur n'est parfait: le rendement est par suite toujours plus petit que l'unité, il sera de 0,4; 0,5; 0,6, etc., suivant que pour chaque kilogrammètre dépensé on recueillera 0,4; 0,5; 0,6, etc., kilogrammètres utilisables. Souvent on exprime le rendement en se rapportant à une dépense de 100 kilogrammètres, pour éviter les nombres fractionnaires, et on dit qu'un moteur a un rendement de 40 p. 100, 50 p. 100, 60 p. 100, etc.

Rendement des moteurs thermiques.

Nous avons vu que dans les transformations de travail en chaleur, ou de chaleur en travail, on trouve toujours à la fin de l'opération la même quantité d'énergie qu'avant; il y a cependant une différence capitale dans les deux manières d'opérer.

Pour faire comprendre cela, considérons une machine schématique se réduisant à un corps de pompe muni d'un piston n'ayant aucun poids par lui-même. Nous allons pouvoir, à volonté, nous en servir pour transformer du travail mécanique en chaleur ou de la chaleur en travail mécanique. En premier lieu, supposons le piston au haut de sa course et le corps de pompe plein d'air. Plaçons des poids de plus en plus lourds sur le piston, il descendra et il y aura une certaine dépense de travail. Pendant ce temps l'air comprimé se sera échauffé du fait même de la compression; en ouvrant un robinet R nous pourrons recueillir de l'air chaud ayant emprunté un nombre de calories, équivalent au travail dépensé, et que nous pourrons utiliser en faisant revenir l'air à sa température primitive. Nous pourrons répéter cette opération un grand nombre de fois et transformer toujours intégralement du travail en chaleur, aussi longtemps que nous aurons des poids à notre disposition au niveau supérieur du piston soulevé. Il n'y aura donc aucune énergie mécanique disponible à la fin; tout aura été transformé en chaleur.

Cherchons maintenant à faire l'opération inverse. Mettons une petite quantité d'air dans le corps de pompe et chauffons; la pression augmentera et nous pourrons soulever un poids, c'est-à-dire produire du travail mécanique. Une fois le piston arrivé au haut de sa course et le premier poids soulevé, pour pouvoir recommencer, il nous faudra refroidir l'air du corps de pompe à sa température primitive, nous lui enlèverons une certaine quantité de chaleur. Donc la chaleur fournie pour exécuter le travail s'est répartie en deux fractions, l'une a été transformée en travail, l'autre est restée à l'état de chaleur et sera perdue pour l'opération suivante. Nous pourrons recommencer cette manœuvre aussi longtemps que nous aurons à notre disposition de la chaleur pour échauffer l'air, mais chaque fois nous ne transformerons en travail mécanique qu'une partie de cette chaleur; il n'y aura plus de transformation intégrale comme dans le cas de la transformation d'énergie mécanique en chaleur.

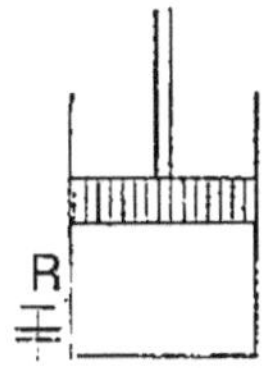

Fig. 246.

Toujours on se trouvera en présence de la même difficulté. Quand on voudra, à l'aide d'une opération que l'on recommencera un plus ou moins grand nombre de fois, transformer de la chaleur en travail, il n'y aura qu'une certaine proportion de cette chaleur que l'on pourra transformer.

La proportion de chaleur que l'on peut transformer dépend des limites de température dans lesquelles on opère; Sadi-Carnot a formulé la loi qui règle la limite de rendement que l'on ne peut dépasser, quelle que soit la perfection du dispositif employé, lorsque l'on veut par une opération répétée transformer de la chaleur en travail. Cette loi peut se résumer de la façon suivante :

Quand on a de la chaleur à transformer en travail, cette chaleur étant à la température absolue T_1 au commencement de l'expérience et T_2 à la fin, la limite de rendement qu'on ne peut dépasser est donnée par l'expression

$$r = \frac{T_1 - T_2}{T_1}.$$

Si par exemple on a de la chaleur à la température 120° C., c'est-à-dire 120° + 273° = 393° en température absolue; si d'autre part la chaleur non transformée en travail est à la température de 20° C., c'est-à-dire 20 + 273° = 293°, en température absolue, à la fin de l'opération, le rapport de la chaleur transformée à la chaleur totale employée, c'est-à-dire le rendement, ne pourra être supérieur à

$$r = \frac{393 - 293}{393} = \frac{100}{393^\circ} = 0,25.$$

Ceci est une limite supérieure, remarquons-le bien; en général, par suite de l'imperfection des méthodes, le rendement sera inférieur à cette valeur.

Résumé des deux principes fondamentaux.

1° **Principe de la conservation de l'énergie** (dont la découverte doit remonter à Meyer, Joule et Colding). — L'énergie mécanique peut se transformer en énergie calorifique et inversement. Cette énergie peut se trouver sous diverses autres formes, chimique, électrique, etc., mais il n'y a pas de perte dans ces transformations. Si au début d'une série d'opérations on a un certain nombre de calories, après passage par les formes quelconques de l'énergie, en ramenant tout en chaleur à la fin, on retrouve le même nombre de calories qu'au début.

2° **Principe de Sadi-Carnot.** — Quand on produit du travail mécanique en répétant une opération qui dépensé de la chaleur, il n'y a qu'une partie de cette chaleur qui soit transformable en travail; le reste persiste toujours sous forme de chaleur; c'est comme une excrétion. Le rapport de la chaleur transformable à la chaleur totale est limité par les conditions de température des opérations, et, dans les conditions les plus favorables, ne peut jamais dépasser

$$r = \frac{T_1 - T_2}{T_1}.$$

T_1 étant la température absolue la plus élevée dont on dispose, T_2 la température la plus basse.

IX

CALORIMÉTRIE

La calorimétrie ou mesure des quantités de chaleur est entre toutes les espèces de mesures la plus difficile à réaliser avec précision. Cela tient à ce que nous éprouvons une difficulté extrême à isoler la quantité de chaleur que nous voulons mesurer, à ne pas en perdre et à ne rien y ajouter.

Supposons par exemple que nous voulions mesurer la quantité de chaleur nécessaire pour porter un certain volume d'eau de 0 à 100°. Cette eau n'est pas à la même température que le milieu ambiant et que les corps des environs, elle perdra de la chaleur pendant l'expérience, et toutes nos mesures seront faussées. Dans presque toutes les opérations, souvent assez longues, que l'on est obligé de faire pour mesurer les quantités de chaleur, il est impossible d'éviter les pertes et par suite les erreurs.

Les méthodes calorimétriques employées pour l'étude de la chaleur spécifique des corps, des chaleurs de fusion ou de vaporisation, de la production de chaleur dans les réactions chimiques, et, d'une façon générale, des phénomènes calorifiques des corps non organisés se trouvent dans les traités généraux de Physique et de Thermochimie auxquels nous renvoyons pour cela. Ces méthodes ne sont en général pas applicables à la chaleur animale; nous allons décrire les principales de celles qui sont utilisables dans ce cas. D'ailleurs nous nous contenterons d'en exposer le principe sur un modèle schématique sans entrer dans les détails, parfois extrêmement délicats, dont l'étude dépasserait les limites que nous nous assignons.

Méthode de Laplace et Lavoisier (fig. 247). — L'animal dont on veut étudier la production de chaleur est placé dans une enceinte A entourée de glace pilée B. On évaluera la chaleur dégagée en pesant ou mesurant la quantité d'eau produite par fusion. Chaque gramme correspondra à 79,25 petites calories. Pour protéger l'appareil contre la chaleur apportée ou enlevée par l'atmosphère ambiante, tout l'appareil se trouve placé dans un récipient contenant aussi de la glace pilée C. En général on se trouvera à une température extérieure supérieure à 0°, une partie de la glace C sera fondue, mais l'eau qui en résulte s'écoulera par c et n'entrera pas en ligne de compte, aucune chaleur provenant de l'extérieur ne pourra parvenir jusqu'à B. Toute l'eau s'écoulant par b, est produite par la fusion de B et proviendra par conséquent de la chaleur fournie par A.

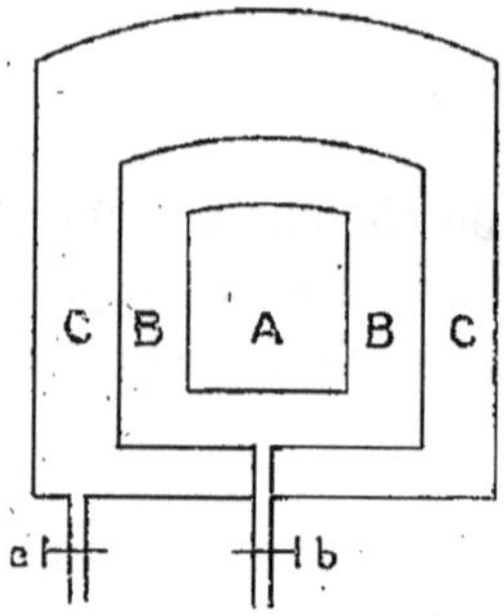

Fig. 247.

L'inconvénient de ce procédé est qu'il est peu sensible, il faut en effet beaucoup de chaleur pour fondre un peu de glace; d'ailleurs on n'est jamais certain que toute l'eau s'est écoulée par b; une partie adhère à la surface des morceaux de glace. Enfin on ne peut opérer qu'à 0° et à cette température beaucoup d'animaux, réduits à l'immobilité, souffrent; on est dans des conditions anormales.

Méthode de Dulong. — L'animal se trouve dans une enceinte A parcourue par un courant d'air et entourée d'eau B. On mesure l'élévation de température de l'eau dont on connaît le poids. Cette méthode a été reprise dans ces dernières années et considérablement perfectionnée. Sous sa forme primitive, elle était, en effet, sujette à d'importantes erreurs provenant des échanges de température de l'appareil avec l'atmosphère ambiante. On peut, pour tenir compte de ces échanges, faire une expérience en plaçant dans la cavité A un corps dégageant une quantité de chaleur connue, toute cette chaleur ne se retrouvera pas dans la mesure. La différence entre ce que l'on aurait dû trouver et ce que l'on trouve réellement donne la perte. On en déduit la correction à faire dans le cas de l'expérience sur un animal.

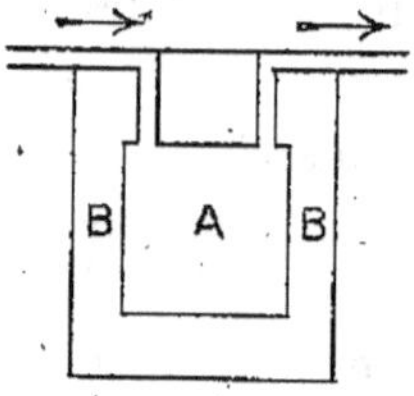

Fig. 248.

Méthode de Hirn. — Un calorimètre qui a été très employé avec ou sans modifications, est celui de Hirn. L'animal est placé dans une enceinte à laquelle il cède de la chaleur et dont par suite la température s'élève. Il y a un moment où cette température reste stationnaire ; c'est lorsque la chaleur fournie par l'animal au calorimètre, est précisément égale à celle que l'appareil perd par rayonnement. Pour évaluer cette quantité de chaleur en calories, on remplace l'animal par une source connue, bec de gaz, lampe à alcool brûlant un poids d'alcool connu par minute, résistance électrique parcourue par un courant, etc., et l'on cherche dans quelle condition on retrouve un équilibre. Si, dans le premier cas, la perte du calorimètre était $Q = A\,(T - t)$ donnée par la loi de Newton, T et t étant les températures du calorimètre et du milieu ambiant, dans le second cette perte sera $Q' = A\,(T' - t')$. La seconde formule, où tout est connu sauf A, permet de calculer A. En portant cette valeur de A dans la première on aura Q.

Ces divers procédés ont tous un inconvénient, on ne dispose pas à volonté de la température à l'intérieur du calorimètre, cette température varie pendant la durée de l'expérience. Les dispositifs que nous allons indiquer maintenant n'ont plus cet inconvénient.

Méthode de d'Arsonval. — Dans le calorimètre de d'Arsonval l'animal se trouve dans une chambre A à double paroi. L'espace annulaire est rempli d'eau à la température de l'atmosphère ambiante. De plus un serpentin traverse cet espace annulaire. Supposons que l'on ait en A dégagement d'une certaine quantité de chaleur, la température de l'eau tend à s'élever, mais aussitôt fonctionne un régulateur sur le mécanisme duquel il n'y a pas lieu d'insister ici, une certaine quantité d'eau à 0° s'écoule dans l'entonnoir E et, passant à travers le serpentin, abaisse la température de l'eau de l'espace annulaire. Aussitôt que la température primitive est atteinte, l'écoulement d'eau à 0° s'arrête. Donc, comme la température de l'eau du calorimètre reste constante, si la température de l'air ambiant ne change pas, l'écoulement d'eau à 0° a suffi à compenser la chaleur fournie par l'animal seul. Il suffit, par suite, de connaître le poids ou le volume d'eau écoulée, pour avoir à chaque instant la quantité de chaleur dégagée en A. Ce calorimètre est très bon, la seule difficulté dans son emploi consiste à maintenir constante la température de l'air ambiant, car, évidemment, si l'atmosphère cède de la chaleur au calorimètre on lui en

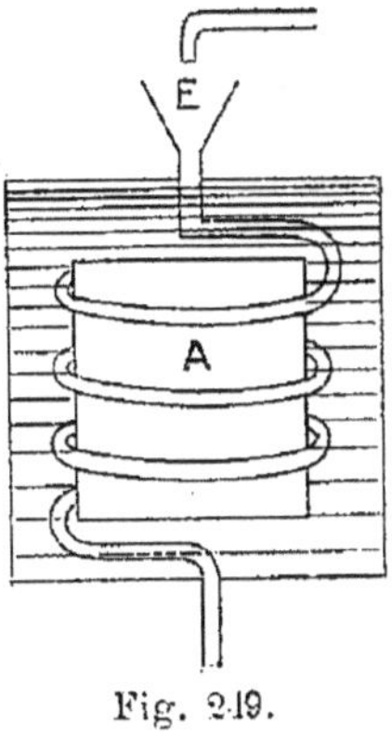

Fig. 249.

enlève, l'écoulement d'eau à 0° est trop abondant ou trop faible; il n'est pas l'exacte compensation de la chaleur fournie par A seul.

C'est sur ce même principe avec quelques modifications et perfectionnements que sont construits les calorimètres de Rübner, d'Atwater et de Lefèvre.

Calorimètre d'Atwater. — Le calorimètre d'Atwater est une véritable chambre où un homme peut séjourner plusieurs jours, en y couchant, y prenant ses repas et vivant de la vie habituelle. Cette chambre est à double paroi, pour éviter les pertes; on évalue la chaleur dégagée, par la quantité d'eau froide nécessaire pour maintenir constante la température du calorimètre.

De plus cette chambre calorimétrique est traversée par un courant d'air continu, dont l'analyse à la sortie permet de déterminer les échanges respiratoires du sujet. Enfin tous les éléments ou excrétions sont soigneusement analysés et pesés.

Les résultats obtenus à l'aide de ce magnifique appareil comptent parmi les plus importants de la physiologie.

Ces quelques notions sur les calorimètres suffisent pour faire comprendre les diverses méthodes qui ont été employées, tous les autres dispositifs ne sont que des variantes de ceux que nous venons de décrire rapidement.

X

CHALEUR ANIMALE

La chaleur dégagée par les animaux est la conséquence des combustions qui se passent dans leurs tissus. Ce principe, énoncé pour la première fois par Lavoisier, a, après plusieurs tentatives infructueuses de divers expérimentateurs, été définitivement établi par Rübner sur le Chien et par Atwater sur l'Homme.

Il se produit dans l'organisme des réactions chimiques d'ordre varié; qui dégagent ou parfois peuvent absorber de la chaleur, mais en fin de compte, si l'on fait le calcul de la chaleur susceptible d'être dégagée par la combustion des aliments ingérés, et que l'on en déduise le reliquat de chaleur qui pourrait encore être dégagée par les excreta, on a un reste qui correspond précisément à la chaleur produite par l'animal en expérience. Le fait de respirer dans l'oxygène pur ne modifie pas la quantité de chaleur dégagée dans le même temps.

L'importance de ce fait qui a ouvert une ère nouvelle à la physiologie exige que nous insistions quelque peu sur lui.

Après que Lavoisier eut montré le mécanisme des combustions, le rôle de l'oxygène et la nature de l'acide carbonique, il se demanda si la chaleur animale n'était pas, elle aussi, la conséquence d'une combustion analogue à celle qui se produisait pour le charbon dans l'air. Ses expériences sur ce sujet, celles de Dulong, de Despretz, d'autres encore ne suffirent pas à établir que toute la chaleur animale est due à des combustions intraorganiques. Après le milieu du siècle dernier, il y avait encore des physiologistes doutant qu'on y puisse arriver jamais, ou se demandant si une partie de la chaleur ne provenait pas du frottement du sang dans les vaisseaux, de quelque action nerveuse, ou d'autres phénomènes dont nous ne pouvons plus comprendre aujourd'hui l'influence mystérieuse.

C'est Berthelot qui, le premier, posa nettement le problème. Voici en quoi il consiste en principe.

Il faut en premier lieu mesurer au calorimètre toute la chaleur fournie par un sujet dans un temps déterminé, 24 heures par exemple. En second lieu, évaluer la chaleur produite dans le même temps par les réactions chimiques dont l'organisme est le siège. C'est sur ce second point que tous les auteurs s'étaient trompés, croyant pouvoir faire cette évaluation d'après l'oxygène absorbé et l'acide carbonique rendu. En réalité la thermochimie nous apprend que pour savoir quelle est la quantité de chaleur dégagée par un corps qui brûle, il faut connaître ce que l'on nomme la chaleur de combustion de ce corps. Si l'on mesure les poids et *la chaleur de combustion* de toutes les substances absorbées dans 24 heures, on peut en déduire ce que l'alimentation fournit à cet organisme, mais il faut en retrancher ce qui est éliminé par les excreta, en pesant ces excreta, les analysant et déterminant la chaleur de combustion des substances qui s'y trouvent. La différence entre la chaleur que peuvent fournir les ingesta et la chaleur qui reste à l'état potentiel dans les excreta, doit donner la chaleur libérée dans l'organisme. L'expérience a montré qu'il en était bien ainsi. Dans les belles expériences d'Atwater, il n'y eut qu'un écart d'environ 1/20 000 entre la chaleur directement mesurée au calorimètre et la chaleur calculée par la méthode que nous venons d'indiquer.

Il faut remarquer que cette expérience suppose qu'au bout de 24 heures le sujet sur lequel on opère est revenu à l'état primitif, qu'il n'y a ni rétention ni élimination de matière, ce sont là des difficultés sur lesquelles il n'y a pas lieu d'insister ici.

On peut donc affirmer aujourd'hui que toute la chaleur produite par les animaux provient de combustions et transformations chimiques analogues à celle que nous constatons *in vitro* dans le laboratoire.

Les aliments servant de combustible à l'organisme se composent d'hydrates de carbone, de graisses et d'albuminoïdes. Les deux premiers ne laissent comme résidu de leur combustion que de l'eau et de l'acide carbonique; pour les albuminoïdes il reste en outre de l'urée. Rübner, par des expériences exécutées avec le plus grand soin, a déterminé le nombre de calories produites par la combustion dans l'organisme de ces trois séries de corps; voici les chiffres considérés par lui comme devant être adoptés en pratique, pour 1 g. de substance :

Graisses	9,3	calories.
Albumine	4,1	—
Hydrates de carbone	4,1	—

On pourra s'en servir pour calculer la valeur calorifique d'un aliment quelconque dont on connaîtra la composition en graisse, albumine et hydrate de carbone.

La chaleur ainsi produite dans l'organisme a des destinées différentes; pour en donner une idée nous allons reproduire le tableau, dressé par Richet, de la déperdition thermique en 24 heures d'un homme de taille moyenne, pesant 70 kg., cet homme étant supposé au repos.

Pendant ces 24 heures l'homme produit et perd environ 2 400 cal. se répartissant ainsi :

Échauffement des boissons et des aliments .	50	calories.
— de l'air inspiré	100	—
Dissociation du CO^2.	100	—
Évaporation cutanée	250	—
— pulmonaire	350	—
Rayonnement cutané	1 550	—

Nous verrons plus loin ce qui se produit pendant le travail.

Ces chiffres nous montrent l'influence prédominante du rayonnement cutané, et l'on comprend que toutes les conditions qui feront varier ce rayonnement auront une action considérable sur la calorification des animaux.

Il est bien évident que ceci ne s'applique qu'aux homéothermes. En premier lieu, plus les animaux sont grands, plus ils perdent et par suite produisent de chaleur pour se maintenir à température constante, car leur surface augmente en même temps que leur taille, et le rayonnement cutané augmente avec la surface.

Si l'on cherche à rapporter la quantité de chaleur produite par les combustions dans les tissus à l'unité de poids d'animal, à 1 kg. par exemple, on trouve que la calorification diminue à mesure que l'animal est plus volumineux. Voici, à titre d'exemple, pour des lapins, quelques chiffres donnés par Richet à cet égard ; ils représentent le nombre de calories produites par kilogramme d'animal dans un même temps.

Lapins de	200 à 800 grammes	7,50
—	2 000 à 2 200 —	4,73
—	3 400 à 3 800 —	2,69

Le fait est des plus nets. Cela tient à ce que l'animal ne produit que la chaleur qu'il perd, or il perd proportionnellement à sa surface et non à son poids. Si nous rapportons la calorification à l'unité de surface et non à l'unité de poids, voici ce que nous trouvons :

Lapins de	500 grammes	11,8 calories.
—	2 100 —	11,3 —
—	3 100 —	10,1 —

C'est-à-dire sensiblement le même chiffre.

En considérant ce dernier point comme établi on comprend aisément pourquoi la calorification par unité de poids diminue quand la taille augmente ; il suffit, en effet, de montrer que dans ces conditions la surface diminue aussi. Or prenons un corps quelconque, un pain de sucre par exemple, et coupons-le en deux, nous n'aurons pas changé son poids, mais nous aurons augmenté la surface de contact du sucre avec l'air. Chaque fois que nous ferons une nouvelle section pour fragmenter le sucre nous augmenterons la surface sans changer le poids. Donc à poids égal, la surface des corps est d'autant plus grande que les fragments sont plus petits. Il en est de même, bien entendu, pour les animaux : un homme de 70 kg. aura une surface moindre que l'ensemble de sept chiens de 10 kg. chacun. Ces chiens eux-mêmes auront une surface totale moindre que 35 lapins de 2 kg. chacun, et ainsi de suite, autrement dit, à poids égal, les animaux ont une surface d'autant plus grande qu'ils sont plus petits, et par conséquent, comme nous l'avons vu plus haut, ils perdent et produisent d'autant plus de chaleur. Il en résulte que chez les petits animaux les combustions sont plus actives, la respiration est plus rapide et le cœur bat plus vite.

Un autre élément important dans la déperdition de la chaleur est l'état de la surface, en particulier la nature de la fourrure, l'épaisseur et la conductibilité des vêtements.

Si nous comparons par exemple des animaux à peau nue, à fourrure maigre et à fourrure épaisse, ce fait ressort manifestement. Voici la quantité de chaleur dégagée dans ces trois cas, par unité de surface :

Enfants	16,2	calories.
Chiens	14,4	—
Lapins	10,5	—

De même que si nous comparons des lapins normaux et des lapins rasés.

Lapins normaux	9,96	calories.
— rasés	15,86	—

Le fait de vernir un lapin ou d'enduire sa fourrure d'huile de lin accélère beaucoup sa déperdition en chaleur, au point qu'il se refroidit et finit par périr de froid si on ne le place dans un endroit chauffé. La couleur du pelage même a une certaine influence, Richet a montré que des lapins blancs perdent moins que les lapins gris et ceux-ci moins que les lapins noirs.

En ce qui concerne les vêtements de l'homme, pour montrer son influence considérable comme protecteur contre la déperdition de chaleur, il nous suffira de citer une expérience de d'Arsonval se rapportant à une heure.

A jeun, debout et nu	125,4	calories.
— habillé	79,2	—

D'après Lefèvre la chaleur rayonnée croît à mesure que la température baisse (1904).

L'effet produit par les variations du milieu ambiant est extrêmement important et les résultats d'expérience ne concordent pas avec ce que le raisonnement pouvait faire prévoir. En se reportant à la loi de Newton; d'après laquelle la perte de chaleur éprouvée par un corps est d'autant plus grande que l'écart qui existe entre sa propre température et le milieu ambiant est plus important, on devait penser que les animaux perdent d'autant plus de chaleur que la température est plus basse. Or il n'en est ainsi que dans certaines limites, et d'Arsonval, le premier a signalé certaines discordances.

La courbe (fig. 250) tracée par Richet, d'après ses expériences

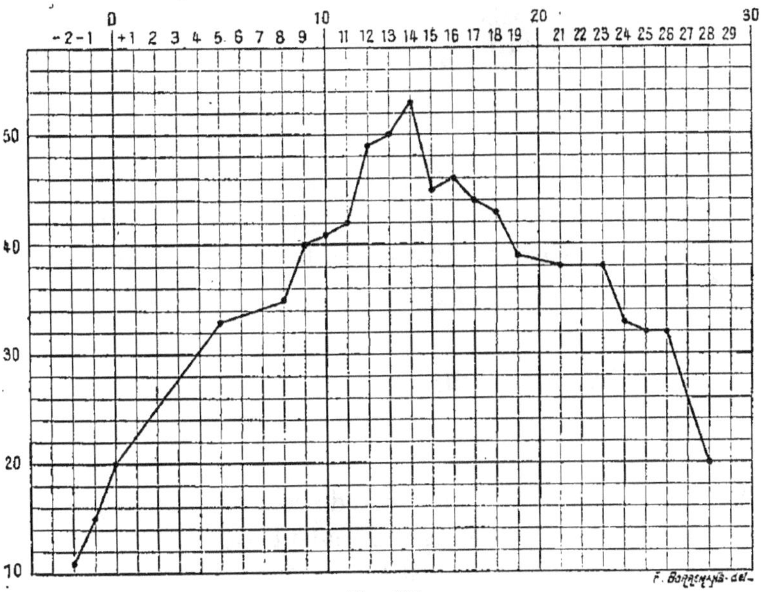

Fig. 250.

sur des lapins, nous montre qu'en abaissant la température de 28° à 14°, le rayonnement augmente comme on le prévoyait, mais à partir de ce moment se passe un fait étrange, la température continuant à baisser, le lapin perd de moins en moins de chaleur, il se défend de plus en plus contre cette perte. Il semble donc y avoir un optimum de rayonnement à 14° pour ces animaux; de même pour les cobayes et probablement pour tous les mammifères: mais on ne le retrouve pas chez les oiseaux, ou, tout au moins, si cet optimum existe, il est beaucoup plus bas et en dehors des limites de température dans lesquelles on a pu opérer.

En réalité ce n'est qu'en apparence que la loi de Newton se trouve en défaut. Quand la température extérieure baisse beaucoup, la peau peut se refroidir, dès lors la différence de température entre cette peau et l'air ambiant peut diminuer et, conformément à la loi de Newton, les pertes de chaleur se restreindre.

Il importe encore de dire, qu'au cours de recherches récentes, Lefèvre n'a pas trouvé l'optimum de température. D'après cet auteur, le rayonnement irait en augmentant d'une façon constante, à mesure que la température s'abaisse.

Dans le bain on ne retrouve pas l'optimum de température ; plus le bain est froid et plus les pertes sont grandes, comme le montre la série suivante prise sur l'homme :

Températures du bain. .	5°	12°	17°	22°	26°	30°
Calories perdues en 12′ .	300	200	130	80	40	15

Nous savons que dans la fièvre la température du corps s'élève, c'est le thermomètre qui nous enseigne cela, mais cet effet pourrait tenir à deux causes différentes. Ou bien la déperdition de la chaleur est réduite, ou les combustions de l'organisme sont plus actives. L'expérience a démontré que c'est à la seconde explication qu'il faut se rattacher.

Influence du travail musculaire sur la calorification.

Lorsqu'un muscle passe de l'état de repos à l'état d'activité, les combustions intramusculaires augmentent. Ce fait a été mis en évidence pour la première fois par Cl. Bernard. Analysant, en effet, les gaz du sang de l'artère allant à un muscle et de la veine qui en part, il a pu déterminer la proportion d'oxygène consommé et d'acide carbonique produit dans les divers cas. Il a vu ainsi que dans le muscle normal, en relation avec les centres nerveux, mais au repos, les échanges sont plus actifs que dans le muscle privé de tout tonus par la section du nerf moteur, et moins actifs que dans ce muscle produisant du travail. Toutefois cette expérience n'était de loin pas à l'abri de toute critique, elle est faussée par ce fait que les combustions intramusculaires ne dépendent pas seulement des proportions de gaz que l'on retrouve dans le sang, mais aussi de la quantité de sang qui traverse le muscle. Or quand on passe de l'état de repos à l'activité, la vitesse du courant sanguin augmente beaucoup, si bien que la respiration du muscle peut être très activée quoique dans le même volume de sang il n'y ait que peu de différence entre l'état des gaz pendant le repos et pendant l'activité.

M. Chauveau a repris ces expériences sur un muscle particulièrement favorable à ce genre de recherches, le releveur de la lèvre supérieure du cheval, que l'on peut faire travailler dans des conditions physiologiques en donnant à manger à l'animal, et qui a ce grand avantage de n'avoir qu'une seule veine efférente, ce qui permet aisément de connaître le débit dans chaque cas en mesurant le volume de sang qui s'écoule par cette veine. Les analyses de gaz ont été faites avec le plus grand soin et M. Chauveau a pu démontrer ainsi, d'une façon absolument certaine, l'augmentation considérable des combustions pendant le travail.

Voici le résumé de ces résultats :

	REPOS	TRAVAIL	ACCROISSEMENT
Volume de sang traversant le muscle.	12 l. 229	56 l. 321	1 à 4,6
O consommé	0 l. 307	6 l. 207	1 à 20,21
CO^2 produit	0 l. 221	7 l. 835	1 à 35,5

On pouvait prévoir cette augmentation des combustions lors du travail, car il se produit de l'énergie mécanique qui ne peut se créer de toutes pièces et doit trouver sa source quelque part; ce ne peut être que dans les combustions de l'organisme. Comme même à l'état de repos ces combustions ne sont pas arrêtées, elles auraient pu, sans augmentation, être la source du travail extérieur, mais alors il y aurait un déficit de chaleur, le corps se serait refroidi. Ce refroidissement est contraire à l'expérience; on sait au contraire, par l'observation la plus superficielle, que le corps de l'animal s'échauffe lors du travail. Il en résulte que lors du passage de l'état de repos à l'état d'activité, non seulement les combustions augmentent pour fournir l'énergie nécessaire au travail extérieur, mais s'accroissent dans une plus grande proportion qu'il ne serait nécessaire, puisque la quantité de chaleur libre dégagée augmente aussi.

La chaleur dégagée par les muscles pendant le travail a été l'objet de nombreuses études; mais, par suite des difficultés considérables qui entourent ce genre d'expériences, au lieu de mesurer en calories la chaleur produite, on a dû, en général, se contenter de déterminer l'élévation de température dans les divers cas. De cette façon on n'a guère pu faire que des comparaisons, c'est-à-dire reconnaître que la chaleur dégagée dans certaines conditions est supérieure à ce qu'elle est dans telle autre, mais on n'a pu établir de rapports numériques entre la calorification et les conditions du travail.

Heidenhain a montré sur la grenouille que, dans certaines limites, pendant la contraction, la température du muscle s'élève d'autant plus qu'on lui fait soulever un poids plus lourd. Elle s'élève aussi davantage lorsqu'on empêche le muscle de se raccourcir, c'est-à-dire quand il donne une contraction isométrique que lorsqu'il donne une contraction isotonique.

Sur l'homme M. Chauveau a fait voir que dans le soutien du poids, la chaleur dégagée dans le muscle contracté est d'autant plus grande que le poids est plus lourd et que le muscle est à un degré plus grand de raccourcissement.

Il vaut mieux se contenter de ces indications sommaires sous peine de tomber dans le détail de questions encore très difficiles.

Rendement des moteurs animés.

Nous avons vu plus haut ce que l'on entend, d'une façon générale, par rendement d'un moteur. Chez l'homme et les animaux la considération du rendement se complique un peu, par suite du fait que même au repos absolu l'organisme a besoin d'être alimenté.

Envisageons un travailleur produisant dans la journée 212 500 kilogrammètres. Nous savons que 425 kilogrammètres équivalent à 1 calorie, par conséquent 212 500 kilogrammètres équivaudront à 500 calories qui devront être fournies par l'alimentation du travailleur.

Or nous pouvons considérer, qu'en moyenne, un homme robuste a besoin, au repos, d'une ration d'entretien capable, par sa combustion, de fournir environ 2 500 calories.

Lorsque cet homme se livrera à un travail, il faudra pour le maintenir en équilibre de nutrition lui augmenter sa ration. On pourrait se demander s'il ne suffirait pas d'ajouter à sa ration de repos les 500 calories nécessaires au travail. L'expérience montre qu'il n'en est pas ainsi. Quand l'homme, ou un animal, passe du repos au travail, l'excès des combustions n'est pas tout entier affecté à la production de ce travail. Pour faire un travail équivalent à 1 calorie, par exemple, il faut en réalité produire 5 calories de plus qu'au repos. Pour le sujet que nous avons pris comme exemple, il faudrait donc, quand il passe du repos au travail, donner un accroissement de ration de $500' \times 5 = 2\,500$ calories. Cet homme aurait alors besoin d'une ration journalière de 5 000 calories.

Dès lors quel est le rendement de cet homme? Au point de vue pratique, commercial peut-on dire, comme il nécessite une dépense de 5000 calories et qu'il produit un travail équivalent à 500 calories, son rendement est de 1/10 ou 10 p. 100.

Au point de vue physiologique, nous pouvons raisonner autrement. Lors du fonctionnement des organes, en particulier de l'entrée en activité des muscles, il y a un accroissement de la dépense de l'organisme; c'est cet accroissement seul que nous devons prendre en considération pour savoir quel est le rendement. Ce que coûte le repos serait dépensé de toute façon. Dans l'exemple envisagé plus haut, quand nous voulons faire produire du travail à l'ouvrier, cela ne nous coûte en réalité que 2 500 calories, puisque les calories de repos doivent être inévitablement fournies.

C'est donc avec les 2 500 calories fournies en plus que nous produisons 500 calories utiles, le rendement sera de 1/5 ou 20 p. 100.

On a aussi cherché, en opérant sur un seul muscle, à évaluer ce que peut produire ce muscle, et quelles sont les combustions ou accroissements de combustion qui s'y produisent; c'est-à-dire à déterminer le rendement de cet organe isolé pour ainsi dire du reste de l'organisme. Ces déterminations n'ont aucune portée pratique, mais un grand intérêt théorique, puisqu'elles ont pour but d'étudier la nature même de la contraction musculaire et les origines immédiates de l'énergie nécessaire au travail.

Dans ces recherches extrêmement délicates on a obtenu des rendements variables, en général supérieurs à 20 p. 100.

Régulation de la chaleur chez les animaux.

Le problème de la régulation de la chaleur ne se pose que chez des homéothermes, car chez les hétérothermes cette régulation n'existe pas, ils se mettent sensiblement à la température du milieu ambiant. Chez les mammifères et les oiseaux il y a sans cesse un dégagement de chaleur suffisant pour parer, dans les conditions habituelles, aux diverses causes de déperdition et maintenir le corps de l'animal à température sensiblement constante.

La production de chaleur résulte des transformations des aliments ingérés et des combustions qui se passent au sein de l'organisme, principalement dans les muscles. L'énergie mise en liberté lors de ces transformations chimiques, intraorganiques, n'est que pour une faible part utilisée en travail extérieur, surtout dans les conditions ordinaires de la vie; elle est presque tout entière rayonnée à l'état de chaleur, ou sert à la vaporisation de l'eau à la surface de la peau et des poumons.

A une température moyenne, celle que l'on a généralement dans les appartements, les pertes de chaleur d'un homme ou d'un animal au repos sont exactement compensées par les gains, aussi la température de cet homme ou de cet animal reste constante. Pour plus de simplicité supposons-le à jeun, il vit sur ses réserves, en particulier sur ses graisses, qui après une série de transformations, sur lesquelles la lumière est loin d'être faite, sont éliminés à l'état d'eau et d'acide carbonique. J'ai déjà dit qu'une partie importante de ces transformations et combustions se passent dans les muscles. L'homme perd toute l'énergie ainsi mise en liberté, à l'état de chaleur rayonnée et de chaleur latente de vaporisation. Négligeons pour l'instant les autres pertes.

Si la température de l'air ambiant vient à baisser, il semblerait au premier abord que, comme pour tout corps chaud, la température interne du sujet doive également diminuer; mais c'est là qu'intervient la régulation.

Les vaisseaux de la peau restreignent leur calibre par vasoconstriction, de façon à diminuer l'activité de la circulation périphérique, l'apport de la chaleur interne à la surface de la peau, et par suite le rayonnement de cette chaleur. L'évaporisation est moins active, elle aussi, et par suite de ces deux phénomènes les pertes sont diminuées.

En même temps, par suite d'une excitation produite par le froid à la surface de la peau et par voie réflexe, les combustions intraorganiques sont accélérées, au besoin le frisson intervient pour exagérer l'activité des muscles.

Donc pour ces deux raisons, diminution des pertes et augmentation des gains de chaleur, la température du corps ne baissera pas.

Les circonstances peuvent faire que la température de l'air ambiant, au lieu de baisser, vienne à s'élever. Dans ces conditions les combustions intraorganiques, toujours par voie réflexe, peuvent se ralentir, tout au moins dans certaines limites; mais surtout les pertes sont exagérées. Les vaisseaux périphériques se dilatent, la circulation cutanée devient très active, il y a un grand apport de chaleur à la surface du corps pour favoriser le rayonnement. En même temps s'établit une sudation plus ou moins importante, et comme la vaporisation de l'eau nécessite un grand nombre de calories, on conçoit le rôle capital de cette sudation dans la production des pertes de chaleur.

On voit ainsi comment ces divers facteurs, combustions intraorganiques et pertes par rayonnement ou vaporisation, peuvent intervenir pour maintenir constante la température du corps chez les homéothermes. Ces phénomènes sont sous la dépendance d'un système régulateur agissant par voie réflexe, le point de départ du réflexe se trouvant dans les terminaisons nerveuses de la peau. Il n'y a pas lieu d'entrer dans l'étude détaillée de ce réflexe et des centres nerveux dans lesquels il se produit.

Je laisserai aussi de côté la façon dont la régulation de la température peut être modifiée ou troublée par l'ingestion d'aliments.

QUATRIÈME PARTIE

RADIATIONS

I

CONSTITUTION DES RADIATIONS

La lumière qui nous arrive du soleil ou des diverses sources éclairantes n'est pas une chose simple. Newton a montré le premier qu'en faisant tomber un faisceau lumineux provenant du soleil sur un prisme de verre, le faisceau était non seulement dévié de sa direction première, mais subissait des modifications de couleur suivant une loi constante. La lumière incidente était blanche et donnait une tache de cette couleur sur un écran interposé sur le trajet du faisceau. En passant à travers le prisme il se produisait par réfraction une déviation vers la base de ce prisme en même temps qu'un étalement perpendiculaire à l'arête. Vue de face la tache sur l'écran présentait avant le prisme l'aspect A, et après le prisme l'aspect B. La tache B, au lieu d'être uniformément blanche comme A, avait une série de colorations commençant par du rouge du côté le moins dévié et se terminant par du violet du côté le plus dévié. Newton classa la série des teintes qu'il observa en sept couleurs se succédant toujours dans l'ordre

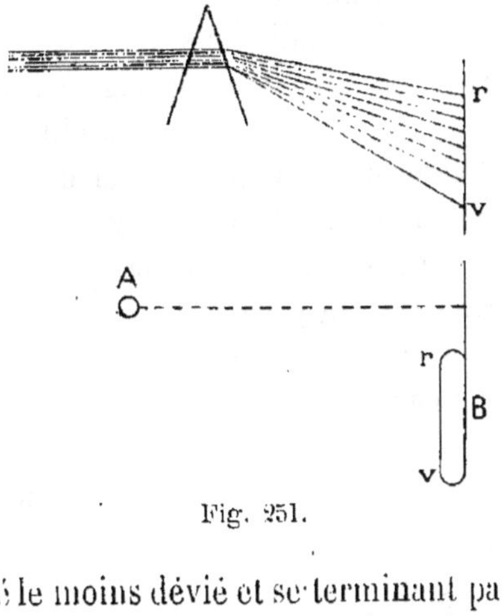

Fig. 251.

suivant : Rouge, orangé, jaune, vert, bleu, indigo, violet. Cette classification est absolument arbitraire, car il y a une variation continue de teinte du rouge au violet ; on pourrait adopter un autre nombre quelconque.

L'expérience de Newton est aisée à répéter avec la lumière d'une source naturelle ou artificielle, un bec de gaz, une lampe. On forme ce que l'on appelle un spectre lumineux.

Il y a lieu de se demander quel est le mécanisme de ce phénomène ; la lumière a-t-elle été modifiée dans ses propriétés, ou ces différentes radiations colorées que nous observons à la sortie du prisme existaient-elles dans la lumière blanche incidente ? Newton a complètement résolu la question de la façon suivante. La lumière blanche est un mélange de radiations colorées qui, par réfraction, se séparent les unes des autres, par suite de leur indice de réfraction, différent pour chacune d'elles dans une même substance. On peut en effet, après le passage de la lumière à travers le prisme, isoler une radiation de couleur quelconque et, par les procédés connus en optique, mesurer l'indice de réfraction de cette radiation. On constate en prenant une partie limitée du spectre, c'est-à-dire un faisceau assez pur, que ce faisceau ne se disperse plus par le passage à travers un second prisme comme le faisait le faisceau blanc, il ne contient donc qu'une radiation simple, son indice de réfraction croît graduellement pour les couleurs passant du rouge jusqu'au violet. Donc la lumière blanche a bien été décomposée en radiations simples, c'est-à-dire non décomposables elles-mêmes. Ces radiations ayant des indices différents sont d'autant plus déviées par leur passage à travers le prisme que l'indice est plus grand, et c'est ce qui explique leur séparation. Si maintenant, à l'aide d'un artifice quelconque, et ils sont nombreux, on mélange de nouveau les diverses radiations simples, on reproduit le blanc ; on peut, pour cela, placer par exemple sur le faisceau décomposé un prisme de sens inverse du premier.

Il n'est pas indispensable pour obtenir de la lumière blanche de mélanger toutes les couleurs du spectre, l'expérience prouve, en effet, que l'on arrive à ce résultat par diverses combinaisons de radiations. Ainsi, il suffit de prendre, dans une proportion convenable, du rouge et du vert, ou bien du bleu et du jaune, ou encore de l'orangé et du violet, etc. Deux couleurs qui par le mélange donnent du blanc sont dites complémentaires ; en particulier on obtiendra toujours deux teintes complémentaires en divisant le spectre en deux parties. Ainsi prenant d'un côté, le rouge, l'orangé, le jaune et le vert, leur mélange donnera une certaine teinte complémentaire du mélange formée par le bleu, l'indigo, le violet, puisque le tout ensemble donne du blanc. Au premier abord il semble étrange qu'un mélange de lumière jaune et bleue donne du blanc, on est habitué à lui voir former du vert, nous verrons plus loin que dans ce cas on ne mélange pas en réalité les deux couleurs en question.

En général, la plupart des sources lumineuses dont nous disposons émettent une foule de radiations simples, du rouge au violet sans interruption, nous verrons que l'on peut produire des sources n'émettant qu'une radiation absolument simple; on a alors une lumière dite monochromatique. Ou bien il peut y avoir dans une lumière deux, trois, un nombre quelconque, mais mesurable de radiations simples.

Les corps de la nature ne nous envoient que la lumière qu'ils reçoivent du soleil. En se déplaçant dans une chambre noire sans fenêtre ni ouverture d'aucune sorte, ni source lumineuse artificielle on ne voit rien, tout est absolument sombre. Si l'on introduit dans la chambre une lumière monochromatique, tout prend la couleur de cette lumière, il n'y a que des différences d'intensité, tous les crayons d'une boîte de pastels par exemple paraissent gris plus ou moins foncé, un artiste s'en servant pour exécuter un dessin croit faire une grisaille; mais quelle surprise quand on laisse pénétrer la lumière du jour, toutes les couleurs ont été confondues. A la lumière du jour les corps absorbent une partie de cette lumière et ne diffusent vers nous que ce qu'ils n'absorbent pas, ils ont donc la couleur complémentaire de cette lumière absorbée, et l'on conçoit que suivant la source éclairante leur couleur variera. On sait combien il est difficile d'obtenir un éclairage artificiel respectant la valeur des teintes exécutées sur un tableau dans la journée, ou inversement. Cela tient à ce que la lumière du jour et les sources lumineuses que nous pouvons créer n'ont pas absolument la même composition. Elles contiennent les mêmes radiations simples, mais leur proportion varie; généralement les sources artificielles contiennent plus de jaune que la lumière solaire; les teintes des corps seront faussées par un excès de jaune.

Quand on prend un corps transparent et qu'on l'interpose sur le trajet d'un faisceau lumineux, une partie de la lumière seulement le traverse, le reste est absorbé ; là encore, par transparence, le corps prend la couleur complémentaire de ce qui est absorbé. Nous allons à cette occasion faire comprendre comment, quoique le jaune et le bleu soient complémentaires on obtient du vert par superposition de verres bleus et jaunes. Un verre jaune se laisse généralement traverser par toute la partie du spectre au-dessous du bleu, c'est-à-dire par le rouge, orangé, jaune et vert, le mélange de tout cela donne une teinte jaune. Un verre bleu se laisse traverser par le vert, bleu, indigo, violet dont le mélange donne une teinte bleue. Superposons les deux verres, l'un d'eux se charge d'arrêter le bleu, indigo, violet, l'autre le rouge, orangé, jaune, il n'y a que le vert qui passe, et cependant si on avait mélangé par un artifice quelconque les radiations traversant les deux verres colorés placés l'un à côté de l'autre on aurait pu avoir du blanc.

Il s'agit maintenant de savoir en quoi consistent les radiations simples. La nature de ces radiations a provoqué une des discussions les plus célèbres dans l'histoire de la science, les noms des savants les plus éminents y sont mêlés. Pendant longtemps on crut avec Newton que les corps lumineux émettent de petits particules qui traversaient l'espace et les corps transparents en ligne droite, pour aller frapper la rétine et l'impressionner. Il fut, au contraire, demontré par Fresnel qu'un point lumineux est le siège d'un mouvement vibratoire qui se transmet dans toutes les directions autour de lui, comme l'ondulation à la surface d'une eau tranquille se propage à partir du point où l'on a jeté une pierre. Dans le cas de la pierre tombant dans l'eau, c'est une seule ondulation, ou deux parfois, qui se propagent ainsi ; dans le cas du point lumineux le même phénomène se répète périodiquement avec une fréquence variant selon la couleur de la lumière, fréquence d'autant plus grande qu'on se déplace davantage du rouge vers le violet. C'est comme si, au lieu de jeter une pierre dans l'eau, on en faisait tomber une série interrompue, à des intervalles égaux.

En somme, dans la théorie de Newton, dite de l'émission, des particules matérielles se propagent depuis la source lumineuse jusqu'aux divers points éclairés. Dans la théorie de Fresnel, dite des ondulations, il n'y a pas de transport de matière : un certain milieu, interposé entre la source de lumière et les points éclairés, se met en vibration, de même que l'air vibre sous l'influence d'un son qui le traverse.

La démonstration de Fresnel a pour base ce que l'on nomme

l'interférence de la lumière, et son expérience cruciale est dite des deux miroirs. Il est trop souvent question d'interférences en biologie pour que nous ne précisions pas ici la nature de ce phénomène souvent mal interprété ; nous allons donc exposer avec quelques détails l'expérience des deux miroirs.

Le mouvement pendulaire. — Considérons un pendule suspendu en un point *o*, écartons-le d'un angle α de sa position d'équilibre et abandonnons-le (fig. 252). Nous savons, en admettant qu'il n'éprouve aucune résistance, qu'il décrira de part et d'autre de sa position d'équilibre une série d'oscillations isochrones d'amplitude constante. On dit que le point A est animé d'un mouvement pendulaire. Nous pouvons représenter ce phénomène par une courbe, en portant les temps en abscisses à partir d'une origine *o*, et en ordonnées les distances du pendule à la position d'équilibre A (fig. 253), ces ordonnées seront portées au-dessus de *ot* pour les déplacements à droite de *o*A et au-dessous pour les déplacements à gauche, par exemple. La courbe ainsi obtenue est ce que l'on appelle une *sinusoïde*. Naturellement les ordonnées maxima seront d'autant plus grandes que les oscillations du pendule sont

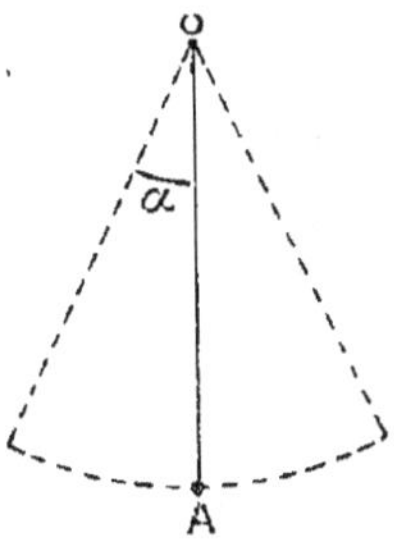

Fig. 252.

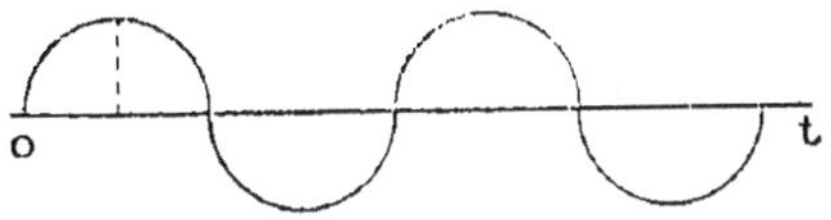

Fig. 253.

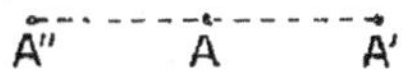

Fig. 254.

plus amples ; mais pour un même pendule la distance entre deux recoupements de la courbe avec *ot* restera constante, puisque l'on sait que les durées d'oscillations d'un pendule sont constantes.

On arrive aux mêmes conclusions quand, au lieu de prendre un pendule, on prend l'extrémité d'un diapason qui vibre, ou si l'on considère un point A (fig. 254) qui, écarté de sa position d'équilibre, tend à y revenir par suite de forces élastiques ou autres, et qui vibrera entre A′ et A″ de part et d'autre de A.

Supposons qu'un pareil point vibrant dans l'espace transmette, par un procédé quelconque, son mouvement aux points voisins. De proche en proche chaque point prendra un mouvement pendulaire, l'espace sera traversé par un mouvement vibratoire qui sera continu si le point d'origine continue à vibrer. Ce mouvement se transmettra de proche en proche avec une vitesse dépendant de la nature du milieu traversé.

Fig. 255.

Soit A (fig. 255) l'origine du mouvement, B, C, D, E, etc., des points successifs auxquels le mouvement s'est transmis, comme ce mouvement s'est transmis de proche en proche, les divers points considérés ne sont pas dans les mêmes conditions, le déplacement actuel de B est celui que A avait un instant auparavant, car il a fallu un certain temps au déplacement pour se transmettre de A en B, autrement dit B est un peu en retard sur A, de même C sur B et ainsi de suite. Si nous figurions les positions des divers points à un moment donné on aurait une disposition comme celle de la figure 256, ce serait encore une sinusoïde.

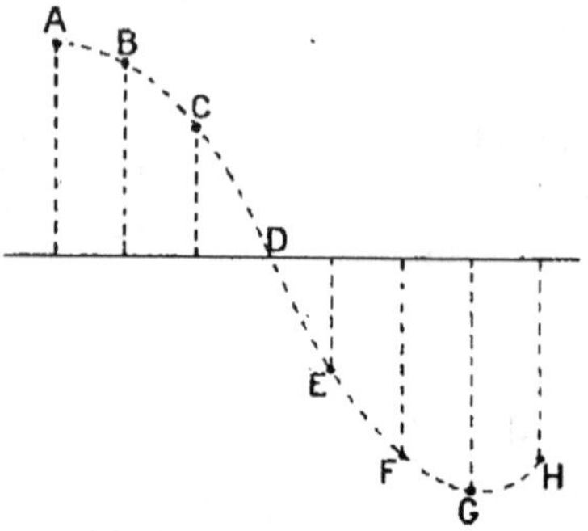

Fig. 256.

Donc à chaque instant les divers points de la trajectoire parcourue par un mouvement vibratoire se trouvent sur une sinusoïde. Pour avoir la représentation du mouvement en chaque point il faut se figurer que cette sinusoïde se déplace dans le sens de la propagation de la vibration avec une vitesse dépendant de la nature du milieu.

Ainsi, en résumé, nous avons en A (fig. 257) un mouvement vibratoire pendulaire et nous voulons avoir la représentation de la propagation de ce mouvement suivant AX; traçons sur AX une sinusoïde dont l'amplitude, c'est-à-dire l'ordonnée maxima et la distance entre deux points analogues, dépende, dans le milieu sur lequel on opère, de la nature du mouvement en A, et supposons-la animée, dans le sens F de la propagation, d'une vitesse dépendant de la nature du milieu ; on aura ainsi l'image de ce qui se passe. On se rend en effet très bien compte du mouvement vibratoire perpendiculaire à AX que prendra un point tel que B, entre B′ et B″.

On voit aussi que B et C ont les mêmes mouvements, mais que ces deux mouvements ne sont pas simultanés, l'un est en retard sur l'autre.

On voit aussi qu'il y a toute une série de points qui se comportent d'une façon identique : ainsi tous les points D, D', etc. Pour chaque point il suffira de chercher les autres points se

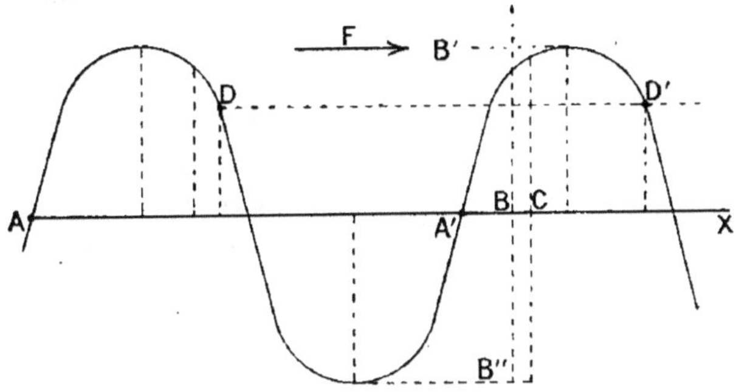

Fig. 257.

trouvant placés de même par rapport à la courbe, il est évident que lors du mouvement tous ces points se comportent de la même façon. On voit aussi que pour tous ces points les distances telles que DD' comptées parallèlement à AX sont les mêmes et sont égales à AA'. Cette longueur AA' est ce que l'on nomme la longueur d'onde du mouvement vibratoire dans le milieu considéré.

Superposition des mouvements vibratoires. — Supposons qu'il se produise en un point ou en deux points très voisins A et A' deux mouvements vibratoires identiques (fig. 258), voyons ce qui se produira sur la ligne XY, A et A' étant assez voisins

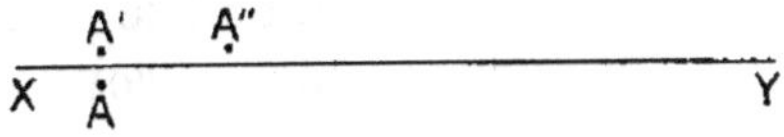

Fig. 258.

de cette ligne pour pouvoir être considérés comme placés sur cette ligne. Chacun des points AA' est le siège d'un mouvement vibratoire que l'on peut représenter par une sinusoïde. Afin de ne pas embrouiller la figure traçons ces courbes sur deux figures spéciales, la première (259, I) représente le mouvement émané de A. Le mouvement émané de A' étant absolument identique à celui de A sera représenté sur (259, II). Les effets des deux mouvements se superposeront, et l'on démontre que pour avoir la figure résultante il suffit d'ajouter les ordonnées. On comprend en effet, quel que soit le point de XY où l'on se place, et en examinant les effets qui doivent s'y produire d'après les courbes I et II, que partout ces effets s'ajoutent. Une molécule est sollicitée à se déplacer dans le même sens par le mouvement venu de A et par celui venu de A'; le résultat est représenté par (259, III).

Mais supposons maintenant que le point A' soit transporté en A" (fig. 258), d'une distance égale à *une demi-longueur d'onde*, il faudra déplacer de la même quantité la courbe II représentative du mouvement vibratoire qu'elle envoie suivant XY en même temps que celui venu de A. Dès lors les deux courbes se présenteront suivant I' et II" (fig. 260); et il suffit de regarder cette figure pour voir que dans ces conditions les vibrations en un point quelconque du trajet se contrarient; leurs effets sont précisément de sens opposé sur chaque molécule qui doit rester au repos, il y a *interférence.*

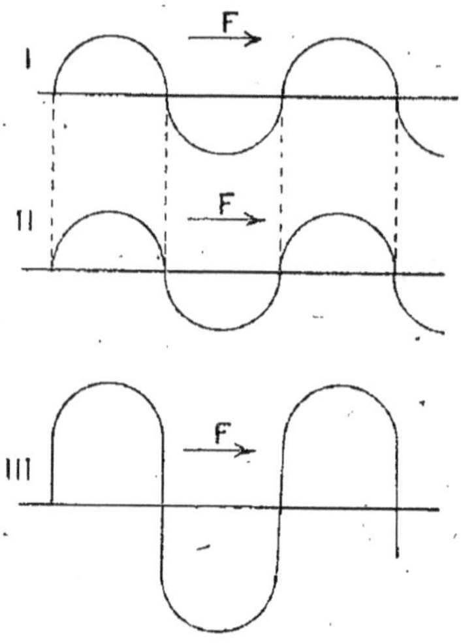

Fig. 259.

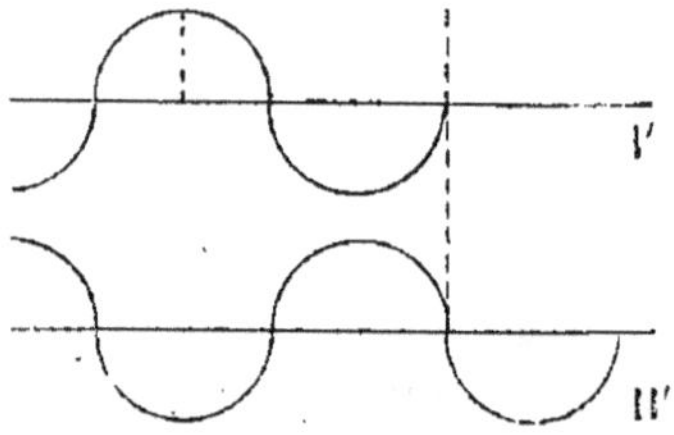

Fig. 260.

Voici donc ce qui doit se passer pour la superposition de deux mouvements vibratoires; voyons maintenant comment Fresnel a disposé pratiquement son expérience pour vérifier si ces interférences s'appliquent à la propagation de la lumière et si on peut en conclure à la nature vibratoire de cette lumière.

Expérience des deux miroirs. — Considérons deux points lumineux identiques A et A', très voisins l'un de l'autre, un écran étant placé en EE', parallèlement à AA'. BX est une droite perpendiculaire au milieu de AA' (fig. 261). La lumière vient en B simultanément de A et de A', sous forme d'un mouvement vibratoire comme nous venons de le dire. En nous reportant aux explications que nous avons données sur la superposition des vibrations et à la figure 261, nous voyons qu'en B les effets s'ajouteront, le mouvement vibratoire sera plus énergique que si une des sources A ou A′ existait seule. Mais déplaçons nous latéralement sur EE′, vers la gauche par exemple, nous arriverons en un point C, inégalement distant de A et A′, pour lequel les choses se comporteront comme sur la figure 260, c'est-à-dire où les vibrations se neutraliseront. A ce moment la différence entre les distances CA et CA′ sera d'une demi-longueur d'ondulation ; en ce point il n'y aura pas de vibrations et par suite l'obscurité. Continuons le déplacement, en D, la différence des distances DA et DA′ sera d'une longueur d'ondulation entière, il est aisé de voir qu'il y a de nouveau concordance de vibration et par suite de lumière. Ainsi de suite. Le même phénomène se reproduira à droite de B, c'est-à-dire que sur l'écran on voit un point brillant B accompagné à droite et à gauche d'une série de points alternativement brillants et obscurs.

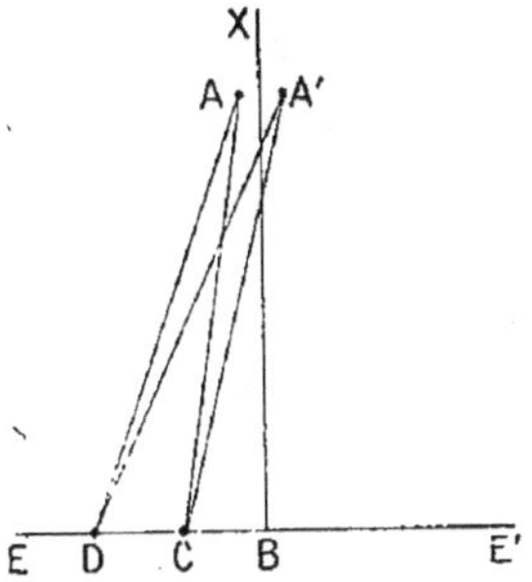

Fig. 261.

Il faut, avons-nous dit, deux sources A et A′ identiques afin qu'elles émettent des mouvements vibratoires identiques.

Pour obtenir ces deux sources on prend un point lumineux L (fig. 262) placé vis-à vis de deux miroirs M et M′ dans lesquels il donne des images L′, L″. Ces deux images seront forcément identiques, et ce sont elles que l'on prend comme sources A et A′ de l'expérience, d'où le nom d'expérience des deux miroirs. Le résultat de cette expérience prouve l'exactitude des prévisions de la théorie. On conçoit que les distances qui séparent deux points lumineux sur l'écran, BD par exemple (fig. 261), dépendent des conditions de l'expérience, c'est-à-dire de l'écartement de AA′, de leur éloignement de l'écran EE′, etc. En particulier cette distance BD, pour un dispositif donné, est liée à la longueur d'onde de la lumière employée, et l'on comprend que tout étant connu, sauf cette longueur d'onde, on puisse la calculer en mesurant BD AA′, etc. C'est ce que l'on a fait pour les diverses radiations colorées, et nous donnons un exemple des valeurs trouvées.

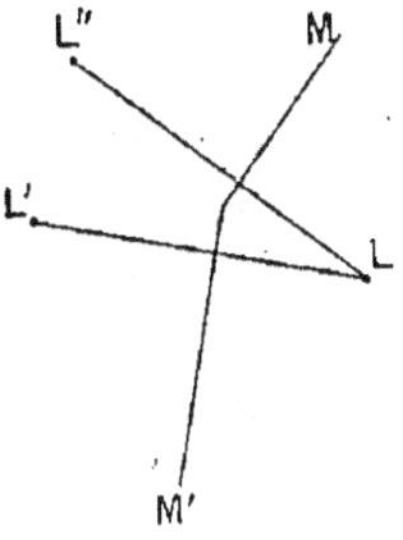

Fig. 262.

Rouge	0 μ 620
Jaune	0 μ 551
Bleu	0 μ 475

La lumière blanche se compose donc d'un mélange de radiations constituées chacune par un mouvement vibratoire. Toutefois il y a encore une question qui se pose. Nous avons parlé de mouvement vibratoire, mais qu'est-ce qui vibre? Ce n'est pas l'air, ni les milieux transparents traversés, puisque la lumière se propage dans le vide. On a admis l'existence d'une substance impondérable par les moyens dont nous disposons, et à laquelle on a donné le nom d'éther. C'est cet éther qui sert de véhicule aux radiations qui se propagent dans les corps transparents traversés. Son existence a pu être mise en évidence, mais il n'y a pas lieu ici d'insister sur ce point.

Vitesse de la lumière. — La lumière se propage avec une vitesse très grande, mais non infinie. Dans le vide toutes les radiations ont la même vitesse. La mesure en a été faite par l'observation de certains phénomènes astronomiques et par des expériences directes. Le nombre 300 000 km. par seconde ne s'éloigne pas beaucoup du chiffre précis. Cette vitesse est moindre dans les corps transparents que dans le vide, d'autant moindre que l'indice de réfraction de cette substance est plus grand, on peut donc, connaissant l'indice d'une substance, calculer la vitesse de la lumière dans cette substance. Si l'indice est 2 la vitesse est la moitié de 300 000 km. par seconde, si l'indice est 3 la vitesse est un tiers de 300 000 km. par seconde. On voit immédiatement que dans un même milieu la vitesse n'est pas la même pour les diverses radiations puisqu'elles n'ont pas le même indice de réfraction, et qu'en général la vitesse va en diminuant de grandeur du rouge au violet.

II

SPECTROSCOPIE

Dans l'expérience de Newton décrite plus haut, en interposant un écran sur le trajet du faisceau dispersé on obtient un très mauvais spectre, car en tous ses points il y a encore un mélange de diverses radiations. Cela tient au recouvrement partiel des divers faisceaux simples. On peut, à l'aide d'un artifice simple, obtenir de meilleurs résultats. Prenons une fente mince verticale O (fig. 263), la figure étant vue de haut en bas en plan, et derrière cette fente plaçons une lumière S. A l'aide de la lentille L nous pouvons faire une image de la fente O en O′ sur l'écran EE′. Interposons sur le trajet de la lumière un prisme P, nous savons que tous les rayons seront déviés vers la base, et s'il n'y avait pas de dispersion, c'est-à-dire si la lumière était monochromatique, il y aurait en O″ sur l'écran *ee′* une image de la fente O. Si, au contraire, nous avons une lumière complexe, blanche par exemple, nous aurons bien en O″ une image de la fente correspondant à une certaine couleur, mais cette image sera accompagnée latéralement par autant d'autres images placées les unes à côté des autres qu'il y a de radiations simples dans la lumière considérée. Si la fente est très fine les images O″ sont aussi très fines et l'on a une bonne séparation des radiations.

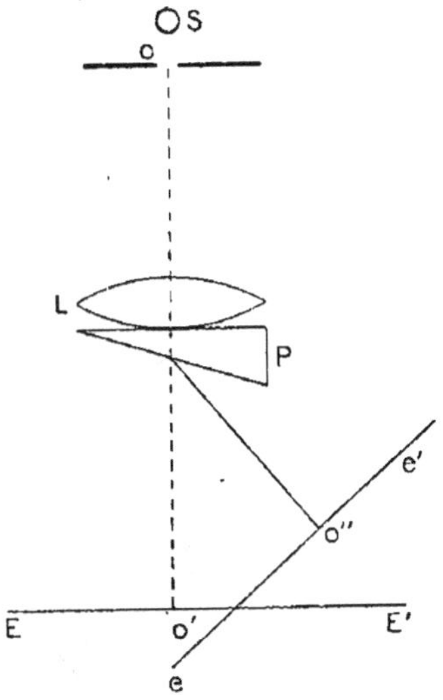

Fig. 263.

C'est là le principe du spectroscope, dont voici maintenant le dispositif pratique d'après une vue en plan de haut en bas.

En O la fente avec la source lumineuse à étudier en S (fig. 264). Cette fente est au foyer de la lentille L, le faisceau lumineux passant par O et tombant sur L est par suite parallèle après la réfraction. Un prisme P est orienté de telle sorte que dans sa traversée la lumière est sensiblement parallèle à la base AB, l'expérience et la théorie montrent que ce sont là les meilleures conditions. A la sortie du prisme la lumière tombe sur une lentille L′ égale à L, cette lumière est dispersée et il se forme une série d'images de la fente donnant le spectre en *ee′*, ce spectre est regardé avec la loupe *l* formant oculaire. Le système optique placé avant le prisme constitue ce que l'on appelle le collimateur, le système placé après le prisme est la lunette. Il est évident que cette lunette est réglée sur l'infini puisque les rayons qui y pénètrent et donnent une image nette sont parallèles entre eux. Il est indispensable, pour repérer les observations dans le spectroscope, de faire une graduation dans le spectre; voici à l'aide de quel artifice on l'obtient. Sur le côté se trouve une petite échelle divisée m, dite micromètre, elle est au foyer de la lentille L″, son image est donc à l'infini et l'observateur la voit par réflexion dans la face CB du prisme en même temps qu'il regarde le spectre.

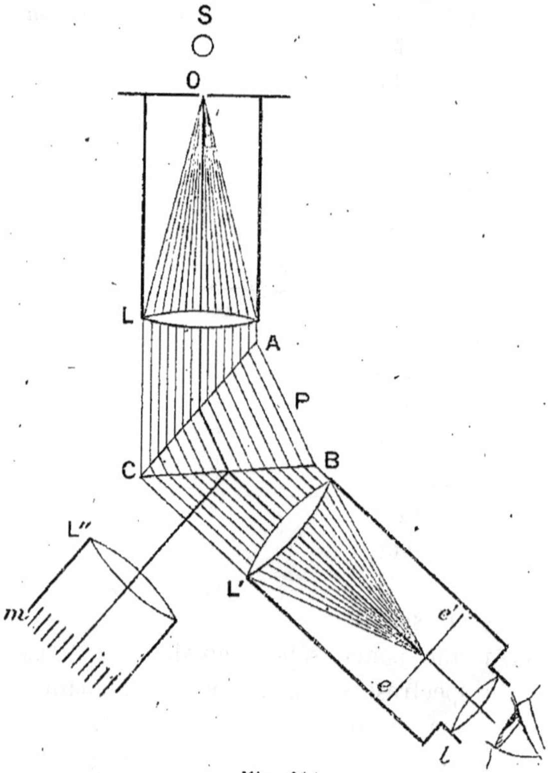

Fig. 261.

Tel est le spectroscope le plus simple, le plus répandu. Pour obtenir une séparation plus parfaite encore de diverses radiations, c'est-à-dire un plus grand étalement du spectre, on peut placer plusieurs prismes les uns à la suite des autres, on a ainsi des spectroscopes, à deux, quatre et même six prismes.

Pour des raisons de commodité on fait aussi des combinaisons de prismes, sur lesquelles il n'y a pas lieu d'insister mais qui dispersent la lumière en la conservant sensiblement parallèle à l'axe du collimateur, la lunette est alors dans le prolongement du collimateur, on a ainsi des spectroscopes dits à vision directe.

Enfin, depuis un certain nombre d'années surtout, on remplace souvent les prismes par des réseaux. En faisant sur une surface réfléchissante une série de lignes au diamant, parallèles les unes aux autres et très voisines, on a un instrument possédant la propriété de disperser la lumière par réflexion, si le réseau est sur une lame de verre il disperse par réflexion et par transparence. Il n'y a pas lieu de faire ici la théorie trop compliquée de ces appareils, il nous suffira de savoir que la dispersion est d'autant plus grande que le réseau est plus fin, on en a fait comptant plus de mille traits par millimètre. Ces réseaux ont aussi l'avantage de n'absorber aucune radiation, puisque la lumière ne les traverse pas; il n'en est pas de même du prisme en verre.

En étudiant les diverses lumières au moyen du spectroscope, on voit qu'il faut faire une première division, suivant que l'on veut se renseigner sur la nature des radiations émises par une source lumineuse ou que l'on veut rechercher quelles sont les radiations absorbées dans le passage d'un faisceau lumineux à travers un corps transparent. On a donc considéré séparément les spectres d'émission et les spectres d'absorption.

Spectres d'émission. — Les spectres d'émission sont de deux espèces, suivant qu'ils sont continus, c'est-à-dire qu'ils contiennent un nombre infini de radiations; ou qu'ils sont interrompus ne contenant qu'un nombre limité de radiations.

Le type des spectres continus est le spectre solaire; lorsqu'on l'observe dans un spectroscope on voit qu'il commence au rouge et se continue jusqu'au violet en passant de proche en proche par toutes les couleurs intermédiaires. Ce que l'œil perçoit ainsi est le spectre dit lumineux, mais il y a aussi un grand nombre de radiations qui nous échappent.

Si on reçoit le spectre sur une plaque photographique, on constate que la réduction du sel d'argent se fait jusque dans une partie très éloignée située au delà du violet, dans ce que l'on appelle l'ultra-violet, avec une intensité régulièrement variable, c'est dans cet ultra-violet que se trouve le maximum d'action. De même en promenant un thermomètre dans le spectre on constate un maximum de température au-dessous du rouge, dans l'infra-rouge. On peut représenter sur une figure, en trois courbes, les effets lumineux, chimiques ou actiniques, et calorifiques des diverses radiations du spectre. On voit alors que les maximums pour ces trois espèces d'actions ne se produisent pas aux mêmes points et que la région lumineuse du spectre n'est en somme qu'une partie du spectre total.

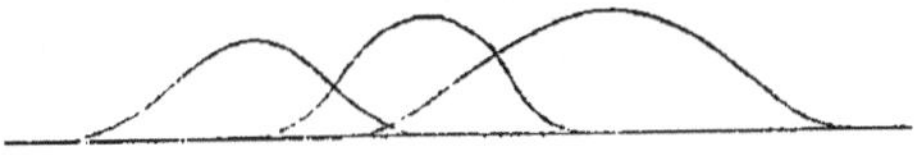

Fig. 265.

Disons aussi que dans la partie lumineuse du spectre solaire on voit une série de raies noires tenant à des radiations faisant défaut, nommées raies de Frauenhoffer et désignées habituellement par les lettres de l'alphabet. Cela tient à l'absorption de certaines radiations par l'atmosphère terrestre et par l'atmosphère solaire.

Tous les corps solides et liquides incandescents donnent un spectre continu; quand la température est faible on voit d'abord apparaître le rouge, puis le spectre s'étend de plus en plus vers le violet en même temps qu'il augmente d'éclat.

Si l'on prend au contraire un gaz ou une vapeur incandescente, la lumière émise ne contient qu'un nombre limité de radiations, et le spectre, au lieu d'être continu, présente un nombre correspondant de raies brillantes. Ces raies sont caractéristiques de la substance en vapeur; pour les observer il suffit de placer devant la fente du spectroscope une flamme incolore, une flamme de bec Bunsen par exemple, puis d'y introduire le corps à examiner. S'il est volatil, il se vaporise aussitôt; la flamme se colore, et au spectroscope on voit les raies correspondant aux radiations qu'elle contient. On pourra repérer sur l'image du micromètre la position des raies observées, et le jour où, dans un mélange inconnu de sels, on trouvera une raie ainsi repérée, on pourra en conclure à la présence du sel correspondant. Si l'on voit une raie nouvelle, on peut en déduire qu'il y a un corps nouveau vaporisé dans la flamme.

Au lieu d'employer le bec de Bunsen on peut aussi placer le corps à étudier dans l'étincelle électrique, ou, si c'est un gaz, dans un tube à gaz raréfié que l'on fait traverser par les décharges d'une bobine d'induction, c'est le tube de Geissler.

Ces procédés de recherche sont extrêmement sensibles, mais ils ne permettent, bien entendu, de retrouver que les corps simples qui entrent dans la composition d'une substance, les autres étant dissociés ou brûlés dans la flamme. Exception est faite toutefois pour certains gaz composés, que l'on peut rendre lumineux dans le tube de Geissler et observer sans les dissocier.

Spectres d'absorption. — Si l'on produit un spectre continu à l'aide d'un corps solide ou liquide incandescent, un bec de gaz par exemple, qui, brûlant à blanc, contient des particules de charbon, et que l'on interpose un corps transparent sur le trajet du faisceau entrant dans le spectroscope, il arrive souvent que certaines radiations soient absorbées et fassent alors défaut dans le spectre auparavant continu.

En particulier, les gaz jouissent de cette propriété remarquable d'absorber les radiations qu'ils sont capables d'émettre. Ainsi, la vapeur de sodium incandescente donne généralement une double raie jaune quand on observe son spectre d'émission. Si maintenant on regarde un corps très lumineux, donnant un spectre continu, et que l'on interpose entre lui et le spectroscope de la vapeur de sodium à température plus basse, cette vapeur absorbe les radiations correspondant au sodium ; à leur place il y a dans le spectre diminution de luminosité et apparence de raies noires. C'est là le mécanisme de la formation des raies de Frauenhoffer. Le noyau

Oxyhémoglobine.

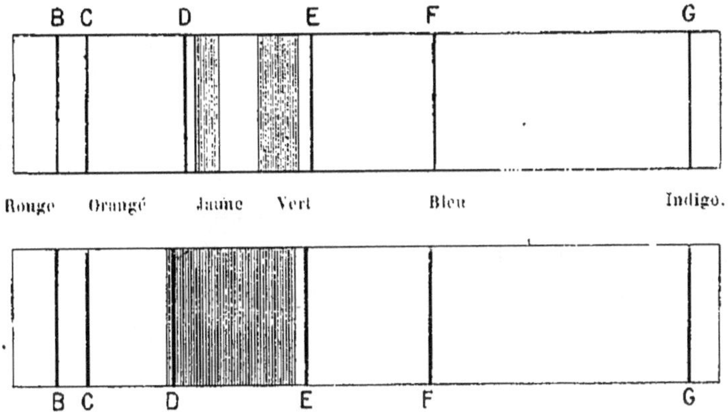

Hémoglobine réduite.

Fig. 266.

liquide ou solide incandescent du soleil donnerait un spectre continu ; mais certaines radiations sont absorbées par les gaz entourant ce noyau ou par l'atmosphère terrestre, et il en résulte des raies noires, occupant sur le micromètre la même place que les raies brillantes émises par les mêmes vapeurs incandescentes donnant un spectre d'émission.

L'étude de l'absorption par les liquides ou les solides transparents a une plus grande application en biologie que celle des gaz. Si, après avoir placé une lumière blanche en face de la fente du spectroscope de façon à produire un spectre continu, on interpose entre cette lumière et la fente un solide ou un liquide transparent coloré, on absorbe certaines radiations qui disparaissent dans le spectre. Dans ces conditions ce ne sont plus quelques raies noires qui apparaissent, mais de larges bandes estompées sur le bord. Parfois il n'y a qu'une seule de ces bandes, parfois c'est un côté du spectre qui disparaît, d'autres fois il y a deux ou même plusieurs bandes. Ce fait est facile à observer avec des solutions ou des verres colorés.

Le sang artériel donne ainsi deux belles bandes d'absorption dans le jaune et le commencement du vert, il faut pour cela l'étendre d'eau; avec quelques tâtonnements on trouve aisément la concentration la plus convenable, qui dépend, bien entendu, de l'épaisseur du vase que l'on place devant la fente du spectroscope et contenant le liquide. Si, au lieu de sang artériel, on prend du sang veineux, on n'observe plus qu'une seule bande d'absorption, occupant un peu plus de l'espace des deux précédentes réunies.

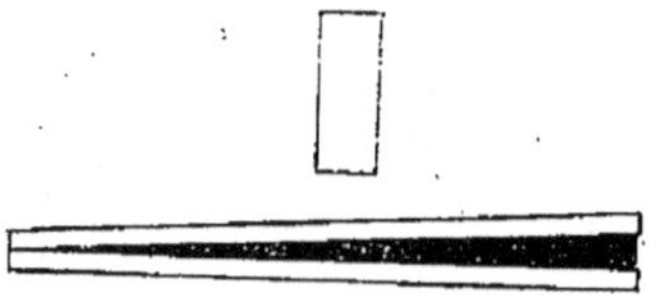
Fig. 267.

On peut d'ailleurs facilement passer de l'un des aspects à l'autre. En agitant le sang veineux au contact de l'air il s'oxygène, passe à l'état de sang artériel, et l'on aperçoit le spectre correspondant. Si, au contraire, on ajoute un réducteur au sang artériel, par exemple du sulfhydrate d'ammoniaque, on voit apparaître le spectre du sang veineux.

Le sang qui a subi l'action de l'oxyde de carbone donne un spectre presque identique à celui du sang artériel, mais on a beau ajouter un réducteur, il ne s'y produit plus aucune modification; l'oxyde de carbone a formé avec l'hémoglobine une combinaison stable, impropre dans la suite aux échanges respiratoires.

On sait, que sous l'influence de divers réactifs, l'hémoglobine peut donner une série de dérivés; chacun d'eux a un spectre caractéristique.

Henocque a basé sur l'examen des spectres d'absorption du sang un procédé de dosage de l'hémoglobine. Pour cela il a remarqué que sous une certaine épaisseur de sang artériel, les deux bandes d'absorption ont une égale intensité, pour une épaisseur moindre l'une d'elles l'emporte, pour une épaisseur plus grande c'est l'autre qui paraît plus noire. Cette épaisseur dépend de la richesse en hémoglobine. On place le sang dans une petite cuve prismatique, simplement formée par deux lames de verre entre lesquelles le sang se maintient par capillarité (fig. 267). On passe cette cuve sur un petit spectroscope vertical à vision directe, et l'on cherche le point où les deux bandes paraissent d'égale intensité. Une graduation faite sur la lame de verre supérieure renvoie à une table dressée par Henocque et donnant la richesse du sang examiné en hémoglobine.

Si avec le même petit spectroscope on examine la lumière réfléchie sur l'ongle du pouce, on voit encore le spectre du sang artériel. Vient-on à lier le pouce à la base pour arrêter la circulation, l'hémoglobine se réduit peu à peu, avec une vitesse variable suivant l'activité des tissus. En comptant le temps nécessaire pour l'apparition du spectre de l'hémoglobine réduite, Henocque a cherché à en déduire l'état d'activité de ces tissus; mais il ne faut pas oublier que divers facteurs peuvent entacher d'erreur cette détermination.

Le spectroscope permet de retrouver le sang dans des liquides où il se trouve à l'état très dilué : par exemple on peut reconnaître dans une urine à teinte douteuse s'il s'agit d'hémoglobine ou d'une autre matière colorante.

III

PHOTOMÉTRIE

La Photométrie a pour but la mesure des intensités lumineuses; les problèmes à résoudre peuvent se présenter sous deux aspects différents. On peut se demander quelle est la valeur d'une source éclairante déterminée, d'une lampe, d'un bec de gaz, etc. Ou bien on peut chercher quel est l'éclairement, sous l'influence des sources naturelles ou artificielles, en une région de l'espace.

Plaçons-nous d'abord au premier point de vue; comment pouvons-nous évaluer la valeur d'une source lumineuse? Il faut deux choses, d'abord une unité, et en second lieu une méthode de comparaison des diverses sources de lumière avec l'unité.

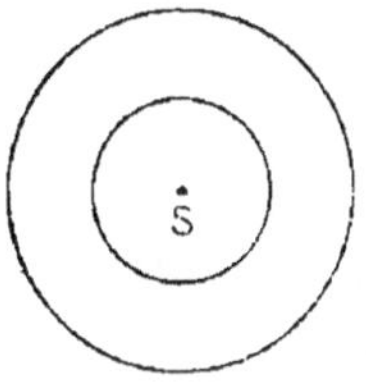

Fig. 268.

Toute cette question est dominée par la loi suivante.

L'éclairement d'une surface par une source lumineuse varie en raison inverse du carré de la distance de la surface à la source.

Ceci est très facile à comprendre. Prenons une source lumineuse S qui envoie sa lumière dans toutes les directions, et considérons une série de sphères ayant leur centre en S et des rayons de 1 m., 2 m., 3 m., etc.

En prenant une de ces sphères en particulier, quelle qu'elle soit, elle reçoit toute la lumière émanée de S, mais cette lumière se répartit sur des surfaces de plus en plus grandes à mesure que le rayon croît. Si ce rayon est 2 m., la surface est 4 fois plus grande que pour un rayon de 1 m.; si c'est 3 m., la surface est 9 fois plus grande et ainsi de suite. Par conséquent si nous représentons par 1 la lumière reçue par l'unité de surface de la première sphère, l'unité de surface de la deuxième recevra 1/4, l'unité de surface de la troisième 1/9, etc. C'est-à-dire que l'éclairement de l'unité de surface sera en raison inverse du carré de la distance.

Si nous cherchons maintenant à comparer l'une à l'autre deux sources lumineuses S et S′, plaçons-les vis-à-vis d'un écran et cherchons à quelle distance de l'écran elles produiront le même éclairement. Soit *d* pour S et *d′* pour S′ (fig. 269); l'intensité des sources sera en raison directe du carré des distances à l'écran, c'est-à-dire que l'on aura $\frac{S}{S'} = \frac{d^2}{d'^2}$. Si par exemple, la source S′ produit le même éclairement que S quand elle est à distance double de l'écran, c'est que S′ a une intensité quatre fois plus grande que S, ce qui veut dire qu'à la même distance, S′ envoie sur la même surface quatre fois plus de lumière que S.

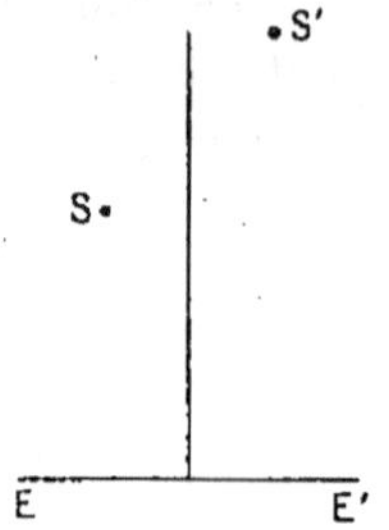

Fig. 269.

Pratiquement voici comment on opère. On prend un écran translucide EE′, on l'éclaire avec les deux sources à comparer S et S′, en interposant entre les deux sources un écran opaque de façon que S n'éclaire que le côté gauche de EE′ et S′ que le côté droit. On observe l'écran par transparence et en déplaçant les sources d'avant en arrière on cherche a établir l'égalité d'éclairement des deux côtés. A ce moment la condition de comparaison est réalisée, il suffit de mesurer les distances de S et S′ à l'écran et d'appliquer la formule. Cet appareil est le photomètre de Foucault; d'autres dispositifs ont été imaginés, mais ils reposent tous sur le même principe et ne diffèrent les uns des autres que par la manière d'observer l'égalité d'éclairement.

Pour simplifier les opérations, il y a intérêt à prendre toujours pour la source S la même unité d'intensité. On place alors S dans une position fixe et on peut graduer une fois pour toutes la ligne sur laquelle se déplacera S′ en valeurs de S, de façon à éviter les calculs des opérations ultérieures. Si S est à 1 m. de l'écran, pour S′ on marquera 4 unités à 2 m., 9 unités à 3 m., etc.

Il reste donc à choisir une unité. Cette unité est la *bougie internationale*, elle vaut à peu près 10 carcels et est souvent désignée sous le nom de *bougie décimale*.

Prenons maintenant le deuxième problème. Quelle que soit la façon dont une pièce soit éclairée, par la lumière du jour ou par des sources artificielles, il faut déterminer quel est l'éclairement en une région déterminée de cette pièce. Ce n'est que par des mesures de ce genre que l'on peut établir finalement quelle est la quantité de lumière nécessaire pour un genre de travail donné, et, ce point une fois acquis, savoir, dans un cas particulier, si cette

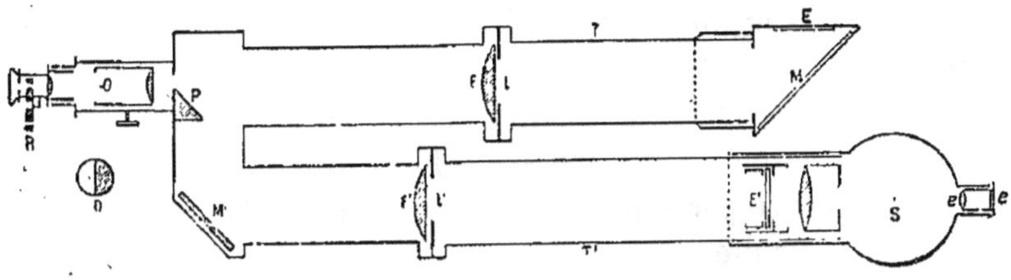

Fig. 270.

condition est réalisée. Supposons par exemple que l'on ait trouvé qu'il faille, pour la bonne lecture sans fatigue, un éclairement égal à celui que produit un carcel à 1 m., il faudra que l'on puisse vérifier si cette condition est réalisée.

Voici en principe comment doit se faire l'expérience. On place une feuille de papier à l'endroit à étudier, de façon qu'elle soit éclairée, sur une moitié, dans les conditions où se fera la lecture. L'autre moitié sera éclairée uniquement par une lampe Carcel que l'on approchera ou que l'on éloignera du papier jusqu'à égalité d'éclairement. A ce moment on mesurera la distance de la lampe au papier et on en déduira la valeur de cet éclairement.

Pratiquement l'opération se fait au moyen du photomètre de Mascart (fig. 270).

Le petit écran E, porté par une bonnette mobile dans un collier, est placé à l'endroit que l'on veut étudier, et convenablement orienté. Son éclairement est comparé à celui de l'écran E′ éclairé par la source artificielle S, servant d'unité, et se trouvant toujours à la même distance de E′.

En regardant par l'oculaire, grâce à une série de réflexions, on voit simultanément et juxtaposés comme il est représenté en D, la moitié de l'écran E et la moitié de E', on peut donc comparer leurs éclairements. On voit que l'un des écrans n'est éclairé que par la lumière à utiliser, l'autre par l'unité S. Au lieu de déplacer S par rapport à l'écran E' on fait varier l'éclairement de E' en ouvrant ou fermant plus ou moins un diaphragme gradué une fois pour toutes. Il suffira de lire cette graduation pour avoir la valeur de l'éclairement de E. L'éclairement d'une surface s'exprime au moyen de l'unité appelée *Lux*. C'est l'éclairement produit par une bougie placée à 1 m. de la surface.

Cette question de détermination de l'éclairement dans les appartements est très importante, car elle est intimement liée à l'hygiène de la vue, en particulier dans les locaux affectés à l'enseignement des enfants. On estime que pour lire et écrire dans de bonnes conditions il faut un éclairement d'au moins 10 Lux.

Quand on cherche à déterminer par les procédés qui viennent d'être indiqués soit l'éclairement des locaux, soit l'intensité d'une source lumineuse par rapport à un étalon, on se heurte très souvent à une difficulté pratique tenant à la différence de couleur des lumières. Dans le langage ordinaire nous désignons sous le nom de lumière blanche aussi bien celle du jour que celle de nos appareils d'éclairage; mais nous savons pourtant combien ces diverses sources diffèrent entre elles; il suffit pour cela d'avoir une seule fois observé un objet coloré, une peinture, de jour et à un éclairage artificiel. Le contraste deviendra encore plus frappant si, par exemple au photomètre de Bunsen, nous voulons comparer un bec Auer à une lampe Carcel, la couleur jaune de la lumière émise par cette dernière rend la comparaison avec le bec Auer extrêmement difficile, ce n'est qu'avec une vague approximation que nous pouvons juger de l'égalité d'intensité entre les deux plages dont la différence de couleur nous frappe autant que la différence de luminosité. Examiné de cette façon, le problème n'est pas susceptible d'une solution précise; on ne peut pas comparer entre elles deux choses d'espèces différentes.

Si deux sources lumineuses ne peuvent en général se comparer directement avec précision, il n'en est pas moins vrai que les lumières émises par ces deux sources sont composées des mêmes radiations simples formant le spectre, de chaque côté il y a du rouge, de l'orange, du jaune, etc., du violet, et, si nous décomposons chacune des lumières complexes, nous pourrons comparer entre elles les radiations rouges, les radiations jaunes, etc. Nous pouvons en faire une véritable analyse, et, prenant l'une des sources comme unité, chercher combien l'autre contient d'unités de rouge, d'orangé, etc., de violet. C'est là le principe de la spectrophotométrie. Le problème est le même que si nous voulions comparer deux solutions contenant des sels en diverses proportions; une comparaison directe n'aurait aucun sens. Mais en prenant l'une d'elles comme unité, nous pourrions par une analyse trouver que la seconde contient 2 fois plus de NaCl; 3 fois de KCl; 1,5 fois de $CaSO^4$, etc., que la première. Cela définirait la deuxième solution par rapport à la première prise pour unité, et l'on pourrait comparer entre elles toutes les solutions diverses évaluées grâce à cette unité.

Ainsi donc quand on veut comparer deux lumières n'ayant pas identiquement la même couleur, il faut chercher combien elles contiennent l'une par rapport à l'autre des diverses radiations simples colorées. Souvent on se contente de filtrer ces lumières à travers des écrans colorés, c'est-à-dire qu'on interposera successivement des verres rouges, jaunes, verts et bleus et l'on fera une évaluation photométrique dans chaque cas. Pour la connaissance pratique de l'éclairage cela peut suffire, mais quand on veut des résultats précis il faut opérer autrement, les verres colorés ne laissent en effet jamais passer des radiations simples, mais toutes les radiations contenues dans une région parfois étendue du spectre.

La seule méthode précise consiste à décomposer les deux lumières par un prisme, on forme alors, l'un au-dessus de l'autre, les deux spectres; en limitant chaque région par une fente mince, on compare, dans chacun de ces spectres, les radiations simples entre elles, par des procédés sur lesquels il n'y a pas lieu d'insister ici. En prenant l'un des spectres pour unité on pourra évaluer toutes les radiations de l'autre et tracer une couche des intensités lumineuses des diverses radiations simples de la lumière étudiée.

Cette manière d'opérer est importante quand on recherche quelle est l'absorption produite par une substance transparente colorée.

On formera l'un au-dessus de l'autre deux spectres identiques, puis sur le trajet du faisceau donnant l'un de ces spectres on interposera le corps transparent à étudier et on fera l'analyse spectrophotométrique de la lumière qui le traverse. Ayant la courbe d'intensités des diverses radiations de cette lumière par rapport à la lumière reçue directement on en conclura ce qui a été arrêté par le corps transparent. C'est là la base d'une méthode de dosage des solutions des corps colorés, très précieuse dans certains cas.

IV

COLORIMÉTRIE

Lorsqu'on dissout un corps coloré dans un liquide incolore comme l'eau, la solution a, par transparence, une couleur d'autant plus foncée que la solution est plus concentrée.

Bien entendu, l'épaisseur de la couche liquide influe sur la quantité de lumière absorbée, et dans certaines limites on peut admettre que deux solutions absorbent la même quantité de lumière, c'est-à-dire ont la même couleur par transparence lorsque les épaisseurs sont en raison inverse des concentrations. C'est-à-dire qu'en doublant, triplant, etc., la quantité de corps dissous dans un même volume il faut réduire l'épaisseur de la couche liquide à moitié, au tiers, etc., pour avoir la même couleur.

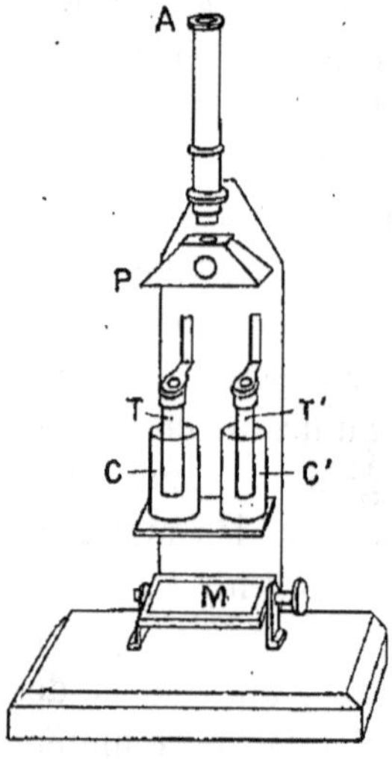

Fig. 271.

Ces principes permettent d'évaluer la concentration d'une solution colorée par deux méthodes.

On prend comme point de comparaison une solution contenant un poids donné du corps à doser, on l'observe par transparence en même temps que la solution étudiée, en les plaçant toutes deux dans des vases à faces parallèles de même épaisseur, et l'on dilue la solution la plus concentrée jusqu'à obtenir l'égalité de teinte. Il suffit de connaître la proportion dans laquelle cette dilution a été faite pour en déduire le rapport des concentrations.

La deuxième méthode est plus rapide, elle consiste à faire varier d'épaisseur des couches liquides traversées, quand on a amené l'égalité de teinte on admet que les concentrations sont en rapport inverse des épaisseurs.

L'instrument figuré en 271 et 272 est très pratique pour faire ces déterminations. Les liquides sont placés dans deux vases cylindriques verticaux C et C', un miroir M envoie la lumière de bas en haut. Les deux prismes à réflexion P et P' envoient dans la lunette A la lumière ayant traversé C et C', et l'observateur voit à travers cette lunette, simultanément deux plages demi-circulaires juxtaposées, éclairées l'une par la lumière ayant traversé C, l'autre par la lumière ayant traversé C'. Or deux plongeurs en verre T et T' permettent de régler à volonté l'épaisseur du liquide dans chacun des verres C et C', car cette épaisseur de liquide est comprise entre le fond des vases C, C' et le bas des tubes T, T', et une graduation portée par l'instrument donne cette épaisseur. On fait monter et descendre T, T' au moyen de crémaillères et, quand l'égalité des teintes des deux plages est obtenue, on lit les épaisseurs de liquide et on en déduit le rapport des concentrations.

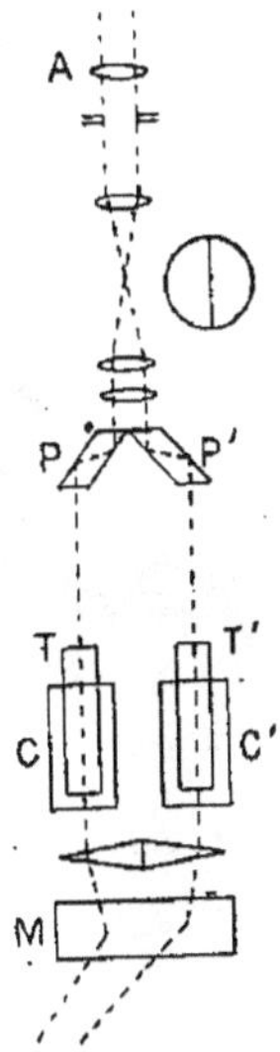

Fig. 272.

Cet appareil est extrêmement commode par la rapidité de ses indications.

V

PHOTOGRAPHIE

Il y n'y a pas lieu de revenir ici sur les principes généraux de la photographie, qui se trouvent exposés dans tous les traités élémentaires de physique et dans une foule de manuels spéciaux. On y indique comment on opère pour obtenir les clichés négatifs et les tirages positifs; nous passerons immédiatement aux modifications apportées à la technique en vue des applications aux sciences biologiques.

Photographie microscopique. — Lorsqu'on a à photographier de très petits objets, on remplace les objectifs ordinaires par un objectif de microscope. Au point de vue théorique il n'y a rien de changé. La figure 273 représente une chambre noire installée sur un microscope, l'appareil est vertical, mais il peut aussi se disposer horizontalement. On met au point sur la préparation en tournant la vis de rappel du microscope et observant l'image sur la glace dépolie; si l'on veut faire varier la grandeur de l'image on change d'objectif ou bien, dans certaines limites, on peut arriver à un résultat satisfaisant en allongeant ou raccourcissant la chambre noire.

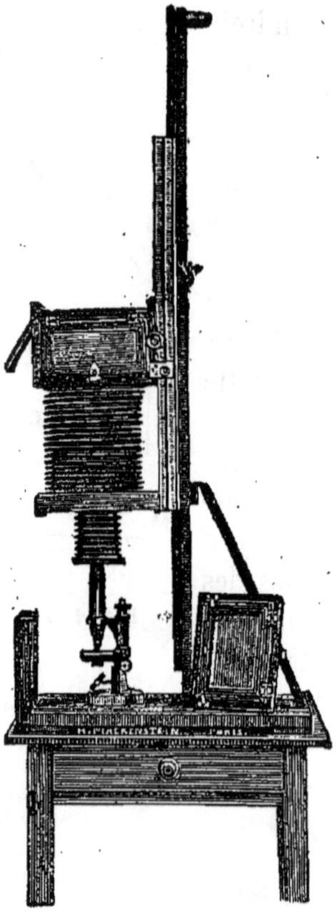

Fig. 273.

Dans ces expériences on se heurte à deux difficultés. Par suite de l'amplification considérable, l'image sur la glace dépolie est très sombre; il faut une grande habitude pour arriver à une bonne mise au point. En second lieu la moindre trépidation de l'appareil fait varier le point, car l'objectif est très près de la préparation, le moindre mouvement donne lieu à une variation relative très considérable de cette distance et par suite l'image perd toute sa netteté. Il faut donc des bâtis très solides. Il y a encore une série des difficultés spéciales provenant de la couleur des préparations. En effet les matières colorantes employées en histologie, bonnes pour l'œil, sont parfois mauvaises pour l'impression de la plaque sensible, le bleu ne se distingue pas par transparence du blanc, le jaune ou le rouge deviennent noirs, etc. On tourne la question en faisant usage de plaques spéciales et d'écrans colorés absorbant certaines radiations. Il y a là toute une technique que l'on ne peut apprendre que par l'expérience.

Chronophotographie. — L'application la plus heureuse de la photographie aux sciences naturelles consiste dans son emploi pour la détermination des mouvements des êtres ou de leurs organes, sans que l'on ait à relier à ces organes des appareils enregistreurs qui parfois altèrent les conditions normales de leur fonctionnement.

On peut déjà obtenir des renseignements intéressants par la photographie instantanée, bien des problèmes ont pu être élucidés de cette façon, mais elle ne suffit plus quand on veut étudier comment varie un phénomène avec le temps. Prenons le cas le plus simple. Un corps, une boule brillante par exemple, tombe suivant une verticale devant un fond sombre : que nous donnerait la photographie instantanée? la boule dans une de ses positions. Le cliché ainsi obtenu n'aurait aucun intérêt. Supposons au contraire qu'à l'aide d'un artifice que nous allons indiquer, on prenne sur la même plaque une photographie tous les dixièmes de seconde, nous aurons sur une ligne verticale une série d'images nous donnant la position de la boule tous les dixièmes de seconde. Pour avoir les positions exactes dans l'espace, il suffira de photographier en même temps une échelle graduée le long de laquelle tombera la boule, on aura ainsi un excellent document pour étude de la chute des corps, et l'on n'aura apporté aucun trouble dans le mouvement de la boule.

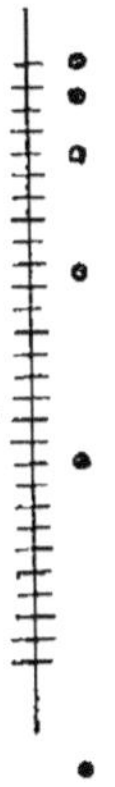
Fig. 274.

Le dispositif pratique pour arriver à ce résultat est très simple : au lieu de prendre un obturateur ordinaire, on fait tourner devant l'objectif un disque opaque percé d'un ou de plusieurs trous. Chaque fois qu'un trou passera devant l'objectif, une photographie se prendra. Il suffit de connaître le nombre de trous du disque et sa vitesse de rotation pour connaître le temps qui s'écoule entre la prise de deux images.

Cette méthode s'applique avec succès chaque fois que l'objet est assez petit et se déplace assez rapidement pour qu'il n'y ait pas superpositions des images. Mais prenons le cas extrême de mouvement sur place; supposons, par exemple, que l'on veuille étudier les diverses positions d'un homme sautant en l'air suivant la verticale, il est certain que sur la plaque on aura un fouillis dans lequel il sera impossible de se reconnaître. Il en sera déjà ainsi si, pendant la marche au pas, on veut prendre assez d'images pour étudier les diverses phases de ce pas. Pour lever cette difficulté on a recours à divers procédés. On peut réduire la surface du sujet; c'est ce que Marey faisait en le plaçant sur un fond noir et l'habillant tout en noir (fig. 275). Sur son costume on traçait en blanc certains repères dont l'image sur la plaque était assez réduite pour que l'on ne risquât pas les superpositions. Une chronophotographie donne alors une épreuve analogue à celle de la figure 113.

Le deuxième moyen consiste à prendre des épreuves séparées pour chaque position, cela revient à changer de plaque pour chaque pose. Naturellement cette opération doit se faire très rapidement puisqu'il s'agit d'épreuves prises à des intervalles d'une

Fig. 275.

petite fraction de seconde parfois. Ceci est impossible avec des plaques, leur mise en mouvement et leur arrêt brusque donneraient lieu à des chocs et à des ruptures soit des clichés, soit des organes de l'instrument.

M. Marey a imaginé un appareil nommé chronophotographe, dans lequel une pellicule sensible se déroule au plan focal de l'objectif. Cette pellicule est arrêtée par un dispositif spécial au moment de l'admission de la lumière à travers un trou du disque tournant, elle avance au contraire d'une quantité égale à la longueur d'une épreuve dans l'intervalle de deux éclairements; ceci se fait aisément grâce à sa faible inertie. On peut ainsi avec une bande assez longue prendre un nombre considérable d'images à des intervalles de temps égaux.

Par l'emploi de ce procédé on fixe, par la photographie instantanée, les attitudes successives d'un animal exécutant un mouvement quelconque. Si maintenant on désire savoir quel a été le déplacement d'un membre ou d'un point du corps dans l'espace, on reporte, à l'aide de calques, les diverses images sur une même figure; il faut bien entendu pour cela avoir des repères fixes sur les diverses épreuves, ce qui est facile. On peut aussi, à l'exemple de certains expérimentateurs, après avoir pris des clichés, photographier sur ces mêmes clichés un quadrillage permettant de prendre des mesures et de voir de combien un point s'est déplacé quand on passe d'une image à l'autre.

La chronophotographie est un des moyens les plus précieux d'investigation dans l'étude du mouvement, il est d'une application très générale; on peut l'employer pour suivre dans ses moindres détails la locomotion des grands animaux aussi bien que pour analyser le vol des insectes ou pour suivre les variations de forme d'un protozoaire. Bien entendu dans chacun de ces cas, il faudra munir l'appareil d'un objectif spécial; dans le cas des infiniment petits on emploiera le microscope.

La seule difficulté qui se présente en général est celle de l'éclairage. Quand on prend des images à court intervalle avec pose très réduite, ce qui a eu lieu dans l'étude d'un mouvement rapide, d'un cheval au galop par exemple, ou d'un sauteur franchissant un obstacle, on a généralement assez de lumière en opérant au soleil, au besoin en choisissant convenablement le fond sur lequel on opère. Si l'on a un cheval blanc on prend de préférence un fond plus ou moins sombre, au contraire pour un cheval de couleur foncée le fond sera clair. Quand on en arrive à la photographie microscopique, où les images sont très amplifiées, il faut envoyer dans l'appareil un faisceau extrêmement intense. On risque alors de chauffer outre mesure les objets soumis à l'expérience, et de les cuire. Un artifice permet de tourner la question. Au lieu de placer le disque tournant percé de trous entre l'objet à photographier et l'objectif du microscope, on le place entre la source de lumière et l'objet, qui n'est alors éclairé que par intermittences pendant les durées très courtes de la pose.

Avec un peu de sens expérimental on arrive à trouver dans chaque circonstance un dispositif favorable au but que l'on se propose. M. Marey, qui a fait une étude approfondie de la chronophotographie, a du reste donné, dans un grand nombre de cas, des solutions dont on pourra s'inspirer.

VI

POLARISATION

On a vu que la lumière était un mouvement vibratoire de l'éther; mais, même en considérant une radiation monochromatique, la forme de la vibration peut être très variable suivant les cas, tout en conservant la même durée.

On a démontré, par des procédés sur lesquels il n'y a pas lieu d'insister ici, que la vibration lumineuse est perpendiculaire à la direction de sa propagation. Prenons, par exemple, un point lumineux A (fig. 276) envoyant de la lumière en B; sur le trajet considérons le point D. En ce point comme en tout autre de AB, la vibration lumineuse est perpendiculaire à AB, c'est-à-dire qu'elle se produit dans un plan *dd* perpendiculaire à AB. Regardons ce plan *dd* de face, marquons-y le point D (fig. 277), c'est autour de ce point D que vibrent les molécules d'éther. Elles décriront par exemple des ellipses analogues à celle qui est représentée sur la figure 277, ces ellipses seront plus ou moins allongées, elles varieront depuis le cercle jusqu'à la droite, elles tourneront même autour de leur centre, bref, elles affecteront les mouvements les plus variés, et seront assujetties à la seule condition qu'une vibration, c'est-à-dire un tour de l'ellipse exécuté par la molécule d'éther, aura toujours la même durée, dépendant de la couleur de la radiation considérée.

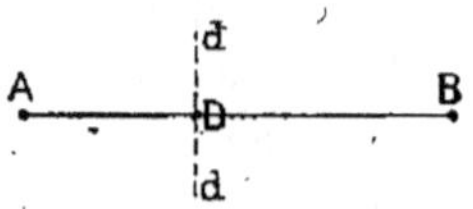

Fig. 276.

Fig. 277.

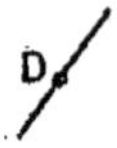

Fig. 278.

Fig. 279.

Il n'en est plus de même de la lumière polarisée; dans ce cas la vibration, encore située dans un plan perpendiculaire à la direction de propagation de la lumière, est rectiligne et parallèle à une direction invariable (278). Pour un rayon se propageant horizontalement, cette direction peut être verticale, horizontale, plus ou moins oblique, mais elle est constante tant que les conditions de polarisation ne sont pas modifiées. Si nous considérons toutes les molécules d'éther faisant partie d'un faisceau de lumière polarisé, elles vibrent suivant la même orientation, comme le représente la figure 279 sur laquelle le faisceau est supposé se propager perpendiculairement au papier, d'avant en arrière, ou d'arrière en avant. Toutes ces vibrations sont perpendiculaires à un plan XY que l'on voit par la tranche et que l'on appelle le plan de polarisation du faisceau.

Comment polarise-t-on la lumière? Il faut, pour polariser la lumière, éteindre les vibrations dans toutes les directions sauf une seule. L'expérience nous prouve qu'il y a pour cela bien des procédés.

Supposons un personnage tenant à la main une canne par la poignée et décrivant dans l'espace des mouvements quelconques avec le bout de cette canne, rien ne l'empêchera de tracer les courbes les plus variées, des ellipses, des cercles, etc. Mais plaçons-le vis-à-vis d'une grille assez serrée pour laisser juste passer sa canne, il ne pourra plus décrire de l'autre côté de cette grille que des mouvements rectilignes, la grille a polarisé le mouvement. De même nous avons des sortes de grilles pour vibrations lumineuses, qui ne laissent passer la vibration que dans une seule direction et qui polarisent la lumière.

Le plus employé des appareils polarisant la lumière, le seul que l'on rencontre dans la pratique, est le prisme de Nicol. Quand la lumière a passé par le Nicol, elle est filtrée, toutes les vibrations ont la même direction perpendiculaire à un certain plan de polarisation.

Comment pourrons-nous reconnaitre que la lumière est polarisée? Prenons un second Nicol pareil au premier, orienté de la même façon, et plaçons-le sur le trajet du faisceau que nous supposons polarisé; la lumière le traversera sans altération. Faisons-lui maintenant subir une rotation de 90° autour de son axe, dans sa garniture, il devra éteindre complètement le faisceau. En effet, reprenons la comparaison de la grille. Si derrière la première grille, à travers laquelle on a passé la canne, on en place une seconde identique et orientée de la même façon, elle n'influera en rien sur le mouvement de la canne, mais faisons-la tourner de 90°, les barreaux qui étaient verticaux, par exemple, deviendront horizontaux; tout mouvement sera arrêté. Le premier Nicol qui a servi à polariser la lumière se nomme le polariseur, le second est l'analyseur. Les deux Nicols sont en somme identiques, ils ne sont polariseur ou analyseur que par la place où on les a mis.

Rotation du plan de polarisation. — Un grand nombre de substances sont douées du pouvoir rotatoire, voici ce que cela signifie. Considérons un faisceau de lumière polarisée arrivant à l'œil, toutes les vibrations seront verticales, pour fixer les idées : le plan de polarisation sera horizontal. Interposons sur le trajet du faisceau un corps doué du pouvoir rotatoire, après le passage à travers ce corps, la vibration ne sera plus verticale, mais plus ou moins oblique, sa direction aussi bien que celle du plan de polarisation ont tourné. C'est-à-dire que le plan de polarisation XY de la figure 280 a subi une rotation d'un angle α dans le sens de la flèche f pour prendre une nouvelle position X'Y'. On dit que la substance fait tourner le plan de polarisation à droite, ou qu'elle est dextrogyre. Le plan de polarisation aurait pu tourner en sens inverse de la flèche f, la substance aurait été lævogyre.

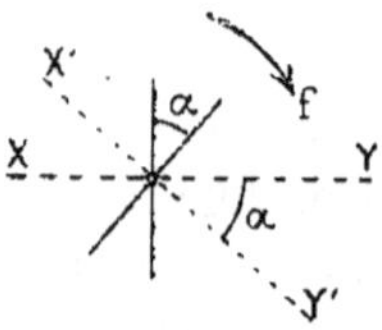

Fig. 280.

Il est aisé à l'aide d'un analyseur, de reconnaître que le plan de polarisation a tourné ; avant interposition de la substance douée du pouvoir rotatoire, on obtenait l'extinction du faisceau dans une première position ; après interposition il a fallu faire tourner l'analyseur de l'angle α pour maintenir cette extinction.

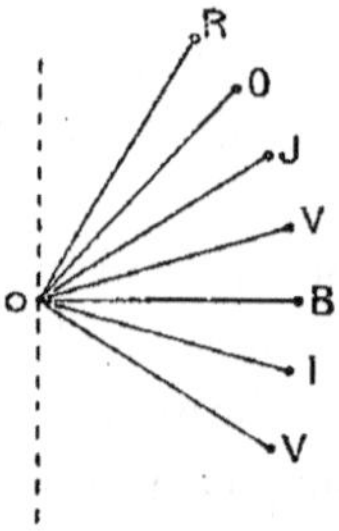

Fig. 281.

Ce que nous venons de dire se rapporte à une lumière monochromatique. Si l'on a de la lumière complexe blanche, par exemple, la rotation n'est pas la même pour toutes les couleurs, en général elle croît du rouge au violet. Il en résulte que toutes les vibrations étant parallèles entre elles dans le faisceau polarisé, ne le sont plus après passage à travers la substance douée du pouvoir rotatoire, elles n'ont plus le même plan de polarisation. Il en résulte qu'il n'y a plus de position de l'analyseur les éteignant toutes, s'il éteint le rouge il ne fait qu'affaiblir les autres couleurs, de moins en moins en allant du rouge au violet. En faisant tourner l'analyseur, on éteint donc successivement des radiations différentes ; celles qui le traversent donnent la couleur complémentaire de celles qui sont arrêtées et l'on voit apparaître aussi une série de colorations très brillantes et très variées.

Il y a quelques corps doués du pouvoir rotatoire qui perdent cette propriété lorsqu'on les dissout dans un liquide inactif comme l'eau, tel le chlorate de soude. Cela tient à ce que dans ce cas le pouvoir rotatoire est lié à la forme cristalline du corps. Mais en général, la propriété de faire tourner le plan de polarisation est conservée dans la solution, qui est d'autant plus active qu'il y a plus de corps en solution.

Dans ces conditions, l'angle dont tourne le plan de polarisation. lors du passage de la lumière à travers une cuve à faces parallèles contenant une solution, est proportionnel à l'épaisseur de la cuve et au poids du corps qui est contenu dans l'unité de volume. De plus, il dépend, bien entendu, de la couleur de la lumière employée. S'il y a un mélange de corps, les rotations produites par chacun d'eux pris isolement s'ajoutent. On conçoit l'importance de cette loi due à Biot. En effet elle nous donne le moyen :

1° De caractériser un corps par son pouvoir rotatoire ; caractéristique importante, car elle permet de le reconnaître. Si, en effet, nous prenons toujours le même poids de corps en solution dans le même volume, et que nous l'examinions sous la même épaisseur, c'est-à-dire dans la même cuve. l'angle dont tourne le plan de polarisation dans la lumière jaune, par exemple, sera défini ; on pourra le mesurer. Quand on fera une mesure sur un corps inconnu il suffira de se reporter à une table de pouvoirs rotatoires pour connaître le corps sur lequel on a opéré. Il faut bien entendu pour cela que le corps soit pur ; l'on pourra, au cours des opérations de purification d'un corps, suivre la marche de cette purification en mesurant les pouvoirs rotatoires ; quand on arrivera à un pouvoir constant, que les opérations successives ne modifieront plus, on aura un corps pur. Pour pouvoir dresser une table des pouvoirs rotatoires spécifiques il faut donc convenir de la lumière que l'on emploie ; sauf indication spéciale c'est la lumière jaune émise par une flamme dans laquelle on vaporise un sel de sodium. L'épaisseur de la cuve sera 1 dm., quant à la concentration elle doit être telle que l'unité de volume contienne l'unité de poids du corps. Ainsi 1 dm^3 devra contenir 1 kg. de corps. En général cela n'a pas lieu, mais on fera la correction par calcul sachant que le pouvoir rotatoire est proportionnel au poids de substance active. Si par exemple pour 10 g. par litre on a trouvé un angle α, le pouvoir rotatoire spécifique sera 100 fois plus grand, c'est-à-dire $100 \times \alpha$; c'est ce nombre que l'on inscrira ou cherchera dans la table.

2° La loi de Biot nous permet de plus, quand on sait qu'une solution ne contient qu'un seul corps doué du pouvoir rotatoire, et que l'on connaît son pouvoir rotatoire spécifique, de doser le corps en solution. Cela est évident au point de vue théorique. Plaçons une solution de sucre de canne dans une cuve de 1 dm. d'épaisseur, si cette solution contient 1 kg. de sucre par litre, le plan de polarisation de la lumière jaune doit tourner à droite de 66°,5; il ne tourne que de 32°,25 il y a 500 g. de sucre par litre ; s'il tourne de 16°,42 il y a 250 g. de sucre et ainsi de suite; un calcul simple donnera à chaque instant la teneur en sucre du litre de solution.

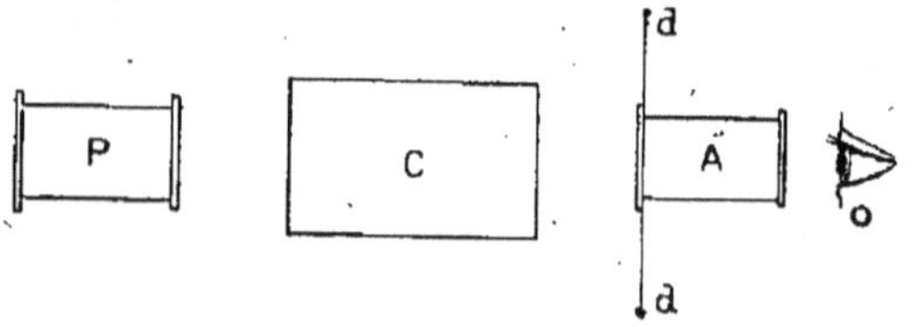

Fig. 282.

Théoriquement l'installation pour ces mesures est très simple. On fait passer la lumière naturelle à travers un polariseur P (fig. 282), puis à travers un analyseur A, on fait tourner ce dernier de façon à ne percevoir aucune lumière; à ce moment, d'après ce que nous avons dit, le plan de polarisation de l'analyseur est perpendiculaire à celui du polariseur. Interposons maintenant la cuve C contenant la solution sur laquelle on veut expérimenter, pour maintenir l'extinction il faut tourner A d'un angle égal à l'angle de rotation du plan de polarisation; on lit cette rotation sur un disque *dd* gradué en degrés. Ce procédé, qui exige l'emploi d'une lumière monochromatique, est mauvais dans la pratique, car au voisinage de l'extinction on hésite beaucoup sur la position à donner à l'analyseur, il n'y a aucune précision dans cette détermination.

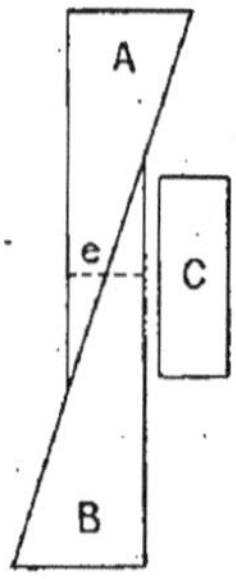

Fig. 283.

Au lieu de faire tourner l'analyseur A pour rechercher l'extinction, on conçoit que l'on puisse interposer entre A et C (fig. 282) une pièce, dite compensateur, produisant une rotation de sens inverse et égale à celle de C. On aurait alors de nouveau l'extinction. Un pareil compensateur se compose de deux prismes A et B en quartz (fig. 283), glissant l'un sur l'autre et formant dans leur partie superposée une lame à faces parallèles d'épaisseur variable;

en plus il y a un quartz C à faces parallèles. A et B sont taillés dans des quartz dextrogyres, C dans un quartz lævogyre. Dans le cas de la figure l'épaisseur *e* étant égale à celle de C, l'ensemble n'a aucun pouvoir rotatoire. Si l'on augmente l'épaisseur de *e*, l'appareil est dextrogyre et peut compenser des substances lævogyres. Si on diminue *e*, C l'emporte et peut compenser des substances dextrogyres.

On a construit un certain nombre d'appareils nommés polarimètres, ou saccharimètres, puisqu'ils sont principalement destinés au dosage du sucre; les modèles les plus répandus sont le saccharimètre de Soleil et les saccharimètres à pénombre de Laurent ou de Cornu.

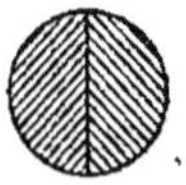

Fig. 284.

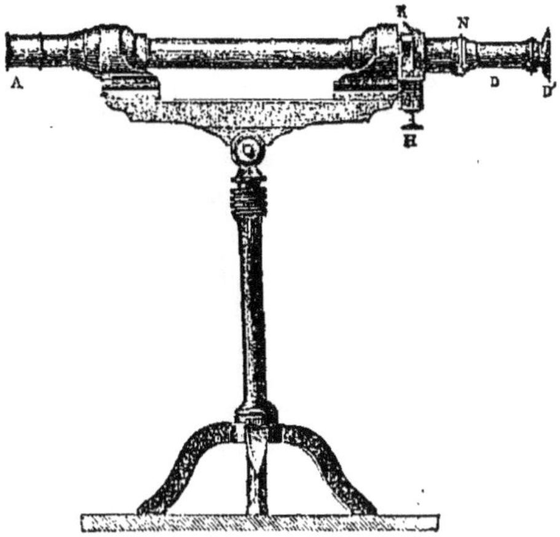

Fig. 285.

Nous ne donnerons pas leur théorie détaillée, mais uniquement la manière de s'en servir.

Saccharimètre Soleil (fig. 284 et 285). — Quand on regarde par l'oculaire D, de l'appareil éclairé par un bec de gaz ordinaire placé vis-à-vis de A, on voit un disque divisé diamétralement en deux parties de couleurs différentes. En tirant sur l'oculaire on met au point, à sa vue, sur la ligne de séparation diamétrale, le tube destiné au liquide à examiner étant plein d'eau distillée. On tourne sur un bouton H faisant fonctionner le compensateur, jusqu'au moment où les deux teintes sont identiques. A ce moment l'échelle graduée R doit être zéro, sinon on l'y ramène en tournant uniquement un petit bouton latéral, non visible sur la figure, mais bien en vue sur l'instrument. On remplace l'eau distillée par la solution sucrée, les teintes changent, on les ramène à l'égalité en manœuvrant le compensateur par H, on lit la division correspondante de l'échelle graduée. En se reportant à une table ou en multipliant le nombre lu par 0,163, on a le poids de glucose par litre de solution. Le nombre 0,163 se rapporte aux tubes T de 20 cm. de longueur.

Saccharimètres à pénombre (fig. 286). — Les saccharimètres à pénombre s'éclairent au moyen d'un brûleur de Bunsen contenant

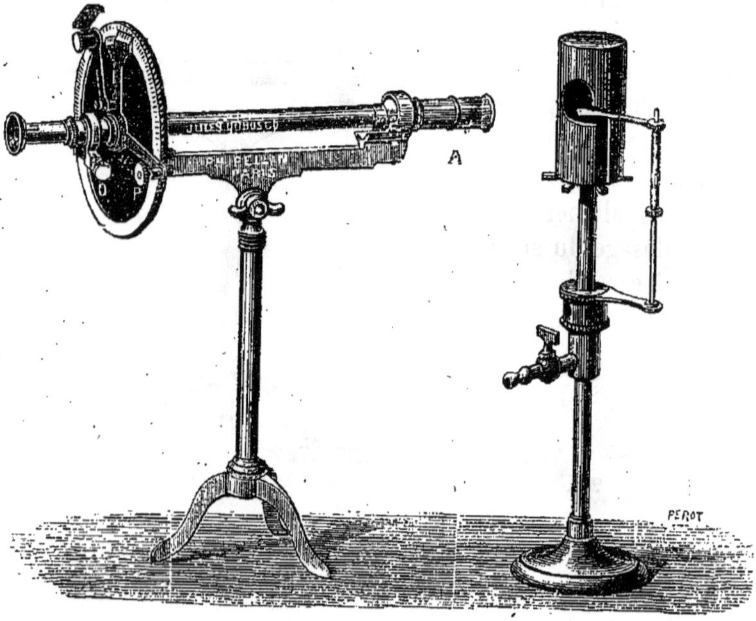

Fig. 286. — Réfractomètre à pénombre.

du chlorure de sodium fondu. Quand on regarde par l'oculaire O on voit encore les deux demi-disques. Au lieu d'être de couleurs différentes comme dans le saccharimètre Soleil, ils sont tous deux de couleur jaune mais sont plus ou moins foncés. Le tube étant plein d'eau distillée et l'oculaire au point, on met l'appareil au zéro en tournant le bouton P et observant le vernier à travers une loupe. Si à ce moment les deux disques ne sont pas de teinte égale, on les y ramène en tournant sur O. On remplace alors l'eau distillée par la solution sucrée, l'égalité de teinte disparaît, on tourne P de façon à ramener cette égalité de teinte et après lecture on achève comme pour le saccharimètre Soleil. Il faut remarquer que le disque porte deux graduations; l'une en degrés du cercle, elle permet de déterminer le pouvoir rotatoire d'une substance quelconque; l'autre spécialement destinée au glucose et correspondant à celle du saccharimètre Soleil. Dans le modèle de

Laurent, le petit levier J (fig. 287), mobile entre deux arrêts, permet en l'élevant ou en l'abaissant de modifier la luminosité de l'instrument.

Quand on opère sur une urine colorée on la décolore en lui ajoutant un dixième de son volume d'une solution d'acétate de plomb. Pour compenser la dilution de la solution ainsi obtenue, on emploie des tubes de 22 cm. de longueur au lieu de 20 cm.,

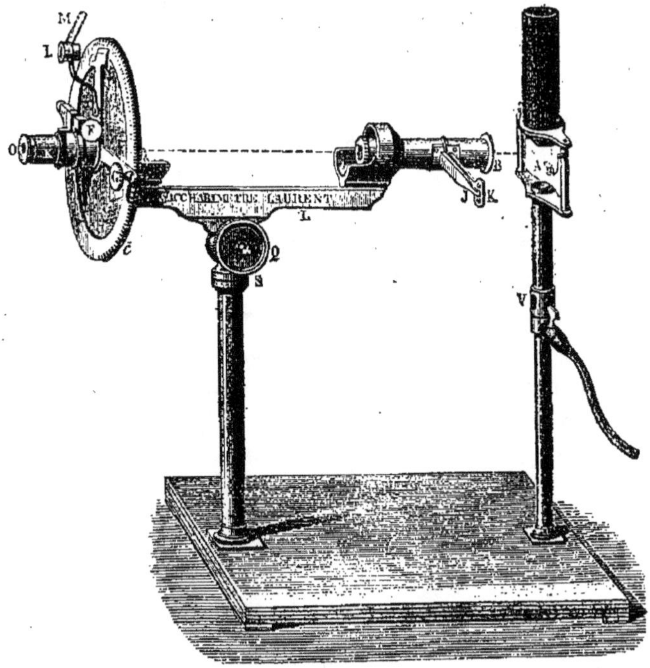

Fig. 287.

il n'y a alors rien à changer aux observations et aux calculs.

Double réfraction. — L'examen des corps en lumière polarisée donne souvent des renseignements intéressants sur leur structure. Ainsi plaçons un polarisateur et un analyseur dans la position de l'extinction, c'est-à-dire leurs plans de polarisation étant perpendiculaires entre eux. A ce moment introduisons entre les deux appareils un petit cristal, aussitôt nous le verrons prendre les couleurs les plus éclatantes. En faisant tourner le cristal ces couleurs changeront et, pour certaines positions, l'extinction se produira. Ce petit cristal est doué de ce que l'on appelle la double réfraction.

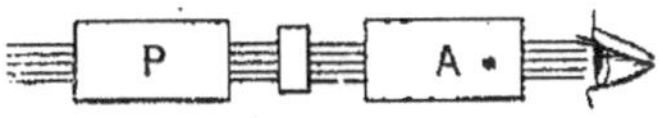

Fig. 288.

Prenons maintenant un simple morceau de verre; introduit entre P et A il ne produit aucun effet, mais si l'on vient à le soumettre à une traction, une flexion, une compression, ou s'il est dans un certain état de tension par suite de la trempe, aussitôt nous voyons apparaître la double réfraction. En faisant tourner le morceau de verre, les positions pour lesquelles se produit l'extinction nous donnent les directions de la traction ou de la compression, ou les directions perpendiculaires à ces actions. Ainsi en supposant que l'on regarde dans l'appareil, figurons par OH et OV (fig. 289) les directions des plans de polarisation de l'analyseur et du polarisateur. Si un morceau de verre comprimé ou étiré latéralement est introduit entre les deux il y aura extinction quand la direction de compression ou de traction sera parallèle à OV ou OH.

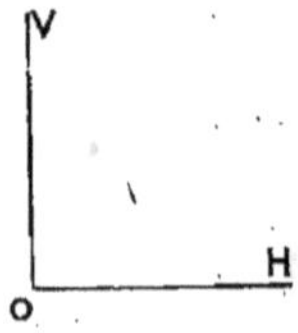

Fig. 289.

Certains tissus, le cartilage, les disques sombres des muscles, sont biréfringents, et leur étude à ce point de vue est importante. Il faut donc pouvoir les regarder au microscope en lumière polarisée, nous verrons plus loin que tout microscope permet de le faire facilement.

VII

PHOSPHORESCENCE ET FLUORESCENCE

Certains corps, comme le sulfure de calcium, jouissent de la propriété d'être lumineux dans l'obscurité, lorsqu'ils ont été préalablement exposés quelque temps à la lumière du jour ou d'une source artificielle. On dit qu'ils sont phosphorescents, par analogie avec le phénomène que présente le phosphore dans l'air.

D'autres corps, une solution d'éosine par exemple, émettent à la lumière du jour, lorsqu'on les regarde par réflexion, une lueur qui rappelle celle des corps phosphorescents, mais ils sont invisibles dans l'obscurité. Ils sont phosphorescents mais seulement pendant qu'ils sont exposés à la lumière. On a réservé à ce phénomène le nom de fluorescence.

En réalité il n'y a pas de limite nette entre les corps fluorescents et les corps phosphorescents, ce n'est qu'une question de durée d'une même manifestation. Chez un corps phosphorescent on voit en effet, après l'insolation préalable, la luminosité dans l'obscurité diminuer graduellement pour disparaître finalement. D'autre part Ed. Becquerel a montré que si l'on éclaire un corps fluorescent et qu'on l'observe très rapidement après son passage à l'obscurité, il reste lumineux pendant un certain temps, plus ou moins long suivant les corps. C'est ainsi que le spath d'Islande reste lumineux 1/3 de seconde environ, le corindon 0'',05, certains platinocyanures 0'',00025 seulement. On pourrait donc faire une échelle complète depuis les corps conservant la propriété d'être lumineux après éclairement pendant une fraction de temps extrêmement petite jusqu'aux corps la gardant plusieurs heures et même plusieurs jours.

La lumière émise par les corps phosphorescents n'est jamais de la même couleur que la lumière incidente, elle est généralement plus voisine de la région rouge du spectre que cette dernière. Dans la lumière incidente c'est la partie du spectre voisine du violet qui produit la phosphorescence, on peut le constater en dispersant un faisceau lumineux par le prisme et y promenant le corps que l'on veut étudier ; le corps prendra alors une couleur plus voisine du rouge que la radiation qui l'éclaire. On peut même de cette façon mettre en évidence la région ultra-violette du spectre, il suffit d'y placer un morceau de papier enduit d'une solution de sulfate de quinine ou d'esculine, le papier deviendra lumineux, alors que la lumière ultra-violette incidente n'impressionne pas la rétine. Les corps fluorescents absorbent les radiations qui leur donnent leur propriété, pour les émettre ensuite transformées en une autre couleur. En effet, si l'on place sur le trajet d'un faisceau lumineux une solution d'éosine par exemple, après son passage à travers le liquide la lumière est incapable de rendre fluorescente une autre solution d'éosine. On voit même que dans la première cuve ce n'est que la face tournée du côté de la lumière qui est fluorescente, les rayons actifs sont absorbés très rapidement dans les premières couches du liquide. Certains tissus vivants sont fluorescents, en particulier la cornée et le cristallin qui deviennent lumineux dans la région ultra-violette ; il y a donc lieu d'en conclure, d'après ce qui précède, que les rayons ultra-violets ne peuvent pas arriver jusqu'à la rétine.

Les variations de température ont une très grande influence sur la phosphorescence, qui augmente quand la température s'élève et diminue dans le cas inverse. Il suffit, pour s'en rendre compte, d'approcher les doigts d'un papier enduit d'une matière phosphorescente et rendue lumineuse dans l'obscurité par une insolation préalable, toutes les régions ainsi chauffées augmentent de luminosité, pour devenir moins actives que le fond quand on éloigne les doigts; la phosphorescence s'use plus rapidement par l'élévation de température.

Un grand nombre d'organismes vivants sont phosphorescents; mais ce phénomène n'a pas besoin d'une insolation préalable, il n'est pas comparable à la phosphorescence du sulfure de calcium, il est directement lié à la vie des tissus et aux phénomènes chimiques qui s'y produisent.

Certaines parties des plantes dépourvues de chlorophylle émettent une lueur dans l'obscurité, ainsi les fleurs du Souci ou de la Capucine, un grand nombre de Champignons et d'Algues. Il y a des bactéries qui jouissent aussi de cette propriété, et, quand elles envahissent les animaux, la communiquent à leurs tissus; cela se produit souvent sur les poissons chez lesquels la phosphorescence apparaît surtout après la mort. Les bactéries lumineuses infectent aussi parfois les mammifères, et il arrive alors que leur viande soit phosphorescente, cela a lieu principalement pour le porc, le bœuf, le cheval et a été signalé chez l'homme. Ces bactéries peuvent se cultiver et l'on obtient des bouillons de culture émettant une lumière assez intense pour permettre de distinguer dans l'obscurité des caractères d'imprimerie.

Un phénomène très connu est la phosphorescence que prend parfois la mer; il est dû le plus souvent au noctiluque, protozoaire dont la masse est parsemée de points lumineux, comme on peut le reconnaître au microscope.

Enfin il est fréquent de rencontrer, pendant les nuits d'été, ce que l'on nomme vulgairement des vers luisants, émettant une lumière très intense; ils appartiennent à différentes variétés d'insectes.

VIII

EFFETS DE LA LUMIÈRE SUR LES ÊTRES VIVANTS

Les actions chimiques qui se produisent dans les plantes sous l'influence de la lumière solaire constituent un des phénomènes les plus importants dans l'économie de la terre; sans lui aucune vie ne serait possible.

Nous savons en effet que les animaux absorbent sans cesse l'oxygène atmosphérique pour rejeter de l'acide carbonique. Le protoplasma incolore des plantes agit de la même façon, et de la sorte l'air devrait peu à peu perdre tout son oxygène et s'enrichir en acide carbonique. Il n'en est rien, on sait que la composition de l'air reste remarquablement constante. Cela tient à ce que les parties vertes des plantes, d'une façon plus précise la chlorophylle, agit d'une façon inverse. Sous l'influence de la lumière, cette chlorophylle décompose l'acide carbonique de l'air, en fixant le carbone sur la plante et exhalant de l'oxygène. De plus les plantes évaporent de l'eau. Les conditions d'éclairement jouent un rôle considérable sur l'intensité de ces échanges.

Quand une plante verte est maintenue longtemps à l'obscurité elle perd sa couleur verte, elle s'étiole ; si on la ramène à la lumière elle verdit plus ou moins rapidement. Il suffit pour cela d'une lumière assez faible, celle d'un bec de gaz par exemple ; à mesure que l'intensité lumineuse augmente, le verdissement se produit plus rapidement jusqu'à une certaine limite où il y a un optimum. Au delà le verdissement se ralentit et la chlorophylle peut même être tuée. Cette chlorophylle que l'on aperçoit au microscope sous forme de grains se déplace dans les cellules végétales suivant l'éclairement. Quand cet éclairement est faible les grains se placent les uns à côté des autres pour profiter le mieux possible de la lumière, quand l'intensité lumineuse devient trop forte et que l'on arrive à la zone dangereuse pour la vitalité de la chlorophylle, les grains se mettent les uns derrière les autres pour se protéger.

De nombreuses recherches ont montré que c'est bien à cette chlorophylle qu'il faut attribuer la réduction de l'acide carbonique de l'air.

L'expérience classique consiste à mettre une feuile verte dans une éprouvette renversée sur le mercure et pleine d'une solution aqueuse d'acide carbonique. On l'expose au soleil et au bout d'un certain temps on constate qu'une partie de l'acide carbonique a été remplacée par de l'oxygène. Le carbone fixé s'unit à l'eau de la plante pour donner un hydrate de carbone, l'amidon.

Toutes les radiations ne sont pas également propres à la formation de la chlorophylle et à la mise en activité de sa fonction. Prenons une solution de chlorophylle et interposons-la sur le trajet d'un faisceau lumineux que nous disperserons ensuite pour en former le spectre, nous constaterons la présence d'une série de bandes d'absorption formant deux groupes principaux (fig. 290), l'un à gauche du jaune vers le rouge, l'autre à droite du bleu vers le violet. Ce sont ces radiations absorbées qui sont les radiations actives, car si l'on fait tomber la lumière filtrée à travers une solu-

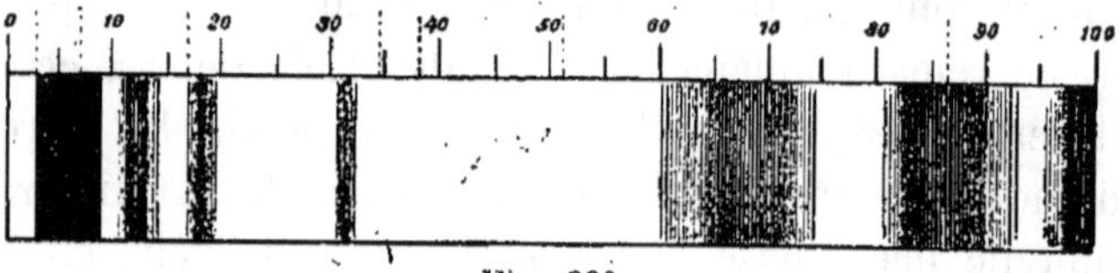

Fig. 290.

tion de chlorophylle sur la feuille verte plongée dans une solution aqueuse d'acide carbonique, on constate que la réduction avec élimination d'oxygène ne se produit plus. On peut aussi disposer une série d'éprouvettes contenant des feuilles, dans des diverses régions d'un spectre solaire, en cherchant au bout d'un certain temps combien il y a eu d'acide carbonique réduit, on constate que l'action dominante se produit dans le rouge à l'endroit de la bande très noire du spectre d'absorption, qu'il y a aussi une action moindre, dans le bleu et le violet, mais qu'il n'y en a aucune dans le vert. Engelmann a donné une démonstration très élégante de la répartition de l'activité chlorophyllienne dans le spectre. Plaçant un prisme sous la platine d'un microscope il forme sur une lame porte-objet un spectre. Sur cette lame est tendu un filament d'algue plongé dans de l'eau contenant des bactéries avides d'oxygène. Peu à peu l'oxygène tend à disparaître par suite de l'action des bactéries, et on les voit s'accumuler autour de l'algue aux endroits où se produit la réduction d'acide carbonique et le dégagement d'oxygène ; les groupes de ces bactéries indiquent l'activité de la réduction (fig. 291).

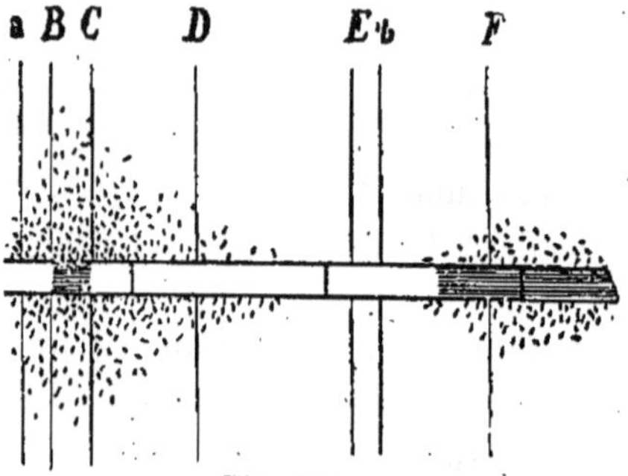

Fig. 291.

La lumière agit aussi sur la vaporisation de l'eau par les plantes vertes. Pour donner une idée de l'amplitude des variations qui peuvent se produire ainsi, citons cet exemple : Une plante étiolée exhale 1 cm^3 d'eau à l'obscurité, à la lumière elle en produit

2 cm³ 2 avant d'avoir verdi, et après verdissement 100 cm³. Cette vaporisation est, comme on le voit, liée à l'action de la lumière et de la chlorophylle, elle se produit dans les mêmes régions du spectre que la décomposition de l'acide carbonique.

En général les plantes ont une tendance à se diriger vers les sources de lumière qui les éclairent, ainsi très rapidement on voit

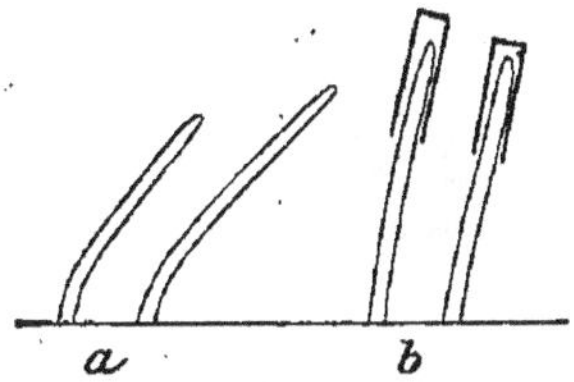

Fig. 292. — Plantules d'avoine. *a*, entièrement éclairées; *b*, à sommet couvert par une feuille d'étain.

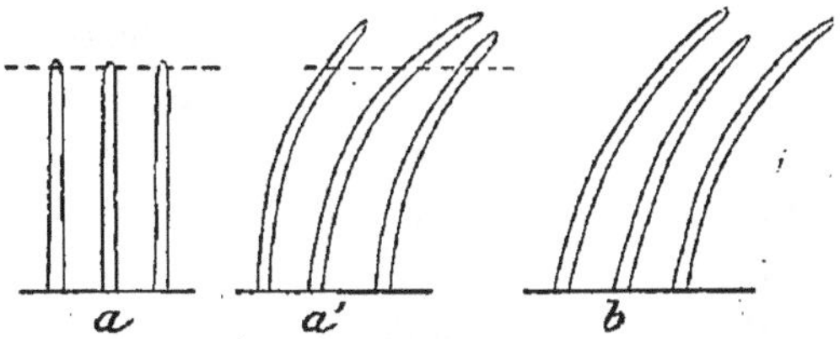

Fig. 293. *a*, *a'* plantules d'avoine éclairées seulement à leur sommet; *a*, avant l'exposition à la lumière; *a'* après l'action de la lumière; *b*, plantules éclairées entièrement.

les plantes d'appartement se pencher vers les fenêtres. Cela n'est pas absolument général, on voit certaines parties de végétaux, comme les vrilles de la vigne vierge, fuir au contraire la lumière, il y a donc un phototropisme positif et un phototropisme négatif. Ce sont les radiations les plus réfrangibles qui produisent cette action et l'on n'est pas fixé sur la cause du phénomène. On sait seulement que son action prédominante s'exerce au sommet des plantes; si l'on éclaire latéralement des plantules d'avoine en couvrant le sommet de certaines d'entre elles d'un petit capuchon d'étain, on les voit se courber moins que les plantules libres (fig. 292). Si, au contraire, on n'éclaire que le sommet, on les voit se courber jusqu'à la base, ce qui prouve que l'excitation lumineuse de ce sommet se propage dans toute la hauteur de la plante (fig. 293). Enfin si l'on éclaire d'un côté la majeure partie de la hauteur de la tige et en sens inverse la tête, on voit isolé-

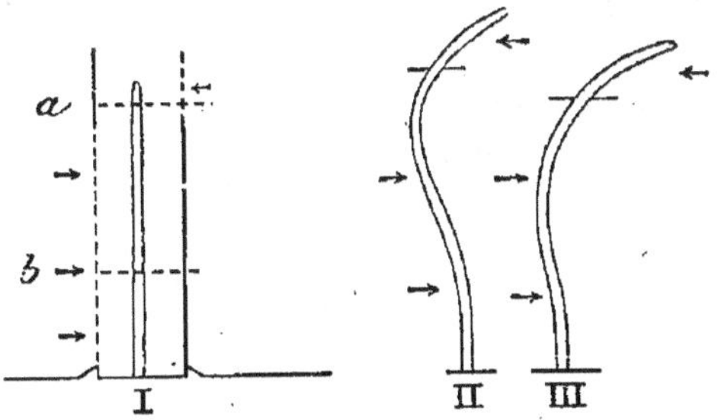

Fig. 294.

I, plantule d'avoine protégée par une cage opaque de manière à recevoir à sa partie supérieure (*a*) la lumière à droite et dans tout le reste de sa longueur (*b*) la lumière à gauche; II, la même plantule après quelque temps d'éclairement; III, la même après un éclairement de longue durée.

ment les effets de chacune des causes, au début on a une double flexion en S, mais bientôt l'action prépondérante du sommet l'emporte et la courbure due à l'éclairement de la tige diminue (fig. 294).

Citons encore parmi les mouvements des plantes sous l'action de la lumière les phénomènes du sommeil. Ils sont bien liés aux changements d'éclairement, car de Candolle a pu en intervertir les périodes grâce à l'éclairage artificiel. Toutefois il faut pour cela une accoutumance nouvelle, ce n'est qu'au bout de plusieurs jours que l'on arrive à modifier les périodes de sommeil; même chez certaines plantes, de Candolle n'a pu y parvenir, elles restent fixées dans leur périodicité normale.

Une petite masse de protoplasma, une amibe par exemple, tend à se déplacer dans un champ lumineux, tantôt en allant des parties les plus sombres vers les plus éclairées, tantôt en sens contraire; c'est ce que l'on appelle la phototaxie positive ou négative. Parfois on voit de petites algues allongées, s'orienter simplement sous l'influence de la lumière, dirigeant toujours une de leurs extrémités vers la source qui les éclaire; d'autres fois, et ceci se présente d'une façon particulièrement nette sur un rhizopode étudié par Engelmann, au moment d'un éclairement subit le rhizopode, qui émettait des prolongements, se contracte brusquement en prenant la forme d'une boule. Tous ces phénomènes d'excitations du protoplasma par la lumière sont surtout dus aux radiations bleues et violettes, c'est-à-dire à la partie actinique du spectre.

Il y a un fait plus curieux encore, la lumière peut apporter des changements définitifs chez certains êtres unicellulaires. En faisant des cultures de levure dans du moût de bière exposé à la lumière, la levure change de forme et même de propriétés car elle peut passer d'une espèce aérobie à une espèce anaérobie. Certaines transformations obtenues ainsi sont fixées, c'est-à-dire que, les cultures successives se faisant à l'obscurité, les filles d'une culture insolée diffèrent des filles d'une culture non insolée. Ainsi en cultivant des spores d'Aspergillus glaucus dans du moût de bière insolé et passant ensuite à l'obscurité on peut obtenir des séries de cultures se développant d'une façon constante suivant le type Pénicillium. Il existe un bacille qui cultivé sur pomme de terre lui donne une couleur pourprée, ces cultures exposées pendant trois heures à la lumière sont modifiées au point que les cultures qui en descendent ne donnent plus lieu à ce phénomène de coloration.

En plus de ce qui vient d'être dit, la lumière a sur les bactéries une action de la plus haute importance, elle est bactéricide. Il résulte en effet des recherches d'un grand nombre de savants que les cultures de divers microbes exposées à la lumière deviennent stériles; il semble démontré que cela tient à une suroxydation sous l'influence des radiations chimiques du spectre. Il en est de même pour les toxines sécrétées par les microbes, et l'on comprend l'importance considérable de ces faits au point de vue de l'hygiène des locaux habités. Pour leur assurer la salubrité il leur faut non seulement de l'air, mais aussi de la lumière.

Si maintenant on s'adresse aux êtres plus élevés en organisation, l'influence de la lumière continue à se faire sentir. Béclard a trouvé que les œufs de mouche exposés à des radiations de couleurs différentes donnaient au bout d'un même temps des vers de développement différent; c'était encore le spectre chimique qui avait l'action la plus favorable, et il semblait que le vert fût le moins avantageux. Divers auteurs sont arrivés à des résultats analogues; les plus frappants sont ceux de Leredde et Pautrier. Ces auteurs placèrent dans deux aquariums, l'un en verre rouge, l'autre en verre bleu, des têtards de Rana temporaria; ces aquariums étaient toujours exposés à une lumière très vive. Au bout d'un mois les têtards de l'aquarium bleu étaient transformés en grenouilles, ceux de l'aquarium rouge étaient restés à l'état de larves. Un examen microscopique démontra du reste que dans les radiations chimiques, les phénomènes de karyokynèse étaient beaucoup plus actifs que dans le reste du spectre.

La lumière a une influence considérable sur la pigmentation des animaux. Remarquons qu'en général chez ceux d'entre eux qui vivent à la lumière, les parties les plus éclairées sont les plus foncées, le ventre est plus clair que le dos. L'expérience a pu mettre en évidence d'une façon directe cette relation de cause à effet de la lumière et du pigment. En élevant certains animaux à l'obscurité des catacombes, on les a vus se dépigmenter peu à peu, en portant au contraire à la lumière des espèces cavernicoles blanches elles se sont colorées, une moucheture vert noirâtre apparaissant d'abord par place pour donner ensuite des taches confluentes et finalement une coloration uniforme. Parfois, et cela se présente d'une façon particulièrement remarquable chez le caméléon, on peut voir le pigment gagner la surface de la peau, ou voyager dans la profondeur suivant que l'animal est exposé à la lumière, ou se trouve dans l'obscurité Il en résulte des variations de couleur de cet animal. Ce sont encore les rayons chimiques qui produisent ces phénomènes, et il y a tout lieu de croire que le pigment a pour effet de protéger la peau, par absorption de ces rayons chimiques, contre leur influence nocive.

On admet généralement que dans la lumière les échanges respiratoires sont plus actifs que dans l'obscurité. Toutefois les recherches récentes semblent avoir démontré que cette suractivité n'est pas due à l'action directe de la lumière, mais à ce que dans l'obscurité les animaux se tiennent plus immobiles qu'à la lumière, et, par suite, consomment moins.

Tous les êtres vivants, depuis la plus petite des algues jusqu'aux mammifères, sont donc influencés, directement ou indirectement, dans leurs conditions d'existence, par l'éclairage auquel ils sont soumis.

Cette question est loin d'être bien étudiée, elle est en effet très complexe. Toutefois il y a un point qui dans ces dernières années a plus particulièrement attiré l'attention des médecins, c'est l'action produite par un éclairage intense sur les téguments.

Depuis longtemps on connaît le coup de soleil. C'est un érythème qui se produit principalement sur les parties découvertes du corps, plus rarement sur les mains que sur la figure ou le cou, parce qu'en général par suite de leur exposition plus directe à la lumière elles sont plus pigmentées. Ce coup de soleil se produit chaque fois qu'une région du corps est exposée à un éclairage intense. Cela est bien connu des ascensionnistes, ils sont obligés de prendre des précautions toutes spéciales pour se garantir de la grande lumière des glaciers; la meilleure est de se noircir le visage à la suie pour empêcher les rayons actiniques d'arriver jusqu'à la peau.

Depuis l'emploi des foyers de lumière électrique intense, les accidents du même genre se produisent très fréquemment dans les usines et les diverses exploitations industrielles. Les observations de coups de soleil électriques deviennent banales. Charcot qui les a signalés le premier, les a attribués aux rayons chimiques et la suite a démontré qu'il ne s'était pas trompé. Il suffit en effet, pour s'en prémunir, de se protéger à l'aide d'un verre rouge des photographes; un verre bleu n'a aucune valeur. Pour les lumières d'intensité moindre, lorsqu'il s'agit, par exemple, d'atténuer simplement la lumière du jour, les verres jaunes rendent d'excellents services. On a, dans ces derniers temps, préconisé des verres de fabrication spéciale qui seraient particulièrement efficaces.

Cette action si intense de la lumière sur les téguments est utilisée aujourd'hui dans un but thérapeutique. Diverses affections de la peau sont traitées avec succès par l'éclairage naturel ou artificiel. Depuis les travaux de Finsen la Photothérapie a pris un grand développement.

Tout d'abord on s'est contenté de la lumière émise par un arc électrique, ou, quand cela était possible, de la lumière solaire. Les dispositifs imaginés dans ce but sont nombreux. L'appareil solaire de Finsen se composait simplement d'une grande lentille creuse; on y mettait une solution de bleu céleste afin d'arrêter les rayons calorifiques et de laisser passer les rayons chimiques. Avec cette lentille on concentrait la lumière solaire sur les parties à traiter. L'appareil électrique du même auteur consistait en un arc dont la lumière était concentrée par des lentilles en quartz qui laissent passer les rayons chimiques. Les rayons traversaient une couche d'eau distillée destinée à absorber la partie calorifique du spectre. De plus le point de la peau traitée était couvert par une chambre creuse en cristal de roche dans laquelle passait un courant d'eau froide, les tissus étaient ainsi sans cesse rafraîchis. Cette chambre a encore un autre rôle important, elle sert à exercer sur les tissus en traitement une compression pour en chasser le sang, ce qui les rend plus transparents aux rayons chimiques, lesquels peuvent alors agir à une plus grande profondeur.

Les autres appareils ne sont que des modifications ou des perfectionnements de ceux de Finsen, qui les contient tous en principe.

Aujourd'hui, à côté de la lumière solaire ou artificielle, on a introduit en thérapeutique les rayons X et ceux émanant du Radium. Ces radiations ont, sur la peau et sur les affections cutanées, une action extrêmement énergique; elles demandent à être maniées avec une grande prudence et une expérience consommée. En effet s'il semble acquis dès aujourd'hui qu'elles ont une efficacité réelle dans diverses maladies et même sur certains cancers superficiels; mais elles peuvent aussi donner lieu à des altérations graves de la peau saine. Les lésions qui en résultent sont d'autant plus redoutables qu'elles mettent parfois un temps considérable à apparaître et sont extrêmement rebelles à tout traitement. Il y a des cas où l'apparition des premiers symptômes n'a eu lieu que trois semaines après l'exposition de la peau aux rayons émanés du radium et ont mis près d'une année à disparaître. On a vu des épithéliomas se greffer sur des radiodermites. On ne saurait donc trop recommander la prudence dans l'emploi des rayons X ou des radiations du radium.

On utilise aussi depuis quelque temps, ou tout au moins on a employé avec succès dans certaines expériences du traitement des cancers, la lumière émise par les lampes électriques au mercure avec tubes de quartz. Ces lampes émettent des radiations très réfrangibles particulièrement riches en ultra-violet. C'est en somme une application du principe de la méthode de Finsen avec un procédé différent pour produire les rayons actiniques. D'après des recherches récentes, en particulier d'après les travaux de Courmont et Nogier, la lumière émise par ces mêmes lampes serait très efficace pour stériliser les liquides.

CINQUIÈME PARTIE

OPTIQUE

I

PRINCIPES D'OPTIQUE GÉOMÉTRIQUE

Notions générales.

Ombres. — Considérons un point lumineux A et un écran BB, toute la surface de cet écran sera éclairée; mais plaçons entre le point A et l'écran BB un corps opaque C, une partie de l'écran cessera d'être lumineuse par suite de la présence de ce qu'on appelle une ombre.

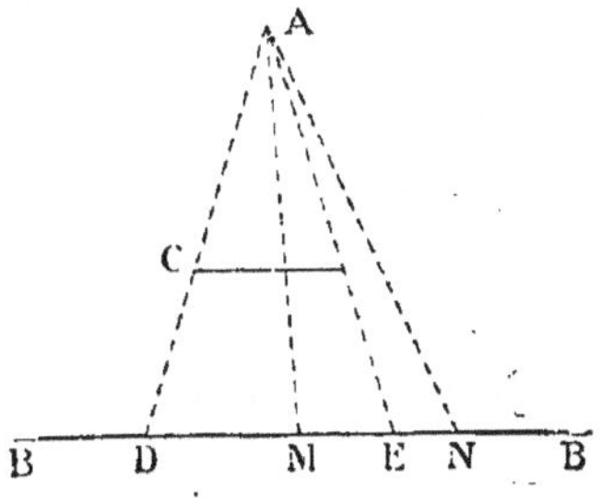

Fig. 295.

Si l'on tire des lignes droites partant du point lumineux A et passant par les bords du corps opaque C, on constate que ces lignes droites déterminent, par leur intersection avec l'écran BB, la séparation de l'ombre et de la lumière. Tout point M de l'écran, tel que la droite qui le joint à A rencontre le corps opaque, sera dans l'ombre. C'est pour cela que l'on dit que la lumière se propage en ligne droite, tout se passant comme s'il partait de A des rayons lumineux. Suivant que ces rayons lumineux peuvent aller jusqu'à l'écran ou sont interceptés en route, ils éclairent cet écran ou le laissent dans l'ombre.

L'expérience est généralement difficile à réaliser sous cette forme simple; les sources lumineuses dont nous disposons ne sont pas réduites à un point, mais ont une certaine dimension, comme celle figurée en A (fig. 296). La lumière se propageant en ligne droite, les rayons lumineux partant de la source A et passant par le bord C du corps opaque, se trouvent tous compris entre CM et CO. De même, les rayons passant par le bord D sont tous entre DP et DN. Il résulte de la simple inspection de la figure qu'un point de l'écran situé dans l'intervalle OP ne reçoit de lumière d'aucun point de la source lumineuse, il est dans l'ombre absolue. Un point situé à gauche de M ou à droite de N est en pleine lumière, aucun des rayons qui lui arrivent de A n'est arrêté par le corps opaque. Mais un point tel que R situé dans la plage MO ou dans PN ne reçoit de lumière que d'une partie de la source lumineuse. Dans le cas de B, tous les rayons qui partent de la partie droite de la source A sont arrêtés. Il est aisé de voir que les points de la zone MO recoivent d'autant moins de rayons de la source lumineuse qu'ils sont plus voisins de O. Sur l'écran BB on voit donc, non plus une ombre nettement séparée de la lumière, mais une ombre passant sur ses bords, par gradation, à la lumière. Cette zone MO, par laquelle on passe insensiblement de l'ombre à la lumière, s'appelle la pénombre. Plus la surface de A augmente, plus l'ombre nette OP diminue; avec une grande source de lumière et un petit corps CD on n'a plus d'ombre sur l'écran BB.

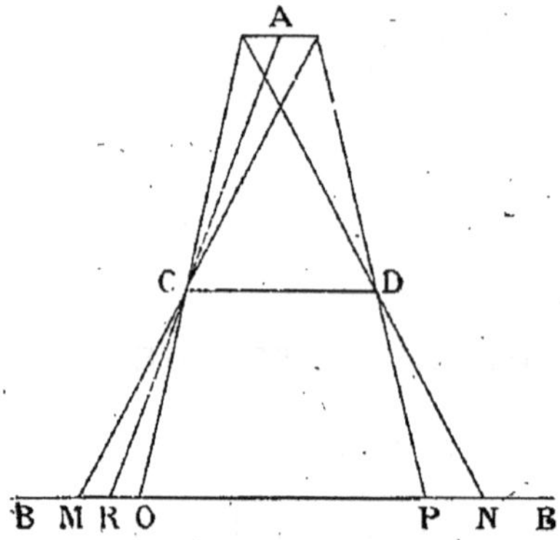

Fig. 296.

Absorption. Diffusion. Réflexion et réfraction de la lumière. Indice de réfraction. — Lorsque des rayons lumineux rencontrent la surface d'un corps, ils peuvent subir différents sorts :

1° Ils sont absorbés;
2° Ils sont diffusés;
3° Ils sont réfléchis;
4° Ils sont réfractés;

1° Prenons un objet parfaitement noir : il est difficile de réaliser cette condition d'une façon absolue; cependant, en exposant la surface d'un corps à une flamme fumeuse on obtient un dépôt de noir de fumée assez satisfaisant. Lorsque nous regardons ce dépôt, même à la bonne lumière du jour, il nous paraîtra toujours noir. Quoique recevant des rayons lumineux, il n'en émettra pas : il les absorbe tous.

2° Faisons la même expérience avec un morceau de craie ou de papier blanc; nous constaterons que, quelle que soit la position dans laquelle nous nous placions par rapport au morceau de craie, nous le verrons toujours bien blanc : la surface de ce morceau de craie envoie donc des rayons lumineux dans toutes les directions. Il n'est pas nécessaire pour cela que la lumière tombant sur la surface de la craie arrive dans des directions très variées. Plaçons-nous, par exemple, dans une chambre obscure, ne laissant passer, par un trou pratiqué dans le mur, qu'un petit faisceau AI de rayons solaires parallèles entre eux (fig. 297) : un morceau de craie placé dans ce faisceau paraîtra lumineux quelle que soit la position de l'espace où se trouve l'œil. Il en résulte que le morceau de craie envoie des rayons émergents dans toutes les directions. On dit que la lumière a été diffusée par la surface du morceau de craie.

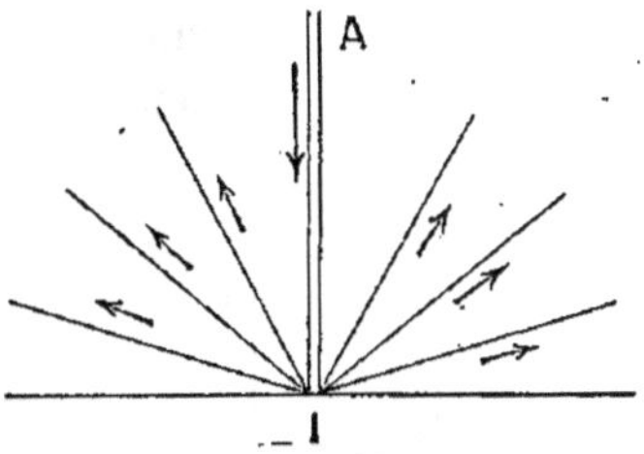

Fig. 297.

3° Faisons encore la même expérience avec une surface plane bien polie MN, celle d'un morceau de métal, par exemple (fig. 298). Nous constaterons que la surface ne paraît pas lumineuse de tous les points de l'espace, mais qu'il n'y a qu'une petite région où l'on puisse percevoir la lumière. Nous pourrons, à l'aide d'un morceau de papier blanc tenu à la main et en utilisant la diffusion décrite dans le cas précédent, explorer l'espace autour de MN pour rechercher où se trouve de la lumière.

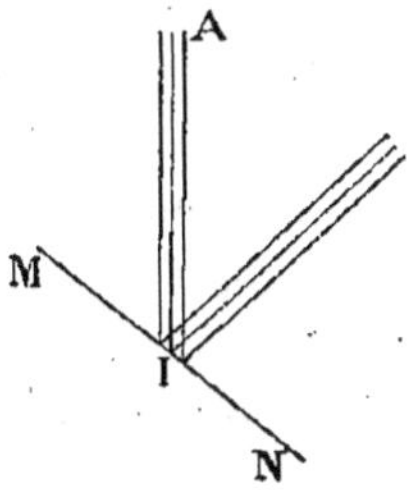

Fig. 298.

Nous constaterons ainsi que le faisceau lumineux incident AI a été renvoyé dans une autre direction après sa rencontre avec la surface polie MN, comme l'indique la figure 298. On dit qu'il y a eu réflexion.

Cette réflexion se fait suivant des lois très simples.

Au lieu de prendre tout un faisceau lumineux, ne considérons qu'un seul rayon idéal tombant en S sur une surface réfléchissante (fig. 299). En S menons une perpendiculaire SN à cette surface réfléchissante; c'est ce que l'on appelle la normale. Par cette normale et le rayon incident IS, on peut faire passer un plan; ce plan s'appelle le plan d'incidence.

La première loi de la réflexion dit que le rayon réfléchi SR reste dans le plan d'incidence.

D'après la deuxième loi, l'angle i que fait le rayon incident

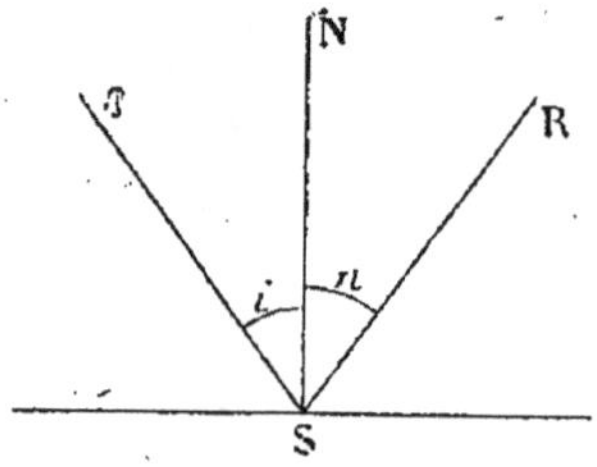

Fig. 299.

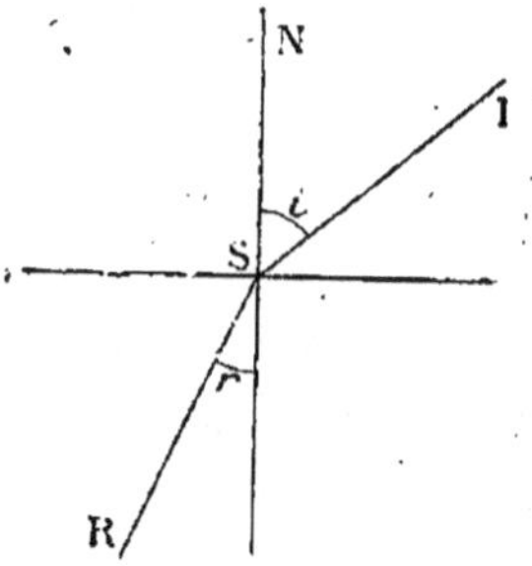

Fig. 300.

avec la normale, et appelé angle d'incidence, est égal à l'angle de réflexion r que le rayon réfléchi fait avec la normale.

4° Considérons enfin le cas où le rayon, ou bien le faisceau lumineux, frappe la surface polie d'un corps transparent, d'un morceau de verre, par exemple. Le rayon traversera cette surface et se propagera à l'intérieur du corps. Mais, au moment où il effectuera son passage d'un milieu à l'autre, il ne continuera pas son chemin en ligne droite : il y aura changement de direction dû à ce que l'on appelle la réfraction (fig. 300).

Les lois de la réfraction sont au nombre de deux.

La première correspond absolument à la première loi de réflexion; elle dit que le rayon réfracté reste dans le plan d'incidence. Ce plan d'incidence est défini comme dans le cas de la réflexion.

La deuxième loi relie l'angle de réfraction r à l'angle d'incidence i. Elle s'exprime par la formule :

$$\frac{\sin i}{\sin r} = n.$$

C'est-à-dire que, quelle que soit l'incidence, le rapport du sinus de l'angle d'incidence au sinus de l'angle de réfraction est un nombre constant n. Ce nombre est ce que l'on appelle l'indice de réfraction du second milieu par rapport au premier. Lorsque n est plus grand que l'unité, on dit que le second milieu est plus réfringent que le premier : sin i est plus grand que sin r et, par suite, i est plus grand que r ; le rayon lumineux, en se réfractant, se rapproche de la normale. Si, au contraire, n est plus petit que l'unité, le second milieu est moins réfringent que le premier et le rayon lumineux s'écarte de la normale par la réfraction.

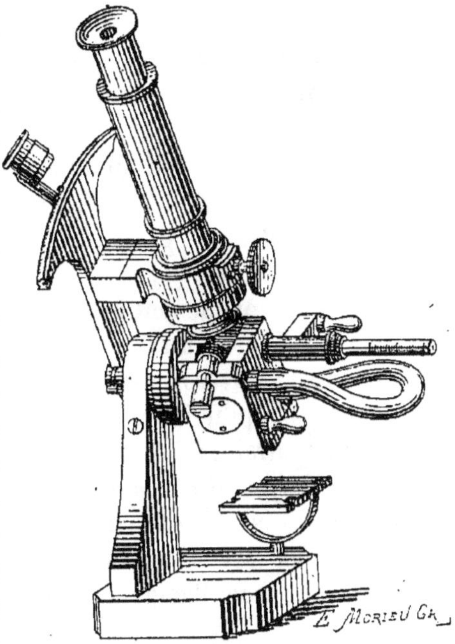

Fig. 301. — Réfractomètre.

Dans les recherches biologiques il arrive que l'on ait à déterminer l'indice de réfraction de certains liquides de l'organisme ; ainsi on peut de cette façon, étudier aisément les variations de leur concentration en albuminoïdes. On fait alors généralement usage du réfractomètre d'Abbé représenté sur la figure 301 mais dont le maniement ne se comprend bien qu'en ayant l'instrument entre les mains.

Les quatre phénomènes que nous venons de décrire, absorption, diffusion, réflexion et réfraction des rayons lumineux, se rencontrent rarement isolés. Quand un faisceau lumineux tombe à la surface d'un corps transparent poli, une partie des rayons se réfracte, l'autre se réfléchit, une troisième donne lieu à un peu de diffusion, et il est rare que, dans le passage du rayon réfracté à travers le corps et à travers l'air, il n'y ait pas un peu d'absorption.

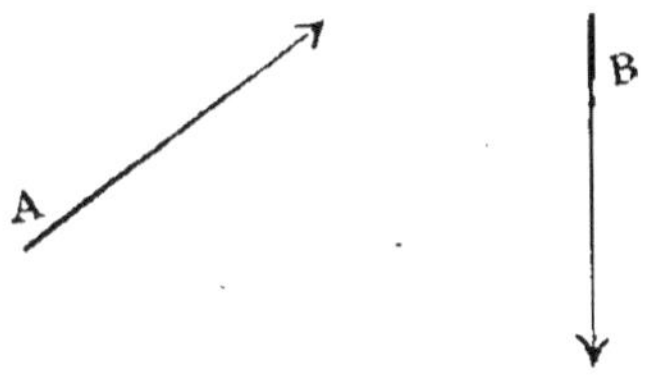

Fig. 302.

Si le corps est opaque et poli, la réfraction manque, mais les trois autres phénomènes subsistent. Enfin, si le corps est opaque et mat, il y a seulement absorption et diffusion.

Retour inverse des rayons. — Un rayon lumineux peut parcourir dans l'espace un trajet extrêmement compliqué par une suite de réflexions et de réfractions. Parmi les divers phénomènes qui se rencontrent dans l'étude de l'optique géométrique, il en est un des plus remarquables et dont la connaissance facilite beaucoup la solution de divers problèmes. Ce phénomène est connu sous le nom de principe du retour inverse des rayons. Voici en quoi il consiste :

Considérons un rayon lumineux qui se propage suivant la direction indiquée par la flèche A (fig. 302). Après un nombre quelconque de réflexions et de réfractions, ce rayon prendra la direction de la flèche B.

Supposons maintenant qu'un rayon soit dirigé suivant la flèche B, mais en sens contraire; nous pouvons affirmer que ce rayon suivra en sens inverse, dans toutes ses sinuosités, le trajet du rayon précédent, et qu'il finira par se superposer au rayon A dans la direction contraire à celle indiquée par la flèche.

Ce principe, d'une importance capitale, s'applique entre autres à une seule réflexion ou à une seule réfraction.

Quand un rayon lumineux IS se réfléchit en un point S, nous savons que l'angle de réflexion est égal à l'angle d'incidence.

Par conséquent, si un rayon lumineux d'abord voisin de la normale SN (fig. 303) tourne autour du point S dans le sens de la flèche f, le rayon réfléchi tournera lui-même dans le sens de f' ; il coïncidera d'abord avec le rayon incident suivant SN,

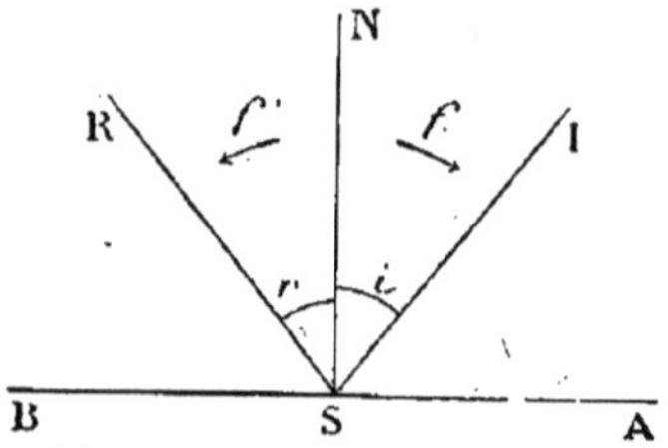

Fig. 303.

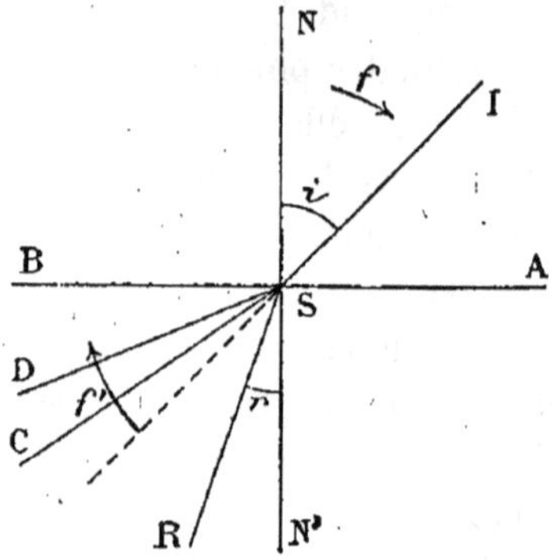

Fig. 304.

et, quand ce rayon incident rasera la surface suivant AS, le rayon réfléchi s'échappera suivant SB. Inversement, si le rayon incident vient suivant RS, le rayon réfléchi sera dirigé suivant SI.

Examinons maintenant ce qui se passe pour la réfraction.

Lorsque le rayon incident IS (fig. 304) rencontre la surface réfringente en S, au lieu de continuer son chemin en ligne droite, il se brise, et, si le second milieu est plus réfringent que le premier, il se rapproche de la normale SN'. Quand le rayon incident est très rapproché de la normale NS, le rayon réfracté est sensiblement dans le prolongement de la normale.

A mesure que le rayon incident tourne dans le sens f, le rayon réfracté tourne dans le sens f', mais il tourne plus lentement que le rayon incident. Il en résulte que, lorsque le rayon incident arrive suivant la direction AS, le rayon réfracté est dirigé suivant SC, par exemple. Il en résulte que tous les rayons incidents situés entre SN et SA ont leurs rayons réfractés dans l'angle N'SC. Il n'y a pas de rayon réfracté dans l'angle CSB. L'angle N'SC est ce que l'on appelle l'angle limite.

Renversons maintenant le sens de propagation de la lumière. Quand un rayon vient suivant N'S, il se réfracte suivant SN. Quand le rayon incident tourne dans le sens de la flèche f', le rayon réfracté tourne dans le sens de la flèche f, plus vite que le rayon incident, et quand le rayon incident arrive suivant CS, le rayon réfracté sort en rasant la surface suivant SA. En continuant la rotation du rayon incident, il est évident que l'on ne peut plus trouver dans la partie supérieure de rayon réfracté. Les rayons tels que DS, situés dans l'angle CSB, n'ont pas de rayon réfracté; il y a lieu de se demander ce que devient la lumière dans ce cas.

Voici en réalité ce qui se passe. Ainsi que nous l'avons dit plus haut, quand un rayon lumineux touche au point S, il ne se réfracte pas en entier, il se divise en une portion réfractée et une portion réfléchie. L'expérience prouve que la portion réfléchie devient d'autant plus importante que l'on s'éloigne davantage de la normale. Lorsque la lumière vient suivant N'S, il s'en réfléchit peu; mais, plus la direction des rayons incidents se rapproche de CS, plus il se réfléchit de lumière et moins il s'en réfracte. Quand le rayon incident est dirigé suivant CS, il n'y a pas plus de rayon réfracté, toute la lumiere se trouve dans le faisceau réfléchi, on dit qu'il y a réflexion totale. Tous les rayons situés dans l'angle CSB subissent la réflexion totale.

Objets et images.

Très souvent, en optique, il est question de l'image d'un point ou d'un objet. Il est de la plus haute importance de bien comprendre ce qu'est une image.

Quand un point lumineux se trouve dans l'espace, une personne

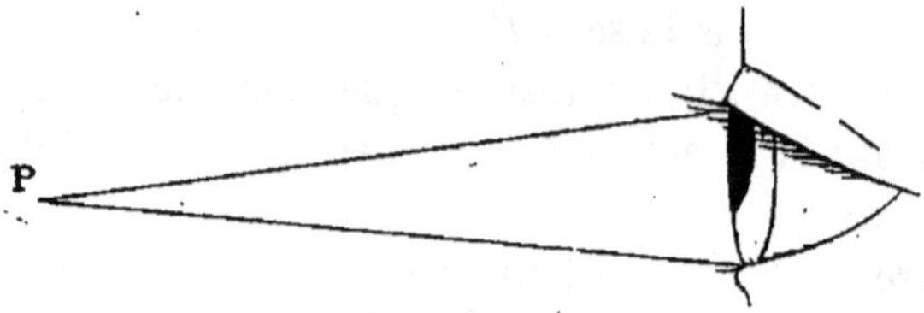

Fig. 305.

placée dans les environs de ce point, a la notion de ce point lumineux, par un mécanisme qui sera étudié plus loin. Il suffit pour cela, bien entendu, qu'il n'y ait pas de corps opaque interposé entre le point lumineux et l'œil de cette personne. Dans ce cas, un

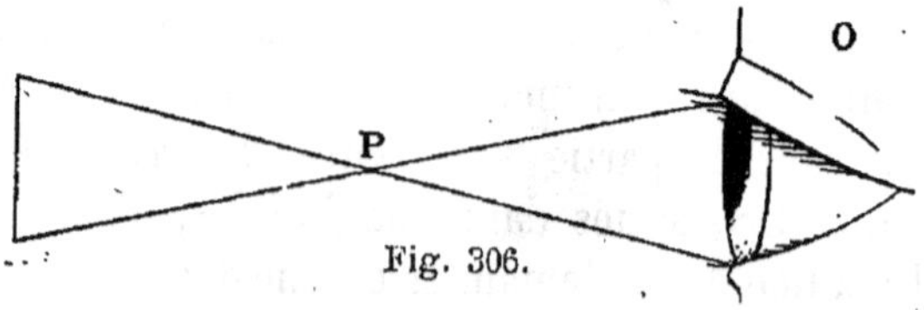

Fig. 306.

faisceau lumineux conique part du point lumineux P (fig. 305) et se propage jusqu'à l'œil. Cet œil pourra se déplacer tout autour du point P, le sujet aura toujours la même sensation.

Il peut arriver que l'œil reçoive un faisceau lumineux n'émanant pas directement d'un point P, mais ayant cependant au voisinage de cet œil la même constitution géométrique que le faisceau précédent. Par exemple, on conçoit qu'une série de réfractions ou de réflexions aient donné un faisceau lumineux convergent en un point P (fig. 306). Après s'être rencontrés en P, ces rayons continuent leur chemin et donnent un faisceau divergent. Le sujet dont l'œil sera placé dans ce faisceau divergent aura évidemment la même sensation que s'il y avait réellement un point lumineux en P. On dit alors qu'il y a en P une image réelle.

Il peut encore arriver qu'un faisceau lumineux quitte une surface réfléchissante ou réfringente en divergeant (fig. 307). Les rayons ne se coupent plus en un point, mais leurs prolongements de l'autre côté de la surface AB peuvent se rencontrer en un point P. L'œil placé dans le faisceau émergent de AB donnera encore la notion d'un point lumineux situé devant lui, comme si ce point existait réellement en P. On dit alors qu'il y a en P une image virtuelle.

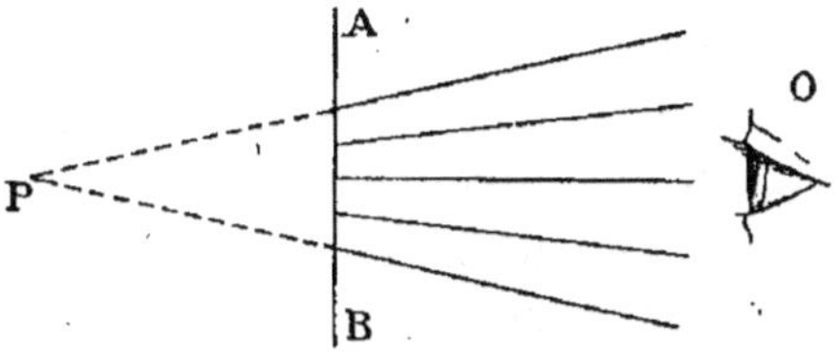

Fig. 307.

Cette image est réelle chaque fois que les rayons lumineux s'y couperont réellement avant d'arriver à l'œil. L'image sera virtuelle si les rayons lumineux ne se coupent pas, mais que leurs prolongements derrière la dernière surface réfléchissante ou réfringente passent par un même point qui sera l'image.

Il est aisé, lorsqu'on voit une image, de savoir si elle est virtuelle ou réelle, à la condition toutefois de voir en même temps la dernière surface traversée par les rayons lumineux. Il s'agit en effet de savoir si l'image est entre cette surface et l'œil, ou si elle se trouve au delà de cette surface. Ce qui revient à dire qu'il faut chercher si c'est la dernière surface ou l'image qui est le plus près de l'œil. Or, il y a un procédé général pour savoir, quand on voit deux objets, quel est le plus éloigné et quel est le plus rapproché de l'observateur. Il suffit pour cela de déplacer latéralement la tête; on voit les deux objets se déplacer l'un par rapport à l'autre; celui qui se déplace dans le même sens que la tête est le plus éloigné. Il suffit, pour s'en convaincre, si l'on se trouve dans un appartement, de regarder simultanément un barreau vertical de la fenêtre et un objet extérieur : en déplaçant la tête latéralement, il semblera voir l'objet se déplacer dans le même sens que la tête, par rapport au barreau de la fenêtre.

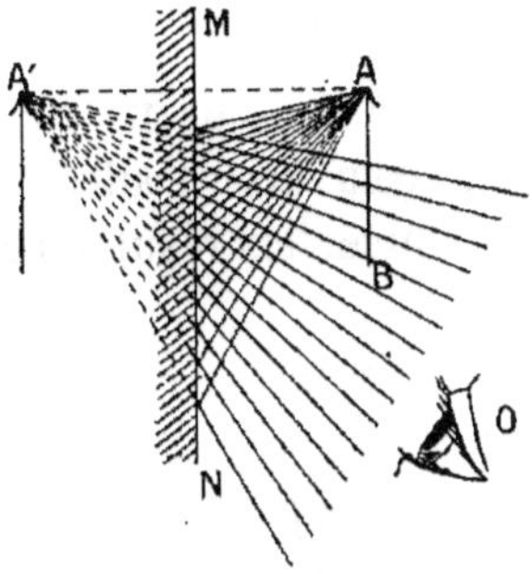

Fig. 308.

Nous avons dit plus haut qu'un point lumineux peut se voir de tout l'espace environnant, pourvu qu'il n'y ait pas de corps opaque interposé entre l'œil et le point lumineux. Il n'en est plus de même des images; il faut, pour que l'image soit perçue, que l'œil soit placé dans le cône lumineux des rayons formant l'image; or ce cône n'occupe qu'une portion restreinte de l'espace, nommée champ; sitôt que l'œil en sort, la sensation lumineuse disparaît.

On peut cependant rendre de tout l'espace environnant l'image réelle d'un point visible. Les rayons lumineux qui forment cette image réelle se coupent en un point; si l'on place un écran de papier blanc en cet endroit, la place où les rayons se coupent sera lumineuse, tous les environs restant obscurs, et, par suite de la diffusion, le point lumineux sera visible de tous les environs. On ne peut évidemment faire la même opération pour une image virtuelle.

Ce que nous avons dit pour un point lumineux s'applique, bien entendu, à un objet lumineux quelconque qui n'est en réalité composé que d'une série de points juxtaposés.

Nous allons passer sucessivement en revue la formation des images soit par réflexion, soit par réfration; d'abord à travers les surfaces planes, puis à travers les surfaces courbes. Dans tout ce qui suit, nous ne donnerons aucune démonstration, renvoyant pour cela aux traités élémentaires d'optique; nous ne ferons qu'énoncer les résultats acquis.

Miroir plan. — Quand un objet AB se trouve devant un miroir plan, chaque point A de l'objet forme son image en un point A′ symétrique par rapport à l'objet. La figure 308 indique comment se fait la marche des rayons lumineux et pourquoi l'œil perçoit une image en A′. L'image de AB est virtuelle. On dit aussi qu'elle est droite ou de même sens que l'objet, parce qu'un œil placé très loin et regardant à la fois l'objet et son image les voit tournées de la même façon.

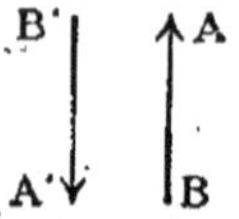

Fig. 309.

Dans le cas du miroir plan, l'image est égale à l'objet.

La figure 309 représente un objet et son image renversée.

Surface réfringente plane. — Dans ce cas, les divers rayons, tels que IR, réfractés d'un rayon AI partant du point lumineux A, ne passent plus tous par un même point A′ (fig. 310). On dit que le faisceau réfracté n'est plus homocentrique. Il n'y a donc plus d'image à proprement parler. Mais, la pupille étant très petite, tous les rayons faisant partie du faisceau lumineux entrant dans l'œil passent sensiblement par un même point A′ et l'œil perçoit une image en ce point. Seulement, lorsque l'œil se déplace, l'image se déplace

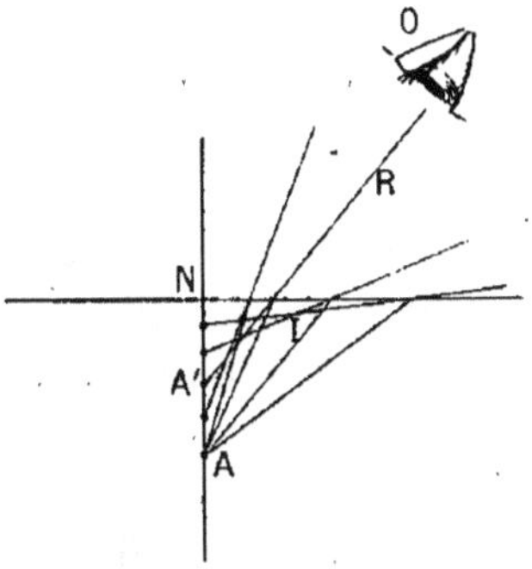

Fig. 310.

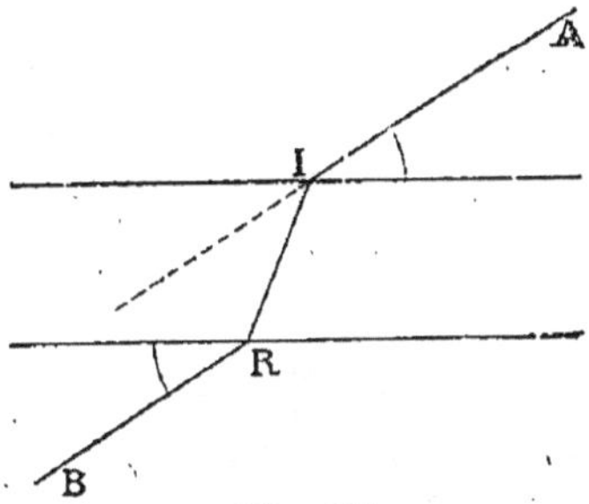

Fig. 311.

aussi. Plus l'œil se rapproche de la surface de l'eau pour regarder A obliquement, plus l'image A′ semble se faire près de la surface.

Réfraction à travers deux surfaces planes parallèles. — Quand un rayon AI tombe sur la surface de séparation de deux milieux, il se réfracte en se rapprochant de la normale (fig. 311), si le second milieu est plus réfringent que le premier. Ce rayon réfracté tombe ensuite sur la seconde surface et il est aisé de voir, d'après le principe du retour inverse des rayons, que le rayon émergent RB prendra une direction parallèle à AI.

Si nous avons un point lumineux A envoyant un faisceau divergent sur une lame à faces parallèles, tous les rayons après la réfraction seront parallèles aux rayons incidents qui leur auront donné naissance (fig. 312). Il n'en résulte pas qu'ils passent tous par un point A′. Le faisceau réfracté n'est plus homocentrique après la réfraction.

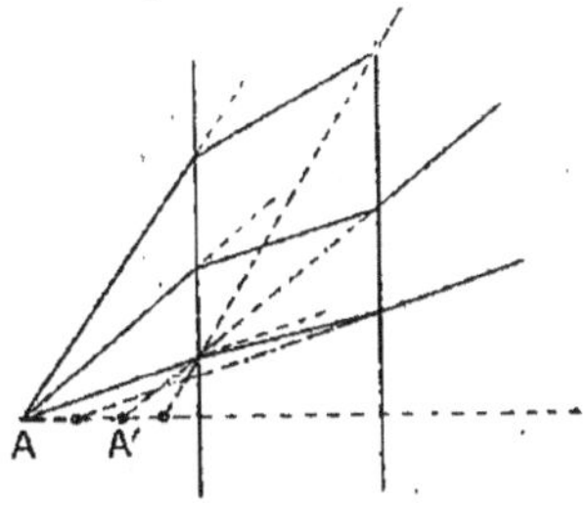

Fig. 312.

Cependant, par suite des mêmes causes que dans le cas précédent, l'œil peut encore percevoir une image A′ de A. Cette image est d'autant moins nette que la lame transparente est plus épaisse. Elle se déplace lorsqu'on change l'inclinaison de cette lame sur le trajet des rayons lumineux ou que l'on change la position de l'œil.

L'œil étant O, le point lumineux en A, si la lame transparente est perpendiculaire à AO, l'image se fera en A'. Si, comme l'indique la figure 313, on incline la lame, cette image sera vue en A".

Réflexion et réfraction à travers les surfaces sphériques. — *Miroirs.* — Les miroirs sphériques sont généralement enchâssés dans un cadre circulaire.

Les cadres carrés ou rectangulaires ne sont usités que dans certains cas spéciaux ; au point de vue optique, cette forme est irrationnelle.

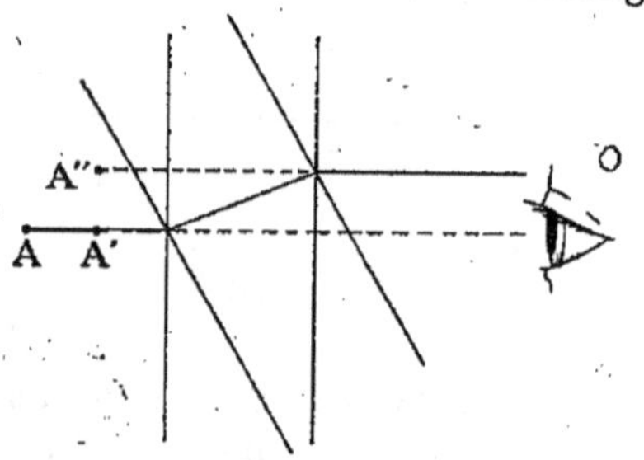

Fig. 313.

Le point S du miroir situé au milieu du cadre circulaire est le sommet du *miroir* (fig. 314).

La ligne droite SC qui joint le sommet S au centre de courbure C est l'*axe principal*.

Dioptres. — Lorsque deux milieux de réfringence différente sont séparés par une surface sphérique, cette surface sphérique constitue un dioptre.

Les dioptres sont généralement limités, comme les miroirs, par un cadre circulaire.

Le point S du dioptre situé au milieu d'un cadre circulaire est le *sommet du dioptre.*

La ligne droite SC qui joint le sommet S au centre de courbure C est l'axe principal.

Lentilles. — Quand un corps est plongé dans un milieu d'indice de réfraction différent du sien et qu'il en est séparé par deux sur-

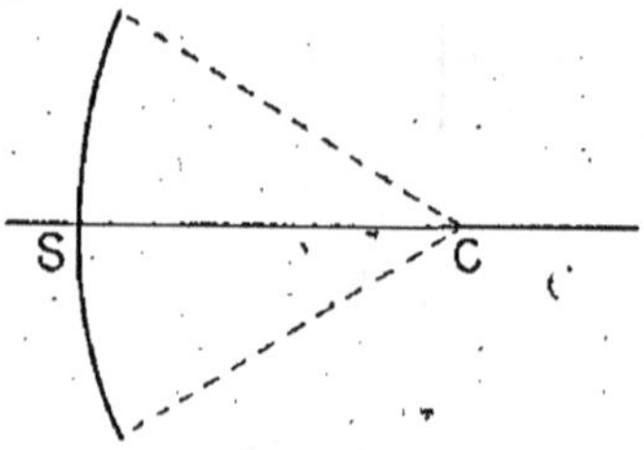

Fig. 314.

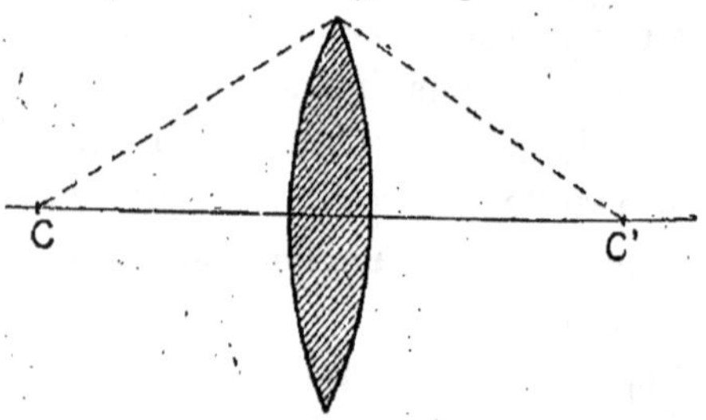

Fig. 315.

faces sphériques ou une surface sphérique et une surface plane, ce corps constitue une lentille.

La ligne droite CC' qui joint le centre des deux sphères est l'*axe principal de la lentille* (fig. 315). Si la lentille est constituée par une sphère et un plan, l'axe principal SP passe par le centre de la sphère et est perpendiculaire au plan (fig. 316).

Systèmes centrés. — Si l'on place à la suite les uns des autres une série de dioptres et de miroirs dont les axes principaux coïncident, suivant une droite XY on a ce que l'on appelle un *système*

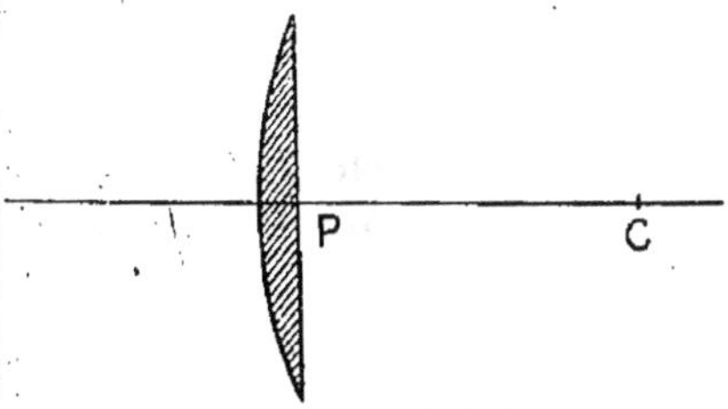

Fig. 316.

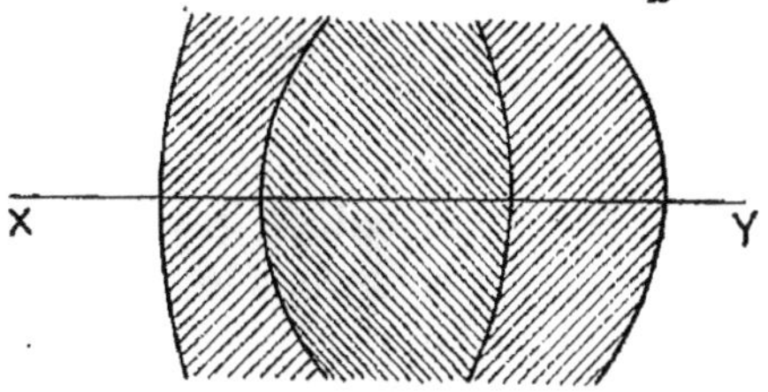

Fig. 317.

centré (fig. 317). Les systèmes centrés que l'on rencontre en physique biologique ne comprennent généralement que des dioptres, il n'y entre pas de miroirs.

La ligne droite XY avec laquelle coïncident tous les axes principaux des dioptres et des miroirs est l'axe principal du système centré.

Dans tout système centré il y a un certain nombre de points et de plans remarquables dits *points et plans cardinaux* jouissant de propriétés capitales et dont il est absolument indispensable de connaître le rôle. En effet c'est de ces points et plans remarquables seuls que dépendent la formation des images dans les systèmes optiques, comme on le verra plus loin. Pour que deux systèmes optiques soient équivalents au point de vue de la formation des images, il faut et il suffit qu'ils aient mêmes points et plans cardinaux.

Foyers principaux. — Quand un faisceau de rayons tous parallèles entre eux tombe sur un système optique centré réfléchissant ou réfringent, après la réflexion ou la réfraction les rayons lumineux passent tous par un même point. Si le faisceau incident est parallèle à l'axe principal, le point par lequel passent les rayons après leur transformation est un *foyer principal*. Ce foyer principal est situé sur l'axe principal. Les rayons émergents peuvent se couper effectivement au foyer principal, qui est alors *réel*: le système est convergent. Ou bien les rayons émergents ne se coupent pas eux-mêmes au foyer principal, ce n'est que leur prolongement en arrière de la surface d'émergence qui le fait ; le foyer principal est virtuel, le système est divergent.

Points nodaux et axes secondaires. — Dans tout système réfléchissant ou réfringent, il existe sur l'axe principal deux points appelés *points nodaux* jouissant de la propriété suivante : lorsqu'un rayon incident passe par le premier point nodal, le rayon émergent passe par le second point nodal et reste parallèle au rayon incident. Les deux points nodaux peuvent se confondre en un seul point nommé centre optique, le rayon émergent est alors le prolongement du rayon incident, il forme ce que l'on appelle un axe secondaire. On peut aussi considérer comme formant un axe secondaire la ligne brisée passant par les deux points nodaux et composée des rayons incident et émergent parallèles.

Foyers secondaires et plans focaux. — Quand on prend un faisceau de rayons parallèles entre eux, et parallèles à un axe secondaire déterminé, après la réflexion ou la réfraction tous ces rayons se coupent en un foyer secondaire situé sur l'axe secondaire correspondant.

Tous les foyers secondaires se trouvent dans un plan, nommé plan focal, perpendiculaire à l'axe principal du système et passant par le foyer principal. On peut donc dire que le foyer secondaire d'un faisceau de lumière composée de rayons parallèles entre eux se trouve à l'intersection du plan focal et de l'axe secondaire correspondant.

Plans principaux directs et inverses. — Les plans principaux directs sont deux plans jouissant de la propriété suivante : lorsqu'un objet se trouve dans le premier plan principal direct, l'image est dans le second, de même grandeur et de même sens que l'objet.

Il en résulte que, lorsqu'un rayon incident coupe le premier plan principal direct à une certaine distance de l'axe, le rayon émergent coupe l'autre plan principal direct à la même distance de l'axe et du même côté, car le rayon incident peut toujours être considéré comme partant d'un certain point d'un objet situé dans le plan principal, et le rayon émergent devra passer par le point correspondant de l'image, c'est-à-dire situé dans l'autre plan principal à la même distance de l'axe.

Les plans principaux inverses sont deux plans jouissant de la propriété suivante : lorsqu'un objet se trouve dans le premier plan principal inverse, l'image est, dans le second, de même grandeur et de sens inverse à l'objet.

Distance focale. — La distance focale est la distance d'un foyer au plan principal correspondant.

Nous allons passer en revue successivement les divers systèmes réfléchissants et réfringents sphériques, et indiquer comment sont

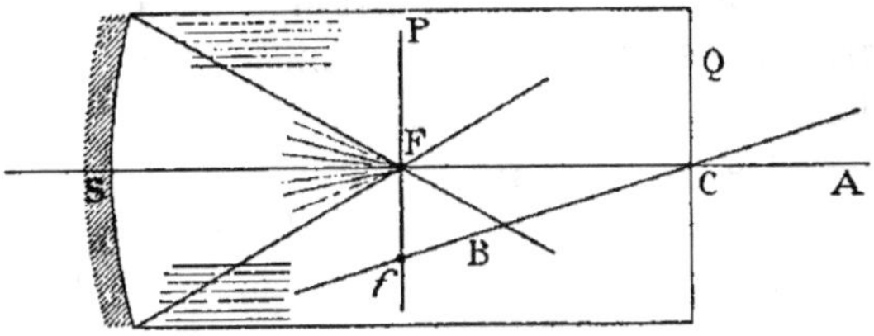

Fig. 318.

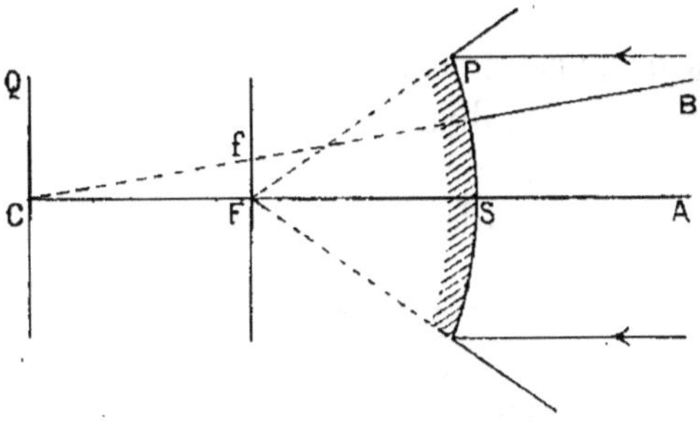

Fig. 319.

placés ces divers foyers, plans nodaux, plans principaux et plans antiprincipaux. Ces points et ces plans portent le nom général de *points et plans cardinaux*.

Miroirs. — La lumière vient de droite à gauche, les hachures indiquent la surface non réfléchissante du miroir (fig. 318).

AS est l'axe principal du miroir.

C est le centre de courbure ; S est le sommet.

Les deux points nodaux sont confondus au point C.

Le foyer principal unique est en F ; FS = FC.

Le foyer principal est réel pour le miroir convergent et virtuel pour le miroir divergent (fig. 318 et fig. 319).

CB est un axe secondaire.

f est le foyer secondaire correspondant à l'axe CB; il est à l'intersection de cet axe avec le plan focal perpendiculaire à l'axe principal en F.

Les plans principaux sont confondus en un seul et coïncident avec la surface du miroir.

Les plans antiprincipaux sont confondus en un seul et sont perpendiculaires à l'axe principal au point C.

Dioptres. — Les traits continus représentent la lumière venant de droite à gauche, les traits interrompus la lumière venant de gauche à droite. Les hachures indiquent le côté le plus réfringent.

AS est l'axe principal du dioptre.

C est le centre de courbure.

Les deux points nodaux sont confondus au point C.

Le foyer principal pour la lumière venant de droite est en F. Le foyer principal pour la lumière venant de gauche est en F'.

On a FC = F'S et FS = n F'S, n étant l'indice de réfraction du deuxième milieu par rapport au premier.

Les foyers principaux sont réels pour le dioptre convergent et virtuels pour le dioptre divergent.

CB est un axe secondaire.

f est un foyer secondaire correspondant à l'axe CB pour la lumière venant de droite, f' un foyer secondaire correspondant à l'axe CB pour la lumière venant de gauche. Ces foyers sont à l'intersection de l'axe secondaire CB avec les plans focaux perpendiculaires à l'axe principal en F et F'.

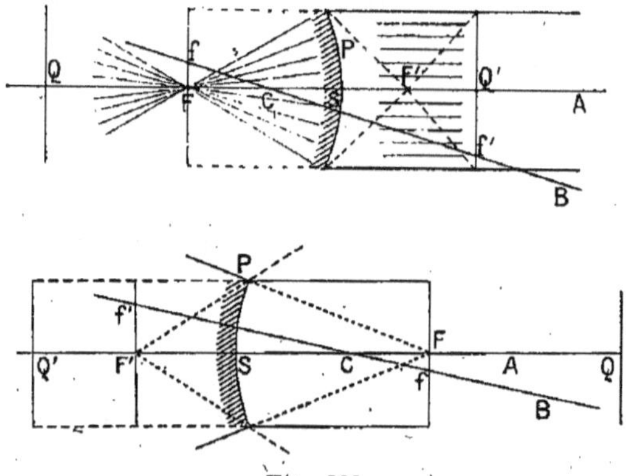

Fig. 320.

Les plans principaux directs sont confondus en un seul et coïncident avec la surface du dioptre.

Les plans antiprincipaux sont en Q et en Q' perpendiculaires à l'axe principal. On a

$$QF = FS \quad \text{et} \quad Q'F' = F'S.$$

Lentilles. — Pour de nombreux usages les trois espèces de lentilles convergentes ou les trois lentilles divergentes (voir fig. 323), se comportent de la même façon; il suffit donc d'examiner une lentille divergente et une lentille convergente. Nous dirons plus

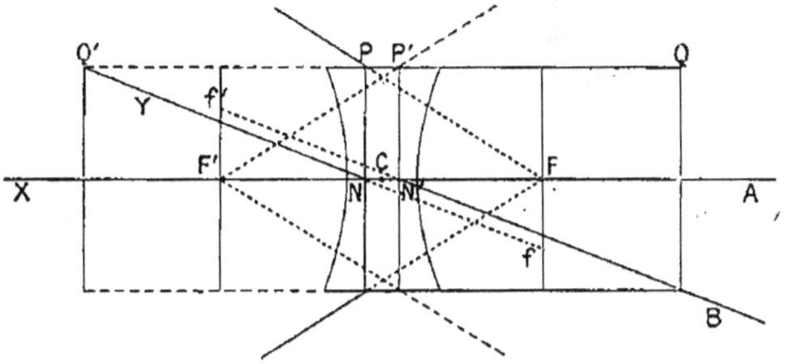

Fig. 321.

loin en quoi les trois lentilles d'un même groupe diffèrent entre elles au point de vue optique, et quelle est l'utilité de cette différence de forme.

Considérons actuellement les deux types des figures 321 et 322 :

Les traits continus représentent la lumière venant de droite à gauche, les traits interrompus la lumière venant de gauche à

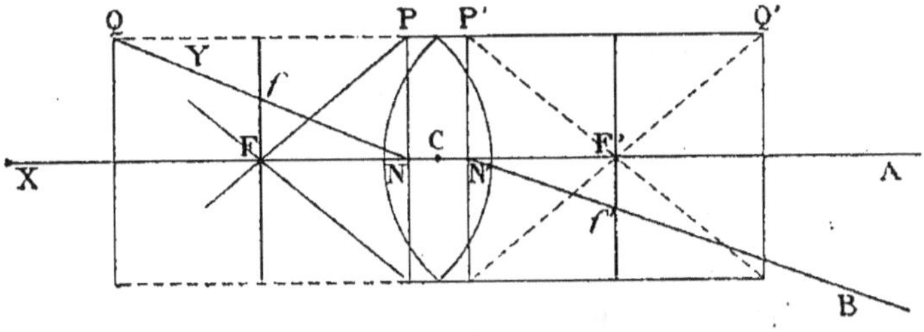

Fig. 322.

droite. La lentille est supposée plus réfringente que le milieu dans lequel elle est plongée. Si la lentille était moins réfringente que le milieu ambiant, la lentille biconvexe deviendrait divergente, la biconcave convergente, et il n'y aurait qu'à transporter les constructions d'une figure à l'autre.

AX est l'axe principal de la lentille.

Les points nodaux sont en N et N'. Ils sont également distants des faces de la lentille si ces deux faces ont le même rayon de courbure; dans le cas contraire, celui qui est du côté de la face à plus petit rayon de courbure est plus rapproché de cette face.

Le foyer principal pour la lumière venant de gauche est en F. Le foyer principal pour la lumière venant de droite est en F′. On a NF = N′F′.

Les foyers principaux sont réels pour la lentille convergente et virtuels pour la lentille divergente.

BY est un axe secondaire. Il faut remarquer que BY se brise en passant à travers la lentille, N et N′ ne se trouvent pas sur l'axe lui-même, mais sur ses prolongements. En joignant par une droite les points où BY coupe les deux surfaces de la lentille, on a le trajet de cet axe secondaire dans l'épaisseur même de la lentille.

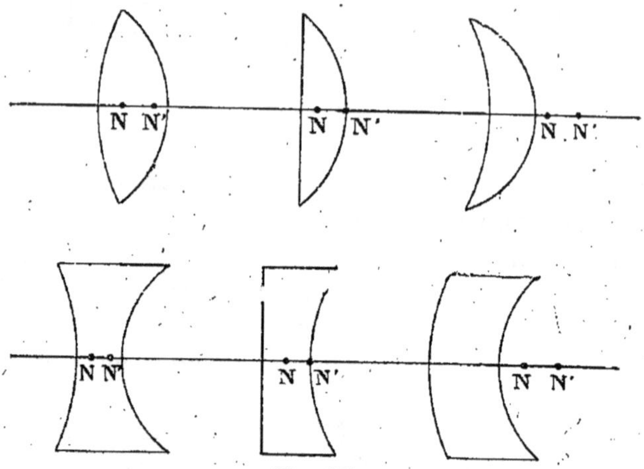

Fig. 323.

On voit alors qu'il passe par un point C situé entre N et N′ et que l'on appelle centre optique de la lentille.

Lorsque les lentilles ont une très faible épaisseur, on peut, sans erreur appréciable, admettre que les deux points nodaux se confondent avec le centre optique.

L'axe secondaire devient alors une ligne droite.

f est un foyer secondaire correspondant à l'axe BY pour la lumière venant de droite, f' un foyer secondaire correspondant à BY pour la lumière venant de gauche. Ils sont à l'intersection de l'axe secondaire BY avec les plans focaux perpendiculaires à l'axe principal en F et F′.

Les plans principaux directs sont en P et P′ passant par les points nodaux et perpendiculaire à l'axe principal.

Les plans antiprincipaux sont en Q et Q′ et l'on a

$$QF = FP = P'F' = FQ.$$

Les lentilles convergentes ont les bords plus minces que le centre, elles peuvent être biconvexes, plan-convexes, concavo-convexes comme l'indique la figure 323. Les lentilles divergentes ont les bords plus épais que le centre, elles peuvent être biconcaves, plan-concaves ou concavo-convexes.

Dans les diverses formes de lentille, les points nodaux sont disposés comme l'indique la figure 323. Tous les points et plans cardinaux se disposent comme précédemment par rapport à ces points nodaux.

Système centré quelconque. — Dans un système centré quelconque, c'est-à-dire composé d'un nombre quelconque de dioptres placés à la suite les uns des autres avec la seule condition d'avoir le même axe principal, le premier et le dernier milieu peuvent ne pas être les mêmes, comme cela se présente du reste aussi pour les dioptres. L'œil se trouve dans ce cas.

Dans ce cas général, on a :

Deux points nodaux;

Deux foyers principaux, et les plans focaux correspondants passant par ces foyers et perpendiculaires à l'axe principal;

Deux plans principaux directs;

Deux plans antiprincipaux.

Tous ces points et plans cardinaux ont les mêmes propriétés que dans les cas que nous venons de passer en revue.

Ils sont, suivant les circonstances, distribués de façons différentes sur l'axe principal, mais satisfont toujours aux conditions suivantes :

Le plan principal P et le plan antiprincipal Q sont symétriques par rapport au plan focal F.

De même, le plan principal P′ et le plan antiprincipal Q′ sont symétriques par rapport au plan focal F′.

Les plans P et P′ sont situés l'un à droite et l'autre à gauche du foyer correspondant F ou F′. Il en est, par suite, évidemment de même de Q et de Q′.

Les points nodaux N et N′ sont situés du même côté que le plan principal par rapport au foyer correspondant.

La distance des plans principaux et des points nodaux au foyer correspondant est telle que

$$PF = N'F' \quad \text{et} \quad P'F' = NF.$$

Il en résulte que

$$NN' = PP'.$$

On a aussi

$$PF = P' P' \times n,$$

n étant l'indice de réfraction du dernier milieu par rapport au premier.

Propriété inverse des plans focaux. — Nous savons que lorsqu'un faisceau de rayons parallèles tombe sur un système réfléchissant ou réfringent quelconque, après la transformation tous les rayons passent par un même point du plan focal qui est le foyer correspondant à la direction des rayons donnés. Ce foyer est facile à trouver, car il est sur l'axe secondaire parallèle aux rayons incidents.

Par suite de la propriété du retour inverse des rayons, si nous avons un point lumineux dans un plan focal, ce point enverra sur le système optique un faisceau conique divergent qui, après transformation, deviendra un faisceau de rayons parallèles entre eux.

Pour avoir la direction de ce faisceau, il suffit de chercher l'axe secondaire correspondant, c'est-à-dire de joindre le point lumineux du plan focal au point nodal correspondant.

La plupart des systèmes centrés dont sont formés les instruments d'optique sont composés de lentilles placées les unes à la suite des autres. Ces lentilles présentent des aberrations chromatiques et des aberrations de réfrangibilité. L'expérience et la théorie font voir que, pour réduire les aberrations du système centré total à leur minimum, il y a intérêt à employer, à distance focale égale, des lentilles de formes diverses convenablement choisies. C'est pour cette raison que l'on fait usage de lentilles plan-convexes, plan-concaves et de ménisques convergents ou divergents.

Dans l'étude des systèmes réfléchissants et réfringents, il se présente deux espèces de problèmes :

1° Étant donné un rayon incident, construire le rayon émergent;

2° Étant donné un objet, construire son image.

Nous allons examiner successivement ces deux problèmes, et nous verrons que, comme il a été dit plus haut, il nous suffira pour les résoudre, dans chaque cas, de connaître et de faire usage des points et des plans cardinaux.

Construire le rayon émergent correspondant à un rayon incident donné. — *Miroirs.* — Considérons un miroir convergent ou divergent avec son plan focal. Soit AI un rayon incident.

Pour avoir le rayon réfléchi, il suffit de connaître un point de ce rayon réfléchi et sa direction (fig. 324) et (fig. 325).

a. Le rayon donné peut être considéré comme faisant partie d'un faisceau de rayons parallèles; menons l'axe secondaire correspondant à cette direction : cet axe secondaire C*f* rencontre le plan focal en *f* qui est le foyer secondaire correspondant à la direction donnée; *f* est donc un point du rayon réfléchi.

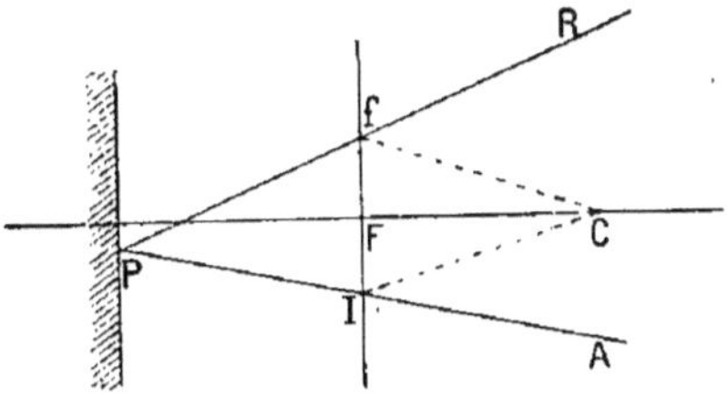

Fig. 324.

b. Le rayon AI peut être considéré comme émanant du point I du plan focal. Or tous les rayons émanant du point I sont, après la réflexion, parallèles entre eux. L'un d'eux, CI, est l'axe secondaire qui ne change pas de direction par la réflexion; tous les rayons émanant de I sont donc, après la réflexion, parallèles à CI.

Pour avoir le rayon réfléchi correspondant au rayon incident donné, il faut donc mener par *f* une parallèle *f*R à CI.

Comme vérification, le rayon incident et le rayon réfléchi doivent se rencontrer au même point P du plan principal.

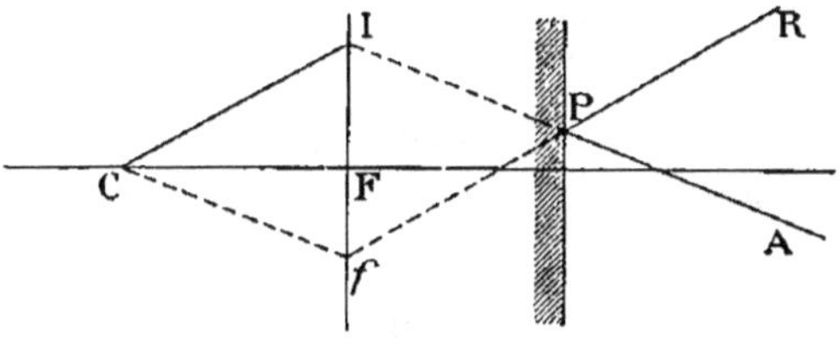

Fig. 325.

Cette construction est absolument générale; elle va se répéter pour les dioptres, les lentilles et les systèmes centrés quelconques. Elle n'offre qu'une petite difficulté : il faut éviter de se tromper en confondant les deux plans focaux entre eux ou les deux points nodaux entre eux. Cette confusion se produit surtout facilement avec les systèmes divergents, mais, avec un peu d'attention et de méthode, on évite ce genre d'erreur.

Nous allons simplement indiquer les constructions dans les divers cas, sans répéter le raisonnement, qui est identique à celui que nous venons de faire pour le cas des miroirs.

Dioptres. — Soit AI le rayon incident; l'axe secondaire correspondant parallèle à AI et passant par C rencontre le plan focal F au point f, foyer secondaire correspondant à la direction AI (fig. 326 représentant le dioptre convergent et fig. 327 représentant le dioptre divergent).

f est un point du rayon réfracté.

Tous les rayons partant de I sont, après réfraction, parallèles à

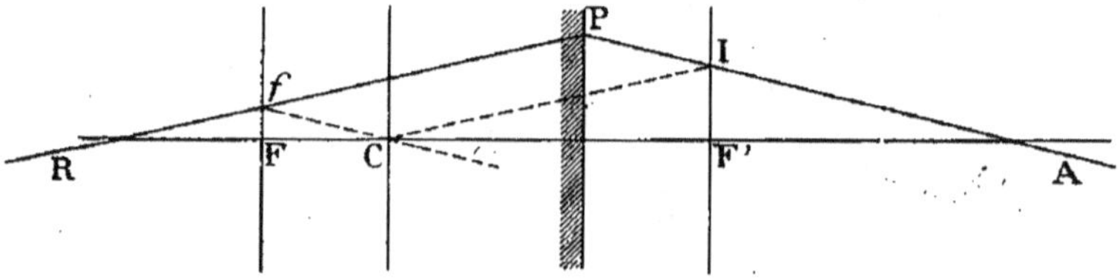

Fig. 326.

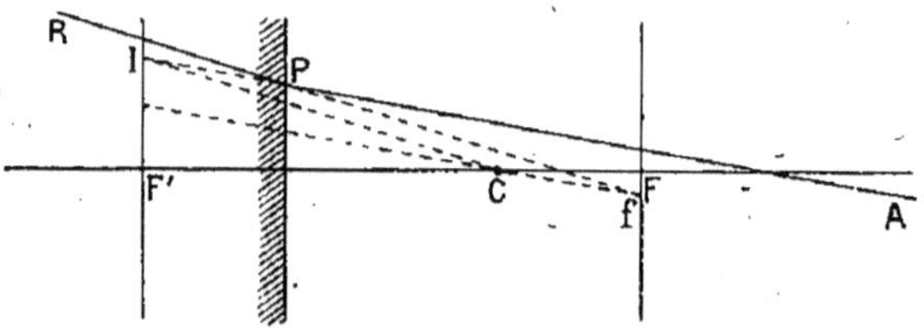

Fig. 327.

l'axe secondaire CI. Il suffit donc de mener par f une parallèle fR et CI pour avoir le rayon réfracté.

Comme vérification, AI et fR doivent se couper au même point P du plan principal.

Lentilles (fig. 328, représentant la lentille convergente et fig. 329, représentant la lentille divergente). — Soit encore AI le

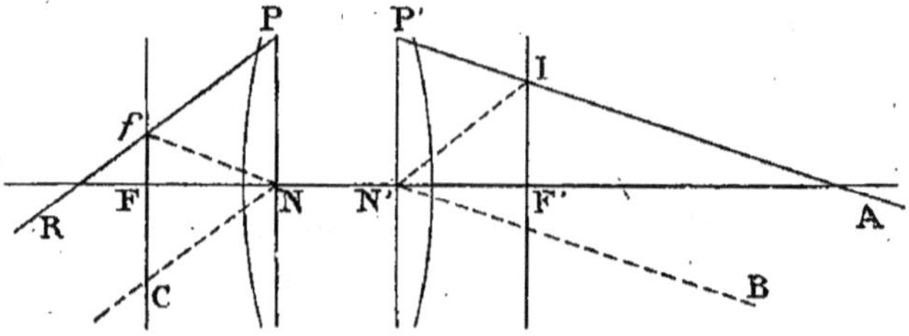

Fig. 328.

rayon incident, l'axe secondaire correspondant est BN'Nf; il rencontre le plan focal F en f, foyer secondaire correspondant à la direction AI; f est un point du rayon réfracté. Tous les rayons partant de I sont, après réfraction, parallèles à l'axe secondaire IN'NC. Il suffit donc de mener par f une parallèle fR à IN' pour avoir le rayon réfracté. Comme vérification, les rayons incident et réfracté doivent rencontrer les plans principaux en des points P et P' également distants de l'axe.

Remarquons que les lignes BN' et NC ne sont d'aucune utilité

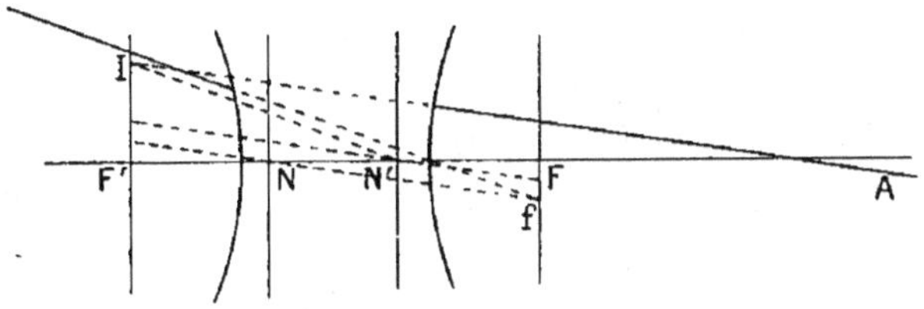

Fig. 329.

dans les constructions; nous les avons seulement menées pour compléter les axes secondaires; mais, dans la pratique, il suffit de

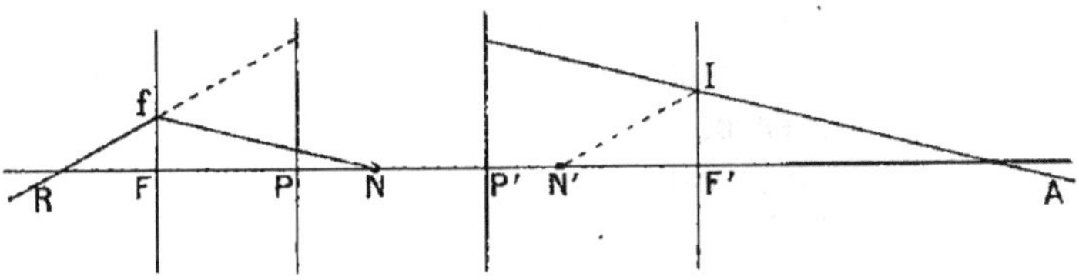

Fig. 330.

tracer Nf parallèle à AI pour avoir f et de tirer IN' pour avoir la direction du rayon réfracté.

Système centré quelconque. — Supposons que, dans un système centré quelconque (fig. 330), nous soyons arrivés à déterminer les plans focaux, F, F' et les points nodaux N, N'; nous savons que la connaissance de ces derniers est liée à celle des plans principaux, puisque NF = P'F' et N'F' = PF.

Nous pourrons, en nous servant des points nodaux et des plans focaux, tracer le rayon réfracté correspondant à un rayon incident quelconque.

Soit AI le rayon incident; en menant, par N, Nf parallèle à AI, on a dans le plan focal F un point du rayon réfracté. Ce rayon réfracté doit être parallèle à IN', c'est donc fR.

Comme vérification, le rayon incident AI et le rayon réfracté fR doivent rencontrer les plans principaux à la même distance de l'axe.

Détermination des points cardinaux. — Il faut maintenant voir comment, étant donné un système, on peut déterminer ses points et ses plans cardinaux. Le système centré se compose d'une série de dioptres placés à la suite les uns des autres. Prenons un rayon BY parallèle à l'axe principal AX, ce rayon se réfractera à travers les dioptres successifs ; après chaque réflexion, nous pourrons construire le rayon réfracté suivant par la construction indiquée plus haut dans le cas des dioptres. Finalement, nous aurons un rayon émergent CZ. Le point F où ce rayon CZ rencontre l'axe principal est le foyer principal du système. Nous savons que le rayon émergent CZ et le rayon incident BY doivent couper les plans principaux à la même hauteur ; le plan principal correspondant à F est donc forcément P.

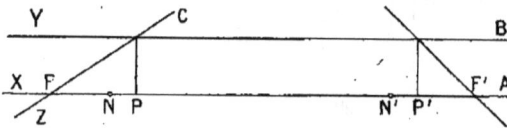

Fig. 331.

Nous ferons la même opération en considérant la lumière venant de gauche à droite. Nous trouverons ainsi un foyer F′ et un plan principal P′. D'après ce que nous avons dit plus haut sur la constitution des systèmes centrés, nous aurons les points nodaux en prenant FN = P′F′ et F′N′ = PF. Quant aux plans antiprincipaux, ils sont symétriques de P et P′ par rapport à F et F′.

Construction de l'image d'un objet. — *Généralités.* — Lorsqu'un objet forme une image dans un système réfléchissant ou réfringent, chaque point de cet objet envoie un faisceau lumineux divergent qui, après réflexion ou réfraction, est transformé en un autre faisceau homocentrique. Pour avoir l'image d'un point, il n'est pas nécessaire de connaître tous les rayons réfléchis ou réfractés, il suffit d'en construire deux : l'image se trouve à leur intersection.

On peut donc, pour trouver l'image d'un point, prendre deux rayons quelconques issus de ce point, chercher les rayons transformés : l'image sera à leur intersection.

Mais, au lieu de prendre deux rayons quelconques, on simplifie beaucoup les constructions en choisissant deux rayons dont il est facile de trouver les rayons transformés.

Les rayons qui se trouvent dans ces conditions sont au nombre de trois :

1° Un rayon parallèle à l'axe; le rayon transformé s'obtient immédiatement en joignant le foyer au point où le rayon incident rencontre le plan principal;

2° Un rayon passant par le foyer principal; le rayon transformé est parallèle à l'axe et passe par le point où le rayon incident coupe le plan principal;

3° Un rayon dirigé suivant l'axe secondaire suit cet axe secondaire sur tout son parcours.

Suivant les cas, on peut choisir deux quelconques de ces trois rayons pour construire l'image d'un point.

Quand on sait construire l'image d'un point, on peut aussi construire l'image d'un objet qui est composé d'une série de points.

Pour étudier comment varie l'image d'un objet dans les divers cas, nous allons, suivant l'usage, prendre pour objet une flèche perpendiculaire à l'axe principal; quand on aura trouvé l'image de la pointe, il suffira, pour avoir l'image de la flèche, d'abaisser une perpendiculaire sur l'axe principal.

Nous allons examiner successivement les différents systèmes réfléchissants et réfringents.

Miroirs (fig. 332, pour le miroir convergent et fig. 333, pour le miroir divergent). — Le rayon OA parallèle à l'axe rencontre le

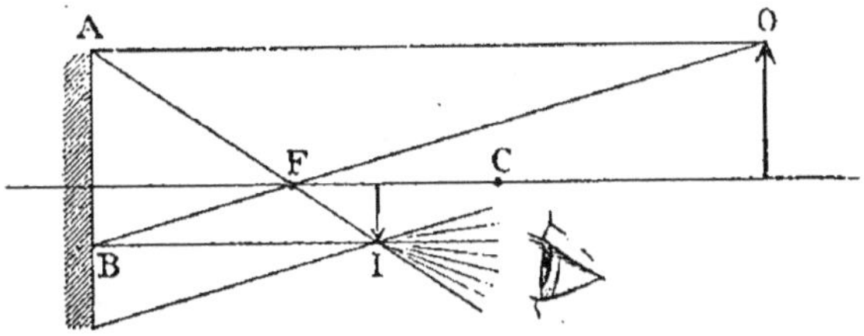

Fig. 332.

plan principal en A et se réfléchit suivant AF; OB passant par le foyer rencontre le plan principal en B et se réfléchit parallèlement à l'axe principal suivant BI; I, point d'intersection des deux rayons réfléchis, est l'image du point O, et l'image de la flèche s'obtient en abaissant de I sur l'axe une petite perpendiculaire.

On a une image en I parce que O envoie sur le miroir un faisceau conique limité par le cadre de ce miroir, et transformé par réflexion en un autre faisceau conique. L'œil placé dans ce faisceau conique émergent perçoit une image.

Cette image est réelle, dans le cas de la figure, pour le miroir convergent, et virtuelle pour le miroir divergent; mais il ne faudrait pas en conclure qu'il en est toujours ainsi : cela dépend de la position de l'objet.

Lorsque l'objet se déplace le long de l'axe principal, son image varie de position, de grandeur, de sens, de réalité. Le sommet O

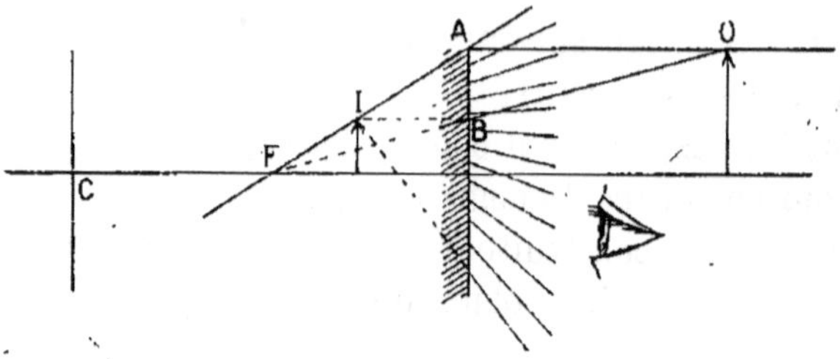

Fig. 333.

de l'objet se trouve toujours sur la parallèle OA à l'axe principal, par conséquent l'image I se trouve toujours sur la droite AI. Cette

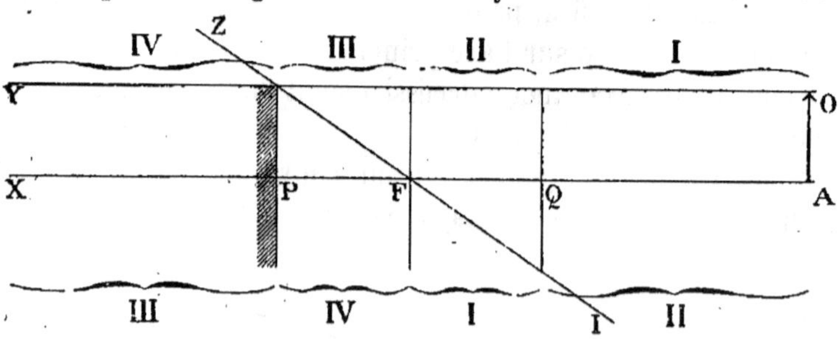

Fig. 334.

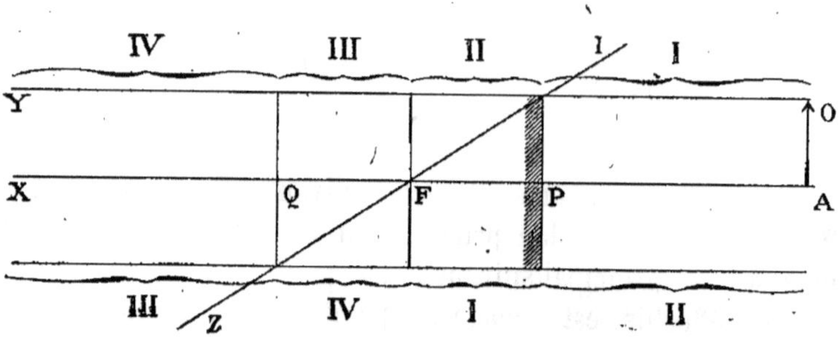

Fig. 335.

droite AI est ce que l'on appelle la *caractéristique* de l'image de O.

Il n'y a pas lieu ici de faire la discussion complète des diverses positions que peut prendre l'image lorsque l'objet se déplace;

nous allons résumer les résultats en une figure et un tableau.

AX est l'axe principal : l'objet se déplace de l'infini à droite jusqu'à l'infini à gauche, son sommet O restant sur la droite OY. Le sommet I de l'image se déplace sur la caractéristique IZ passant par le foyer principal F.

Le plan focal F, le plan principal P et le plan antiprincipal Q passant par le centre du miroir, et symétrique du plan principal par rapport au foyer, divisent l'espace en quatre zones remarquables. Lorsque l'objet est dans une de ces zones marquée d'un chiffre romain placé au-dessus de l'axe, l'image est dans la zone marquée du même chiffre romain au-dessous de l'axe (fig. 334, pour le miroir convergent et fig. 335, pour le miroir divergent).

Il est important de remarquer que lorsque l'objet se déplace l'image se déplace en sens contraire; cette règle est générale dans tous les cas de réflexion.

Certaines positions particulières de l'objet et de l'image sont à remarquer.

Lorsque l'objet est à l'infini, l'image est au foyer.

Lorsque l'objet est au plan antiprincipal, l'image y est aussi.

Lorsque l'objet est au foyer, l'image est à l'infini.

Lorsque l'objet est au plan principal, l'image y est aussi.

Ces règles suffisent pour trouver approximativement et d'une façon rapide la position de l'image correspondante à une position donnée de l'objet.

Une fois cette position trouvée, la caractéristique donne la grandeur de l'image et son sens. Cette image est réelle ou virtuelle suivant qu'elle est en avant ou en arrière de la surface du miroir, c'est-à-dire du plan principal.

On voit ainsi, pour le miroir convergent, que lorsque l'image est dans la zone

I elle est renversée, réelle, plus petite que l'objet;
II elle est renversée, réelle, plus grande que l'objet;
III elle est droite, virtuelle, plus grande que l'objet;
IV elle est droite, réelle, plus petite que l'objet.

Pour le miroir divergent en

I elle est droite, virtuelle, plus petite que l'objet;
II elle est droite, réelle, plus grande que l'objet;
III elle est renversée, virtuelle, plus grande que l'objet;
IV elle est renversée, virtuelle, plus petite que l'objet.

On voit de plus que l'image en F est de dimension nulle;

en P elle est égale à l'objet et droite, en Q égale à l'objet et renversée. A l'infini elle a des dimensions infinies.

Il est aisé de comprendre quelle est la nature de l'objet lorsque cet objet se trouve en avant du miroir et qu'il est réel; mais derrière le miroir l'objet est virtuel. Voici à quoi cela correspond.

Considérons un faisceau convergent formant l'image d'un point lumineux en A, par exemple, fig. 336. Si nous plaçons un miroir sur le trajet des rayons avant leur intersection en A, ces rayons se réfléchiront et donneront une image en A'; A' sera l'image de A, qui n'existe pas en réalité et que l'on appelle un objet virtuel par rapport au miroir.

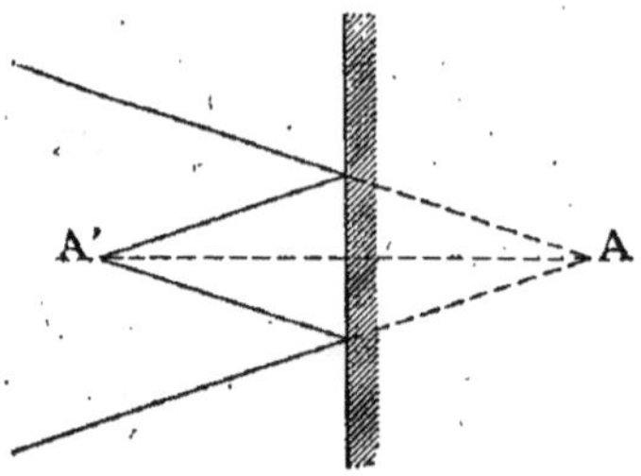

Fig. 336.

Dioptres. — Nous n'avons qu'à reproduire ce que nous avons dit plus haut pour les miroirs, fig. 337, pour les dioptres convergents et fig. 338, pour les dioptres divergents.

Le rayon parallèle à l'axe rencontre le plan principal en A et se réfracte suivant AF.

Le rayon OF' passant par le foyer F' rencontre le plan principal en B et se réfracte parallèlement à l'axe principal suivant BI; I, point d'intersection des deux rayons réfractés, est l'image du point O, et l'image de la flèche s'obtient en abaissant de I une petite perpendiculaire sur l'axe.

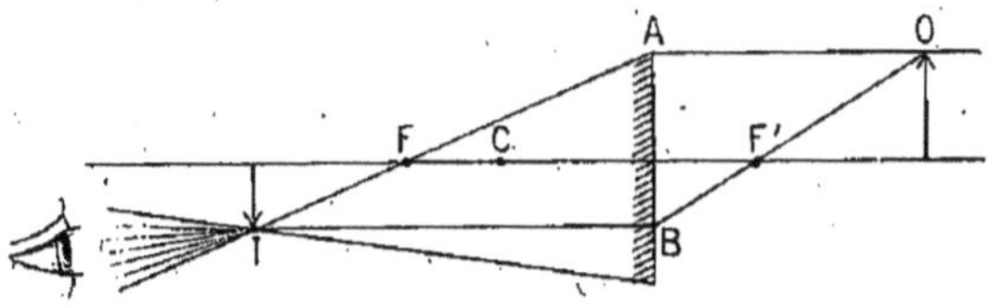

Fig. 337.

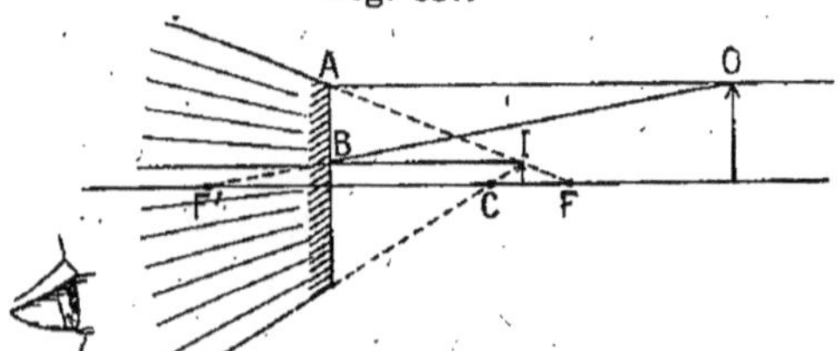

Fig. 338.

On a une image en I parce que O envoie sur le dioptre un faisceau conique limité par le cadre du dioptre et transformé par réfraction en un autre faisceau conique ayant son sommet en I. L'œil placé dans ce faisceau conique émergent perçoit une image.

Cette image est réelle, dans le cas de la figure, pour le dioptre convergent et virtuelle pour le dioptre divergent.

Lorsque l'objet se déplace le long de l'axe principal, nous allons retrouver, comme pour les miroirs, une série de variations de sens, de grandeur, de réalité. AI sera encore la caractéristique sur laquelle se déplacera l'image du point O.

Nous allons résumer, comme nous l'avons fait pour les miroirs,

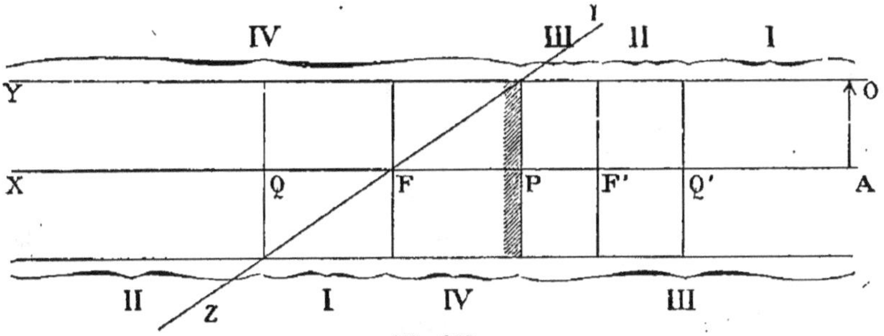

Fig 339.

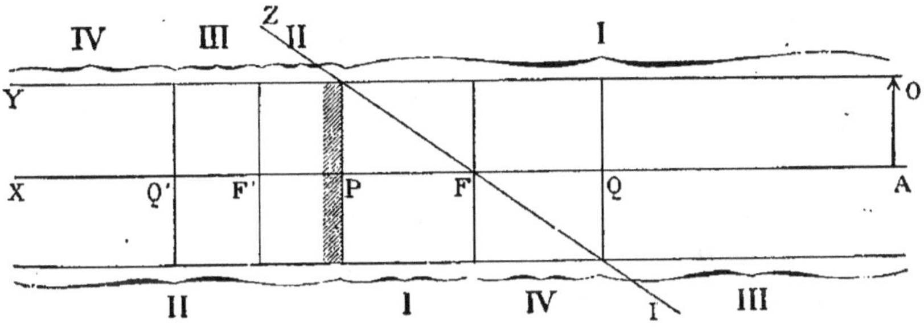

Fig. 340.

les résultats que l'on obtient en étudiant les variations de l'image dans les diverses positions de l'objet.

L'objet peut encore se trouver dans quatre zones remarquables déterminées par le premier plan antiprincipal rencontré par la lumière, le premier plan focal et le plan principal.

L'image se trouve alors successivement dans quatre autres zones déterminées par le plan principal, l'autre plan focal et l'autre plan antiprincipal.

Ces zones diffèrent de celles que nous avons trouvées pour les miroirs, en ce qu'elles empiètent les unes sur les autres. La figure donne la correspondance de ces zones, le chiffre romain placé au-dessus de l'axe indiquant la zone dans laquelle se trouve l'objet, le chiffre romain placé au-dessous donnant la zone correspondante de l'image (fig. 339, pour le dioptre convergent et fig. 340, pour le dioptre divergent).

Contrairement à ce qui se passe dans la formation des images par réflexion, lors du déplacement de l'objet l'image par réfraction se déplace toujours dans le même sens que l'objet.

Il est aisé de voir que lorsque l'objet est à l'infini l'image est au foyer.

Lorsque l'objet est au premier plan antiprincipal, l'image est dans l'autre.

Lorsque l'objet est au premier foyer, l'image est à l'infini.

Lorsque l'objet est au plan principal, l'image y est aussi.

Ces règles très simples permettent de trouver rapidement la position approximative de l'image pour une position donnée de l'objet.

Une fois cette position trouvée, la caractéristique donne la grandeur et le sens de l'image. Cette image est réelle ou virtuelle, suivant qu'elle est en avant ou en arrière de la surface du dioptre, c'est-à-dire du plan principal.

On voit ainsi que, pour le dioptre convergent, lorsque l'image est dans la zone

I elle est renversée, réelle, plus petite que l'objet;
II elle est renversée, réelle, plus grande que l'objet;
III elle est droite, virtuelle, plus grande que l'objet;
IV elle est droite, réelle, plus petite que l'objet.

Pour le dioptre divergent, en

I elle est droite, virtuelle, plus petite que l'objet;
II elle est droite, réelle, plus grande que l'objet;
III elle est renversée, virtuelle, plus grande que l'objet;
IV elle est renversée, virtuelle, plus petite que l'objet.

On voit de plus que l'image en F est de dimension nulle, en P elle est égale à l'objet et droite, en Q elle est égale à

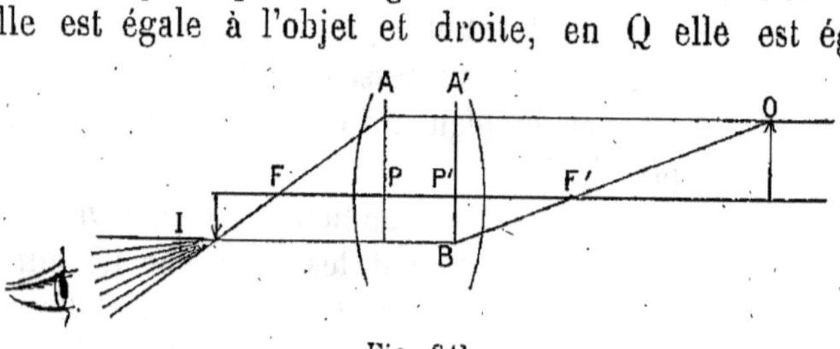

Fig. 341.

l'objet et renversée. A l'infini, elle a des dimensions infinies.

Pour l'interprétation de l'objet virtuel, il n'y a qu'à se reporter à ce que nous avons dit pour les miroirs.

Lentilles. — Ici encore il n'y a qu'à reproduire la construction donnée à propos des miroirs et des dioptres (fig. 341, pour la lentille convergente et fig. 342, pour la lentille divergente).

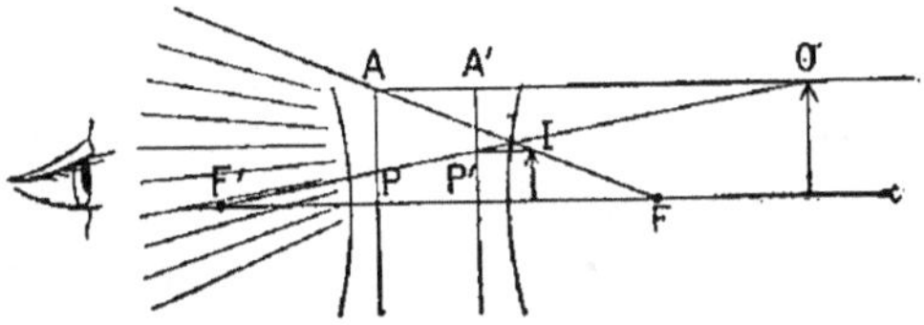

Fig. 342.

Le rayon parallèle à l'axe rencontre le plan principal en A'; le rayon réfracté doit passer dans l'autre plan principal à la même

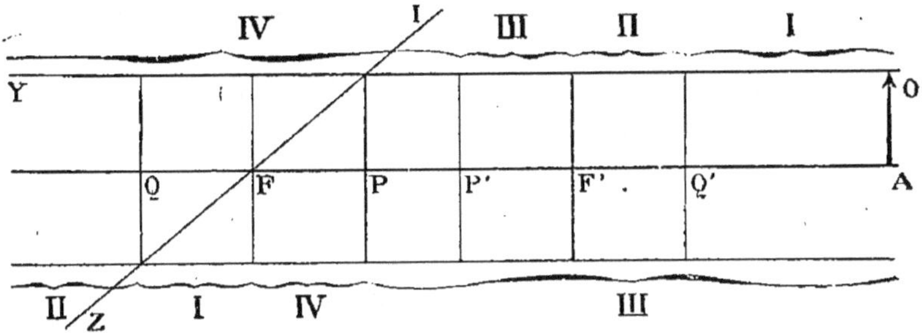

Fig. 343.

distance de l'axe que A'; il suffit donc de prolonger le rayon parallèle à l'axe jusqu'en A : AF est le rayon réfracté.

Le rayon OF' passant par le foyer rencontre le plan principal

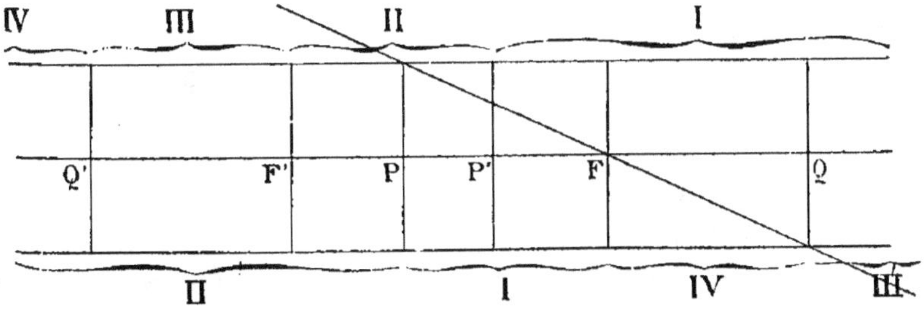

Fig. 344.

en B et, de là, doit se propager parallèlement à l'axe principal suivant BI.

I, point d'intersection des deux rayons réfractés, est l'image du point O, et l'image de la flèche s'obtient en abaissant de I une perpendiculaire sur l'axe.

On a une image en I parce que O envoie sur la lentille un faisceau conique transformé, par la réfraction, en un autre faisceau conique ayant son sommet en I.

AI est encore la caractéristique suivant laquelle se déplace I, image du point O, lorsque l'objet O se déplace le long de l'axe.

Pour les lentilles, il y a aussi une division en zones. Cette division est représentée sur les figures 343 pour la lentille convergente et figure 344 pour la lentille divergente; en se reportant à ce que nous avons dit pour les miroirs et pour les dioptres, il est facile de saisir la correspondance des images et des objets.

Lorsque l'objet est à l'infini, l'image est au foyer.

Lorsque l'objet est au premier plan antiprincipal, l'image est à l'autre.

Lorsque l'objet est au foyer, l'image est à l'infini.

Lorsque l'objet est au premier plan principal, l'image est à l'autre.

Avec ces règles très simples on peut, dans tous les cas, en se rappelant que l'image et l'objet se déplacent dans le même sens, trouver rapidement la position approximative de l'image pour une position donnée de l'objet.

Une fois cette position trouvée, la caractéristique donne la grandeur et le sens de l'image. Cette image est réelle ou virtuelle suivant qu'elle est en avant ou en arrière de la dernière surface réfringente traversée.

On voit ainsi que, pour la lentille convergente, lorsque l'objet est dans la zone

I elle est renversée, réelle, plus petite que l'objet;
II elle est renversée, réelle, plus grande que l'objet;
III elle est droite, virtuelle, plus grande que l'objet;
IV elle est droite, réelle, plus petite que l'objet.

Pour la lentille divergente, en

I elle est droite, virtuelle, plus petite que l'objet;
II elle est droite, réelle, plus grande que l'objet;
III elle est renversée, virtuelle, plus grande que l'objet;
IV elle est renversée, virtuelle, plus petite que l'objet.

On voit aussi que l'image est de dimension nulle en F, en P elle est égale à l'objet à droite, en Q elle est égale à l'objet et renversée.

II

PUISSANCES DES SYSTÈMES CENTRÉS

En général, quand on veut indiquer la valeur optique d'un miroir ou d'une lentille, on donne sa distance focale.

Pour les lentilles employées en ophtalmologie on a opéré autrement. Pendant longtemps ces lentilles étaient désignées par un numéro représentant en pouces le rayon de courbures des faces, on n'employait en effet guère que des lentilles biconvexes ou biconcaves, et dire qu'une lentille de cette sorte avait le n° 10 par exemple, signifiait que les deux faces avaient 10 pouces de rayon de courbure. Par une coïncidence heureuse, ce numéro donnait ainsi très sensiblement la distance focale de la lentille en pouces. Cela tient à la valeur de l'indice de réfraction du verre généralement employé pour la fabrication de ces lentilles. En prenant des matériaux d'indice différent on aurait des lentilles qui à même numéro ne posséderaient pas des propriétés optiques identiques.

Ce système avait de nombreux inconvénients. D'abord, par suite de l'inégalité d'indice et des diverses valeurs du pouce dans les différents pays, on ne savait jamais quelle était la valeur exacte d'un verre correcteur. En second lieu on se heurtait à une difficulté d'ordre pratique quand on en voulait connaître l'effet produit par la superposition de deux verres, opération fréquente en oculistique. Prenons par exemple un verre convergent n° 4 et un verre convergent n° 6 et superposons-les, quel sera le verre équivalent au système résultant de cette superposition? On ne peut le savoir sans un calcul, qu'il est malaisé de faire au cours d'un examen de réfraction. Enfin il n'était pas très logique de voir le numéro des verres diminuer quand leur effet allait en croissant et inversement.

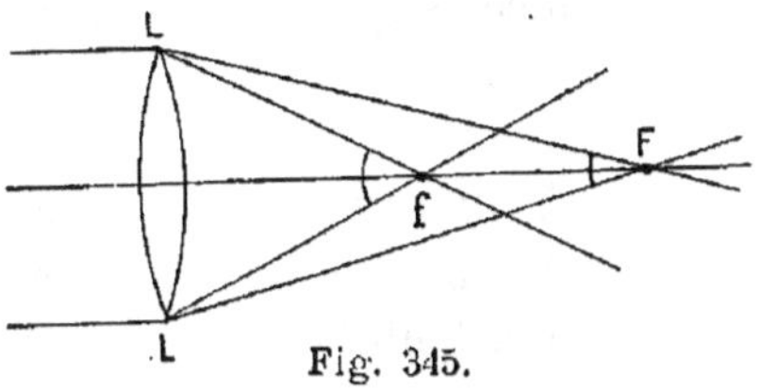

Fig. 345.

Le système actuellement en usage remédie à tous ces inconvénients, il est basé sur ce que l'on appelle la puissance des lentilles.

Considérons une lentille, convergente par exemple, ayant 1 m. de distance focale (fig. 345). Les rayons qui tomberont sur cette lentille parallèlement à l'axe principal, s'entrecouperont, après réfraction, au foyer F situé sur l'axe principal à 1 m. de la lentille.

On dit, par convention, que cette lentille a l'unité de puissance, et cette unité a été nommée *la Dioptrie*. Si la distance focale de la lentille diminue et devient par exemple égale à un demi-mètre, les rayons qui tombent sur cette lentille parallèlement à l'axe seront plus convergents que dans le cas précédent, l'angle L/L est double de l'angle LFL, on dit que la puissance a doublé, c'est-à-dire que la nouvelle lentille a 2 dioptries de puissance. Si la distance focale devient un tiers de mètre, la puissance de la lentille deviendra 3 dioptries, et ainsi de suite.

Donc, pour avoir la puissance d'une lentille évaluée au moyen de la dioptrie, il faut mesurer la distance focale de cette lentille en mètres et diviser l'unité par le nombre ainsi trouvé.

Le premier avantage de ce système est qu'au point de vue optique la valeur d'une lentille est parfaitement définie par son nombre de dioptries, quel que soit le rayon de courbure de ses faces et l'indice de réfraction de la matière employée pour la faire. Pour distinguer les lentilles convergentes des lentilles divergentes on les affecte du signe + et du signe —. Ainsi une lentille de + 3 dioptries est une lentille convergente ayant un tiers de mètre de distance focale. Une lentille de — 5 dioptries est une lentille divergente ayant un cinquième de mètre de distance focale.

Le deuxième avantage est que dans la superposition des verres les puissances s'ajoutent, en tenant compte de leurs signes. Ainsi plaçons une lentille de + 2 dioptries sur une lentille de + 5 dioptries, nous obtiendrons un système équivalent à une lentille unique ayant + 7 dioptries. Plaçons une lentille de + 2 dioptries sur une lentille de — 5 dioptries, nous obtiendrons un système équivalent à une lentille unique ayant — 3 dioptries. Ceci n'a lieu, il importe de le remarquer, que pour deux lentilles minces appliquées l'une sur l'autre, au contact. Si on les sépare, la loi d'addition est en défaut, d'autant plus que l'intervalle entre les deux lentilles est plus important.

On a généralisé la définition de la puissance en l'appliquant aux miroirs, aux dioptres et aux systèmes centrés quelconques, et l'on considère que dans tous les cas la puissance d'un système optique centré s'obtient en divisant l'unité par la valeur de la distance focale mesurée en mètres. Dans ces cas, comme on ne peut plus faire la superposition au contact, les puissances ne s'ajoutent plus. Ainsi si l'on superpose deux objectifs de microscope, leurs puissances ne s'additionnent pas.

On trouve encore dans le commerce beaucoup de bésicles numérotées suivant l'ancien système, et bien des personnes ne connaissent leur verre correcteur que par son numéro. Il importe donc de savoir quelle est la correspondance entre les deux systèmes, l'ancien et le nouveau.

Cette correspondance ne peut être parfaite, puisque dans l'ancien système, comme il a été dit plus haut, un numéro ne correspond pas à un verre bien défini. Pratiquement on a un résultat satisfaisant en appliquant une formule d'après laquelle le produit du numéro par la valeur en dioptries donne un nombre constant 40. Ainsi, pour toute lentille, si l'on multiplie son numéro ancien par sa puissance en dioptries, on obtient 40, environ. Si donc on a le numéro, il suffit de diviser 40 par ce numéro pour avoir la puissance en dioptries, ou inversement, si on a la puissance, en divisant 40 par cette puissance on a le numéro. Ainsi un n° 8 équivaut à 5 dioptries et un verre de 4 dioptries à un n° 10.

L'ophtalmologiste doit avoir à sa disposition une collection des diverses lentilles nécessaires à la correction des amétropies. Ces lentilles sont aujourd'hui graduées en dioptries et rangées méthodiquement dans une boîte; c'est ce qu'on l'on désigne sous le nom de boîte d'optique.

Cette collection sert non seulement à faire des examens d'amétropies comme il sera indiqué plus loin, mais aussi à déterminer la valeur d'un verre porté par un sujet. Cette détermination est très importante : il faut, quand une personne se présente chez l'ophtalmologiste, que celui-ci puisse reconnaître le verre qu'elle porte habituellement, et cela pour diverses raisons. Il peut arriver, entre autres, que ce verre, donné par un autre médecin. ait à un certain moment parfaitement corrigé la vision du sujet; on saura alors si l'amétropie a varié depuis le moment de cette correction jusqu'au moment actuel.

Pour déterminer la valeur d'un verre on se base sur la loi d'addition des puissances. On commence par rechercher si le verre est convergent ou divergent. Pour cela on le place près de son œil et on regarde un objet éloigné. On balance le verre de gauche à droite ou de bas en haut, et l'on voit les images des objets éloignés se déplacer. Si elles se déplacent dans le même sens que le mouvement donné à la lentille, celle-ci est divergente; si elles se déplacent en sens contraire la lentille est convergente.

Ceci fait, on prend dans la boîte d'optique un verre d'espèce contraire au verre examiné, on les superpose et on recommence la même opération. On finit par trouver rapidement avec un peu d'habitude, un verre qui annule le verre étudié, c'est-à-dire qui lui étant superposé donne un ensemble se comportant comme une lame à faces parallèles. En la déplaçant de haut en bas devant l'œil, les images des objets éloignés ne bougent pas. A ce moment les deux verres ont la même puissance, l'un étant positif, l'autre négatif. Il suffit de lire la puissance du verre pris dans la boîte d'optique pour avoir celle du verre étudié.

III

ŒIL RÉDUIT

Pour arriver jusqu'à la rétine, la lumière traverse les milieux transparents de l'œil qui la réfractent et donnent sur cette rétine des images réelles des objets extérieurs. C'est à la formation de ces images que nous devons la vision des objets.

Les milieux transparents de l'œil rencontrés successivement par la lumière sont la cornée, l'humeur aqueuse, le cristallin et l'humeur vitrée. L'humeur aqueuse est séparée de l'air par la cornée à laquelle nous pouvons attribuer une forme sphérique. L'indice de réfraction de l'humeur aqueuse et de l'humeur vitrée est très sensiblement égal à $4/3 = 1,33$, celui du cristallin un peu supérieur et égal à $1,42$ environ.

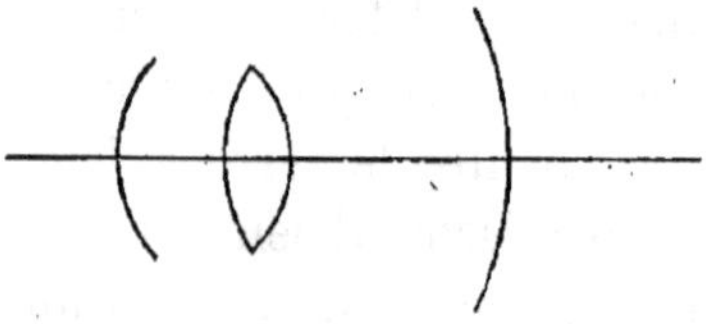

Fig. 346.

La cornée se comporte comme une lame à faces parallèles mince, il n'y a pas lieu de tenir compte de la réfraction qu'elle produit et l'on peut admettre que tout se passe comme si l'humeur aqueuse était en contact direct avec l'air.

Lorsque les rayons lumineux issus d'une source extérieure tombent sur l'œil, ils se réfractent successivement à travers la cornée, la face antérieure et la face postérieure du cristallin, avant d'arriver à la rétine. Il faut donc dans chaque cas particulier où l'on étudie la formation de l'image d'un objet sur la rétine, suivre chaque rayon lumineux dans ses trois réfractions successives. Cela donne lieu à des constructions très compliquées. Il y a lieu de se demander si l'on ne peut pas simplifier les choses et remplacer, pour l'étude, les milieux réfringents de l'œil par un système plus simple. Souvent, par la démonstration, on assimile l'œil à une lentille convergente formant des images réelles sur un écran figurant la rétine ; une pareille analogie, admissible pour montrer certains phénomènes grossiers, s'éloigne beaucoup de la réalité. En général on ne peut pas remplacer une combinaison quelconque de surfaces réfringentes par une lentille ; cela est bien évident. Sans cela, en effet, tous les instruments d'optique, lunettes et microscopes, pourraient se réduire à une simple lentille.

Pour savoir si l'on peut ramener l'œil à un système plus simple, il faut chercher comment sont disposés les foyers, points nodaux, plans principaux de l'œil.

La cornée a un rayon de courbure d'environ 8 mm. La face antérieure du cristallin a un rayon de courbure de 10 mm. et la face postérieure de 6 mm. De plus il y a une distance de 4 mm. entre la cornée et la face antérieure du cristallin et la même distance entre les deux faces du cristallin. Étant donné ces dimensions et la valeur des indices de réfraction des milieux de l'œil, on a pu calculer les positions des points et plans cardinaux de l'œil qui sont situés de la façon suivante :

1er foyer principal en arrière de la cornée à .	22 mm. 2
— avant — .	12 mm. 9
1er plan principal en arrière de la cornée à .	2 mm. 4
2e — — .	1 mm. 9
1er point nodal — .	7 mm. 4
2e — — .	6 mm. 9

On voit que les deux plans principaux sont très voisins l'un de l'autre. Dans la pratique on peut les considérer comme confondus en un seul point situé dans une position moyenne à 2 mm. 15 en arrière de la cornée. De même les deux points nodaux peuvent se confondre en un point nodal unique situé à 7 mm. 15 en arrière de la cornée. Il en résulte que les divers points et plans cardinaux sont disposés l'un par rapport à l'autre de la façon suivante (fig. 347) :

Un foyer principal se trouve à 12 mm. 9 + 2 mm. 15 = 15 mm. 05 en avant du plan principal unique résultant de la fusion des deux plans principaux. Derrière ce plan principal se trouve un point nodal unique ou centre optique, situé à 7 mm. 15 — 2 mm. 15 = 5 mm. derrière ce plan principal. Enfin un autre foyer principal se trouve à 22 mm. 2 — 7 mm. 15 = 15 mm. 05 derrière le centre optique. Cette distribution est représentée sur la figure 348.

Tout système optique équivalent à l'œil doit avoir cette distribution des foyers, points nodaux et plans principaux. On voit

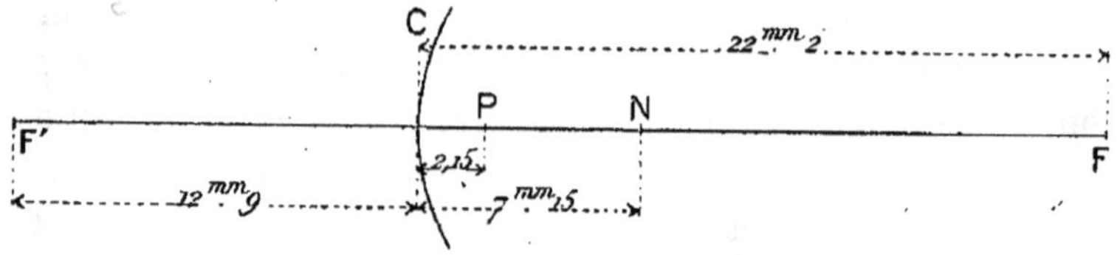

Fig. 347.

immédiatement que le système optique de l'œil ne peut être assimilé à une lentille, puisque dans toute lentille les points nodaux se trouvent dans les plans principaux, et dans le cas des lentilles très minces où l'on ne considère plus qu'un centre optique et un plan principal, le centre optique est dans le plan principal. De plus,

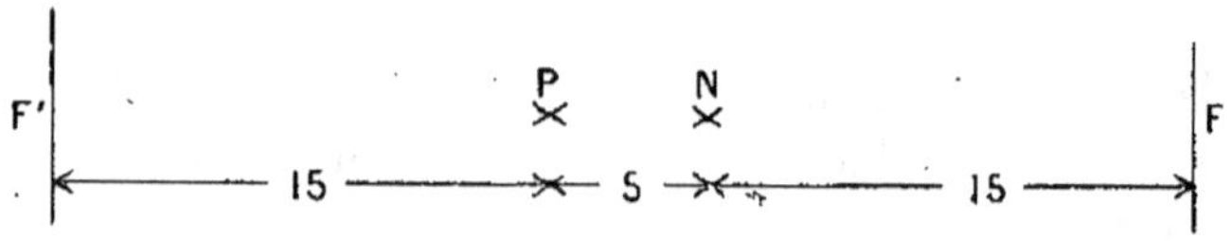

Fig. 348.

dans toute lentille les distances des foyers au plan principal sont égales, ce qui n'a pas lieu dans le cas de la figure (fig. 348).

Considérons au contraire un dioptre dont le centre soit en N et qui ait 5 mm. de rayon, c'est-à-dire dont le sommet soit en P. Pour un pareil dioptre le centre optique unique serait en N, le plan principal en P. De plus si son indice de réfraction est égal $\frac{PF}{PF_1} = \frac{4}{3}$ on démontre que ses foyers seront en F et F_1. Un pareil dioptre remplit précisément les conditions voulues pour être équivalent à l'œil. En effet il a les mêmes points et plans cardinaux, et nous savons que deux systèmes qui ont les mêmes points et plans cardinaux peuvent se substituer l'un à l'autre.

Donc, dans toutes les études de réfraction que l'on voudra faire sur l'œil, on pourra remplacer le système optique de cet œil par un dioptre ayant son centre au point N situé à 7 mm. 15 en arrière de la cornée, 5 mm. de rayon et un indice de réfraction égal à 4/3.

Ce dioptre aura un foyer à 15 mm. en avant de son plan principal et un autre à 20 mm. en arrière.

Ceci se rapporte à ce que l'on appelle l'œil normal moyen; il est bien entendu qu'il peut y avoir des variations individuelles d'une personne à l'autre, certaines de ces variations sont très importantes et seront étudiées plus loin.

De plus, tout ce que nous avons dit se rapporte à l'œil non accommodé; nous allons voir ce que signifie l'œil non accommodé et son passage à l'état d'accommodation.

Le dioptre par lequel on peut remplacer le système optique de l'œil normal moyen est ce que l'on appelle l'*œil réduit de Listing*.

IV

VISION

Emmétropie.

La lumière étant censée venir de gauche à droite dans le cas de la figure, la rétine se trouve au voisinage du plan focal passant par F.

Supposons d'abord qu'il y ait coïncidence entre cette rétine et le plan focal, la cornée se trouvant en CC' et le dioptre par lequel on peut remplacer tous les milieux réfringents de l'œil étant en P

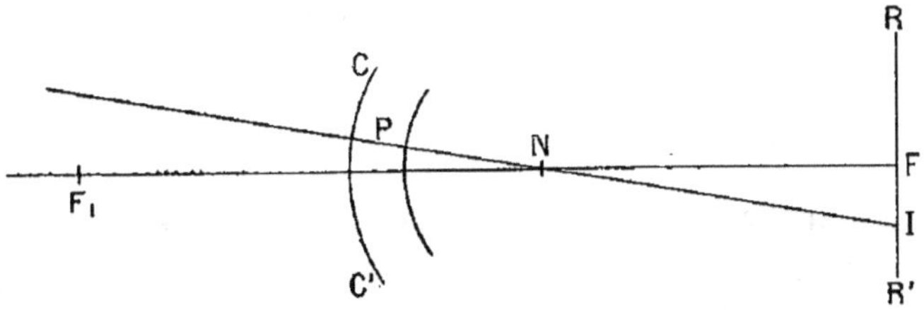

Fig. 349.

avec son centre en N. Un point lumineux situé à l'infini à gauche enverra sur l'œil un faisceau de rayons parallèles entre eux : ces rayons, après réfraction, se couperont, comme on sait, en un point du plan focal F, c'est-à-dire que le point lumineux de l'infini donnera une image nette sur la rétine. Pour avoir la position de cette image, il suffit de joindre le point de l'infini à N et de le prolonger jusqu'en I. Nous savons en effet que NI est un rayon qui n'est pas dévié par la réfraction, c'est l'axe secondaire du point dont on cherche l'image.

Nous verrons plus loin que la puissance de l'œil peut varier avec ce que l'on appelle son *état d'accommodation*. — Lorsque l'œil est à son minimum de puissance, on dit qu'il est *désaccommodé* ou *non accommodé*.

L'œil, *non accommodé*, pour lequel la rétine coïncide avec le plan focal F est dit emmétrope. Pour cet œil, non accommodé, l'image d'un point ou, bien entendu, de plusieurs points, c'est-à-dire d'un objet situé à l'infini, est sur la rétine. Donc, pour avoir l'image d'un point à l'infini il suffit de mener l'axe secondaire correspondant et de prendre son intersection avec la rétine.

Accommodation.

L'étude de l'œil nous montre que la vision d'un objet est nette lorsque cet objet forme son image réelle sur la rétine, à travers les milieux réfringents de cet œil. Si l'image tombe en avant ou en arrière de la rétine, un point lumineux extérieur ne donne plus sur la rétine une image punctiforme, mais il se forme un petit cercle éclairé dit cercle de diffusion, d'autant plus grand que l'image est plus en avant ou en arrière de la rétine. Ceci se conçoit à la simple inspection de la figure 350.

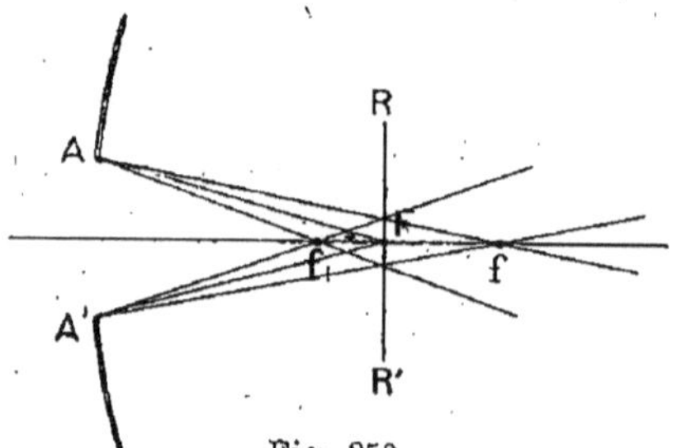

Fig. 350.

Supposons la rétine représentée par RR'; après réfraction un faisceau venant d'un point extérieur donne un faisceau AFA' convergent en un point F de la rétine. L'image sur la rétine sera un point. Supposons maintenant que le faisceau converge en f, on voit que la tache lumineuse formée par AfA' sur la rétine RR' sera d'autant plus grande que f est plus éloigné vers la droite. Pour un faisceau se coupant en f_1, en avant de la rétine, la tache sera d'autant plus grande que f_1 sera plus écarté vers la gauche.

Si maintenant on observe un objet composé d'une série de points, pour que l'image sur la rétine soit la reproduction de cet objet, et que l'on ait une impression nette de cet objet, il faut que chaque point donne une image punctiforme. Si, au contraire, chaque point donne une tache, ces taches se confondent plus ou moins les unes avec les autres, on ne verra pas les détails de l'objet (fig. 351).

Ceci dit, considérons un objet, un point lumineux, à l'infini devant un œil emmétrope, non accommodé, nous savons que l'image nette de ce point se forme sur la rétine. Supposons maintenant que le point se rapproche de l'œil, se déplaçant de gauche à droite dans le cas de nos figures, nous savons que l'image de ce point doit aussi se déplacer de gauche à droite ; par conséquent elle va passer derrière la rétine et la vision cessera d'être nette.

Fig. 351.

Pour que l'image continue à se trouver sur la rétine, il faut de deux choses l'une : ou bien que la rétine se déplace par rapport au système optique, c'est-à-dire que l'œil s'allonge, ou bien que la puissance réfringente de l'œil augmente.

L'expérience prouve que l'œil emmétrope, qui peut voir nette-

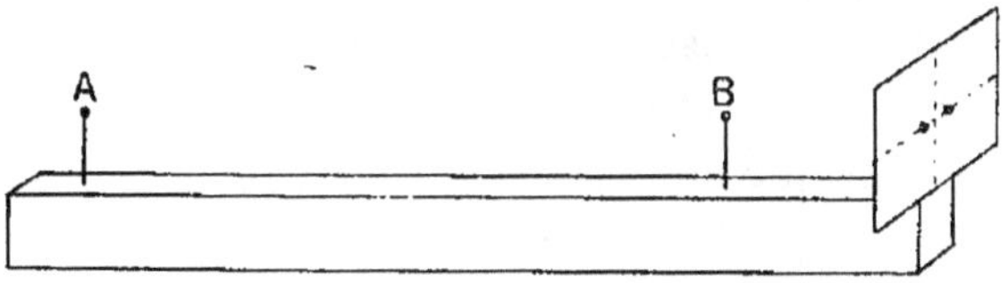

Fig. 352.

ment les objets à l'infini, continue à avoir la vision nette lorsque ces objets se rapprochent de lui ; pour cela il fait entrer en jeu son *accommodation*. Il y a une limite à ce phénomène, c'est-à-dire

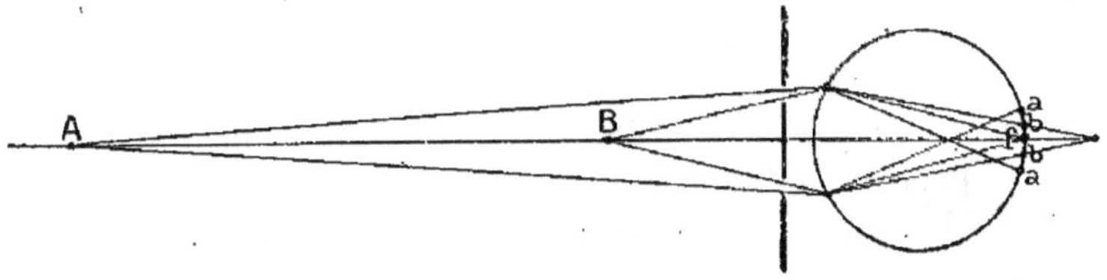

Fig. 353.

qu'il y a une distance en deçà de laquelle on ne peut pas rapprocher les objets en continuant à les voir nettement. Cette distance est dite *distance minima de la vision distincte* ; le point auquel se trouve l'objet quand cette distance est atteinte est le *punctum proximum* ; on est arrivé à la limite de l'accommodation.

Examinons d'un peu plus près le mécanisme de cette accommodation. D'abord nous allons montrer que lorsqu'on regarde un objet à l'infini, l'image des objets rapprochés se forme derrière la rétine, et que lorsqu'on accommode sur des objets rapprochés, l'image des objets éloignés se forme en avant de la rétine. Ceci se met en évidence grâce à l'expérience du P. Scheiner. Voici en quoi elle consiste :

Piquons sur une règle deux épingles A et B, et plaçons à l'extrémité de cette règle une carte percée sur une horizontale de deux trous d'épingle voisins de 2 à 3 mm. (fig. 352). Regardons à travers ces deux trous les deux épingles ; nous constatons qu'en fixant A, B nous paraîtra double, en fixant B c'est A qui nous paraîtra double. Si maintenant fixant A, et B paraissant double, nous venons, avec un petit écran, à boucher un des trous, l'image de B, du côté opposé au trou bouché disparaît. Si, au contraire, nous fixons B, A paraissant double, on bouche un trou, c'est l'image du même côté qui disparaît. Voici l'explication du phénomène.

Quand on fixe A, les rayons issus de A se coupent sur la rétine en *f* en donnant une image nette (fig. 353). Les rayons partis de B se coupent derrière la rétine, mais les deux trous du petit écran ne laissent passer que deux petits pinceaux lumineux, donnant sur la rétine deux très petites taches *b*, *b*, cela donne lieu à une vision double de B. Si l'on bouche un des trous de l'écran, l'image *b* du même côté disparaît, mais comme, par suite du renversement des images sur la rétine, nous extériorisons toujours une impression de sens contraire à ce qui se passe sur cette rétine, il nous semble que c'est l'image du côté opposé qui disparaît.

Le même raisonnement explique ce qui se passe quand on fixe B et que A paraît double.

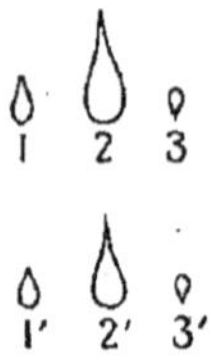

Fig. 354.

Les choses se passent donc bien comme nous l'avons dit ; mais l'accommodation peut s'expliquer soit par un déplacement de la rétine au moment de l'accommodation, soit par une augmentation de réfringence de l'œil.

L'expérience de Purkinje va nous montrer que c'est cette deuxième explication qu'il faut adopter.

Si l'on se met dans l'obscurité, et que l'on observe les images d'une bougie qui se forment par réflexion sur les surfaces de l'œil d'un sujet tourné du côté de cette bougie, on aperçoit généralement trois images.

L'une est très facile à voir, elle est brillante et de dimension suffisante pour ne pas pouvoir échapper à l'observateur. Elle se forme par réflexion sur la face antérieure de la cornée faisant office de miroir convexe. Elle est droite, sa pointe est dirigée vers le haut. La deuxième image est plus grande que la première, mais elle est beaucoup plus pâle; il faut une certaine habitude pour la voir, elle est aussi droite et provient de la réflexion sur la face antérieure du cristallin. Enfin la troisième image est très brillante, mais très petite, elle est renversée et provient du miroir concave formé par la face postérieure du cristallin (fig. 354).

Si la personne que l'on observe dirige son regard au loin, les trois images se présentent à peu près sous l'aspect 1, 2, 3. Si cette personne vient à accommoder, les images 1 et 3 ne subissent aucune modification appréciable, 2 devient plus brillante et plus petite. Du moment que 2 devient plus petite cela prouve que la courbure du miroir qui la produit, c'est-à-dire de la face antérieure du cristallin augmente.

Helmholtz, qui a étudié ce phénomène de très près, a montré que dans le maximum d'accommodation, le rayon de courbure de la face antérieure du cristallin peut passer de 10 mm. à environ 6 mm. En même temps cette face se porte légèrement en avant, l'épaisseur du cristallin augmentant. Le rayon de la face postérieure diminue d'une façon à peine appréciable, il passe de 6 mm. à 5 mm. 5.

Quel est enfin le mécanisme de cette variation de courbure du cristallin?

Pendant longtemps on avait adopté l'explication suivante proposée par Helmholtz. Le cristallin est suspendu dans l'œil et maintenu en place par la zone de Zinn qui s'insère sur tout le pourtour du cristallin. A l'état de repos cette zone de Zinn serait tendue de façon à exercer sur tout le pourtour du cristallin une traction centrifuge. Il en résulterait un aplatissement d'avant en arrière de ce cristallin.

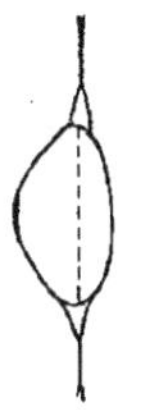

Fig. 355.

Lors de l'accommodation, il y aurait relâchement de la zone de Zinn, et par suite de son élasticité naturelle le cristallin se courberait davantage.

Helmholtz n'avait proposé cette explication que comme une hypothèse, mais ses successeurs ont été plus affirmatifs que lui et peu à peu l'ont donnée comme un fait démontré.

Dans ces dernières années Tscherning a repris la question par l'expérience et a établi une théorie beaucoup plus vraisemblable de l'accommodation. Il a d'abord fait remarquer que lors de la vision rapprochée ce n'est que le milieu du cristallin dont la courbure augmente; les parties périphériques s'aplatissent au contraire, de sorte qu'il y a passage de la face antérieure du cristallin, d'une forme analogue à 1 à une forme 2, l'effet étant exagéré sur la figure 356.

Fig. 356.

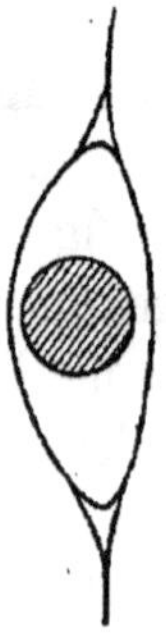
Fig. 357.

En même temps l'iris, très dilaté dans la vision éloignée et formant une large pupille, rétrécit cette pupille pour éliminer les rayons marginaux qui troubleraient la netteté de l'image fournie par les rayons centraux.

Ceci étant, M. Tscherning fait remarquer que le cristallin se compose d'un noyau central dur entouré d'une écorce plus molle (fig 357).

Si, au moment de l'accommodation la zone de Zinn exerce une traction centrifuge sur tout le pourtour du cristallin, les régions marginales s'aplatissent, tandis que la partie centrale se moule sur le noyau dur. Comme ce noyau a une courbure plus grande que la face antérieure du cristallin, on conçoit comment cette face antérieure augmente de courbure. A mesure que l'on avance en âge, le volume du noyau central augmente, l'accommodation se fait moins bien; quand il a envahi tout le cristallin elle devient nulle.

Amplitude d'accommodation.

Considérons de nouveau l'œil emmétrope regardant à l'infini, puis accommodant de plus en plus à mesure que l'objet regardé se rapproche. On peut remplacer cette accommodation par l'adjonction d'une lentille convergente convenablement choisie dans chaque cas et placée devant l'œil restant au repos. En effet si l'œil veut regarder le point A, il peut ou bien accommoder sur A, ou bien il suffira de placer devant l'œil non accommodé une lentille convergente dont le foyer sera en A (fig. 358). Nous savons en effet

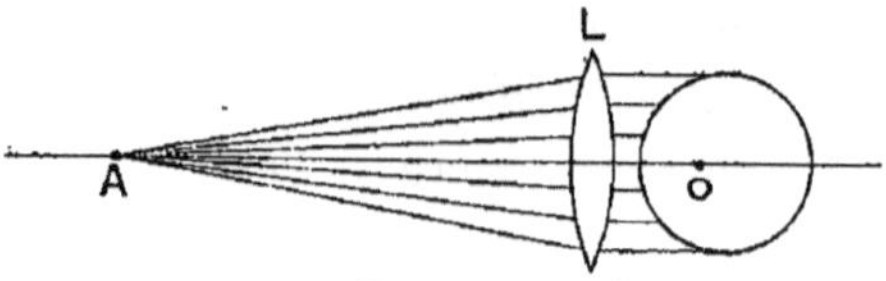

Fig. 358.

que tous les rayons qui partent de A et tombent sur la lentille L, seront parallèles entre eux après le passage à travers cette lentille; ils se comporteront comme s'ils venaient d'un point à l'infini et formeront par suite une image nette sur la rétine. La lentille L peut donc remplacer l'accommodation pour voir en A, et l'on peut aussi exprimer la valeur de l'accommodation par la puissance de la lentille qui produit le même effet.

Il en résulte que pour voir à 1 m., un emmétrope accommodera d'une dioptrie, pour voir à 1/2 m., de deux dioptries et ainsi de suite. Nous avons dit qu'il y avait pour toute personne une limite à cette accommodation; la puissance de cette accommodation limite est ce que l'on nomme *l'amplitude d'accommodation*. Ainsi un emmétrope qui a 10 dioptries d'amplitude d'accommodation peut voir de l'infini jusqu'à 1/10 de m. de son œil.

Tout ceci n'est vrai que pour l'emmétrope : il ne faut pas le perdre de vue; nous dirons plus loin ce qui se passe quand cette condition n'est plus remplie.

Avec l'âge l'amplitude d'accommodation va en diminuant; quand elle devient insuffisante pour les besoins des occupations auxquelles on se livre, on dit qu'on est devenu presbyte. Il y a lieu de remarquer que par suite même de ce qui vient d'être dit, la presbytie n'est pas un état bien défini; un horloger ou un graveur dont le travail exige la vision de petits détails, et, par suite, la vision très rapprochée, se considérera comme presbyte, alors qu'un travailleur d'un autre corps de métier sera très satisfait encore de sa vue. En général, une des nécessités de vision rapprochée la plus commune à tous les individus étant la lecture des caractères ordinaires d'imprimerie, et cette lecture, pour être facile, nécessitant une vision à 30 ou 35 cm. environ, on considère que la presbytie commence quand l'emmétrope n'a plus à sa disposition que 3 dioptries d'amplitude d'accommodation environ. Aux approches de la cinquantaine, l'emmétrope commence à éprouver une véritable gêne par suite de sa presbytie, il faut alors suppléer à l'accommodation naturelle par une accommodation artificielle, c'est-à-dire porter des lunettes à verres convergents. A mesure que l'on avance en âge la puissance de ces verres devra être forcée de plus en plus; vers soixante-dix ans l'accommodation naturelle est près d'être nulle. L'expérience prouve qu'on a une vision rapprochée suffisante en portant, au début, entre quarante-cinq et cinquante ans, des lentilles de 1 dioptrie et forçant de 1/2 dioptrie leur puissance par cinq années d'augmentation d'âge.

Il est aisé de démontrer aussi que le secours apporté à l'accommodation par des verres convergents dépend de la position de ces verres par rapport à l'œil, il y a intérêt à les éloigner de l'œil. C'est pourquoi l'on voit les presbytes ayant choisi des lentilles correctrices qui leur convenaient, et sentant ces lentilles devenir peu à peu insuffisantes, les portent de plus en plus vers l'extrémité du nez.

V

AMÉTROPIES

Myopie.

Nous avons vu que dans l'œil emmétrope, la rétine se trouve en coïncidence avec le plan focal de l'œil non accommodé. Il peut arriver que la rétine se trouve en arrière du plan focal, les images des objets à l'infini se font alors en avant de la rétine, il ne se forme plus d'image nette sur cette rétine et la vision est imparfaite. On dit dans ce cas que l'œil est myope. Son diamètre antéro-postérieur est trop grand pour la puissance de son système optique, ou ce qui, au point de vue de la formation nette des images, revient au même, la puissance de son système optique est trop grande pour la longueur de son diamètre antéro-postérieur.

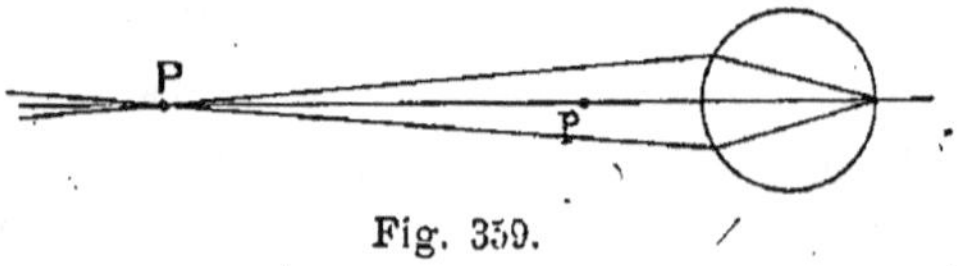

Fig. 359.

L'œil myope ne peut donc voir nettement à l'infini lorsqu'il n'accommode pas, il est évident que l'accommodation ne peut corriger cette imperfection puisque son effet serait d'augmenter encore la puissance de l'œil, c'est-à-dire d'accentuer son défaut. Déplaçons le point lumineux de l'infini en le rapprochant de l'œil, nous savons que l'image se déplacera dans le même sens, elle se rapprochera de la rétine qu'elle finira par atteindre quand le point lumineux regardé sera en P. P est donc le point où doivent se trouver les objets pour que l'œil myope les voie sans accommodation, c'est aussi le point le plus éloigné où l'œil peut voir distinctement, c'est pourquoi il porte le nom de *punctum remotum*. Si l'objet regardé s'approche de plus en plus de l'œil, l'accommodation devra entrer en jeu et l'on pourra, comme pour l'œil emmétrope, voir nettement jusqu'à un certain point *p*, *punctum proximum*, auquel correspondra le maximum d'accommodation.

L'expérience prouve que le *punctum proximum* de l'œil myope est généralement plus rapproché que celui de l'œil emmétrope. Cela se conçoit du reste aisément. Un œil myope peut être assimilé à un œil emmétrope muni d'une lentille convergente. puisque l'œil myope est plus puissant que l'œil emmétrope. Si ces deux yeux ont la même amplitude d'accommodation, c'est-à-dire peuvent faire croître de la même quantité leur puissance, il est évident qu'au maximum d'accommodation l'œil myope l'emportera en puissance sur l'œil emmétrope. Or Donders a précisément montré qu'à un même âge tous les yeux ont la même amplitude d'accommodation. Nous verrons plus loin comment cette amplitude d'accommodation se détermine chez le myope.

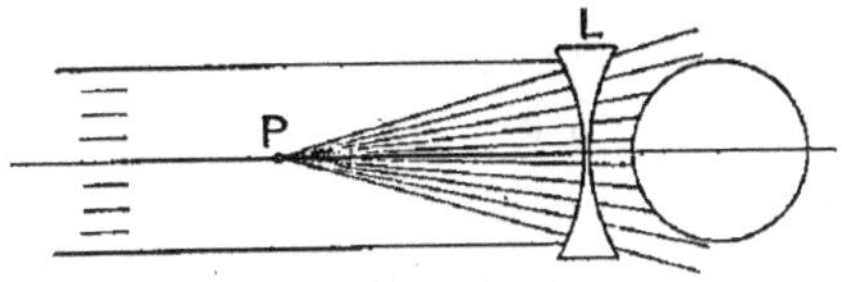

Fig. 360.

Le degré de myopie d'un œil varie suivant la distance de son *punctum remotum*; ce degré de myopie peut se caractériser par un chiffre.

Considérons un œil myope dont le *punctum remotum* soit en P (fig. 360) et plaçons devant cet œil une lentille divergente dont le foyer soit aussi en P, par ce fait l'œil sera corrigé, ramené à l'emmétropie, autrement dit il verra nettement à l'infini sans accommodation.

En effet, un point lumineux à l'infini enverra sur l'œil des rayons parallèles entre eux. Après le passage à travers la lentille, ces rayons divergeront comme s'ils partaient de P, par suite de la propriété connue des foyers. Donc ils arriveront à l'œil non accommodé comme s'ils partaient de P et formeront une image nette sur la rétine.

La lentille L est donc la lentille qui ramène cet œil à l'emmétropie, c'est sa lentille correctrice.

La lentille correctrice d'un œil myope mesure sa myopie, par définition. C'est-à-dire qu'une myopie de 1, 2, 3... dioptries est une myopie corrigée par une lentille divergente de 1, 2, 3... dioptries.

Pour évaluer l'amplitude d'accommodation d'un œil myope, comment va-t-on opérer?

Ramenons d'abord l'œil à l'emmétropie par son verre correcteur, puis raisonnons sur lui comme on a raisonné précédemment sur l'œil emmétrope. L'amplitude d'accommodation de l'œil myope est donc mesurée par le verre convergent qui lui permettrait de voir, sans accommodation, au *punctum proximum* qu'il a *après correction*.

Hypermétropie.

La rétine peut enfin se trouver en avant du plan focal, l'œil est trop court ou bien il n'est pas assez puissant, les images des objets à l'infini se forment derrière la rétine quand il n'accommode pas.

L'œil hypermétrope ainsi défini peut néanmoins voir à l'infini; il lui suffit pour cela de faire entrer en jeu son accommodation, pour augmenter la puissance de son système optique. Il se distingue donc de l'œil emmétrope en ce que, pour voir à l'infini, il est obligé d'avoir recours à son accommodation, tandis que l'œil emmétrope reste au repos. Bien entendu, lorsque l'objet regardé se rapproche de plus en plus, l'œil hypermétrope forcera de plus en plus son accommodation jusqu'à une certaine limite qu'il ne pourra dépasser, l'objet se trouvant alors au *punctum proximum*. Ce *punctum proximum* sera généralement plus éloigné de l'œil que celui de l'emmétrope, car, à partir de l'infini, il reste à l'hypermétrope moins d'accommodation disponible qu'à l'emmétrope.

Pour corriger l'hypermétrope, c'est-à-dire pour lui permettre de voir à l'infini sans accommodation, il faut remplacer cette accommodation par un verre convergent. La puissance de ce verre convergent mesurera le degré d'hypermétropie.

Une fois muni de son verre correcteur, l'hypermétrope se comportera absolument comme un emmétrope, et son amplitude d'accommodation se définira de la même façon.

Procédé pour distinguer le myope et l'hypermétrope de l'emmétrope, et les corriger. — Si l'on veut distinguer les trois genres de vue que nous venons d'étudier, en admettant qu'il n'y ait pas d'autre anomalie de la vision, voici comment il faut opérer.

On demande au sujet de regarder un objet très éloigné. S'il ne le voit pas nettement il est certainement myope. On placera alors devant l'œil des verres divergents de puissance croissante jusqu'à ce que la personne examinée voie nettement à l'infini ; le plus faible verre qui donnera ce résultat sera le verre correcteur, il mesurera la myopie.

Si le sujet voit nettement à l'infini, il peut être emmétrope ou hypermétrope. Plaçons devant l'œil examiné un verre convergent faible. Si la vue est troublée, on avait affaire à un emmétrope, car la plus faible augmentation de puissance par suite de l'adjonction d'un verre convergent l'a fait passer à la myopie.

Si, au contraire, le sujet continue à voir nettement avec le verre convergent, cela prouve qu'on lui corrige une partie de son hypermétropie. Il continue à voir à l'infini en relâchant une partie de son accommodation naturelle, remplacée par l'accommodation artificielle de la lentille convergente. On prendra des verres de plus en plus puissants, et le verre le plus puissant qui lui permette de voir nettement à l'infini le rendra emmétrope, ce sera le verre correcteur. Si, à partir de ce moment, on continuait à forcer le verre, on passerait à la myopie, la vue se troublerait.

Remarque. — L'hypermétropie et la presbytie se corrigent au moyen des mêmes verres, les verres convergents, mais il ne faut pas confondre ces deux états, et les opposer, comme on le fait trop souvent, à la myopie. En effet l'hypermétropie est liée à une trop faible réfringence de l'œil au repos, elle se rapporte à la vision éloignée, elle est l'opposé de la myopie ; elle se rencontre à toute époque de la vie et surtout dans le jeune âge. La presbytie est liée à une diminution du pouvoir accommodatif de l'œil, elle vient avec l'âge et se rapporte à la vision rapprochée. On doit si peu l'opposer à la myopie que l'on peut à la fois être myope et presbyte. Supposons, en effet, un myope de 1 dioptrie ; d'après ce que nous avons dit plus haut son *punctum remotum* sera à 1 mètre de l'œil. A soixante-dix ans cet œil aura perdu toute son accommodation, à peu de chose près, il ne pourra donc voir plus près que 1 mètre. A ce moment, et déjà plus tôt d'ailleurs, il sera manifestement presbyte. Il lui faudra porter un verre divergent pour la vision éloignée et un verre convergent pour la vision rapprochée.

Procédés pour déterminer la position du punctum proximum et l'amplitude d'accommodation. — Pour déterminer la distance du *punctum proximum* à l'œil, il suffit de chercher la plus courte distance à laquelle le sujet peut voir nettement un objet, par exemple des caractères d'écriture. Nous avons vu que chez l'emmétrope il est facile de déduire l'amplitude d'accommodation de la position de son *punctum proximum*.

On peut mesurer directement cette amplitude d'accommodation à l'aide de l'artifice suivant. Considérons un œil emmétrope et son *punctum proximum* P*p*. Plaçons devant cet œil une lentille divergente dont le foyer sera en F. Si l'œil regarde à l'infini à travers cette lentille, les rayons venant d'un point éloigné, parallèlement entre eux, formeront après leur passage à travers la lentille un faisceau divergent semblant venir de F qui coïncide avec P*p*. Pour former une image nette avec ces rayons, l'œil devra accommoder au maximum, comme il le fait quand, sans lentille, il regarde en P*p*. Il verra donc nettement à l'infini avec son maximum d'accommodation. Si F était plus éloigné que P*p*, c'est-à-dire si l'on prenait une lentille moins puissante, l'œil pourrait encore voir à l'infini, avec moins d'accommodation que son maximum. Si, au contraire, la lentille était plus puissante, le point F étant plus rapproché de l'œil que P*p*, l'accommodation ne suffirait plus pour voir à l'infini. Donc pour mesurer l'amplitude d'accommodation d'un œil emmétrope il faut chercher la lentille divergente la plus puissante qui lui permette de voir à l'infini. La distance focale de cette lentille est égale à la distance du *punctum proximum* à l'œil, et sa puissance mesure l'amplitude d'accommodation.

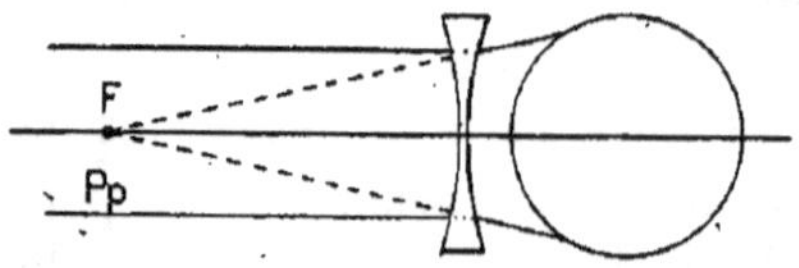

Fig. 361.

Supposons maintenant que l'on ait affaire à un myope. Cherchons le verre divergent le plus puissant qui lui permette de voir nettement à l'infini, ce verre ne mesurera pas son amplitude d'accommodation; il faut, par la pensée, le diviser en deux verres, l'un correcteur de la myopie et l'autre mesurant l'amplitude d'accommodation. Ainsi si un myope de 3 dioptries voit encore à l'infini à travers un verre — 8, ce verre — 8 devra être considéré comme se composant de deux verres — 3 et — 5, — 3 ramenant l'œil à l'emmétropie et — 5 comme mesurant l'accommodation. On aurait en effet pu d'abord donner au myope le verre — 3, et après l'avoir ainsi corrigé, opérer sur lui comme sur un emmétrope, qui aurait alors vu à l'infini avec son maximum d'accommodation avec un verre supplémentaire — 5.

Un hypermétrope, corrigé par un verre + 2, par exemple, et voyant encore à l'infini à travers un verre — 8, aurait 10 dioptries d'amplitude d'accommodation, car si on avait commencé à le ramener à l'emmétropie avec le verre + 2, il aurait, avec ce verre, pu voir à l'infini à travers un verre supplémentaire — 10, l'ensemble + 2 — 10 étant équivalent à — 8.

Astigmatisme.

Dans tout ce qui précède on a admis que les surfaces à travers lesquelles se réfractait la lumière étaient des portions de sphère ou des plans. Ainsi les lentilles, la cornée, les surfaces antérieure et postérieure du cristallin ont été supposées sphériques. Mais il peut n'en être pas toujours ainsi.

Considérons d'abord une lentille convergente, par exemple, du genre de celles que nous avons étudiées jusqu'à présent, c'est-à-dire limitées par des surfaces sphériques, et soit XY l'axe principal de cette lentille. Si nous coupons la lentille par un plan vertical passant par XY, nous aurons la figure 362. Les rayons lumineux venant de gauche à droite parallèlement à l'axe principal, après réfraction se coupent en un point F, foyer principal de la lentille, situé sur l'axe XY à une distance f de la lentille.

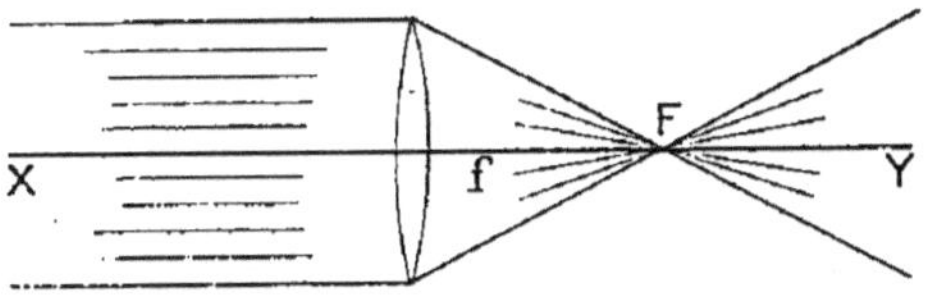

Fig. 362.

Au lieu de couper la lentille par un plan vertical passant par XY, supposons maintenant que nous la coupions par un plan horizontal passant toujours par XY. Nous aurons absolument la même figure que pour la section verticale, il n'y aura rien de changé. Tous les rayons parallèles à XY se trouvant dans ce plan horizontal et venant de gauche à droite, se couperont après réfraction au point F situé sur XY à la distance f de la lentille.

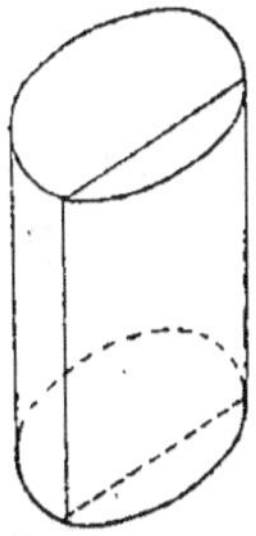
Fig. 363.

Il en sera de même pour une section oblique quelconque, on pourra faire tourner le plan de section autour de l'axe, toujours on retrouvera la même figure, c'est pourquoi l'on dit qu'elle est de révolution.

Considérons maintenant une lentille cylindrique; voici comment une pareille lentille peut se concevoir.

On prend un cylindre terminé par deux bases circulaires perpendiculaires à l'axe, et l'on en coupe une tranche par un plan parallèle à cet axe (fig. 363). On a une lentille cylindrique plan convexe, convergente.

Voyons comment va se comporter, par rapport à une pareille lentille, un faisceau de rayons parallèles entre eux et perpendiculaires à la face plane (fig. 364). Pour simplifier la figure je représenterai la lentille vue en perspective par ses bords seulement, c'est-à-dire par un rectangle (en perspective cela donne un parallélogramme ABA'B').

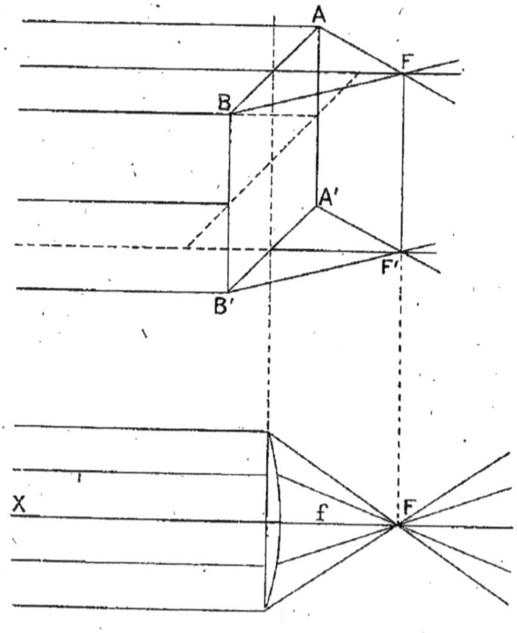

Fig. 364.

Prenons le plan supérieur limitant la lentille, comme si l'on regardait la lentille de haut en bas.

Tous les rayons lumineux qui se trouvent dans ce plan supérieur sont parallèles à l'axe de la figure, ils vont se réfracter en passant tous par un certain foyer F situé sur XF à une distance f de la lentille.

Faisons une autre coupe un peu plus bas, toujours par un plan horizontal, nous allons évidemment retrouver identiquement la même figure que dans le cas précédent et cela se produira pour tous les plans de section horizontaux compris entre les plans limitant la lentille supérieurement et inférieurement. Il y aura pour chaque section un foyer à une distance f de la lentille. Tous ces foyers seront sur une droite FF', dite droite focale, parallèle aux génératrices de la lentille et distante de f de la lentille.

Il est facile, en se reportant à la figure, de se représenter la forme du faisceau réfracté. On en conclut qu'à travers une pareille lentille l'image d'un point lumineux situé à l'infini n'est plus un point, mais une droite FF'. Pour un point lumineux rapproché il en sera de même, son image sera une droite. L'image ne rappellera plus en rien la forme de l'objet. De plus, à l'infini à droite, le faisceau réfracté formera une bande lumineuse horizontale.

Que va-t-il se passer maintenant si l'on réfracte un faisceau émané d'un point à travers deux lentilles superposées, l'une sphérique, l'autre cylindrique. Supposons, par exemple, que l'on superpose à la lentille cylindrique que nous venons d'étudier une lentille sphérique. Aurons-nous comme image une droite ou un point?

Supposons la lumière venant de gauche à droite et tombant sur un système ABCD composé d'une lentille sphérique convergente et d'une lentille cylindrique convergente à générations verticales.

L'expérience et la théorie montrent qu'en recevant le faisceau réfracté sur un écran, comme on a l'habitude de le faire pour voir où se forment les images réelles, on trouve d'abord une droite lumineuse verticale FF,

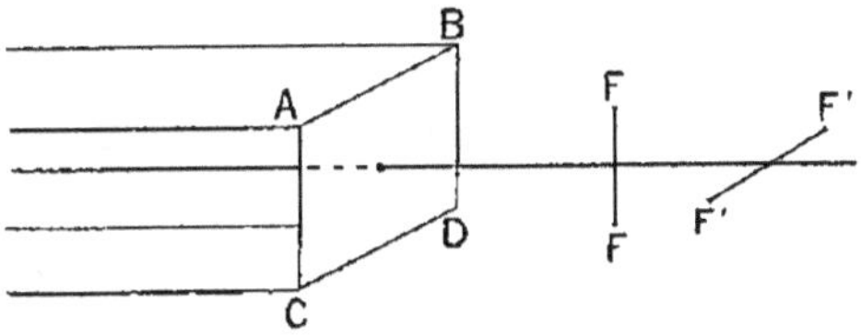

Fig. 365.

c'est la première droite focale. En continuant à éloigner l'écran de la lentille, on trouve une deuxième droite focale FF', horizontale. Donc, dans ce cas, l'image d'un point sera une droite verticale, ou une droite horizontale, suivant la position de l'écran par rapport à la lentille, mais jamais un point. Le même effet est produit par une lentille unique si elle n'a pas la même puissance dans tous les méridiens. Supposons par exemple que l'on fasse une section d'une lentille par un plan vertical passant par l'axe. On trouvera, comme nous l'avons indiqué plus haut, un foyer à une distance f, correspondant à une certaine puissance du méridien vertical de la lentille. En faisant tourner maintenant le plan de section autour de l'axe, comme nous l'avons fait plus haut, si la figure ne change pas, la lentille est de révolution et nous connaissons ses effets. Si, au contraire, la courbure des méridiens change à mesure que le plan tourne, les rayons contenus dans ce plan ne se coupent plus, après réfraction, en un même point à la distance constante f'' de la lentille : la lentille est dite astigmate.

Dans le cas où deux sections *perpendiculaires entre elles* correspondent *l'une à un minimum de courbure, l'autre à un maximum* avec passage graduel de l'un à l'autre pour les méridiens intermédiaires, on dit que la lentille a de l'astigmatisme régulier. L'image d'un point se compose alors de deux droites perpendiculaires entre elles, la plus rapprochée est parallèle au méridien de plus petite courbure, la plus éloignée parallèle au méridien de plus grande courbure.

Il en est de même pour un dioptre à courbures inégales, *avec un maximum et un minimum de courbure dans deux méridiens perpendiculaires entre eux.*

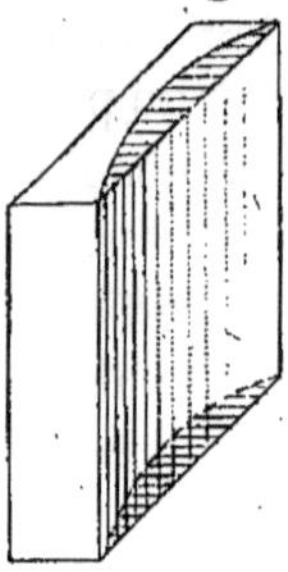

Fig. 366.

Une pareille lentille ou un dioptre à courbures inégales se comportent donc comme le système résultant de la superposition d'une lentille sphérique et d'une lentille cylindrique. Les mêmes résultats sont encore obtenus par un dioptre ordinaire sphérique, devant lequel on place une lentille cylindrique.

Par conséquent si l'on prend un système optique centré qui donne des images nettes des objets, c'est-à-dire à travers lequel l'image d'un point est un point, et que l'on place devant ce système une lentille cylindrique, on le transforme en système astigmate régulier.

Inversement, si l'on a un système astigmate régulier, pour lui enlever son astigmatisme et le transformer en un système donnant des images nettes des objets, dans lequel l'image d'un point est un point, il faut, par un procédé quelconque, annuler l'effet de la lentille cylindrique qui y entre.

Comment peut-on annuler l'effet d'une lentille cylindrique? Prenons une lame de verre à faces parallèles et découpons-y un volume qui, vu de face, soit un rectangle (fig. 366). Comme la figure l'indique en perspective on pourra enlever dans ce volume une lentille cylindrique convexe, c'est la partie ombrée de la figure. Il restera une lentille cylindrique concave ayant même direction de génératrices. L'ensemble de ces deux lentilles superposées donne une lame à faces parallèles, ne déviant pas les rayons lumineux. Nous pourrons désigner ces deux lentilles cylindriques par le nom de lentilles complémentaires. Elles ont la même puissance, mais l'une est divergente, l'autre convergente.

Cela dit, considérons un système astigmate régulier que nous pourrons toujours considérer comme constitué par un système non astigmate, plus une lentille cylindrique. Pour annuler l'effet de cette lentille cylindrique il suffira de lui superposer la lentille complémentaire, les génératrices étant parallèles de façon que les deux lentilles cylindriques forment une lame à faces parallèles.

Nous avons, dans les explications précédentes, supposé que l'astigmatisme d'un système provenait de la présence dans ce système d'une lentille cylindrique convergente, pour détruire cet astigmatisme, il faut compenser cette lentille par la lentille complémentaire divergente.

On obtient évidemment aussi les effets d'astigmatisme en introduisant dans un système centré une lentille cylindrique divergente, et il faudra alors, pour faire disparaître l'astigmatisme, la compenser par une lentille cylindrique convergente complémentaire.

L'œil humain est souvent affecté d'astigmatisme; nous allons rechercher comment on reconnaît pratiquement cet astigmatisme et comment on trouve la lentille correctrice.

L'œil astigmate regardant un point lumineux, il ne peut se former sur sa rétine une image punctiforme; l'image du point lumineux se compose de deux petites droites; quand une de ces petites droites se trouvera sur cette rétine, on aura la même impression que si l'objet regardé était une droite. Supposons que ce même œil regarde une étoile formée de lignes se coupant en un point (fig. 367); chaque point de la figure donnera comme image sur la rétine une petite droite, toutes ces petites droites seront parallèles entre elles. Supposons qu'elles soient horizontales, quelle sera la déformation de l'image rétinienne? Pour s'en rendre compte menons par chaque point de la figure une petite droite horizontale dont le milieu soit en ce point. L'image rétinienne aura alors un aspect analogue à celui représenté sur la figure 368.

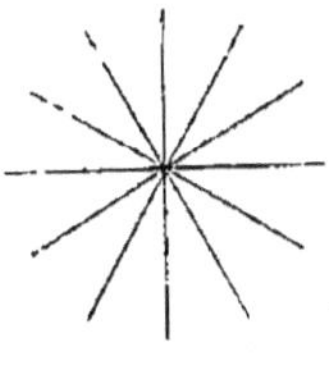

Fig. 367.

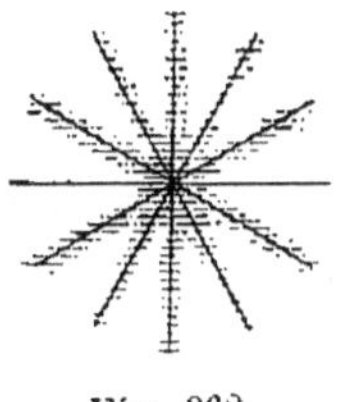

Fig. 368.

Il est à peine besoin de dire que l'objet (fig. 367) étant composé de droites continues, les petites droites de la figure 368 seront au contact les unes des autres, c'est-à-dire qu'il y aura, en réalité, un élargissement des branches de l'étoile, et non pas des petites droites séparées les unes des autres, comme le représente la figure.

La branche horizontale de l'étoile sera la seule à rester nette et à donner une bonne image, toutes les autres branches sont d'autant moins nettes que l'on s'éloigne plus de l'horizontale. Donc, si plaçant une personne vis-à-vis d'une étoile de la forme dite du cadran horaire, c'est-à-dire se composant de diamètres linéaires (fig. 369) d'une circonférence disposés sur une sorte de cadran d'horloge, afin de pouvoir facilement les désigner par l'heure à laquelle ils correspondent, cette personne accuse une vision meil-

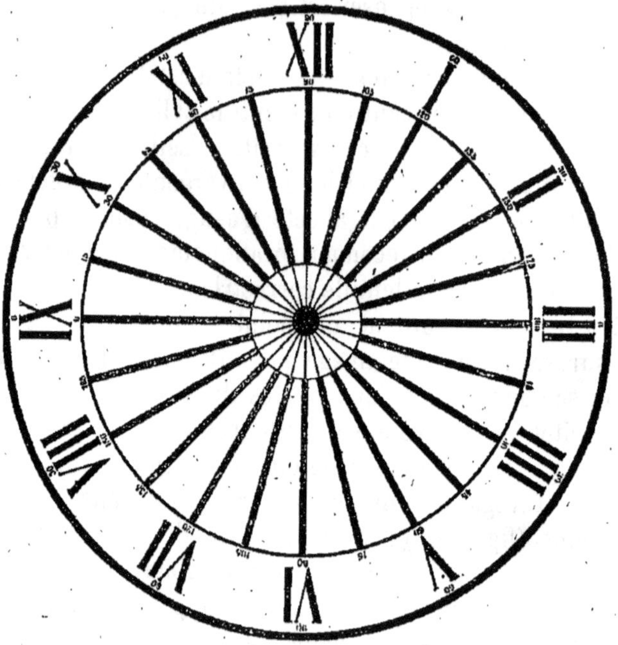

Fig. 369.

leure pour un certain diamètre que les autres, elle est astigmate.

Pour corriger l'astigmatisme d'un œil il faut lui donner à porter une lentille cylindrique. L'expérience et la théorie nous montrent que pour avoir une bonne correction, cette lentille cylindrique doit être placée devant l'œil de façon que ses génératrices, ou, ce qui revient au même, que son axe soit orienté perpendiculairement à la ligne la mieux vue.

L'expérience que nous venons de décrire nous fait donc savoir non seulement que l'œil examiné est astigmate, mais comment on devra orienter l'axe de la lentille correctrice.

La direction de cet axe est indiquée sur les lentilles du commerce.

Une fois l'orientation du verre correcteur trouvée, il faut encore savoir si ce verre correcteur doit être convergent ou divergent et quelle est sa valeur, ceci se trouve par tâtonnement. On commence par prendre un verre cylindrique divergent faible, on le place devant l'œil dans la bonne orientation, en demandant au sujet si sa vue est améliorée par cette opération. S'il vous répond affirmativement on prend des verres de plus en plus forts en recommençant le même essai jusqu'à ce que toutes les lignes du cadran horaire soient également bien vues ; à ce moment l'astigmatisme est corrigé.

Si au moment où l'on essaie les verres cylindriques divergents les plus faibles, le sujet dit que son astigmatisme augmente, on essaye les verres convergents en plaçant toujours l'axe perpendiculairement à la direction la mieux vue et prenant des verres de plus en forts jusqu'à correction.

Bien entendu, en dehors de l'astigmatisme, un œil peut être affecté de myopie ou d'hypermétropie qu'il faudra corriger à part, après suppression de l'astigmatisme.

Il y a maintenant lieu de se demander d'où provient l'astigmatisme de l'œil. L'expérience nous montre qu'il tient à une irrégularité de courbure de la cornée. Cette cornée est en général de révolution autour de l'axe visuel de l'œil, c'est-à-dire que son rayon de courbure est le même pour un méridien vertical, horizontal ou oblique. Mais il arrive que cette égalité ne subsiste plus et que les divers méridiens aient des rayons de courbure différents, l'un d'eux ayant une valeur maxima, et le méridien perpendiculaire un rayon de valeur minima. Dans ces conditions l'œil sera astigmate régulier. Puisque le cristallin n'est lui-même affecté d'aucun astigmatisme, tout le défaut de l'œil proviendra de la cornée.

Partant de là on peut déterminer l'astigmatisme en étudiant les images qui se forment par réflexion sur la cornée.

Quand on regarde une image qui se forme par réflexion dans un miroir sphérique convexe, cette image est semblable à l'objet; par exemple si l'objet est une circonférence en papier blanc l'image sera une circonférence. Cette image variera de grandeur suivant les diverses conditions de l'expérience, courbure du miroir, distance de l'objet, etc.

En particulier si la distance de l'objet au miroir est toujours la même, l'image sera d'autant plus grande que le rayon de courbure du miroir est plus grande.

Vient-on à répéter cette expérience avec un miroir à courbures inégales, on constate que l'image est déformée, un cercle devient une ellipse, le grand axe de l'ellipse étant parallèle au méridien de plus grand rayon de courbure du miroir, le petit axe parallèle au méridien de plus petit rayon de courbure.

Nous avons là un moyen de reconnaître si une cornée est de révolution ou si elle fait partie d'un œil astigmate.

Pour cela on se place vis-à-vis du sujet à examiner, en prenant à la main un rond en papier blanc éclairé soit par la lumière du jour soit par la lumière artificielle, on tient le rond à la hauteur de l'œil du sujet en regardant l'image qui se forme par réflexion.

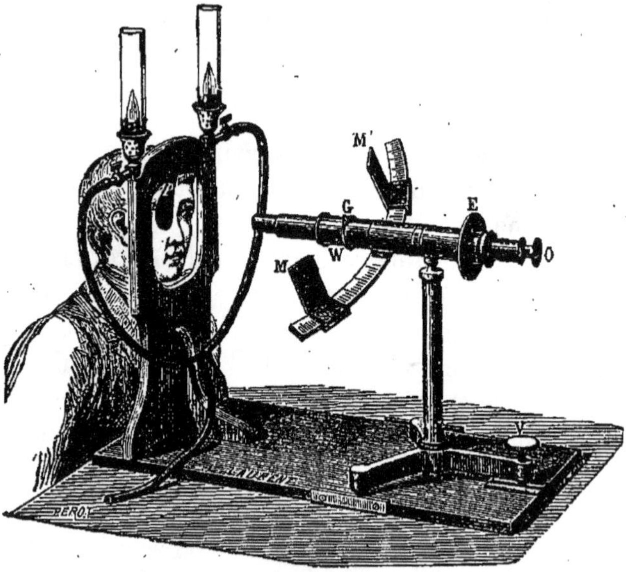

Fig. 370.

Si cette image est un cercle, l'œil examiné est dépourvu d'astigmatisme. Si au contraire, l'image est une ellipse, le grand axe et petit axe de cette ellipse donnent les directions de plus grand et de plus petit rayon de courbure de la cornée.

Il y aura une différence d'autant plus grande entre les deux axes de l'ellipse que l'astigmatisme sera plus accentué, et l'on peut concevoir qu'à l'aide d'appareils de mesure appropriés, on puisse examiner les images se produisant par réflexion sur la cornée et en déduire le verre correcteur.

Le principal de ces appareils, le meilleur comme précision et le plus pratique est l'ophtalmomètre de Javal.

Il se compose essentiellement d'une lunette (fig. 370) à l'aide de laquelle on observe les images qui se forment par réflexion sur la cornée du sujet, l'observateur regardant par l'oculaire O. Les deux mires M et M′ éclairées soit par la lumière du jour, soit par une lumière artificielle, forment leurs images sur la cornée. D'après ce que nous avons dit plus haut, si la cornée est de révolution, la droite qui joint les deux mires MM′ doit avoir une image de grandeur constante, quand on fait tourner le bras qui porte MM′ autour de l'axe de la lunette, c'est-à-dire quand la droite MM′ passe de l'horizontale à la verticale. En effet nous avons vu que, dans ce cas, l'image d'un cercle est un cercle, c'est-à-dire qu'un diamètre MM′, du cercle, aura une image de longueur constante quand il passe par les diverses inclinaisons.

Si, au contraire, la cornée est astigmate il y aura une position pour laquelle l'image d'une droite MM′ passe par un maximum de longueur, tandis que pour une position perpendiculaire elle passe par un minimum. Cela revient à dire qu'en regardant à travers la lunette les images des deux mires M et M′, et faisant tourner le bras qui les porte autour de l'axe de la lunette, si l'œil n'est pas astigmate la distance des deux images reste invariable. Si, au contraire, il est astigmate, la distance des deux images varie, elle passe par un maximum pour un méridien et par un minimum pour le méridien perpendiculaire au premier.

Un dispositif spécial permet de mesurer la grandeur de ces variations et donne immédiatement par une simple lecture la valeur du verre correcteur.

VI

ACUITÉ VISUELLE

Quand on regarde deux points lumineux au voisinage l'un de l'autre, il arrive souvent que l'on ait deux impressions distinctes, c'est-à-dire que les deux points ne paraissent pas confondus en un seul; mais s'ils viennent à se rapprocher de plus en plus, à un moment donné ils semblent se fusionner en un seul. Cette fusion apparente se produit plus ou moins facilement, suivant la valeur de ce que l'on appelle l'acuité visuelle de l'œil observateur. Il est aisé de concevoir les causes de ce phénomène. La couche sensible de la rétine se compose d'éléments juxtaposés, si les images de deux points sont assez rapprochées pour se faire sur un même élément, il y a fusion des deux impressions. Pour que l'on ait la sensation de deux points séparés, il faut évidemment non seulement que les images des deux points tombant sur deux éléments rétiniens diffèrent, mais encore que ces éléments ne soient pas contigus, c'est-à-dire qu'il y ait entre eux au moins un élément non impressionné. Il en résulte que, pour un éloignement donné de l'œil, les deux points AB doivent avoir un écartement minimum au-dessous duquel il y a fusion des images. Naturellement cette fusion des images ne dépend que de la distance des images rétiniennes a, b obtenues en joignant A et B au centre optique de l'œil; cela revient à dire que, quel que soit l'éloignement de l'œil de AB, le phénomème ne dépend que de la valeur de l'angle α.

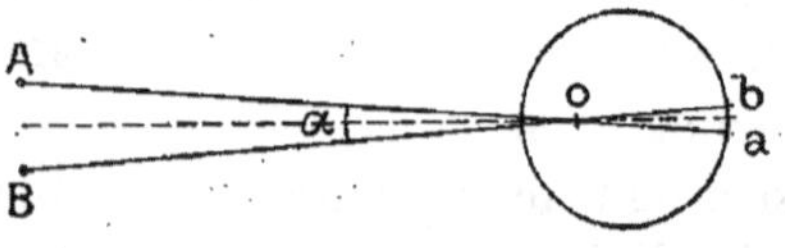

Fig. 371.

Lorsque la fusion des images de A et B se produit pour une valeur de l'angle α égale à $1'$ on dit, par convention, que l'œil a l'unité d'acuité visuelle. Si la fusion se produit déjà pour un angle $\alpha = 2'$ l'acuité visuelle est $\frac{1}{2}$ et ainsi de suite.

Comment s'y prend-on pour mesurer pratiquement l'acuité visuelle. On pourrait, à la rigueur, prendre deux points lumineux et faire varier leur distance jusqu'à ce que l'observateur voie la fusion se produire. De la distance de ces points et de l'éloignement de l'observateur on pourrait déduire l'angle α.

Fig. 372.

Mais l'expérience prouve que c'est là une mauvaise méthode pour les besoins de la pratique médicale. Il faut déjà être bon observateur pour saisir le moment de la fusion des deux images, et en opérant sur une personne quelconque on a, d'un instant à l'autre, les renseignements les plus contradictoires.

Voici dès lors la méthode employée dans la pratique courante. Considérons un carré (fig. 372) divisé en 25 carrés, plus petits, égaux entre eux. Nous pouvons, comme l'indique la figure, noircir un certain nombre de ces carrés de façon à former la lettre E.

Pour une dimension convenable du carré, et une distance déterminée du sujet au tableau sur lequel est dessinée la lettre, la hauteur de cette lettre apparaît sous un angle de 5′. L'intervalle qui sépare deux carrés noirs comprenant un carré blanc apparaît sensiblement sous un angle de 1′, et le sujet se trouve dans les conditions où il doit pouvoir distinguer les unes des autres les lignes noires, s'il a une acuité visuelle égale à 1. Il pourra donc lire la lettre, mais il ne la lirait plus si elle diminuait de grandeur, ou s'il s'éloignait davantage du tableau.

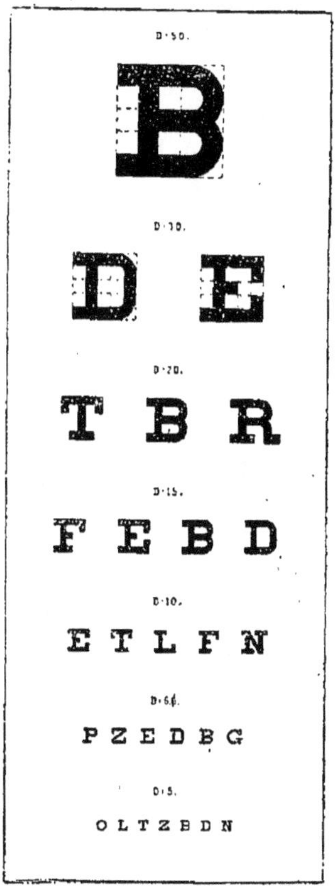

Fig. 373.

On placera donc, les unes à côté des autres, une série de lettres analogues, et l'on demandera au sujet de les lire; s'il peut le faire, son acuité visuelle est au moins égale à 1. S'il ne le peut pas, on cherchera à lui faire lire des caractères plus gros. En forçant de plus en plus la dimension des lettres, on arrivera à une grandeur de lettres qu'il pourra lire à 5 m. Si les lettres correspondantes sont par exemple trois fois plus hautes que celles correspondant à l'acuité visuelle 1, on dira que son acuité visuelle est $\frac{1}{3}$.

Les lettres des différentes dimensions utiles dans la pratique, sont disposées sur un tableau nommé échelle optométrique. A côté de chaque dimension de lettres se trouve l'indication de l'acuité visuelle correspondante, pour la lecture à 5 m.

Le modèle de tableau le plus répandu est celui de Snellen, où les dimensions successives des lettres sont telles que les acuités visuelles correspondantes sont mesurées par 1, $\frac{2}{3}, \frac{1}{2}, \frac{1}{3}, \frac{1}{4}, \frac{1}{6}, \frac{1}{8}, \frac{1}{10}$. C'est à lui que se rapportent généralement les indications données dans les observations ou les règlements.

M. Monnoyer a proposé une autre échelle où les acuités visuelles varient suivant une loi décimale : 1 ; 0,9 ; 0,8 ; etc., mais elle n'est pas aussi répandue que celle de Snellen.

Quand le sujet soumis à l'examen lit à 5 m. le caractère le plus fin de l'échelle, il a une acuité visuelle égale à l'unité ou supérieure. On lui dit alors de s'éloigner de l'échelle et de se placer à la limite à laquelle il peut encore lire les caractères en question. Il est évident que plus il peut ainsi s'écarter du tableau, meilleure est son acuité visuelle. S'il peut par exemple aller jusqu'à 10 m., ce qui est extrêmement rare, il a une acuité double de celle du sujet qui ne lit qu'à 5 m., c'est-à-dire qu'il a 2. S'il peut aller à 6 m., il a $\frac{6}{5}$; d'une façon générale, on divise par 5 la distance la plus grande à laquelle il lit encore. On pourrait à la rigueur se servir d'une seule ligne de caractères pour déterminer toutes les acuités visuelles. Un sujet ne les lisant pas à 5 m., on lui dirait de se rapprocher du tableau ; s'il devait venir jusqu'à 2,5 son acuité serait $\frac{1}{2}$, s'il devait aller à 1 m., elle serait $\frac{1}{5}$, c'est-à-dire que, comme pour les acuités supérieures à l'unité, on diviserait la distance limite à laquelle la lecture peut se faire par 5 pour avoir la valeur de l'acuité visuelle.

Ce procédé a un grand inconvénient, pour des distances rapprochées l'accommodation entre en jeu et la grandeur des images rétiniennes varie de ce chef. Il faut, pour faire les mesures, éliminer l'accommodation, c'est-à-dire se tenir toujours à une distance assez grande du tableau de lettres, et c'est ce qui nécessite la série de caractères de dimensions croissantes à partir de ceux lus à 5 m. avec l'acuité visuelle égale à l'unité.

On a pris comme base la distance de 5 m., et choisi une dimension de caractères convenable pour donner à cette distance l'acuité unité, mais on aurait pu tout aussi bien prendre une autre distance, 4, 6, 8 m., etc., en faisant choix d'une autre dimension de caractères pour donner l'unité d'acuité à chacune de ces distances. Ce sont des considérations d'ordre pratique qui ont fait faire ce choix, on ne peut exiger un trop grand éloignement du tableau de lettres, car la grandeur des appartements ne s'y prêterait pas, de plus la distance de 5 m. est suffisante car, dans ces conditions, la vision se fait sans accommodation appréciable.

Il y a encore une remarque importante à faire. La mesure de

l'acuité visuelle ayant pour but de renseigner sur l'état de la rétine, il ne faut pas que dans cette détermination les résultats soient faussés par une anomalie de réfraction.

Un sujet pourrait avoir une acuité excellente du fait de sa rétine, mais étant simplement myope il ne lirait pas les caractères fins du tableau, et l'on serait induit en erreur. Même étant prévenu de sa myopie on ne saurait quelle est la part à attribuer à la myopie et à la sensibilité de la rétine dans le défaut d'acuité visuelle.

Il faut donc toujours, dans les mesures d'acuité visuelle, commencer par corriger les anomalies de réfraction avant de procéder à cette mesure.

VII

CHAMP VISUEL

Quand, à l'aide d'un seul œil, nous fixons un objet, nous ne voyons pas un point unique. Si l'œil ne se déplace pas, qu'il reste absolument immobile, il y a une petite région où nous percevons les détails avec une précision particulière ; mais nous voyons en même temps, avec plus ou moins de netteté, tout ce qui se trouve aux environs de cette région. Par exemple, déployons un journal ; il est facile de se rendre compte, en s'éloignant d'environ un mètre, qu'un petit nombre de caractères seulement peuvent être lus simultanément sans déplacer l'œil. Toutefois tout le journal et même les objets des environs sont perçus plus ou moins vaguement, d'autant moins bien qu'ils sont plus écartés latéralement du point de fixation. On dit que tous les objets ainsi perçus sont dans le champ visuel. Le champ visuel, pour une position déterminée de l'œil, est donc la région de l'espace dans laquelle doit se trouver un point pour être perçu, l'œil restant immobile.

L'étude du champ visuel est extrêmement importante, car elle nous renseigne sur l'état de la rétine. Il y a en effet un champ visuel normal sensiblement le même pour tous les individus. Si sur un sujet on constate que dans ce champ normal il y a des lacunes, des régions où la vision n'existe pas, il faut en conclure qu'il y a des points correspondants de la rétine qui sont altérés. Il arrive par exemple, pour fixer les idées, qu'en regardant devant soi, toute la région supérieure de l'espace semble obscure, on peut en conclure à une lésion étendue de toute la partie inférieure de la rétine, en général à un décollement.

Comment détermine-t-on le champ visuel? Il y a deux procédés généraux, celui du campimètre et celui du périmètre.

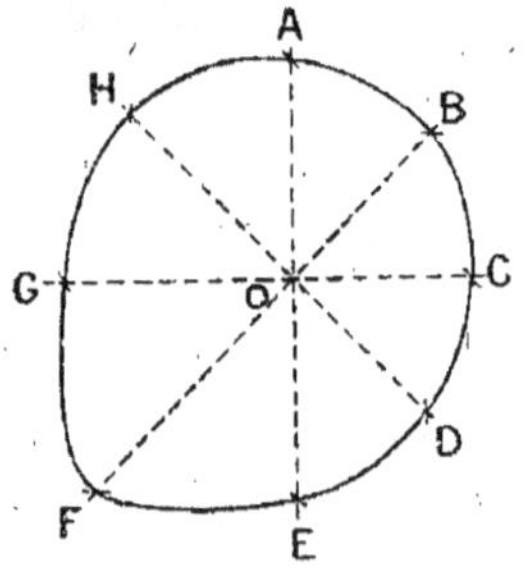

Fig. 374.

Le campimètre est un simple tableau vertical marqué en un point *o* d'un repère (fig. 374), d'une croix par exemple. On place le sujet vis-à-vis de ce tableau, l'œil à examiner étant sur la perpendiculaire au tableau en *o*, et on lui dit de fixer le point *o*. Puis on promène sur le tableau un objet, par exemple, un morceau de craie si le tableau est noir, on l'approche de plus en plus de *o*, de haut en bas, jusqu'à ce que le sujet déclare le voir. On marque ainsi un point A, limite supérieure du champ. On répète la même opération pour un certain nombre de directions, en général huit, puis on joint tous les points ABCD, etc.; la ligne obtenue limite le champ visuel sur le tableau. Il est évident que cette ligne ABCD, etc., dépend de la distance à laquelle l'œil se trouve du tableau, il faut donc adopter une fois pour toute une position bien déterminée où le sujet devra mettre l'œil. Cette position est assez voisine du tableau, sous peine d'avoir un champ immense que l'on ne pourrait représenter que sur un plan d'étendue énorme;

Fig. 375.

il en résulte que la moindre erreur sur la position de l'œil entraîne des écarts considérables dans la mesure du champ, aussi cet instrument est-il d'un maniement délicat quand on recherche une certaine précision. De plus il présente un autre inconvénient, le champ normal est fort étendu dans certaines directions; ainsi en dehors, à droite pour l'œil droit, à gauche pour l'œil gauche, il atteint 90° de la ligne de visée, et le point correspondant, C ou G ne peuvent se représenter sur le campimètre. Cet instrument n'est vraiment applicable que dans les cas où le champ visuel est rétréci.

Le périmètre est bien plus répandu et plus pratique que le campimètre. Il se compose essentiellement d'une bande demi-circulaire montée sur un pied par son milieu (fig. 375), de façon à pouvoir tourner autour d'un diamètre correspondant à ce milieu C,

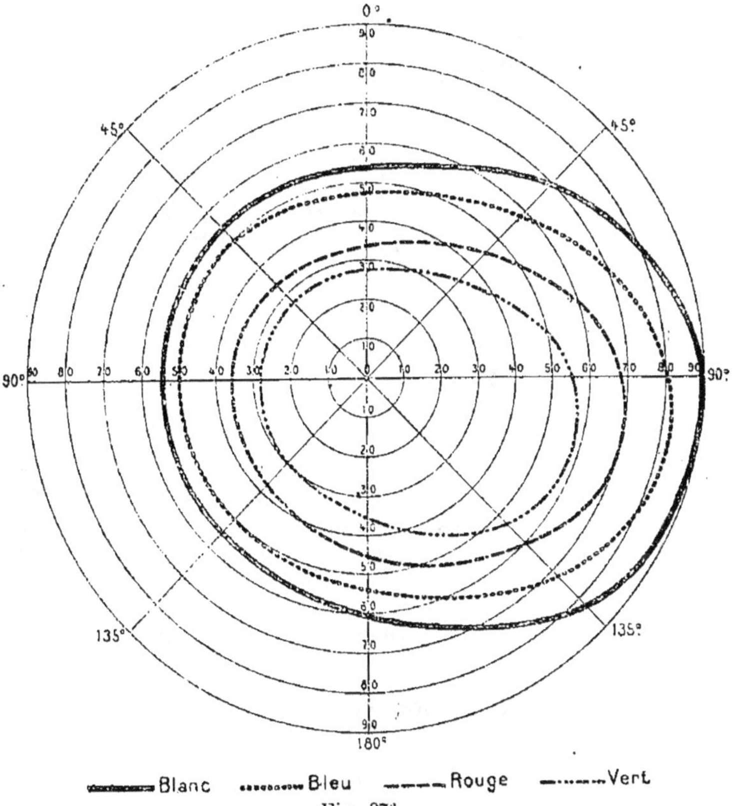

Fig. 376.

comme l'indique la figure. Le sujet appuie son menton sur un support E de façon que son œil soit au centre de la bande demi-circulaire, et il fixe le repère C. On place l'arc dans un plan horizontal, et on amène peu à peu le coulisseau AB du bord de l'arc vers le milieu C. Le coulisseau noirci comme tout l'arc porte un petit morceau de papier blanc ou coloré de façon à bien se détacher sur le fond sombre. Au moment où le sujet dit qu'il aperçoit le petit papier, on lit la division correspondante de l'arc. On reporte la valeur lue, représentant un certain nombre de degrés, sur un diagramme où des cercles concentriques limitent l'écart des divers angles avec la ligne de visée tombant au point *o*. On a ainsi un point A, et répétant la même opération pour diverses directions en faisant tourner le cercle du périmètre autour de son axe, on relève autant de points qu'on le désire.

En les joignant par une ligne continue, on a une représentation du champ visuel. Par cette méthode on détermine directement l'angle limite du champ dans les diverses directions.

Le champ visuel relevé ainsi diffère suivant la couleur du petit papier employé pour l'exploration, la figure 376 donne ce champ visuel normal pour les couleurs auxquelles on a recours dans la pratique. Dans certains cas pathologiques, l'ordre des champs visuels pour les diverses couleurs pourra être altéré, ou bien, comme il a été dit plus haut, la forme du champ pourra être modifiée.

VIII

PROPRIÉTÉS DE LA RÉTINE

C'est l'arrivée de la lumière sur la rétine qui, normalement, donne lieu aux impressions lumineuses. On trouve dans les livres d'anatomie que cette rétine est composée de plusieurs couches; c'est la dernière d'entre elles, c'est-à-dire la plus postérieure par rapport à la direction d'arrivée de la lumière, dite membrane de Jacob ou couche des cônes et des bâtonnets, qui est seule directement excitable par la lumière. Voici l'expérience sur laquelle est fondée cette opinion.

En avant de la couche des cônes et des bâtonnets se trouvent des vaisseaux sanguins, ces vaisseaux portent ombre sur ce qui se trouve en arrière d'eux; cette ombre portée sur la membrane de Jacob considérée comme la couche sensible, devrait être perçue, or il n'en est rien. Mais il est facile de montrer que cela tient à diverses causes, en particulier à ce que par habitude on fait abstraction de l'impression produite par ces ombres fixes. Il suffit, au lieu de laisser ces ombres immobiles, de les déplacer sur la couche des cônes pour qu'aussitôt elles soient vues. Voici comment on opère pour cela. Plaçons devant l'œil une carte percée d'un trou O et regardons un ciel clair à travers ce trou. Admettons que A soit un vaisseau. La lumière, pénétrant par O, entre dans la pupille comme il est indiqué sur la figure en traits pleins, et l'ombre de A se projette en a sur la couche des cônes. Abaissons la carte, l'orifice O viendra en O′, il en résultera dans l'œil un faisceau représenté en traits discontinus et l'ombre de A viendra en a'. L'ombre du vaisseau s'est donc déplacée sur la couche des cônes; chaque fois que nous déplacerons la carte percée, il en résultera un déplacement de l'ombre a qui se portera sur des éléments rétiniens préalablement éclairés et pendant un court instant on verra cette ombre. Puis il faudra de nouveau la déplacer si l'on ne veut pas la perdre. Si l'on anime le carton d'un léger mouvement de va-et-vient d'une fréquence d'environ deux mouvements par seconde, et que l'on regarde à travers le trou un ciel clair, on voit ainsi une magnifique arborisation formée par l'ombre des vaisseaux qui se déplace sur la rétine. Cette expérience, connue sous le nom d'arbre vasculaire de Purkinje, montre que la couche des cônes située derrière ces vaisseaux est sensible.

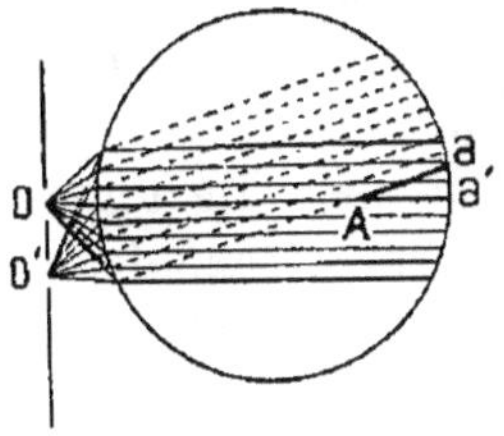

Fig. 377.

Remarquons qu'il ne peut y avoir plusieurs couches jouissant de cette propriété, car l'image des objets extérieurs ne peut se faire simultanément avec netteté sur ces diverses couches; s'il y en avait plusieurs de sensibles il en résulterait un trouble des images, ce qui n'est pas.

On peut aussi, par une expérience très remarquable, montrer directement que les fibres du nerf optique ne sont pas en elles-mêmes excitables par la lumière. Quand on regarde la rétine de face, on voit en un point situé au voisinage du pôle postérieur de l'œil, un peu en dedans, une tache circulaire blanc rosé. C'est la papille, ou point d'entrée du nerf optique dans l'œil. Ce point de la rétine est aveugle comme l'a montré Mariotte, d'où le nom de tache de Mariotte ou *punctum cæcum*.

Fig. 378.

Voici comment se fait cette démonstration, pour l'œil droit par exemple. Marquons sur un papier un repère A. A une distance AB vers la droite, égale à l'écartement des yeux à peu près, faisons une tache B d'un demi-centimètre de diamètre environ. Puis fermant l'œil gauche, regardons fixement A en nous écartant d'environ vingt à vingt-cinq centimètres du papier, nous voyons disparaître la tache B; son image tombe sur une région aveugle de la rétine. En étudiant la question de près, au moyen de mesures et de constructions, on voit que cette région aveugle correspond à la papille.

Il y a au contraire un endroit de la rétine qui correspond à un maximum de sensibilité, c'est approximativement le pôle postérieur de l'œil. La rétine y subit une petite dépression connue sous le nom de fosse centrale; cette fosse centrale est au milieu de *la tache jaune* ou *macula lutea*. C'est là que la vision des détails est la plus parfaite et c'est sur cette fosse centrale que l'on amène l'image des objets quand on veut en saisir les plus fins détails. Comme cette région est assez limitée, on conçoit pourquoi il ne lui correspond dans le champ visuel qu'une très petite étendue où l'on puisse réellement bien voir les détails des objets.

La fosse centrale qui donne lieu à la plus grande acuité visuelle perd ses avantages dans la perception des couleurs. Il a été démontré qu'il y a intérêt pour apprécier les colorations à se servir des bords de la tache jaune, c'est-à-dire à ne pas regarder directement l'objet, mais à diriger son regard un peu de côté. En particulier le bleu ne pourrait, d'après certains auteurs, être perçu que de cette façon.

Lorsque la lumière tombe sur la rétine elle n'est pas immédiatement perçue. Il y a comme pour tous les phénomènes physiologiques une période latente, autrement dit un certain intervalle de temps entre le moment de l'excitation et le moment de l'entrée en activité de l'organe excité.

D'autre part une fois la rétine excitée, la sensation lumineuse ne disparaît pas instantanément après la cessation de l'excitation. Supposons que l'on vienne à éteindre un point lumineux, pendant un certain temps, que l'on peut évaluer à 1/10 de seconde environ, la personne qui fixait ce point lumineux croit le voir encore. C'est ce que l'on nomme la persistance des impressions lumineuses sur la rétine, propriété qui a reçu de nombreuses applications pratiques. Si une personne regarde un objet, on peut périodiquement éteindre la lumière qui éclaire cet objet pendant une durée qui ne devra pas dépasser 1/10 de seconde, et la personne continue à voir l'objet comme s'il était éclairé d'une façon constante. Voici une application de cette expérience. Si l'on présente un objet à l'œil et qu'on le fasse apparaître périodiquement, par un procédé quelconque, il suffira que la durée des disparitions soit assez courte pour que l'observateur croie voir l'objet fixe en place. Si maintenant, au lieu de présenter toujours le même objet, on présente une série d'objets de forme graduellement variable, l'observateur croira voir un objet fixe se déformer sous les yeux. C'est le principe du cinématographe où l'on fait passer rapidement devant les yeux une série de photographies successives d'une vue, prises à court intervalle. Le cinématographe n'est d'ailleurs lui-même qu'un perfectionnement d'un jouet très répandu nommé zootrope, consistant en une série d'images figurant les divers temps d'un mouvement et que l'on fait défiler devant l'œil dans un cylindre tournant autour de son axe. Ce jouet est trop connu pour avoir besoin d'être décrit ici.

Il y a lieu de se demander par quel mécanisme les terminaisons nerveuses dans la rétine sont excitées par la lumière incidente. Cette excitation ne semble pas se faire directement, mais par l'intermédiaire des transformations que subissent certains pigments entourant les éléments rétiniens. Parmi ces pigments il y en a un nommé pourpre rétinien qui a été l'objet de nombreuses études, sur les fonctions duquel l'entente n'est pas encore faite, mais qui joue certainement un rôle considérable dans la vision.

Si l'on vient à sacrifier un animal conservé à l'obscurité et qu'après lui avoir extirpé l'œil on enlève sa rétine en n'opérant que dans la pénombre ou à une lumière rouge, on constate que cette rétine présente un aspect rouge pourpre qui, à la clarté du jour, vire d'abord au jaune puis se décolore complètement. Dans l'obscurité la couleur pourpre se régénère.

On peut fixer cette matière rouge de façon à la rendre inaltérable à la lumière, en plongeant la rétine dans une solution d'alun. Kühne a pu obtenir ainsi des optogrammes, c'est-à-dire de véritables photographies rétiniennes d'objets extérieurs. Il suffit pour cela de prendre l'œil d'un animal conservé à l'obscurité, et de l'exposer un certain temps dans une chambre noire vis-à-vis d'une fenêtre. On ouvre ensuite aussi rapidement que possible l'œil dans la solution d'alun, et l'on constate sur la rétine la présence d'un optogramme de la fenêtre avec ses barreaux.

Le pourpre rétinien se dissout dans une solution de sels biliaires, et à cet état il conserve la propriété de se décolorer à la lumière et de se régénérer dans l'obscurité.

Ce pourpre rétinien ne se trouve que sur les bâtonnets, il est absent dans la fosse centrale, qui ne contient que des cônes. En rapprochant ce fait de ce que nous avons dit à propos de la vision des couleurs, on comprendra pourquoi certains auteurs ont attribué au pourpre rétinien un rôle considérable dans cette vision de certaines couleurs, en particulier du bleu.

IX

VISION BINOCULAIRE

La vision binoculaire a pour effet de donner lieu à la sensation de relief, c'est grâce à elle que l'observateur se trouvant en face d'un paysage a la notion des divers plans de ce paysage, ou encore que regardant un corps à trois dimensions il se rend compte de la valeur de chacune de ces dimensions. Considérons un corps de forme géométrique simple, un tétraèdre par exemple, que nous représentons en perspective sur la figure 379. La base ABC sera supposée appliquée contre un plan vertical, par exemple un mur devant lequel se tiendra l'observateur. Le sommet sera en S, sur la perpendiculaire OP abaissée du point O, où se trouve l'œil, sur le mur. Chacun des points A, B, C, S formera son image sur la rétine. — Supposons maintenant que le point S se déplace et vienne en S′, la forme du tétraèdre changera, mais l'image des quatre sommets du tétraèdre sur la rétine n'aura subi aucune modification. A, B, C ne se sont pas déplacés, il en est évidemment de même de leurs images rétiniennes. S s'est déplacée sur la droite qui le joint à l'œil et il suffit de se reporter à la formation des images dans l'œil pour comprendre que l'image rétinienne est restée la même. Donc l'observateur doit éprouver la même impression en regardant ABCS et en regardant ABCS′; nous pouvons même dire que cette impression ne changera pas, quelle que soit la position de S sur la droite OP, que S soit en P, ce qui donne une figure plane, qu'il soit en avant du mur, ce qui donne une pyramide ayant plus ou moins de relief, ou qu'il soit en arrière du mur, ce qui donne une pyramide en creux. Avec la vision monoculaire, on ne comprend donc pas que l'on puisse éprouver la sensation du relief des objets.

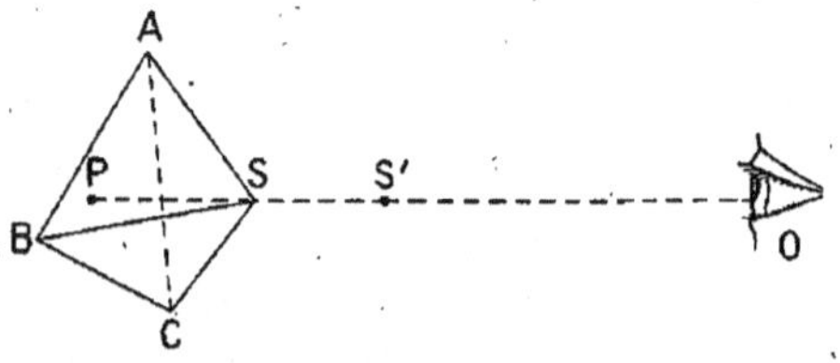

Fig. 379.

Il y a toutefois une restriction à faire. Si le point S se trouve très en avant ou très en arrière du plan ABC, l'œil ne pourra accommoder à la fois sur S et sur ABC, les variations d'accommodation seront accompagnées du sentiment de rapprochement ou d'éloignement. De plus, par suite de l'éducation, de la connaissance de la plupart des objets qui nous entourent, il nous suffit de les voir monoculairement pour les mettre en relief. Ces deux actions, éducation et accommodation, nous permettent donc dans une certaine mesure de saisir le relief des objets, mais grâce à la vision binoculaire cet effet sera porté à un bien plus grand degré de perfection.

Il est facile de voir que lorsque nous regardons un objet dont tous les points ne sont pas dans le même plan, les images de cet objet sur les deux rétines ne sont pas identiques. Supposons en effet un objet constitué simplement par trois points A, B, C, le point C étant en avant des deux autres. L'œil gauche est en G, l'œil droit

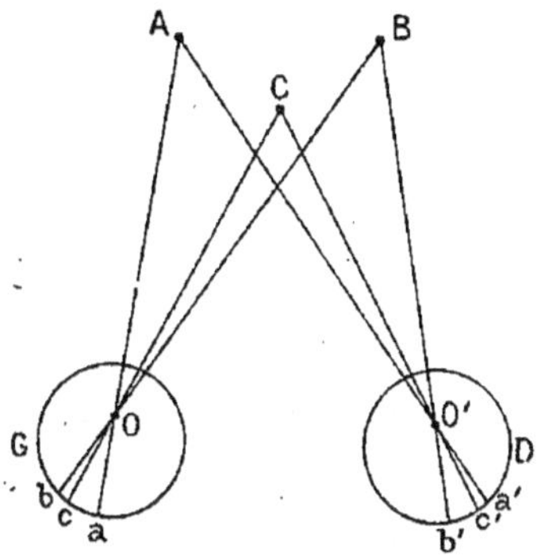

Fig. 380.

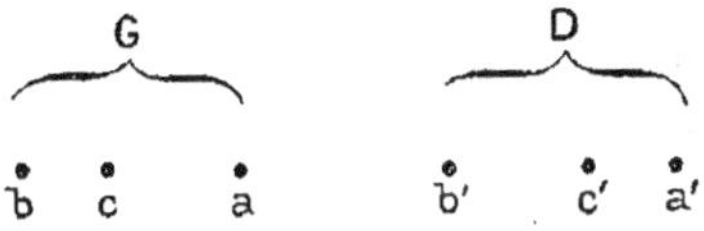

Fig. 381.

en D. Pour avoir les deux images rétiniennes il suffit de joindre A, B, C aux centres optiques O et O' des deux yeux et de prolonger les droites aussi obtenues jusqu'aux rétines ; on aura dans l'œil gauche les images a, b, c et dans l'œil droit les images a', b', c'. On voit immédiatement que les deux ensembles $a\ b\ c$ et $a'\ b'\ c'$ ne sont pas identiques ; dans celui de gauche le point c est plus près de b que de a, dans celui de droite le point c' est plus loin de b' que de a'. Si on représente ces deux images de face on a la figure 381.

C'est grâce à cette différence entre les deux images rétiniennes que l'on éprouve la sensation du relief de C en avant de AB.

En effet si à l'aide d'un artifice on produit sur les deux rétines deux images identiques, on a toujours l'impression d'une figure plane. Si, au contraire, on produit deux images différentes, convenables, on a une sensation de relief.

Ce résultat est obtenu au moyen du stéréoscope. Dans cet instrument on regarde à l'aide des deux yeux à travers deux orifices O et O′, O pour l'œil gauche, O′ pour l'œil droit (fig. 382). En E et E′ se trouvent deux dessins, et grâce au diaphragme opaque DD′ l'œil gauche ne peut apercevoir que E, l'œil droit que E′.

Dans ces conditions plaçons en E et en E′ deux figures identiques, par exemple trois points équidistants A B C à gauche, A′ B′ C′ à droite (fig. 383, I). Nous n'aurons aucune sensation de relief, il nous semblera voir trois points en ligne droite également

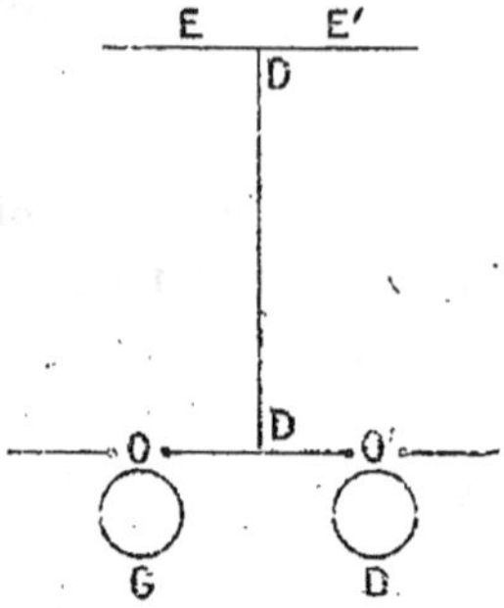

Fig. 382.

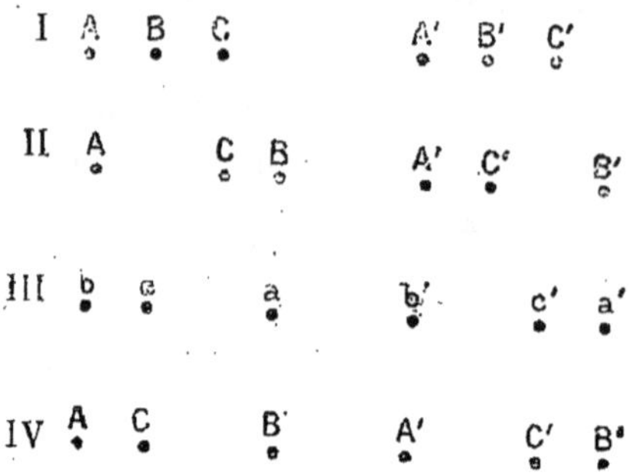

Fig. 383.

éloignés des yeux, tous trois dans le plan EE′. Cela tient à ce que les images dans l'œil G et dans l'œil D sont identiques. Mais plaçons en E le dessin A C B de la figure et en E′ le dessin A′ C′ B′ (fig. 372, II), il se formera sur les deux rétines des images renversées telles que *b c a* et *b′ c′ a′* (fig. 383, III), non identiques, et nous aurons par ce fait seul, quoique les objets que nous regardons soient réellement placés tous deux dans le plan E, E′, une sensation de relief. Il nous semblera que C est en avant du plan EE′. Si on avait regardé deux dessins tels que A C B, A′ C′ B′ de la figure 383, IV, il aurait semblé que C est en arrière du plan EE′ passant par AB.

Cette expérience peut être variée de bien des façons; elle s'est beaucoup répandue depuis les progrès de la photographie. Il suffit de placer dans un stéréoscope en E et E′ deux photographies prises de deux points différents, ayant un certain écartement horizontal, pour avoir une sensation de relief d'autant plus prononcée que cet écartement est plus grand. Si l'on plaçait de chaque côté la même photographie, la sensation de relief ne serait que médiocre et résulterait uniquement de notre éducation et de la connaissance de l'objet vu.

Pour que la vue stéréoscopique soit réalisée dans de bonnes

conditions, il faut qu'il y ait fusion des deux impressions résultant des deux images. Supposons qu'on ne place dans le stéréoscope en E et E′ qu'un seul point de chaque côté, il arrive très souvent en regardant à travers les orifices O et O′ que l'on ait l'impression de deux points lumineux, il y a, comme on dit, diplopie. Cela tient à ce que des images ne se forment pas sur des points concordants des deux rétines. En effet, si nous regardons un point A (fig. 384), nous le voyons en général simple, les points *a* et *a′* où se forment les deux images de A sont dits concordants. Le point B voisin et situé à la même distance des deux yeux formera ses images en *b* et *b′*. Ce point B est aussi vu simple, *b* et *b′* sont donc encore des points concordants des deux rétines.

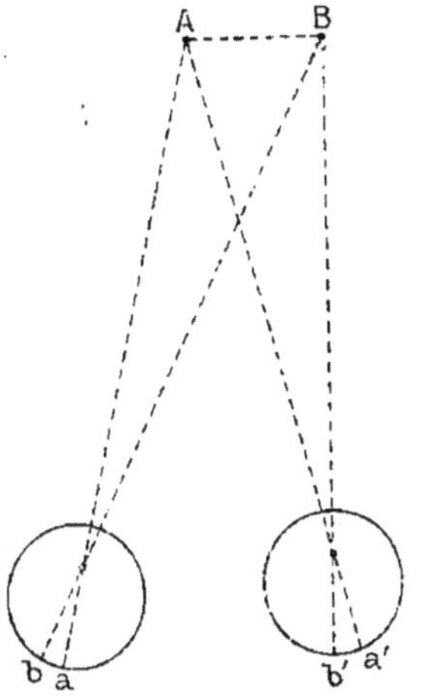

Fig. 384.

On conçoit fort bien que lorsqu'on regarde binoculairement un point déterminé, les deux yeux doivent avoir une convergence convenable, pour que les images sur les deux rétines se trouvent sur des points concordants. Quand regardant dans un stéréoscope tel que celui de la figure 382 on veut obtenir l'impression d'un seul objet, il faut amener les images dans les deux yeux sur des points concordants des deux rétines, et pour cela il est indispensable de donner aux deux yeux une convergence appropriée. Ceci ne se réalise pas toujours facilement, et alors on voit double.

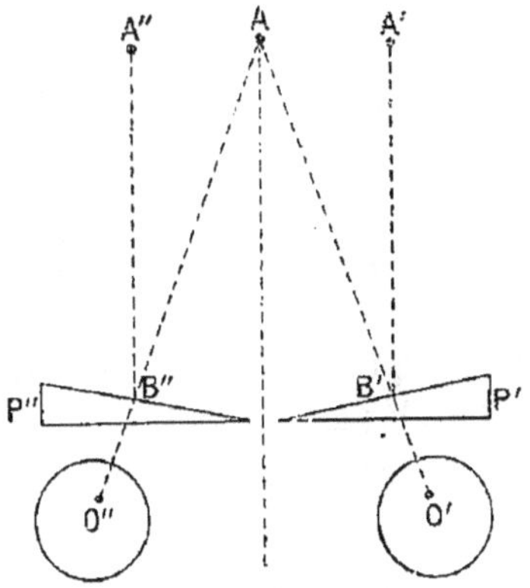

Fig. 385.

On remédie à cette diplopie en plaçant devant les ouvertures du stéréoscope deux prismes convenablement orientés, et destinés à modifier la direction dans laquelle les rayons lumineux arriveront à l'œil. Supposons, par exemple que les deux yeux O′ et O″ regardent les deux points A′ et A″ (fig. 385), l'expérience prouve qu'en général, si l'observation est directe, on les voit doubles. Cela tient à ce que l'on accommode à la distance où se trouvent les points A′ et A″; simultanément liée à cette accommodation, se produit une convergence des axes des deux yeux, de façon que les directions de ces axes se coupent en un point A. Si les deux yeux regardaient directement A, on le verrait simple. Or, plaçons devant les yeux les deux prismes P′, P″, les arêtes en dedans. On sait qu'un rayon quelconque traversant un prisme est dévié vers la base, donc si l'angle du prisme est convenablement choisi, le rayon A′B′ deviendra après passage à travers le prisme, B′O′, tout se passera comme si ce rayon venait de A. Il en sera de même de A″B″O″ qui semblera aussi venir de A. La lumière arrive donc aux deux yeux de A′ et A″ comme si elle partait réellement de A, on voit un point unique en A.

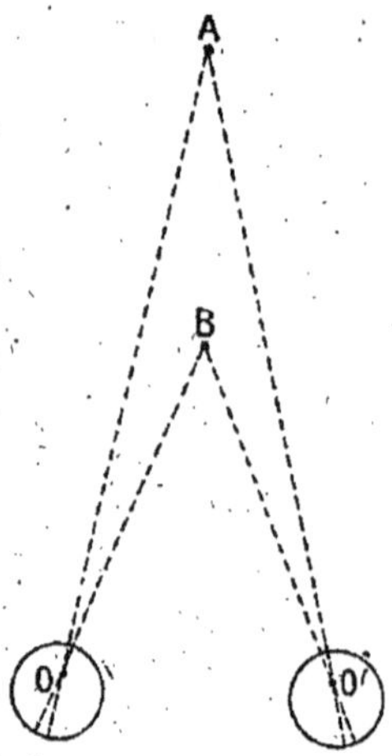

Fig. 386.

La convergence des axes des deux yeux doit varier avec la distance à laquelle se trouvent les objets que l'on regarde. Si par exemple on fixe le point A (fig. 386), les axes des deux yeux doivent converger vers A; si on fixe B, ils doivent converger vers B; il en résulte que si la convergence est convenable pour A, elle ne l'est pas pour B et inversement. Autrement dit, si l'on regarde deux objets inégalement éloignés de l'œil, l'un étant vu simple, l'autre est vu double.

Cette expérience est facile à réaliser. Plaçons-nous vis-à-vis d'une fenêtre et près d'elle. Fixons avec les deux yeux un barreau vertical, nous constaterons qu'un objet placé au loin, par exemple une cheminée se détachant bien sur le ciel, nous paraîtra dédoublé; si, au contraire, nous regardons la cheminée, le barreau de fenêtre sera vu double.

Il arrive parfois que la convergence des deux yeux ne soit pas bien réglée; il y a, lorsque l'on fixe un point, excès ou défaut de convergence. Cela peut provenir d'une paralysie frappant les muscles des yeux ou d'une cause autre. Quoi qu'il en soit, dans ce cas, on voit doubles les objets que l'on veut fixer; ce défaut est connu sous le nom de strabisme. Le strabisme peut donc être convergent ou divergent.

Supposons d'abord le strabisme convergent, l'œil gauche, par exemple, sera bien orienté, son axe optique sera dirigé vers le point A que l'on regarde (fig. 387). Mais pour l'œil droit, l'axe O'X ne passe pas par A. L'image de A se fait, non en x, où elle devrait se trouver si l'œil était bien orienté; mais en a'. Tout se passe comme si, l'œil étant bien orienté, il y avait un point lumineux en A'. En réalité l'observateur croit voir un point en A' par son œil droit, un point en A par son œil gauche. On dit qu'il y a diplopie homonyme, c'est-à-dire que chaque image est du côté de

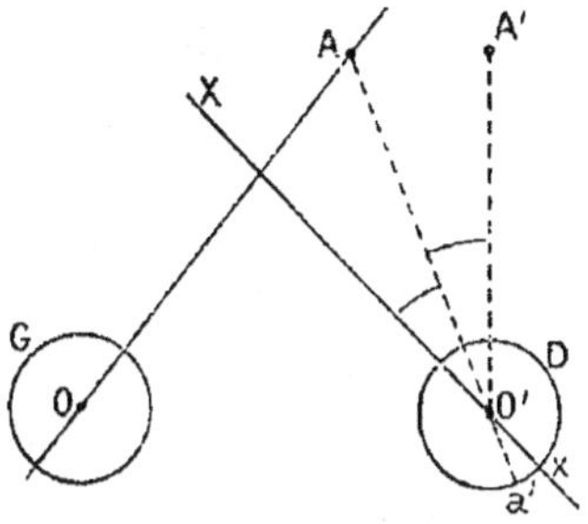

Fig. 387.

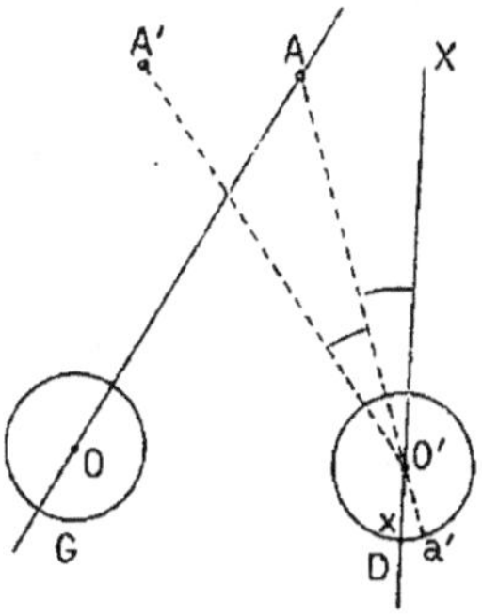

Fig. 388.

l'œil correspondant. Si l'on ferme l'œil droit, on voit disparaître l'image droite, et inversement.

Supposons maintenant le strabisme divergent, l'œil gauche est bien orienté, mais l'axe optique O'X de l'œil droit ne converge pas assez (fig. 388).

L'image de A, au lieu de se faire en x où elle devrait se trouver, se fait en a'. Tout se passe comme si, l'œil étant bien orienté, il y avait un point lumineux en A'. La diplopie est maintenant dite croisée. Si l'on ferme l'œil droit, on voit disparaître l'image de gauche et inversement.

Dans certains cas, lorsque la diplopie n'est pas trop accusée, on peut la faire disparaître par l'emploi de prismes convenables. Les rayons traversant un prisme étant déviés vers la base, il est évident que pour ramener le rayon AO' (fig. 387) dans la direction O'X, il faut placer devant l'œil O' un prisme à base externe. Dans le cas de la figure 388 il faut au contraire employer un prisme à base interne.

Diploscope de Rémy. — Le diploscope de Rémy permet de reconnaître facilement le moindre défaut ou excès de convergence des yeux. Voici le principe de cet instrument, dont il y a divers modèles.

Le sujet regarde à travers deux orifices correspondant aux deux yeux G et D, et cherche à lire un mot de 4 lettres, KOLA par exemple, sur l'écran EE. Un deuxième écran muni d'orifices convenablement placés comme l'indique la figure, ne permet à l'œil gauche que de voir les voyelles O et A, les consonnes K, L étant masquées pour lui. L'inverse a lieu pour l'œil droit. Malgré cela, si les yeux ont leur convergence normale, le sujet lit le mot KOLA, les lettres se trouvant régulièrement disposées ; mais s'il y a excès de convergence par exemple, on sait (fig. 389) qu'il y a de la diplopie homonyme, les lettres vues par l'œil semblent déplacées vers l'extérieur. Autrement dit le groupe des voyelles OA se déplace à gauche par rapport au groupe des consonnes, plus ou moins, donnant des apparences telles que K O L A, KO LA, O K A L.

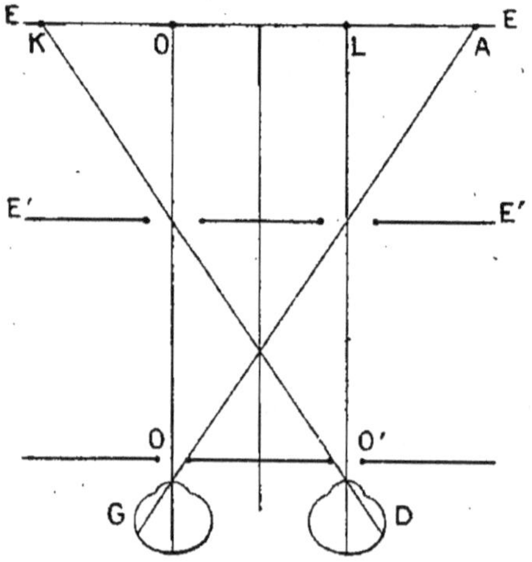

Fig. 389.

Si au contraire il y a insuffisance de divergence le sujet verra le groupe OA se déplacer vers la droite par rapport aux consonnes et il lira K O L A, K OL A, K L O A, ou quelque chose d'analogue. En plaçant devant les yeux des prismes d'angle approprié et convenablement orientés on rétablit la vision normale.

X

OPTOMÈTRES

Les optomètres sont des instruments destinés à déterminer rapidement le degré d'amétropie d'un œil, par une simple lecture sur une division.

Les deux seuls modèles que l'on rencontre dans la pratique sont celui de Perrin et Mascart et celui de Badal.

L'optomètre de Perrin et Mascart (fig. 390 et 391) se compose essentiellement d'un tube de laiton portant à une extrémité, du côté oculaire, une lentille convergente de 12 dioptries. A l'autre bout, à une distance de cette lentille égale à deux fois sa distance focale, se trouve un petit écran portant des caractères et des signes qu'il s'agit de distinguer. Dans l'intervalle compris entre la lentille convergente et l'écran, se trouve une lentille divergente de 24 dioptries pouvant se déplacer de l'une des extrémités du tube à l'autre.

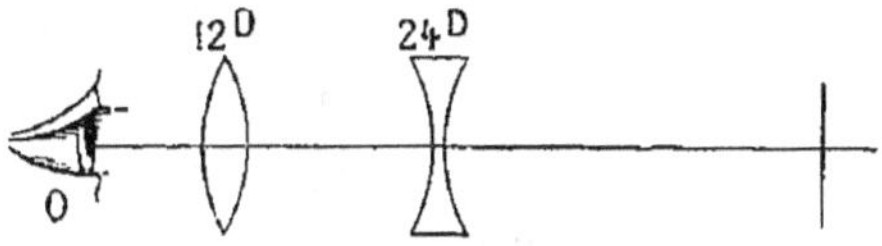

Fig. 390.

Quand la lentille divergente est à droite, contre l'écran, l'image de l'écran à travers cette lentille coïncide sensiblement avec l'objet. Le foyer de la lentille convergente se trouvant au milieu du tube, l'œil O regardant l'image de l'écran reçoit des rayons convergents, il doit donc être hypermétrope pour voir nettement les caractères.

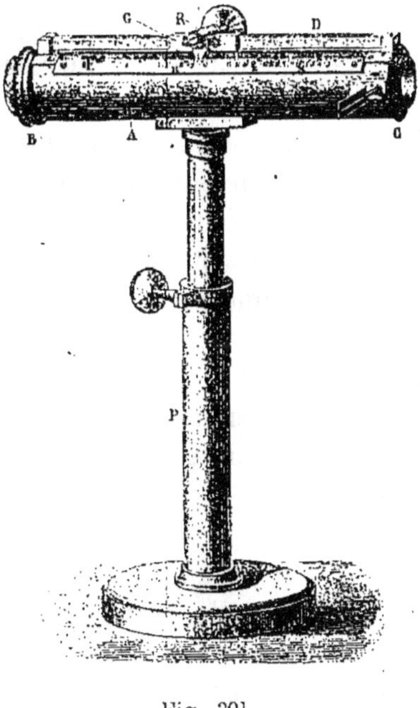

Fig. 391.

Quand la lentille divergente est à gauche contre la lentille convergente, leur ensemble forme une lentille divergente, les rayons venant de l'écran sont après leur passage à travers l'instrument, très divergents en arrivant à l'œil.

A mesure que la lentille divergente se déplace dans toute la longueur du tube depuis l'écran jusqu'à la lentille convergente, les rayons émergents, d'abord convergents, à la sortie, deviennent de moins en moins convergents, puis parallèles, puis de plus en plus divergents. En cherchant quelle est la position de cette lentille dans laquelle l'œil voit nettement les caractères, on en déduit l'amétropie de cet œil par une simple lecture sur une graduation. Il faut remarquer qu'il y a diverses positions de la lentille pour lesquelles l'œil peut lire, en accommodant plus ou moins, il faut chercher la limite extrême de lecture du côté des rayons les moins divergents, c'est-à-dire en écartant le plus possible la lentille divergente de l'œil, c'est alors que l'œil est non accommodé.

On peut en se servant de l'optomètre de Perrin et Mascart, comme de celui de Badal du reste, mesurer non seulement le degré d'amétropie d'un sujet, mais aussi son amplitude d'accommodation. Il suffit pour cela de chercher les limites extrêmes entre lesquelles il peut voir, l'une d'elles correspond à la vision non accommodée, l'autre à la vision accommodée au maximum. Supposons par exemple que l'on trouve comme limites — 2 et — 7, cela veut dire que le verre — 2 permet au sujet de voir à l'infini, c'est le verre correcteur de sa myopie. Mais ce même sujet pouvant encore voir avec — 7 doit faire 5 dioptries d'accommodation en passant de — 2 à — 7.

Il est aisé de voir ce qui se passe dans chaque cas, le verre le moins divergent est toujours le verre correcteur, son écart avec le verre le plus divergent représente l'amplitude d'accommodation.

Ainsi un sujet qui verrait de + 3 à — 5 serait un hypermétrope de 3 dioptries ayant 8 dioptries d'amplitude d'accommodation.

L'appareil de Perrin et Mascart a deux inconvénients : l'un consiste en ce fait que la graduation correspondant aux diverses amétropies n'est pas égale, les traits sont très écartés les uns des autres dans une région, et très serrés dans une autre. La sensibilité de l'instrument n'est donc pas la même pour toutes les amétropies. Mais il y a un défaut plus grave encore : quand on regarde l'image de l'écran et que l'on déplace la lentille divergente, la grandeur de l'image varie énormément, on peut donc être induit en erreur par la personne que l'on examine. Elle peut accuser une vue meilleure pour une image plus grande que pour une autre plus petite et cependant plus nette.

L'optomètre de Badal (fig. 393 et 394) est exempt de ces défauts. Il se compose essentiellement d'un tube vers l'une des extrémités duquel se trouve une lentille ayant 6^{c},5 de distance focale. Un petit écran porteur des signes à lire se déplace le long du tube et l'œil est placé de façon que son centre optique concorde avec le foyer de la lentille. Quand l'objet est contre la lentille, l'image y est aussi, les rayons arrivent à l'œil comme partant d'un objet situé à 6^{c},5 de cet œil, ils sont très divergents. A mesure que l'objet se déplace vers la droite, ces rayons deviennent de moins en moins divergents, quand l'objet est au foyer F′ ils sont parallèles, puis ils deviennent convergents. Cet instrument fonctionne donc comme celui de Perrin et Mascart, mais on voit facilement que, pendant le déplacement de l'objet, l'image reste de grandeur constante. En effet, par le sommet de l'objet, menons une parallèle AA′ à l'axe optique, ce rayon se réfractera suivant A′F, passant par le centre optique de l'œil, puisque ce centre optique concorde avec le foyer de la lentille. L'image du sommet de l'objet se trouve donc sur la ligne FA′X, et pour avoir l'image rétinienne il suffira de joindre au point F le point de FA′X où se trouve l'image formée par la lentille. L'image rétinienne sera toujours en *a*. On voit que, dans tous les cas, quelle que soit la position de AB, on aura la même ligne AA′, le même rayon réfracté A′F et la même image rétinienne *a*. L'image rétinienne est donc de grandeur constante. Il se trouve

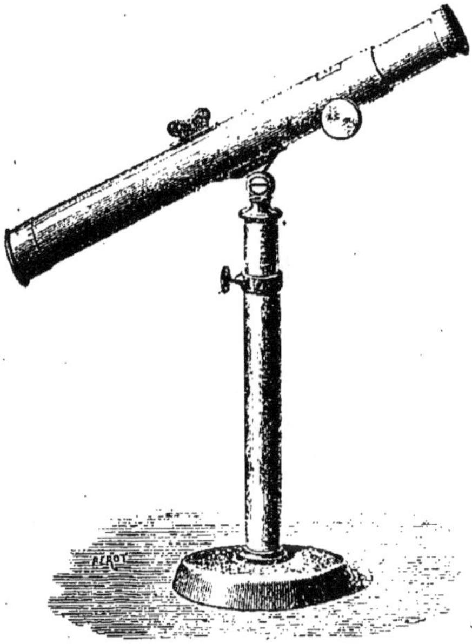

Fig. 392.

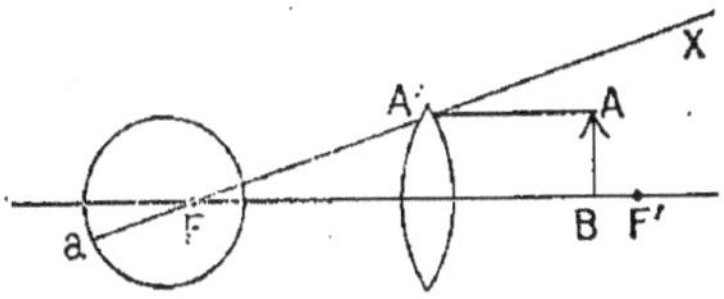

Fig. 393.

que la graduation de l'optomètre est équidistante dans tout son parcours, et par suite il est exempt des deux inconvénients de celui de Perrin et Mascart. Il ne faut toutefois pas perdre de vue que cet instrument doit être bien réglé : on n'est jamais certain que le sujet soumis à l'examen place le centre optique de son œil bien en concordance avec le foyer : cela dépend de trop d'éléments pour que ce réglage soit parfait.

XI

OPHTALMOSCOPIE

L'ophtalmoscope est un instrument permettant d'observer la rétine ou de déterminer les amétropies de l'œil.

Il se compose essentiellement d'un miroir destiné à éclairer le fond de l'œil. Pour obtenir ce résultat on place à côté de la personne soumise à l'examen une lumière L, une lampe ou un bec de gaz, puis l'observateur O, armé du miroir, envoie la lumière réfléchie sur l'œil de l'observé O'. Il y a intérêt à se servir d'un miroir convergent qui donne un meilleur éclairage que le miroir plan. Le miroir est percé d'un trou, et c'est à travers ce trou que l'observateur regarde pour examiner l'œil de l'observé.

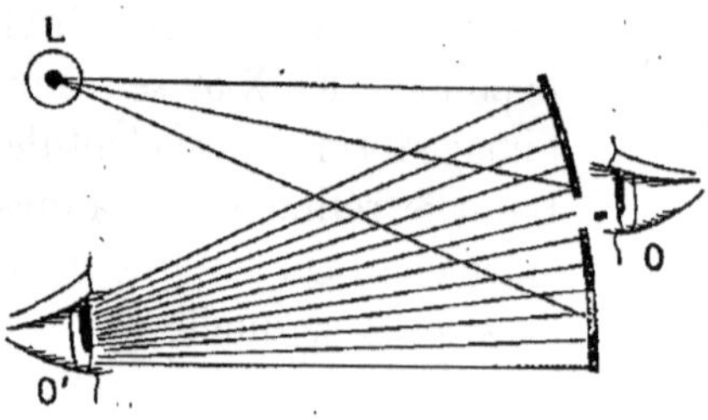

Fig. 394.

Comme on regarde la rétine à travers les milieux réfringents de l'œil, c'est en réalité une image de cette rétine que l'on voit; cette image peut être réelle et renversée, ou bien virtuelle et droite. Examinons successivement ces deux cas.

Il faut avant tout se rappeler le principe du retour inverse des rayons, d'après lequel si un objet forme une image à travers un système optique quelconque, en considérant cette image comme un objet, l'image de ce nouvel objet se superpose à l'objet pri-

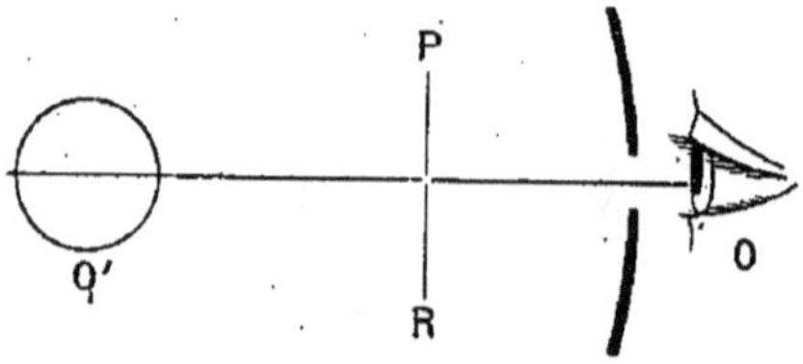

Fig. 395.

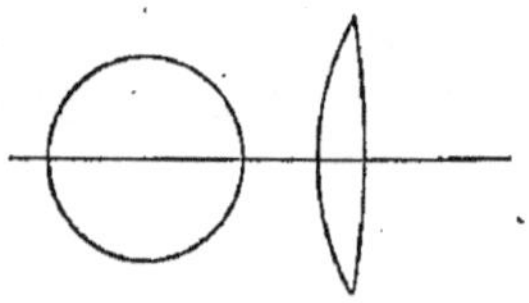

Fig. 396.

mitif, les rayons lumineux se propageant suivant le même chemin que précédemment, mais en sens inverse.

Ceci étant, considérons un œil myope O' dont le *punctum remotum* se trouve dans le plan PR (fig. 395). Cela veut dire que cet œil étant non accommodé, l'image réelle et renversée des objets situés dans le plan PR se forme nettement sur la rétine. Il en résulte, d'après le principe du retour inverse des rayons, que la rétine de O' étant éclairée, son image réelle et renversée se forme dans le plan PR. Il suffira que l'œil observateur placé en O accommode sur le plan PR pour voir nettement l'image de la rétine. L'œil observateur O pourra regarder directement l'image se formant dans le plan PR, ou bien se servir à cet effet d'une loupe qu'il placera derrière le trou de l'ophtalmoscope.

Ces explications au sujet de l'image renversée ne s'appliquent que si l'œil observé est assez myope pour que son *punctum remotum* se trouve en avant de l'observateur, mais il est aisé de ramener tous les yeux à ce cas : pour cela il suffit de les munir d'une lentille fortement convergente. On sait que si l'on place devant l'œil d'un emmétrope une lentille convergente (fig. 396) il ne voit pas à l'infini, il est devenu myope. Il en est de même pour un hypermétrope si la puissance de la lentille placée devant son œil est supérieure à celle de son verre correcteur. La lentille que l'on emploie dans ce but en ophtalmoscopie, a environ 13 à 14 dioptries; par conséquent, dans tous les cas où l'on n'a pas affaire à une hypermétropie exceptionnelle, on pourra transformer l'œil observé en œil myope et obtenir une image réelle et renversée en avant de l'observateur.

Il est très important de ne pas confondre cette lentille placée devant et près de l'œil observé pour le rendre myope, avec la lentille que les observateurs à accommodation insuffisante placent derrière le trou de l'ophtalmoscope, pour leur servir de loupe et regarder l'image réelle produite par la première lentille.

La lentille de 13-14 dioptries tenue à la main par l'observateur, lui sert dans le cas où l'image de la rétine ne lui apparaît pas avec une grande netteté, à mettre au point comme on le fait avec le microscope en écartant ou rapportant le système optique de l'objet que l'on veut voir. La même lentille a encore un autre usage, elle permet d'amener dans le champ les divers points de la rétine. Quand on regarde au microscope, on déplace la préparation sous l'objectif pour l'explorer dans ses diverses parties. On pourrait arriver au même résultat en déplaçant le corps de l'instrument au-dessus de la préparation : c'est l'analogue de cette manœuvre que l'on exécute en promenant la lentille devant l'œil observé, de droite à gauche, de haut en bas, etc., de façon à voir successivement les différentes régions de la rétine.

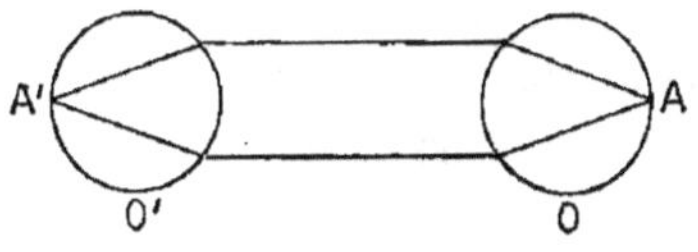

Fig. 397.

Passons maintenant à l'observation à l'image droite. Admettons d'abord que l'observateur O et l'observé O′ soient emmétropes et non accommodés (fig. 397). Un point A′ de la rétine observée émet un faisceau conique divergent sortant de l'œil par l'ouverture de la pupille. Comme cet œil regarde à l'infini, en vertu du principe du retour inverse des rayons, les rayons émergents seront parallèles entre eux. Ces rayons parallèles entre eux tombant sur l'œil observateur regardant aussi à l'infini, y pénètrent et forment une image nette sur la rétine en A. Par conséquent l'œil observateur voit nettement la rétine de A'. Tout se passe comme si l'œil observateur regardait la rétine de O' à travers une loupe formée par le système optique de O', l'objet étant placé au foyer.

Supposons maintenant l'œil observé hypermétrope (fig. 398). Les rayons partis de A' ne seront plus parallèles entre eux à la sortie. On sait que l'œil hypermétrope n'est pas assez réfringent, il se comporte comme un œil emmétrope muni d'une lentille divergente. Les

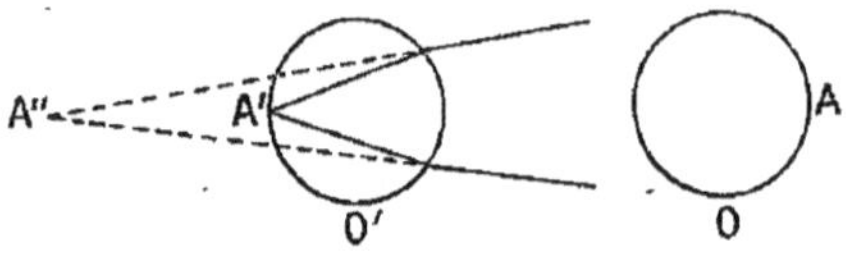

Fig. 398.

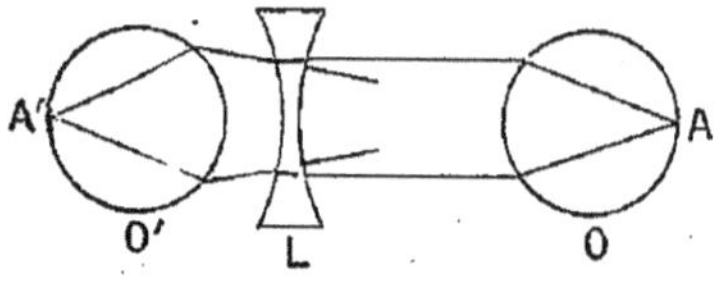

Fig. 399.

rayons sortant de l'œil hypermétrope non accommodé seront donc divergents, ils sembleront partir d'un point A'' et il suffira à l'œil observateur O d'accommoder sur A'' pour voir nettement l'image de la rétine de O'. C'est encore le cas de l'observateur à la loupe, l'objet étant placé entre le foyer et la lentille formant loupe.

Prenons enfin le cas où l'œil observé serait myope (fig. 399). Les rayons partant de A' et sortant de cet œil formeraient alors un faisceau convergent. Un pareil faisceau ne pourrait, comme on le sait, former une image nette sur la rétine de O. Il faut alors placer entre O et O' une lentille divergente de puissance suffisante pour rendre le faisceau parallèle ou divergent avant son arrivée à O. S'il est parallèle il formera sur la rétine de O une image nette A sans que O accommode. Si, au contraire, la lentille L est plus puissante et que le faisceau soit rendu divergent, il faudra que l'œil O accommode pour qu'il se forme sur sa rétine une image nette comme dans le cas de l'observation de l'œil hypermétrope.

Si enfin l'observateur n'est plus emmétrope, il n'y a qu'à lui adjoindre un verre correcteur le ramenant à l'emmétropie pour retrouver les trois cas que nous venons d'examiner.

Afin de pouvoir faire passer facilement entre O et O' les lentilles voulues, certains ophtalmoscopes sont munis d'une série de verres montés sur un disque ou sur un autre dispositif. Ces ophtalmoscopes sont dits à réfraction, il y en a un nombre considérable de modèles.

Détermination d'une amétropie à l'aide de l'ophtalmoscope. — On peut trouver le verre correcteur d'une amétropie avec l'ophtalmoscope à réfraction en observant l'image droite et cherchant le changement de lentille qui transforme une image nette en une image trouble. Cette méthode exige une assez grande habileté et n'est pas très précise ; il y a au contraire un autre procédé, dit de la skiascopie, qui n'exige aucun apprentissage et comporte la plus grande précision.

Voici comment on opère. On prend un ophtalmoscope à miroir plan, et la lampe étant comme d'habitude placée à côté du sujet, on se met à 1 mètre de ce sujet et on éclaire. On constate alors que la pupille paraît lumineuse dans son entier. Si l'on fait légèrement tourner entre les doigts le manche de l'ophtalmoscope, de façon à déplacer latéralement la tache lumineuse qui se produit sur la figure de l'observé, on constate que la pupille est envahie par une ombre. Suivant la façon dont cette ombre apparaît on peut en tirer des conclusions différentes.

En premier lieu l'ombre peut marcher dans le même sens que la tache lumineuse, elle est dite directe.

Elle peut marcher en sens contraire de la tache lumineuse, elle est alors inverse.

Enfin elle peut apparaître et disparaître tout à coup, sans que l'on puisse dire dans quel sens elle marche. Dans ce dernier cas, on peut immédiatement préciser le verre correcteur, c'est — 1, c'est-à-dire que l'on a affaire à un myope d'une dioptrie, corrigé par un verre divergent d'une dioptrie. Ceci n'est vrai, il importe de ne pas l'oublier, que lorsque l'observateur est à 1 mètre du sujet.

Si l'ombre est inverse, l'observé est encore myope, mais il a plus d'une dioptrie de myopie. On cherche alors à le corriger ; pour cela on fait passer devant son œil une série de verres divergents de puissance croissante. Il arrive un moment où l'on observe de nouveau l'envahissement en masse de l'ombre ; le verre plus faible donne encore l'ombre inverse, le verre plus fort l'ombre directe. Quand dans ces conditions on aperçoit le phénomène de l'ombre en masse, on peut en conclure que l'œil armé de son verre a encore une dioptrie de myopie, il faut donc forcer d'une unité la puissance du verre pour avoir la correction parfaite. Si — 3 donnait l'ombre en masse, — 4 serait le verre correcteur.

Lorsque au début de l'observation l'ombre est directe, on fait la même série d'opérations avec des verres convergents. Quand on arrive au verre donnant l'ombre en masse, l'œil a de nouveau une dioptrie de myopie; il faut donc, pour avoir la correction, superposer un verre — 1 au verre convergent produisant cet effet, ce qui revient à retrancher une unité à la valeur de la puissance du verre convergent employé. Si, par exemple, + 3 est ce verre donnant l'envahissement en masse, + 2 est le verre correcteur. On voit que si cet envahissement est produit par le verre + 1, on trouve comme verre correcteur 0, c'est-à-dire que l'on a affaire à un emmétrope.

Remarque importante. — Quand on envoie la lumière sur l'œil aussi bien pour observer la rétine que pour appliquer la méthode de l'ombre pupillaire, il faut recommander au sujet de ne pas regarder dans le miroir. Sans cela la lumière tombe au fond de l'œil sur la partie la plus sensible de la rétine, par réflexe la pupille se contracte, ne présente plus qu'une ouverture très petite et l'observation devient très difficile.

Voici l'orientation de choix de l'œil observé. On dit au sujet de regarder vers l'observateur du côté de l'oreille de même nom que l'œil examiné et à une vingtaine de centimètres en dehors, en fixant un point éloigné derrière l'observateur. Dans ces conditions la lumière tombe aux environs de la papille, région peu sensible, la pupille se dilate beaucoup, ce qui facilite l'observation. Dans ce cas, d'ailleurs, l'observateur voit immédiatement la papille qui est un repère important et dont l'examen est capital dans les explorations ophtalmoscopiques.

XII

ENDOSCOPIE

Les tissus vivants ne sont en général pas transparents pour la lumière ordinaire, et l'on ne peut voir directement ce qui se passe dans les cavités du corps. Tout au plus est-il possible, grâce à un éclairage intense, d'apercevoir des ombres ou de reconnaître la plus ou moins grande translucidité d'une région. C'est ainsi qu'en plaçant une lumière dans l'intérieur de la bouche on peut reconnaître si les sinus maxillaires sont translucides ou non, et si, par suite, ils sont vides ou s'ils contiennent une substance opaque. L'examen de la translucidité des tissus peut rendre de grands services, il exige toutefois une interprétation judicieuse. Un corps opaque dans un tissu translucide peut échapper à l'observation, c'est ainsi qu'en général on ne voit pas le testicule dans l'examen par transparence de l'hydrocèle. En voici la raison.

Supposons que la lumière vienne de gauche à droite dans le cas de la figure 400, la surface gauche du scrotum est éclairée, elle diffuse la lumière dans toutes les directions et, pour l'œil

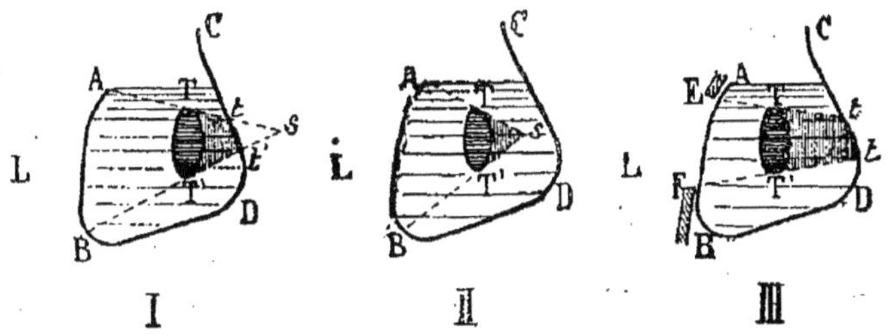

Fig. 400.

observateur placé à droite, devient la véritable source d'éclairement. Si le testicule n'est pas assez voisin de la paroi droite du scrotum (fig. 400, II), il n'y projette pas d'ombre et on ne le voit pas; il faut, pour qu'il apparaisse, ou bien qu'il se déplace vers la droite (fig. 400, I), ou bien que la surface éclairée à gauche devienne assez restreinte (fig. 400, III); il suffit pour le comprendre de se reporter à ce que nous avons dit à propos de la formation des ombres.

Lorsque les cavités que l'on veut explorer ont un orifice de communication avec l'extérieur, on profite de cet orifice pour examiner l'intérieur de la cavité; on pratique ce que l'on nomme l'endoscopie.

La première des conditions pour pouvoir examiner l'intérieur d'une cavité est de l'éclairer; ceci peut se faire de deux façons : soit en prenant une source de lumière externe et envoyant la lumière par un dispositif convenable à l'endroit soumis à l'observation, c'est l'endoscopie à lumière externe; soit en introduisant la source lumineuse dans la cavité, c'est l'endoscopie à lumière interne.

Le problème qui se pose est en somme analogue à celui auquel on se heurte quand on veut regarder au fond d'une clef : la diffi-

Fig. 401.

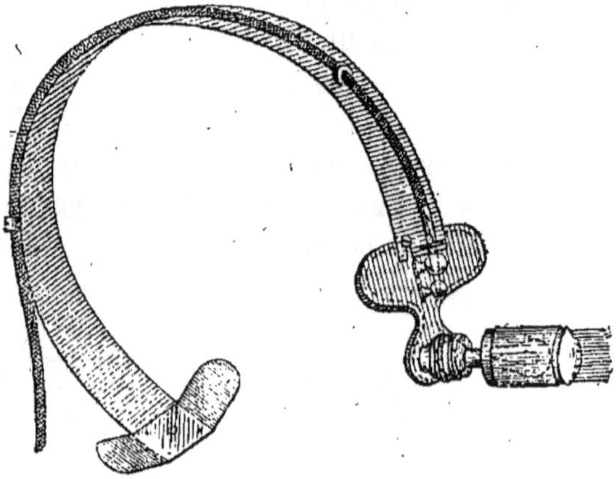

Fig. 402.

culté est d'éclairer le fond de cette clef et d'y regarder en même temps, c'est-à-dire de ne pas placer la tête entre la source lumineuse et la clef pour ne pas projeter d'ombre, ni la lumière entre la clef et l'œil pour ne pas être ébloui.

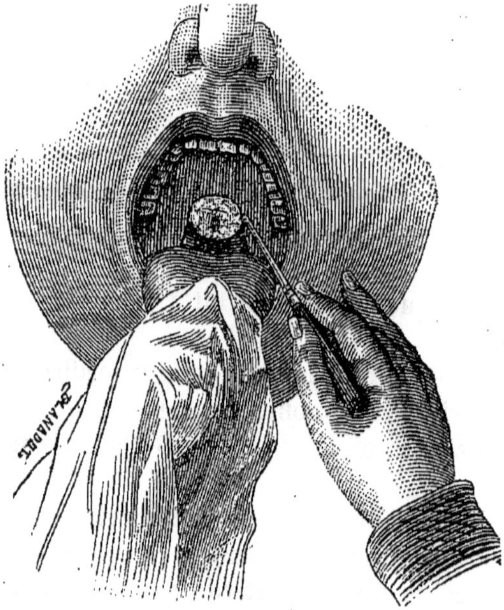

Fig. 403.

Dans les cas les plus simples, lorsqu'on veut regarder le fond de la gorge, du conduit auditif ou de l'œil, on place une lumière à côté de la personne à examiner, puis à l'aide d'un miroir tenu à la main ou attaché sur le front, on envoie la lumière venue de la lampe dans la direction de l'objet à examiner. En même temps on regarde à travers un trou de miroir (fig. 401). La figure 401 représente un miroir de cette espèce pouvant être maintenu en place par un ressort passant sur la tête. Dans la figure 402 le miroir est supprimé et remplacé par une petite lampe électrique envoyant la lumière dans la direction convenable.

Pour l'œil et le conduit auditif externe, le miroir percé suffit à

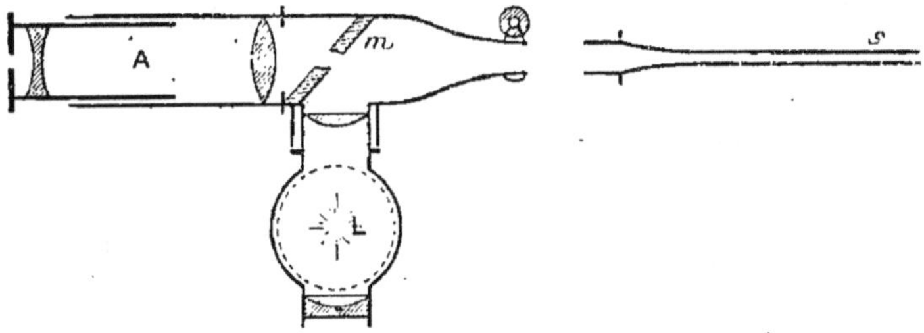

Fig. 404.

l'éclairage, on peut ainsi voir directement la région à examiner; il n'en est plus de même dans le cas du larynx, qui se trouve caché derrière la base de la langue. On emploie alors un artifice bien connu : on introduit dans la bouche un petit miroir porté par une tige métallique et on renvoie la lumière qu'il reçoit dans la bonne direction, ce à quoi on arrive facilement. En même temps

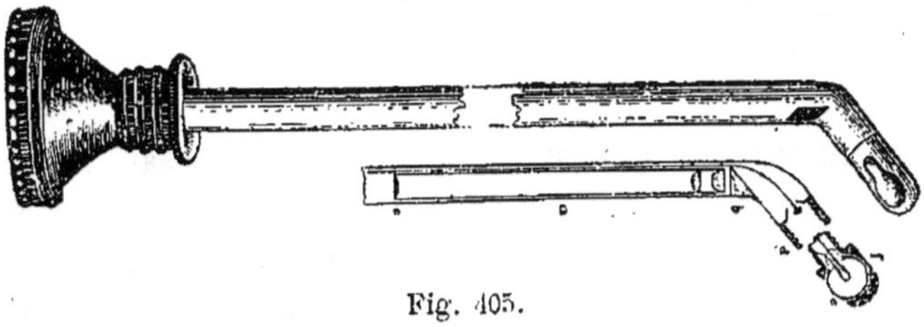

Fig. 405.

on regarde l'image de la glotte dans ce petit miroir comme le représente la figure 403.

S'il s'agit d'examiner l'intérieur de l'œsophage, de l'estomac ou de la vessie, les choses deviennent plus délicates, c'est surtout pour ce dernier organe que l'endoscopie a fait dans ces dernières années des progrès considérables.

L'urétroscope de Désormeaux (fig. 404) se composait d'une sonde S sur laquelle se plaçait une monture portant la lampe L dont la lumière réfléchie sur le miroir percé *m* fournissait l'éclairage. L'observation se faisait soit directement à travers le trou du miroir, soit à l'aide d'une petite lunette de Galilée que l'on pouvait adapter derrière ce trou. Cet instrument a subi divers perfectionnements de détail, mais en général on préfère aujourd'hui faire usage des cystoscopes à lumière interne. Le type des instruments est celui de Nitze (fig. 405). Une petite lampe électrique est portée au bout de la sonde, elle éclaire par une ouverture latérale la région à examiner. Cette même région est vue par le tube de

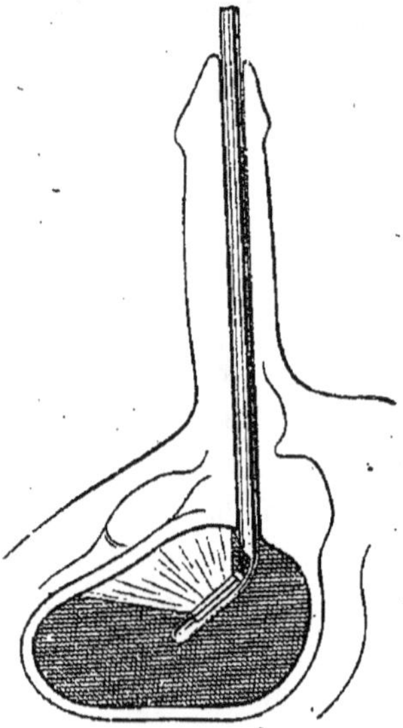

Fig. 406.

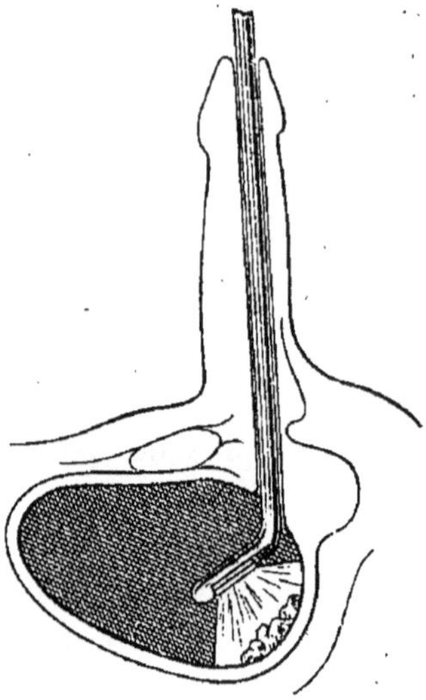

Fig. 407.

l'instrument grâce à un système optique se composant de lentilles et d'un prisme à réflexion totale. Les observations se font en distendant légèrement les parois de la vessie par l'introduction d'un liquide transparent, et, suivant la région à explorer, on emploie des cystoscopes à courbure différente. Ainsi les figures 406 et 407 représentent des cystoscopes de Leiter pour l'observation de la région antérieure ou de la région postérieure de la vessie.

Le système optique des cystoscopes à lumière interne a été modifié par divers chirurgiens, mais tous ces instruments reposent sur les mêmes principes. On peut les munir, à l'extrémité, d'appareils divers, anses galvaniques, pinces, etc., permettant certaines petites opérations sans recourir à la taille.

XIII

LOUPES

Quand on cherche à voir les détails d'un objet on l'approche le plus possible de son œil afin d'accroître la grandeur des images rétiniennes. Mais on sait qu'il arrive un moment où l'accommodation étant à son maximum on ne peut plus continuer ce rappro-

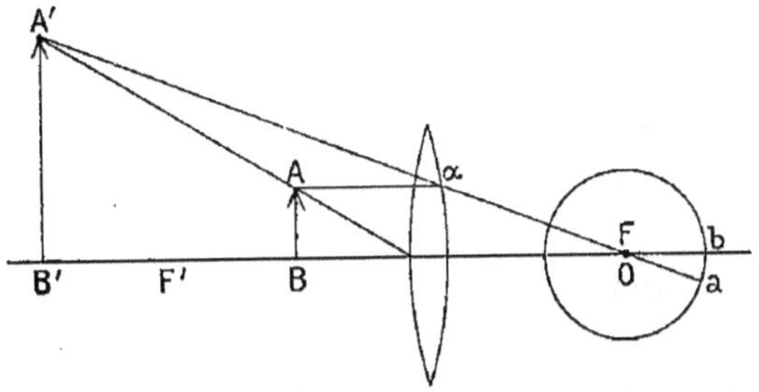

Fig. 408.

chement, les images rétiniennes ne conservant plus leur netteté. On se sert alors d'une loupe dont le but est par conséquent de donner des images rétiniennes nettes plus grandes que celles qu'on peut obtenir dans les meilleures conditions de vision à l'œil nu.

La loupe la plus simple consiste en une lentille convergente que

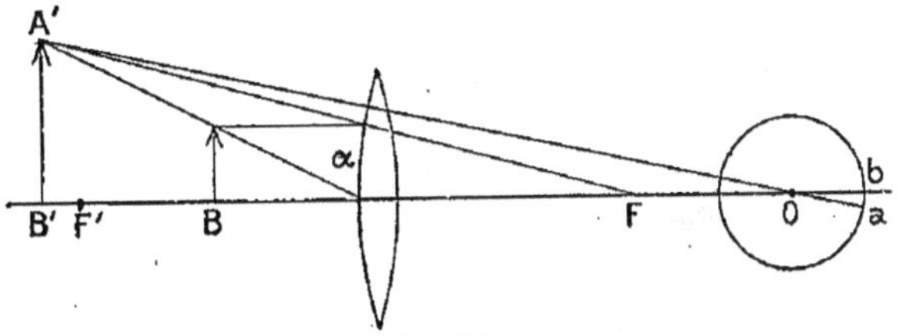

Fig. 409.

l'on tient près de l'œil, l'objet à examiner étant placé entre la lentille et le foyer. Dans ce cas l'objet étant AB, l'image de cet objet est A'B'. Cette image est droite, et c'est elle que l'œil regarde. Pour avoir l'image rétinienne A' il suffit de joindre A' au centre optique O de l'œil et de prolonger cette droite jusqu'à la rétine.

Ici il y a une remarque importante à faire. Pour trouver l'image du point A, on mène une droite Aα parallèle à l'axe de la lentille. Après réfraction cette droite devient αF passant par le foyer.

L'image A′ de A sera quelque part sur Fα. Si le centre optique de l'œil coïncide avec le foyer F (fig. 408), la droite joignant A′ au centre optique de l'œil sera ainsi précisément αF. Or, quand AB se déplace, en se rapprochant ou s'éloignant de la lentille, le rayon Aα ne change pas, αF est par suite toujours le même, donc quelle que soit la position de AB par rapport à la lentille, et par suite quelle que soit la position de l'image A′B′, l'image rétinienne *ab* sera de grandeur constante. Dans ces conditions peu importe que l'on accommode ou non, on tirera toujours le même avantage de la loupe.

Mais si le centre optique de l'œil, est plus éloigné de la lentille que le foyer F (fig. 409), on voit, en répétant le même raisonnement, qu'en joignant A′O pour obtenir l'image rétinienne *a*, *ab* sera d'autant plus grand que A′B′ s'éloignera davantage de la lentille vers la gauche. L'œil observateur a donc intérêt à relâcher son accommodation le plus possible, et, pour que l'image s'éloigne, on devra aussi éloigner l'objet AB de la lentille. Dans le cas d'un œil emmétrope, il y aurait intérêt à ce que A′B′ se trouve à l'infini, on observe alors en plaçant AB au foyer F′ de la lentille.

Si enfin le centre optique de l'œil est plus rapproché de la lentille que le foyer F (fig. 410), on voit immédiatement que l'image rétinienne *ab* sera d'autant plus grande que A′B′ sera plus près de la lentille.

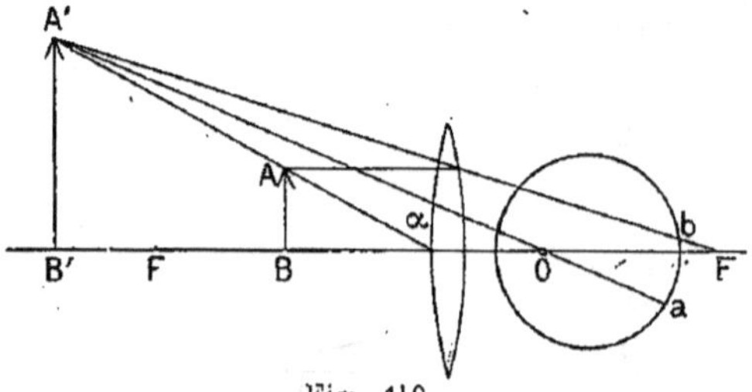

Fig. 410.

Dans ce cas il y a intérêt à observer avec le maximum d'accommodation et à rapprocher l'objet de la lentille jusqu'à ce que l'image se forme au punctum proximum.

Il résulte de ce qui précède, qu'avec les loupes à longue distance focale, le centre optique de l'œil étant généralement en avant du foyer, on a intérêt, pour avoir l'image la plus grande possible, à observer avec maximum d'accommodation. Au contraire, avec les loupes à courte distance focale, le centre optique de l'œil est en arrière du foyer, et l'on voit dans les meilleures conditions possibles en relâchant son accommodation.

Quand on n'a pas besoin d'une trop grande amplification, la loupe formée d'une simple lentille suffit en général, mais à mesure que l'on prend les grossissements de plus en plus forts on voit s'introduire une série de défauts ou aberrations, qui nuisent à la bonne qualité des images et qu'il devient nécessaire d'éliminer.

En premier lieu nous trouvons les aberrations de sphéricité. On sait que lors de la réfraction à travers une surface sphérique, l'image d'un point n'est pas rigoureusement un point. Les rayons qui se réfractent sur les bords ne vont pas concourir au même point que ceux qui passent au centre. A mesure que l'on s'éloigne de l'axe, cette erreur devient de plus en plus importante, et cela, bien entendu, d'autant plus rapidement que les surfaces réfringentes sont à plus grande courbure. Quand on emploie des lentilles à fort

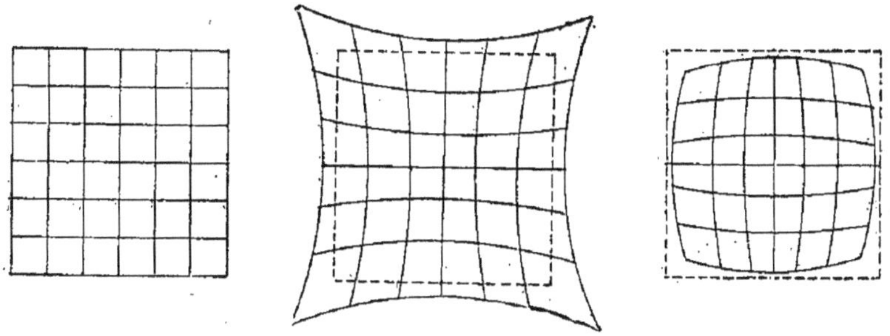

I II III

Fig. 411.

grossissement, il faut donc, sous peine d'avoir de très mauvaises images, se limiter à la réfraction produite par le centre seulement de ces lentilles, ce qui cause une grande perte de lumière. Mais l'expérience et la théorie montrent que l'on peut tourner la difficulté en associant convenablement plusieurs lentilles les unes derrière les autres. Cette association varie suivant les modèles, et il serait hors de propos d'en faire ici une étude théorique.

En second lieu nous avons les aberrations chromatiques. La lumière n'étant pas simple, comme on le sait, et les diverses radiations qui la composent étant inégalement réfractées, on a, lors de la formation des images par les lentilles, des foyers et des images différentes pour chacune des radiations. Ces images ne se superposent pas en général, ou du moins ne le font que d'une façon très imparfaite, il en résulte sur leurs bords des phénomènes de coloration qui en altèrent la netteté. Il suffit, pour se rendre compte de ce fait, de regarder, avec une forte lentille convergente, en l'employant comme loupe, l'image d'un dessin noir sur fond blanc. Suivant la position de la lentille par rapport à cet objet, on voit se produire, autour de l'image de chaque trait, des irisations de couleur bleue et jaune orangé.

C'est encore par des combinaisons de lentilles que l'on arrive à compenser ce défaut et à fabriquer ce que l'on appelle des loupes

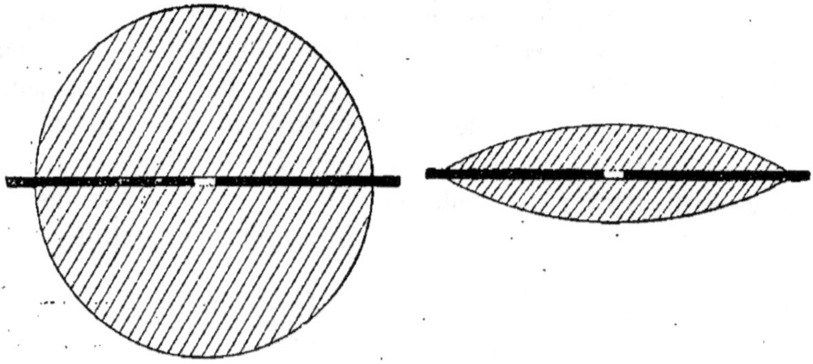

Fig. 412.

achromatiques; tous les bons instruments doivent être ainsi corrigés.

Enfin il y a des aberrations de forme grâce auxquelles l'image

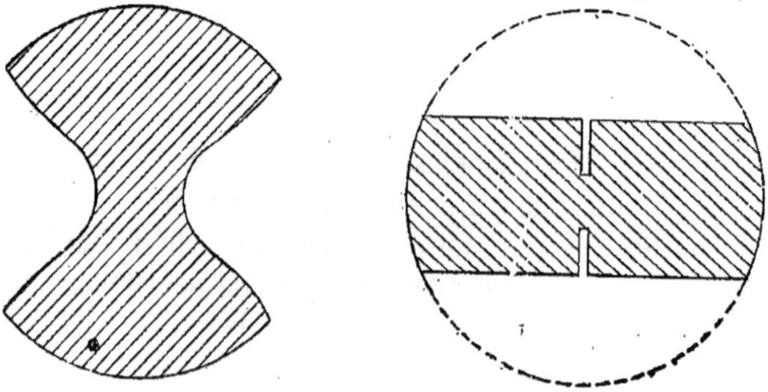

Fig. 413.

n'est pas semblable à l'objet. En regardant à la loupe une figure plane, l'image n'est pas plane; on ne sera pas au point simultanément pour le centre de l'image et pour les bords. Chose plus grave encore, l'image est déformée, dans le plan. Si, par exemple, on regarde un carré quadrillé (fig. 411, I), on a soit l'apparence II dite déformation en sablier, soit l'apparence III dite déformation en barillet. Ce genre d'aberration, qui porte le nom de distorsion est une des plus difficiles à corriger; pour la réduire au minimum on associe des lentilles, comme on le fait pour supprimer les autres aberrations.

Divers modèles de loupes. — On peut diviser les loupes en loupes simples et loupes composées suivant qu'elles sont fabriquées d'une seule lentille ou de plusieurs lentilles destinées à la compensation des observations.

Parmi les loupes simples nous signalerons en premier lieu la loupe de Wollaston (fig. 412) qui est composée de deux lentilles plan-convexes, qui ne forment en réalité qu'une seule lentille. Entre ces deux lentilles se trouve un diaphragme percé d'un trou destiné à éliminer tous les rayons voisins des bords et à réduire ainsi les aberrations. On peut arriver de la sorte à observer dans des conditions passables, même avec des loupes formant une petite sphère.

Fig. 414.

La loupe de Brewster ne se distingue (fig. 413) de celle de Wollaston qu'en ce qu'elle est taillée d'une seule pièce.

Enfin la loupe de Stanhope est un petit cylindre de verre ter-

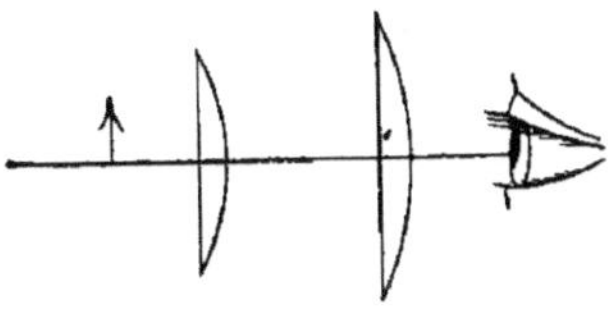
Fig. 415.

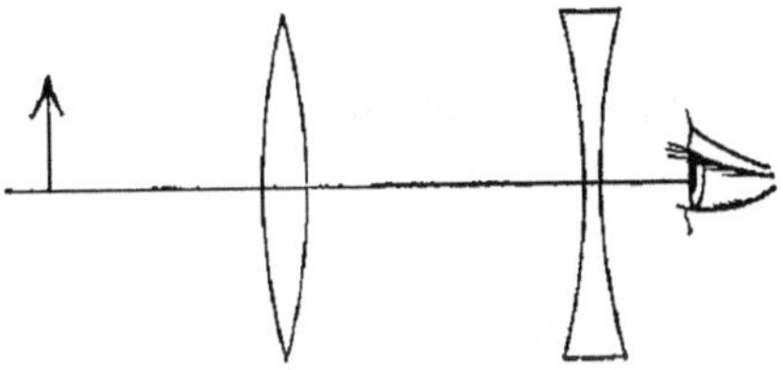
Fig. 416.

miné d'un côté par une surface sphérique, et de l'autre par un plan contre lequel on colle l'objet à examiner. Dans ce cas on observe en réalité à travers un dioptre.

Parmi les loupes composées, nous citerons le Doublet de Wollaston (fig. 415) constitué par deux lentilles plan-convexes tournées de la même façon, le plan regardant l'objet et l'œil observateur se trouvant du côté de la convexité. On peut faire varier à volonté la distance des deux lentilles au moyen d'un mouvement de vis, pour permettre à l'observateur de faire le réglage le plus satisfaisant pour lui.

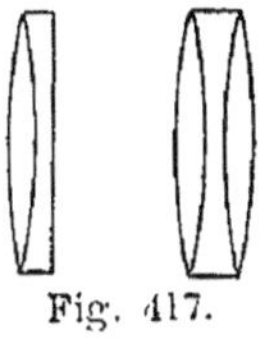
Fig. 417.

La loupe de Chevalier ou de Brücke (fig. 416) est aussi très répandue. C'est en réalité une lunette de Galilée, c'est-à-dire qu'elle est composée d'un objectif, lentille convergente, et d'un oculaire, lentille divergente. On peut à volonté faire varier la distance à l'objectif pour modifier le grossissement de l'instrument.

Un des avantages de ce dispositif est sa grande distance frontale, c'est-à-dire distance entre l'objet et l'objectif, ce qui permet d'observer, en même temps que l'on pratique sur l'objet certaines manœuvres telles que les dissections, etc.

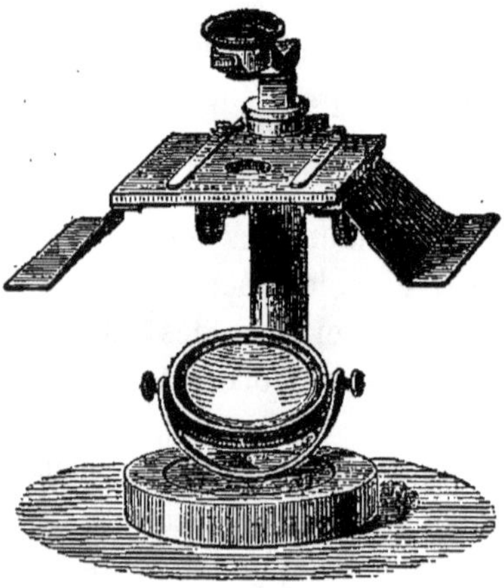

Fig. 418.

Remarquons que souvent les lentilles entrant dans la constitution soit des loupes simples, soit des loupes composées, sont en réalité constituées par deux ou trois lentilles accolées par du baume (fig. 417). Il y a par exemple une lentille divergente d'un verre déterminé avec une ou deux lentilles convergentes d'un autre

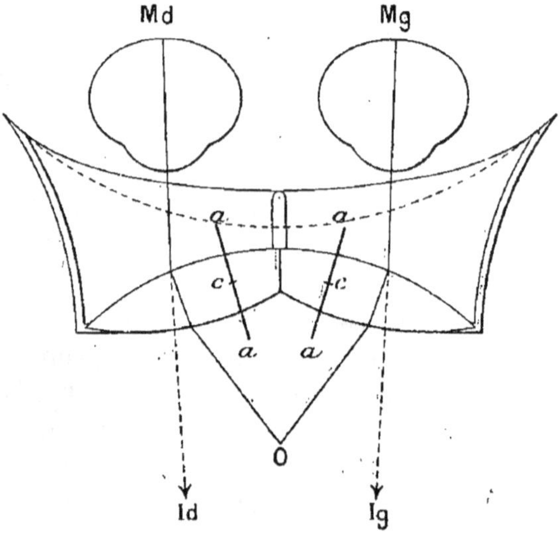

Fig. 419.

verre. C'est là le procédé le plus fréquemment employé pour éliminer les aberrations chromatiques.

Pour éviter d'être obligé de tenir les loupes à la main, pour pouvoir, par exemple, disséquer sous une loupe, il faut la maintenir dans un support. Divers dispositifs ont été imaginés dans ce but, celui qui est aujourd'hui le plus répandu est représenté sur la figure 418, ou est une variante de ce modèle. A l'aide d'un mouvement à crémaillère on peut mettre au point sur l'objet placé sur une platine, les deux ailes latérales permettant d'appuyer les mains pendant le travail de dissection.

Les loupes dont il vient d'être question ont l'inconvénient de n'utiliser que la vision monoculaire, le relief des objets est imparfaitement perçu.

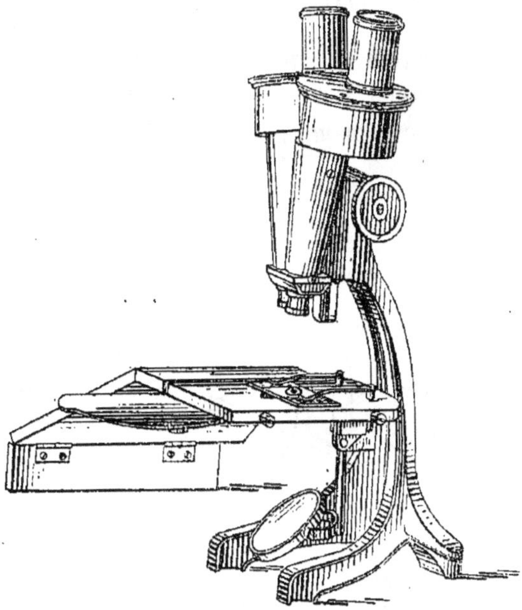

Fig. 420. — Loupe binoculaire Zeiss.

Il y a souvent intérêt à employer des loupes binoculaires. Pour les faibles grossissements la loupe de Berger donne de très bons résultats (fig. 419). Elle est constituée par deux lentilles convenablement inclinées et décentrées. Ce décentrement permet de fusionner plus facilement les images. L'ensemble des deux lentilles est porté dans une monture en ébonite, maintenue devant les yeux par un ruban faisant le tour de la tête ou par un ressort analogue à celui des miroirs frontaux employés en laryngoscopie.

Pour les forts grossissements on est obligé de recourir aux loupes binoculaires du modèle Zeiss par exemple.

Ces loupes sont constituées par de véritables microscopes munis entre l'objectif et l'oculaire d'un système de prismes redressant les images; on se souvient qu'avec un microscope ordinaire on a des images renversées. On peut varier le grossissement en changeant les objectifs montés sur un patin commun.

XIV

MICROSCOPES

Quand l'amplification obtenue par les loupes ne suffit plus on a recours au microscope. Cet instrument est une combinaison de lentilles donnant une image renversée des objets examinés, et dont le grossissement peut être poussé très loin. En présence de son importance nous insisterons un peu sur sa description.

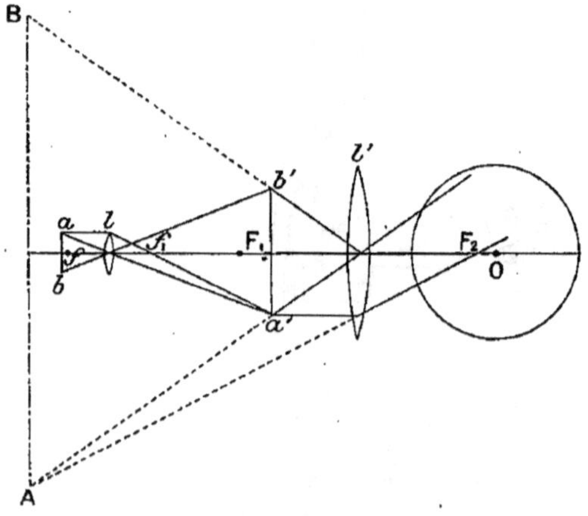

Fig. 421.

Le microscope se compose essentiellement d'un objectif que nous supposerons provisoirement être une simple lentille convergente, et d'un oculaire que nous réduirons aussi à une lentille convergente.

L'objet ab (fig. 421) à examiner est placé au delà du foyer f de l'objectif, il forme une image réelle et renversée $a'b'$ que l'on peut voir directement en plaçant l'œil en O et accommodant sur le plan $a'b'$, mais que l'on observe plus généralement avec la lentille oculaire l' formant loupe et donnant une image virtuelle AB. C'est cette image AB que l'œil regarde.

Il est bon de se rendre compte de la marche d'un faisceau lumineux partant d'un point quelconque de l'objet, a par exemple. Tous les rayons qui partent de a et qui seront utilisés forment un faisceau conique ayant son sommet en a et sa base sur la lentille l (fig. 422); après réfraction ces rayons convergeront en a', s'y croiseront et tomberont sur la lentille l'. Là ils seront de nouveau réfractés et la traverseront en formant un faisceau conique divergent dont le sommet serait en A si l'on prolongeait les rayons vers la gauche. Ces rayons ne passent pas en A, mais pour l'œil placé

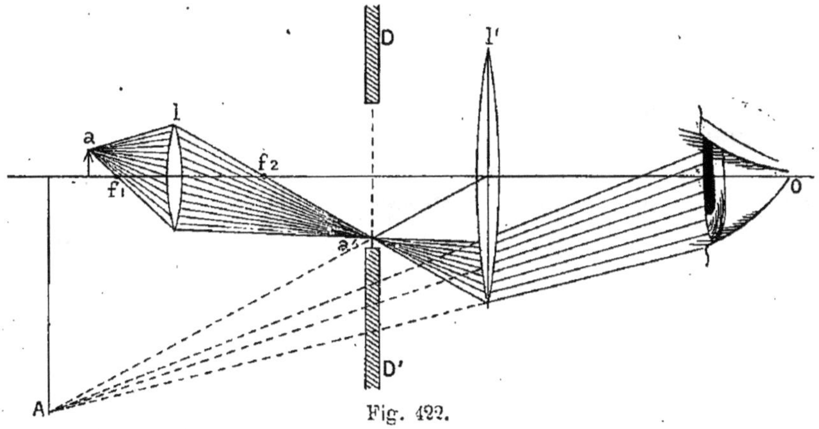

Fig. 422.

en O ils semblent en venir, c'est pour cela que l'on nomme A une image virtuelle.

On voit facilement sur la figure 422 que, pour un point de l'objet très voisin de l'axe, le faisceau lumineux pénétrant dans l'objectif l tombe tout entier sur l'oculaire l', traverse le microscope et peut arriver à l'œil. Mais si le point a s'éloigne de plus en plus de l'axe, latéralement, il arrive un moment où le faisceau lumineux, après s'être entre-croisé en a', ne tombera plus tout entier sur l'objectif, il sera arrêté en partie et il y aura un déficit d'autant plus grand que le point a s'écarte plus de l'axe. Il en résulte que le centre de

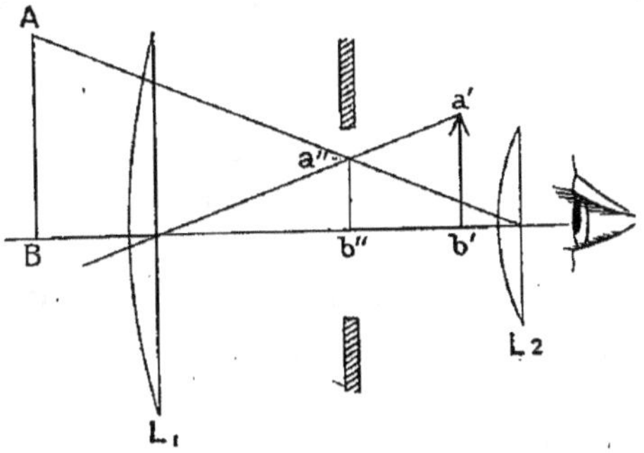

Fig. 423.

l'image vue par l'œil paraît très lumineux, mais qu'à partir d'une certaine distance cette image s'obscurcit graduellement. On évite cela, et l'on obtient un champ d'éclairement uniforme en plaçant dans le plan DD', où se forme l'image réelle produite par l'objectif, un diaphragme circulaire de façon à ne laisser passer que les faisceaux tombant tout entiers sur la lentille oculaire.

Oculaires. — Dans tous les microscopes en usage de nos jours, l'oculaire n'est pas simple. On adopte généralement la combinaison dite de Huyghens, composée de lentilles plan-convexes, la convexité étant tournée du côté d'où vient la lumière. La première lentille L_1, est placée en avant du plan où devrait se former l'image $a'b'$ fournie par l'objectif. Il en résulte que cette image est transformée en une autre image réelle $a''b''$ qui est définitivement regardée à la loupe à travers L_2 en donnant l'image virtuelle AB. Le diaphragme se place alors dans le plan $a''b''$. La lentille L_1 porte le nom de lentille de champ.

Le choix de l'oculaire de Huyghens est basé sur cette considération que c'est lui qui permet le mieux de corriger les aberrations de l'image que nous avons signalées à propos de la loupe et qui pourraient devenir très importantes avec les forts grossissements auxquels on arrive avec le microscope.

Objectifs. — Les objectifs eux aussi sont composés, ils comprennent un nombre plus ou moins grand de lentilles, jusqu'à six et même davantage. Par exemple, un objectif pourra comprendre trois lentilles plan-convexes L_1 L_2 L_3 placées à la suite les unes des autres. Chacune d'elles, afin de corriger les aberrations chromatiques, sera composée de deux lentilles de substances différentes accolées avec du baume, l'une sera plan-concave, l'autre biconvexe.

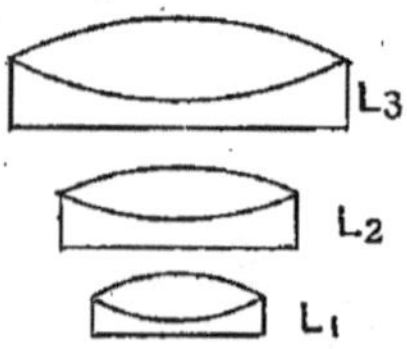

Fig. 424.

En dehors des questions de grossissement, les objectifs peuvent se diviser en deux grandes classes : les objectifs à sec et les objectifs à immersion ; pour comprendre l'utilité de ces derniers il faut auparavant entrer dans quelques détails sur la façon dont sont faites les préparations des objets que l'on veut examiner.

Préparations. — Les objets que l'on regarde au miscroscope doivent toujours être très petits, et sauf exception on les observe par transparence. A cet effet ils sont placés sur une lame de verre dite porte-objet ou simplement lame, reposant sur une platine horizontale. L'axe du microscope est vertical, perpendiculaire à la platine, l'objectif étant tourné vers le bas, l'éclairage se fait au moyen d'un miroir disposé sous la platine et envoyant de bas en haut la lumière soit d'une lampe, soit du jour.

On met au point sur la préparation en élevant ou abaissant le corps du miscroscope au moyen d'un glissement à frottement doux dans un anneau ou d'une crémaillère pour la première approximation, et achevant le dernier réglage avec une vis micrométrique.

Pour pouvoir ainsi être observé par transparence, le petit objet ne peut avoir qu'une épaisseur très faible, il consistera donc en une coupe très mince d'un tissu ou en un petit fragment dissocié de façon à en séparer les éléments. Très souvent on usera de matières colorantes, sur lesquelles il n'y a pas lieu d'insister ici, pour différencier, certaines parties de la préparation prenant la couleur, d'autres ne la prenant pas ou la prenant moins bien. Cette coupe ou ce fragment de tissu dissocié ne reste pas à nu sur la lame, on le plonge dans un liquide approprié et on couvre avec un couvre-objet ou lamelle. Cette pratique sert à soustraire la préparation à la dessiccation, à la poussière et aux altérations diverses, mais en outre elle a un but d'ordre optique. Il suffit, pour s'en convaincre, de regarder un petit objet, un filament de coton par exemple, successivement à sec ou immergé dans un liquide : dans le premier cas on n'aperçoit aucun des détails qui apparaissent avec la plus grande précision quand on regarde le filament dans le liquide; dans l'air le petit corps paraît opaque, il ne l'est plus dans le liquide. Ceci est facile à comprendre. Quand la lumière traverse un corps poreux comme un filament de coton, ce filament contenant de l'air, la lumière passe par une suite de couches d'air et de matière solide, il en résulte une série de réflexions et de réfractions donnant lieu à des pertes de lumière et à des changements de direction. Cet effet sera d'autant moindre que le corps sera plongé dans un milieu dont l'indice de réfraction se rapprochera plus du sien propre. Une expérience très simple met bien ce fait en évidence. Plaçons une petite tige de verre dans un flacon en la faisant passer à travers un trou du bouchon qui la maintiendra. Si le flacon ne contient que de l'air, le petit bâton, sur un fond blanc, sera très visible, il semblera même noir sur les bords. Plongeons-le dans l'eau, il semblera plus transparent, les zones noires des bords tendent à disparaître. Si nous remplaçons l'eau par du baume de Canada dont l'indice de réfraction est très voisin de celui du verre, c'est à peine si l'on

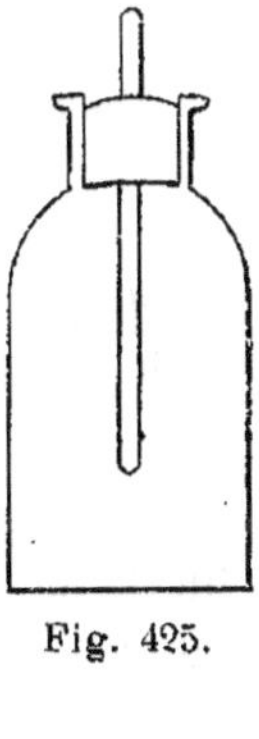

Fig. 425.

pourra apercevoir la petite tige. On conçoit qu'un paquet de petites tiges pareilles semblera très opaque dans l'air, mais deviendra de plus en plus transparent à mesure qu'on le plongera dans des liquides dont l'indice se rapprochera de plus en plus du sien. Le même phénomène se produit pour un corps quelconque, un filament de coton par exemple ou un fragment de tissu de l'organisme. Dans certains liquides ces corps deviendront absolument transparents, et pour les apercevoir il sera nécessaire d'avoir recours à la coloration; si cette coloration est bien faite on sera dans d'exellenctes conditions pour voir tous les détails du corps. On conçoit maintenant l'importance du choix du liquide servant à inclure les préparations. Suivant que l'on inclura dans l'eau, la glycérine plus réfringente que l'eau, ou le baume, on aura des effets différents et la nécessité d'une bonne coloration se fera d'autant plus sentir que l'indice de réfraction du liquide se rapproche davantage de celui des tissus. On peut observer les tissus de l'organisme sans coloration, dans l'eau ou l'eau salée; dans la glycérine on aura plus de transparence, mais certains détails échapperont si l'on ne colore pas; enfin dans le baume on aura une transparence admirable, mais il faut d'excellents procédés de coloration. Nous verrons plus loin que l'emploi, pour l'inclusion, de liquides à indice de réfractions élevé a encore un autre but.

Prenons maintenant une préparation quelconque et examinons-là avec un objectif à sec. Les détails que nous pouvons distinguer ne dépendent pas uniquement du grossissement du microscope et en particulier de l'objectif employé; on est limité dans cette perception de détails par ce que l'on appelle l'angle d'ouverture. Prenons comme objet type une série de petits points ou de petites lignes parallèles (fig. 426), le but que l'on poursuit est de les distinguer les uns des autres au moyen du microscope. Si chacun de ces points donnait comme image un point mathématique, il suffirait de chercher un grossissement suffisant pour que l'intervalle entre deux points puisse être apprécié par l'œil. Mais il n'en est pas ainsi. On démontre que, quelle que soit la perfection du microscope employé, l'image d'un point est une petite tache entourée d'un ou deux petits cercles alternativement obscurs et lumineux (fig. 427), allant en se dégradant peu à peu

Fig. 426.

Fig. 427.

comme intensité. Ceci est un fait lié à la constitution de la lumière, nous ne pouvons pas nous en débarrasser; on dit que l'image du point est entourée de cercles de diffraction. Si ces cercles sont trop grands par rapport à la distance des deux images punctiformes, il y a confusion entre ces deux images; on en voit une seule au lieu de deux. Or la dimension des cercles de diffraction est liée à ce que l'on nomme l'angle d'ouverture de l'objectif défini de la façon suivante. Soit O un point situé sur l'axe optique du microscope et soumis à l'examen (fig. 428). De O menons un rayon allant au bord de la première lentille de l'objectif, dite lentille frontale, α est l'angle d'ouverture. Plus cet angle α est grand, plus les cercles de diffraction sont petits, et mieux les images de points voisins seront séparées les unes des autres.

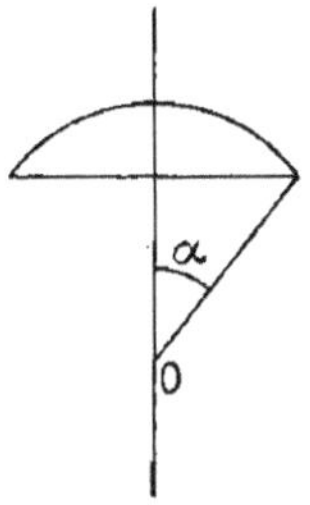

Fig. 428.

C'est l'angle α qui limite l'utilité que l'on peut tirer d'un objectif. Il lui correspond un certain écartement des points ou des lignes parallèles au-dessous duquel il y a forcément confusion, les cercles de diffraction empiétant alors les uns sur les autres.

Dès lors considérons un objectif ayant un angle d'ouverture α déterminé : aurons-nous intérêt, à angle α égal, à augmenter indéfiniment le grossissement? Évidemment non, quand le grossissement sera suffisant pour distinguer nettement les détails les plus fins séparables par l'objectif d'angle α, il n'y aura aucun avantage à l'augmenter. C'est comme si l'on demandait s'il faut augmenter, pour une personne de vue normale, la dimension des caractères d'imprimerie des journaux : il est évident qu'on pourrait la doubler et la décupler, on ne lirait pas plus, du moment qu'on peut déjà lire les caractères ordinaires.

C'est donc l'angle d'ouverture qui limite le grossissement utile; or il est évident que cet angle ne peut pas augmenter indéfiniment, il ne peut atteindre 90°; par conséquent il y a une limite dans le grossissement désirable des objectifs à sec. Cette limite est atteinte, même dépassée, par la plupart des constructeurs. En cherchant des grossissements plus forts on augmenterait les difficultés déjà très grandes pour la suppression des aberrations et l'on ne verrait pas plus de détails. Au point de vue pratique, on voit que dans l'achat d'un objectif il ne faut pas se laisser séduire outre mesure par le grossissement, mais donner la préférence aux objectifs à grande ouverture.

Dans la description précédente on a supposé que l'objet regardé était placé dans l'air ; que se passe-t-il quand on observe une préparation? Dans l'air on était au point sur O (fig. 429) et l'angle formé par le dernier rayon utile sur l'axe était α. Si nous supposons l'objet couvert par une lamelle dont la face supérieure est ZZ', et le liquide d'inclusion de même indice que la lamelle, on voit qu'en visant O supposé dans l'air, on est au point sur O' de la préparation, le dernier rayon utile faisant avec l'axe l'angle β et se réfractant à la sortie de la lamelle en s'écartant de la normale. La distance frontale, distance de l'objet à la première lentille, OL, a augmenté, elle est devenue O'L. L'angle α, correspondant au rayon extrême entrant dans le microscope, n'a pas changé, et la finesse des détails qu'il est possible de voir est la même.

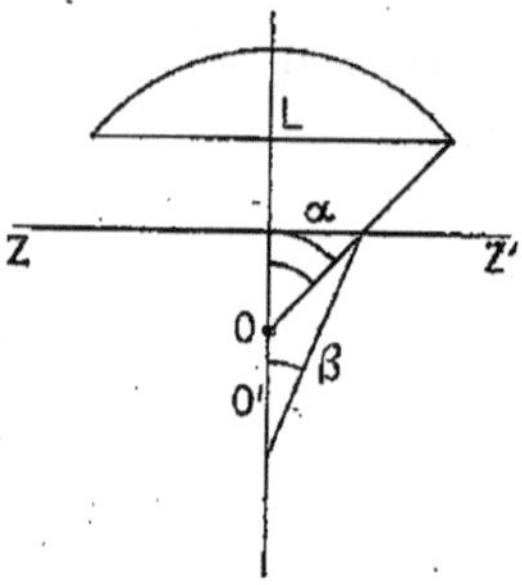

Fig. 429.

Supposons maintenant que l'on introduise entre la partie supérieure de la lamelle et la lentille frontale un liquide. Si ce liquide a le même indice de réfraction que la lamelle, les rayons lumineux se propageront en ligne droite depuis le point observé jusqu'à la lentille frontale, comme cela avait lieu dans l'air (fig. 430); on a alors ce qu'on appelle un objectif à immersion. Les détails que l'on peut apercevoir avec un appareil objectif sont encore d'autant plus fins que l'angle α est plus grand, mais de plus leur dimension diminue quand l'indice de réfraction du milieu qui précède la lentille frontale augmente. Supposons par exemple que cet indice de réfraction soit 1,5, les détails perceptibles seront 1,5 fois plus petits que si l'on observait avec la même ouverture α et un objectif à sec. Si le liquide à immersion a un indice inférieur à celui de la lamelle et égal à n, il y a une réfraction au sortir de la lamelle analogue à celle qui se passe avec les objectifs à sec, mais les détails sont n fois plus petits que dans le cas de l'observation à sec.

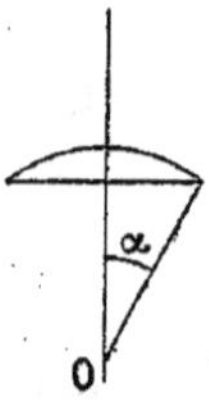

Fig. 430.

Il y a donc intérêt, pour l'observation des détails très fins, à interposer, entre la lentille frontale et la lamelle, des liquides à immersion à grand indice ; il faut pour cela que les objectifs soient spécialement construits et corrigés de leurs aberrations dans ce but. Mais pour qu'ils rendent leur effet il faut encore d'autres conditions.

En premier lieu, le milieu dans lequel se fait l'inclusion de la préparation doit avoir un indice de réfraction au moins égal à celui du liquide à immersion placé au-dessus de la lamelle. Aussi les objectifs dits à immersion homogène, c'est-à-dire pour lesquels le liquide à immersion, huile de cèdre, a le même indice que le couvre-objet, ne donnent-ils tout leur effet que pour des préparations incluses dans le baume de Canada.

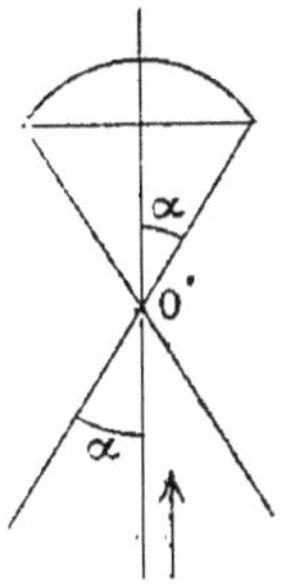

Fig. 431.

En second lieu, l'éclairage de la préparation doit se faire avec des rayons convergents dont le rayon extrême fasse avec l'axe du microscope un angle au moins égal à α. Comme on sait, la lumière est généralement envoyée de bas en haut à travers la préparation, en se servant d'un miroir convergent. Pour qu'un objectif à immersion d'angle d'ouverture α donne tout son effet, les rayons lumineux d'éclairage doivent arriver sur l'objet examiné O en formant un cône d'ouverture au moins égal à α. Comme cet angle α peut être très considérable, le simple miroir convergent ne suffit plus, on se sert alors d'un concentrateur dont le modèle le plus parfait

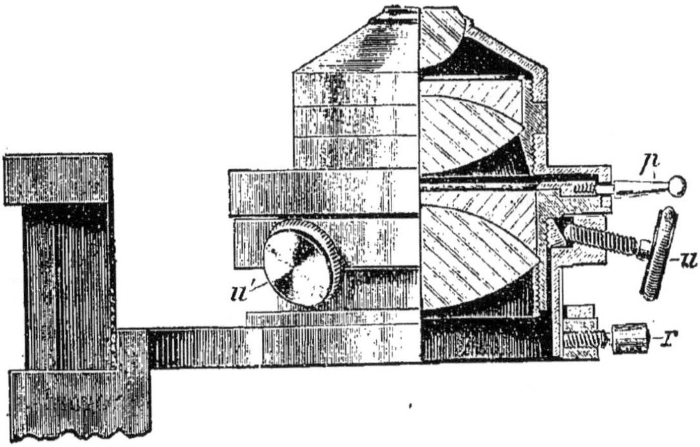

Fig. 432.

est celui d'Abbe (fig. 432). Il se compose de deux ou trois lentilles convergentes très puissantes débarrassées en grande partie de leur aberration chromatique par association avec des lentilles divergentes et dont la supérieure est plan-convexe, le plan étant tourné vers le haut. La lumière doit être envoyée par un *miroir plan* de bas en haut et former à la sortie un cône très convergent vers le sommet duquel on placera l'objet à observer. Pour qu'il ne se produise pas de réfraction et de réflexion entre la dernière lentille du concentrateur Abbe et le porte-objet, on doit mettre une goutte de liquide entre ces deux surfaces pour supprimer la couche d'air qui s'y trouverait; *faute de prendre cette précaution, que l'on néglige trop souvent, le rendement du microscope est défectueux.*

Il y a encore un point sur lequel il importe d'attirer l'attention, c'est l'influence exercée par l'épaisseur de la lamelle. Dans le cas d'objectif à immersion homogène, cette influence est nulle puisque le liquide interposé entre la lamelle et la lentille frontale ayant le même indice de réfraction que la lamelle, tout se passe comme si l'objet était plongé dans ce liquide à immersion. Mais prenons l'objectif à sec : on sait que, pour avoir une belle image, il faut que cet objectif soit corrigé de diverses aberrations; or ces corrections dépendent de l'épaisseur de la lamelle couvrant l'objet, à chaque objectif correspond une épaisseur de lamelle donnant la plus belle image. On trouve dans le commerce des tests gradués permettant de faire la détermination de cette épaisseur la plus favorable. Ils se composent essentiellement d'une lame de verre sur laquelle on a collé au baume une série de lamelles d'épaisseur déterminée. Chacune de ces lamelles est argentée à sa partie inférieure, et sur cette argenture on a tracé des lignes enlevant la couche de métal. On observe ces tests au microscope et on cherche pour chaque objectif la lamelle à travers laquelle les lignes sont vues le plus nettement, sans aberrations sur les bords de ces lignes. On a ainsi déterminé la meilleure lamelle correspondant à l'objectif. Ceci fait, à l'aide d'un compas d'épaisseur ou d'un palmer spécialement construit pour cela, on mesure les lamelles des boîtes que l'on achète dans le commerce et on les classe par épaisseurs. Le jour où l'on désire faire une préparation parfaite, destinée à être regardée avec un objectif étudié d'avance, on prend une lamelle correspondant à la meilleure correction de cet objectif.

Ce que nous venons de dire pour les objectifs à sec est encore vrai pour les objectifs à immersion dans l'eau. On peut tourner la difficulté résultant des diverses épaisseurs de lamelle à l'aide des objectifs à correction. Ces objectifs sont munis d'une bague qui, en tournant, produit un déplacement suivant l'axe d'une des lentilles de l'objectif; suivant la position de cette lentille, l'objectif est corrigé pour différentes épaisseurs de lamelle. Quand on se servira donc de cet objectif, il faudra, en faisant tourner la bague, chercher par un tâtonnement la position à donner pour obtenir la meilleure image. Cette bague porte d'ailleurs une graduation indiquant la position à lui donner pour la correction correspondant aux diverses épaisseurs de lamelle. Si l'on connaît la lamelle d'une préparation, la correction se fera donc immédiatement.

Mesures faites sur la préparation. — Pour déterminer au moyen du microscope la grandeur d'un objet, on peut se servir soit d'un oculaire micrométrique, soit de la chambre claire.

L'oculaire micrométrique ne diffère des autres oculaires que par la présence dans le plan du diaphragme d'une division micrométrique sur verre. Il en résulte qu'en observant un petit objet, on voit simultanément l'image de l'objet et le micromètre, on peut compter combien il y a de divisions de ce micromètre dans la grandeur à mesurer. Si l'on sait à quelle valeur métrique correspond chaque division pour l'objectif dont on s'est servi, on en déduit la valeur de la grandeur étudiée. Pour cela, une fois pour toutes, on observe avec cet objectif un petit micromètre objectif que l'on met à la place de la préparation ; ce petit micromètre sera par exemple divisé en centièmes de millimètre, et, en l'observant avec l'oculaire micrométrique, on comptera à combien de centièmes de millimètre correspond une division du micromètre oculaire.

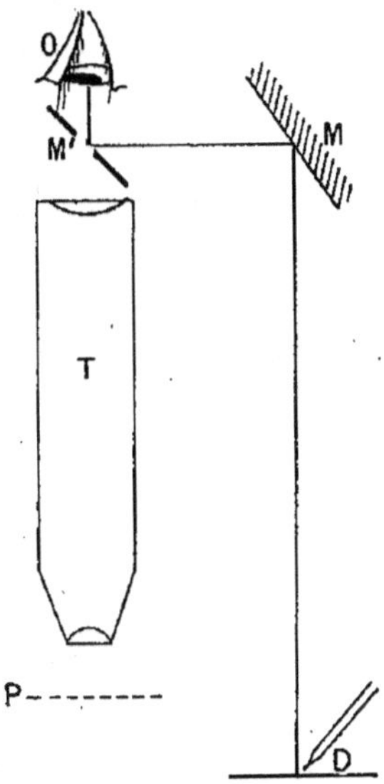

Fig. 433.

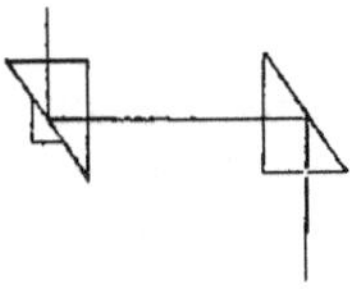

Fig. 434.

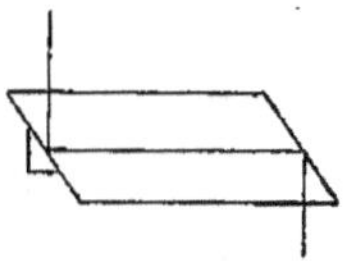

Fig. 435.

Un autre procédé consiste à dessiner à la chambre claire l'objet à reproduire, à côté d'un micromètre reproduit à la même échelle. Voici comment sont faites les chambres claires. Considérons le tube du microscope T muni de son objectif et de son oculaire, on observe la préparation P en mettant l'œil en O (fig. 433). Plaçons sur la table, à côté du microscope, un papier sur lequel on exécutera le dessin D. La lumière venant du papier se réfléchira sur un premier miroir incliné M, puis un second miroir M′ et arrivera à l'œil O. Si le miroir M′ est percé d'un trou, on pourra voir simultanément la préparation P à travers ce trou et le microscope, et par une double réflexion le papier D sur lequel on dessine. En général, au lieu d'employer deux miroirs on prend des prismes à réflexion totale qui donnent de meilleures images que le miroir, et qui ne se ternissent pas (fig. 434).

Souvent enfin on réunit les deux prismes à réflexion totale en un seul, c'est de cette façon que sont faites la plupart des chambres claires du commerce (fig. 435).

Bien entendu le prisme placé au-dessous de l'œil doit être percé d'un trou ou muni d'une partie formant lame à face parallèle pour permettre l'observation directe de la préparation.

A l'aide de la chambre claire on peut reproduire sur le papier un dessin de la préparation étudiée. Il suffit ensuite, pour pouvoir y faire des mesures, de remplacer la préparation par un micromètre que l'on dessine dans les mêmes conditions et de joindre ainsi au dessin une petite échelle représentant des fractions de millimètre.

Ultramicroscopie. — Habituellement, quand on observe une préparation au microscope, on envoie la lumière de bas en haut dans l'axe même de l'instrument. Le champ paraît ainsi très éclairé et les objets, pour être vus, doivent se détacher sur le fond lumineux, soit par leur opacité, soit par leur coloration. Les petits organismes, cellules, bactéries, etc. ne peuvent être observés à l'état vivant, mais on arrive à les voir au moyen de l'artifice suivant. Au lieu d'éclairer la préparation de bas en haut, on envoie la lumière horizontalement, perpendiculairement à l'axe optique du microscope dont le champ reste sombre. Si toutefois la lumière rencontre un objet capable de la diffuser, cet objet s'éclaire et devient visible. Supposons par exemple que l'on ait des cellules en suspension dans un liquide parfaitement transparent lui-même, la lumière traverse ce liquide sans l'éclairer, ici tout se passe comme lorsqu'un rayon solaire passe dans de l'air parfaitement pur et dépourvu de toute poussière, le rayon solaire ne rend pas l'air lumineux, et un spectateur placé latéralement n'a nullement conscience du passage du rayon. Mais si dans cet air se trouvent de petites particules, de petites poussières, elles s'éclairent et on les voit quoique l'on ne reçoive pas directement le faisceau de lumière.

C'est ce même phénomène qui se produit dans la vision dite ultramicroscopique, on ne regarde plus les objets, opaques ou colorés, sur fond clair, on regarde des objets éclairés et lumineux sur fond noir. On peut ainsi observer des infiniment petits à l'état vivant, sans préparation préliminaire d'aucune sorte. On sait quels services cette méthode rend aujourd'hui pour établir certains diagnostics douteux.

Il n'y a pas lieu de décrire ici la façon dont est disposé le système d'éclairement pour l'observation ultramicroscopique, plusieurs méthodes ont été imaginées; elles consistent toutes, en principe, à envoyer un faisceau lumineux très intense, provenant soit d'un petit arc électrique, soit d'une lampe Nernst, dans une direction telle que la préparation soit vivement éclairée sans que la lumière ne pénètre directement dans le microscope.

C'est du reste à tort que cette méthode porte le nom d'Ultramicroscopie, il ne s'agit pas de voir des corps plus petits que ceux qui sont vus par les méthodes habituelles, du moins pour ce qui concerne des application médicales, mais de les voir dans d'autres conditions. Le nom d'Ultramicroscopie vient de ce que le procédé a été imaginé et est encore utilisé pour l'étude de particules métalliques de dimensions trop faibles pour pouvoir être décelées au microscope ordinaire, en particulier pour les recherches sur les métaux colloïdaux. Dans les applications biologiques il ne s'agit plus d'Ultramicroscopie, mais simplement d'observation sur fond noir.

Microscope polarisant. — Souvent il y a intérêt à observer de petits objets dans la lumière polarisée, en particulier pour voir s'ils sont doués de la double réfraction. On place alors, dans la monture inférieure destinée au condensateur Abbe, un polariseur constitué par un petit prisme de Nicol, c'est lui qui polarisera la lumière tombant sur la préparation. Au-dessus de l'oculaire on place un second Nicol jouant le rôle d'analyseur. Cet analyseur peut tourner autour de l'axe du microscope, de façon à amener à volonté l'extinction ou le passage de la lumière comme il a été indiqué au paragraphe traitant de la polarisation en général. Le fonctionnement de cet appareil est absolument le même que celui du dispositif décrit à l'occasion de la polarisation; on a simplement introduit entre le polariseur et l'analyseur un système optique grossissant destiné à donner des images agrandies des petits objets.

SIXIÈME PARTIE

ÉLECTRICITÉ

I

PRINCIPES GÉNÉRAUX DE L'ÉLECTRICITÉ

Les corps peuvent, comme on dit, être à l'état neutre, ne manifestant alors aucune propriété électrique; ils peuvent aussi être électrisés. Comme on le trouve dans les traités élémentaires, on sait qu'ils se classent alors en corps électrisés positivement et corps électrisés négativement. Quelle que soit l'idée que l'on puisse se faire sur la nature de l'électricité, on peut considérer que tout se passe comme si ces phénomènes électriques étaient dus à deux fluides différents : l'électricité positive et l'électricité négative. La première se développe sur une tige de verre frottée avec un morceau de drap, la seconde sur un bâton de résine frotté avec une peau de chat. L'une et l'autre électricité attirent les corps légers. Lorsque les corps sont conducteurs à leur surface ils se chargent, au contact du verre ou de la résine frottés, soit d'électricité positive, soit d'électricité négative. Une fois chargés, on constate qu'ils sont repoussés par les corps portant la même électricité qu'eux et au contraire vivement attirés par les corps portant de l'électricité d'espèce contraire.

Tout se passe comme si les corps à l'état neutre contenaient un fluide neutre décomposable en un fluide positif et en un fluide négatif. Ces deux fluides amenés au contact se combinent pour donner, s'ils sont en proportion égale, du fluide neutre. Chacun de ces fluides positif ou négatif repousse le fluide de même nom et attire le fluide de nom contraire; si un corps est chargé positivement il subit une attraction de toute charge négative et une répulsion de toute charge positive. C'est l'inverse quand il est chargé négativement.

Quand une charge A, positive ou négative (mettons positive, pour fixer les idées), se trouve au voisinage d'un corps conducteur B à l'état neutre, le fluide neutre de ce conducteur est décomposé *par influence*, l'électricité négative étant attirée au voisinage de A, le plus près possible. Il paut alors arriver deux choses. Si l'on approche beaucoup le corps A de B fig. 436, la charge positive de A se combine avec le fluide négatif du voisinage avec production d'une étincelle et donne du fluide neutre. Après éloignement de A, B reste chargé de fluide positif. Ou bien si on met B en communicatif avec le sol, le fluide positif, repoussé le plus loin possible, s'écoule dans la terre et, après rupture de la communication, le conducteur reste chargé négativement.

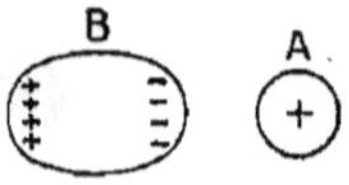

Fig. 436.

Coulomb, qui a étudié avec grand soin les attractions et les répulsions électriques a montré que les forces en jeu répondent aux mêmes lois que celle de la gravitation, c'est-à-dire qu'elles sont proportionnelles aux quantités d'électricité et en raison inverse du carré de la distance.

Un grand nombre de phénomènes électriques peuvent s'interpréter avec cette hypothèse des deux fluides, elle est très commode pour la plupart des explications.

Quelle que soit l'idée que l'on se fasse des phénomènes électriques, on constate que l'électricité se propage d'une façon très différente à travers les corps suivant leur nature. Si l'on tient une tige de verre à la main on peut sans inconvénient introduire l'extrémité de cette tige dans une flamme de manière à en amener la fusion, on ne peut répéter la même expérience avec une tige de cuivre, rapidement on est obligé de l'abandonner par suite de la propagation de la chaleur jusqu'aux points où on la tient. Il en est de même en électricité : certaines substances sont, comme on dit, isolantes, c'est-à-dire que l'électricité ne se propage pas par leur intermédiaire, d'autres sont dites bonnes conductrices. En réalité il n'y a pas deux classes séparées de corps, les uns isolants, les autres conducteurs; tous les intermédiaires existent entre l'argent, qui paraît le plus favorable à la facile propagation de l'électricité, et la paraffine, qui semble s'y prêter le moins. Cette question sera d'ailleurs examinée de plus près. Il était nécessaire de rappeler ces principes généraux avant d'aller plus loin pour ne pas se heurter à chaque pas à des explications trop longues.

II

LOIS ET UNITÉS ÉLECTRIQUES

Pour bien saisir les lois et unités électriques nous nous servirons de comparaisons des phénomènes électriques avec divers autres phénomènes.

En premier lieu considérons un ballon communiquant avec l'atmosphère par un orifice O. Si le robinet R est librement ouvert, la pression de l'air à l'intérieur du vase est la même que celle de l'atmosphère. Nous pouvons diminuer et augmenter la pression dans le ballon; le poids de gaz qui y sera contenu sera proportionnel à la pression. D'un autre côté si nous faisons varier le volume du ballon, à pression égale le poids du gaz contenu sera proportionnel au volume. De plus, bien entendu, ce poids dépendra de la nature du gaz, il pourra donc, dans tous les cas, se représenter par $P = KVp$, K étant un nombre dépendant de la nature du gaz, V étant le volume et p la pression.

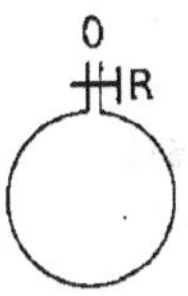

Fig. 437.

Prenons maintenant un corps que nous chaufferons. A mesure que la température montera, nous aurons fourni de plus en plus de chaleur. L'expérience montre que la quantité de chaleur absorbée par le corps est proportionnelle à l'augmentation de température, au volume du corps et à une constante dépendant de la nature de ce corps. Nous aurons donc, pour représenter cette quantité de chaleur, une formule analogue à la précédente, $Q = KVT$, Q étant l'augmentation de quantité de chaleur, et T l'augmentation de température.

Passons enfin à l'électricité. Portons une charge croissante sur un corps convenablement isolé : à mesure que le corps prend cette charge croissante, il augmente de ce que nous pourrions appeler la température électrique ou la pression électrique, et qui porte le nom de *potentiel*. Quand un corps est de plus en plus chaud, il rayonne de plus en plus vers les environs; quand un vase contient un gaz, les fuites sont d'autant plus importantes que la pression est plus élevée ; de même plus un corps est à un potentiel élevé, plus les étincelles qu'on en tire sont grandes, plus il perd facilement par les supports. Nous trouvons encore pour l'augmentation de charge une formule analogue à la précédente, $Q = \alpha CV$,

V étant l'augmentation de potentiel, C une constante nommée la capacité du corps. Dans le cas de la chaleur la capacité calorifique dépendait du volume V et d'une constante K variable avec la substance du corps, différente suivant que l'on avait affaire à du cuivre, du fer, de l'eau, etc. En électricité la capacité dépend d'autres éléments. La nature du corps n'a aucune influence sur elle, qu'il soit en cuivre ou en fer, cela revient au même pourvu qu'il soit conducteur et que l'électricité puisse se répandre sur lui. L'expérience prouve que cette capacité C dépend au contraire directement de la forme du corps et de sa position par rapport aux corps voisins. Prenons une masse de plomb, une sphère par exemple, isolée dans l'espace; elle aura une certaine capacité électrique. Déformons cette sphère, nous n'en changerons pas la masse, sa capacité calorifique restera la même, mais sa capacité électrique changera. Prenons maintenant cette masse de plomb et, sans rien y changer, approchons-la d'autres corps, ce seul déplacement modifiera encore sa capacité électrique, d'autant plus qu'on l'amènera plus près d'autres corps.

Quand nous avons considéré une masse de gaz enfermée dans un ballon nous avons parlé de sa *pression* et de son *poids*; pour la chaleur et l'électricité nous n'avons considéré que des *augmentations de température*, *augmentations de chaleur*, *de potentiel*, etc. Cela tient à ce que si nous pouvons réaliser pratiquement une pression nulle dans un vase contenant un poids zéro de gaz, nous n'usons généralement pas d'un zéro de température absolue, mais d'un zéro conventionnel à partir duquel nous comptons non des températures absolues, mais des augmentations de température et de même pour les autres grandeurs. Quand nous parlons d'une température de 5°, nous voulons dire une température de 5° plus élevée que celle de notre zéro conventionnel, tandis que lorsque nous parlons d'une pression de 5 cm. de mercure, cette mesure est absolue sans convention d'un zéro. Pour que le parallélisme soit parfait nous aurions pu supposer qu'à l'origine le ballon contienne une certaine quantité de gaz et n'envisager que les augmentations de poids variant proportionnellement aux augmentations de pression.

Nous sommes donc arrivés en somme à la première formule fondamentale $Q = \alpha CV$ reliant entre elles les quantités d'électricité Q à la capacité du corps C et à son potentiel de charge V.

Lorsque l'on prend deux vases, deux ballons par exemple,

contenant un même gaz à une pression différente, et qu'on les met en communication par l'intermédiaire d'un tube, le gaz s'écoule du vase à plus haute pression vers le vase à plus basse pression. La quantité de gaz qui s'écoule dans un même temps est d'autant plus grande que la différence de pression est plus élevée. Mais il intervient un autre élément, c'est la résistance que le gaz rencontre au passage à travers le tube de communication. Il est bien évident que, toutes choses égales d'ailleurs, la quantité de gaz qui s'écoulera sera d'autant moindre dans le même temps que le calibre du tube est plus réduit.

De même quand on établit une différence de température aux deux extrémités d'une tige de métal, la chaleur se propage du côté le plus chaud vers le côté le plus froid. Cette propagation est d'autant plus importante que la différence de température est plus élevée. Pour une même différence de température la quantité de chaleur qui passe varie avec la communication ; il en passe moins à travers un fil fin et long qu'à travers un fil gros et court. On peut dire que la chaleur rencontre une certaine résistance à sa propagation, ou que le conducteur offre une certaine résistance au passage de la chaleur.

Dans la propagation de l'électricité c'est encore le même fait que l'on rencontre. Mettons en communication par un fil deux conducteurs à potentiel différent, l'électricité s'écoulera du corps à potentiel le plus élevé vers le corps à potentiel le plus bas. La quantité d'électricité qui s'écoule par seconde, que nous désignerons par I, est proportionnelle à la différence de potentiel entre les deux corps et en raison inverse de la résistance R du circuit. C'est ce qui est exprimé par la formule $I = \beta \frac{V}{R}$, dite formule d'Ohm.

I représentant la quantité d'électricité qui passe par seconde, est désigné généralement sous le nom d'intensité du courant.

Si l'écoulement est uniforme on en déduit immédiatement que dans le nombre de secondes t, la quantité qui passe est représentée par la formule $Q = \gamma It$.

Enfin il y a une quatrième formule extrêmement importante. Quand un conducteur est traversé par un courant électrique il s'échauffe, ce fait est aujourd'hui de notion trop courante pour qu'il y ait lieu d'y insister. La chaleur dégagée dans un fil est, comme nous le savons, équivalente à une certaine quantité d'énergie. L'expérience a prouvé que cette chaleur dégagée, et l'énergie équivalente, croissent proportionnellement à la résistance du fil et au carré de l'intensité I, c'est-à-dire qu'en représentant cette énergie par W, on a $W = \varepsilon RI^2$. C'est la loi de Joule.

Nous avons donc les quatre formules suivantes fondamentales :

$$Q = \alpha CV \tag{1}$$

$$I = \beta \frac{V}{R} \tag{2}$$

$$Q = \gamma It \tag{3}$$

$$W = \varepsilon RI^2 \tag{4}$$

qui contiennent six espèces de grandeurs : des quantités d'électricité Q, des capacités électriques C, des différences de potentiel V, des résistances électriques R, des intensités de courant électrique I, des énergies électriques W.

Pour mesurer toutes ces quantités il a fallu choisir des unités. Ces unités auraient pu être prises arbitrairement, mais alors, comme nous l'avons montré à propos des mesures en général, les formules auraient conservé les facteurs constants α, β, γ, ε. Au contraire, par un choix judicieux, dans le détail duquel nous ne pouvons entrer ici, ces coefficients ont disparu comme on a fait disparaître les coefficients dans les mesures de surface, de volume, etc.

Ces formules sont alors devenues :

$$\left\{ \begin{aligned} Q &= CV \\ I &= \frac{V}{R} \\ Q &= It \\ W &= RI^2 \end{aligned} \right. \tag{5}$$

C'est sous cette forme qu'elles sont employées en électricité. Voici les unités qui ont amené la disparition des coefficients.

Unité de résistance. — L'unité de résistance nommée Ohm est la résistance d'une colonne de mercure à 0° ayant un millimètre carré de section et environ 1 m. 06 de long.

Unité de différence de potentiel. — Cette unité se nomme le Volt. Pour en donner une idée nous dirons qu'il y a 1 v. 08 de différence de potentiel entre les deux pôles d'une pile Daniell.

Unité d'intensité. — L'unité d'intensité est l'Ampère, c'est l'intensité du courant qui se produit dans un circuit dont la résistance est un ohm, sous une différence de potentiel de un volt aux extrémités du circuit.

Unité de quantité. – C'est le Coulomb; elle représente la quantité d'électricité passant en une seconde en un point d'un circuit parcouru par un courant de un ampère.

Unité de capacité. — C'est le Farad, ou capacité du corps dont le potentiel croît de un volt pour une augmentation de charge de un coulomb.

Unité de puissance. — C'est le Watt ou quantité d'énergie dépensée par seconde dans un circuit ayant un ohm de résistance et parcouru par un courant de un ampère.

Il est extrêmement important, comme on le conçoit, dans l'application des formules (5), d'exprimer les grandeurs électriques au moyen des unités que nous venons de définir; à cette condition seulement on obtient un résultat exact. Par exemple, si l'on prend la première de ces formules, en multipliant la capacité d'un corps exprimée en farads par son augmentation de potentiel exprimée en volts, on a son accroissement de charge en coulombs. De même pour les autres formules.

Toutefois il arrive ce qui se produit pour les autres mesures ; les unités peuvent dans certaines circonstances être trop grandes ou trop petites. Dans la pratique le farad est généralement beaucoup trop considérable, on prend alors le micro-farad, unité un million de fois plus petite que le farad. Dès lors en multipliant les capacités ainsi mesurées par l'augmentation de potentiel, on a l'accroissement de charge mesuré en micro-coulombs, unité un million de fois plus petite que le coulomb. On se sert aussi souvent du megohm qui vaut un million d'ohms et du milliampère qui vaut un millième d'ampère. Les autres subdivisions ou multiples sont peu employées.

Souvent certaines de ces formules sont transformées. Ainsi si dans $W = RI^2$ on remplace I par sa valeur $I = \frac{V}{R}$, on en déduit

$$W = \frac{V^2}{R} \tag{6}$$

qui nous donne la puissance en fonction de la résistance et du voltage.

Si on n'avait remplacé qu'un seul de I par $\frac{V}{R}$ on aurait eu :

$$W = IV. \tag{7}$$

Cette dernière forme est d'un usage fréquent ; pour avoir l'énergie dépensée par seconde dans un circuit, on mesure l'intensité du courant qui le parcourt, la différence de potentiel aux extrémités du circuit, et on multiplie l'un par l'autre.

Toutes ces considérations d'unités et de formules deviennent très simples après lecture attentive de ce qui suit, en particulier de ce qui concerne les mesures.

III

PRODUCTION DE L'ÉLECTRICITÉ

L'électricité peut être utilisée sous des formes trés diverses ; suivant les exigences de cette utilisation il faut avoir recours à des moyens de production très variés. Il peut arriver que l'on désire une petite quantité d'électricité à un très haut voltage, comme on peut avoir besoin d'une petite quantité de chaleur à très haute température, ou bien on peut avoir besoin d'un débit considérable continu, ou d'un courant alternatif, etc. Nous allons examiner successivement les divers dispositifs généraux que le médecin peut avoir à utiliser.

IV

MACHINES STATIQUES

Les anciennes machines à frottement ne sont plus employées aujourd'hui ; même la machine dite à l'influence du type Holtz a été abandonnée. On ne trouve plus pour ainsi dire que les machines Wimshurst avec secteurs ou sans secteurs, c'est-à-dire portant ou non sur les plateaux en ébonite des pastilles recouvertes d'étain. Dans le cas des machines à secteurs (fig. 438) il suffit de mettre l'appareil en marche pour que, s'il est en bon état, il se mette à fonctionner. Dans les types sans secteurs (fig. 439) il faut un amorçage préliminaire, lequel se fait du reste très simplement; il suffit pour l'obtenir de toucher du doigt un des plateaux en un endroit déterminé.

Ces machines, dont il n'y a pas lieu ici de faire la description détaillée ni la théorie, ont besoin d'un entretien extrêmement minutieux. Elles fournissent de l'électricité à très haut potentiel pouvant atteindre et même dépasser 50 000 volts, mais elles ont un faible débit. Ce débit croît bien entendu avec la surface des

Fig. 438.

plateaux et leur nombre. On préfère en général augmenter le nombre des plateaux (fig. 440) plutôt que d'en faire croître la surface au-dessus d'une certaine limite correspondant à environ 50 à 60 cm. de diamètre. L'ébonite est en effet une substance se déformant assez facilement, les grands plateaux ne restent pas plans, ce qui compromet assez rapidement la bonne marche de l'appareil.

La machine de Wimshurst sert principalement quand on veut charger statiquement un corps à un haut potentiel, ce corps

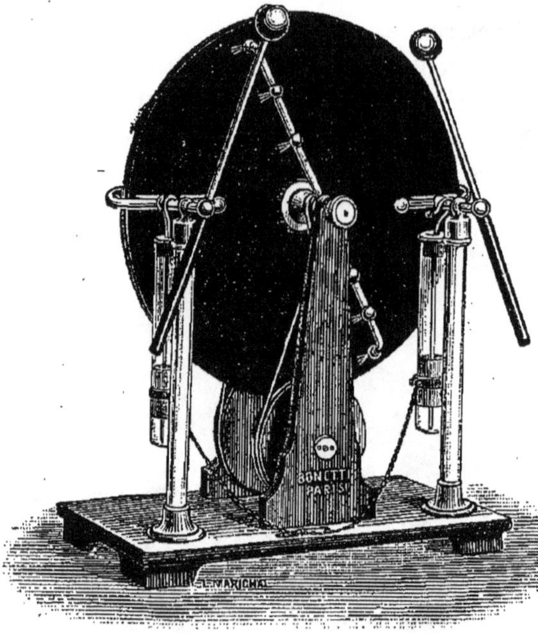

Fig. 439.

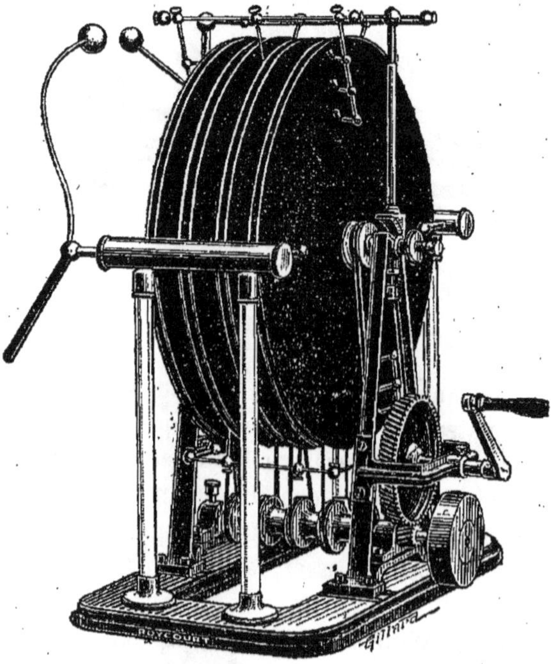

Fig. 440.

étant suffisamment bien isolé pour que le débit assez faible de la machine suffise à couvrir les pertes. Nous verrons qu'on a pu l'employer en radiologie pour produire des courants peu intenses, c'est-à-dire débitant une petite quantité d'électricité.

V

PILES

Avant d'entrer dans la description des piles employées en médecine, il est indispensable de rappeler certains principes sur lesquels reposent leur construction et leur emploi, sans toutefois nous attarder à de longues considérations théoriques sur l'origine de la production de l'électricité dans ces conditions.

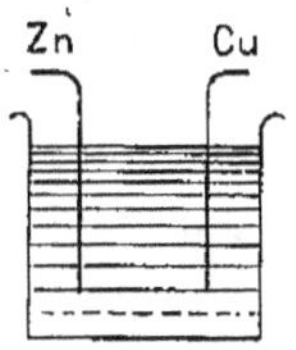

Fig. 441.

Si l'on plonge dans l'eau acidulée par de l'acide sulfurique un morceau de zinc et un morceau de cuivre, on constate entre ces deux métaux l'existence d'une différence de potentiel, le zinc devient ce que l'on nomme le pôle négatif parce qu'il semble se charger négativement, le cuivre devient le pôle positif parce qu'il semble se charger positivement. Si l'on réunit le zinc au cuivre par un fil extérieur, ce fil est parcouru d'une façon constante par un courant allant, par définition, du pôle positif au pôle négatif.

Voici comment nous pouvons nous figurer les choses; cette conception facilitera la compréhension de tout ce qui se passe dans la pile. Le zinc étant plongé dans le liquide, il se produit une différence de potentiel au contact de ce zinc et du liquide, le zinc se charge négativement et le liquide positivement. Le cuivre se met en équilibre avec le liquide, c'est un simple conducteur, on pourrait le remplacer par un charbon et on le fait souvent, il se charge positivement. Si maintenant on réunit le zinc au cuivre par un fil conducteur extérieur, il tend toujours à se faire une recombinaison à travers ce fil, pendant que la charge se renouvelle sans cesse au contact du zinc et du liquide. Le conducteur réellement parcouru par le courant se compose donc du liquide depuis le zinc jusqu'au cuivre, plus le fil extérieur, et l'écoulement d'électricité dans ce conducteur se fait sous l'influence d'une différence de potentiel se produisant entre le zinc et le liquide. La différence de potentiel ainsi obtenue et grâce à laquelle se produira une circulation continue d'électricité porte souvent aussi le nom de *force électromotrice* de la pile. Il y a dès maintenant lieu de faire observer une chose extrêmement importante, c'est que la force électromotrice d'une pile dépend uniquement des corps qui entrent dans sa construction et nullement de sa forme ou de ses dimensions. L'élément que nous venons de décrire plus haut et qui est dû à Volta a toujours 0 volt 8 de force électromotrice. Cela ne veut pas dire que tous les éléments de Volta soient équivalents quelle que soit leur forme. En effet si nous cherchons l'intensité du courant obtenu dans certaines circonstances, nous savons que cette intensité sera déterminée par la formule $I = \frac{V}{R}$. V sera la différence de potentiel, toujours la même pour tous les éléments de Volta. R est la résistance du circuit parcouru par le courant. Le circuit comprend le fil extérieur, plus le liquide compris entre le zinc et le cuivre, or, suivant la forme de ce conducteur liquide, sa résistance sera très variable, et il en résultera une valeur très différente pour l'intensité du courant : plus cette résistance liquide sera faible, plus il sera possible d'obtenir un courant intense dans le circuit extérieur. Cette résistance du liquide est ce que l'on nomme la résistance intérieure de la pile. On conçoit qu'il y ait intérêt à avoir des éléments de pile à résistance intérieure faible et à force électromotrice élevée.

Pour diminuer la résistance intérieure des piles il faut rapprocher autant que possible le zinc de l'autre métal, afin de n'avoir qu'une faible couche de liquide à traverser. De plus il faut mettre en regard de grandes surfaces, de façon à donner au conducteur liquide une grande section. Cela conduit à prendre de grands éléments de pile.

Pour augmenter la force électromotrice, il faut convenablement choisir les substances dont la pile est composée ; suivant ces substances, nous aurons des résultats différents plus ou moins favorables. Mais il y a encore une autre considération qui doit nous guider dans la détermination des substances entrant dans la construction de la pile. Revenons à l'élément de Volta. Si l'on vient à monter un élément de cette espèce, on constate qu'au moment de sa mise en marche il donne un courant assez intense, mais très rapidement cette intensité tombe à une fraction parfois assez faible de sa valeur primitive. On dit que la pile s'est polarisée. Que s'est-il passé? La production de courant est accompagnée d'une décomposition chimique du liquide de la pile, dans le mécanisme de laquelle on entrera plus loin avec quelques détails, et dont la conséquence est un dégagement d'hydrogène sur le cuivre de l'élément. On démontre que c'est ce dégagement d'hydrogène qui cause la polarisation de la pile, il faut donc chercher à l'éviter; c'est pour cela que l'on introduit dans le liquide de la pile, ou tout au moins autour du pôle positif, un corps oxydant, lequel, agissant sur l'hydrogène, le transforme en eau et empêche la polarisation de la pile.

Donc dans l'établissement d'un modèle de pile nous devons nous préoccuper de trois choses pour obtenir un courant d'intensité convenable et constant, pendant un certain temps au moins.

En premier lieu, nous devons choisir nos substances de façon à ne pas avoir de polarisation, ceci est absolument fondamental. En second lieu, nous devons chercher des substances donnant une force électromotrice aussi élevée que possible. Enfin, suivant que nous voudrons obtenir un courant plus ou moins intense, il nous faudra prendre des éléments plus ou moins grands et disposer convenablement les parties métalliques pour réduire la résistance intérieure. Bien entendu il y aura aussi lieu de tenir compte d'autres circonstances; par exemple si les piles sont destinées à être transportées elles devront être construites autrement que si elles restent à poste fixe.

Dans toutes les piles qui peuvent intéresser le médecin, le pôle négatif est du zinc. Si l'on se contente de zinc ordinaire, aussitôt plongé dans le liquide ce zinc s'attaque et s'use en pure perte. On évite cet inconvénient en prenant du zinc absolument pur, ou ce qui revient au même et est beaucoup moins cher, en amalgamant la surface du zinc. Dans ces conditions, pour certains éléments, l'usure est absolument nulle quand le circuit n'est pas fermé, pour d'autres elle est tout au moins extrêmement réduite. Le pôle positif est du cuivre, du charbon, parfois du platine ou un autre métal. C'est surtout le liquide qui varie, et plus encore le corps dépolarisant destiné à absorber l'hydrogène, et qui peut être dissout dans le liquide ou disposé autour du pôle positif à l'état solide, pâteux ou même liquide. Dans ce dernier cas il est en général maintenu dans un vase poreux entourant le pôle positif, dont les parois s'imbibent de liquide, laissent passer l'électricité, mais ne permettent pas le mélange rapide des liquides excitateurs et dépolarisants.

Nous allons maintenant examiner les principales piles pouvant servir au médecin.

Pile Daniell. — Elle n'est plus très usitée, mais pourrait encore rendre service en un endroit isolé où il faudrait monter ses éléments soi-même. Elle se compose d'un premier vase extérieur en grès ou en verre contenant un deuxième vase en terre poreuse. Entre les deux vases se trouve un cylindre en zinc amalgamé plongeant dans de l'eau acidulée par l'acide sulfurique au dixième. Le vase poreux contient un morceau de cuivre plongé dans une solution saturée de sulfate de cuivre.

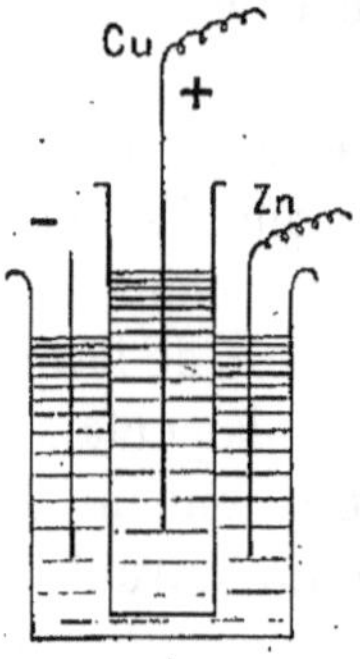

Fig. 442.

L'hydrogène, qui dans l'élément de Volta se dégageait sur le cuivre, décompose le sulfate de cuivre en acide sulfurique et cuivre qui se dépose sur le pôle positif.

L'élément ne change donc pas de constitution et donne un courant constant tant que la solution de sulfate de cuivre reste à un bon état de concentration. On obtient facilement ce résultat en introduisant dans le vase central des cristaux de sulfate de cuivre qui se dissolvent à mesure des besoins.

L'élément Daniell a une force électromotrice d'environ 1,06 à 1,08 volt suivant les conditions du montage. On peut remplacer l'eau acidulée par une solution de sulfate de zinc.

Pile de Poggendorff. — Dans ce modèle le sulfate de cuivre est remplacé par du bichromate de potasse ; on n'a pas besoin de maintenir ce corps autour du pôle positif par un vase poreux, il suffit de le dissoudre dans l'eau acidulée, le cuivre est remplacé par un charbon de cornue. La solution acide de bichromate de potasse est très oxydante, il ne peut y avoir dégagement d'hydrogène et la polarisation est impossible. L'inconvénient de cette pile est que le zinc s'attaque même lorsque le circuit est ouvert, il faut donc avoir soin, quand elle n'est pas en service, de relever le zinc. La force électromotrice de l'élément Poggendorff dépasse un peu 2 volts, c'est le plus élevé que l'on possède. Comme il n'y a pas de vase poreux on peut réduire beaucoup l'épaisseur du liquide compris entre le zinc et le charbon et par conséquent construire facilement des éléments à faible résistance intérieure.

Ces deux conditions réunies, grande force électromotrice et faible résistance intérieure, font de cet élément une pile de choix pour produire les courants très intenses, en particulier pour alimenter les galvanocautères, lorsqu'on n'a pas à sa disposition d'autre procédés, tels que de faire une prise sur la distribution d'électricité d'une ville. Pour faire la solution excitatrice il est très important de mélanger d'abord l'acide sulfurique à l'eau, et de n'ajouter le bichromate qu'après refroidissement, faute de quoi le liquide est perdu.

Pile Leclanché. — La pile Leclanché comprend un zinc se trouvant au contact d'une solution de chlorhydrate d'ammoniaque; un aggloméré de charbon et de bioxyde de manganèse forme le pôle positif. L'hydrogène se déposant sur le pôle positif réduit le bioxyde de manganèse avec formation d'eau, il n'y a donc pas de polarisation. En réalité si on fait débiter à la pile un courant intense elle se polarise, mais elle revient à son état primitif si l'on cesse de faire passer le courant. Le grand avantage de cet élément est qu'il peut rester monté sans usure sensible quand il est en circuit ouvert; il est toujours prêt à servir, c'est donc la pile par excellence du médecin. On peut remplacer le chlorhydrate d'ammoniaque par du chlorure de zinc, la pile prend alors le nom de pile Gaiffe. L'avantage de cette substitution est d'éviter les sels grimpants. Quand on place une solution de chlorhydrate d'ammoniaque dans un vase, on voit peu à peu monter sur la face interne du vase des cristaux de sel qui finissent par atteindre la partie supérieure et par déborder. Le liquide monte par capillarité entre la couche de sel et la paroi du vase et mouille peu à peu jusqu'au support sur lequel se trouve la pile. On évite cet inconvénient en paraffinant la partie supérieure du vase ou en remplaçant le chlorhydrate d'ammoniaque par du chlorure de zinc. Ce corps étant déliquescent ne cristallise pas et ne monte pas le long de la paroi du vase.

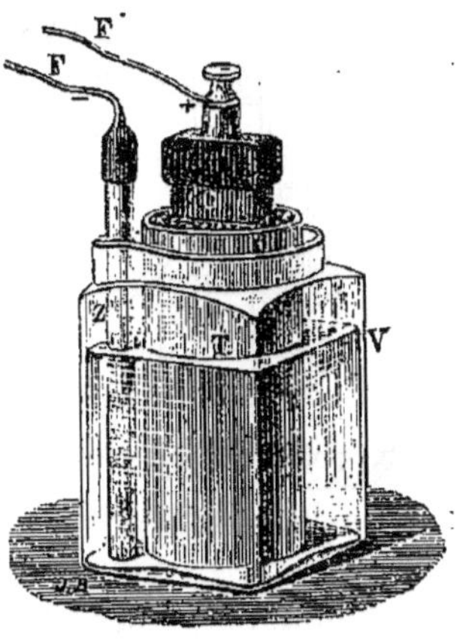

Fig. 143.

La force électromotrice du Leclanché est de 1,45 environ. Elle est la pile de choix chaque fois que les éléments doivent rester montés en permanence, mais elle a une résistance intérieure trop grande pour permettre d'atteindre les très grandes intensités, elle se polariserait d'ailleurs dans ces conditions. C'est une très bonne pile pour les besoins courants de l'électrothérapie, car dans ces conditions on n'emploie jamais que de faibles intensités.

Pile au chlorure d'argent. — Dans cette pile le zinc n'est pas amalgamé, le pôle positif est une lame d'argent entourée de chlorure d'argent, le tout est plongé dans une solution de chlorhydrate d'ammoniaque ou de chlorure de sodium. L'hydrogène qui se dégage au pôle positif agit sur le chlorure d'argent pour donner de l'acide chlorhydrique avec dépôt d'argent. On peut donner à cette pile un très petit volume et la rendre très transportable. Pour cela la lame de zinc plate est recouverte sur une de ses faces d'une couche de papier à filtre imbibée de la solution de chlorhydrate d'ammoniaque. Par-dessus se trouve la lame d'argent recouverte sur sa face interne de chlorure d'argent. Le contact est maintenu par deux petites bandes de caoutchouc, et, pour éviter l'évaporation, le tout est enfermé dans une boîte cylindrique en ébonite sur laquelle se visse un couvercle donnant passage aux deux pôles de la pile.

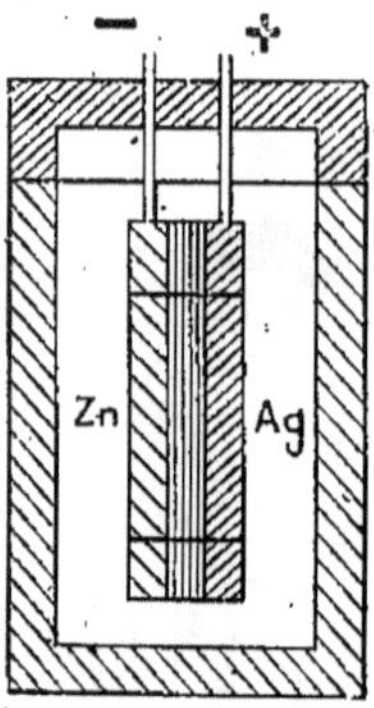

Fig. 444.

La force électromotrice de cette pile est de 1,02 volt seulement, mais elle se recommande par son petit volume. Elle est en particulier très avantageuse pour actionner les petites bobines d'induction portatives. Elle n'a qu'un inconvénient, il faut l'employer régulièrement : si elle reste trop longtemps hors de service elle finit par s'encroûter, il se forme sur le zinc une couche très résistante au passage de l'électricité qui nécessite un démontage et un grattage difficile à effectuer. Il est donc bon de l'employer au moins une fois par semaine et au besoin de la faire fonctionner sans but pendant quelques minutes. Si le papier à filtre se desséchait on dévisserait le couvercle, on plongerait pendant quelque temps la pile dans une solution de chlorhydrate d'ammoniaque ou de chlorure de sodium, et après l'avoir essuyée extérieurement on la remettrait en place.

Pile au bisulfate de mercure. — La pile au bisulfate de mercure est aussi très bonne pour obtenir le courant continu utilisé en médecine. Voici comment elle est généralement constituée. A un couvercle plat est fixé un cylindre creux en charbon de cornue.

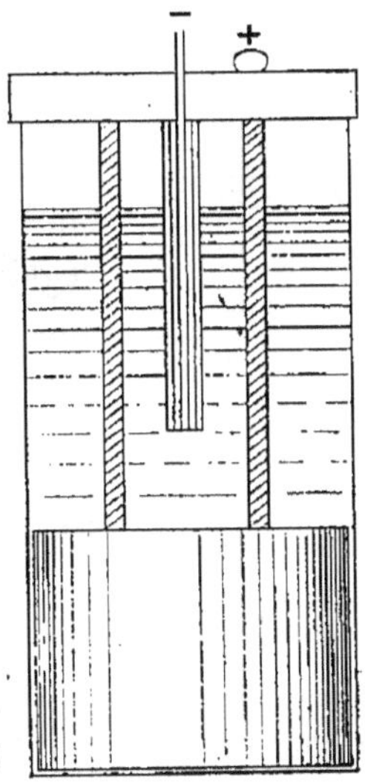

Fig. 445.

L'axe de ce cylindre est occupé par un bâton de zinc et le bout est plongé dans une solution de bisulfate de mercure. Dans le flacon contènant cette solution se trouve un bouchon de calibre un peu inférieur au flacon. Quand la pile est en place, le charbon appuyant sur le bouchon le fait plonger au fond du liquide dont le niveau s'élève.

Si la pile n'est pas en usage, au moment où on relève la pile le bouchon monte à la surface du liquide dont le niveau baisse. Dans ces conditions la pile se transporte facilement sans que le clapotis la fasse déborder, il suffit de ne pas trop l'incliner. Cette pile est peut-être la plus pratique dans le cas où l'on a besoin de transporter l'appareil. Elle fournit facilement sans polarisation les courants continus utilisés en électrothérapie. De plus quand la pile s'affaiblit on peut la remettre soi-même en état, souvent il n'y a qu'à changer le liquide et quand le zinc est usé on le remplace aisément à l'aide de pièces de rechange faciles à trouver dans le commerce.

VI

ACCUMULATEURS

Aujourd'hui, de plus en plus on remplace les piles par des accumulateurs.

L'accumulateur consiste essentiellement (fig. 446) en deux lames de plomb A, B, plongeant dans une solution d'acide sulfurique de densité 1,16 à 1,26. Il faut maintenir cette densité en la vérifiant de temps en temps et ajoutant au besoin de l'eau distillée.

On charge l'accumulateur en mettant A en relation avec le pôle positif d'un générateur d'électricité et B avec le pôle négatif. Une fois chargé, l'accumulateur fonctionne comme une pile ayant un pôle positif en A et un pôle négatif, en B, c'est-à-dire qu'il donne un courant de sens inverse du courant de charge. Quand l'accumulateur est déchargé, on le recharge à nouveau. Au début, Planté, qui inventa l'accumulateur, le fabriquait de la façon suivante :

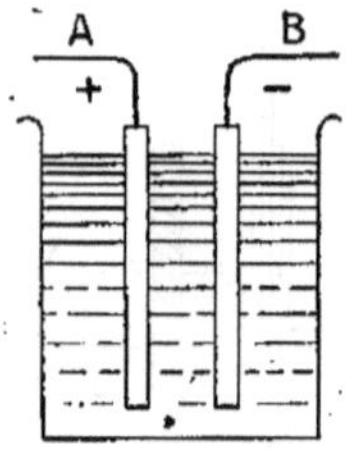

Fig. 446.

Deux feuilles de plomb étaient superposées en les maintenant séparées par un drap ou un feutre. On enroulait le tout en un cylindre que l'on plongeait dans un vase contenant l'eau acidulée. Une des feuilles formait le pôle positif, l'autre le pôle négatif. On conçoit que ces accumulateurs ayant une très grande surface d'électrodes très voisines l'une de l'autre, la résistance intérieure était très faible, aussi permettaient-ils de donner un courant très intense. Mais ils exigeaient une formation assez longue, c'est-à-dire qu'au début de leur emploi, ils se chargeaient rapidement à refus et se déchargeaient très vite ; peu à peu le plomb devenait de plus en plus poreux, surtout en alternant les charges, ce qui donnait lieu à des formations d'oxyde qui se réduisait dans la décharge et la charge inverse. L'accumulateur pouvait prendre des charges de plus en plus grandes. Aujourd'hui on supprime la période de formation en constituant les électrodes par des lames de plomb perforées dont on garnit les orifices d'oxyde de plomb. On prend alors des vases à section carrée, on y introduit un nombre plus ou moins considérable de plaques perforées et l'on réunit en un pôle négatif toutes les plaques impaires par exemple, en un pôle positif toutes les plaques paires fig. 447. La séparation des électrodes est maintenue par des bouchons ; on a ainsi une très grande surface utile.

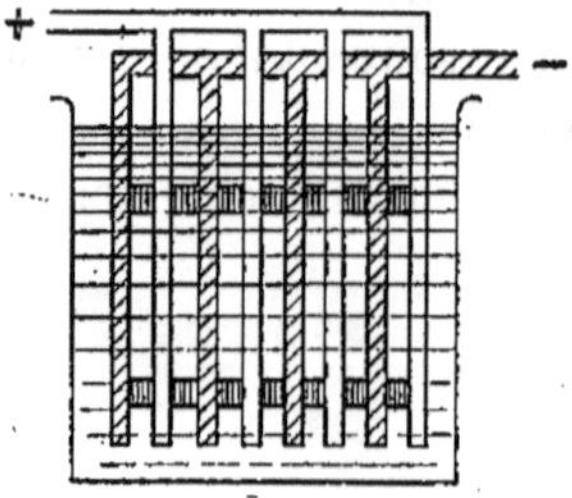

Fig. 447.

La force électromotrice des accumulateurs est voisine de 2 volts, ils ont une résistance intérieure très faible et sont par conséquent très avantageux chaque fois que l'on désirera obtenir un courant très intense. Leur seul inconvénient est de nécessiter la charge préalable, ce qui exige une source de courant, par exemple la distribution d'une ville. Les accumulateurs sont généralement lourds et ne peuvent se transporter qu'avec peine ; de plus ce transport nécessite certaines précautions pour éviter les débordements de liquide et les détériorations. Toutefois on fait aujourd'hui des modèles parfaitement clos, relativement légers et pratiquement transportables.

Ces appareils demandent à être entretenus avec le plus grand soin, il faut surveiller la densité du liquide, ne jamais les décharger complètement et ne pas leur faire débiter ou prendre un courant supérieur à celui que vous indique le constructeur. Si l'on ne prend pas ces précautions, ils se détériorent rapidement.

VII

GROUPEMENT DES ÉLÉMENTS

Il arrive souvent qu'un élément de pile ne suffise pas à produire l'intensité du courant que l'on désire atteindre, il est alors nécessaire de grouper un certain nombre d'éléments, et, suivant la façon dont se fait ce groupement, on obtient des résultats très différents.

Le groupement dit en série s'obtient en reliant les éléments, à la suite les uns des autres, de façon que le pôle positif de l'un soit rattaché au pôle négatif du suivant, comme l'indique la figure 448 où chaque élément est représenté par deux traits parallèles, le grand étant le pôle positif; le courant circulera dans le circuit extérieur, de résistance R, dans le sens de la flèche. Ce courant sera obligé de traverser tous les éléments placés à la suite les uns des autres, comme il résulte de la simple inspection de la figure. Passant à travers tous les éléments il a à franchir la résistance de tous ces éléments; si la résistance de l'un d'entre eux est r et qu'il y en ait n, cela fera nr et en y ajoutant la résistance du circuit extérieur on aura en tout $nr + R$. Cherchons maintenant la force électromotrice qui fait circuler le courant, l'un des éléments ayant V. Faisons une comparaison avec la chaleur et supposons que nous placions bout à bout une série de corps ab, $a'b'$, $a''b''$, etc., tels que dans chacun d'eux le côté b soit à une température supérieure au côté a d'un certain nombre de degrés t; nous n'avons pas à nous préoccuper ici de la manière dont ce résultat pourrait être atteint. Le point b sera donc à $t°$ au-dessus de a; a' en contact avec b se

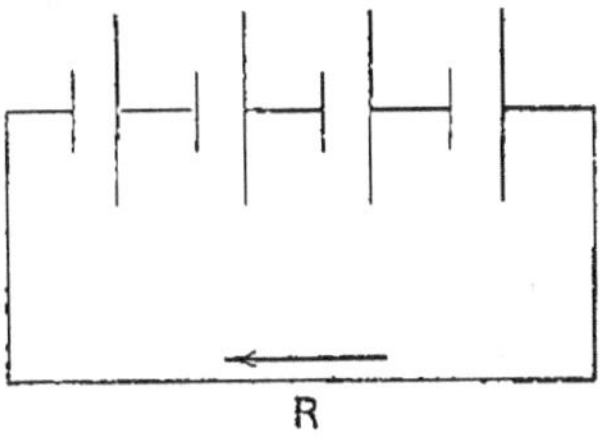

Fig. 448.

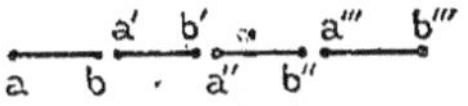

Fig. 449.

mettra en équilibre de température avec b, mais b' étant à $t°$ au-dessus de a' sera alors à $2t°$ degrés au-dessus de a''. De même a'' se mettra en équilibre de température avec b' mais b'' sera à $t°$ au-dessus de a'', à $2t°$ au-dessus de a' et à $3t°$ au-dessus de a; et ainsi de suite, s'il y a n corps semblables le b du dernier sera à $nt°$ au-dessus de a du premier.

Il en est de même pour les éléments de pile groupés en série, les forces électro-motrices des divers éléments s'ajoutent, et s'il y en a n, la force électromotrice de la chaîne sera nV. L'intensité du courant devra donc être donnée par la formule

$$I = \frac{nV}{nr + R}.$$

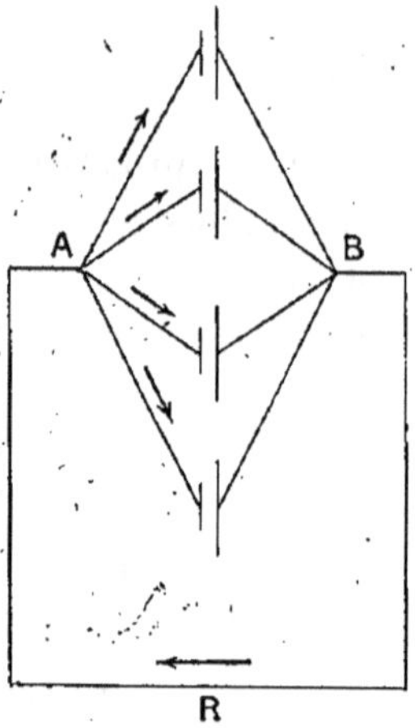

Fig. 450.

Groupons maintenant les éléments en batterie, c'est-à-dire rattachons tous les pôles positifs entre eux et tous les pôles négatifs entre eux et relions les pôles uniques ainsi obtenus aux extrémités de la résistance extérieure suivant les indications de la figure 450. Cherchons d'abord quelle est la résistance du circuit. Nous avons la résistance extérieure R, plus la résistance de la pile. Remarquons qu'ici le courant ne traverse pas tous les éléments placés à la file les uns des autres, il se divise entre les divers éléments, tout se passe comme s'il avait un débouché d'autant plus grand qu'il y a plus d'éléments, c'est-à-dire, s'il y a n éléments, la résistance que le courant rencontre en passant dans la pile au lieu d'être nr comme dans le cas précédent est $\frac{r}{n}$. La résistance totale du circuit est donc $R + \frac{r}{n}$.

Quelle est maintenant la force électromotrice. Si nous plaçons les unes à côté des autres les n petits corps de l'expérience précédente en les disposant comme l'indique la figure 451, c'est-à-dire tous les côtés a étant au contact entre eux et tous les corps b au contact entre eux, on voit que tous les a se mettront en équilibre de température, de même tous les b, mais entre le côté a et le côté b il n'y aura que la différence de température t, la même que pour un élément pris isolément. Il en est de même

Fig. 451.

pour les piles en réunissant tous les pôles positifs entre eux et tous les pôles négatifs entre eux ; entre A et B on aura toujours la différence de potentiel V, quel que soit le nombre des éléments. Donc, en appliquant la formule, on trouve pour l'intensité $I = \frac{V}{R + \frac{r}{n}}$

qui peut s'écrire $I = \frac{nV}{nR + r}$.

Conclusion. — Si l'on a n éléments de pile de force électromotrice V et de résistance r, en les groupant sur une résistance R, on a pour l'intensité du courant, suivant que le groupement se fait en série ou en batterie :

$$(1) \quad I = \frac{nV}{R + nr} \quad \text{ou (2)} \quad I = \frac{nV}{nR + r}.$$

Examinons maintenant deux cas extrêmes, celui où la résistance R est extrêmement grande et où par suite, vis-à-vis de cette résistance, on peut négliger r ; et le cas inverse où R est très petit et peut se négliger vis-à-vis de r. Dans le premier cas les formules deviennent :

$$(1') \quad I = \frac{nV}{R} \quad \text{et (2')} \quad I = \frac{nV}{nR} \quad \text{ou} \quad I = \frac{V}{R}.$$

Par conséquent, dans ce cas, le courant est d'autant plus intense que le nombre d'éléments est plus grand, avec l'association en série. — Avec l'association en batterie il n'y a aucun intérêt à augmenter ce nombre.

Lorsque nous pouvons négliger R nous avons.

$$(1'') \quad I = \frac{nV}{nr} \quad \text{ou} \quad I = \frac{V}{r} \quad \text{et (2'')} \quad I = \frac{nV}{r}.$$

Par conséquent il n'y a alors avec l'association en série aucun intérêt à augmenter le nombre des éléments ; au contraire, avec l'association en batterie, l'intensité croît proportionnellement au nombre de ces éléments.

Il en résulte, au point de vue de la conduite à tenir, que, lorsqu'on dispose d'un certain nombre d'éléments de pile, quand on a une résistance extérieure très considérable, il faut les associer en série. Quand la résistance extérieure est négligeable, il faut les associer en batterie. Comme exemple nous citerons le cas du corps humain, très résistant; lorsque l'on veut le traverser par un courant, les éléments affectés à cet usage doivent être associés en série. Le galvanocautère étant très peu résistant nécessite au contraire l'association en batterie.

Souvent on se trouve dans une situation intermédiaire, la résistance n'est pas immense, elle n'est pas non plus nulle. Il y a alors une association mixte qui conviendra le mieux et qu'il faut chercher. Supposons par exemple que l'on ait six éléments de pile, on

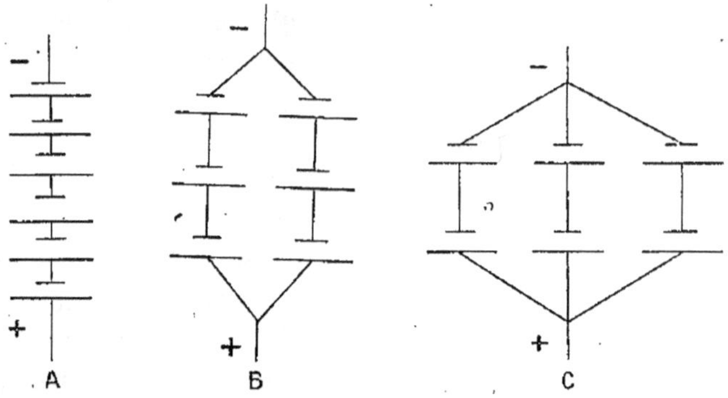

Fig. 452.

pourra les grouper de quatre façons représentées sur les figures 452 et 453.

On peut mettre les six éléments en série (A).

On peut faire deux séries de trois éléments chacune et associer ces deux séries en batterie (B); ou bien faire trois séries de deux

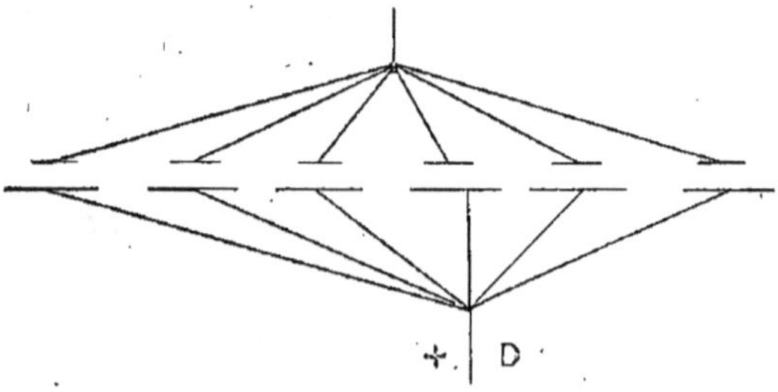

Fig. 453.

élements chacune associés en batterie (C), ou enfin associer les six éléments en batterie (D).

Suivant la résistance extérieure on aura avantage à employer l'un ou l'autre de ces groupements A correspondant au cas d'une résistance énorme, D au cas d'une résistance presque nulle, et C, B à des cas intermédiaires.

Dans ces quatre cas, l'intensité du courant est donnée par les formules

A. $$I = \frac{6V}{R + 6r}$$

B. $$I = \frac{3V}{R + \frac{3r}{2}} = \frac{6V}{2R + 3r}$$

C. $$I = \frac{2V}{R + \frac{2r}{3}} = \frac{6V}{3R + 2r}$$

D. $$I = \frac{V}{R + \frac{r}{6}} = \frac{6V}{6R + r}$$

Si l'on connait la valeur de R est de r, il faudra chercher quelle est celle de ces formules donnant la plus petite valeur pour le terme en dénominateur, c'est-à-dire la plus grande intensité. — On déterminera ainsi le mode d'association à adopter.

VIII

EMPLOI DU COURANT CONTINU

Dans l'emploi du courant continu, dont les méthodes de mesure seront indiquées plus loin, il faut pouvoir interrompre ce courant ou le faire passer à volonté dans le circuit où on l'utilise, sans être obligé, à chaque fois, d'attacher et de détacher des fils; il faut aussi pouvoir renverser à volonté le sens de ce courant et en graduer l'intensité. Divers dispositifs sont utilisés dans ce but.

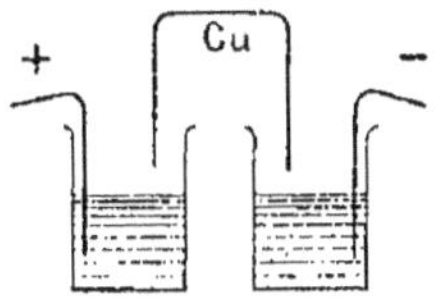

Fig. 454.

Les interrupteurs de courant sont si nombreux qu'on ne saurait les décrire, et chaque expérimentateur s'inspire des circonstances pour en faire de nouveaux. Un des plus simples (fig. 454) consiste dans l'emploi de deux godets à mercure intercalés dans le circuit, un cavalier en cuivre Cu permet de faire passer le courant quand on l'abaisse et de le rompre quand on le relève. Ce dipositif se recommande par sa simplicité et sa sûreté. La clef de Morse est aussi très répandue. Une pastille métallique

P (fig. 455) est en relation avec un des côtés du circuit dont l'autre côté est relié à la clef C. Quand on abaisse la clef on fait le contact entre CP, le courant passe et se rompt quand on retire le doigt, un ressort R relevant la clef. Dans le levier-clef de Du Bois-Reymond (fig. 456 et 457) le fonctionnement est différent. La pile est reliée à deux pièces métalliques A et B, d'où partent aussi

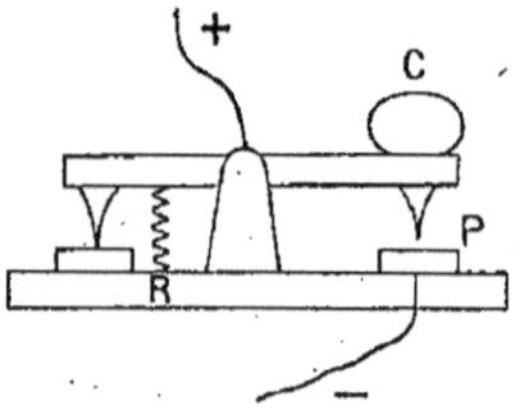

Fig. 455.

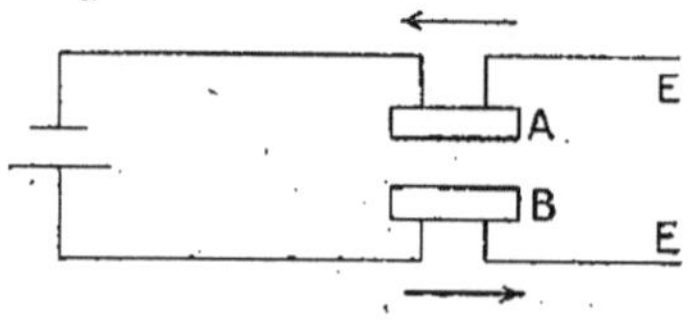

Fig. 456.

deux fils allant vers l'objet E à soumettre au courant. Dans le cas de la figure le courant passe par cet objet, mais si on abaisse la clef entre A et B, tout le courant passe directement de A à B sans aller au corps à électriser.

Ces indications sommaires suffisent. Le nombre des inverseurs de courant est aussi très considérable. Le plus employé en électricité médicale et le plus commode se compose de deux clefs de Morse, comme le représente la figure 458. Les axes O, O′ des deux clefs sont reliés au circuit dans lequel on veut faire passer le courant. Au repos les deux clefs reposent sur un bloc métallique unique AA′ relié au pôle + de la pile, par exemple. Si l'on vient à abaisser l'une d'entre elles, elle prend contact sur un bloc BB′ relié au pôle négatif.

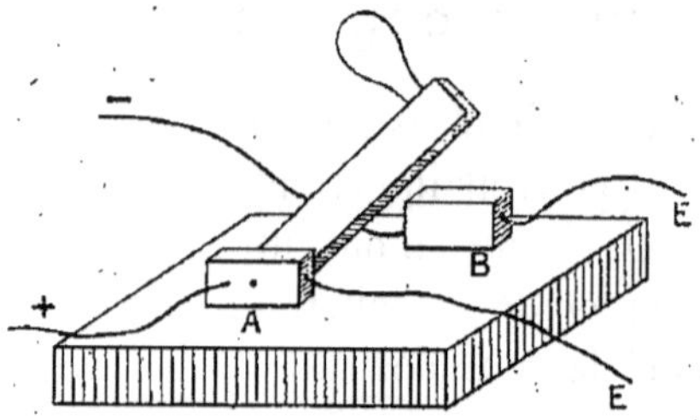

Fig. 457.

Ceci étant, abaissons la clef A′B′ en pressant du doigt sur le bouton correspondant, O restera en communication avec le pôle positif de la pile, O′ sera mis en communication avec le pôle négatif et le courant passera par le circuit XY dans le sens des flèches. Si, au contraire, on abaisse AB, c'est O′ qui reste en communication avec le pôle positif, O qui sera mis en relation avec le pôle négatif, le courant passera par XY en sens inverse des flèches.

Ce dispositif est très commode pour orienter à volonté le sens du courant dans un circuit.

Occupons-nous enfin de la graduation de l'intensité du courant. Plus loin on verra comment se mesure cette intensité; pour le moment nous allons seulement examiner les dispositifs qui nous permettent de la faire varier.

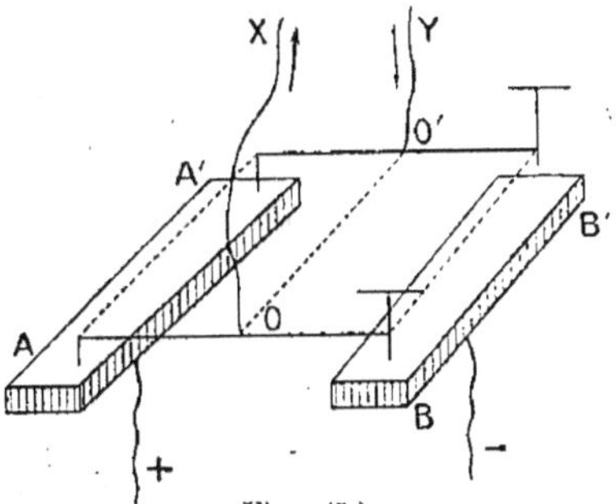

Fig. 458.

En premier lieu on peut, étant donné un circuit, introduire successivement dans ce circuit un plus ou moins grand nombre d'éléments. Ce procédé est très employé dans les piles portatives servant en électrothérapie. Dans ce cas la résistance du circuit extérieur, corps humain, est très grande, les éléments doivent être groupés en série, il y a lieu de rechercher comment on peut introduire successivement un nombre croissant d'éléments dans le circuit sans le rompre. Il y a en effet nécessité absolue à ne pas interrompre le courant, son intensité doit varier graduellement et ne pas prendre subitement une valeur élevée ou tomber de cette valeur à zéro, ce qui arriverait infailliblement s'il fallait rompre le circuit pour y introduire un nouvel élément.

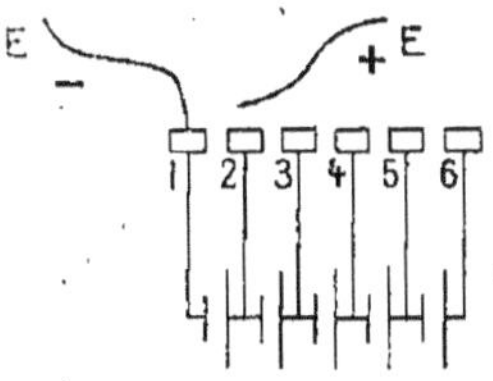

Fig. 459.

Le dispositif en usage est représenté schématiquement par la figure 459. Les éléments successifs sont reliés en série et les fils de jonctions de deux éléments sont mis en communications avec des plots métalliques 1, 2, 3, 4, etc. Le premier plot est rattaché au pôle — par exemple, du premier élément; le deuxième plot au fil de jonction du premier élément et du second, etc.

Plaçons un des fils allant au circuit dans lequel il faut faire passer le courant sur le premier plot. L'autre fil sera relié à un frotteur pouvant glisser sur les divers plots; on voit que lorsque ce frotteur sera sur le premier plot il n'y aura aucun courant dans le circuit; quand il sera sur le deuxième plot, le premier élément seul sera dans le circuit et fournira le courant; sur le troisième plot les deux premiers éléments seront dans le circuit, et ainsi de suite, on pourra successivement introduire tous les éléments dans le circuit et faire croître à volonté l'intensité du courant.

Ce dispositif est connu sous le nom de collecteur simple. On peut aussi adopter un collecteur double dans lequel il y a deux rangées de plots, disposés comme l'indique la figure 460 et auxquels sont reliés les éléments. Il est facile de voir à la simple inspection de la figure que l'on peut, en plaçant convenablement les ressorts frotteurs, introduire dans le circuit une série quelconque d'éléments qui se suivent. Ainsi, dans le cas qui est représenté, on emploie II, III et IV, le pôle + est en E′, le pôle — en E; l'élément I est hors du circuit d'un côté, les éléments V et VI′ de l'autre côté. D'une façon générale, quand on place les frotteurs sur deux plots quel-

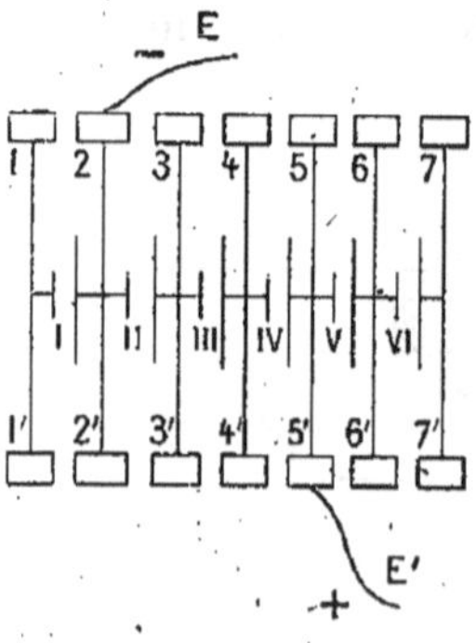

Fig. 460.

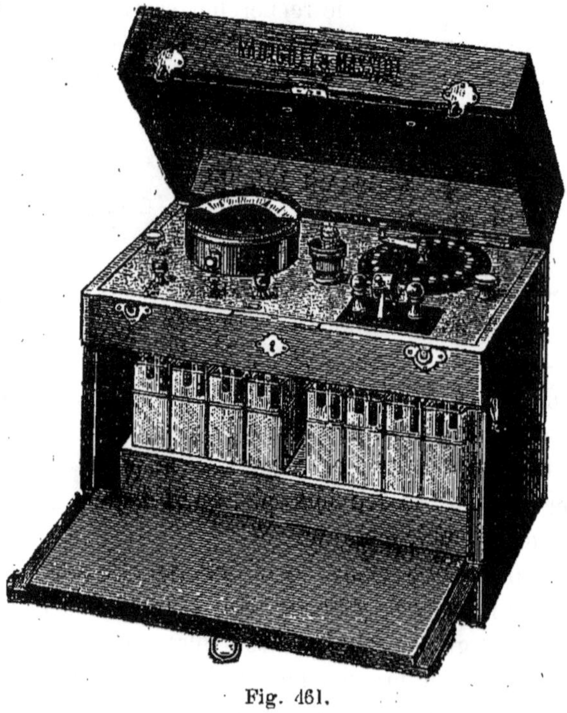
Fig. 461.

conques, on a dans le circuit un nombre d'éléments donné par la différence entre les numéros d'ordre des plots, et le pôle positif est du côté du ressort le plus avancé. On peut ainsi employer à volonté les éléments du commencement, du milieu, ou de la fin de la série et les user également. Le collecteur simple a au contraire l'inconvénient de mettre toujours en service les premiers éléments et de ne se servir que rarement des derniers. Il en résulte que les premiers sont complètement usés alors que les derniers sont encore satisfaisants, et cependant il faut envoyer la pile en réparation.

En général dans les piles médicales portatives c'est le collecteur double qui est employé. Les éléments sont rangés dans une boîte et reliés à un collecteur disposé sur une planchette couvrant les éléments ; un couvercle permet de garantir le tout (fig. 461). Dans ce cas les collecteurs, au lieu d'être rectilignes, comme on l'a supposé sur les figures précédentes, sont circulaires. Les ressorts frotteurs sont placés au bout de manettes tournant autour d'un axe perpendiculaire au tableau et passent ainsi sur les plots rangés en cercle. Cela ne change absolument rien au principe du collecteur.

Remarquons qu'il n'y a pas d'interruption dans le courant à mesure de l'introduction ou de la suppression successive d'éléments dans le circuit, à condition toutefois que les frotteurs ne perdent jamais le contact avec les plots, c'est-à-dire qu'ils ne doivent abandonner un plot qu'au moment où le contact est déjà pris avec le plot suivant ; il y a alors une petite variation brusque du courant résultant de l'introduction ou de la suppression d'un seul élément. S'il y avait, à un moment donné, saut du frotteur d'un plot à l'autre, il y aurait, pendant un instant, rupture du circuit et il en résulterait une variation brusque considérable du courant. Ceci se produit parfois dans les appareils mal réglés ou mal entretenus. Il n'y a pas à proprement parler variation continue ; dans certains cas la petite augmentation ou diminution brusque d'intensité résultant de l'introduction ou de la suppression d'un élément est gênante. C'est pourquoi dans les installations fixes où l'on n'est pas limité par le volume ou le poids, on préfère régler la variation du courant par une autre méthode.

On peut, au lieu de faire varier le nombre d'éléments, les introduire tous dans le circuit simultanément en ayant dans ce circuit, outre le sujet sur lequel on opère, une résistance considérable accessoire, le courant est alors très faible. Puis on diminue peu à peu la résistance accessoire et l'on fait ainsi varier le courant à volonté. Nous verrons plus loin quels sont les appareils qui permettent de faire varier à volonté les résistances d'un circuit. Dans ce procédé il faut disposer d'une résistance énorme pour avoir au début un courant très faible; il en résulte une difficulté qui fait souvent préférer un autre procédé dit de la dérivation.

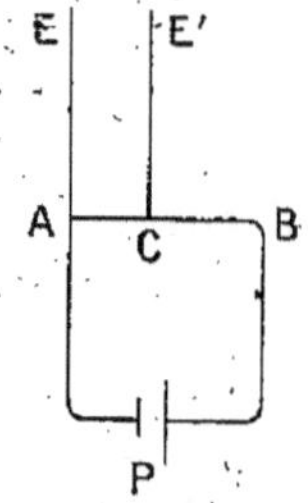

Fig. 462.

La pile P est reliée aux extrémités d'une résistance AB (fig. 462). Les deux fils conduisant au circuit EE' dans lequel on veut faire passer le courant sont reliés l'un à un point fixe A, l'autre à un frotteur C se déplaçant sur le conducteur AB.

Quand le frotteur C est en contact avec A, il est bien certain que tout le courant circule uniquement dans PABP sans aller dans le circuit EE'. A mesure que l'on déplace le frotteur C de A vers B, la résistance AC devient de plus en plus grande, il passe moins de courant par AC et il en passe davantage par le circuit EE'. On peut donc en déplaçant le point C sur AB faire varier graduellement l'intensité du courant.

IX

COURANT ALTERNATIF

Dans les applications de l'électricité à la médecine et à la physiologie le courant alternatif est pour ainsi dire toujours obtenu, jusqu'ici, au moyen de la bobine d'induction.

Les bobines employées dans ce cas ne diffèrent de celles en usage dans les laboratoires de physique et décrites dans les traités généraux d'électricité qu'en ce qu'elles sont réglables.

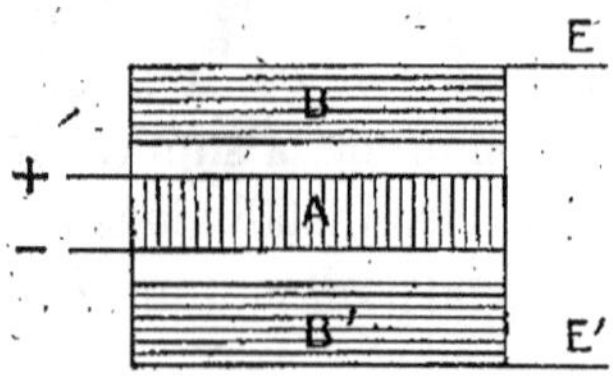

Fig. 463.

On sait que ces bobines se composent d'un inducteur cylindrique A relié à une pile et dans le circuit duquel se trouve un trembleur. Autour de cet inducteur A et concentriquement à lui se trouve une bobine induite BB' dont le courant alternatif sera utilisé.

La graduation de ce courant se fait de deux façons. Parfois

on introduit entre A et B un cylindre de cuivre conducteur coiffant A et formant écran entre A et B. Plus ce cylindre est enfoncé, et plus il diminue l'action inductrice de A sur B ; on peut donc, au moyen de ce cylindre, dit graduateur, régler l'intensité du courant induit passant dans EE'.

Un autre procédé consiste, l'inducteur A étant fixe, à rendre l'induit mobile en le faisant glisser dans une rainure parallèle à l'axe du cylindre A. BB' coiffera ainsi plus ou moins complète-

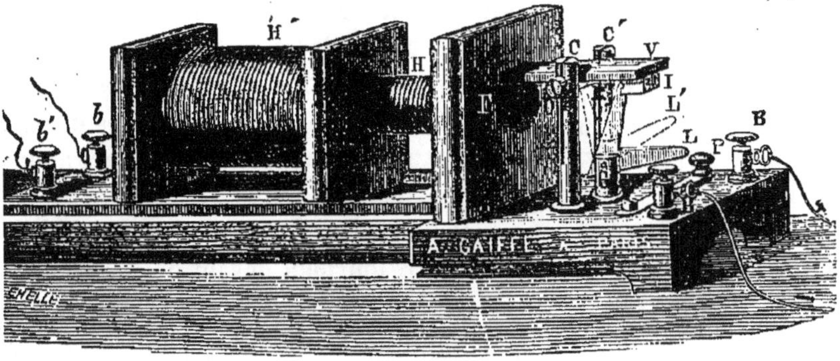

Fig. 464.

ment A, l'action de A sur BB' sera d'autant moindre que l'empiétement sera plus faible, et l'on réglera de la sorte le courant induit. La glissière dans laquelle se déplace BB' est munie d'une graduation qui donne un repère pour les diverses observations, mais il ne faut pas s'illusionner sur sa valeur, cette graduation absolument arbitraire ne donne pas des chiffres proportionnés à l'effet produit par le courant. Nous ne savons pas, à l'heure actuelle, faire une graduation rationnelle du courant alternatif fourni par les bobines.

Les interrupteurs du courant primaire offrent les dispositions les plus variées suivant les constructeurs, mais ils reposent tous sur le même principe que le trembleur ou la sonnerie électrique.

Parfois on a besoin d'appareils très puissants, ils seront examinés de plus près à propos des installations de courants à haute fréquence ou des rayons X.

X

MACHINES DYNAMO-ÉLECTRIQUES

Les machines dynamo-électriques ne sont guère employées en électrobiologie que pour charger les accumulateurs. On se sert alors de la machine Gramme fournissant le courant continu nécessaire à cette charge.

Toutefois certains constructeurs ont établi des machines du type Clark ou Pixii destinées à remplacer les bobines médicales pour la production du courant alternatif, il y aurait intérêt à fabriquer des modèles plus pratiques que ceux se trouvant actuellement dans le commerce.

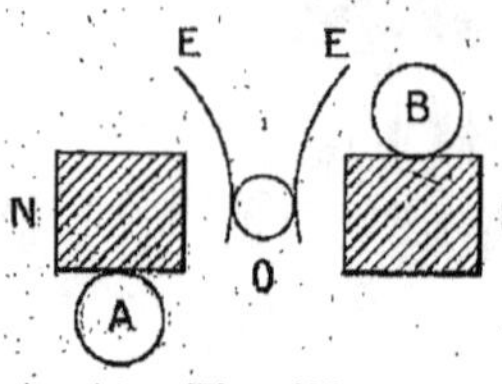

Fig. 465.

Dans le type Clarke une paire de bobines A, B tournent devant deux pôles d'aimant NS autour d'un axe O qui leur est parallèle (fig. 465). Il s'y produit un courant alternatif recueilli au moyen de ressorts EE′ en communication avec le circuit dans lequel on veut lancer le courant, et frottant sur des bagues portées par l'axe O, elles-mêmes reliées au fil des bobines.

Dans le frottement des ressorts EE sur les bagues il y a de petites vibrations et des ressauts impossibles à éviter, il en résulte des perturbations constantes dans le courant. Pour cette raison il y a intérêt à remplacer ce type de machine par le type Pixii, où les bobines sont fixes, les pôles d'aimant tournant devant ces bobines. Comme les bobines sont alors fixes on peut relier directement le fil qu'elles portent au circuit extérieur, sans passer par un ressort frotteur, ni aucun intermédiaire de ce genre.

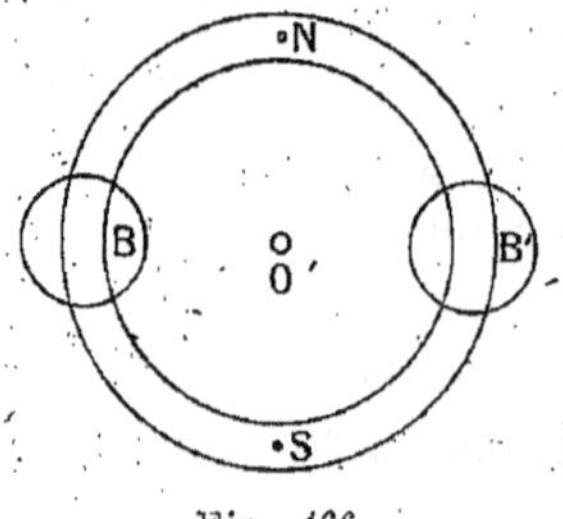

Fig. 466.

Il y a aussi intérêt, comme l'a montré d'Arsonval, à donner à l'aimant une forme particulière. Si l'on prend un anneau d'acier tournant autour d'un axe O et portant des pôles aimantés aux deux extrémités opposées d'un diamètre, NS par exemple, on aura une variation extrêmement régulière du champ magnétique devant les bobines B et B′. Le courant alternatif ainsi obtenu ne présente aucun ressaut brusque sur ses ondulations, comme cela arrive parfois avec les autres dispositifs. C'est là le modèle, semble-t-il, dont il faudrait partir pour construire un bon appareil médical pratique.

XI

MESURE DES GRANDEURS ÉLECTRIQUES

Intensité. — L'intensité des courants se détermine habituellement au moyen du galvanomètre ou de l'électrodynamomètre.

On sait que si l'on approche un circuit parcouru par un courant d'une aiguille aimantée mobile, orientée sous l'action de la terre, cette aiguille est plus ou moins déviée de sa position, suivant l'intensité du courant et la position du circuit. De même, un circuit parcouru par un courant subit des attractions et des répulsions de la part d'un autre circuit. C'est sur ces phénomènes que sont basés les galvanomètres et les électrodynamomètres. Ces derniers instruments ne sont pas employés en médecine.

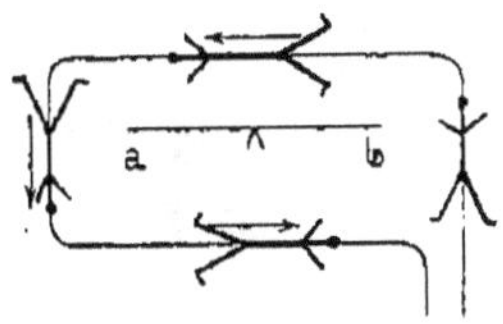

Fig. 467.

Le sens de la déviation d'une aiguille aimantée sous l'influence d'un courant a été donné par Ampère. Il supposait pour cela un bonhomme couché sur le fil parcouru par le courant, ce courant lui entrant par les pieds et lui sortant par la tête. Dans ces conditions, lorsque le bonhomme regarde le pôle nord de l'aiguille aimantée, ce pôle nord tend à se déplacer de sa droite vers sa gauche, le pôle sud va en sens contraire. Par conséquent, si l'aiguille était au début parallèle au fil, elle tend à se mettre en croix avec ce fil. Si l'on dispose ce fil de façon qu'il entoure l'aiguille, passant successivement par-dessus et par-dessous (fig. 467), on constate, en appliquant la règle d'Ampère, que les quatre côtés du cadre ainsi formé ont des actions concordantes sur l'aiguille; ainsi dans le cas de la figure, le pôle nord tend à venir en avant, le pôle sud en arrière du plan du papier. Au lieu de faire faire un seul tour au fil, on peut l'enrouler un grand nombre de fois autour de l'aiguille, on augmente ainsi l'effet d'autant plus que le nombre de tours est plus grand.

C'est là le plus simple des galvanomètres, les premiers appareils employés en médecine étaient construits de la sorte. Ils consistaient esssentiellement (fig. 468 et 469) en une aiguille aimantée mobile sur un pivot et entourée par un cadre ABCD portant le fil. L'aiguille *ab* était munie, à l'aide d'une petite tige rigide traversant la partie supérieure du cadre, d'un index *mn* mobile sur un cadran divisé.

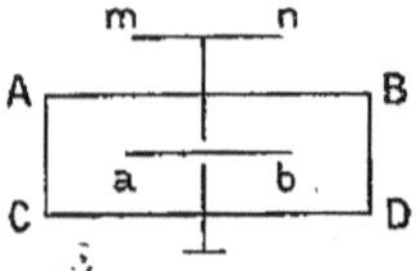

Fig. 468.

L'aiguille avait toujours une tendance à s'orienter suivant le méridien magnétique; quand on voulait faire usage de l'instrument, on faisait tourner sur son support la boîte dans laquelle il était enfermé, de façon que l'aiguille fût au zéro de la graduation; on faisait ensuite passer le courant pour voir quelle était la déviation produite.

Si l'on se contente de diviser en degrés le cadre sur lequel se déplace l'aiguille, on lit la déviation en degrés; mais cela ne donne aucune idée de la valeur réelle du courant, d'autant plus que les déviations ne sont pas proportionnelles aux intensités : un courant donnant une déviation de vingt degrés n'a pas une intensité double de celui qui donne une déviation de dix degrés.

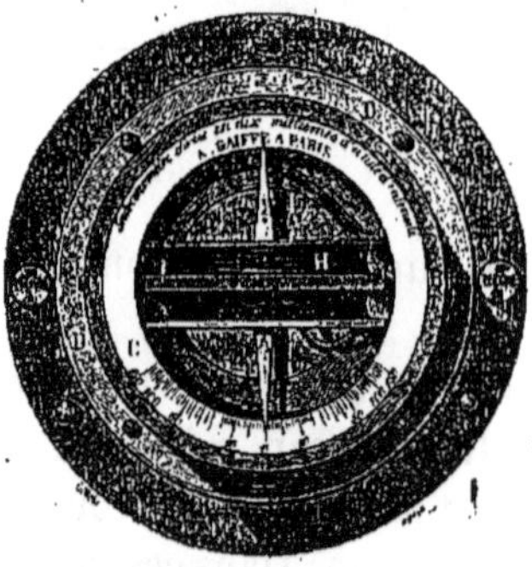
Fig. 469.

On fait alors une graduation en ampères, ou, pour les usages médicaux, en milliampères. Cette graduation se fait par comparaison, c'est-à-dire que l'on place dans le même circuit le galvanomètre que l'on veut graduer et un instrument déjà gradué lui-même, on fait passer le courant et l'on marque sur le galvanomètre à graduer l'intensité lue sur le deuxième instrument. On répète la même opération pour les diverses intensités.

Un galvanomètre ainsi gradué en ampères ou milliampères est dit étalonné. Il prend le nom d'ampèremètre ou de milliampèremètre. Tous les instruments servant dans la pratique médicale doivent être gradués de la sorte.

L'ampèremètre médical que nous venons de décrire a de grands inconvénients. En premier lieu il ne fonctionne pas dans une position quelconque, nous avons dit qu'il faut l'orienter pour que l'aiguille soit au zéro quand aucun courant n'y passe. Si pendant qu'on en fait usage on le déplace par accident, il faut arrêter les opérations pour le remettre au zéro. De plus, pour que ses indications soient exactes, il doit n'être soumis qu'au champ magnétique terrestre qui oriente l'aiguille. Si, ce qui est fréquent, il se trouve dans ses environs un aimant, ou même du fer, les indications sont faussées. Ainsi dans une salle d'hôpital, au voisinage d'un lit de fer, on a toujours des renseignements erronés.

Pour remédier à cet inconvénient, on emploie aujourd'hui, de préférence, des galvanomètres à aimant fixe. Si, en effet, l'aimant mobile se déplace sous l'influence du courant fixe, on conçoit qu'inversement en rendant l'aimant fixe et la bobine mobile, cette dernière pourra tourner sur un axe quand elle sera parcourue par un courant. Considérons un cadre ABCD suspendu au moyen de deux fils métalliques verticaux MN, OP qui serviront à amener les courants dans ce cadre, où il circulera dans le sens des flèches (fig. 470). Plaçons maintenant au milieu du cadre un fort aimant AB. Nous savons que si l'aimant était mobile il tournerait, A venant en avant du papier et B en arrière. S'il est fixe, c'est le cadre qui va tourner, AC ira en arrière du papier et BD viendra en avant. Il suffira de munir le cadre d'une aiguille se déplaçant sur un limbe gradué pour lire la valeur de la déviation. Les fils MN, OP sont métalliques, avons-nous dit; ils servent, en dehors de leur rôle de conducteur, à orienter le cadre par leur élasticité, de façon qu'il soit au zéro quand il n'est parcouru par aucun courant. Quand ce cadre est dévié de sa position, les fils MN, OP se tordent et opposent au mouvement une force d'autant plus grande que la déviation est plus prononcée.

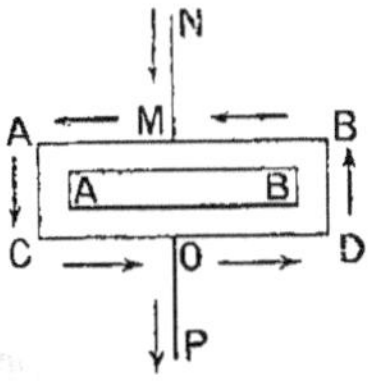

Fig. 470.

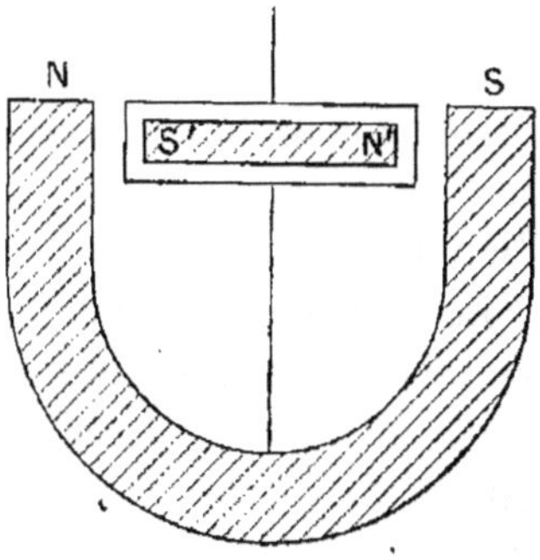

Fig. 471.

En général, au lieu de placer au milieu du cadre un aimant AB, on y met un fer doux, l'aimant étant extérieur au cadre comme le représente la figure 471.

Dans ces conditions on sait que le fer doux se transforme en aimant temporaire pendant tout le temps de la présence de l'aimant extérieur, on a ainsi une action plus énergique par suite de la concentration du champ dans les régions NS′ et N′S.

Un pareil galvanomètre n'est pas sensible aux variations magnétiques extérieures, car le champ créé par l'aimant NS est tellement puissant que toutes les variations extérieures sont insensibles.

Les galvanomètres médicaux en usage aujourd'hui sont tous basés sur ce principe, ils ne diffèrent les uns des autres que par

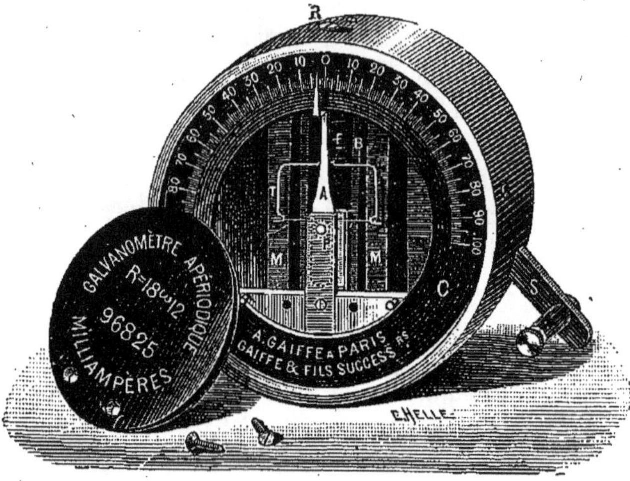

Fig. 472.

des détails de forme, suivant qu'ils sont destinés à rester en place ou à être transportés et suivant les maisons qui les fabriquent. Bien entendu ils doivent toujours être gradués en milliampères.

Le galvanomètre ne doit pas seulement donner l'intensité du courant, mais aussi le sens dans lequel ce courant circule. L'aiguille ou le cadre mobile peuvent dévier vers la droite ou vers la gauche de l'observateur, et dans chacun de ces cas il y a lieu de se demander quelle est la borne positive ou négative de l'instrument. Pour résoudre ce petit problème, très important dans la pratique, il faut faire une expérience préalable. On rattache au galvanomètre une pile, on sait dans ces conditions où est le pôle positif, on le marque d'un signe + sur la tête de la borne, on observe le sens de la déviation et on le note par une flèche ou une indication quelconque. Dès lors, chaque fois qu'on se servira du galvanomètre le sens de la déviation dira si le pôle positif est à la borne marquée du signe + ou à l'autre borne —.

Quand il s'agit de déceler des courants extrêmement faibles, les galvanomètres précédents ne suffisent plus, il faut donc s'adresser à des modèles spéciaux dont le plus répandu est le type Thomson. Voici en quoi il consiste.

Lorsqu'on construit un galvanomètre à aimant mobile suivant les principes exposés plus haut, l'aiguille aimantée est orientée dans le méridien magnétique par le magnétisme terrestre, quand un courant traverse l'instrument cette action terrestre offre une résistance au mouvement de l'aiguille. Il y a intérêt à diminuer autant que possible l'effet de cette orientation terrestre pour que l'action du courant sur l'aiguille soit plus efficace. On obtient ce résultat par deux procédés appliqués tous deux simultanément dans les galvanomètres Thomson. L'équipage mobile se compose d'une première aiguille aimantée *ab* reliée par un fil vertical rigide à une autre aiguille aimantée *a'b'* parallèle à la première, mais dont les pôles sont orientés en sens inverse (fig. 473).

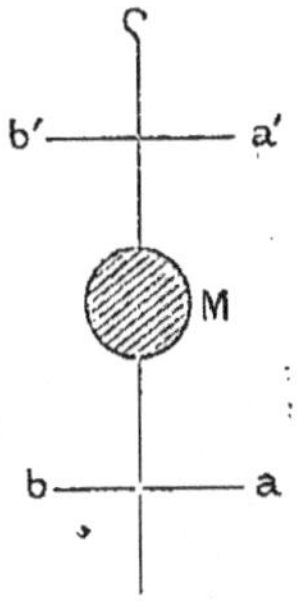

Fig. 473.

Il en résulte que l'action de la terre sur *a'b'* est inverse de celle sur *ab* ; si ces deux aiguilles étaient rigoureusement parallèles et égales, cette action serait nulle, l'équipage ne s'orienterait pas. En réalité une pareille égalité est impossible à obtenir, il y a toujours une légère prédominance de l'une ou l'autre aiguille et par suite une orientation sous l'influence des actions terrestres, mais les forces en jeu sont très réduites sur l'équipage. Un pareil équipage est dit astatique. De plus, on place au-dessus du galvanomètre, ou au-dessous, un barreau aimanté disposé de façon à agir sur l'équipage en sens inverse du magnétisme terrestre. Avec quelques précautions on arrive à réduire considérablement l'action de ce champ magnétique terrestre. Dans ces conditions l'équipage est presque complètement libre, la plus faible force le fera dévier de sa position.

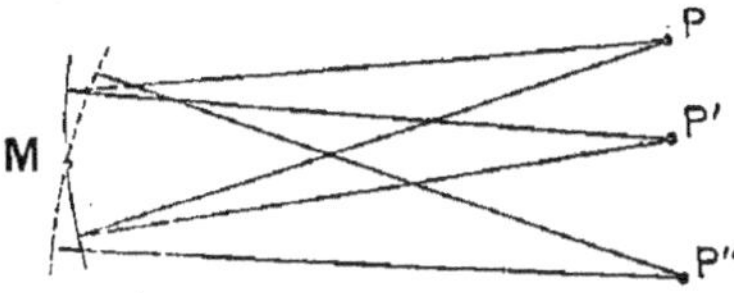

Fig. 474.

Au lieu de munir cet équipage d'une aiguille mobile sur un cadran, on fixe sur lui un petit miroir convergent M, lequel reçoit un faisceau lumineux parti d'un point P et forme une image P' sur une règle graduée, comme le représente la figure 474, supposée vue de haut en bas. Si le petit miroir tourne d'un angle très faible autour de la verticale, l'image

P′ se déplace en P″ sur la règle graduée, d'une longueur d'autant plus grande que l'image P′ est plus éloignée du miroir, c'est-à-dire que le miroir a une plus grande distance focale. Les

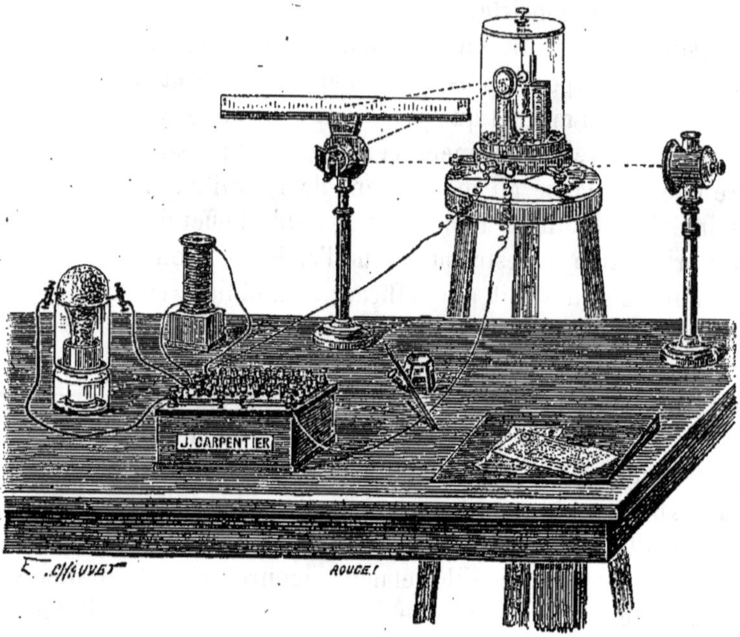

Fig. 475.

moindres rotations du miroir sont ainsi lues avec une grande précision. L'image peut être reçue sur un écran pour être montrée à un grand nombre de personnes dans un amphithéâtre, ou sur une règle graduée de dimensions plus réduites, sur laquelle les divisions seront plus fines. La figure 475 représente un galvanomètre à équipage mobile muni d'un miroir, devant lequel se trouve une échelle. Le faisceau lumineux partant d'une lumière placée à côté de l'échelle est envoyé sur l'équipage au moyen d'un miroir incliné.

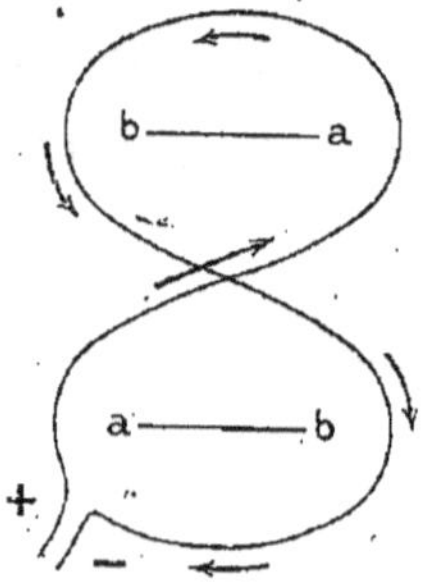

Fig. 476.

Enfin dans le Thomson, le fil est enroulé, de façon à avoir son maximum d'effet, sur deux bobines placées vis-à-vis des deux aiguilles. L'enroulement est inverse sur ces deux bobines (fig. 476). Il est aisé de voir au moyen de la règle d'Ampère que dans ces conditions les actions du courant sur les deux aimants ajoutent leurs effets, c'est-à-dire tendent à donner à l'équipage une déviation de même sens.

Au sujet de ce fil, il y a une remarque importante à faire. Comment doit-il être, fin et long, ou bien gros et par suite forcément plus court? Il semble au premier abord que l'on ait toujours intérêt à prendre un fil fin et long de façon à faire un grand nombre de tours de spire. Chaque tour ajoutant son effet à celui des autres. Cela est vrai, mais en augmentant la longueur et la finesse du fil, on augmente aussi la résistance du galvanomètre, par conséquent on diminue l'intensité du courant. Il y a donc deux actions qui se contre-balancent : diminution de l'intensité du courant, augmentation du nombre des tours de spire. La théorie et l'expérience nous montrent que, suivant les cas, il y a intérêt à augmenter plus ou moins la longueur du fil. A chaque cas correspond un fil meilleur que tous les autres. Dans la pratique on ne peut avoir toute une série de bobines, on se limite généralement à deux cas : une paire de bobines, à fil très long et très fin et une autre paire à fil plus gros. La première paire sert quand on doit intercaler le galvanomètre dans un circuit déjà très résistant par lui-même, où, par suite, une augmentation de résistance provenant du galvanomètre ne diminuera pas sensiblement l'intensité du courant. C'est le cas des recherches d'électro-physiologie proprement dite, quand on veut déceler les courants produits par les tissus animaux, corps très résistants, par exemple par un nerf placé dans le circuit du galvanomètre. La deuxième paire de bobines sert quand le circuit à explorer a par lui-même une très faible résistance, quand c'est, par exemple, un couple thermo-électrique destiné à mesurer les variations de température d'un milieu, comme on le verra plus loin.

Les galvanomètres médicaux destinés à mesurer les courants employés en thérapeutique sont généralement peu résistants. Ils ont en effet une sensibilité suffisante avec un petit nombre de tours de fil, et cette faible résistance a l'avantage de ne pas changer les conditions de résistance du circuit sur lequel on opère.

Il arrive souvent que le galvanomètre dont on dispose soit trop sensible pour les opérations que l'on veut exécuter. Par exemple, on n'a à sa disposition qu'un galvanomètre allant jusqu'à 10 milliampères, au delà l'aiguille sort de la graduation, et l'on veut mesurer jusqu'à 100 milliampères. On établit alors un shunt, c'est-à-dire qu'entre les bornes du galvanomètre on met un fil S de résistance convenable (fig. 477). Le courant, au lieu de passer tout entier dans le galvanomètre se divise, une partie passe par le galvanomètre et une partie par le shunt, comme l'indique la figure. Si le shunt laisse passer les 9/10 du courant, quand on lira 5 milliampères au galvanomètre, il en passera en réalité 50 par le circuit principal AB. Souvent les constructeurs livrent avec les galvanomètres une série de shunts réduisant les courants à 1/10, 1/100, 1/1 000, sinon il faut les faire soi-même.

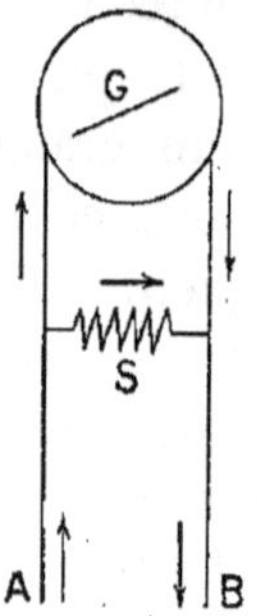

Fig. 477.

Les galvanomètres très sensibles ne sont généralement pas étalonnés. Cela se conçoit, les lectures que l'on fait dépendent de la distance focale du miroir porté par l'équipage et plus encore du degré de sensibilité donné à l'instrument par la position de l'aimant directeur. Dans chaque cas il faut donc étalonner son galvanomètre. L'expérience montre que l'équipage ne déviant généralement que très peu du zéro, les intensités sont proportionnelles aux déviations, c'est-à-dire qu'en lisant sur l'échelle 20 divisions on a un courant double de celui qui donne une déviation de 10 divisions, et ainsi de suite. Il suffit donc de connaître l'intensité, en unités adoptées, correspondant à une déviation quelconque. Voici comment on opère pour obtenir ce résultat. On met dans le circuit du galvanomètre une pile dont on connaît la force électromotrice, un Daniell par exemple ayant 1 v. 08. On intercale aussi dans le circuit une résistance qui sera toujours très grande étant donnée la grande sensibilité de l'instrument, 1 080 000 ohms par exemple, et on lit la déviation. Cette déviation correspondra à $\frac{1,08}{1\,080\,000}$ = un millionième d'ampère. On verra plus loin comment on se procure la résistance convenable pour cette opération. Il est bien évident qu'en présence d'une résistance aussi énorme il n'est généralement pas nécessaire de tenir compte, lors du calcul de l'intensité, de la résistance du galvanomètre, et jamais de celle de la pile qui ne dépasse pas quelques unités.

Depuis quelques années, un nouveau galvanomètre, dit galvanomètre à corde, dû à Einthoven de Leyde, a été très employé pour diverses expériences d'électro-physiologie, et a même passé dans la clinique.

Cet instrument se compose essentiellement d'un fil conducteur très léger AA (fig. 478), tendu entre les deux pôles PP, d'un électro-aimant très puissant. Quand ce fil est parcouru par un courant

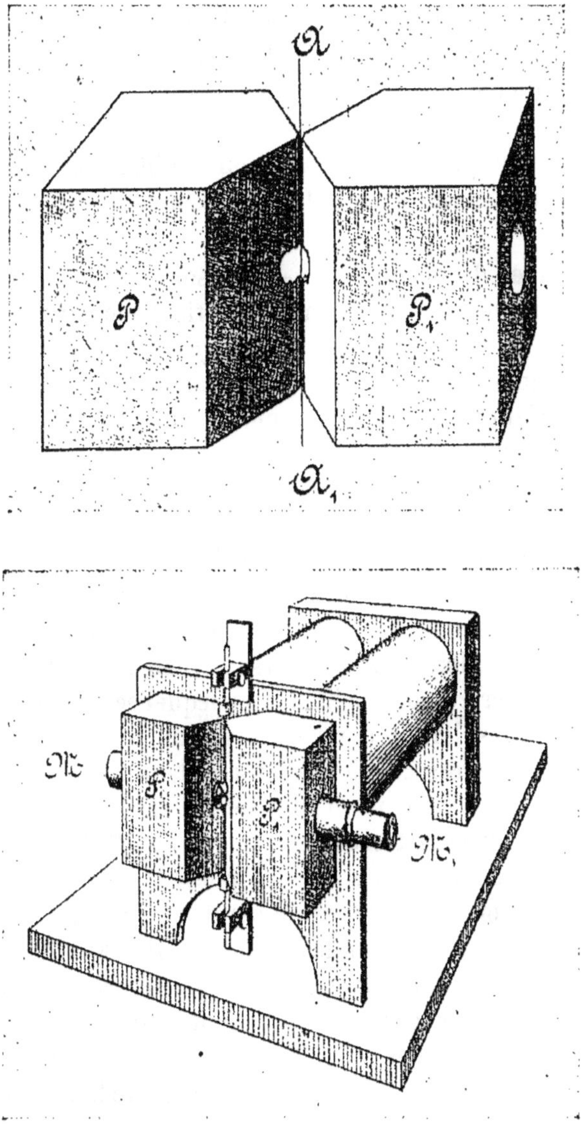

Fig. 478.

il est dévié de sa position d'équilibre, ce que l'on constate à l'aide d'un microscope M. Ce galvanomètre a une sensibilité extrême qui dépasse celle des meilleurs Thomson. De plus il est très apériodique, c'est-à-dire qu'il n'a aucun retard dans ses indications. En projetant au moyen de M, l'image du fil sur un papier photographique sensible se déroulant derrière une fente, on peut obtenir des tracés représentant les fluctuations les plus variées d'un courant passant par le fil. Dans ce cas il faut un éclairage très puissant obtenu par l'arc électrique et un condensateur approprié M.

Nous verrons plus loin comment on a utilisé cet appareil pour l'étude des altérations dans le fonctionnement du cœur.

Différences de potentiel. — On a souvent à mesurer la force électromotrice d'une pile ou d'une batterie d'accumulateurs, on se sert alors d'un voltmètre. Supposons que nous fassions passer le courant d'une pile dans un galvanomètre, nous lirons une certaine déviation qui dépendra uniquement de l'intensité du courant. Or ce courant varie avec la force électromotrice et la résistance du circuit suivant la formule $I = \frac{E}{R}$. Il suffit de regarder cette formule pour comprendre que si la résistance du circuit était toujours la même, l'intensité du courant ne dépendrait plus que de la force électromotrice. Pour une même force électromotrice, le galvanomètre donnerait toujours la même indication, et l'on pourrait graduer en volts le limbe sur lequel se déplace l'aiguille. On obtient ce résultat en donnant au galvanomètre une résistance très grande ; dans ces conditions les résistances des diverses piles que l'on voudra étudier n'ont plus qu'un effet négligeable. Ainsi donnons au galvanomètre une résistance de 10000 ohms, quand nous attacherons à ses bornes des piles dont la résistance sera inférieure à 10 ohms, ce qui est le cas de la pratique, la résistance totale du circuit variera dans les limites de 10000 ohms au moins à 10010 ohms au plus, on n'aura jamais d'erreur supérieure à 1/1000, c'est-à-dire des erreurs insignifiantes pour ce genre de mesures. Le voltmètre est donc tout simplement un galvanomètre très résistant gradué en volts ; tout galvanomètre très résistant peut se graduer en volts et devenir un voltmètre.

Parfois on désire mesurer une différence de potentiel sans débiter de courant à travers l'appareil de mesure, cela pour des raisons très variées, par exemple pour ne pas déranger les conditions d'un circuit, ou parce que la source à étudier ne peut fournir de courant sans se décharger ; on se sert alors d'un électromètre.

Voici le principe sur lequel sont basés les électromètres. Prenons deux corps, l'un mobile A, l'autre fixe B (fig. 479). Relions le corps B à une source électrique connue, il prendra une certaine charge M. Relions ensuite A à la source que nous voulons étudier, il prendra ainsi une certaine charge m et subira de la part de B une répulsion ou une attraction que nous pouvons lire sur un cadran ou au moyen d'un miroir fixé sur A. Or nous savons que la charge que prend A est proportionnelle à un accroissement de potentiel, c'est une des lois fondamentales de l'électricité. Par conséquent les attractions que subira A de la part de B seront en réalité proportionnelles au potentiel des corps mis en relation avec A. C'est là le principe des électromètres. Au lieu de charger B d'une façon constante, on peut charger A avec une source toujours la même et mettre B en relation avec le corps à étudier ; c'est alors B qui prend une charge proportionnelle au potentiel de corps, le résultat est le même. Si maintenant nous prenons deux corps fixes, B et C, de part et d'autre de A, A subira la résultante des attractions ou répulsions de C et de B sur A et la déviation de A dépendra de la différence de ces actions, c'est-à-dire de la différence du potentiel entre C et B, si C et B ont la même capacité électrique.

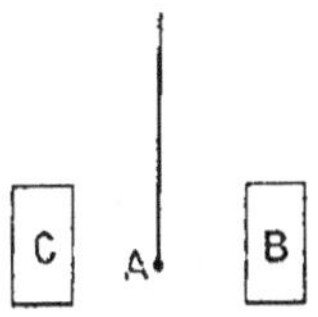

Fig. 479.

Si donc on veut connaître la différence de potentiel entre deux corps ou deux points d'un corps, on relie ces deux points à B et C, on charge A toujours de la même façon, et on lit la déviation de A : cette déviation sera proportionnelle à la différence de potentiel entre B et C.

C'est là le dispositif fondamental d'où dérivent les électromètres, ils ne diffèrent les uns des autres que par des détails de construction sur lesquels nous n'insistons pas, ces appareils étant d'un usage très spécial dans les laboratoires médicaux.

Il y a toutefois un instrument basé sur un principe complètement différent et dont l'emploi s'est beaucoup répandu dans les laboratoires de physiologie depuis quelques années, c'est l'électromètre de Lippmann.

Lorsque dans un tube effilé à la partie inférieure, on verse d'abord de l'eau acidulée, puis du mercure, si l'étirement est assez capillaire, le mercure ne s'écoule pas, même sous une pression assez considérable. Il se forme un ménisque dans la pointe que l'on fait plonger, comme l'indique la figure, dans un vase contenant de l'eau acidulée sur un fond de mercure. Un microscope permet d'observer le ménisque dans la partie capillaire. Mettons le mercure du tube en relation avec le pôle négatif d'une pile et le mercure du vase en relation avec le pôle positif, aussitôt nous constatons que le mercure s'élève dans le tube, à une hauteur variable suivant la différence de potentiel entre les deux masses de mercure. On peut ramener le ménisque au point primitif en exerçant une pression sur le mercure du tube, et la pression nécessaire à cet effet est proportionnelle à la différence de potentiel étudiée; ou bien on peut lire le déplacement du ménisque.

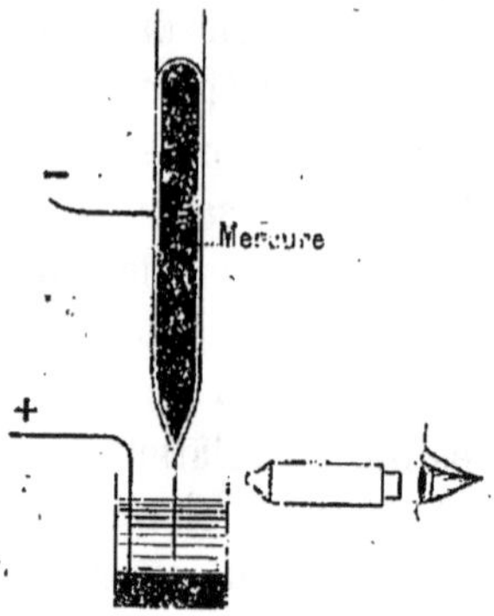

Fig. 480.

Ce dispositif est d'une très grande sensibilité, il permet, entre autres, d'étudier les différences de potentiel qui se produisent aux divers points des tissus vivants et a reçu de nombreuses applications dans ce but depuis quelques années. On peut d'ailleurs enregistrer par la photographie les mouvements de la colonne de mercure. L'un des grands avantages de cet instrument consiste dans la rapidité avec laquelle il se met en équilibre, ce qui le rend particulièrement propre, grâce à l'enregistrement photographique, à l'étude des variations de potentiel très rapides, accompagnant certains phénomènes physiologiques qui seront exposés plus loin.

Souvent, dans les laboratoires, on a besoin d'un étalon de force électromotrice pour graduer un appareil de mesure. Le mieux est de monter avec soin un élément Daniell et de lui attribuer une force électromotrice de 1 v. 08. L'erreur que l'on peut commettre ainsi est trop faible pour avoir quelque importance dans les recherches de physiologie.

Quand on a à mesurer des potentiels extrêmement élevés, comme ceux produits par les machines statiques, le problème devient assez délicat. Dans la pratique d'électrothérapie on se contente alors généralement d'une évaluation approximative. On fait jaillir des étincelles entre les boules de l'excitateur relié à la machine, et on écarte peu à peu ces boules jusqu'à la limite à laquelle l'étincelle cesse de se produire. Plus cette dis-

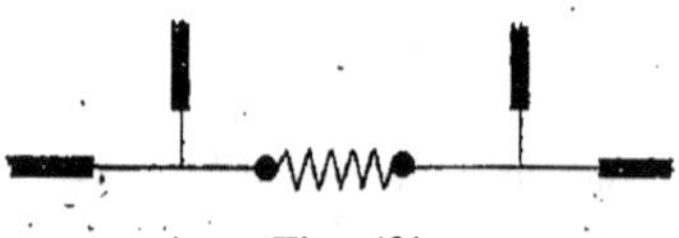
Fig. 481.

tance est grande, plus la différence de potentiel entre les deux boules est élevée. Une table donne les valeurs des potentiels correspondant aux différentes longueurs d'étincelle. Cette table ne convient pas à une machine quelconque, car elle dépend entre autres des diamètres des boules de l'excitateur.

Résistances. — Souvent, quand on a besoin de connaître approximativement une résistance, on peut la déduire de la formule $I = \frac{V}{R}$ que l'on écrit $R = \frac{V}{I}$. On fait alors passer un courant dans la résistance à mesurer, on évalue l'intensité du courant au moyen d'un ampèremètre. D'un autre côté on mesure à l'aide d'un voltmètre la force électromotrice employée. En divisant cette force électromotrice par l'intensité, on a la résistance. Ainsi, supposons qu'avec un voltmètre nous ayons mesuré la force électromotrice d'une pile et trouvé 15 volts, en reliant cette pile à un circuit dans lequel se trouve un milliampèremètre on trouve 3 milliampères, ce qui, en ampères, s'écrit 0,003. La résistance du circuit sera $\frac{15}{0{,}003} = 5{,}000$ ohms. Cette méthode est souvent employée, au cours d'une application du courant sur le corps humain, pour mesurer la résistance des tissus traversés par le courant.

Il est beaucoup plus précis de comparer directement les résistances à étudier à des résistances de valeur connue, comme dans les pesées on compare le poids des corps aux poids d'autres corps déterminés. A cet effet, on se sert de boîtes de résistance, comme pour les pesées on a des boîtes à poids. Dans ces boîtes se trouve disposée une série de résistances, qui convenablement associées, peuvent donner tous les intermédiaires entre un minimum de 1 ohm par exemple et un maximum variable suivant les boîtes; il suffit pour comprendre cela de se reporter à la composition des boîtes de poids.

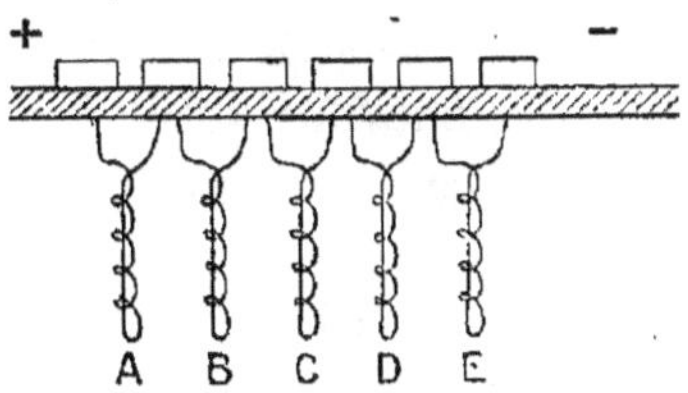

Fig. 482.

Voici comment les diverses résistances sont disposées de façon à pouvoir se combiner les unes avec les autres. Sur une planche d'ébonite (fig. 482) se trouve une série de plots métalliques isolés les uns des autres. Au-dessous de la planche, dans la boîte, sont les bobines A, B, C, D, etc., reliées les unes aux autres en série.

Le point de jonction de deux bobines est aussi en communication avec un plot. Dans le cas de la figure 482 si l'on met les plots extrêmes en relation avec une pile, le courant est obligé de traverser toutes les bobines, il passe donc par toutes les résistances. Si l'on vient à intercaler une cheville métallique entre deux plots le courant passe par la cheville, la bobine reliée à ces deux plots, est hors service, sa résistance ne compte plus. On peut donc, en retirant un nombre convenable de chevilles, mettre

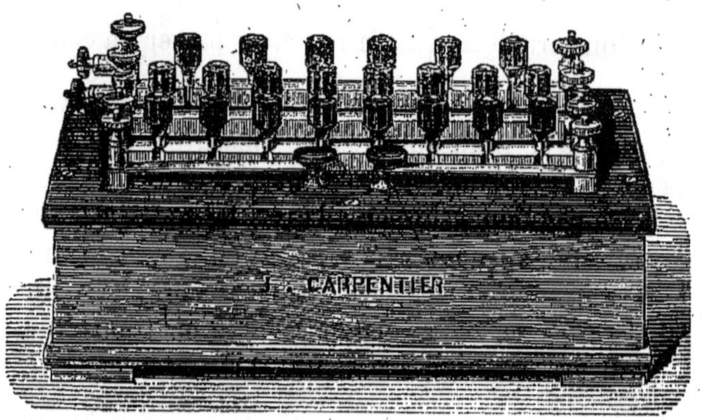

Fig. 483.

dans le circuit les bobines que l'on désire. En plaçant toutes les chevilles entre les plots on n'a plus que la résistance de ces plots et des chevilles, c'est-à-dire une résistance négligeable.

Voici dès lors comment on peut employer une pareille boîte pour mesurer une résistance. On place dans un même circuit une pile, un galvanomètre et la résistance à mesurer. On lit la déviation du galvanomètre qui n'a pas besoin d'être étalonné. On retire du circuit la résistance à étudier et on la remplace par une boîte dont on tirera des chevilles jusqu'à ramener la même déviation du galvanomètre. A ce moment comme le courant est ramené à son intensité primitive, il est évident que la résistance du circuit n'a pas changé. La valeur de la boîte à ce moment représente la résistance étudiée, il n'y a donc qu'à lire la résistance de la boîte, c'est-à-dire à faire la somme des résistances correspondant aux chevilles retirées.

Cette méthode a un inconvénient; si pendant la substitution de la boîte à la résistance à étudier, la force électromotrice de la pile a changé, les résultats sont erronés. C'est pourquoi on emploie en général de préférence la méthode dite du pont de Wheatstone. Voici en quoi elle consiste. Plaçons dans les quatre branches d'un quadrilatère, la résistance x à déterminer et trois résistances que l'on peut connaître : par exemple des boîtes étalonnées, R, R_1, R_2. Relions les extrémités d'une des deux diagonales à une pile P, et les extrémités de l'autre diagonale à un galvanomètre G.

Retirons maintenant les clefs des boîtes jusqu'à ce que le galvanomètre G reste au zéro. On démontre à ce moment les quatre résistances x_1, R, R_1, R_2 satisfont à la relation $\frac{x}{R_2} = \frac{R_1}{R}$. Comme on connaît R, R_1, R_2, on peut calculer x.

Quand on veut appliquer les méthodes habituelles de mesure à la détermination de la résistance du corps humain ou des tissus vivants on se heurte à de grosses difficultés résultant d'une série de modifications qui se passent dans ces tissus sous l'influence du courant. Une des principales de ces difficultés réside dans l'existence de la polarisation dont il sera question plus loin et qui introduit des résistances fictives.

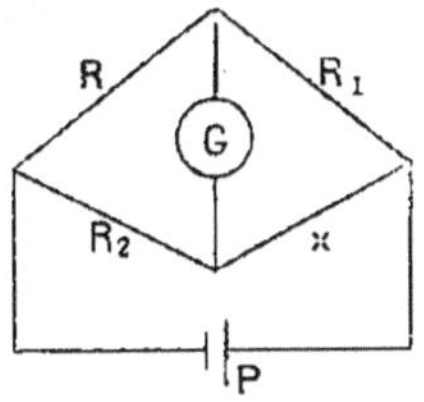

Fig. 484.

Pour écarter cette polarisation on a cherché à faire des mesures en se servant, au lieu de courants continus, de courants alternatifs qui ne donnent pas lieu à la polarisation. Dans la méthode du pont de Wheatstone, en employant le courant alternatif, c'est-à-dire en remplaçant la pile par une bobine d'induction, on ne peut plus employer le galvanomètre pour rechercher si la diagonale G n'est le siège d'aucun courant. On remplace alors le galvanomètre par un appareil sensible aux courants alternatifs, le téléphone. Quand ce téléphone est au silence, l'équilibre du pont est établi comme précédemment et la relation $\frac{x}{R_2} = \frac{R}{R_1}$ est satisfaite. Cette méthode est très précieuse pour faire des mesures de résistance dans tous les cas où l'on veut écarter la polarisation.

Dans les applications de l'électrothérapie, on a souvent à faire usage de résistances variables à volonté, soit pour faire des mesures, soit pour graduer l'intensité des courants.

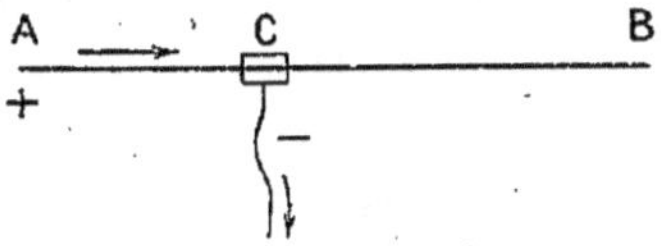

Fig. 485.

Le maniement des boîtes étant un peu compliqué, l'on préfère renoncer à leur haute précision pour gagner en commodité ; on fait alors usage de rhéostats.

Le type du rhéostat est un fil conducteur AB, dont une extrémité A est en relation avec un côté du circuit où doit passer le courant, ce courant retournant au même circuit par un curseur C, dans le sens indiqué sur la figure par des flèches. Il est évident que l'on fera varier la résistance en déplaçant le curseur, elle augmentera quand on ira de A vers B, diminuera dans les déplacements de sens inverse.

Quand on veut constituer un pareil rhéostat par un fil métallique rectiligne, on constate rapidement que l'on est très limité dans les variations de résistance que l'on peut obtenir, sous peine d'avoir des fils de longueur démesurée. On tourne la difficulté par divers procédés mis en œuvre dans les différents modèles de rhéostats. On peut, comme l'indique la figure 486, disposer le fil en spirale ou en ligne brisée pour en avoir une grande longueur, le curseur C viendra alors frotter sur une partie mise à nu. On n'a plus dans ce cas une variation de résistance bien continue, car on introduit tout à coup une spire entière de fil dans le circuit, mais dans bien des cas cela n'a pas grande importance.

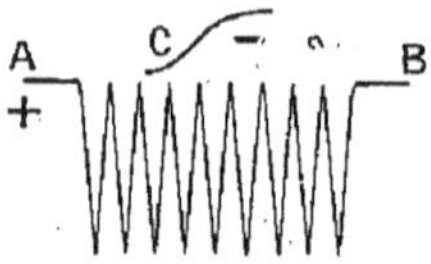

Fig. 486.

On peut aussi disposer le rhéostat en conducteur rectiligne en choisissant une matière relativement peu conductrice, comme le graphite; ces appareils sont de qualité médiocre et sujets à variation.

Enfin on peut se servir de liquides. Par exemple, dans un tube vertical on met une solution de sulfate de cuivre, la partie inférieure du tube contient une plaque de cuivre conduisant au circuit. A la partie supérieure se trouve un plongeur également en cuivre venant de l'autre extrémité du circuit (fig. 487). En enfonçant plus ou moins ce plongeur, on fait varier la longueur de la colonne liquide interposée et par suite la résistance du circuit. Grâce à la grande résistance des liquides cette variation peut être très considérable.

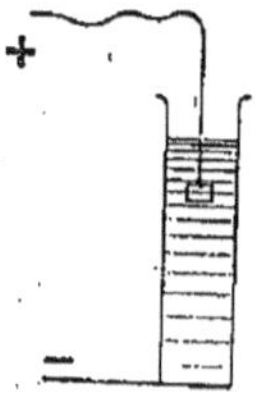

Fig. 487.

On sait que, pour un conducteur métallique ou liquide, la résistance électrique est une grandeur bien déterminée, comme le poids ou le volume. Toutefois cette résistance varie avec la température, elle devient plus grande pour les conducteurs métalliques quand la température s'élève et devient au contraire plus faible pour les liquides.

Quand on fait des mesures de résistance des tissus organisés et en particulier du corps humain, il n'en est plus de même; on constate des variations, parfois considérables, sans causes apparentes. Ainsi, en mesurant la résistance qu'éprouve un courant en passant d'une main à l'autre, on trouve sur une même personne, dans les mêmes conditions expérimentales, des chiffres qui varient d'un jour à l'autre. A titre d'exemple, et pour permettre d'apprécier l'étendue de ces variations, voici un petit tableau se rapportant à quatre personnes avec les résistances les plus grandes et les plus petites trouvées sur elles, les mesures étant faites, d'une main à l'autre dans les mêmes conditions, à divers jours :

S.	1 080 à 1 460 ohms.
M.	1 050 à 1 580 —
H.	1 060 à 1 580 —
L.	1 100 à 1 760 —

La résistance électrique est généralement un peu plus élevée chez les femmes que chez les hommes, la moyenne chez les premières est en effet d'environ 1 400 à 1 500 ohms d'une main à l'autre, tandis qu'elle tombe à 1 200-1 300 ohms chez les seconds. Cela semble assez paradoxal, car de nombreuses expériences ont montré que la résistance du corps humain réside en grande partie dans la peau, qui ne passe pas pour plus fine chez l'homme que chez la femme. Quoi qu'il en soit, le fait n'est pas douteux.

La température joue un rôle très net : plus elle s'élève, plus la résistance baisse. Dans toutes ces mesures il faut avoir soin de prendre le contact avec le corps par l'intermédiaire d'un liquide; c'est-à-dire que l'on fait plonger les mains dans des cristallisoirs contenant de l'eau à une température voisine de celle du corps humain. De plus, les mains doivent avoir été au préalable lavées au savon et brossées. Faute de prendre ces précautions, on arrive aux chiffres les plus fantaisistes. Ainsi, en faisant le contact au moyen de morceaux de métal, de laiton par exemple, saisis à pleine main, on peut voir la résistance monter à 100 000 ohms et plus, par suite de la sécheresse plus ou moins grande de la peau ou des matières grasses dont elle est toujours un peu imprégnée.

Cette résistance varie du reste à volonté en serrant plus ou moins les électrodes.

Quand le courant traverse les tissus pendant un certain temps, la résistance baisse peu à peu, sans doute par suite d'actions électrolytiques se passant dans les tissus et en particulier dans la peau au contact des électrodes.

Enfin il y a un fait spécial aux tissus organisés, c'est que la résistance varie dans de grandes proportions avec l'intensité du courant. Le petit tableau suivant pourra donner une idée de ces variations avec l'intensité.

Intensité.	Résistance.
5	1 370 ohms.
10	1 350 —
23	1 160 —
10	1 260 —
6	1 340 —

On voit dans cet exemple l'effet de la durée du passage du courant superposer son action à celle de l'intensité, car en revenant aux mêmes intensités à la fin de l'expérience on trouve des résistances plus faibles qu'au début.

Quantités. — Il peut se présenter deux cas nettement distincts quand on veut évaluer des quantités d'électricité ; ou bien il s'agit de déterminer la quantité d'électricité qui s'écoule à travers un circuit pendant un temps donné ; ou bien il faut déterminer la quantité d'électricité statique se trouvant sur un corps conducteur isolé.

Dans le premier cas on intercale un galvanomètre dans le circuit, on lit l'intensité et on la multiplie par le nombre de secondes pendant lequel le courant a passé, cela résulte de la formule générale donnée précédemment $Q = It$.

Ainsi si un courant de 0,5 ampère a passé pendant 30 secondes ; il a passé dans le circuit 15 coulombs. Il peut arriver que le courant ne reste pas constant pendant toute la durée du passage, il faut alors diviser cette durée en périodes plus petites pendant lesquelles le courant peut être considéré comme constant, et calculer la quantité d'électricité qui passe pendant chacune de ces périodes.

Le procédé qui précède est un des plus commodes pour la pratique médicale, d'autant plus que dans ce cas il suffit en général d'une approximation assez faible. On peut, cependant, par une seule lecture, être renseigné sur la quantité d'électricité qui a passé dans un circuit : pour cela on intercale dans ce circuit un voltamètre, c'est-à-dire un appareil à décomposition de l'eau permettant de recueillir les gaz provenant de cette décomposition. Sachant que 1 coulomb dégage 12 cm^3 d'hydrogène, il suffit de mesurer dans un tube gradué le nombre de centimètres cubes d'hydrogène dégagés par un courant pour avoir le nombre de coulombs qui a passé. On peut même graduer directement en coulombs le tube dans lequel se dégage l'hydrogène.

Dans le deuxième cas, quand on veut évaluer la quantité d'électricité qui se trouve sur un conducteur isolé chargé, on décharge cette électricité à travers le fil d'un galvanomètre balistique. La déviation produite est proportionnelle à la quantité d'électricité qui a passé. Un galvanomètre balistique est un galvanomètre quelconque à équipage mobile assez lourd ; la théorie et l'expérience montrent que c'est à cette condition seulement que les quantités d'électricité sont proportionnelles aux élongations, c'est-à-dire à l'amplitude des oscillations qui suivent immédiatement la décharge. Il suffit dès lors, une fois pour toutes, d'étalonner l'appareil en déchargeant dans son circuit une quantité connue d'électricité et observant l'élongation correspondante, pour pouvoir l'utiliser dans toutes les déterminations de quantité d'électricité. On verra, à propos de la capacité des corps, comment on se procure une quantité connue d'électricité, nécessaire à cet étalonnage.

Capacités. — Il est rare que l'on ait à faire des mesures de capacité électrique. Si le cas se produisait voilà comment on opérerait. On chargerait le corps au moyen d'une source électrique déterminée et on le déchargerait à travers un galvanomètre balistique; on lirait la déviation. On ferait la même opération avec un corps de capacité connue en le chargeant au même potentiel, et de la comparaison des deux déviations on déduirait la capacité du premier corps. Par exemple, mettons le corps à étudier en relation avec le pôle positif d'une pile Daniell, dont l'autre pôle est en communication avec la terre; le corps se chargera à un potentiel 1,08 au-dessus de celui de la terre. Il prendra pour cela une quantité d'électricité proportionnelle à sa capacité. Nous le déchargeons dans un galvanomètre balistique et il donne une déviation de 20 divisions. Recommençons avec un corps ayant l'unité de capacité, il nous donnera, par exemple, une déviation de 10 divisions. Il en résultera que, dans les mêmes conditions, le corps étudié prenant deux fois plus d'électricité que le corps de capacité égale à l'unité, a lui-même deux unités de capacité.

Il faut donc avoir à sa disposition des unités de capacité ; elles servent à faire des mesures comme il vient d'être dit ; mais elles sont encore beaucoup plus employées pour emmagasiner des quantités variables d'électricité dont on fera usage dans les expériences. Ainsi si l'on veut exciter un nerf ou un muscle avec des quantités d'électricité croissantes, de valeur connue, on prendra des capacités connues, de valeurs croissantes, que l'on chargera à un même potentiel et que l'on déchargera ensuite dans le nerf. Ou bien on prendra une même capacité que l'on chargera à des potentiels variables, dans ce cas encore la quantité croîtra avec le potentiel, comme on l'a vu dans l'établissement des formules élémentaires de l'électricité.

Pour avoir des corps de différentes capacités on pourrait prendre des sphères ou d'autres conducteurs isolés sur un pied de verre et de dimensions croissantes. A un moment donné on a opéré ainsi ; mais l'on arrive de la sorte à un appareil extrêmement encombrant, d'autant plus que les sphères de diamètre acceptable ont une capacité beaucoup trop faible pour les besoins habituels. On a alors recours aux condensateurs. Les condensateurs en usage dans les laboratoires ou dans la pratique d'électrothérapie sont constitués par deux feuilles d'étain nommées armatures, séparées par un isolant, mica, papier paraffiné ou autre préparation.

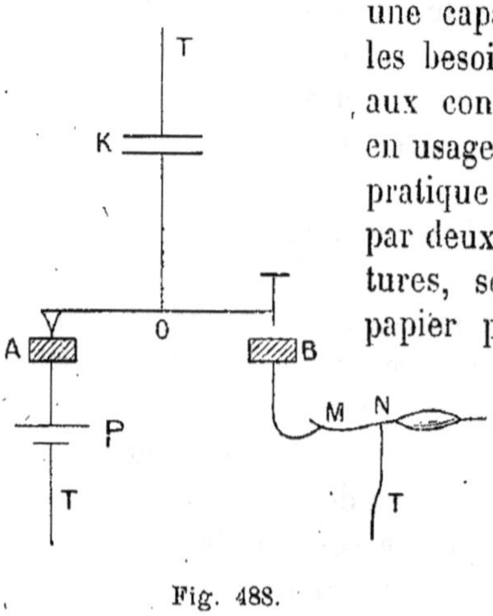

Fig. 488.

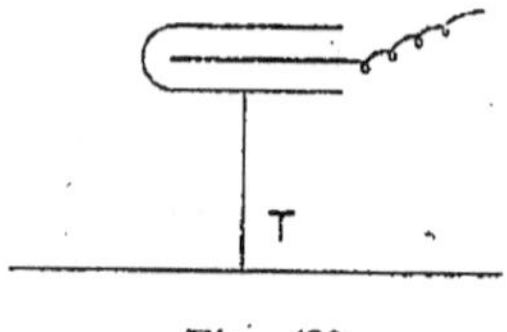

Fig. 489.

Une des armatures est mise en communication avec le sol, l'autre en relation avec la source d'électricité. On décharge ensuite cette seconde armature en la mettant en communication avec le corps à électriser, lui-même relié au sol. En général l'expérience est disposée comme l'indique la figure 488. Le condensateur K a une armature reliée à terre T, l'autre armature est reliée à l'axe O d'une clef de Mors. Au repos la clef repose sur un plot A en relation avec le pôle positif d'une pile P dont l'autre pôle est à terre. Le condensateur se charge. Si l'on abaisse la clef, le contact avec la pile est rompu en A, mais il se fait un contact en B et le condensateur se décharge à terre à travers MN, qui dans l'espèce figure le nerf sciatique d'une grenouille.

On sait, d'après ce que l'on trouve dans les traités de physique généraux, que le condensateur a sous un petit volume une très grande capacité. Souvent l'armature en relation avec la terre entoure complètement celle que l'on met en communication avec la source de potentiel (fig. 489), c'est pour cela qu'on les désigne sous le nom d'armature interne et externe. Ce cas se présente dans la bouteille de Leyde; les condensateurs de laboratoire à feuille de mica ou de papier paraffiné sont aussi construits ainsi.

L'unité pratique dont on se sert habituellement est le microfarad, valant $\frac{1}{1\,000\,000}$ de farad. C'est déjà une capacité très considérable et les condensateurs des laboratoires sont le plus souvent des divisions décimales du microfarad. Pour exciter des nerfs ou des muscles on emploie $\frac{1}{1\,000}$, $\frac{1}{100}$ de microfarad, au plus $\frac{1}{10}$ de microfarad. Mais il est bon d'avoir à sa disposition une série de condensateurs comme on a une série de résistances. Ces séries sont très délicates à établir et il ne faut avoir recours qu'à de bons constructeurs pour les faire faire; dans les laboratoires il y a beaucoup de mauvaises boîtes de condensateurs.

Comme il a été dit plus haut, quand on fait usage de condensateurs pour accumuler différentes quantités d'électricité, on peut opérer de deux manières : ou bien on peut prendre une série de condensateurs que l'on charge au même potentiel, ou bien on peut prendre un même condensateur que l'on charge à des potentiels croissants.

Ainsi, prenons des condensateurs de 1, 2, 3, etc., unités, et chargeons-les à l'unité de potentiel, nous aurons des quantités d'électricité représentées par 1, 2, 3, etc., unités, d'après la formule élémentaire $Q = CV$. Prenons maintenant le premier condensateur d'une unité, et chargeons-le successivement à un potentiel de 1, 2, 3, etc., unités, nous aurons encore, d'après la même formule des quantités d'électricité représentées par 1, 2, 3, etc., unités. Cependant le résultat n'est pas tout à fait le même. Dans le premier cas nous aurons des quantités d'électricité au même potentiel, dans le second, en même temps que la quantité d'électricité augmentera, le potentiel augmentera aussi. Rappelons que nous avons montré, à propos de la chaleur, qu'une même quantité de chaleur ne jouit pas des mêmes propriétés suivant la température à laquelle elle se trouve; une calorie à 100 degrés ne peut pas donner ce que donne une calorie à 1 000 degrés. De même la quantité d'électricité représentée plus haut par 3 unités n'est pas dans la même condition suivant qu'elle est au potentiel 1 ou au potentiel 3. On démontre que si on décharge les condensateurs à travers un fil, la chaleur dégagée, et par suite l'énergie équivalente, croît avec le carré du potentiel auquel est porté le condensateur.

Dès lors, lorsqu'on accumule de l'électricité sur des condensateurs de capacité croissante, mais à potentiel constant, l'énergie disponible croît, dans le cas envisagé plus haut, comme 1, 2, 3, etc. Si, au contraire, on a un condensateur de capacité constante, quand on fait varier le potentiel pour accumuler successivement des quantités d'électricité croissant comme 1, 2, 3, etc., l'énergie emmagasinée, et qui se libère à la décharge, croît comme 1, 4, 9, etc.

Il n'est donc pas indifférent d'adopter l'une ou l'autre de ces solutions; nous verrons du reste l'importance de ce fait à propos de l'excitation électrique des nerfs et des muscles.

XII

ÉLECTRICITÉ PRODUITE PAR LES ANIMAUX

Si l'on applique sur un tissu deux électrodes reliées à un galvanomètre sensible, on a toujours l'indication d'un courant, à moins de se placer dans des conditions spéciales indiquées plus loin.

Pour être certain que ce courant provient réellement des tissus et non des électrodes, il faut avant tout vérifier que les électrodes appliquées directement l'une contre l'autre ne donnent elles-mêmes lieu à aucune action. Cette condition est plus difficile à réaliser qu'il ne semble au premier abord, aussitôt que l'on fait entrer des liquides dans la construction de ces électrodes. On ne peut dans l'exploration des tissus employer purement et simplement des électrodes métalliques; si on prenait deux fils de platine reliés à un galvanomètre très sensible, aussitôt après le passage du moindre courant dans le circuit, les fils seraient polarisés et toutes les indications seraient faussées. Il se produirait, en plus, au contact du platine et des tissus des altérations qui, quoique légères parfois, donneraient lieu à des erreurs importantes dans des recherches aussi délicates que celles concernant la production de l'électricité par les tissus organisés.

Il faut donc toujours, ceci est absolument indispensable, dans toutes les recherches d'électrophysiologie, ne se servir que d'électrodes construites sur un des types suivants, et dites impolarisables.

On ne peut mettre un liquide quelconque en contact avec les tissus, sans risquer de les altérer, ce contact doit être pris au moyen d'une solution aqueuse de chlorure de sodium de 7 à 10 pour 1 000. D'un autre côté on ne peut mettre le fil métallique relié au galvanomètre en contact direct avec cette solution, il se produirait à ce contact des phénomènes de polarisation. Nous verrons, à propos de l'électrolyse, que pour éviter ces phénomènes de polarisation on doit toujours plonger un métal dans une dissolution d'un sel de ce même métal; par exemple on pourra rattacher le fil du galvanomètre à un bâton de zinc plongeant dans une solution de sulfate de zinc, elle-même en contact avec la solution de chlorure de sodium à l'aide de laquelle on touchera les tissus organisés. La première idée de ces électrodes est due à J. Regnault, et c'est Du Bois-Reymond qui en a fait un usage systématique.

Voici dès lors comment se dispose une expérience, dans ses grandes lignes du moins. Deux lames de zinc pur sont reliées aux deux bornes d'un galvanomètre très sensible. Elles plongent chacune dans un vase contenant une solution concentrée de sulfate de zinc. Sur le bord du vase est appuyé un petit bloc de papier à filtrer imbibé d'une solution de chlorure de sodium à 7 p. 1 000, et c'est sur ce bloc que repose le tissu C à explorer. Si ce tissu est le siège d'une force électromotrice il envoie un courant à travers le galvanomètre, sans qu'aucune polarisation puisse se produire dans le circuit.

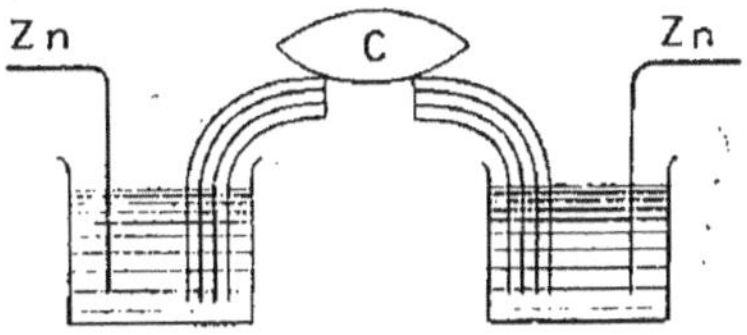

Fig. 490.

Cette forme d'électrodes ne peut servir lorsqu'on veut toucher un point très localisé d'un organe ; on peut alors comme l'indique la figure 491, plonger un petit bâton de zinc pur dans un tube contenant la solution de sulfate de zinc et bouché à la partie inférieure par un tampon d'argile pétrie avec la solution de chlorure de sodium à 7 p. 1 000. Cette argile prend entre les doigts la forme qu'on désire lui donner, il est aisé d'y faire une pointe très effilée, permettant un contact en un point très réduit des tissus. Le principe des électrodes est le même que précédemment ; dans chaque cas particulier, du reste, on peut, avec un peu d'imagination, trouver la forme la plus appropriée aux expériences. D'Arsonval a proposé un autre modèle consistant simplement en un tube effilé (fig. 492) contenant une solution de chlorure de sodium dans laquelle plonge un petit bâton d'argent recouvert de chlorure d'argent fondu. En principe, comme le métal est en contact avec un de ses sels, il ne doit pas y avoir de polarisation, mais pratiquement il n'en est pas ainsi, ces électrodes ne valent pas les précédentes ; cependant, comme elles sont d'une construction facile et d'un emploi très commode, on peut s'en servir dans les expériences où l'on ne cherche pas à atteindre la dernière précision possible. Elles ont aussi l'inconvénient d'avoir une très grande résistance électrique par suite de la couche de chlorure d'argent peu conductrice.

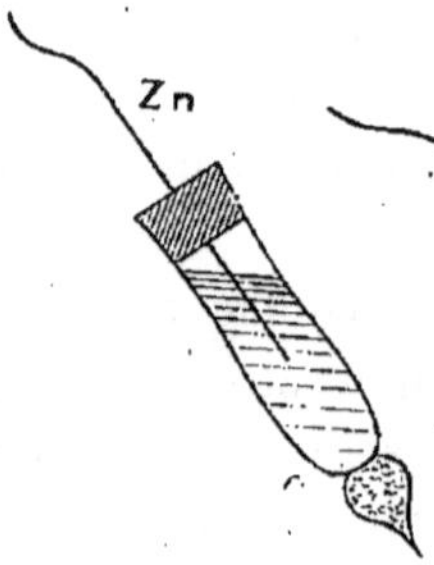

Fig. 491.

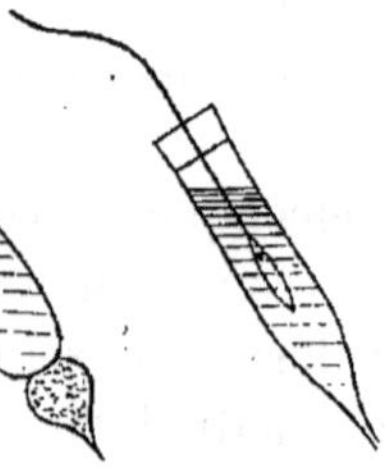

Fig. 492.

Dans la suite il ne sera plus tenu compte de cette question d'électrodes que l'on supposera toujours très bonnes.

Quand on explore un tissu vivant quelconque, on constate toujours l'existence de courants allant d'une région à l'autre de ces tissus, mais il y a des cas où ces courants se produisent avec une régularité remarquable et répondent à certaines lois qui ont été formulées par Du Bois-Reymond.

Muscles et nerfs. — Considérons un muscle à fibres parallèles entre elles et découpons-y un prisme par deux sections perpendiculaires aux fibres ; en appliquant une électrode sur la face latérale et une autre électrode sur une des bases, nous constaterons l'existence d'un courant allant dans le galvanomètre de la surface latérale à la base comme le représente la figure 493. Il en résulte que dans l'intérieur du muscle le courant doit aller de la surface de section à la surface latérale. Ce prisme musculaire donne donc un courant comme le ferait une pile, la section transversale se comportant comme le zinc et la surface latérale se comportant comme le pôle positif, cuivre, platine, charbon, etc. Si l'on vient à déplacer les électrodes sur la base ou sur la surface latérale, on constate que l'intensité du courant varie, le potentiel n'est pas le même en tous les points de la surface latérale ou en tous les points de la surface de section. Le potentiel maximum est au milieu de la surface latérale le long d'une ligne tracée sur le pourtour parallèlement aux bases, le potentiel minimum est au milieu de ces bases. On peut représenter schématiquement les distributions de potentiel à la surface du prisme musculaire comme on l'a fait sur la figure 494.

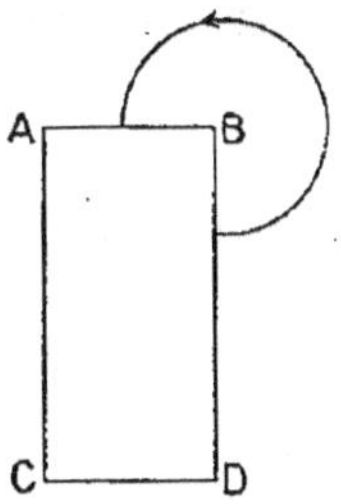

Fig. 493.

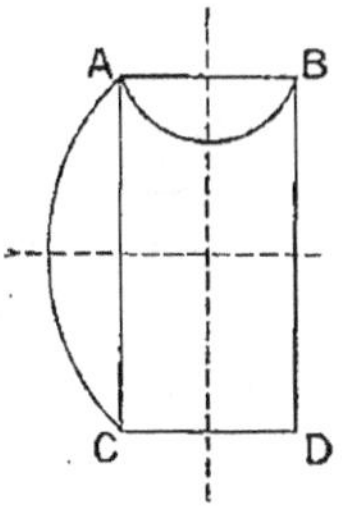

Fig. 494.

Cette distribution symétrique varie quand les deux bases ne sont plus coupées perpendiculairement aux fibres, mais obliquement à ces fibres. Il n'y a pas lieu ici d'insister sur ce point. La répartition des potentiels devient encore plus compliquée quand on prend un muscle à fibres non parallèles entre elles comme le gastrocnémien de la grenouille, mais ce sont là des questions de détail; il faut surtout retenir les gros faits que nous venons d'énoncer.

Si, au lieu de prendre un muscle, on prend un nerf et qu'on le termine par deux sections, on a un prisme nerveux analogue au prisme musculaire envisagé précédemment. On constate qu'un pareil prisme nerveux est le siège de manifestations électriques absolument comparables à celles des muscles. C'est-à-dire qu'il y a un maximum de potentiel au milieu du nerf. Il est assez difficile d'étudier la répartition du potentiel sur les bases généralement très petites. Il résulte de cette distribution des potentiels, que, comme pour le muscle, en appliquant une électrode sur la surface

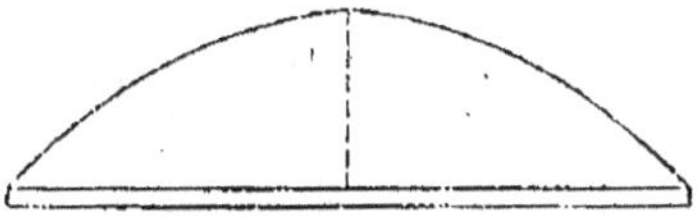

Fig. 495.

latérale du nerf et une électrode sur la base on a un courant allant dans le galvanomètre de la surface latérale à la base.

Remarquons encore que si, soit sur un muscle, soit sur un nerf, on vient à placer deux électrodes de façon qu'elles ne soient pas à même distance du milieu de la surface latérale ou du milieu de la base, on aura un courant pour lequel il est facile de prévoir dans chaque cas la direction et même de se faire une idée de son intensité relative. Le plus fort courant aura lieu quand les électrodes seront en A et B (fig. 496), il ira dans le galvanomètre de B en A. Si les deux électrodes sont sur la base en C et D, le courant ira du point C, le plus éloigné du milieu A, au point D, le plus rapproché. Si les deux électrodes sont sur la surface latérale en E et F, le courant ira du point E, le plus rapproché du milieu B, au point F, le plus éloigné de ce point. Cela résulte de la distribution même des potentiels.

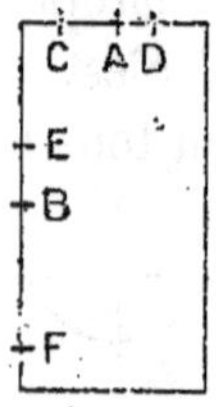

Fig. 496.

D'après Du Bois-Reymond, il faudrait aussi considérer comme sections transversales des muscles les surfaces d'insertion sur les tendons, de sorte qu'en prenant un muscle entier muni de tendons à ses extrémités, et plaçant une électrode sur la surface latérale de ce muscle, l'autre sur le tendon, on a un courant allant de la première à la seconde dans le circuit extérieur. Sur tout muscle on constatera un courant, à moins que les deux électrodes ne soient précisément placées en deux points de même potentiel.

Les phénomènes que l'on vient d'étudier sont connus sous le nom de courants de repos, c'est-à-dire qu'ils se manifestent en dehors de toute excitation portée sur le nerf et de toute contraction du muscle. Mais les choses vont changer aussitôt que les organes entrent en activité.

Appliquons sur un muscle quelconque, le gastrocnémien de la grenouille convient très bien à cette expérience, deux électrodes impolarisables E, E′, reliées aux bornes d'un galvanomètre G très sensible (fig. 497). Nous observerons une déviation. Portons maintenant sur le nef innervant ce muscle, au moyen de deux électrodes quelconques A et B, l'excitation produite par le courant alternatif d'une bobine d'induction. Le muscle entrera en tétanos, il se raccourcira et en même temps on verra la déviation du galvanomètre diminuer, ce qui indique un amoindrissement du courant primitif. Ce courant a subi, suivant l'expression de Du Bois-Reymond, l'oscillation négative.

La même oscillation négative se met en évidence sur le nerf (fig. 498). Si l'on applique sur un nerf excisé, deux électrodes, l'une au voisinage de la section terminale, l'autre en un point de son parcours, on a, comme on sait, un courant de repos. Si maintenant, à l'aide des deux électrodes A et B reliées à une bobine

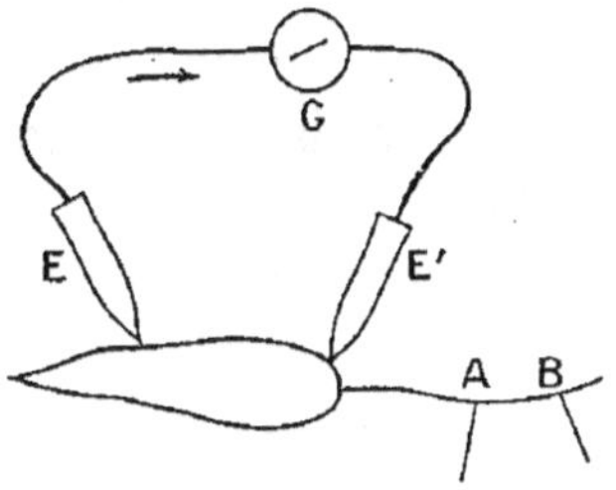

Fig. 497.

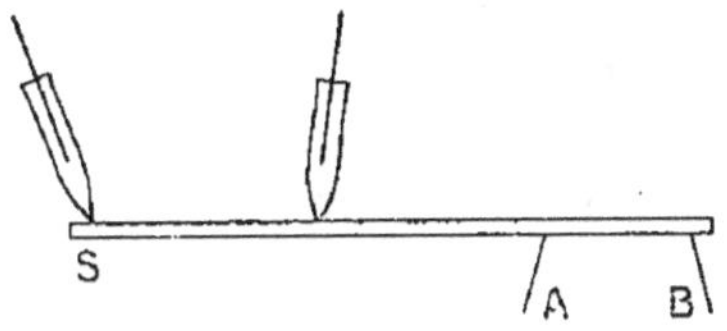

Fig. 498.

d'induction, on tétanise le nerf, on observe une oscillation négative analogue à celle que nous avons signalée plus haut pour le muscle.

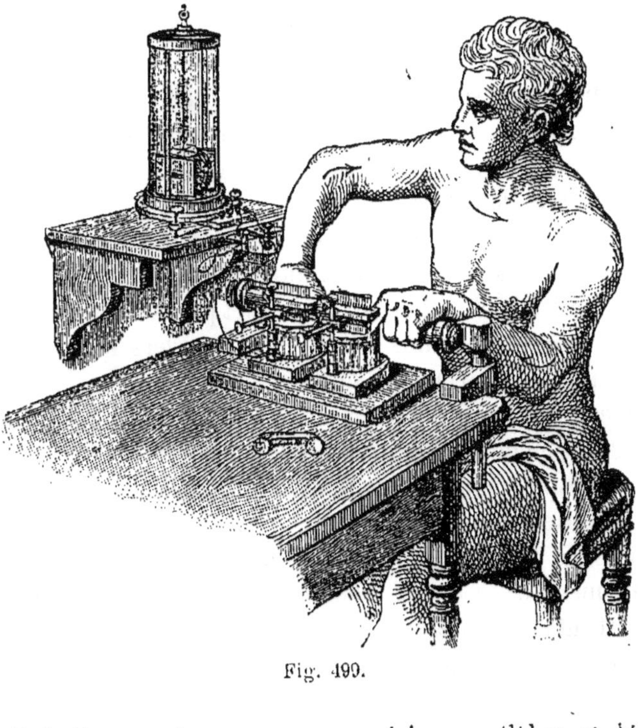

Fig. 499.

Du Bois-Reymond a, par une expérience célèbre et déjà très ancienne, essayé de montrer l'oscillation négative sur l'homme : voici comment il opérait pour cela. Deux cristallisoirs contenant de l'eau salée sont en communication avec un galvanomètre par des électrodes impolarisables (fig. 499). Le sujet plonge les doigts de la main droite dans un des cristallisoirs et les doigts de la main gauche dans l'autre; on a en général ainsi une très petite déviation, par suite de légères inégalités des deux côtés, tenant à diverses causes qu'il est difficile de préciser. Ceci fait, on contracte aussi fortement que possible un des bras, aussitôt on voit le galvanomètre accuser une déviation correspondant à un courant allant de la main à l'épaule dans le bras contracté.

Malheureusement cette expérience était loin d'être probante. On peut lui faire diverses objections, dont une des plus graves est que, par suite de la contraction, la circulation, les sécrétions de la peau, etc., sont modifiées et que c'est à ces modifications qu'il faut attribuer le courant. La démonstration rigoureuse de l'oscillation négative chez l'homme n'a été faite que plus tard par L. Hermann.

Du Bois-Reymond a cherché à expliquer les divers phénomènes de l'électricité animale par une théorie, dans laquelle il supposait les tissus composés de particules chargées en leur diverses parties soit négativement, soit positivement; les particules étaient normalement orientées de façon à tourner leurs couches négatives vers les extrémités du muscle ou du nerf et leurs couches positives vers les parties latérales. Au moment de l'excitation, l'entrée en activité du nerf ou du muscle serait accompagnée d'une rotation de ces particules amenant une autre distribution des surfaces chargées positivement et négativement, et par suite un changement dans les courants obtenus en reliant à travers le galvanomètre deux points de la surface du muscle.

Telle est, résumée rapidement, la théorie dite moléculaire de Du Bois-Reymond; aujourd'hui elle n'est pour ainsi dire plus adoptée par personne, et est remplacée par la théorie de l'altération de L. Hermann.

D'après ce savant, et la plupart des travaux exécutés depuis lui confirment cette manière de voir, un muscle ou un nerf complètement intact ne présenterait aucune différence de potentiel en ses divers points, et par suite ne donnerait aucun courant quand on lui applique deux électrodes reliées aux bornes d'un galvanomètre sensible. La difficulté est de faire les préparations sans altérer en aucune façon les tissus, sans les blesser, sans les toucher avec un liquide nocif. A ce point de vue, le suc musculaire acidifié au contact de l'air, les sécrétions de la peau, etc., sont particulièrement à craindre.

Aussitôt qu'en un point il se produit la moindre lésion, ce point devient négatif par rapport aux autres régions du tissu soumis à l'expérience. C'est ce qui explique pourquoi la section d'un nerf ou d'un muscle est négative; aussitôt cette opération effectuée, le nerf ou le muscle commencent à s'altérer aux points entamés. Mais il n'est pas nécessaire d'un traumatisme aussi brutal, la moindre action nocive suffit pour donner lieu à un courant, aussi l'expérience est-elle difficile à bien réussir. On a vainement tenté, pour résoudre la question par une expérience cruciale, et être certain de ne pas endommager les muscles, de les explorer à travers la peau, mais chez la grenouille, animal de choix pour ces recherches, et du reste chez les autres animaux aussi, la peau est le siège de forces électromotrices spéciales venant troubler les résultats, et dues aux diverses glandes se trouvant dans l'épaisseur de cette peau. Quoi qu'il en soit, le fait est considéré généralement comme établi; un muscle ou un nerf intact ne donne pas de courant; s'il est lésé en un point, ce point devient négatif par rapport au reste de l'organe, c'est-à-dire que dans un circuit passant par le galvanomètre le courant va des régions intactes au point altéré.

Quand l'organe, nerf ou muscle, entre en activité, les points excités se comportent comme des points altérés, c'est-à-dire qu'ils deviennent négatifs. Ceci permet d'expliquer les diverses expériences précédentes. Prenons deux électrodes impolarisables appliquées sur un nerf excisé, l'une étant au voisinage de la section S, l'autre sur la surface latérale L (fig. 500). Cette surface latérale est intacte la section est le siège d'une lésion, donc l'électrode placée en S est négative par rapport à celle placée en L, le courant va dans le galvanomètre de L à S. Faisons maintenant en AB une excitation tétanique. Cette excitation se transmet dans tout le nerf, et y produit partout le même effet qu'une lésion. Il en résulte que L va devenir plus négatif qu'il ne l'était, se rapprocher de l'état électrique de S et par suite le courant allant de L à S va diminuer d'intensité.

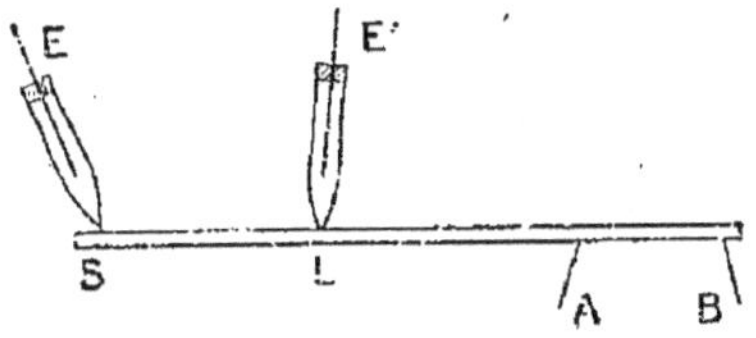

Fig. 500.

La même explication est directement applicable au muscle.

L'oscillation négative telle qu'elle vient d'être décrite est facile à observer aujourd'hui grâce à la qualité des instruments que nous possédons ; l'expérience devient beaucoup plus délicate quand au lieu de faire en AB une excitation tétanique prolongée dont la durée permet au galvanomètre de prendre son équilibre correspondant à l'affaiblissement du courant de repos, on ne fait qu'une excitation brève.

Supposons que les choses étant installées comme le représente la figure 500, les électrodes EE′ étant reliées au galvanomètre, dont la déviation indique un courant de repos, on vienne à envoyer par AB une petite décharge électrique très brève. Le nerf sera excité en AB pendant un temps très court, on ne verra aucun changement au galvanomètre : cela tient-il à ce qu'il ne s'est produit aucun changement dans le nerf ou à ce que le galvanomètre donne des indications trop lentes pour suivre une variation négative fugitive du courant de repos?

Des expériences très délicates ont montré que c'est à cette dernière hypothèse qu'il faut s'arrêter et l'on a pu, par des méthodes convenables, mettre en évidence l'oscillation négative très courte consécutive à une excitation très brève. On a pu constater aussi que cette oscillation négative se produit un certain temps après l'excitation avec un retard d'autant plus grand que AB est plus éloigné de l'électrode L.

Voici comment on explique ces faits : l'excitation portée en AB se propage le long du nerf comme une onde à la surface de l'eau ; quand elle passe sous L, L devient négatif, ainsi qu'on l'a vu plus haut. A ce moment l'oscillation négative du courant de repos se produit, puis l'onde ayant passé, le courant de repos reprend sa valeur primitive. En faisant une série d'expériences avec des valeurs différentes de la distance de AB à L on peut mesurer la vitesse de propagation de l'excitation le long du nerf. Les auteurs qui ont fait ces expériences ont retrouvé la vitesse de propagation de l'influx nerveux mesurée par les méthodes qui seront indiquées ultérieurement.

Répétons la même opération avec un nerf intact. Nous savons qu'en appliquant les électrodes EE′ sur le nerf intact nous ne constatons aucun courant. Produisons en AB (fig. 501) une excitation très brève, nous observerons deux oscillations électriques successives très courtes, l'une allant, dans l'appareil indicateur, de l'électrode E à E' et la seconde marchant en sens inverse. Ceci est encore très facile à expliquer et vient à l'appui de la théorie de Hermann. L'excitation faite en AB s'est propagée le long du nerf; au moment où elle a passé sous E', l'électrode E' est devenue négative par rapport à E, et nous avons vu la première onde électrique allant dans le circuit extérieur de E à E'. Aussitôt après, E' est revenu à son état primitif, et l'onde passant sous E c'est E qui est devenu négatif par rapport à E'; la seconde onde s'est produite inverse de la première. C'est ce que l'on nomme le phénomène de l'oscillation diphasique.

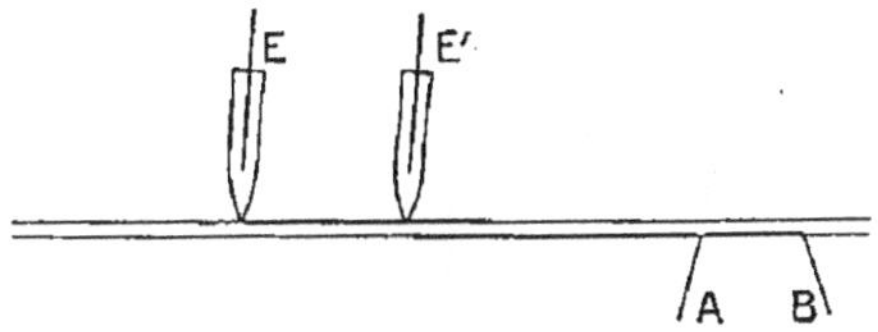

Fig. 501.

Ces oscillations électriques, trop rapides pour pouvoir être obser-

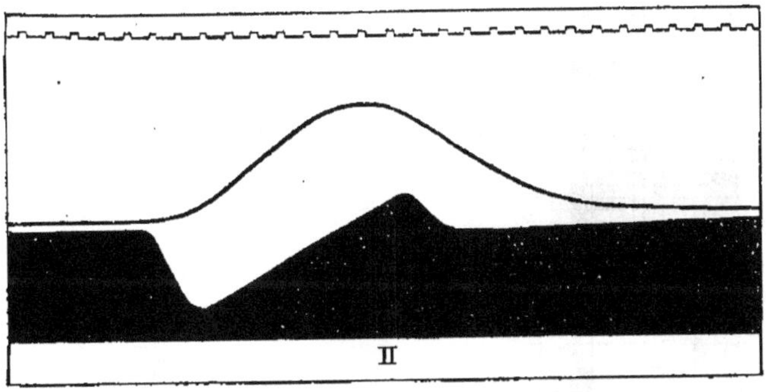

Fig. 502.

vées au galvanomètre, se mettent en évidence avec l'électromètre capillaire de Lippmann, qui est très sensible et dont le ménisque se déplace avec une grande rapidité. Comme l'œil ne pourrait suivre ces mouvements, on photographie la colonne capillaire sur une plaque mobile et l'on obtient des tracés analogues à ceux de la figure 502. Cette figure représente les variations électriques d'un cœur de grenouille battant spontanément. Les battements ont été enregistrés avec un cardiographe, ils sont représentés par la ligne noire. Simultanément on a photographié la colonne de mercure de l'électromètre et les déplacements du ménisque sont représentés par la ligne de séparation de la zone blanche et de la zone noire. Ces variations électriques du cœur battant spontanément peuvent s'enregistrer sur l'animal absolument normal ou sur l'homme, il suffit de placer une des électrodes du côté de la base du cœur, l'autre du côté de la pointe et de les relier à un électromètre enregistreur.

Depuis l'invention du galvanomètre à corde par Einthoven, ce

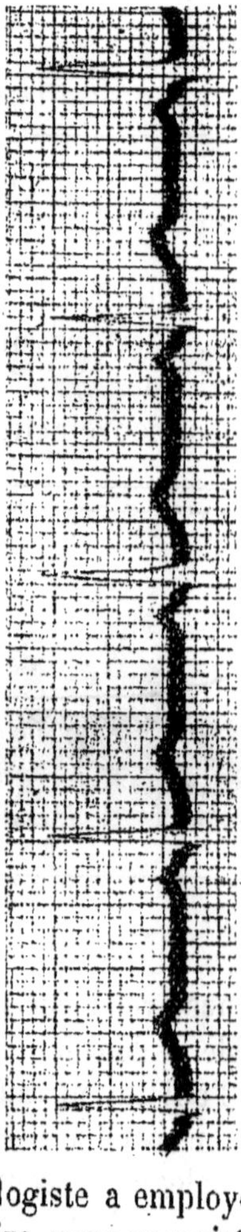

Fig. 503. — Normal.

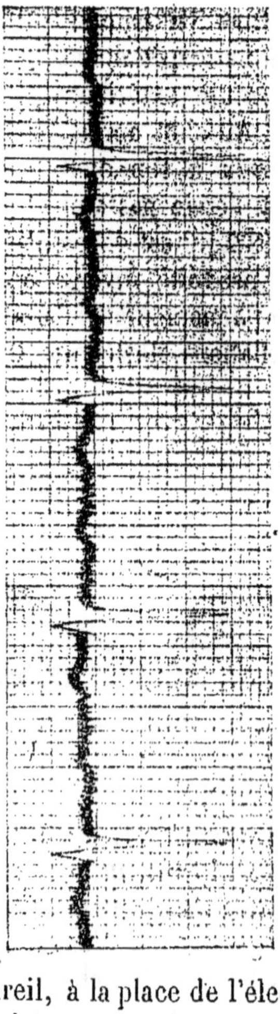

Fig. 504. — Insuffisance aortique.

physiologiste a employé son appareil, à la place de l'électromètre capillaire, pour enregistrer divers phénomènes électriques. En particulier il s'en est servi pour prendre des tracés des variations électriques du cœur. Il suffit pour cela de relier les bornes du galvanomètre à deux vases contenant de l'eau salée dans laquelle le sujet plonge les mains. Les oscillations électriques du cœur se transmettent par les bras jusqu'au galvanomètre. Les tracés ci-dessus montrent les différences que l'on observe entre l'état normal et divers états pathologiques (fig. 503, 504, 505, 506).

Nous devons encore signaler quelques points à propos de l'oscillation négative du nerf.

En premier lieu, si dans l'expérience de la figure 500, l'on répète l'excitation du nerf périodiquement à intervalle d'une minute par

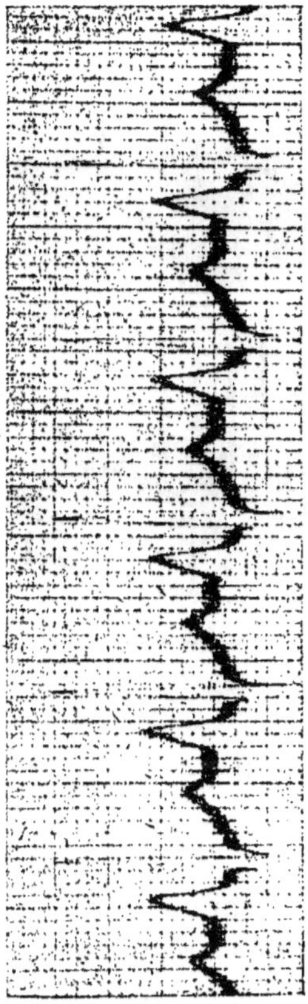

Fig. 505. — Rétrécissement mitral.

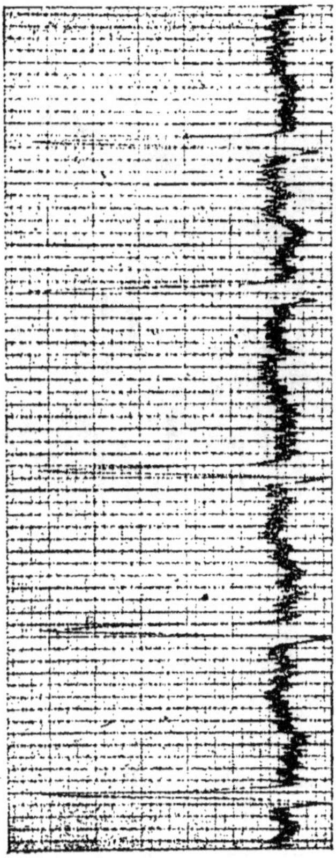

Fig. 506. — Insuffisance mitrale.

exemple, et que l'on enregistre les oscillations négatives, on constate que la grandeur de ces oscillations reste constante pendant un temps fort long (fig. 507, bas); si on admet que cette oscillation négative est liée à l'état d'activité du nerf, il en résulte qu'il faut considérer le nerf comme très résistant à la fatigue. Lorsque dans les mêmes conditions on inscrit au myographe la secousse provoquée dans un muscle par l'excitation de son nerf moteur, on peut constater que cette secousse diminue rapidement de hauteur (fig. 507, haut), c'est le muscle qui s'est fatigué, mais non pas le nerf.

Si, pendant que l'on prend le tracé des oscillations négatives successives du nerf, on fait agir sur ce nerf des vapeurs d'éther ou de chloroforme, on constate que ces oscillations négatives disparaissent, pour reparaître après soustraction des vapeurs, quand toutefois leur action n'a pas été trop énergique ou trop prolongée. L'acide carbonique en très faible quantité produit une augmenta-

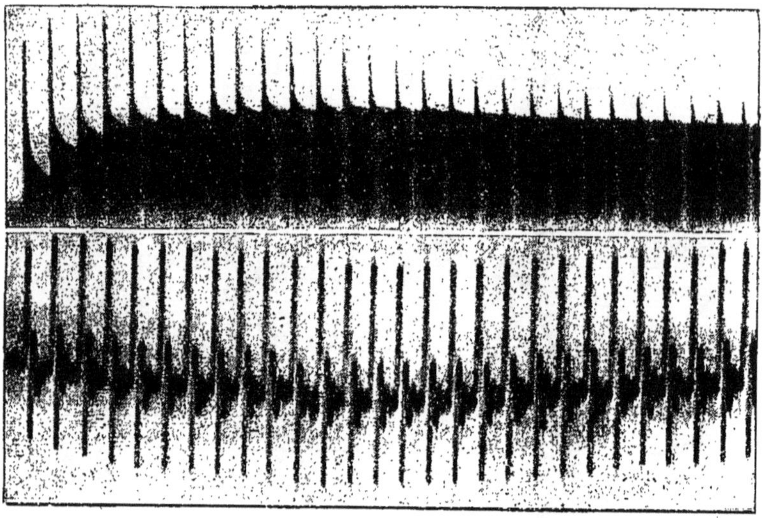

Fig. 507.

tion de l'oscillation négative; à haute dose, il agit comme l'éther et le chloroforme.

Glandes. Œil. Centres nerveux. — Parmi les autres organes donnant lieu à des manifestations électriques régulières il faut d'abord citer les glandes. En particulier si l'on explore la peau on la trouve toujours traversée par un courant allant de l'extérieur vers l'intérieur, tenant à la présence des glandes cutanées. Ce courant est modifié quand on fait une excitation.

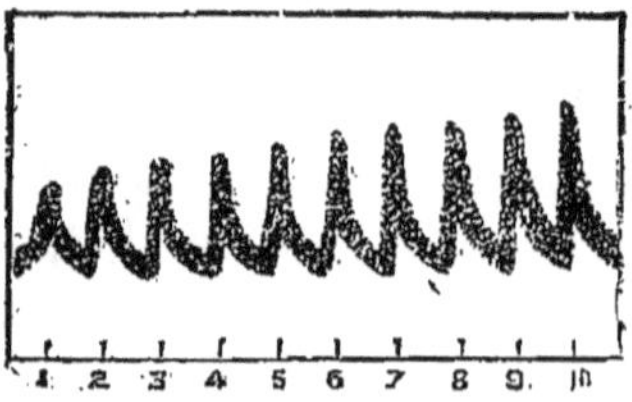

Fig. 508.

De même la rétine est le siège d'oscillations électriques quand on l'illumine (fig. 508).

Les centres nerveux manifestent aussi leur état d'activité par des variations électriques dans le détail desquelles il n'y a pas lieu d'entrer ici.

Poissons électriques. — On sait depuis fort longtemps que certains poissons, en particulier les gymnotes, torpilles, malaptérures, donnent quand on les touche des secousses électriques extrêmement énergiques. Ces phénomènes ont été étudiés par

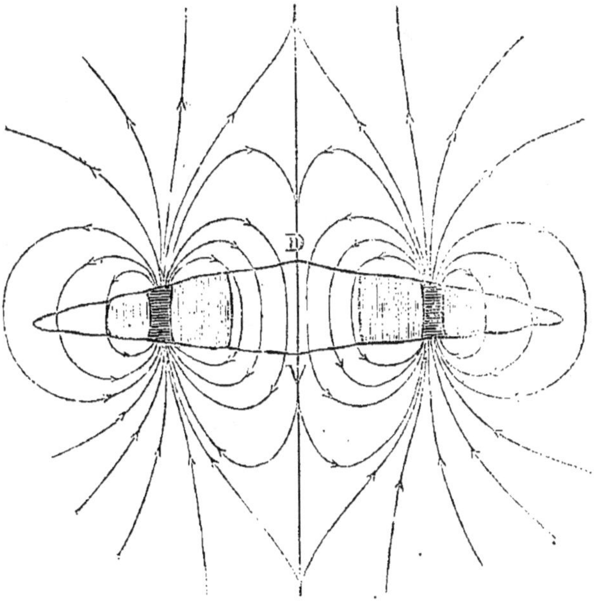

Fig. 509.

beaucoup de physiologistes, depuis que ces manifestations ont paru avoir une grande analogie avec les phénomènes électriques du muscle, à l'intensité près, bien entendu.

Quand l'on prend une torpille, dont la section transversale est représentée sur la figure 509, on constate que la secousse qu'elle

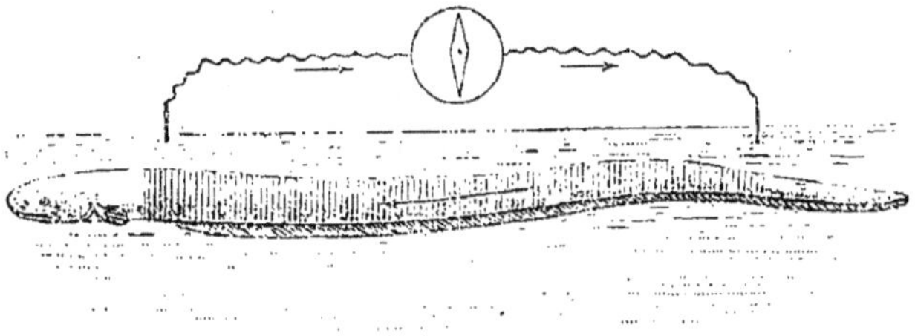

Fig. 510.

donne provient d'une décharge allant, dans le circuit extérieur, du dos au ventre. Chez le gymnote la décharge va de la tête à la queue (fig. 510).

Ces décharges se produisent avec une certaine période latente évaluée à 0″,005 environ, par conséquent de même ordre que celle du muscle lors de sa contraction.

Elles sont dues à un organe spécial dit organe électrique, et peuvent être assez intenses, comme l'a montré d'Arsonval, pour allumer de petites lampes électriques.

Ce qui fait l'intérêt de ces organes électriques au point de vue de la physiologie générale, c'est leur analogie avec le muscle au point de vue embryologique. Au cours du développement le muscle est devenu un organe fournissant du travail mécanique avec faibles manifestations électriques, tandis que les termes se sont inversés pour l'organe électrique. Il se peut que l'étude parallèle de ces deux espèces d'organes vienne un jour jeter une lumière nouvelle sur leur fonctionnement.

Plantes électriques. — Disons seulement en passant que les plantes donnent aussi lieu à des manifestations électriques, comme tous les êtres vivants.

XIII

ACTIONS CHIMIQUES DU COURANT

On sait que si l'on fait passer un courant électrique dans de l'eau acidulée, en y plongeant deux fils de platine reliés à la pile, il y a décomposition du liquide avec dégagement d'hydrogène au pôle négatif et d'oxygène au pôle positif. Ce phénomène nommé électrolyse joue un rôle considérable dans un grand nombre d'applications de l'électricité. Les fils qui servent à amener le courant au corps soumis à l'action du courant se nomment les électrodes; on les distingue en électrode positive ou Anode et en électrode négative ou Cathode.

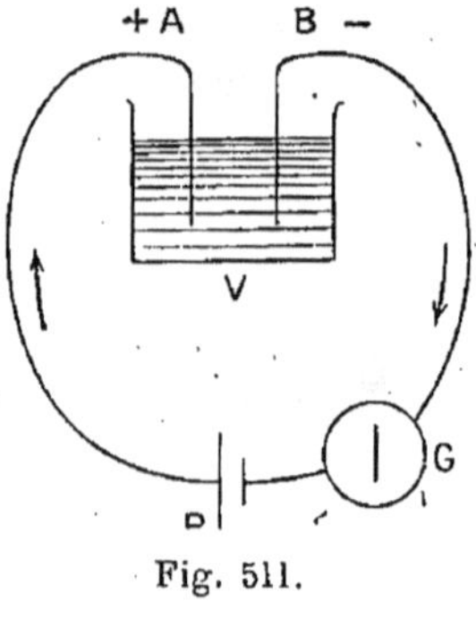

Fig. 511.

L'électrolyse est accompagnée de ce que l'on nomme la polarisation des électrodes; voici en quoi consiste ce phénomène. Si l'on fait passer un courant continu dans de l'eau acidulée par l'acide sulfurique, au moyen d'une pile reliée à deux électrodes de platine A et B, en plaçant dans le circuit un galvanomètre G (fig. 511), on constate une certaine déviation de ce galvanomètre correspondant à un courant circulant dans le sens des flèches indiquées sur la figure. En même temps l'hydrogène se dégage sur B et l'oxygène sur A. Si l'on connaissait la résistance du circuit et la force électromotrice de la pile, on pourrait calculer l'intensité du courant, et l'on constaterait que cette intensité calculée est supérieure à celle indiquée par le galvanomètre. Cela tient à ce que le voltamètre V est devenu le siège d'une force électromotrice agissant en sens inverse de la pile; cela est facile à vérifier. Il suffit pour cela de supprimer la pile en laissant toutes les autres connexions en état, et de fermer le courant à l'endroit où se trouvait cette pile, pour constater une déviation du galvanomètre indiquant un courant de sens contraire au précédent, c'est-à-dire circulant en sens inverse des flèches. C'est le courant de polarisation. Ce même phénomène de polarisation se produit dans les piles quand il s'y dégage des gaz. C'est aussi sur lui que sont basés les accumulateurs, qui ne diffèrent en principe du voltamètre simple qui vient d'être considéré, que par la substitution du plomb au platine, l'expérience ayant démontré que le plomb a une plus grande capacité de polarisation que le platine.

Si au lieu de faire passer le courant dans de l'eau acidulée, on le fait passer dans une solution saline, par exemple dans du sulfate de cuivre, on constate du côté négatif un dépôt de cuivre et du côté positif une accumulation d'acide sulfurique avec dégagement d'oxygène. Nous aurons encore de la polarisation; pour que cette polarisation n'ait pas lieu il faut que le courant ne modifie pas la nature des électrodes; cela aura lieu quand nous prendrons une solution de sulfate de cuivre et des électrodes en cuivre par exemple. Alors il y aura du côté négatif dépôt de cuivre, du côté positif attaque du cuivre par l'oxygène et l'acide sulfurique avec formation de sulfate de cuivre; rien ne sera changé, ni à la solution ni aux électrodes, sinon qu'une certaine quantité de métal aura été transportée de l'électrode positive à l'électrode négative. On aura le même résultat chaque fois que l'on emploiera des électrodes d'un certain métal plongeant dans une solution saline du même métal; électrodes de zinc dans une solution de sulfate de zinc, électrodes d'argent dans une solution d'azotate d'argent, etc.

Lois de Faraday. — Faraday a montré qu'il y a des relations très étroites entre l'intensité du courant et les décompositions se produisant dans les liquides traversés par ce courant. Voici le fait le plus important, *qu'il y a lieu de retenir avant tout* :

La quantité de corps décomposé et par suite de corps déposé à chaque électrode est proportionnelle au temps de passage du courant et à l'intensité de ce courant. Elle dépend d'ailleurs de la nature du corps décomposé.

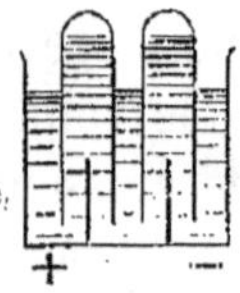

Fig. 512.

Prenons par exemple un voltamètre à eau acidulée et faisons-y passer un courant, nous constaterons, en mettant dans le circuit un galvanomètre, que, dans le même temps, les quantités de gaz dégagés sont proportionnelles aux intensités du courant. Bien entendu, pour faire cette opération il faut disposer le voltamètre de façon à pouvoir recueillir les gaz, c'est-à-dire faire venir les électrodes par le fond du vase et les coiffer par des éprouvettes où le gaz sera maintenu au-dessus du liquide (fig. 512).

Quand on change les dimensions du vase, la surface des électrodes, la position du voltamètre dans le circuit, en le mettant plus ou moins près du pôle négatif de la pile ou du pôle positif, on constate que toutes ces modifications n'ont aucune influence sur la quantité de gaz dégagé ; *pour une même intensité de courant et une même durée de passage, la grandeur de l'électrolyse est la même.*

Lorsque l'intensité du courant est réduite à moitié et que la durée de passage double, on aura la même électrolyse ; *d'une façon générale cette électrolyse restera constante quand le produit de l'intensité par la durée sera le même, ce qui revient à dire que la même quantité d'électricité aura passé dans le circuit.*

Si donc on veut décomposer par électrolyse une certaine quantité de corps, ou, ce qui revient au même, dégager à l'une des électrodes un certain volume de gaz, ou bien déposer un poids déterminé de métal, il n'y a à tenir compte que de la quantité d'électricité débitée par le courant, *c'est là le fait important.*

Quand on examine le poids de corps déposé à une électrode, en faisant varier la nature de la solution et maintenant constante la quantité d'électricité qui passe dans le circuit, on trouve que ce poids varie suivant ce que l'on nomme l'équivalent électrochimique du corps. Ces équivalents électrochimiques se trouvent dans des tables spéciales: il est d'ailleurs rare que leur connaissance soit utile dans la pratique d'électrothérapie ou en électrophysiologie.

Il arrive parfois que les corps mis en liberté aux électrodes donnent lieu à ce que l'on appelle des actions secondaires. Si nous décomposons une solution de sulfate de cuivre, le sel se sépare en cuivre qui se dépose sur l'électrode négative et en radical acide qui va à l'électrode positive. Ce radical acide donne lieu à un dégagement d'oxygène, pour reformer avec l'eau de l'acide sulfurique. En répétant la même opération avec du sulfate de soude on retrouve les mêmes phénomènes du côté de l'anode, mais à la cathode le sodium mis en liberté réagit sur l'eau pour donner de la soude avec dégagement d'hydrogène. Il semble donc finalement qu'il y ait séparation du sel en acide d'un côté et en base de l'autre. Des actions secondaires analogues se produiront chaque fois que les corps mis en liberté aux électrodes pourront réagir soit sur l'eau, soit sur le métal de ces électrodes, et l'on n'observera que le résultat de ces actions secondaires.

Électrolyse interpolaire. — En général, quand on fait passer un courant électrique dans un liquide à l'aide d'électrodes qui y plongent, les produits de décomposition n'apparaissent, comme on sait, que sur les électrodes; dans l'intervalle qui les sépare le liquide ne subit aucune modification apparente. Il n'en est plus de même lorsque le parcours de l'anode à la cathode n'est pas homogène. Supposons que nous superposions, grâce à une différence de densité, deux liquides conducteurs sans action l'un sur l'autre en temps ordinaire, nous avons entre les deux liquides une surface de séparation horizontale AB (fig. 513). Faisons maintenant passer un courant par deux électrodes situées l'une à la partie inférieure, l'autre à la partie supérieure du vase contenant les liquides, il pourra se produire des changements remarquables à la surface de séparation des deux liquides. A la partie inférieure nous avons, par exemple, une solution saturée de sel marin; au-dessus, de l'eau de fontaine, le tout étant coloré par du tournesol. Quand le courant passera de haut en bas, comme dans le cas de la figure 513, le tournesol virera au rouge en AB, indiquant la mise en liberté d'un acide. Quand le courant passera en sens contraire il virera au bleu indiquant la mise en liberté d'une base. Des actions analogues se passeront toujours quand le courant traversera la surface de séparation de deux liquides contenant en solution des sels différents. Ces décompositions donnent lieu à des phénomènes de polarisation analogues à ceux que nous avons observés dans l'électrolyse d'un seul liquide; il est facile de les mettre en évidence. Si, après avoir électrolysé un liquide unique, homogène, on change d'électrodes, on constate qu'il n'y a plus aucune polarisation, un galvanomètre mis dans le circuit de ces nouvelles électrodes ne subit aucune déviation. Mais quand on répète la même expérience avec un liquide hétérogène; quand, après avoir fait passer le courant on retire les électrodes, pour les remplacer par des électrodes neuves, il se produit encore un courant de polarisation dont l'origine ne peut résider que dans les actions électrolytiques ayant eu lieu à la surface de séparation AB.

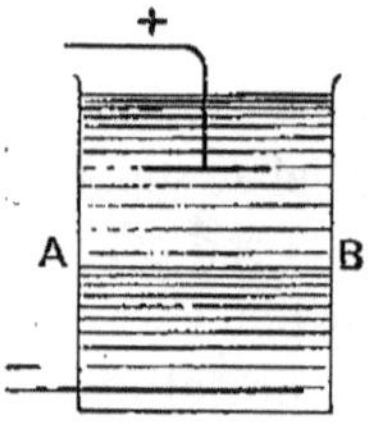

Fig. 513.

XIV

ROLE DES IONS DANS L'ÉLECTROLYSE ET LA CONDUCTIBILITÉ DES SOLUTIONS

L'hypothèse des Ions permet d'expliquer d'une façon très simple et très satisfaisante tous les phénomènes relatifs à la conductibilité des solutions et à l'électrolyse.

Dissolvons dans l'eau une certaine quantité d'acide chlorhydrique par exemple, et soumettons ce liquide à l'éctrolyse; nous verrons apparaître H sur l'électrode négative et Cl sur l'électrode positive.

On explique cela en disant que HCl s'est ionisé en donnant des Ions H électrisés positivement ou électro-positifs et des Ions Cl électrisés négativement ou électro-négatifs. Les Ions H sont attirés par l'électrode négative comme une balle de sureau chargée positivement l'est par un corps chargé négativement. Au moment où les Ions H viennent au contact de la cathode ils perdent leur charge et se dégagent à l'état d'hydrogène. De même pour les Ions Cl à l'anode. A mesure que les ions disparaissent ainsi, une nouvelle quantité du corps en solution s'ionise. C'est grâce à cette circulation des Ions que se fait le transport de l'électricité à travers la solution, aussi les corps qui ne s'ionisent pas, comme le sucre de canne ou la glycérine ne donnent-ils pas de solutions conductrices.

XV

PHÉNOMÈNES D'ENTRAINEMENT

Le courant électrique traversant un liquide entraîne ce liquide. Voici comment peut se faire l'expérience. Dans un vase pouvant être séparé en deux par une cloison poreuse P, on met une solution de sulfate de cuivre. Elle tend à se mettre au même niveau de part et d'autre de la paroi. Si maintenant, à l'aide d'électrodes en cuivre placées comme l'indique la figure 514, on fait passer un courant dans le liquide, on constate que le niveau s'élève du côté de l'électrode négative, le liquide est donc entraîné par le courant à travers la paroi poreuse. Ce phénomène est d'autant plus accentué que l'intensité du courant est plus grande.

Voici une autre forme sous laquelle se fait sentir l'entraînement des corps par le courant. Quand un courant traverse une solution saline, les sels sont entraînés par le courant dans le liquide, ainsi un sel se trouvant dans la solution en quantité très faible, ne prendra pas part à l'électrolyse, il ne sera pas décomposé, mais simplement entraîné d'une électrode vers l'autre. Les phénomènes d'entraînement sous l'influence du courant ne se manifestent pas seulement dans les liquides, on peut les mettre en évidence dans la gélatine ou d'autres substances analogues, et l'expérience devient très frappante si l'on emploie des corps colorés comme les couleurs d'aniline dont l'on peut suivre la marche. On verse de la gélatine fondue dans un tube en U, et une fois la prise faite par refroidissement on renverse le tube sur deux godets contenant une couleur d'aniline en solution et dans lesquels plongent les électrodes servant à amener le courant. On constate alors que la matière

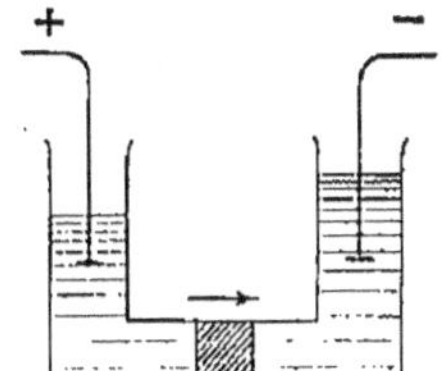

Fig. 514.

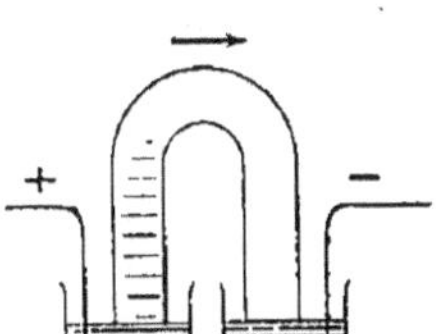

Fig. 515.

colorante est entraînée ; même pour un courant de très faible intensité elle monte très rapidement dans une des branches du tube. Suivant la nature de cette matière colorante, on la voit marcher dans le sens du courant ou en sens inverse.

Ce phénomène a déjà été signalé à propos de l'état colloïdal.

XVI

ACTION DU COURANT CONTINU SUR LES TISSUS ORGANISÉS

Quand on applique le courant continu au corps humain ou que, d'une façon générale, on le fait agir sur des tissus organisés, on ne doit jamais perdre de vue les phénomènes d'électrolyse et d'entraînement qui peuvent se produire.

En premier lieu nous devons envisager les actions qui se produisent au contact des électrodes. Suivant les circonstances, il y aura lieu d'éviter ces actions ou de les favoriser en les utilisant. On cherchera à les éviter toutes les fois que l'on voudra faire traverser les tissus par un courant avec le minimun d'altérations ; au contraire, on les favorisera quand on voudra faire des cautérisations locales au moyen des produits acides ou basiques mis en liberté au contact des électrodes et des liquides qui imprègnent les tissus de l'organisme. Dans ce dernier cas on placera des électrodes métalliques en contact direct avec les tissus en leur donnant la forme la plus convenable au but que l'on veut atteindre. Quelques exemples sont bons à citer. On rencontre souvent de petites tumeurs vasculaires qu'il est fort aisé de faire disparaître sans cicatrices appréciables au moyen d'un traitement électrolytique ; pour cela on cherche à dégager à l'intérieur de ces tumeurs un acide qui donne lieu à la coagulation du sang et à l'oblitération des vaisseaux. En s'y prenant convenablement, on finit par supprimer toute la circulation dans ces tumeurs qui se réduisent et s'atrophient peu à peu ; avec un peu d'adresse et de patience, on arrive à d'excellents résultats. Pour obtenir le dégagement acide on enfonce dans la tumeur une ou plusieurs aiguilles en or, isolées sur la plus grande partie de leur longueur, sauf une petite portion de la pointe qui reste nue. Cela étant, on fait passer le courant en se servant de ces aiguilles comme d'électrodes positives par lesquelles le courant pénètre dans le corps, tandis qu'il sort par une vaste électrode, dite électrode indifférente, dont nous parlerons plus loin. Si l'on place un galvanomètre dans le circuit, ce qu'il ne faut pas manquer de faire, on peut exactement doser l'effet chimique produit. Avec un peu d'habitude ce genre d'opérations s'exécute avec la plus grande précision. Il faut veiller à ce que les aiguilles soient bien vernies comme il a été dit, afin d'éviter le contact du métal avec la peau. En prenant une aiguille nue l'électrolyse se produit sur toute la longueur de cette aiguille en contact avec les tissus, et il en résulte une eschare de la peau. Quand, au contraire, ce n'est que la pointe, profondément enfoncée

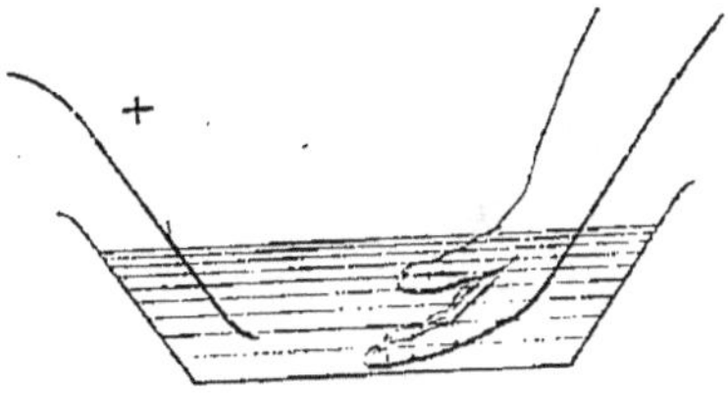

Fig. 516.

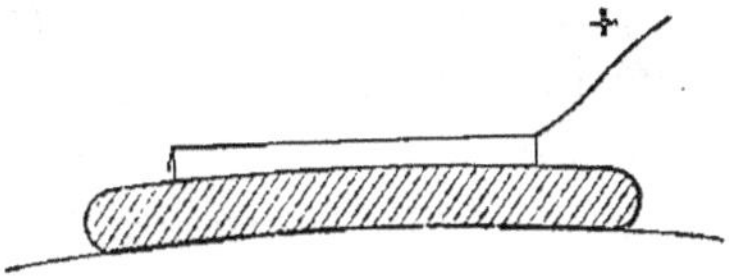

Fig. 517.

sous la peau, qui est le siège de l'électrolyse, la peau reste saine, et après avoir retiré l'aiguille il ne persiste qu'un petit trou sans importance qui s'oblitère rapidement.

Voici un autre cas. On introduit dans la cavité utérine, non plus une petite aiguille mais une tige de platine de 4 à 5 mm. de diamètre, ou encore une électrode allongée en charbon cornue de diamètre plus ou moins grand suivant l'état de dilatation du col, et on s'en sert comme d'anode, la cathode étant toujours une électrode indifférente. On produit ainsi à l'intérieur de la cavité utérine une électrolyse avec dégagement d'acides et d'ozone; cela donne lieu à une cautérisation de la muqueuse et à une désinfection de cette cavité utérine par les antiseptiques énergiques provenant de l'électrolyse.

Le plus souvent, quand on veut utiliser les actions chimiques aux électrodes, c'est l'anode que l'on emploie, comme dans les cas qui viennent d'être cités; parfois cependant on fait usage de la cathode, on a alors une cautérisation par les bases qui y sont mises en liberté.

Lorsqu'on ne veut pas avoir d'action locale aux électrodes, il faut se garder de toucher la peau avec un conducteur métallique, bien entendu quand on opère avec le courant continu. Le contact idéal se fait avec de l'eau salée, ou même de l'eau de fontaine qui n'altère pas les objets en contact avec elle. Le dispositif le meilleur se réalise aisément lorsqu'il s'agit de faire entrer le courant par une main ou un pied; on plonge cette main ou ce pied dans une cuvette contenant de l'eau à laquelle aboutit l'électrode (fig. 516). Dans ces conditions, il ne peut y avoir d'électrolyse à la surface de la peau, on ne risque aucune cautérisation ni brûlure. Lorsqu'on ne peut employer ce procédé, quand il faut faire pénétrer ou sortir le courant par une région du dos ou de l'abdomen, on étend sur cette région des linges, de l'amadou, du feutre, ou d'autres substances capables d'absorber de l'eau; on les imbibe soigneusement de liquide, et par-dessus on met une plaque de métal reliée au pôle de la pile. Ces prises de contact se nomment des *électrodes indifférentes*. Plus leur surface est grande et moins on risque la cautérisation de la peau, la faible action chimique qui peut encore se produire par diffusion des corps mis en liberté se répartissant sur une étendue considérable.

La question est plus délicate quand on veut électriser un point localisé sous la peau sans altérer celle-ci en aucune sorte. L'électrode la plus en usage dans ce cas se compose d'un bloc de charbon de cornue recouvert de peau de chamois. On imbibe cette peau de chamois d'eau de fontaine. Le charbon n'étant pas au contact direct de la peau, il ne se produit pas d'électrolyse à la surface de cette peau, mais si la durée de passage se prolonge, il faut, pour évacuer les produits d'électrolyse, passer souvent l'électrode dans de l'eau fraîche; ce n'est qu'à cette condition que l'on n'a pas d'accident sur la peau des enfants, par exemple, qui est très sensible.

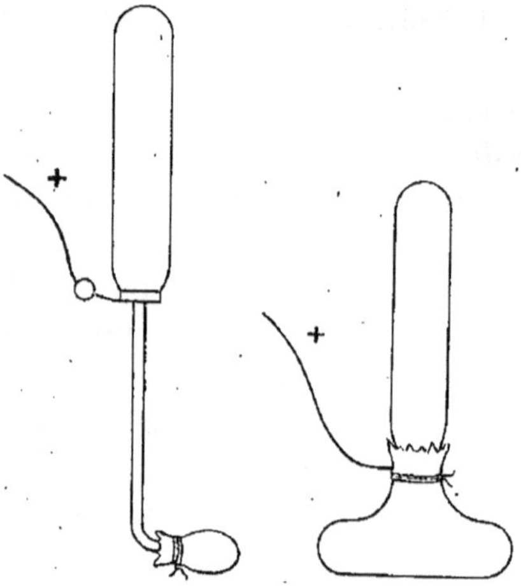

Fig. 518.

On peut démontrer qu'en dehors des phénomènes d'électrolyse, qui ont lieu au contact des électrodes, il y a des décompositions chimiques dans l'intimité même des tissus. Ceci ne doit pas surprendre, puisqu'on a vu que de pareilles décompositions se produisent à toutes les surfaces de séparation, quand le courant traverse des corps hétérogènes. En particulier, dans les muscles dont le microscope nous montre la structure complexe, il n'est pas étonnant qu'à tout passage d'un élément d'une fibre à une autre il y ait électrolyse. On met cette électrolyse en évidence en montrant qu'après le passage du courant le muscle est le siège d'une polarisation. Si la durée de passage du courant a été assez longue et le courant assez intense, il peut en résulter une altération des tissus sur tout le trajet du courant, cette altération se traduit par des lésions visibles au microscope. Dans un grand nombre de cas cette électrolyse interstitielle joue un rôle considérable, quand on utilise le courant continu dans un but thérapeutique.

On a vu que, outre les phénomènes d'électrolyse, il y a entraînement des liquides traversés par le courant et des substances en dissolution dans ces liquides. Il en résulte qu'il peut se produire des échanges, aux points d'application des électrodes sur la peau, entre les liquides dont ces électrodes sont imprégnées et les liquides de l'organisme. On a cherché ainsi à extraire du corps humain certains principes toxiques dans les cas d'empoisonnement; il ne semble pas que ces tentatives aient été bien satisfaisantes. Les résultats ont été plus heureux et plus nets dans le cas contraire, c'est-à-dire lorsqu'il s'agissait d'introduire une substance dans l'organisme. C'est ainsi qu'en plongeant le bras dans une solution de sel de lithium et faisant passer le courant de la solution vers le corps, on constate l'apparition du lithium dans l'urine. Il faut d'ailleurs orienter convenablement le sens du courant suivant le corps que l'on veut introduire; quand il joue le rôle de métal ou de base, il faut diriger le courant de la solution vers l'intérieur des tissus, et en sens contraire quand le corps joue le rôle d'acide. Ceci a été nettement mis en évidence par Leduc de la façon suivante. On prend deux lapins L, L′ que l'on rase sur le flanc, on les met côte à côte en les séparant par une masse de coton trempé dans la solution du corps sur lequel on expérimente. Le courant est amené par deux électrodes indifférentes E, E′. Quand on imprègne le coton d'une solution de cyanure de potassium, c'est le lapin du côté du pôle positif qui s'empoisonne

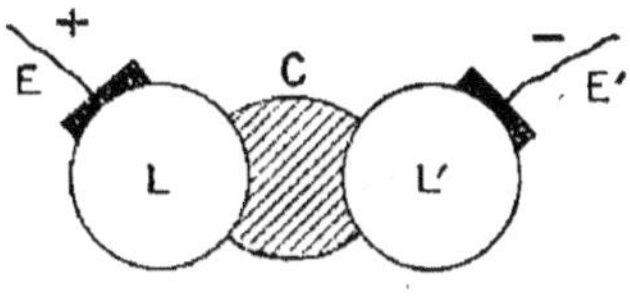

Fig. 519.

seul : c'est celui du côté négatif, si on prend du coton mouillé avec du chlorhydrate de strychnine. Cela tient à ce que, dans le premier cas, c'est l'acide qui est toxique; dans le second, c'est la base.

XVII

THERMO-ÉLECTRICITÉ

Quand on fait un circuit composé de deux fils métalliques de nature différente, par exemple un fil de cuivre et un fil de fer soudés bout à bout, un pareil circuit n'est le siège d'aucun courant aussi longtemps que les deux soudures A et B sont à la même température (fig. 520). Mais si l'on vient à chauffer l'une d'elles, A, aussitôt il se produit un courant, dit thermo-électrique, allant dans un des métaux de la soudure chaude à la soudure froide et en sens inverse dans l'autre.

Au lieu de mettre les deux métaux en contact direct à la soudure B par exemple, on peut intercaler en ce point un ou plusieurs autres métaux; on ne change rien au résultat final, à condition que l'ensemble des soudures ainsi obtenues, 1, 2, 3, soit à la même température que celle à laquelle se trouvait auparavant B (fig. 521).

De même on peut sans rien changer faire une section d'un

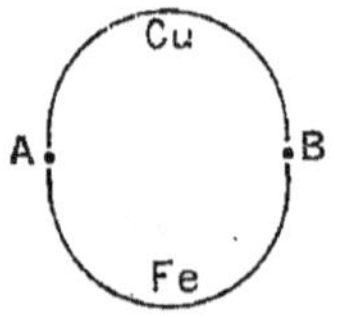

Fig. 520.

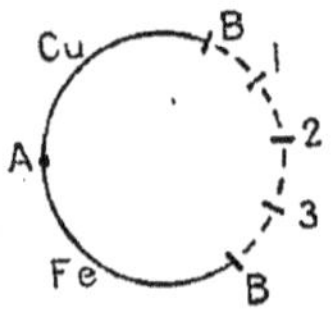

Fig. 521.

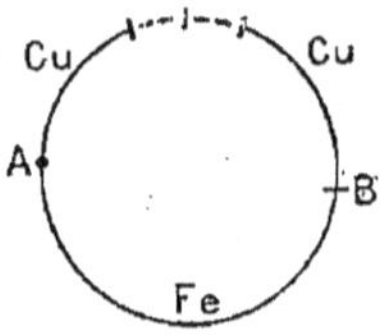

Fig. 522.

des fils, Cu, par exemple, et intercaler sur ce point un ou plusieurs métaux, pourvu que ces métaux aient la même température que celle à laquelle se trouvait le point de section (fig. 522).

Si au contraire on a une chaîne formée de métaux différents en nombre quelconque avec des températures différentes le long du circuit, on a une série de couples thermo-électriques dont les effets peuvent s'ajouter ou se retrancher.

Dans certaines limites, l'intensité de ce courant est proportionnelle à la différence de température entre les deux soudures; on a donc là un moyen précieux, dans certains cas, pour mesurer les différences de température. Pour cela on intercale dans le circuit un galvanomètre, les deux soudures étant en A et en B (fig. 523). Pour une même différence de température le courant sera plus ou moins intense, suivant la nature des métaux employés; on exprime cela en disant que l'ensemble des deux métaux a un pouvoir thermo-électrique plus ou moins élevé. Une fois pour toutes, on gradue l'appareil en portant les deux soudures à une différence de température connue, 1 degré par exemple. Si dans ces conditions on constate une indication du galvanomètre de 100 divisions de l'échelle, chaque division correspondra à un centième de degré. Cette méthode peut devenir extrêmement sensible, grâce à la perfection des galvanomètres que l'on possède aujourd'hui. De plus on peut mettre plusieurs de ces piles thermo-électriques à la suite les unes des autres dans le même circuit en alternant les deux métaux, fer et cuivre, de même que l'on associe en série les éléments de pile ordinaires. On sait que dans ce cas, les forces électromotrices des divers éléments s'ajoutent. La résistance intérieure d'une pareille pile est d'ailleurs très faible et généralement négligeable par rapport au reste du circuit.

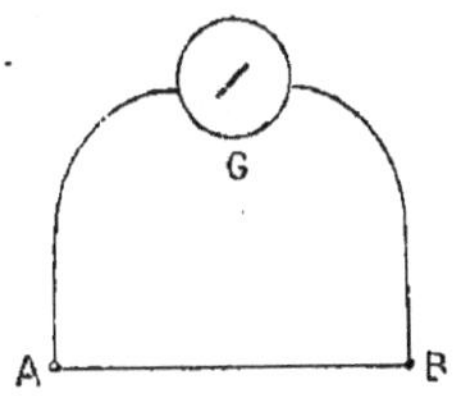

Fig. 523.

La figure 524 représente un schéma de cette disposition pour 4 éléments. Si l'on chauffe les quatre soudures impaires $A_1A_2A_3A_4$ en laissant $B_1B_2B_3B_4$ à la température la plus basse on mesurera la différence de température entre le côté A et le côté B, mais bien entendu on aura plus de sensibilité qu'avec une seule paire de soudures. Il n'y a d'autre limite à la sensibilité que l'on peut atteindre que celle déterminée par l'espace dans lequel il faut loger les soudures. D'après ce qui a été dit plus haut, il importe que les points C et D, où la pile est reliée au galvanomètre, soient à la même température, sans cela le fil du galvanomètre formerait, avec les conducteurs arrivant aux bornes, un couple thermo-électrique qui fausserait les résultats.

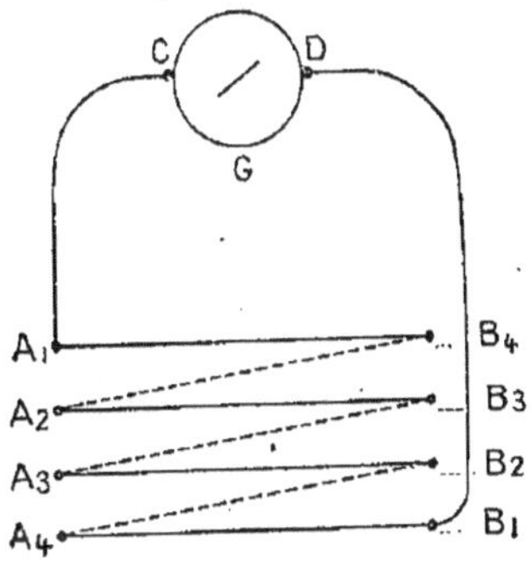

Fig. 524.

On se sert en particulier des soudures thermo-électriques dans les cas où un thermomètre serait trop volumineux pour être logé dans l'endroit à explorer. C'est le cas qui se présente souvent pour diverses parties du corps de l'homme et des animaux ; voici les dispositifs les plus avantageux. On soude bout à bout un fil de fer et un fil de nickel (fig. 525), ce sont les métaux qui donnent les meilleurs résultats, leur pouvoir thermo-électrique est assez élevé et ils sont faciles à travailler. Ces fils seront très fins, ils auront un dixième de millimètre de diamètre par exemple. L'un des fils sera enfilé dans une aiguille avec laquelle on traverse l'organe à explorer, pour tirer la soudure à l'intérieur de cet organe. Une fois la soudure en place, on enlève l'aiguille et on relie les extrémités libres du fer et du nickel aux bornes du galvanomètre, soit directement, soit par l'intermédiaire de fils de cuivre que l'on rajoute au bout du fer et du nickel.

Fig. 525.

Un autre dispositif très employé consiste à former avec les deux fils une aiguille que l'on pique dans les tissus (fig. 526). Il faut remarquer qu'en opérant comme il vient d'être indiqué, on mesure la différence de température entre la soudure fer-nickel plongée dans les tissus et la soudure extérieure dans laquelle est intercalé le fil du galvanomètre. On ne connaît généralement pas bien la température de cette soudure extérieure, et il vaut mieux associer deux aiguilles, comme l'indique la figure 527. L'une d'elles, A, est plongée dans les tissus à étudier ; l'autre, B, dans une enceinte à température connue, de la glace fondante par exemple. Les deux côtés fer sont reliés au galvanomètre et si tout le circuit est à une même température, sauf A et B, on mesure la différence de température entre A et B. Ce dispositif correspond au schéma de la figure 522, tandis que le précédent correspondait au schéma de la figure 521.

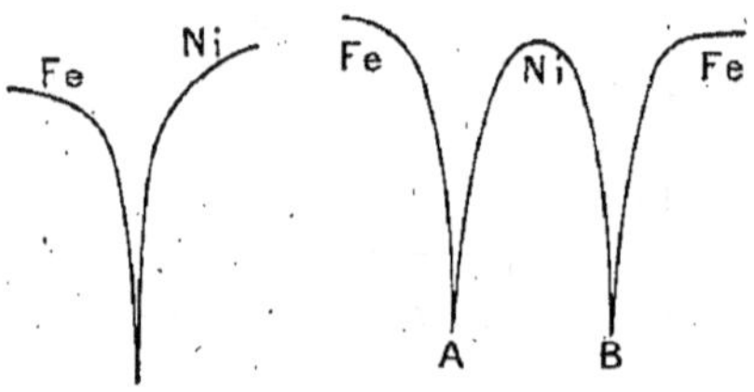

Fig. 526. Fig. 527.

Dans le procédé de la figure 526 on mesure la différence de température entre l'aiguille et le milieu ambiant où se trouve le galvanomètre ; s'il y a des changements dans ce milieu, il en résulte des erreurs. Dans le procédé de la figure 527 on mesure la différence de température entre les tissus à explorer et la glace fondante; il suffit qu'il n'y ait pas de différences de température entre les divers points du reste du circuit où se trouvent des contacts de métaux différents, ce qui est assez aisé à obtenir.

XVIII

ÉLECTROTONUS

Le passage du courant électrique dans le nerf est accompagné de phénomènes très importants, consistant en modifications de l'excitabilité et production de courants.

Voici l'expérience fondamentale. Isolons un nerf MN sur une certaine longueur et appliquons sur lui deux électrodes AB servant à faire passer dans ce nerf un courant continu (fig. 528). Sous l'influence de ce courant continu, dit courant polarisant, le nerf n'est pas excité, comme on le verra plus loin; si donc on explore la région du nerf située en dehors des électrodes, on devrait trouver le courant de repos sans modification, après comme avant le passage du courant continu par AB. Or, on constate en appliquant des électrodes impolarisables soit en ab, soit en $a'b'$, l'existence d'un courant dirigé dans le circuit galvanométrique, comme l'indiquent les flèches de la figure. Dans la portion de nerf située soit entre ab, soit entre $a'b'$, le courant est de même sens que le courant passant par AB. Ceci suffirait à le distinguer du courant de repos fourni par le nerf qui ne peut être dirigé dans le même sens du côté M que du côté N. De plus ce courant d'électrotonus croît avec l'intensité du courant amené par AB, peut-être bien supérieur au courant de repos, et change de sens avec le courant polarisant.

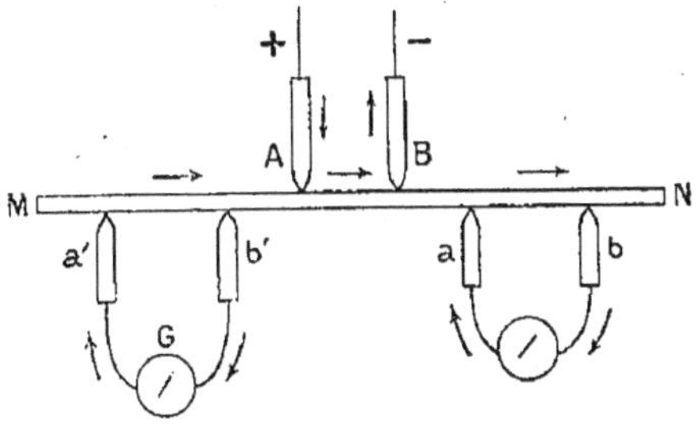

Fig. 528.

Le phénomène a son maximum d'intensité au voisinage des électrodes A et B, à mesure qu'on s'en éloigne il baisse et ne se fait plus sentir à une certaine distance. C'est-à-dire que si l'on conserve une distance constante entre les électrodes ab, en se plaçant au voisinage de B, on a un maximum de courant électrotonique, et à mesure qu'on s'éloigne vers N ce courant diminue d'intensité. A 1 cm. environ de B on n'observe plus rien.

En dehors de ces manifestations électriques il y a un autre

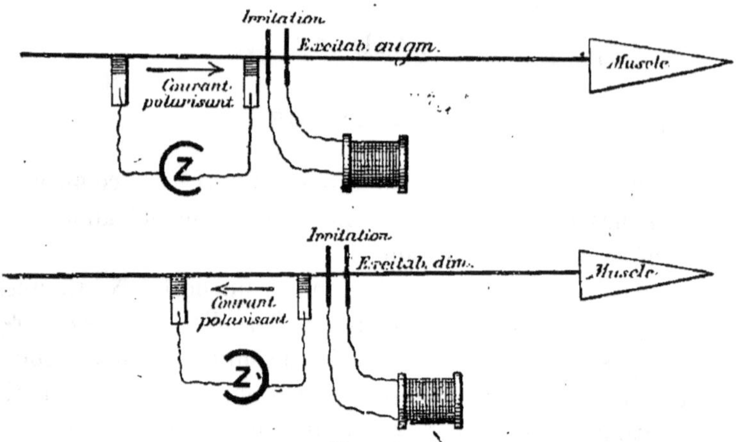

Fig. 529.

phénomène très important; l'excitabilité du nerf est modifiée dans les régions où se manifeste l'électrotonus. Elle est augmentée dans la région du katélectrotonus, c'est-à-dire aux environs de l'électrode négative, et diminuée dans la région de l'anélectrotonus c'est-à-dire aux environs de l'électrode positive, aussi bien en dehors des électrodes qu'entre ces électrodes.

Ainsi si en faisant passer le courant continu par AB, on explore l'excitabilité du nerf, on constate qu'au voisinage du point d'application de l'électrode B, aussi bien en dehors qu'en dedans de AB,

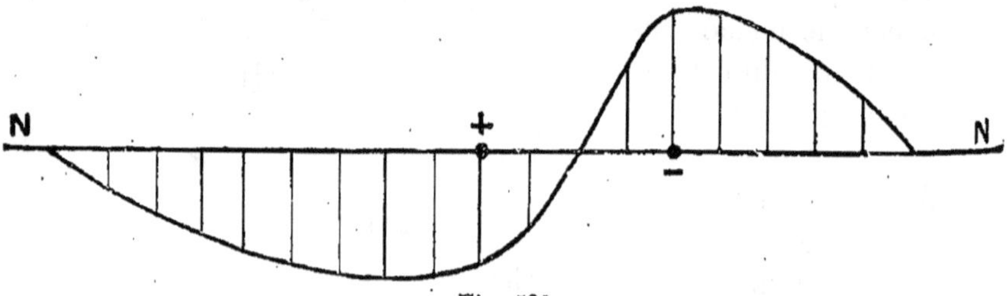

Fig. 530.

le nerf est plus excitable qu'avant le passage du courant. Aux environs de A c'est le contraire que l'on observe. Bien entendu, le phénomène est le plus marqué au point d'application même des électrodes et diminue à mesure qu'on s'en éloigne. La figure 529 montre comment il faut disposer l'expérience pour faire cette démonstration. La figure 530 montre schématiquement quels sont les changements d'excitabilité produits par le passage du courant dans les nerfs, les ordonnées portées au-dessus de la ligne correspondant à une augmentation, celles au-dessous de la ligne correspondant à une diminution.

Les anesthésiques diminuent beaucoup les phénomènes électrotoniques, ils sont aussi arrêtés par une ligature, c'est-à-dire que si l'on fait une ligature au voisinage de l'électrode qui amène le courant, les phénomènes électrotoniques ne font pas sentir leur effet au delà de cette ligature.

Quand on arrête l'expérience les phénomènes ne disparaissent pas instantanément, ils persistent un certain temps en diminuant d'intensité; en même temps il se produit quelques oscillations dans le sens des courants électrotoniques et dans l'excitabilité.

Le passage du courant continu dans le nerf modifie aussi la conductibilité de ce nerf. Si, par exemple, on place deux électrodes à la partie supérieure d'un nerf de grenouille et si l'on s'en sert pour provoquer une série de secousses avec une bobine d'induction, il suffit de faire passer dans le nerf un courant continu par des électrodes placées en *ab* (fig. 531) pour voir le muscle rester au repos, l'excitation partie de AB ne peut franchir *ab*. Si on arrête le courant passant en *ab*, la conductibilité du nerf est rétablie et le muscle recommence à se contracter à la suite de chaque excitation portée en Ab.

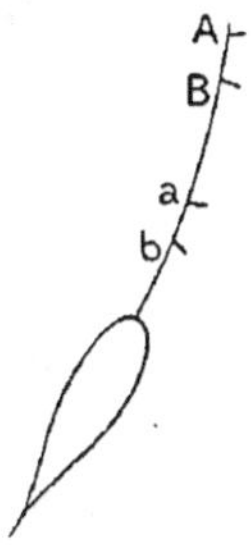

Fig. 531.

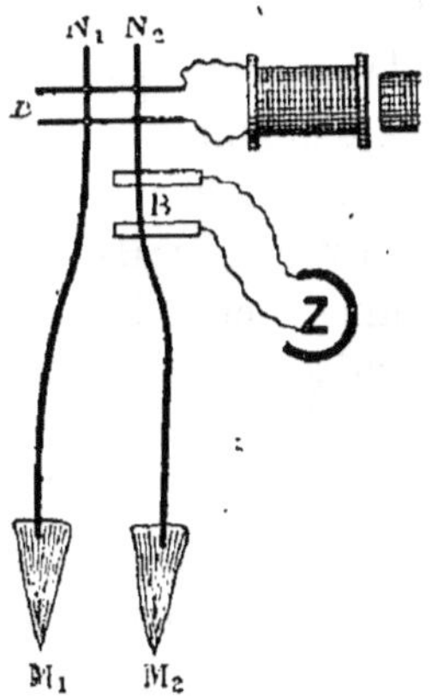

Fig. 532.

Ceci permet de faire une des expériences les plus intéressantes de la physiologie du nerf. Elle a pour but de démontrer que lorsqu'on fait une série d'excitations sur un nerf et que l'on voit la hauteur de la secousse musculaire aller en diminuant peu à peu, ce n'est pas par suite de la fatigue du nerf que cette diminution se produit. Le nerf est très résistant à la fatigue, nous l'avons déjà vu à propos de l'oscillation négative.

Voici comment on le démontre. On prépare deux muscles de grenouille avec leurs nerfs (fig. 532). A la partie supérieure des deux nerfs, N_1, N_2, on place des électrodes reliées à une bobine d'induction; on voit les deux muscles se contracter à chaque excitation. Faisons maintenant passer un courant continu en B; nous couperons la communication entre N_2 et le muscle, qui restera au repos. On continue les excitations et quand on constate que le muscle M_1 ne répond plus à ces excitations, on rompt le circuit de la pile; aussitôt le muscle M_2 recommence à se contracter, ce n'est donc pas le nerf qui est fatigué puisque N_1 et N_2 ont été soumis aux mêmes excitations.

L'explication la plus rationnelle des courants électrotoniques a

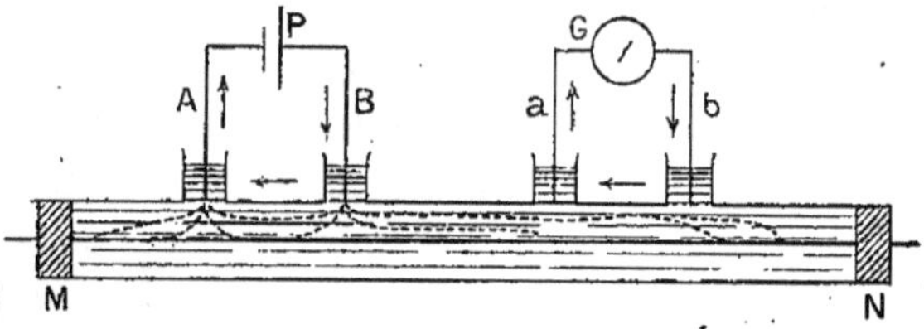

Fig. 533.

été donnée par L. Hermann; il les attribue à des phénomènes de polarisation se passant entre le cylindre-axe et la gaine de myéline. Il a d'ailleurs montré que l'on pouvait reproduire le phénomène sur un schéma. On prend un tube en verre MN portant quatre tubulures latérales A, B, *a*, *b* (fig. 533). Le tube contient un fil de platine tendu dans son axe entre deux bouchons, on le remplit d'une solution de sulfate de zinc et l'on plonge dans les tubulures de petits bâtons de zinc formant électrode impolarisable avec le liquide. Par AB on fait passer un courant, *ab* est relié à un galvanomètre qui dévie aussitôt que le courant passe par AB. On vérifie que les deux courants AB et *ab* sont de même sens. La déviation de G tient à ce que le courant ne va pas directement de A et B, au fil de platine; il se produit au moment du passage du courant de la solution jusqu'au platine, une polarisation de ce platine, le courant ne passe plus que difficilement, et diffuse vers les parties plus éloignées du fil de platine, comme l'indique la figure.

Il est si vrai que c'est là l'explication, que si l'on remplace le fil de platine par un fil de zinc, le galvanomètre ne décèle plus aucun courant; on sait que le zinc dans une solution de son sel ne se polarise pas.

XIX

EXCITATION ÉLECTRIQUE DES NERFS ET DES MUSCLES

On peut provoquer la contraction musculaire soit en agissant directement sur le muscle, soit en opérant par l'intermédiaire du nerf.

Dans le premier cas on place les électrodes directement sur le muscle. On peut même, si l'on veut être certain de n'agir que sur le muscle lui-même, empoisonner préalablement, au moyen du curare, l'animal sur lequel on opère.

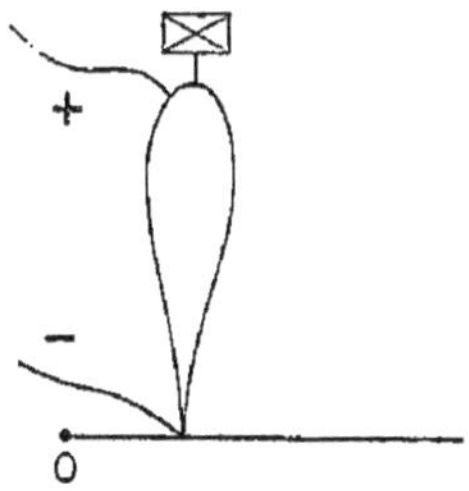

Fig. 534.

Les tubes nerveux composant un nerf moteur allant à un muscle se terminent par des plaques motrices appliquées sur les diverses fibres musculaires. Le curare a pour effet de paralyser ces plaques terminales motrices. Chez un animal ayant reçu ce poison tout se passe donc comme si le muscle était complètement isolé du système nerveux. Si, sur cet animal, que nous supposerons être une grenouille, on vient à détacher un muscle et qu'on le fixe à un myographe, il suffira de le faire traverser par une décharge électrique au moyen d'électrodes placées à ses deux extrémités (fig. 534) pour voir aussitôt le muscle se contracter et inscrire une secousse sur un papier enfumé. En réalité la secousse du muscle ne commence pas aussitôt que l'excitation électrique a traversé ce muscle, il y a toujours un certain intervalle de temps entre le moment de l'excitation et le commencement de la réponse. Cet intervalle se nomme période latente ou temps perdu; il a été mis en évidence pour la première fois par Helmholtz.

Voici comment se fait la mesure de la période latente dans le cas de l'excitation du muscle. On relie le muscle M au myographe dont la pointe A inscrira sur le cylindre enregistreur toutes les contractions du muscle (fig. 535). Les extrémités de ce muscle sont reliées au circuit secondaire d'une bobine d'induction D de façon que la décharge de cette bobine, au moment de sa production, traverse ce muscle. Dans le circuit primaire de la bobine se trouve une pile P et un signal de Marcel Deprez B qui indiquera toutes les fermetures ou ruptures du courant primaire. En C se trouve un interrupteur. La pointe B du signal de Deprez inscrit

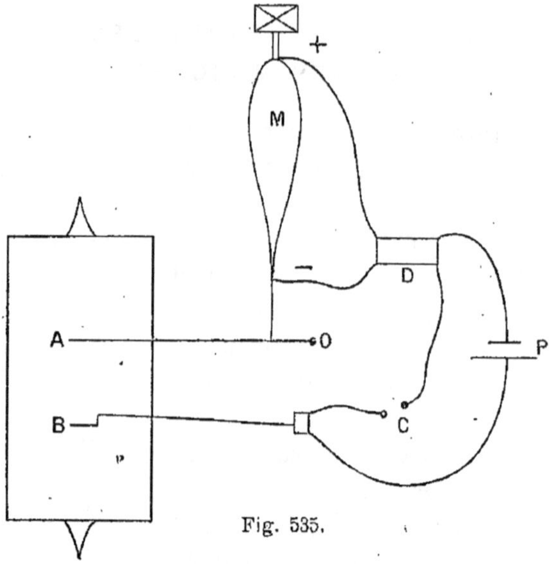

Fig. 535.

ses déplacements sur le même cylindre enregistreur que A, les deux pointes se trouvant sur la même génératrice.

Si l'on vient à fermer le circuit en C le signal B fonctionne et indique cette fermeture sur le tracé. En même temps il se produit une onde induite dans la bobine D et le muscle M est excité. Il va se contracter; on a alors un tracé analogue à celui de la figure 536. Sur la ligne B se trouve un cran *b* indiquant le fonctionnement du signal. Sur A on voit en *a* le commencement de la secousse. Si ce commencement de secousse coïncide avec le moment de l'excitation, *a* et *b* doivent se trouver sur la même génératrice du cylindre. Mais en réalité le muscle n'a commencé à se contracter qu'un certain temps après l'excitation, le cylindre a tourné d'une certaine quantité dans cet intervalle; *b* et *a* se trouvent sur des génératrices différentes β et α dont l'écartement représente précisément la quantité dont a tourné le cylindre pendant la période latente.

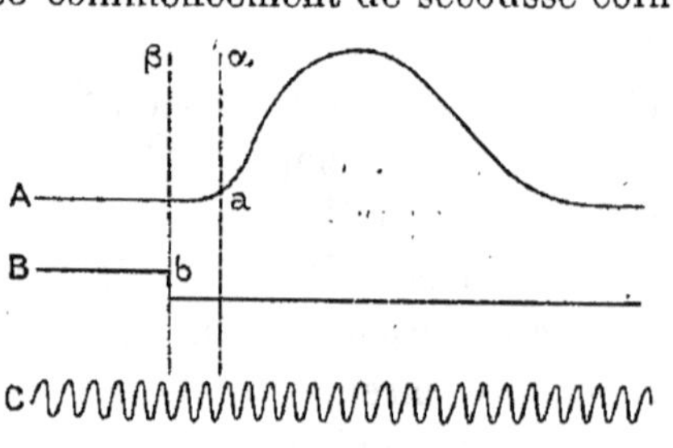

Fig. 536.

En même temps que l'on a fait cette opération, on trace sur le cylindre, à l'aide d'un diapason par exemple, une courbe sinueuse C dont les ondulations représentent des fractions de seconde, il suffit de compter combien il y a de ces ondulations entre les génératrices α et β pour avoir en fractions de seconde la durée de la période latente.

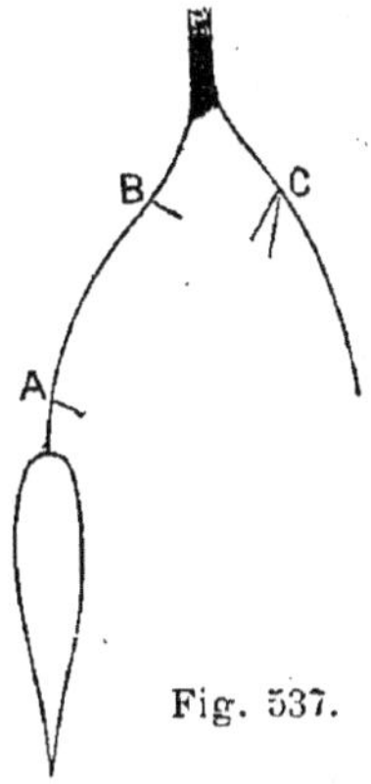

Fig. 537.

On trouve ainsi que cette période latente est chez la grenouille d'environ 0″,005 à la température ordinaire. Elle diminue quand la température s'élève et augmente quand elle baisse.

Supposons qu'au lieu d'exciter directement le muscle on applique les deux électrodes en une région A du nerf (fig. 537), on trouvera une période latente plus longue que dans l'excitation directe. Il faut en effet exciter le nerf, puis cette excitation doit parcourir une certaine longueur du nerf pour arriver jusqu'au muscle; il faut faire entrer les plaques terminales en jeu et finalement le muscle se contracte. Si on fait une nouvelle expérience en portant l'excitation en une région B plus élevée, la période latente sera encore plus grande.

Il est évident que la différence entre les périodes latentes A et B représentera le temps qu'il faut à l'excitation pour aller de B en A. Si l'on mesure au compas la longueur AB, on pourra déduire de ces données la vitesse de propagation de l'influx nerveux par seconde. Ainsi supposons que AB ait 2 cm. = 0 m. 02 et que la période latente en B ait 0″,0007 de plus qu'en A, nous dirons : En 0″,0007 l'influx nerveux a parcouru 0 m. 02; en 1″ il aura parcouru $\frac{0 \text{ m. } 02}{0{,}0007} = 28$ m. C'est le chiffre que l'on considère comme étant la vitesse de l'influx nerveux chez la grenouille. Chez l'homme et les mammifères, elle est plus grande, le double environ.

On peut enfin porter l'excitation en C avant la moelle et faire une secousse réflexe, en prenant la différence entre cette période latente et celle qui a été mesurée en B, on a la période latente de la moelle. Elle est relativement considérable. On trouve en effet en C environ le double de ce que l'on avait trouvé en B.

Revenons à l'excitation directe du muscle. Cette excitation se fait aussi bien par les courants descendants que par les courants ascendants, c'est-à-dire que l'on a sensiblement le même résultat en appliquant l'électrode + ou l'électrode — à la partie supérieure du muscle.

Il y a une différence importante entre les effets excitateurs de l'électricité suivant que l'on a affaire à un courant continu ou à une décharge brusque.

Si ayant appliqué deux électrodes sur un muscle on fait passer par ces électrodes un courant d'abord très faible, puis croissant lentement, on constate que le muscle ne se raccourcit que pour d'assez fortes intensités, et encore ce raccourcissement n'est-il jamais qu'une fraction assez réduite de celui qui peut se produire dans la secousse. Au contraire, si l'on fait varier brusquement l'intensité du courant, si par exemple on envoie à travers le muscle une décharge de condensateur ou une onde induite, il se produit une secousse très forte pour des intensités même très faibles. La période variable du début de la fermeture ou de la rupture d'un courant continu agit de la même façon, on obtient des secousses dites de fermeture ou de rupture du courant continu.

Ces phénomènes sont encore beaucoup plus nets quand l'excitation se fait par l'intermédiaire du nerf moteur. Dans ce cas on n'obtient pas le moindre raccourcissement du muscle innervé en faisant agir le courant continu. Il suffit au contraire de produire une variation brusque de ce courant en le faisant croître ou décroître, ou encore d'employer une onde de fermeture, de rupture, une décharge induite ou de condensateur pour avoir une secousse très énergique du muscle.

C'est en présence de ces faits que Du Bois-Reymond avait formulé la loi qui porte son nom et d'après laquelle l'excitation serait liée non pas à l'intensité des courants, mais aux variations de cette intensité.

De nombreux expérimentateurs ont recherché quels pouvaient être les facteurs qui intervenaient dans l'excitation électrique des nerfs et des muscles. Comme il vient d'être dit, pour Du Bois-Reymond l'excitation était directement liée à la variation d'intensité du courant; elle était d'autant plus efficace que cette variation était plus rapide. Ce fut là, pendant longtemps l'opinion classique. Puis l'on chercha à relier la grandeur de l'excitation à l'énergie de la décharge. Il est aujourd'hui généralement admis que l'excitation par décharges brèves dépend de deux facteurs, la durée de cette décharge et la quantité d'électricité mise en jeu.

Si la durée de la décharge reste constante, une même excitation sera obtenue par une même quantité d'électricité mise en jeu, quelle que soit la forme de la décharge.

Si la durée de la décharge varie, pour obtenir une même excitation, il faudra une quantité d'électricité déterminée par la formule $Q = a + bt$, a et b dépendant dans chaque cas des conditions de l'expérience, nature de l'animal, emplacement des électrodes, etc.

Pour l'excitation du nerf, la direction dans laquelle le nerf est parcouru par l'onde excitatrice est plus importante que pour le muscle, une excitation descendante est plus active qu'une excitation ascendante. C'est-à-dire que si l'on place deux électrodes sur un nerf, en faisant croître progressivement l'intensité des décharges et alternant leur sens, l'électrode supérieure étant tantôt positive, tantôt négative, on constate qu'il se produit une réponse du muscle pour le premier cas alors que dans le second cas l'excitation est encore inefficace; il faut forcer l'intensité de la décharge pour avoir une réponse avec l'onde ascendante.

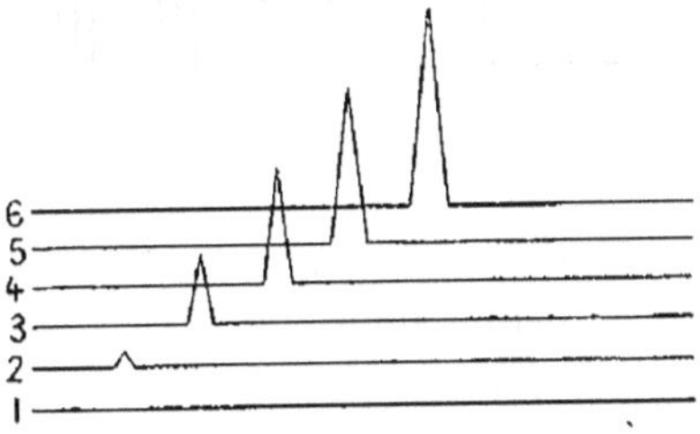

Fig. 538.

Supposons maintenant que l'on agisse soit directement sur le muscle, soit sur le nerf moteur, à l'aide d'une onde descendante ou ascendante, et que l'on prenne d'abord des décharges extrêmement faibles. Au début on n'aura aucune réponse, mais en faisant croître peu à peu l'intensité des décharges, il arrive un moment où la première trace de secousse apparaît. Si le muscle est relié à un myographe, à ce moment, c'est à peine si le levier myographique fait un crochet visible sur le papier enfumé. On dit alors que l'on est au *seuil de l'excitation*. Si on augmente très doucement l'intensité des décharges, la hauteur de la secousse croît, et très rapidement atteint une limite que l'on ne peut dépasser; on est arrivé à la *secousse maximale*. C'est ce que représente la figure 538, le tracé 1 correspondant à une excitation au-dessous du seuil qui se trouve en 2. A partir de 5 on a la secousse maximale. Ici il y a une remarque très importante à faire. Pour certains muscles on ne connaît que la secousse maximale, c'est-à-dire qu'une excitation est ou trop faible pour provoquer la moindre réponse, ou bien, la réponse se faisant, le muscle donne ladite secousse maximale. Le cœur est dans ce cas. Si l'on sépare sur une grenouille la pointe du cœur, c'est-à-dire le ventricule isolé de l'oreillette, il cesse de battre spontanément. On peut alors provoquer ses secousses comme on le fait sur un muscle quelconque, le gastrocnémien par exemple, et l'on constate que toute excitation efficace donne la secousse maximale ; tout ou rien.

Sur le gastrocnémien de la grenouille il n'en est pas de même, on peut avoir une série de secousses intermédiaires entre le seuil de l'excitation et la secousse maximale, comme le représente la figure 538, mais il faut faire croître très lentement l'excitation; très rapidement on passe du minimum au maximum.

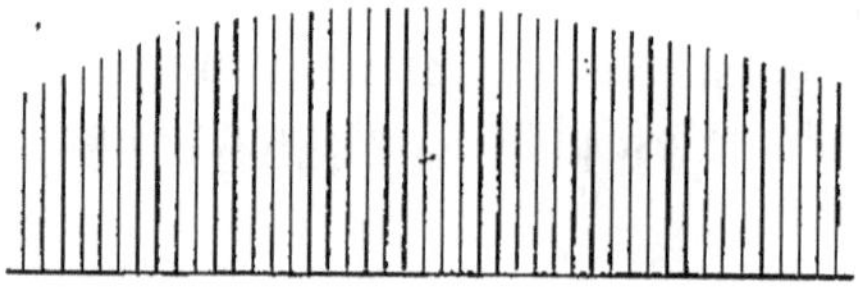

Fig. 539.

Il y a lieu de remarquer que la secousse maximale ne correspond pas au maximum de raccourcissement que puisse prendre le muscle. En effet considérons une secousse maximale; avec une vitesse de rotation du cylindre très lente, elle sera représentée par une simple ordonnée (fig. 539). Au bout de deux ou trois secondes répétons la même excitation, nous aurons une deuxième secousse, elle sera un peu plus haute que la précédente, si nous recommençons nous aurons une série de secousses de plus en plus hautes, donnant lieu à ce que l'on appelle le *phénomène de l'escalier*.

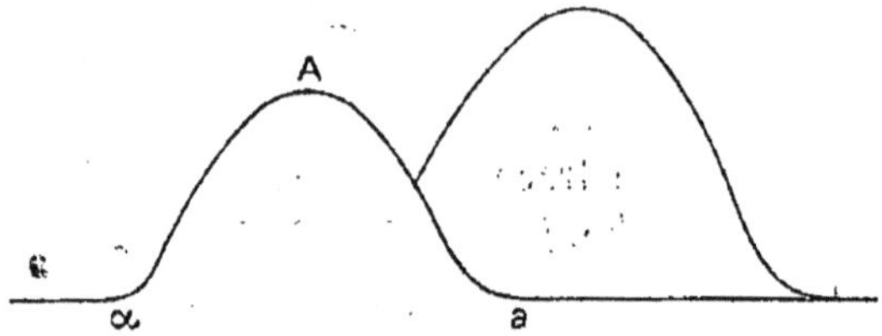

Fig. 540.

Après quelque temps la hauteur de la secousse reste constante puis va en diminuant par suite de la fatigue. La première secousse, quoique maximale, c'est-à-dire la plus haute qu'il ait été possible d'obtenir comme première secousse, ne correspondait donc pas au maximum de raccourcissement dont est susceptible le muscle, puisqu'il en donne de plus hautes dans la suite.

Voici encore un autre phénomène qui fait ressortir le même fait. Traçons encore une secousse musculaire (fig. 540) avec une vitesse de rotation du cylindre plus grande que dans les cas précédents, nous aurons le tracé $\alpha A a$. Faisons suivre cette première secousse d'une autre excitation identique à la première. Si les deux excitations sont séparées par un intervalle suffisant, les deux secousses seront distinctes, mais si l'on rapproche peu à peu la deuxième excitation de la première, il arrivera un moment où la deuxième secousse commencera alors que la première n'est pas terminée; son début se trouvera sur la couche de descente de la précédente. On constate alors que le levier s'élève d'autant plus haut que le point de départ de la deuxième secousse est plus élevé. Le muscle pouvait donc se raccourcir plus qu'il ne l'a fait dans le premier cas.

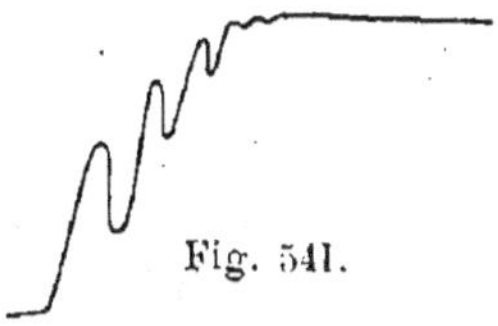

Fig. 541.

Enfin si l'on fait une série d'excitations périodiques en les rapprochant de plus en plus, on constate que les secousses se fusionnent progressivement les unes avec les autres, on a un raccourcissement permanent nommé *tétanos physiologique*, dans lequel la hauteur à laquelle s'élève le levier myographique est beaucoup plus grande que pour la secousse maximale (fig. 541).

Donc, la hauteur de la secousse maximale que l'on ne peut pas dépasser par une excitation unique, quelque forte qu'elle soit, est limitée non par les conditions mécaniques du muscle, mais par l'insuffisance de l'excitation. La *secousse maximale* est la secousse la plus haute que l'on puisse obtenir *avec une excitation unique*.

Il y a une différence capitale entre une excitation unique et une excitation périodique, l'excitation périodique ne produit pas seulement la répétition des effets de l'excitation unique, il y a des résultats impossibles à obtenir avec l'excitation isolée et qui s'obtiennent avec la plus grande facilité par l'excitation périodique. En voici un exemple important. Quand on veut provoquer une contraction réflexe chez la grenouille, on relie au myographe le muscle gastrocnémien gauche par exemple, puis on découvre le sciatique droit et on le coupe du côté périphérique. Pour avoir un réflexe on excitera le bout central de ce sciatique coupé. Or, si on cherche à faire cette excitation avec une décharge électrique unique, onde induite de bobine ou décharge de condensateur, on n'a aucune réponse, même avec la décharge électrique la plus forte. Au contraire, il suffit de prendre une excitation périodique, même d'intensité minime, pour avoir aussitôt une contraction énergique du gastrocnémien gauche. La moelle n'entre pas en activité sous l'influence d'une excitation unique, mais elle le fait très facilement par une excitation périodique. On voit l'abîme qu'il y

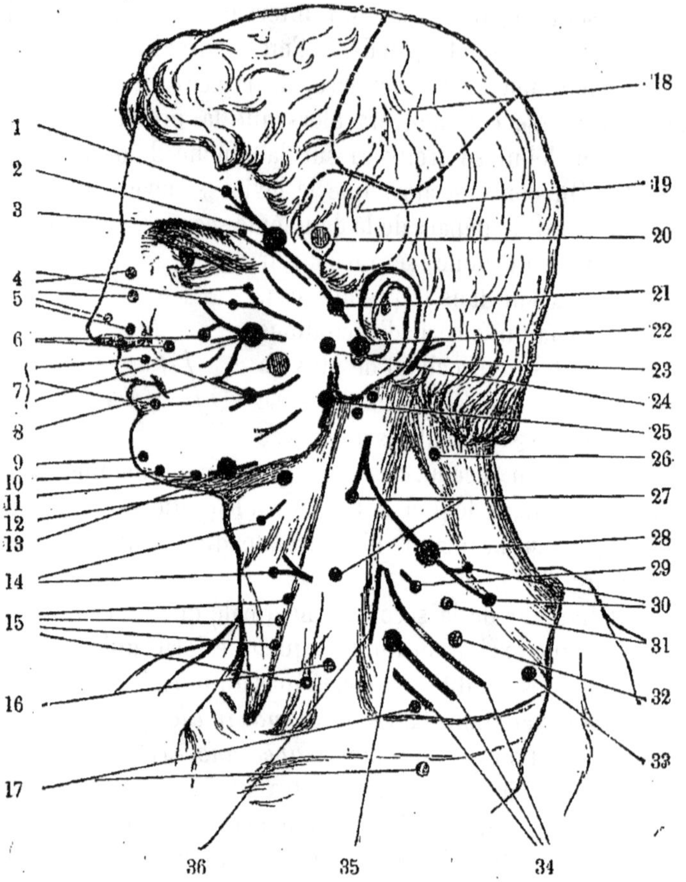

Fig. 542.

1. Muscle frontal. — 2. N. facial (branche supérieure). — 3. M. sourcilier. — 4. Orbiculaire palpébral. — 5. M. du nez. — 6. Zygomatique. — 7. Orbiculaire des lèvres. — 8. Masséter. — 9. Houppe du menton. — 10. Carré du menton. — 11. Triangulaire. — 12. N. hypoglosse. — 13. Branche inférieure du facial. — 14. M. sus-hyoïdiens. — 15. M. hyoïdiens. — 16. M. omo-hyoïdien. — 17. M. pectoral. — 18. Circonv. — 19. Insula. — 20. M. temporal. — 21. N. facial. — 22. Id. — 23. Nerf auriculaire postérieur. — 24. Br. faciale moyenne. — 25. Br. faciale inférieure. — 26. M. splénius. — 27. Sternocléidomastoïdien. — 28. N. accessoire. — 29. M. angulaire. — 30. M. trapèze. — 31. N. dorsal de l'épaule. — 32. N. axillaire. — 33. N. thoracique. — 34. Plexus brachial. — 35. M. deltoïde. Biceps long supinateur (Point d'Erb). — 36. N. phrénique.

a entre les résultats de cette excitation périodique et ce que l'on pourrait imaginer comme la répétition des résultats d'une excitation unique.

Au lieu d'appliquer sur un nerf ou sur un muscle les deux

électrodes, de façon à faire passer la décharge dans une certaine étendue de longueur de cet organe, on peut ne placer sur lui

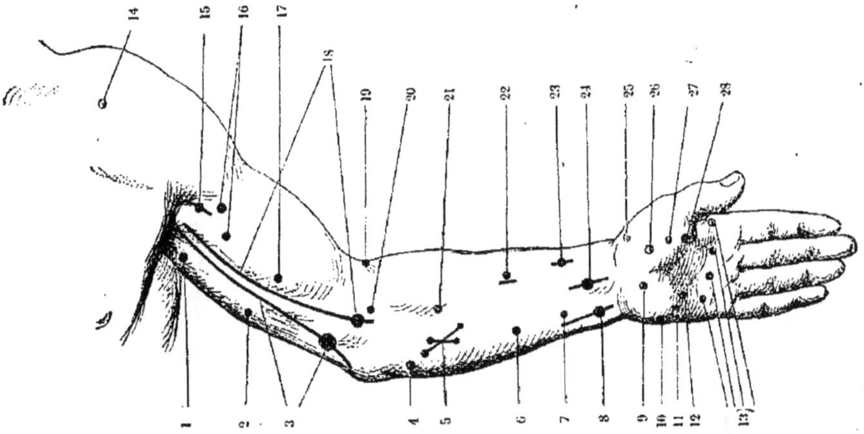

Fig. 543.

M. triceps. — 2. M. triceps (portion interne). — 3. N. cubital. — 4. M. cubital. — 5. Fléchisseurs. — 6. Fléchisseurs superficiels (médius et annulaire). — 7. Fléchisseurs superficiels (index et auriculaire). — 8. N. cubital. — 9. M. palmaire interne. — 10. M. abducteur du petit doigt. — 11. Court fléchisseur. — 12. Opposant. — 13. Lombricaux. — 14. Deltoïde. — 15. Nerf musculo-cutané. — 16. Biceps. — 17. Brachial interne. — 18. N. médian. — 19. Long supinateur. — 20. Rond pronateur. — 21. Fléchisseurs. — 22. Fléchisseur superficiel. — 23. Long fléchisseur du pouce. — 24. N. médian. — 25. Court abducteur. — 26. Opposant. — 27. Court fléchisseur. — 28. Adducteur.

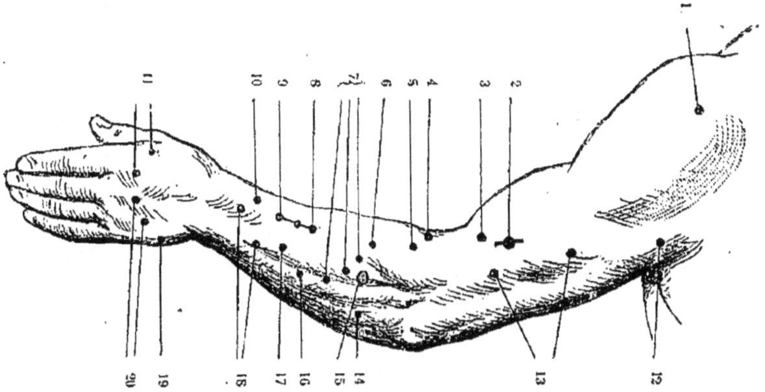

Fig. 544.

1. Deltoïde. — 2. N. radial. — 3. M. brachial. — 4. Long. sup. — 5. N. radial. — 6. N. radial. — 7. Extenseur commun des doigts. — 8. Extenseur propre de l'index. — 9. Long abducteur du pouce. — 10. Court extenseur du pouce. — 11. Interosseux. — 12. Triceps. — 13. Triceps (branche externe). — 14. M. cubital. — 15. Court supinateur. — 16. Extenseur du petit doigt. — 17. Extenseur de l'index. — 18. Long extenseur du pouce. — 19. Abducteur du petit doigt. — 20. M. interosseux dorsaux.

qu'une seule électrode, une grande électrode indifférente achevant de fermer le circuit. Par exemple on placera une grenouille sur une grande surface métallique recouverte de coton mouillé, ce sera l'électrode indifférente; le courant entrera par une grande surface dans l'animal, il ne produira nulle part d'excitation, son action étant trop disséminée, puis on touchera le point à exciter avec une électrode très fine, ce sera l'électrode active. On pratique ainsi ce que M. Chauveau a appelé l'*excitation unipolaire*.

La décharge électrique passe alors par le point à exciter, mais on

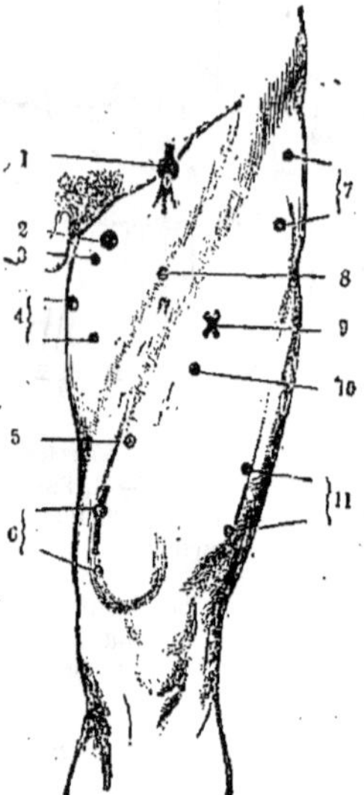

Fig. 545.

1. N. crural. — 2. N. obturateur. — 3. M. pectiné. — 4. Grand abducteur. — 5. Droit antérieur. — 6. Vaste interne. — 7. Tenseur du fascia fata. — 8. Couturier. — 9. Point commun pour les muscles antérieurs de la cuisse. — 10. Droit antérieur. — 11. Vaste interne.

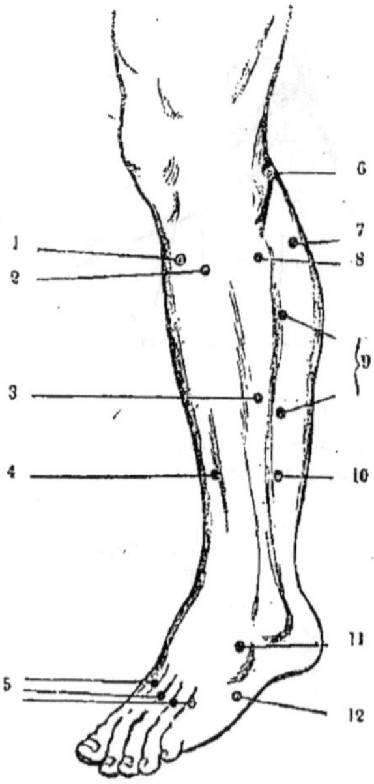

Fig. 546.

1. Tibia antérieur. — 2. Extenseur commun des orteils. — 3. Court péronier. — 4. Long extenseur du pouce. — 5. Interosseux. — 6. N. péronier. — 7. Jumeau extérieur. — 8. Long péronier. — 9. Soléaire. — 10. Long fléchisseur du pouce. — 11. Court extenseur commun des orteils. — 12. Abducteur du petit orteil.

ne peut plus parler de décharge ascendante ou descendante puisque l'électricité se propage en tous sens à partir du point touché. On précise alors les conditions en donnant le nom de l'électrode active, on excite avec l'anode ou avec la kathode. On peut opérer ainsi sur le nerf et le muscle mis à nu, ou sur ces organes recouverts par la peau. C'est de cette dernière façon que l'on opère généralement sur l'homme, on explore les nerfs et les muscles à travers la peau, au moyen de l'excitation unipolaire. Pour simplifier les écritures on a imaginé des signes conventionnels indiquant l'opération que l'on exécute.

L'exploration électrique des nerfs et des muscles sur l'homme se fait souvent au moyen de l'onde de fermeture ou d'ouverture du courant, il faut alors indiquer le nom de l'électrode, l'intensité du courant employé et le résultat obtenu. Le nom de l'électrode s'indiquera par A (anode) ou K (kathode); le résultat par S (secousse) ou Z (Zuckung); la fermeture ou l'ouverture par F ou O. Enfin l'intensité du courant sera donnée en milliampères.

Ainsi KFS 7 milliampères, signifiera que l'on a obtenu une secousse avec 7 milliampères, à la fermeture, la kathode étant l'électrode active.

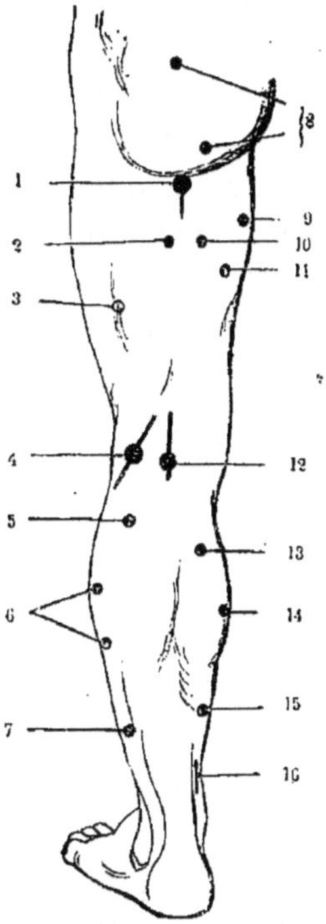

Fig. 547.

1. N. ischiatique. — 2. Biceps (longue portion). — 3. Biceps (courte portion). — 4. N. péronier. — 5. Jumeau extenseur. — 6. Soléaire. — 7. Long fléchisseur du pouce. — 8. Grand fémur. — 9. Adducteur. — 10. Demi-tendineux. — 11. Demi-membraneux. — 12. N. tibial. — 13. Soléaire (branche interne). — 14. Soléaire. — 15. Fléchisseur commun. — 16. N. tibial.

Il y a sur le corps un certain nombre de points d'élection correspondant aux divers nerfs et aux muscles, c'est-à-dire que c'est en ces points qu'il faut appliquer l'électrode active pour exciter un nerf ou un muscle déterminé avec la moindre intensité. Si cette localisation est bien faite, et que l'on fasse croître peu à peu l'intensité du courant, la première secousse qui apparaît est limitée à un muscle ou aux muscles innervés par un nerf, suivant que le point moteur correspond à un muscle ou à un nerf. Les figures 542, 543, 544, 545, 546 et 547, donnent la localisation de ces divers points moteurs suivant Erb.

Quand on applique l'électrode active sur un de ces points moteurs, on constate l'apparition de la secousse d'abord pour la fermeture de la kathode, puis celle de l'anode, puis pour l'ouverture de l'anode et enfin pour l'ouverture de la kathode, ce qui se désigne par la suite

KFS — AFS — AOS — KOS

quand le courant augmente peu à peu.

Ces résultats s'obtiennent à l'état normal seulement. Dans diverses affections l'ordre des secousses est modifié, et l'on a alors ce que l'on appelle *une inversion de la formule des secousses.*

Cette notation, bien entendu, ne s'applique pas aux explorations faites avec le courant induit, on donne alors en langage ordinaire les résultats obtenus.

A l'état normal, quand on applique une électrode active sur un point moteur, on a avec la plus grande facilité une réponse pour des ondes induites uniques et un tétanos pour un courant périodique de bobine d'induction. Il arrive qu'à l'état pathologique il n'en soit plus ainsi et que l'on ne puisse plus provoquer la contraction musculaire au moyen de la bobine, alors que l'on a encore des réponses par la fermeture d'un courant continu.

L'exploration électrique consiste précisément à rechercher en quoi les nerfs ou les muscles ne répondent plus comme à l'état normal; dans certains cas les modifications ainsi obtenues peuvent servir à éclairer un diagnostic.

XX

COURANTS DE HAUTE FRÉQUENCE

Quand on produit des courants alternatifs soit au moyen de machines dynamo-électriques, soit au moyen de bobines d'induction, on n'obtient jamais qu'un nombre assez limité d'alternances par seconde, pour arriver à la centaine il faut déjà des interrupteurs particuliers, et à mesure que l'on veut aller plus loin, les difficultés croissent rapidement.

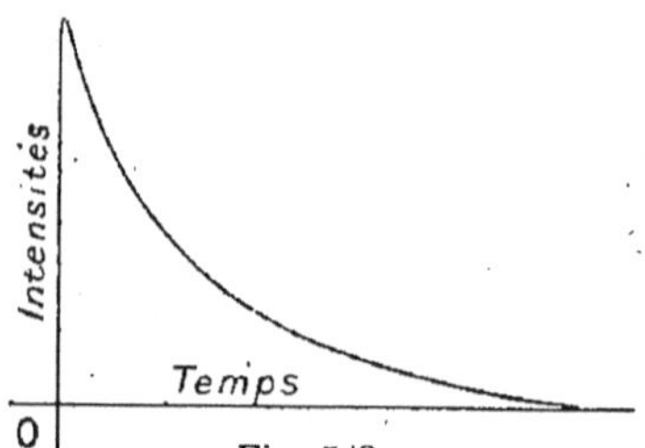

Fig. 548.

Depuis quelques années, grâce à des procédés complètement indépendants des interrupteurs mécaniques, on est arrivé à un nombre d'alternances plus de cent ou mille fois plus considérable.

Quand on prend un condensateur chargé, une bouteille de Leyde, par exemple, et que l'on met les deux armatures en communication, il se produit une décharge, ces deux armatures revenant au même potentiel. Pendant cette décharge, l'intensité du courant, très grande au début, tombe peu à peu à zéro. On peut représenter cette variation de courant par une courbe de la forme représentée sur la figure 548. En somme l'électricité s'écoule à travers le conducteur réunissant les deux armatures comme s'écoulerait l'eau dans un tuyau placé entre deux réservoirs contenant de l'eau à différentes hauteurs (fig. 549). Au commencement le

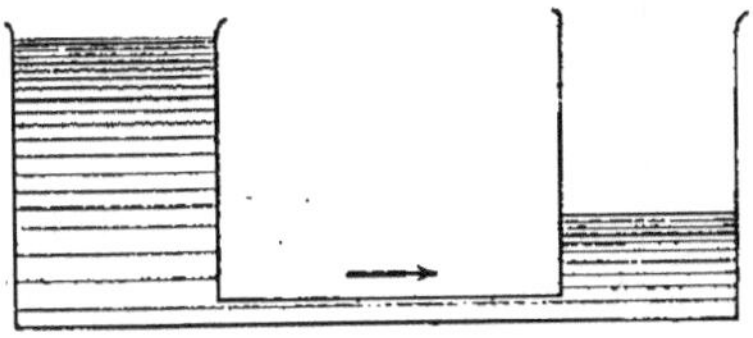

Fig. 549.

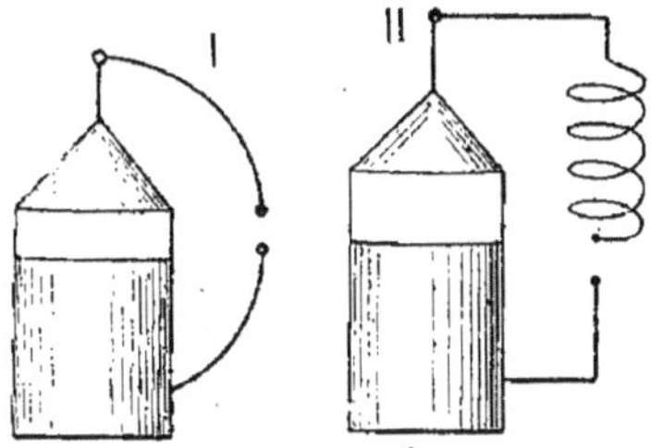

Fig. 550.

courant est très rapide, puis il baisse peu à peu de vitesse à mesure que l'égalité du niveau s'établit.

La décharge électrique conserve la forme de la figure 548 tant que le conducteur qui réunit les deux armatures ne comporte aucun enroulement en hélice, c'est-à-dire qu'il va d'une armature à l'autre par un chemin analogue à celui qui est représenté sur la figure 550, I. Il n'en est plus de même si sur le parcours du circuit de décharge se trouve un solénoïde, c'est le cas représenté sur la figure 550, II. On dit alors que le circuit possède une certaine self-induction. C'est-à-dire que les divers tours de spire agissent par induction sur les tours voisins, comme dans la bobine de Ruhmkorff l'inducteur agit sur les tours de l'induit. Cette self-induction modifie complètement la décharge qui devient oscillatoire et peut être représentée par la courbe de la figure 551, c'est-à-dire que le courant, au lieu de tomber d'une valeur initiale assez grande à zéro par diminution graduelle, subit un certain nombre d'alternances. C'est ce qui pourrait aussi arriver pour l'eau dans la comparaison hydraulique que nous avons faite. Il pourrait arriver, si la résistance dans le passage du tube de communication n'était pas trop grande, que les deux niveaux ne se mènent pas graduellement à la même hauteur, mais n'atteignent cet équilibre qu'à la

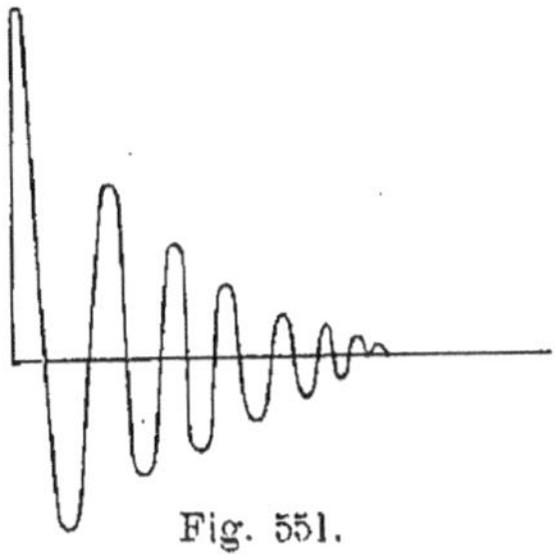

Fig. 551.

suite d'une série d'oscillations que l'on peut rapprocher de celles d'un pendule.

Le nombre d'oscillations électriques se produisant dans ces conditions varie de fréquence, ou, si l'on veut, les oscillations sont plus ou moins courtes, suivant la capacité de la bouteille, la résistance du circuit de décharge et sa self-induction. C'est-à-dire, suivant que l'on prendra un condensateur de plus ou moins grande capacité, un fil plus ou moins gros et long et un nombre de tours de spire plus ou moins grand, on aura des oscillations plus ou moins rapides. Ces oscillations, avons-nous dit, peuvent dépasser un million par seconde; mais, quand on produit une décharge de bouteille de Leyde, on arrive rapidement à la fin de la décharge et les oscillations s'arrêtent, il faut pour que le phénomène ait une certaine continuité, recharger la bouteille chaque fois qu'elle est déchargée.

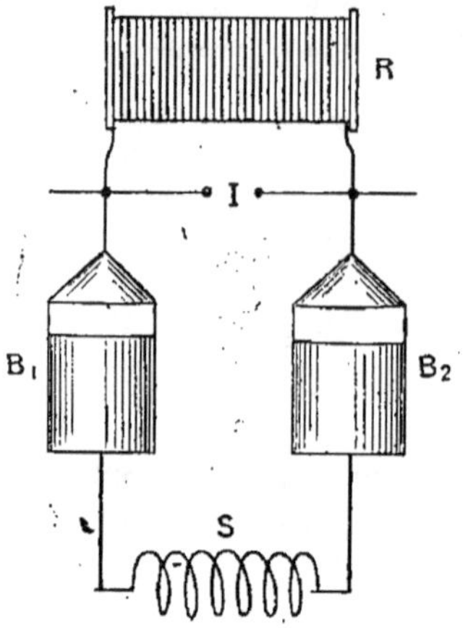

Fig. 552.

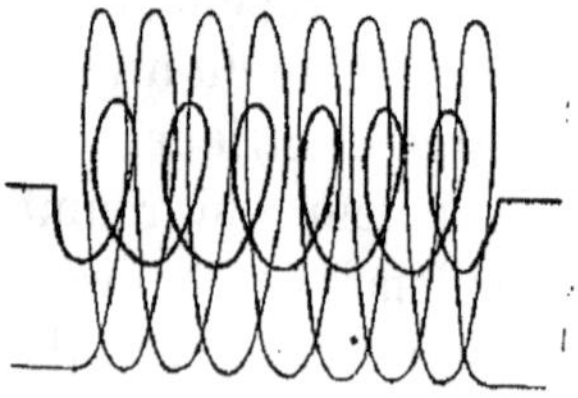
Fig. 553.

Tesla, qui le premier a bien étudié ces courants oscillatoires de haute fréquence, avait imaginé pour les produire un dispositif moins pratique que celui qui est généralement employé maintenant, et qui est dû à d'Arsonval. On relie les deux pôles d'une bobine de Ruhmkorff aux armatures internes de deux bouteilles de Leyde. Quand la bobine fonctionne les deux armatures internes se chargent alternativement, positivement et négativement. Aussitôt que la charge dépasse une certaine limite, la décharge se fait en I (fig. 552). Pendant ces charges et ces décharges, les armatures extérieures se chargent et se déchargent aussi en sens contraire, par influence à travers le solénoïde S et il en résulte dans ce solénoïde une série d'oscillations électriques à haute fréquence.

On peut, pour utiliser ces oscillations, relier directement deux conducteurs à deux spires différentes du solénoïde qui est à spirales assez peu nombreuses, une vingtaine, et à très gros fil. Ou bien (fig. 553) on peut entourer le solénoïde d'un autre fil beaucoup plus fin sur lequel le premier agira par induction, comme cela se produit entre les deux circuits de la bobine de Ruhmkorff. On recueille alors le courant à haute fréquence de ce second circuit. L'ensemble des deux bobines est plongé dans le pétrole pour avoir un bon isolement et éviter les étincelles entre les diverses parties de l'appareil.

Souvent on emploie un autre dispositif nommé résonnateur de Oudin, qui se compose d'un simple solénoïde S, de fil gros, à tours assez nombreux, mais isolés les uns des autres par l'air. La partie inférieure du solénoïde est reliée à l'armature d'une bouteille de Leyde B_2 dont l'autre armature va comme précédemment à la bobine d'induction. A quelques spires au-dessus, le solénoïde est relié à l'armature d'une autre bouteille de Leyde B_1, comme l'indique la figure 554.

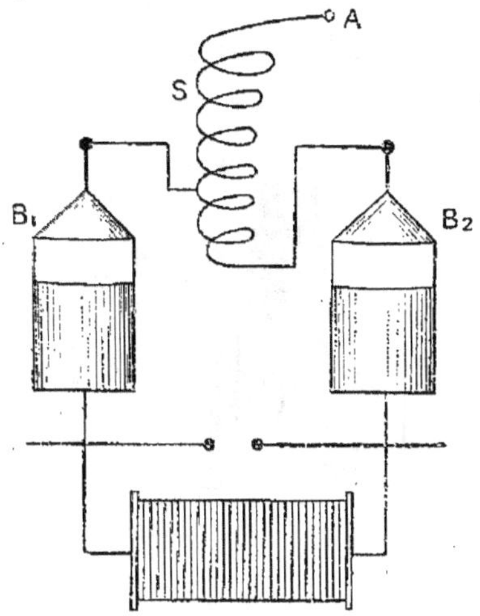

Fig. 554.

Quand la bobine de Ruhmkorff fonctionne, chargeant et déchargeant les bouteilles de Leyde, il se produit dans le solénoïde une série d'oscillations électriques, et il suffit de relier le corps à électriser à l'extrémité supérieure de ce solénoïde en A, pour que ce corps soit parcouru par des oscillations à haute fréquence dont le solénoïde est le siège.

Afin que cet instrument fonctionne bien il faut choisir convenablement la spire à laquelle est reliée la bouteille B_1. Pour arriver à un bon réglage on met la bobine de Ruhmkorff en marche; puis, à l'aide d'un manche isolant, on tient le fil relié à B_1, et on cherche par tâtonnement la spire la plus convenable, en les touchant successivement.

Pour réaliser ces expériences, il faut des bobines de Ruhmkorff très puissantes, munies d'interrupteurs spéciaux. Elles doivent pouvoir donner des étincelles d'au moins 25 centimètres de longueur.

Depuis ces dernières années le modèle en usage dans les laboratoires, dû à Foucault et à Ruhmkorff, est remplacé de préférence par ce que l'on nomme des transformateurs, dont le principe est absolument le même que celui des bobines d'induction, mais dont la forme et la disposition des fils varient suivant les constructeurs.

Un des modèles répandus, connu sous le nom de transformateur Rochefort (fig. 555), se compose d'une longue bobine primaire *f* à gros fil; c'est par elle que passe le courant inducteur sur lequel est intercalé l'interrupteur. La bobine induite à fil plus fin, *g*, est très courte. Le tout est plongé dans une substance isolante de consistance pâteuse. Cet appareil donne de très bons résultats.

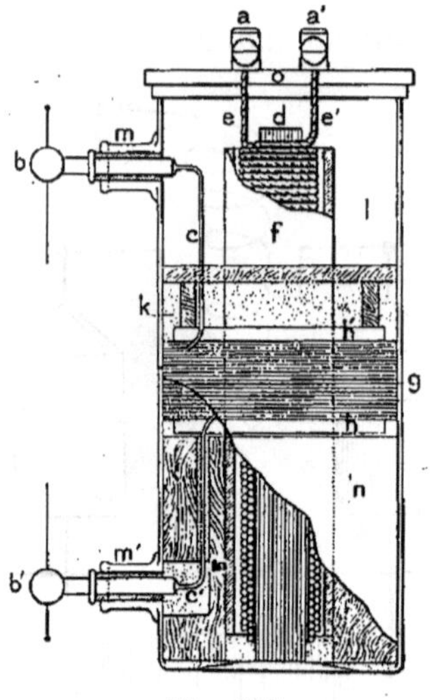

Fig. 555.

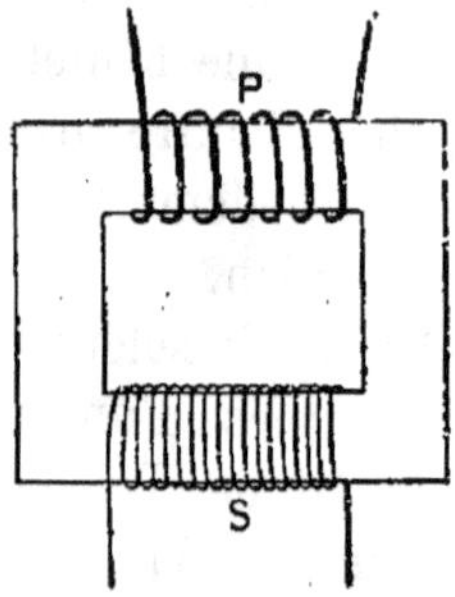

Fig. 556.

Dans le transformateur Labour, le fil primaire P est enroulé, comme l'indique la figure 556, sur un des côtés d'un rectangle en fer doux; c'est dans le circuit de ce fil que se trouve le générateur de courant et l'interrupteur. Le fil secondaire S, plus fin, dans lequel se produit le courant induit, est enroulé sur le côté opposé du cadre en fer. A mesure que le courant primaire aimante le cadre et le laisse revenir à son état primitif, il se produit dans le fil secondaire S un courant induit alternatif, comme cela a lieu dans la bobine d'induction habituelle. Au premier abord il semble y avoir une grande différence entre cet appareil et la bobine d'induction, mais en regardant les choses de plus près il n'en est rien. Considérons d'abord la bobine de Ruhmkorff et faisons une première modification: au lieu de placer les bobines l'une dans

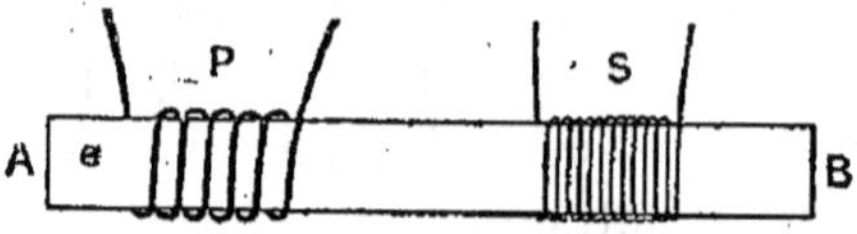

Fig. 557.

l'autre, mettons-les l'une à côté de l'autre sur un fer doux comme l'indique la figure 557. Le courant primaire P fera varier le magnétisme du fer doux et il se produira des courants induits dans S. Replions maintenant le fer doux de façon à amener la tranche B contre la tranche A, nous aurons le transformateur Labour.

Il n'y a aucun intérêt à décrire les nombreux interrupteurs dans lesquels une pointe vient prendre contact sur du mercure ou bien où le circuit se ferme et se rompt périodiquement entre deux morceaux de métal. Cela a une très grande importance pratique, mais le mieux est d'examiner les appareils de ce genre dans le laboratoire, leur qualité résultant le plus souvent de leur plus ou moins bonne construction et de leur entretien.

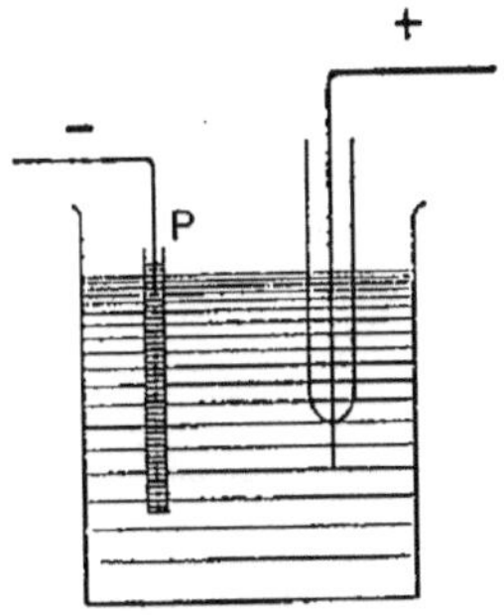

Fig. 558.

Toutefois il faut faire une mention spéciale pour l'interrupteur Wehnelt. Dans une cuve contenant de l'eau acidulée plongent une lame de plomb à grande surface P et un fil de platine isolé dans un tube de verre, de façon que sa pointe seule soit en contact avec le liquide. On intercale ce simple appareil dans le circuit d'un générateur du courant continu en même temps que le fil primaire d'une bobine d'induction ou d'un transformateur, le plomb étant en communication avec le pôle — et le platine avec le pôle +. Aussitôt il se dégage sur le fil de platine de l'oxygène qui interrompt le circuit. Si le courant est assez intense il se produit en ce point une série de ruptures du courant pouvant aller jusqu'à 1 500 interruptions par seconde.

Grâce à ce grand nombre d'interruptions et à leur perfection, cet instrument donne d'excellents résultats.

Les oscillations électriques à haute fréquence se distinguent des autres courants par des propriétés remarquables. D'abord ces oscillations se transmettent beaucoup plus facilement à travers les corps peu conducteurs, comme le bois ou une ficelle. Généralement, quand on veut faire briller une lampe à incandescence, on est obligé de lui relier les deux pôles d'un générateur d'électricité, c'est-à-dire de l'intercaler dans un circuit. Il suffit au contraire de la relier par un seul fil à un solénoïde parcouru par des courants de haute fréquence pour qu'elle s'allume. Il y a mieux, en approchant un tube vide d'air de ce solénoïde, sans établir de contact, on voit le tube s'illuminer. Si l'on fait passer le courant à haute fréquence dans un solénoïde, tout corps placé dans l'intérieur de ce solénoïde sera lui-même parcouru par des courants à haute fréquence. Ainsi représentons la coupe de ce solénoïde par AB (fig. 559), introduisons-y un cercle en cuivre *ab*, aboutissant aux bornes d'une lampe à incandescence L, aussitôt on voit la lampe s'allumer.

L'action des courants à haute fréquence sur l'organisme est encore plus curieuse, ces courants peuvent en effet traverser le corps humain sans produire aucune sensation. Si l'on prend à la main les deux fils provenant d'un solénoïde à haute fréquence on ne sent rien, à la condition de ne faire marcher l'appareil qu'après avoir pris le contact; sans cela, au début, au moment où l'on va saisir le fil, on reçoit une étincelle qui peut donner lieu à une petite brûlure. De même il ne faut pas tenir directement un fil fin qui peut chauffer ou qui localise trop l'action sur la peau, il est bon de terminer ce fil par une tige métallique que l'on prendra à la main. Avec ces précautions deux personnes peuvent se mettre en contact avec les deux bornes du solénoïde à haute fréquence, et prendre de leurs mains libres les deux fils d'une lampe à incandescence qui s'allumera, sans que le courant suffisant pour cela, qui traverse les deux expérimentateurs, ne leur fasse éprouver aucune sensation.

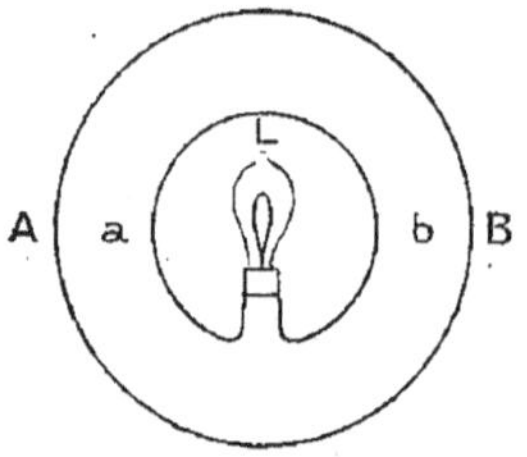

Fig. 559.

Suivant certains auteurs, le passage des courants à haute fréquence dans le corps de l'homme et des animaux augmenterait l'intensité des combustions qui s'y passent, ce qui se traduirait par un accroissement des échanges gazeux, oxygène consommé et acide carbonique éliminé, mais ces faits ont été contestés et la discussion n'est pas encore tranchée définitivement.

De même ces courants retarderaient certaines cultures microbiennes et pourraient atténuer différents virus; les mêmes réserves doivent être faites sur ce sujet.

Enfin ces courants donneraient lieu à un abaissement de la tension artérielle chez les sujets soumis à leur action, en particulier chez les artério-scléreux pour lesquels ils constitueraient un traitement des plus efficaces. Les espérances que l'annonce de résultats satisfaisants avaient fait naître n'ont pu être confirmées par d'éminents cardiologues, qui ont observé des sujets hypertendus, avant et après le traitement, et n'ont constaté aucune amélioration de leur état.

XXI

RAYONS X

Si l'on prend un tube ou une ampoule de verre dans laquelle se trouvent soudées deux électrodes de platine et que l'on y fasse un vide suffisant, on voit les parois de cette ampoule prendre une apparence fluorescente verte lorsqu'on la rattache aux pôles d'une forte bobine d'induction en activité.

En étudiant de près les conditions de production de ce phénomène, voici ce que l'on constate.

On sait que lors du fonctionnement d'une bobine d'induction, le courant induit de fermeture et le courant de rupture n'ont pas les mêmes propriétés, c'est ce dernier qui est de beaucoup le plus intense, et c'est pour cela que, quoique fournissant un courant alternatif, la bobine peut être considérée comme ayant deux pôles, un pôle positif et un pôle négatif. Cette classification est donc basée uniquement sur le courant induit de rupture.

Si on relie les deux pôles de la bobine à l'ampoule décrite plus haut il se produit à l'électrode négative, à la kathode, ce que l'on nomme des rayons kathodiques.

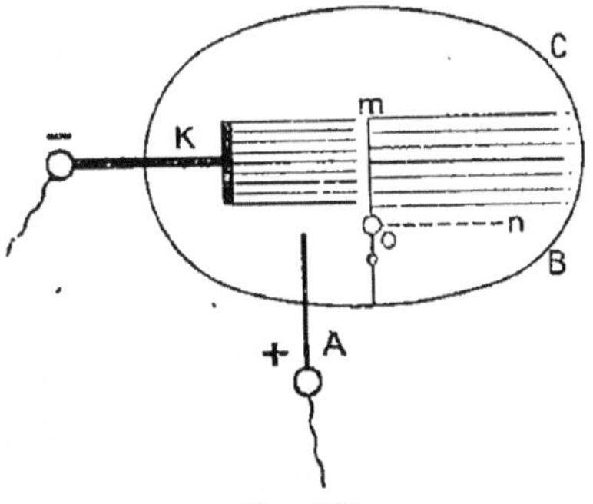

Fig. 560.

Ces rayons kathodiques sont émis normalement à la surface de métal d'où ils partent, ils se propagent en ligne droite et c'est aux endroits où la paroi de verre de l'ampoule est frappée par ces rayons qu'elle devient fluorescente.

Ceci est bien mis en évidence par l'expérience suivante. On prend une ampoule dont la kathode K a la forme plane représentée sur la figure 560, l'anode A étant à une place quelconque du tube. Un petit écran métallique découpé en étoile par exemple, *mo*, est mobile autour d'une charnière *o*, de façon qu'en inclinant le tube on puisse le redresser dans la position *mo* et le faire tomber à plat suivant *no*. On fait fonctionner l'ampoule et l'on constate, quand l'écran *mo* est vertical, qu'il se produit sur la face lumineuse CB du tube une ombre correspondant à cet écran, et à une émission des rayons kathodiques normalement à K; si on renverse l'écran à plat, l'ombre disparaît.

Quand, au lieu de donner à la kathode une forme plane ana-

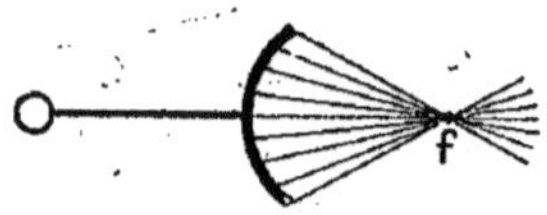

Fig. 561.

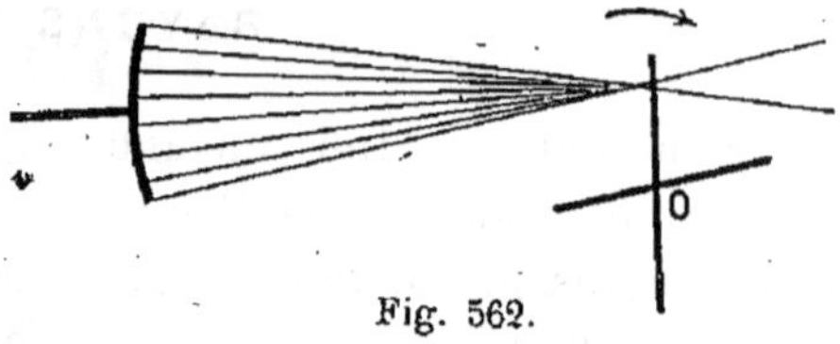

Fig. 562.

logue à celle de la figure précédente, on la fait concave (fig. 561), les rayons kathodiques partent normalement de la surface métallique et forment un foyer *f* au centre de la sphère.

Remarquons que la position et la forme de l'anode n'ont aucune influence sur le phénomène.

Lorsque le foyer *f* se forme sur la paroi de verre du tube, cet endroit devient fluorescent, mais très rapidement il chauffe au point d'incidence des rayons kathodiques, devient rouge, et le tube se perce.

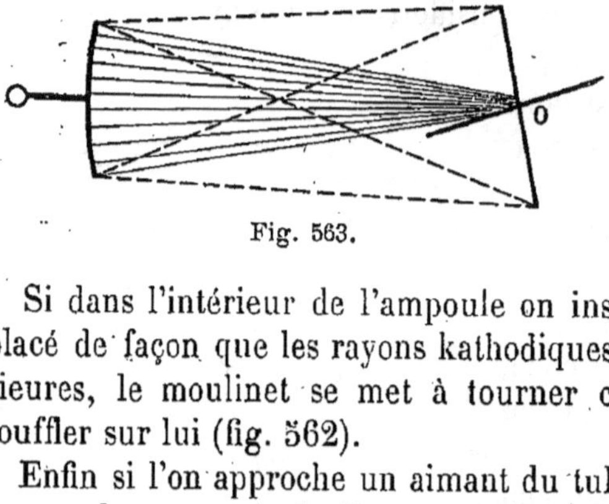

Fig. 563.

Si dans l'intérieur de l'ampoule on installe un petit moulinet placé de façon que les rayons kathodiques frappent les ailes supérieures, le moulinet se met à tourner comme si l'on venait à souffler sur lui (fig. 562).

Enfin si l'on approche un aimant du tube pendant son fonctionnement les rayons kathodiques sont déviés. Dans l'expérience précédente on peut, en manœuvrant convenablement l'aimant, amener le foyer des rayons kathodiques soit vers les ailes supérieures, soit sur les ailes inférieures du moulinet et en faire varier ainsi à volonté le sens de rotation. Il faut, pour cela, placer l'axe de rotation du moulinet à la hauteur du milieu de la kathode comme l'indique la figure 563, l'expérience réussit alors aisément.

Les points où la paroi de verre du tube est frappée par les rayons kathodiques sont encore le siège d'un autre phénomène très important, en dehors de la fluorescence déjà observée. C'est là que sont émis les rayons X, dont nous étudierons les propriétés plus loin.

En résumé, on obtient donc des rayons X en prenant une ampoule ou tube muni d'une anode quelconque et d'une kathode disposée comme celles de la figure 560 ou 561; on fait le vide dans cette ampoule jusqu'à un degré très avancé. Par l'intermédiaire des électrodes on la relie à une bobine d'induction du modèle de celles qui servent pour les courants à haute fréquence. Les rayons X sont émis par toute la surface de l'ampoule frappée par les rayons kathodiques.

Ces rayons X traversent plus ou moins facilement les corps opaques pour la lumière ordinaire, le papier noir, le carton, le bois, les tissus vivants, etc. Ils sont absorbés davantage par les métaux, surtout les métaux lourds, le plomb, le platine.

D'une façon générale les corps ont pour les rayons X une transparence d'autant moins grande qu'ils sont plus denses. Si donc on place dans une boîte en carton un morceau de métal, les rayons X traverseront facilement le carton, mais seront arrêtés par le métal. De même si on interpose un membre sur le trajet des rayons X, ils traverseront plus facilement la chair que les os.

Or ces rayons X impressionnent les plaques photographiques; de plus ils rendent lumineux, en les frappant, les écrans enduits de certaines substances comme le platino-cyanure de baryum.

Si on pose la boîte contenant un objet de métal sur une plaque photographique et que l'on fasse tomber des rayons X sur le tout, la plaque sensible recevra les rayons partout où ils ne sont pas arrêtés par l'objet en métal, et, au développement, l'ombre de cet objet apparaîtra. De même en répétant cette expérience avec un membre humain, on aura l'ombre des os contenus dans ce membre. C'est le principe de la *radiographie*. Les ombres peuvent aussi s'observer sur un écran recouvert de platino-cyanure de baryum qui deviendra lumineux dans l'obscurité partout où il sera frappé par les rayons X. C'est le principe de la *radioscopie*.

Dès lors, quels sont les inconvénients des tubes primitifs producteurs de rayons X? Les rayons kathodiques frappant la paroi de l'ampoule sur une assez grande surface comme dans le tube de la figure 560, la source de rayons X est très étendue; par conséquent les ombres portées par les objets sont peu nettes. Nous avons en effet vu, et l'expérience de tous les jours le fait aisément comprendre ainsi que le raisonnement, que les ombres portées par les corps sont d'autant plus précises que la source lumineuse se rapproche davantage d'un point. A mesure que la source lumineuse

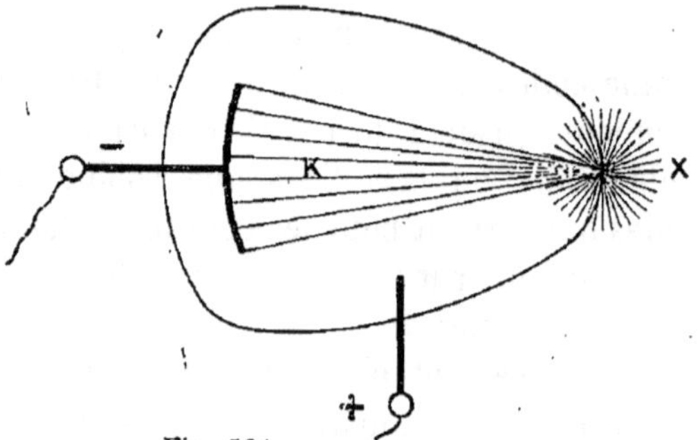

Fig. 564.

devient plus grande, les bords de l'ombre s'estompent de plus en plus. C'est pour remédier à ce défaut des tubes que l'on a tout d'abord remplacé des kathodes planes par des kathodes concaves (fig. 564). Si la courbure de ces kathodes est convenablement choisie, les rayons qui en émanent vont former leur foyer sur la paroi du tube en une région très localisée qui deviendra la source des rayons X (fig. 564).

Ici se présente une nouvelle difficulté. Le point frappé par les rayons kathodiques s'échauffe très rapidement et sitôt que l'on force un peu l'intensité du courant excitateur ou que l'on prolonge un peu la durée de la séance, le tube de verre se perce.

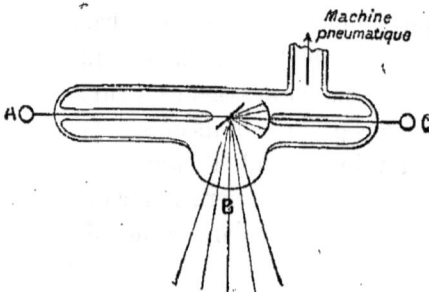

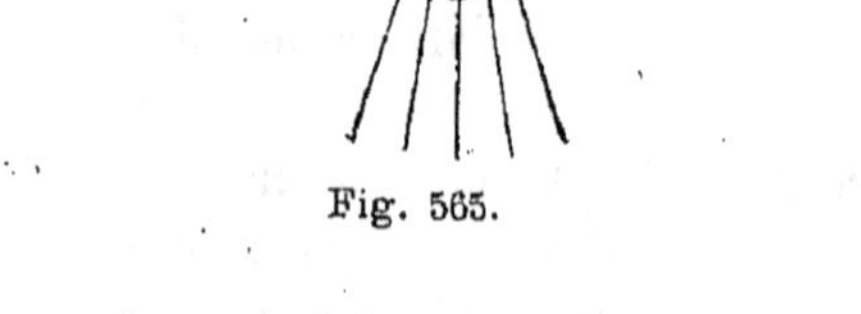

Fig. 565.

Mais le verre n'est pas le seul corps qui, frappé par les rayons kathodiques, donne naissance aux rayons X; d'autres lui sont supérieurs et le platine paraît tenir la première place.

On obtient par suite d'excellents tubes producteurs de rayons X en plaçant au foyer des rayons kathodiques une petite lame de platine dite antikathode; c'est au point où cette antikathode est frappée que se trouve la source de rayons X. Une pareille ampoule se nomme un tube focus (fig. 565); ici on ne risque plus de percer la paroi de verre et l'on peut faire usage de courants très énergiques, il en résulte non seulement des ombres plus nettes, mais aussi une plus grande intensité des rayons émis.

Pendant la marche, l'antikathode chauffe peu à peu, elle finit par passer au rouge et même par fondre si l'on insiste, il y a donc intérêt à lui donner de l'épaisseur.

Dans certains tubes on peut faire passer de l'eau dans l'antikathode creuse afin de la refroidir, le tube peut alors marcher plus longtemps sans arrêt.

Enfin, quel que soit le tube que l'on emploie, focus ou autre, les traces de gaz qui se trouvent dans l'ampoule disparaissent peu à peu pendant la marche, et les propriétés du tube changent.

Pour une certaine pression du gaz, déjà très faible, impossible à mesurer au manomètre, on a une émission de rayons X; à mesure que le vide se fait, la qualité des rayons X se modifie de plus en plus, on dit que le tube devient de plus en plus dur, il faut un courant de plus en plus fort pour franchir ce tube. Plus le tube est dur, plus les rayons X émis par lui traversent facilement les corps opaques. Ainsi, si l'on prend un tube dit mou, les muscles du bras seront plus ou moins traversés par ses rayons, mais les os les arrêteront complètement; à mesure que le tube devient plus dur, les os seront plus transparents.

Dans chaque cas particulier, suivant ce que l'on veut faire, il faut utiliser un tube convenable, plus ou moins dur, il y a donc un intérêt considérable à pouvoir varier à volonté la dureté de ce tube. Ce résultat s'obtient à l'aide de l'osmo-régulateur de Villard. On sait que le platine au rouge se laisse traverser par les gaz, en particulier par l'hydrogène. Si dans la paroi d'une ampoule on a soudé un petit tube de platine ouvert vers l'intérieur du tube et fermé vers l'extérieur, il suffit de chauffer ce tube de platine avec un brûleur de Bunsen pour le porter au rouge et permettre à l'hydrogène de la flamme de passer à l'intérieur du tube (fig. 566). On peut ainsi faire rentrer à volonté du gaz dans l'ampoule quand elle est trop dure. Pour faire sortir du gaz, on coiffe préalablement le tube de platine d'un autre tube de platine plus gros pour le protéger contre les gaz de la flamme et on chauffe l'ensemble. Si à l'intérieur de l'ampoule il y a de l'hydrogène, comme il y a de l'air extérieurement, l'hydrogène sortira à travers le petit tube de platine chauffé et la pression baissera dans l'ampoule.

On pourra ainsi régler cette ampoule à la dureté voulue.

Pour se rendre compte du degré de dureté de l'ampoule on se sert du spintermètre de Beclère, consistant essentiellement en un excitateur à boules que l'on relie aux électrodes du tube en fonction. On écarte plus ou moins les boules de cet excitateur l'une de l'autre; si le tube est très mou la décharge passe dans le tube aussitôt que l'on écarte tant soit peu les boules. Si, au contraire, le tube est très dur, la décharge passe de préférence dans l'air et il faut écarter beaucoup les boules pour que le tube fonctionne

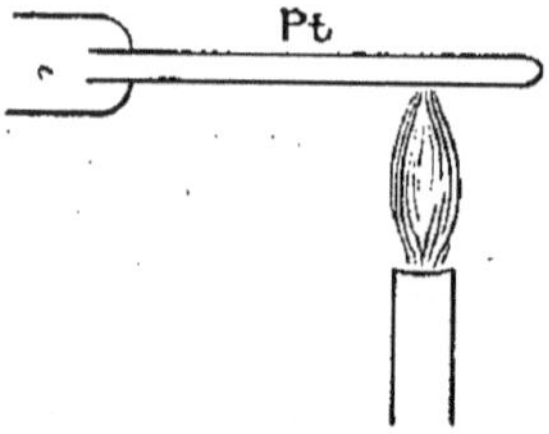

Fig. 566.

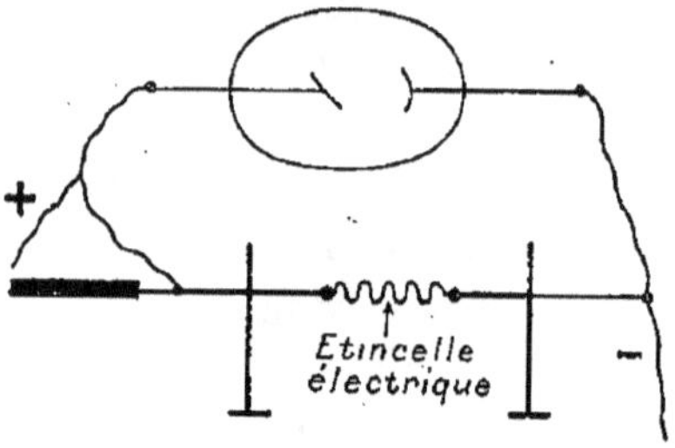

Fig. 567.

(fig. 567). A chaque dureté de tube correspond une longueur d'étincelle équivalente, au-dessous de laquelle le tube ne marche pas; on peut donc, par cette longueur d'étincelle, indiquer la dureté du tube, et avec l'osmo-régulateur revenir toujours à une dureté déterminée.

Nous avons vu que les effets obtenus avec une même ampoule varient suivant le degré du vide; les rayons X ne diffèrent pas seulement entre eux par leur intensité, il y a une question de qualité. Il en est des rayons X comme de la lumière ordinaire qui, en dehors d'une plus ou moins grande intensité, peut être rouge, jaune, verte ou de toute autre couleur, et par ce seul fait jouir de propriétés différentes. Une lumière bleue même très faible traversera une solution d'eau céleste, tandis que cette même lumière bleue, même très intense, sera complètement arrêtée par une solution de bichromate de potasse; l'inverse se produira pour une lumière jaune. Il y a un intérêt considérable à reconnaître la qualité des rayons X émis par une ampoule, cette question est très difficile et n'a encore reçu que des solutions approximatives. On se sert généralement avec avantage du radiochronomètre de Benoist (fig. 568). Il se compose d'une lame d'argent circulaire autour de laquelle sont disposées d'autres lames d'aluminium d'épaisseur croissante. On place ce petit instrument sur un écran au platino-cyanure de baryum, et l'on fait tomber sur lui les rayons dont on veut déterminer la qualité. On constate que pour les lames d'aluminium épaisses, l'ombre est plus foncée que celle de la lame d'argent; pour les lames d'aluminium minces, c'est le contraire. Il en est une dont l'ombre portée est de même valeur que celle de la lame d'argent, le numéro de cette lame représente une indication de qualité des rayons X. Il est bien évident que cette indication est

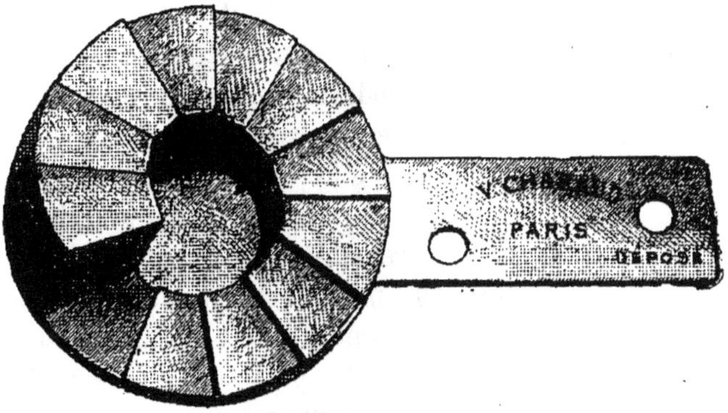

Fig. 568.

absolument arbitraire, elle n'a qu'un seul mérite, c'est de permettre de retrouver la qualité des rayons dont on s'est servi dans une expérience et de l'indiquer à un autre observateur qui pourra se placer dans les mêmes conditions, ce qui est déjà un avantage considérable.

Par exemple on dira : « Les rayons dont on s'est servi correspondent au n°. 4 Radiochronomètre de Benoist »; cela voudra dire que leur qualité est telle que l'ombre est égale pour la lame d'argent et la quatrième lame d'aluminum. Chaque fois que cette condition sera réalisée on aura des rayons de même qualité. Les rayons qui correspondent à un numéro faible du Radiochronomètre de Benoist sont peu pénétrants, ils s'absorbent facilement même par les corps peu denses, les tissus vivants comme les muscles, par exemple. A mesure que le numéro croît, les rayons sont de plus en plus pénétrants, ils correspondent à des ampoules de plus en plus dures, et traversent plus facilement les corps relativement denses comme les os.

On a appliqué avec quelque succès les rayons X au traitement de certaines tumeurs malignes.

Il est évident que dans un pareil sujet la question de qualité des rayons et de grandeur de l'action doivent avoir une importance de premier ordre, et c'est pour cela que ces éléments doivent être notés avec soin dans toutes les observations, en même temps que les durées d'application, la fréquence des séances, la distance du tube à la peau, etc.

Les rayons X qui agissent sur les tumeurs ne sont pas sans action sur les tissus sains, ils peuvent produire des accidents assez sérieux si l'on s'y expose trop longtemps. En particulier les personnes qui manipulent fréquemment et longtemps les objets éclairés par les rayons X finissent par avoir de véritables brûlures de la peau des mains. Ces radiodermites, comme on les appelle, ne se produisent pas immédiatement après l'exposition aux rayons X, elles mettent un certain temps à apparaître et sont extrêmement difficiles à guérir. Les personnes victimes d'un premier accident deviennent de plus en plus sensibles, et, si elles persistent à ne point se protéger, finissent par présenter des troubles de la peau parfois effrayants. Au début il n'y a qu'une altération très superficielle avec chute des poils, puis la peau se recouvre de croûtes, les ongles augmentent d'épaisseur, se soulèvent et finissent par tomber. A cette période il faut des années pour voir arriver la guérison, et la moindre imprudence donne lieu à une recrudescence du mal.

On voit qu'il ne faut manier les rayons X qu'avec une grande prudence, d'autant plus qu'il y a des susceptibilités individuelles et qu'il est impossible de formuler des règles mettant à l'abri de tout accident. Il faut être d'autant plus méfiant que, comme il a été dit plus haut, les radiodermites ne se produisent pas au cours de l'application même des rayons ; on ne peut en suivre la marche progressive, c'est plusieurs jours après la séance que tout à coup on les voit apparaître.

L'emploi des rayons X pouvant amener les accidents dont il vient d'être question, on conçoit combien il est important de pouvoir évaluer la grandeur de l'action que l'on a excercée dans une opération, de même que dans la thérapeutique ordinaire on se trouve dans la nécessité de peser les produits dont on fait usage.

Or, certains sels jouissent de la propriété de se colorer ou de changer de couleur quand ils sont soumis à l'action des rayons X.

On a livré dans le commerce des pastilles de composition secrète dues à Holtzknecht que l'on place sur la peau du sujet soumis à l'action des rayons X. A mesure que l'action se prolonge la couleur de ces pastilles change et en la comparant à une échelle établie une fois pour toutes on en déduit que la peau voisine de la pastille a reçu plus ou moins de rayons pendant le temps de l'exposition. Cette quantité de rayons s'évalue au moyen d'une unité arbitraire désignée par la lettre H, unité qui a servi à établir l'échelle de comparaison. Suivant l'indication de cette échelle à laquelle on compare la pastille d'épreuve on dit que la peau a reçu 1H, 2H, 3H, etc. L'expérience prouve qu'à partir de 4H on risque de voir apparaître des troubles à la suite de l'application, il faut donc se tenir au-dessous de cette dose, à moins de raisons spéciales qu'un radiologue expérimenté est seul à même d'apprécier.

Les pastilles de Holtzknecht sont très chères, il devient du reste difficile de s'en procurer. Sabouraud et Noiré les ont remplacées par de petites rondelles de papier enduites de platinocyanure de baryum, qui lui aussi vire de couleur sous l'action des rayons X. Lorsque la pastille a pris une teinte déterminée représentée sur un type on est averti que l'on arrive à la zone dangereuse et qu'il faut arrêter l'opération. Il importe de savoir que la pastille de Sabouraud et Noiré doit être placée pendant l'opération, non sur la peau, mais à moitié de la distance de cette peau à l'antikathode de l'ampoule, sous peine de donner des renseignements complètement faux.

Radium.

Un certain nombre de corps, dont le type est le Radium jouissent de la propriété d'émettre spontanément, d'une façon continue et en apparence indéfinie, des radiations dont les propriétés sont analogues à celles des rayons X. En réalité, le radium émet trois sortes de rayons désignés sous les noms des rayons α, β et γ.

Les rayons γ sont de même nature que les rayons X.

Les rayons β sont de même nature que les rayons kathodiques.

Enfin les rayons α se comportent d'une façon inverse de celle des rayons β dans le champ magnétique.

C'est-à-dire que lorsqu'on cherche à dévier par un aimant le faisceau de rayons émanant du radium, on constate que l'action est nulle sur les rayons γ comme sur les rayons X, tandis que α et β

subissent des déviations de sens contraire, β se déviant comme le feraient des rayons kathodiques.

Les rayons du radium n'ont aucune utilité pratique au point de vue du diagnostic, à ce point de vue les rayons X leur sont bien préférables. Mais on les emploie dans un but thérapeutique; l'ensemble du faisceau de rayons émanés du radium est principalement composé de rayons peu pénétrants, en conséquence son emploi est justifié quand il s'agit de produire une action curative superficielle sans risquer de léser les parties profondes.

Accidents causés par l'électricité.

Les accidents causés par l'électricité industrielle se présentent généralement dans deux conditions différentes.

Ou bien la victime a touché deux points d'un circuit parcouru par un courant, ces deux points se trouvant à un potentiel différent. Par exemple, de la main droite elle sera en communication avec un pôle d'une machine, de l'autre main avec l'autre pôle; le courant passera transversalement d'un bras à l'autre par le tronc. Ce cas se présente extrêmement souvent dans des conditions très variées, entre autres quand il s'est produit une rupture dans un circuit, et que l'on cherche à la réparer sans arrêter le générateur, ou, si le générateur étant arrêté, on le met en marche pendant la réparation. Ou bien, on touche un fil en communication avec une borne de la machine et l'on marche sur un fil de communication avec l'autre borne; ici le courant parcourt le corps dans sa longueur. On peut encore imaginer toutes sortes d'autres variantes qui ne se produisent malheureusement que trop fréquemment dans l'industrie. Ces accidents ont lieu la plupart du temps, non au voisinage de la machine génératrice même, mais à distance, à un tableau de distribution ou sur la ligne. Là le danger est en effet caché. Près de la machine on le prévoit; le générateur est en marche, on est prévenu et l'on se méfie. A un tableau de distribution ou sur la ligne rien n'indique ce qui va se passer, on oublie que telle pièce de métal d'apparence si inoffensive est d'un contact si redoutable, on n'est pas en éveil, et l'accident se produit à la moindre distraction avec une telle rapidité que l'on ne peut l'éviter quand il se présente. C'est pourquoi il faut surtout se méfier des points éloignés des générateurs, c'est là qu'est le danger, c'est là que les accidents se produisent.

En dehors de la prise de la victime dans le circuit, il peut se rencontrer, et il se rencontre souvent un autre cas presque aussi dangereux et plus fréquent, c'est celui de la dérivation au sol. On touche d'une seule main un circuit ne se trouvant pas au même potentiel que le sol, et l'on est foudroyé par un courant allant du circuit à la terre. Considérons un générateur d'électricité, une machine dynamo, dont les bornes sont en A, B (fig. 569), et envoyant dans une ligne un courant allant de A en B. L'on vient à toucher un point du circuit C. Si la borne B n'est pas très isolée du sol sur lequel repose la dynamo, aussitôt le contact établi par la victime entre C et le sol, un courant passe par C et le corps de cette victime, pour retourner à la terre et par là, à la borne B. On se met à l'abri de cette cause d'accident en prenant la précaution de s'isoler avec soin, quand il est nécessaire de toucher une canalisation d'électricité. Si l'on est sur une substance mauvaise conductrice, un tabouret à pieds de verre ou simplement une lame épaisse de caoutchouc, on peut impunément toucher un point quelconque d'un circuit parcouru par un courant; on ne risque pas de former une dérivation au sol. Bien entendu il ne faut pas, malgré cet isolement, avoir l'imprudence de se mettre soi-même en circuit en touchant deux points d'une canalisation.

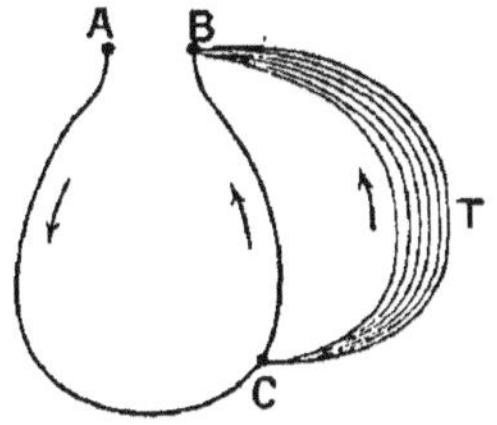

Fig. 569.

Pour ce qui est de la nature des décharges auxquelles on est exposé, on peut dire d'une façon générale que le danger est d'autant plus grand, toutes choses égales d'ailleurs, que l'action se prolonge plus longtemps. Un choc unique, tel que celui qui résulterait de la décharge d'un condensateur, est relativement peu à craindre si elle ne met pas en jeu une quantité d'énergie énorme; cela a lieu dans le coup de foudre, mais ne se rencontre pas dans la pratique industrielle. Il n'en est plus de même si l'électrisation se prolonge, soit que l'on ait affaire au courant continu, soit au courant alternatif; alors les conséquences deviennent très redoutables pour les voltages auxquels on arrive d'une façon courante dans l'industrie. Le danger des courants croît rapidement avec le voltage, ceci est une règle absolue. Il augmente tout d'abord avec le nombre des alternances, pour passer par un maximum et diminuer ensuite. D'après Prevost et Batelli, ce sont les courants de 150 alternances à la seconde qui sont les plus à craindre;

au-dessous et au-dessus de cette fréquence il faut un voltage plus élevé pour produire les mêmes effets nocifs. Le sens dans lequel la décharge traverse les organes ne semble jouer aucun rôle.

Lorqu'un accident vient à se produire, il faut le plus rapidement possible séparer la victime du circuit et lui faire la respiration artificielle. Cette respiration artificielle peut être inutile par suite de troubles irrémédiables dans les fonctions du cœur, mais il ne faut pas négliger de l'exercer, car c'est la seule intervention utile à laquelle on puisse avoir recours.

SEPTIÈME PARTIE

ACOUSTIQUE

I

GÉNÉRALITÉS

Pour qu'un observateur éprouve une sensation sonore, il faut qu'il y ait une certaine région de l'espace où l'air soit mis en vibration, et que les vibrations ainsi produites puissent se transmettre jusqu'à l'oreille de l'observateur.

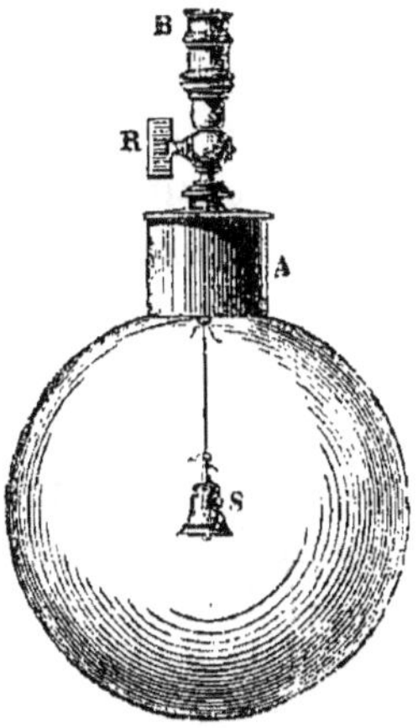

Fig. 570.

Le son peut se propager à travers les solides, les liquides ou les gaz, mais il ne peut franchir le vide puisqu'il ne s'y trouve rien pour vibrer et transmettre ainsi le son. Il est fort aisé de le démontrer expérimentalement. Prenons un ballon en verre, muni d'une garniture de cuivre et d'un robinet, dans lequel nous suspendrons une clochette; en agitant le ballon la clochette se met en mouvement, et le son qu'elle émet est entendu à travers l'air et les parois du ballon. Si maintenant, mettant l'orifice B en communication avec une machine pneumatique, nous diminuons la pression d'air à l'intérieur du ballon, le son faiblit peu à peu et disparaît complètement quand on arrive au vide.

De même si l'on remplace l'air par un gaz ayant, à une même pression, une masse moindre, l'hydrogène par exemple, le son est moins intense.

Le son se transmet facilement à travers les liquides et les

solides. Ainsi, quand un bateau à vapeur passe en mer, il suffit, pour entendre le bruit de l'hélice à une distance même considérable, de plonger la tête sous l'eau. D'autre part, si l'on vient à appliquer l'oreille contre l'extrémité d'une poutre en bois ou d'un tronc d'arbre coupé, on perçoit avec une intensité remarquable le moindre choc ou grattement exercé à l'autre extrémité. Cette expérience peut être variée de bien des façons.

Le son se propage avec une vitesse variable suivant la nature des milieux, la température, la pression, etc. On peut considérer en pratique que cette vitesse dans l'air est d'environ 333 mètres par seconde; dans l'eau elle est plus grande, 1 400 mètres environ; dans la fonte, plus grande encore, 3 500 mètres à peu près.

Il en résulte que s'il se produit un son en une région de l'atmosphère dans laquelle nous nous trouvons, nous ne percevons ce son qu'un certain temps après sa production. Ce retard est d'autant plus grand que l'on est plus éloigné de l'origine. Si nous sommes à 333 mètres du point où l'on tire un coup de fusil, nous ne percevons le coup de fusil qu'une seconde après qu'il est tiré. Comme, dans la pratique, par suite de la grande vitesse de la lumière, on peut considérer qu'il n'y a pas de retard appréciable pour la perception visuelle des phénomènes se produisant dans nos environs, il s'est écoulé une seconde entre le moment où nous voyons la lumière, ou la fumée du coup de fusil, et le moment où nous l'entendons. Ce procédé nous permet de déterminer la distance à laquelle se trouve l'origine d'un bruit qui nous parvient, si la cause de ce bruit est accompagnée d'un phénomène visible. Ainsi voici un éclair, puis un certain nombre de secondes plus tard le roulement du tonnerre, il nous suffit de multiplier ce nombre de secondes par 333 mètres pour avoir la distance à laquelle s'est produit le coup de foudre.

Quand un son se propage dans l'air il peut, en rencontrant un obstacle, se réfléchir comme le fait la lumière, ou même se réfracter. Ce dernier cas n'a pas pour nous grande importance pratique. Il n'en est pas de même de la réflexion qui, jointe aux faits qui viennent d'être exposés sur la vitesse de propagation du son, nous conduira aux conséquences les plus importantes. Supposons que l'on émette un son en un point A, vis-à-vis (fig. 571) d'un obstacle BB′ qui réfléchira ce son; pour revenir au point A le son devra parcourir le chemin AC, puis le chemin CA, c'est-à-dire en tout une distance égale au double de AC. Pour fixer les idées admettons que deux fois AC fassent 333 mètres, il est évident que l'observateur placé en A entendra en premier lieu le son qu'il vient d'émettre, puis une seconde plus tard la répétition de ce son. Il se sera produit ce que l'on nomme un écho. L'intervalle entre le son émis et l'écho varie avec la distance AC; pour que l'écho soit perceptible il faut que cet intervalle soit suffisant pour éviter la confusion entre les deux sons. On admet généralement que cette confusion ne se produit plus quand le deuxième son nous arrive un dixième de seconde après le premier; il est donc nécessaire que le double de AC soit au moins 33 m. 3 ou que AC ait environ 17 mètres. Par conséquent on perçoit l'écho quand on est à au moins 17 mètres de l'obstacle réfléchissant le son.

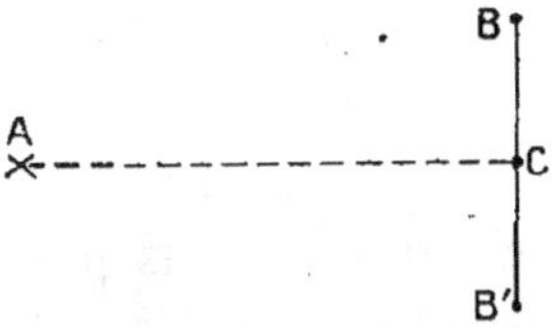

Fig. 571.

Il peut arriver que l'écho soit multiple, c'est-à-dire qu'après s'être réfléchi une première fois sur BB', le son se réfléchisse une seconde fois sur une autre surface, puis sur une troisième, etc. Ce phénomène se produit souvent dans la nature, et on en cite des exemples merveilleux dans certaines montagnes.

La réflexion du son peut être accompagnée d'une concentration. Il arrive en effet qu'une ondulation sonore issue d'un point A aille frapper une surface courbe, une voûte, un mur d'enceinte, donnant lieu à la formation d'un véritable foyer en A'. Certains bâtiments sont remarquables à cet égard, et il en résulte qu'un observateur placé en A' peut converser à voix basse avec un autre observateur placé en A sans qu'un sujet intermédiaire situé en B saisisse la conversation échangée.

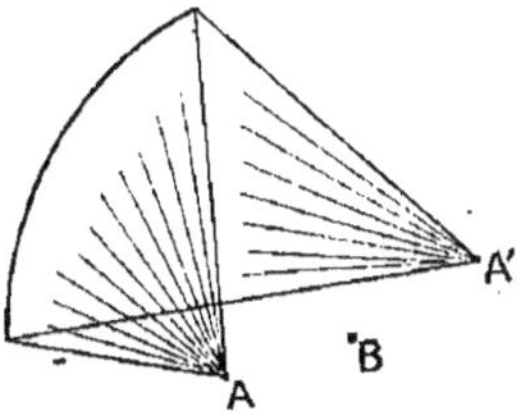

Fig. 572.

Ces divers principes ont une importance capitale au point de vue de l'acoustique des salles de spectacle et des amphithéâtres. Faute d'en tenir compte on peut aboutir aux plus grands désappointements. S'il se produit des réflexions et des concentrations en certains points de la salle, il en résulte des échos et des superpositions de vibrations sonores qui rendent impossible la perception du son émis directement, ou du moins l'altèrent gravement et la rendent très pénible. On sait quelles différences il y a à ce point de vue entre les diverses constructions. Parfois dans une enceinte relativement petite, il est impossible de suivre un orateur alors que dans les immenses théâtres antiques, on saisit les nuances les plus délicates de la voix des acteurs à des distances prodigieuses.

Quand, par suite d'une erreur, l'acoustique d'une salle est défectueuse, il n'y a qu'un moyen d'y remédier, il faut chercher à supprimer les réflexions. On arrive à ce résultat au moyen de tentures, de rideaux, de tapis, d'une façon générale de substances molles dont on couvrira toutes les surfaces rigides. On atténue aussi ces réflexions par des réseaux de fils tendus devant les surfaces suspectes; les ondulations sonores en traversant ces réseaux s'y amortissent.

II

QUALITÉS DU SON

Deux sons peuvent différer entre eux par leur intensité, par leur hauteur, par leur timbre.

Prenons un corps sonore quelconque, un diapason, que nous mettrons en vibration, il pourra émettre des sons plus ou moins intenses suivant que ses vibrations seront plus ou moins amples. Ce diapason abandonné à lui-même donnera un son allant en diminuant d'intensité en même temps que le mouvement de ses branches s'éteint peu à peu. Il en est de même pour tout autre instrument sonore et l'on peut dire que l'intensité d'un son est, toutes choses égales d'ailleurs, directement liée à l'amplitude du mouvement vibratoire du corps qui l'émet. A mesure que l'on s'éloigne du corps, pour un même mouvement vibratoire, l'intensité du son va en diminuant. Malgré tous les efforts tentés on n'a pu jusqu'ici faire un bon appareil permettant de mesurer l'intensité des sons. Pour la lumière nous avons des photomètres; on n'a pas encore de bon acoumètre. Cette lacune est très regrettable pour la pratique de l'otologie, car l'acoumètre serait indispensable pour une juste appréciation de l'acuité auditive.

La deuxième qualité du son, sa hauteur, dépend du nombre de vibrations par seconde de l'air au voisinage de l'oreille. Chacun connaît l'impression produite par des sons de hauteur différente. C'est là une notion courante, il n'y a aucun intérêt à la décrire, on ne pourrait comprendre quelle impression en résulte à quelqu'un qui ne l'a pas éprouvée. De nombreux travaux ont établi les relations existant entre la hauteur des sons et le nombre des vibrations, et ont montré qu'il suffit de donner ce nombre de vibrations, pour fixer la hauteur, c'est-à-dire pour assigner à tous les sons divers une qualité commune bien connue de toutes les personnes possédant quelque notion de musique. Ainsi tous les sons ayant 435 vibrations à la seconde sont immédiatement reconnus pour être à la même hauteur que le *la* du diapason normal, quel que soit l'instrument par lequel il est émis, piano, clarinette ou voix humaine. Deux sons de même hauteur sont dits à l'unisson.

La hauteur d'un son est, sans discussion, sa qualité la plus importante, aussi généralement le premier renseignement donné sur un son est-il sa hauteur. Pour donner cette hauteur, la méthode la plus précise est d'indiquer son nombre de vibrations. Dans la pratique de la musique on n'emploie pas des sons de hauteur quelconque, l'expérience montre qu'ils ne produisent pas tous une impression agréable, et l'on a classé ceux qui sont utilisables suivant une nomenclature spéciale connue sous le nom de gamme.

On est parti de ce principe qu'en musique l'association des sons doit se faire en tenant compte du rapport des nombres de vibrations de ce son. Ainsi si deux sons ont l'un un nombre de vibrations double de l'autre, ils sont dits à l'octave, et leur succession produit sur une oreille éduquée une impression connue, toujours la même, quel que soit le premier de ces deux sons. Il en serait de même pour un autre rapport qui produirait aussi une sensation spéciale. Partant d'un premier son adopté par convention entre les musiciens, les sons successifs que l'expérience a montré être nécessaires sont avec le premier dans les rapports :

$$1 \qquad \frac{9}{8} \qquad \frac{5}{4} \qquad \frac{4}{3} \qquad \frac{3}{2} \qquad \frac{5}{3} \qquad \frac{15}{8} \qquad 2$$

et portent les noms de :

ut ré mi fa sol la si ut.

Cet ensemble constitue une octave de la gamme; les sons sont les notes de la gamme. L'*ut* de la fin de la ligne est à l'octave de celui du commencement et à partir de lui recommence une série pareille et ainsi de suite. On désigne chaque série par un indice placé à côté des notes, ainsi, une note étant écrite fa_2 ou sol_4, on saura immédiatement quelle est sa place. Au-dessous de la première octave il faut avoir recours à des indices négatifs. Ainsi on aura le $sol_{\bar{2}}$ ou le $la_{\bar{1}}$.

Pour que toutes ces notes soient complètement définies il suffit de connaître le nombre de vibrations de l'une d'elles. Pour des raisons sur lesquelles il est inutile d'insister ici on a attribué 435 vibrations à la note écrite la_3.

Le rapport qui existe entre le nombre des vibrations de deux notes s'appelle l'intervalle. Souvent on définit la gamme par les intervalles successifs des notes qui se suivent, au lieu de prendre tous les rapports à l'*ut*; on a alors la série suivante :

$$\frac{9}{8} \quad \frac{10}{9} \quad \frac{16}{15} \quad \frac{9}{8} \quad \frac{10}{9} \quad \frac{9}{8} \quad \frac{16}{15}$$

On voit que l'on ne rencontre dans cette série que trois intervalles qui se retrouvent indéfiniment. $\frac{9}{8}$ porte le nom de ton majeur, $\frac{10}{9}$ de ton mineur, et, $\frac{16}{15}$ de demi-ton.

Parfois les musiciens ne trouvent pas dans la série que nous venons de définir toutes les notes qui leur sont nécessaires, ils modifient alors ces notes en les *diésant* ou les *bémolisant*. Diéser une note c'est augmenter le nombre de ses vibrations dans le rapport $\frac{25}{24}$. Bémoliser une note c'est la diminuer dans ce même rapport. Ainsi l'*ut* dièse, qui s'écrit *ut* ♯, est avec l'*ut* de la même octave dans le rapport $\frac{25}{24}$, tandis que le *si* bémol, qui s'écrit *si* ♭ est avec le *si* de la même octave dans le rapport $\frac{24}{25}$.

Outre la gamme il y a une autre série de sons jouant aussi bien en musique que dans la physiologie de la parole un rôle considérable, c'est la série des harmoniques d'un son fondamental. Considérons un son quelconque faisant partie ou non de la gamme des musiciens, nous l'appellerons son fondamental. Il y a un autre son ayant un nombre de vibrations double, ce sera le premier harmonique; le son ayant trois fois plus de vibrations sera le deuxième harmonique et ainsi de suite, les harmoniques du son fondamental ont successivement 2, 3, 4, 5, etc., fois plus de vibrations que ce son fondamental.

Si l'on part d'une note de la gamme, certains des harmoniques pourront être aussi des notes de la gamme, mais il y en a qui tombent entre deux notes et sont ce que l'on appelle des sons faux, c'est-à-dire inutilisables en musique. Ainsi en partant de ut_1, les harmoniques sont successivement :

$$ut_2 \ sol_2 \ ut_3 \ mi_3 \ sol_3 \ A \ ut_4 \ etc.$$

Le sixième harmonique A n'est pas dans la gamme, il en serait de même pour le 10e, 12e, 13e, 16e, etc.

Nous allons voir l'importance des harmoniques.

Deux sons de même intensité et de même hauteur peuvent différer par leur timbre. Une harpe, une clarinette, un hautbois, une voix humaine, etc., donnant successivement avec une intensité analogue, la même note, le la_3 par exemple, ne sont pas confondus les uns avec les autres. Cela tient à ce que ce la_3 n'est jamais une note pure, un son fondamental unique. Du moins cela est extrêmement rare. Un diapason mis en vibration avec soin peut donner une note unique fondamentale, pour les autres instruments cette note est toujours accompagnée de certains de ses harmoniques. Non seulement on ne cherche pas à éviter ces harmoniques, mais c'est grâce à eux que l'on obtient la diversité des timbres et la richesse exceptionnelle de certains sons, tels ceux qui sont émis par les orgues.

Ceci est aisé à démontrer. Prenons une série de diapasons, le premier étant par exemple ut_1, et les autres donnant les harmoniques successifs. Mettons l'ut_1 en vibration, nous entendons un son fondamental pur, mais sourd, sans beauté. Ajoutons-lui successivement les sons de certains harmoniques, nous entendons peu à peu le son s'enfler et prendre un caractère de richesse n'appartenant à aucun des diapasons pris isolément.

Suivant les harmoniques que nous superposerons au son fondamental, nous aurons un timbre différent.

Par des expériences nombreuses on a cherché à montrer que c'est bien à cette superposition d'harmoniques au son fondamental qu'est dû le caractère du timbre.

Ces expériences ont été orientées dans deux voies différentes, on a opéré par analyse ou par synthèse.

Par analyse, on a recherché si l'on ne pouvait décomposer les sons des divers instruments, et un grand nombre d'observateurs ont cru reconnaître que dans tous les cas ils étaient formés par un son fondamental auquel se superposent des harmoniques. Nous donnerons une idée de ces méthodes à propos de la description des résonnateurs.

Pour procéder par synthèse on a cherché à reproduire un son de timbre déterminé en faisant fonctionner simultanément divers instruments émettant l'un un son fondamental, les autres divers harmoniques du son fondamental.

Par exemple on prend une série de diapasons dont le plus grave donne l'ut_1, les autres les harmoniques successifs. On met l'ut_1 en vibration, puis on ajoute les sons d'un ou plusieurs harmoniques convenablement choisis et l'on constate que l'ensemble prend un timbre différent suivant les harmoniques superposés, l'ensemble du son restant toujours à la hauteur de l'ut_1. On peut arriver ainsi à déterminer quels sont les harmoniques à superposer au son fondamental pour lui donner le timbre cherché.

III

PRODUCTION DES SONS

A part quelques exceptions, presque tous les instruments de musique sont basés sur deux dispositifs différents : il y a les instruments à cordes et les instruments à vent.

Quand une corde est tendue par ses deux extrémités, si l'on vient à l'écarter de sa position d'équilibre et qu'on l'abandonne ensuite à elle-même, elle se met à vibrer et l'on entend un son dont les qualités dépendent des conditions de l'expérience.

Le son sera plus ou moins intense suivant que la corde oscillera plus ou moins de part et d'autre de sa position d'équilibre, c'est-à-dire que les oscillations seront plus amples. Le son sera plus ou moins haut suivant le nombre d'oscillations de la corde à la seconde. Ce nombre d'oscillations dépendra de diverses conditions. Pour une même corde il est en raison inverse de la longueur de la corde et proportionnel à la racine carrée du poids tenseur. C'est-à-dire qu'en doublant la longueur de la corde, toutes choses égales d'ailleurs, le nombre de vibrations est réduit à moitié, le son descend d'une octave. Pour faire monter le son d'une octave, il faut quadrupler la tension exercée sur la corde. Ces deux règles suffisent pour expliquer comment les violonistes règlent la note donnée par une des cordes de leur instrument en la tendant graduellement à l'aide des clefs, puis la font varier en raccourcissant plus ou moins la corde par la position donnée au doigt appuyé sur elle.

Si on attaque une corde, tendue entre A et A' (fig. 573), par son milieu, elle vibre en prenant des positions intermédiaires entre deux formes extrêmes. ABA', AB'A'. Elle rend alors un son dit

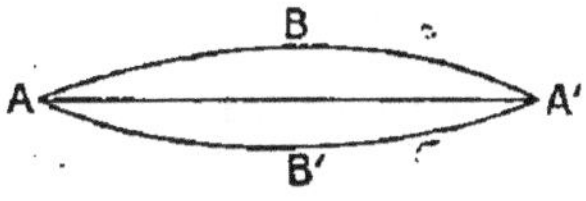

Fig. 573.

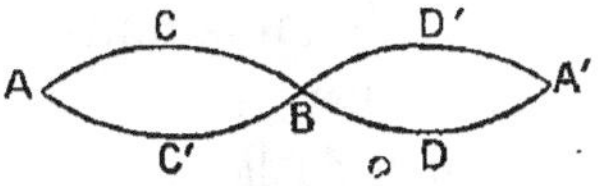

Fig. 574.

simple et fondamental. Mais on conçoit que cette même corde puisse, au lieu de donner sa note fondamentale, donner son premier harmonique. Il suffit pour cela d'attaquer la corde au quart de sa longueur en C, en touchant légèrement du doigt le milieu B (fig. 574). Ce milieu reste alors immobile, formant ce que l'on appelle un nœud de vibration. La corde prend alternativement des formes ACBDA', AC'BD'A', avec des formes intermédiaires donnant lieu à des ventres en C et D. Dans ces conditions le son émis est à l'octave aiguë du son donné par la corde vibrant dans les conditions du cas précédent, comme cela aurait lieu pour une corde de longueur moitié de AA'. On peut de même obtenir une

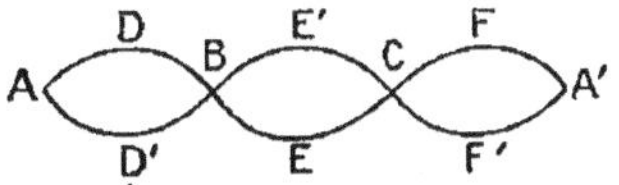

Fig. 575.

Fig. 576.

division en trois avec des nœuds en B, C et des ventres en D, E, F (fig. 575).

Or il arrive que suivant la façon dont une corde est attrapée soit par l'archet, soit par un pincement des doigts, il se superpose à la vibration de la forme fondamentale une ou plusieurs vibrations harmoniques. En nous tenant au premier de ces harmoniques la corde prend alors dans ses mouvements des formes dissymétriques comme celles représentées sur la figure 576. Elle rend ainsi le son fondamental en même temps que son premier harmonique. Un des talents de la personne qui met la corde en vibration est précisément de lui faire rendre un plus ou moins grand nombre d'harmoniques; c'est ce qui fait qu'une même note donnée par une même corde est plus ou moins belle ou, comme on dit, chaude, suivant la personne qui manie l'archet.

Au lieu de faire vibrer une corde transversalement en l'écartant de sa position d'équilibre, puis l'abandonnant à elle-même, on peut la faire vibrer longitudinalement en la frottant avec un linge enduit de résine. On entend alors un son très aigu par rapport à ceux que nous venons d'étudier.

Si une corde métallique prend par rapport à la longueur une dimension transversale assez importante pour être rigide, il n'est pas nécessaire de la maintenir par ses deux extrémités. On l'encastre alors à un bout seulement ou par son milieu. On a alors ce que l'on nomme une verge vibrante qui peut vibrer transversalement ou longitudinalement suivant la façon dont elle est attaquée. Dans le second cas elle rend un son beaucoup plus aigu que dans le premier. Il n'y a pas lieu d'insister sur les lois qui relient le nombre de vibrations aux dimensions des verges vibrantes, car elles n'ont aucune application biologique.

La base des instruments à vent est le tuyau sonore, c'est-à-dire un tube creux, contenant de l'air que l'on fait entrer en vibration suivant des procédés différents sur lesquels on reviendra plus loin.

L'appareil destiné à mettre l'air du tuyau en vibration est placé à l'une des extrémités; cette extrémité est comme on dit ouverte, c'est-à-dire en communication avec l'atmosphère. L'autre extrémité est, suivant le cas, ouverte et fermée.

Un tuyau fermé donne la même note qu'un tuyau ouvert de longueur double. Ainsi un tuyau fermé d'un mètre de longueur et un tuyau ouvert de deux mètres sont à l'unisson.

Le son le plus grave que puisse donner un tuyau a, comme pour les cordes, un nombre de vibrations en raison inverse de sa longueur. Pour faire monter le son émis par un tuyau d'une octave, il faut le raccourcir de moitié.

Outre le son le plus grave que donne un tuyau, il peut aussi rendre certains harmoniques. Les tuyaux ouverts peuvent émettre tous les harmoniques du son fondamental, les tuyaux fermés ne peuvent donner que des harmoniques de rang pair.

Un tuyau fermé pourra donc émettre les sons dont le nombre de vibrations varie dans la proportion suivante : 1, 2, 3, 4, etc., tandis qu'un tuyau fermé ne peut rendre que ceux variant comme : 1, 3, 5, 7, etc. Comme dans un tuyau mis convenablement en vibration les harmoniques peuvent se superposer au son fondamental, les tuyaux ouverts étant plus riches en harmoniques que les tuyaux fermés, les sons des premiers sont plus chauds que ceux des seconds.

Souvent, au lieu de faire parler un seul tuyau, on associe à ce tuyau une série d'autres tuyaux donnant, comme son fondamental, les harmoniques du premier. On arrive alors à produire un effet considérable. C'est l'artifice auquel on a recours dans les orgues.

Il faut remarquer que dans les tuyaux sonores c'est l'air qui vibre, et que la paroi n'a par elle-même aucune influence. Pour une même forme on pourra faire cette paroi en substance d'une nature quelconque, on aura toujours les mêmes résultats, que ce soit du métal, du bois ou tout autre corps, pourvu qu'il soit assez résistant pour ne pas se déformer sous l'influence des variations de pression se produisant dans le tuyau. Toutefois il n'en est plus de même quand cette paroi est molle, alors les choses changent avec l'état de cette paroi. On a reconnu par divers artifices qu'en certains points de la masse d'air vibrant dans le tuyau il se produisait simplement des mouvements, sans variation de pression appréciable; en d'autres points, au contraire, il n'y a pas de déplacements, mais des compressions et des décompressions. Les premières régions correspondent à ce que l'on appelle les ventres, les secondes aux nœuds.

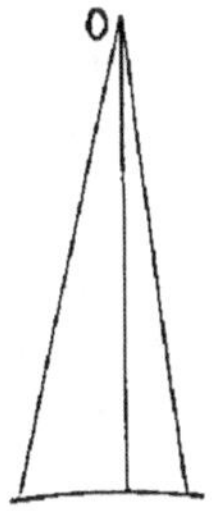

Fig. 577.

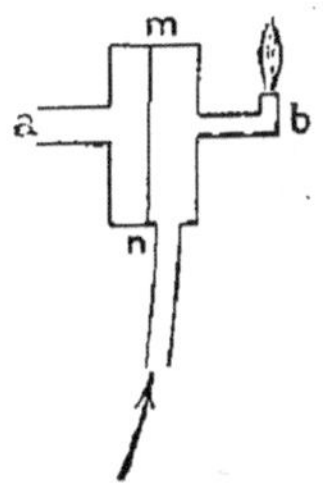

Fig. 578.

On reconnaîtra qu'en une région l'air est en mouvement en y plaçant un petit plateau léger suspendu par trois fils et sur lequel on aura déposé un peu de sable (fig. 577). Aux nœuds il n'y aura aucun déplacement du sable puisqu'il ne s'y produit pas de mouvements de l'air; aux ventres on le verra sautiller sur le plateau, accompagnant les vibrations de l'air.

Pour reconnaître qu'aux nœuds il se produit des variations de pression et qu'il n'y en a pas aux ventres, on a recours à un artifice très ingénieux dû à König. Une petite caisse est divisée en deux par une cloison très mince en baudruche, *mn* (fig. 578). D'un côté on fait arriver du gaz d'éclairage sortant par un petit bec *b* que l'on allume. L'autre compartiment de la caisse est mis en communication, par un tube *a*, avec l'air à explorer. Si en *a* il ne se produit pas de variations de pression, la petite flamme *b* reste de hauteur constante, mais elle augmente et diminue, vibrant synchroniquement aux variations de pression se produisant en a. En effet lorsque la pression augmente, la membrane mn est refoulée et chasse un excès de gaz par b ; quand la pression diminue il se produit au contraire une aspiration du gaz vers mn, et il en passe moins par b. Comme les mouvements de la petite flamme sont très rapides et qu'on ne peut les suivre à l'œil, on observe l'image de la flamme dans un miroir tournant autour d'un axe vertical. Si la flamme reste de hauteur constante, par suite de la persistance des impressions lumineuses sur la rétine, on voit une bande éclairée de hauteur uniforme correspondant aux diverses positions de l'image de la flamme. Mais si cette flamme vibre, augmentant et diminuant de hauteur, la bande est ondulée. Ces ondulations sont d'autant plus fréquentes que le son est plus élevé ; en plaçant plusieurs petites flammes les unes au-dessus des autres, on peut ainsi comparer aisément divers sons produits aux orifices a des petites caisses. Ce petit appareil, très précieux pour diverses études, est généralement connu sous le nom de capsule manométrique ou flamme manométrique de König.

Il reste à voir comment on met en vibration la masse d'air contenu dans les tuyaux ; on a recours soit au bec de flûte, soit aux anches.

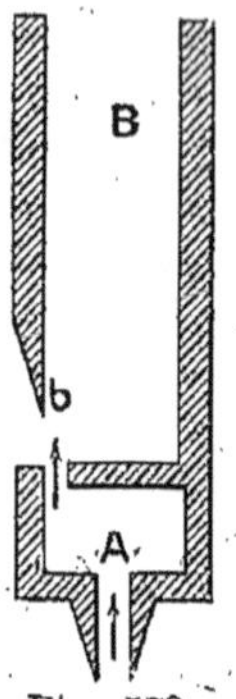

Fig. 579.

Dans le bec de flûte l'air arrive par un orifice a dans une chambre A placée à une extrémité du tuyau (fig. 579). Il s'échappe de cette chambre par cette fente placée vis-à-vis d'un biseau contre lequel le jet d'air se brise, cela suffit pour le faire entrer en vibration, le mécanisme du phénomène est d'ailleurs mal connu. La longueur du tuyau, B qui peut être ouvert ou fermé, réglera la position des ventres et des nœuds et la hauteur du son qui se produira. Toutefois la force du jet d'air n'est pas sans influence. Avec un souffle doux venant par a, le tuyau rend généralement son son fondamental, le plus bas qu'il puisse donner ; si on force le vent, tout à coup on entend le son monter, il vient se produire un harmonique de rang d'autant plus élevé que l'on souffle plus fort. C'est même là parfois une difficulté ; quand on veut donner un son grave, mais très ample, avec un tuyau ouvert, on risque toujours, en augmentant l'arrivée de l'air, de faire passer le son à l'octave ; cet accident se produit très facilement. Il est moins fréquent de faire passer un tuyau fermé à un harmonique, puisque nous avons vu que le premier de ces harmoniques, ne peut être rendu par un pareil tuyau ; on a donc plus de marge.

Les anches sont de modèles très différents, leur principe consiste à ouvrir et fermer alternativement un orifice d'arrivée d'air. Elles sont d'un maniement plus délicat que le bec de flûte qui n'a pas besoin de réglage, tandis que l'anche doit s'ouvrir et se fermer, périodiquement, suivant une loi synchrone aux oscillations de l'air dans le tuyau ; elles doivent donc être accordées.

Voici par exemple un modèle d'anche. L'air arrive dans une chambre séparée du tuyau proprement dit comme pour le bec de

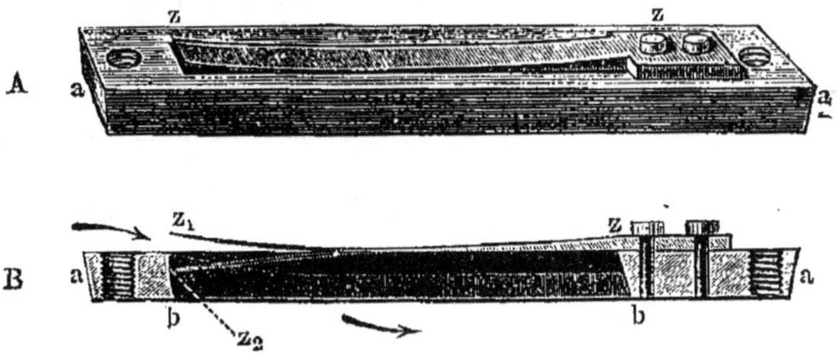

Fig. 580.

flûte. Dans la paroi de séparation on trouve une fenêtre rectangulaire allongée où peut se mouvoir une lame de ressort zz (fig. 580). Quand la pression augmente dans la chambre, le ressort se déprime et laisse passer l'air, puis il revient et ferme le passage, ainsi de suite. Si le ressort a un nombre de vibrations convenable, il ouvre et obture l'orifice de façon que les propulsions de l'air soient synchrones du son que doit rendre le tuyau, autrement dit le tuyau et l'anche doivent être à l'unisson.

La forme des anches varie suivant les instruments ; dans un certain nombre d'entre eux ce sont les lèvres qui en jouent le rôle : il en est ainsi dans le cor, la trompette, etc.

Les lèvres forment alors ce que l'on nomme une anche membraneuse. On obtient une anche membraneuse artificielle en tendant sur un orifice deux lames élastiques laissant entre elles une fente qui est fermée lorsque les lames sont au repos et s'ouvre périodiquement quand elles vibrent.

Lorsque les deux lames élastiques ne sont pas dans un même plan, elles forment ce que l'on appelle une anche en dedans ou en dehors suivant le sens du courant d'air. Prenons un tube sur l'extrémité duquel on pratique des sections inclinées sur l'axe. Appliquons sur chacune de ces sections une lame de caoutchouc, comme l'indique la figure 581, de façon à limiter entre elles une fente. Lorsque le courant d'air ira à travers la fente de l'intérieur du tuyau vers l'extérieur, l'anche s'ouvrira dans le sens du courant, on dit qu'on a une anche en dehors. Il peut au contraire arriver, comme dans le cas des flèches de la figure, que pendant la vibration de l'anche, elle tende à se fermer sous l'influence du courant d'air, on a une anche en dedans. Quand les deux lames sont dans le même plan, les anches sont dites libres.

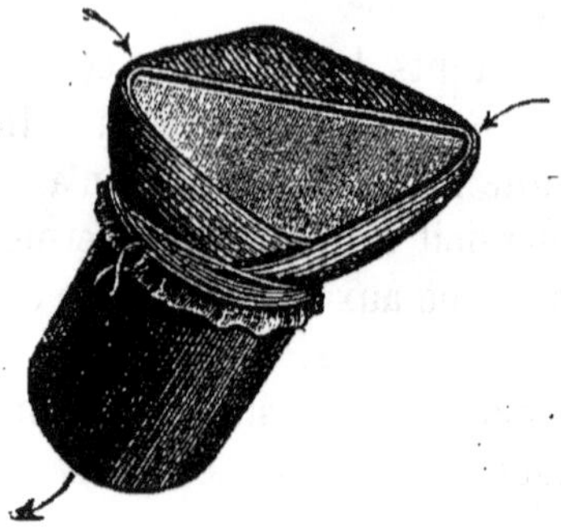

Fig. 581.

Toutes choses égales d'ailleurs, les anches en dedans donnent un son plus grave que les anches libres, et les anches en dehors un son plus aigu.

IV

RÉSONNATEURS

Le résonnateur est un appareil d'analyse des sons extrêmement précieux; il a été introduit dans la science par Helmholtz.

Le plus souvent il a la forme d'une sphère creuse portant deux ouvertures, l'une un peu plus grande que la seconde; toutes deux sont munies d'un petit prolongement tubulaire, comme l'indique la figure 582. La propriété essentielle du résonnateur est que la masse d'air qui y est contenue donne en vibrant un son fondamental que l'on entend se produire avec force chaque fois que l'on approche de l'orifice *a* un instrument rendant lui-même ce son fondamental. Ceci est particulièrement net si on introduit le bout *b* dans l'oreille. Ainsi

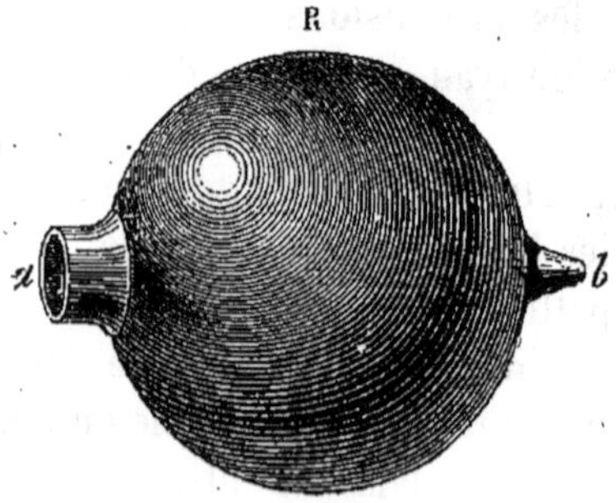

Fig. 582.

si l'on produit devant l'orifice *a* une série de sons, ils paraîtront plutôt étouffés par le voisinage du résonnateur, tant qu'ils ne sont pas à l'unité du son fondamental de ce résonnateur, mais aussitôt que ce son est émis, on l'entend considérablement renforcé par le résonnateur. Ceci a lieu que le son soit unique ou accompagné d'autres sons. Lorsque donc on veut rechercher si un son complexe contient l'ut_4 par exemple, on produira ce son à l'orifice du résonnateur ayant pour son fondamental l'ut_4. Si l'ut_4 est absent dans

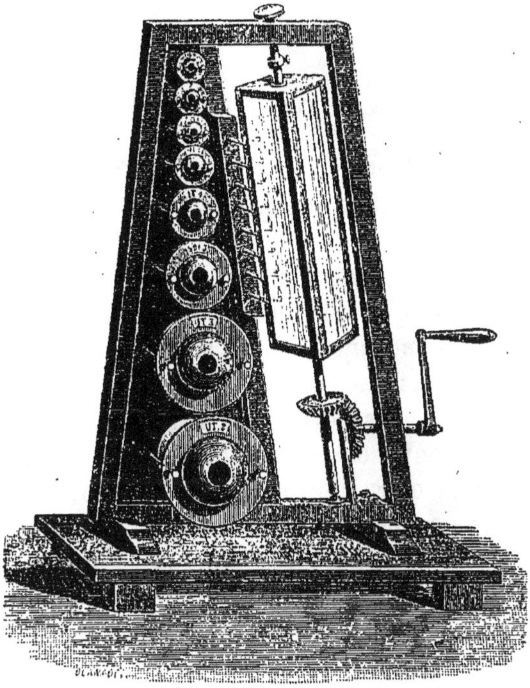

Fig. 583.

le son étudié, le résonnateur restera silencieux, sinon il entrera en vibration.

Au lieu d'introduire le bout *b* dans l'oreille et s'en rapporter ainsi à une impression pour saisir si le résonnateur fonctionne ou non, ce qui peut être délicat dans les sons faibles, on peut mettre *b* en communication avec une capsule manométrique et voir si la flamme vibre ou non en l'observant dans un miroir tournant.

La figure 583 représente une série de résonnateurs dont le premier donne l'ut_2 et les suivants ses premiers harmoniques. Quand on veut rechercher si un son contient une de ces notes, on met le miroir en rotation, on produit le son devant l'instrument et l'on regarde quelles sont les flammes qui vibrent. On en conclura aussitôt que les notes correspondantes entrent dans le son complexe étudié.

On conçoit que l'emploi des résonnateurs fournisse un des procédés d'analyse des sons les plus précieux.

V

PHONATION ET AUDITION

Il n'y a pas actuellement, dans toute la Physique biologique, de question plus mal connue que celle de la production de la voix et que celle de l'audition.

Prenons le point qui semble le plus simple, le plus accessible à l'expérience, celui que de nombreux observateurs et des meilleurs, ont pris comme sujet d'étude, et que nous pouvons formuler de la façon suivante :

Par quoi les diverses voyelles se distingent-elles les unes des autres? Une personne chante successivement, sur la même note pour simplifier la question, un A, un O et un I, en quoi les sons caractéristiques de ces trois voyelles seront-ils différents les uns des autres? Ce problème a été attaqué par des méthodes les plus variées, soit par analyse, soit par synthèse, et aujourd'hui on se trouve en présence de deux théories principales, peut-être fausses toutes deux.

Certains auteurs pensent que les diverses voyelles se caractérisent par la superposition au son fondamental d'un ou de plusieurs harmoniques déterminés; les voyelles seraient donc des sons de timbre différent. Ainsi l'A, l'O, l'I, etc., chantés successivement sur le la_3 se composeraient de la note la_3, plus certains harmoniques du la_3, déterminés pour chacune des voyelles. Par exemple pour l'A ce serait toujours le n^e harmonique, pour l'O le p^e, qui se superposerait au son fondamental.

Pour d'autres auteurs la chose serait toute différente, chaque voyelle aurait une *vocable*, c'est-à-dire une note fixe qui la caractériserait. Ainsi quelle que soit la note sur laquelle on chanterait l'A, le son se composerait de cette note à laquelle se superposerait la note $si_4^\flat$; pour l'O ce serait le $si_3^\flat$; pour l'I le $si_6^\flat$. Les vocables varient suivant les expérimentateurs, on conçoit d'ailleurs qu'elles doivent changer suivant le sujet qui parle. Tous les chanteurs hommes peuvent donner facilement le sol_2, or une basse chantant diverses voyelles sur le sol_2, ne produit pas la même impression qu'un ténor répétant cet exercice, on ne peut donc pas dire que dans les deux cas le son se composait pour A de la superposition $sol_2 - si_4^\flat$, pour O, de $sol_2 - si^\flat$, etc. Il y a évidemment un élément dont on ne tient pas compte.

Certains expérimentateurs font une concession et pensent que la vocable est légèrement variable, et qu'un même chanteur donnant la voyelle A dans l'étendue de son registre, la vocable changera peu à peu. Pour l'A en question, suivant L. Hermann, la vocable est comprise entre mi_4 et $sol_4^\sharp$; nous n'en sommes plus au $si_4^\flat$ fixe, qui se trouve même en dehors de ces limites.

Donc, actuellement, et c'est la partie la plus simple de la question, nous ne savons pas quelle est la constitution des sons émis lors de la parole, même dans les cas les plus élémentaires.

Mais la question de la parole se pose encore d'une autre façon. Où et comment se produit le son? Comment le son se modifie-t-il?

Pendant longtemps on a admis comme presque évident que le son était produit par les cordes vocales inférieures, vibrant à peu près comme des lames de caoutchouc et transmettant leur mouvement vibratoire à l'air comme le fait une corde sonore. Le son ainsi émis se transformerait par renfoncement ou étouffement de divers harmoniques suivant la forme donnée à la bouche, laquelle fonctionnerait simplement comme un résonnateur.

Or aujourd'hui cette idée est considérée comme complètement fausse par un grand nombre de savants.

Il semblerait plus probable que la production des sons est liée directement à l'existence du remous et de tourbillons d'air, décrits sous le nom de cyclones de Lootens.

Lootens a montré l'existence de ces cyclones dans les divers tuyaux sonores, et parmi les divers faits cités par lui il y en a surtout un qui doit nous frapper; c'est la facilité avec laquelle se produisent les sons avec accompagnement de cyclones dans l'appeau des chasseurs.

La figure 584, I représente un de ces appeaux et l'on y a représenté la direction du courant d'air qui le traverse avec formation de cyclones. Cet effet se produit pour des pressions d'air extrêmement faibles. Si l'on jette maintenant un coup d'œil sur une coupe des ventricules de Morgagni (fig. 584, II), il devient évident qu'ils sont tout disposés à produire, sous l'influence d'un courant d'air chassé par la trachée, des cyclones analogués à ceux de l'appeau et par suite à émettre un son.

Cette manière d'envisager la production des sons dans la voix parlée ou chantée n'est encore qu'à l'état d'ébauche, il semble toutefois que cette orientation nouvelle doive être plus féconde en résultats que celle suivie jusqu'ici, qui n'a conduit à aucun résultat satisfaisant.

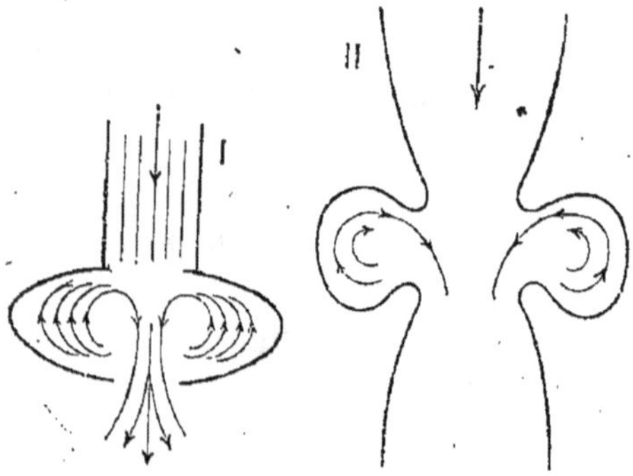

Fig. 584.

Pour ce qui est de l'audition, l'état de nos connaissances est encore pire que pour la phonation. Prenons le son le plus simple, celui qui est émis par un diapason, aussitôt qu'il arrive à notre oreille nous ne savons plus ce que devient ce son. Sans doute il se transmet à l'oreille interne par l'intermédiaire du tympan et de la chaîne des osselets, mais quel est exactement le rôle de chacun de ces organes, voilà ce que nous ne pouvons préciser. Nous sommes dans l'ignorance la plus totale, quant aux causes qui nous permettent d'apprécier la différence de hauteur de deux notes. Y a-t-il des organes différents pour la perception des sons plus ou moins élevés, ou les mêmes organes sont-ils impressionnés d'une façon différente, autant de questions sans réponse.

C'est donc l'acoustique qui nous offre actuellement encore le champ de recherches le moins bien exploré de la physiologie des organes des sens, car on peut dire que l'étude de la phonation et de l'audition doit être reprise à partir des éléments de la question.

TABLE DES MATIÈRES

GÉNÉRALITÉS

PREMIÈRE PARTIE

MÉCANIQUE

DEUXIÈME PARTIE

ACTIONS MOLÉCULAIRES

TROISIÈME PARTIE

CHALEUR

QUATRIÈME PARTIE

RADIATIONS

CINQUIÈME PARTIE

OPTIQUE

SIXIÈME PARTIE

ÉLECTRICITÉ

SEPTIÈME PARTIE

ACOUSTIQUE

224-18. — Coulommiers. Imp. Paul BRODARD. — 2-19.